河南省"十四五"普通高等教育规划教材

高等代数中的典型问题解析

主　编　严谦泰

副主编　王澜峰　杨永伟

科学技术文献出版社
SCIENTIFIC AND TECHNICAL DOCUMENTATION PRESS
·北京·

图书在版编目（CIP）数据

高等代数中的典型问题解析 / 严谦泰主编. —北京：科学技术文献出版社，2022. 8 (2025.1重印)
ISBN 978-7-5189-9173-0

Ⅰ. ①高…　Ⅱ. ①严…　Ⅲ. ①高等代数—研究生—入学考试—题解　Ⅳ. ① O15-44

中国版本图书馆 CIP 数据核字（2022）第 080082 号

高等代数中的典型问题解析

策划编辑：张　丹　责任编辑：张　丹　邱晓春　责任校对：王瑞瑞　责任出版：张志平

出 版 者　科学技术文献出版社
地　　址　北京市复兴路15号　邮编　100038
编 务 部　(010) 58882938，58882087（传真）
发 行 部　(010) 58882868，58882870（传真）
邮 购 部　(010) 58882873
官方网址　www.stdp.com.cn
发 行 者　科学技术文献出版社发行　全国各地新华书店经销
印 刷 者　北京虎彩文化传播有限公司
版　　次　2022 年 8 月第 1 版　2025 年 1 月第 3 次印刷
开　　本　787 × 1092　1/16
字　　数　556千
印　　张　24
书　　号　ISBN 978-7-5189-9173-0
定　　价　58.00元

编委会

主　编　严谦泰

副主编　王澜峰　杨永伟

编　委　刘　琪　彭　桢

李飞祥　张丽芬

前言

高等代数是数学专业的一门重要的专业基础课程，它对后续课程的学习和学生的运算能力、逻辑推理能力、抽象概括能力的培养等都起着非常重要的作用。该门课程具有概念抽象、知识联系紧密、系统性强、方法繁多、解题技巧性高等特点。为帮助读者准确理解课程中的概念和难点，真正掌握高等代数的思想方法，有效提高解题的技能和技巧，我们从代数学的思想和方法入手，以经典题型和历年考研真题为载体，编写了《高等代数中的典型问题解析》一书。

全书共分 9 章，每章包括基础知识、典型问题解析、练习题三部分。基础知识部分包括对基本概念、基本理论、基本方法的分析与总结，具有体例简洁、内容丰富全面等特点。典型问题解析部分具有例题新颖、题型丰富、解题方法多样等特点，并且对有启示性的问题重点标注，起到画龙点睛的作用，力图让读者学会代数学的方法与技巧，从而开阔思路，提高解题能力。练习题部分精选少量问题，在读者强化练习后，能更深入地掌握典型问题的解决方法和技巧。本书涉及全国很多高校的考研题型，不仅对各种考研题型进行总结分类，也对考题的解决方法进行归纳概括，使读者能深受启发，做到触类旁通，举一反三。

本书的编写人员都是多年从事高等代数考研辅导及高等代数课程教学的教师。第 1 章由刘琪编写，第 2 章由张丽芬编写，第 3 章由杨永伟编写，第 4 章由彭桢编写，第 5 章由严谦泰、刘琪和彭桢编写，第 6 章由严谦泰编写，第 7 章由王澜峰编写，第 8 章由李飞祥编写，第 9 章由严谦泰编写。全书由王澜峰和杨永伟统稿，并由严谦泰审阅。

本书是河南省“十四五”普通高等教育规划教材，可作为数学专业的考研辅导教材，也可作为数学专业高等代数课程或理工科专业线性代数课程的参考书。

本书参考了很多文献资料，在此对这些文献的作者表示衷心的感谢。同时对在编写和统稿过程中给予帮助的同事们表示诚挚的感谢。书中难免有不足之处，恳请读者提出宝贵意见。

编者

2022 年 1 月

目 录

第 1 章　多项式

1.1　基础知识

§1　数域

(1)设 P 是由一些复数组成的集合,其中包括 0 与 1。如果 P 中任意两个数的和、差、积、商(除数不为零)仍然是 P 中的数,那么 P 就称为一个数域。

(2)全体整数组成的集合、全体有理数组成的集合、全体实数组成的集合、全体复数组成的集合分别用字母 **Z**、**Q**、**R**、**C** 来代表,后 3 个数集都是数域,而整数集不是数域。

(3)如果数的集合 P 中任意两个数作某一种运算的结果都仍在 P 中,就说数集 P 对这个运算是封闭的。因此,数域的定义也可以说成:如果一个包含 0,1 在内的数集 P 对于加法、减法、乘法与除法(除数不为零)是封闭的,那么 P 就称为一个数域。

(4)由于 P 对于减法是封闭的,且 $0=1-1$,故数域的定义也进一步说成:如果一个包含 1 在内的数集 P 对于加法、减法、乘法与除法(除数不为零)是封闭的,那么 P 就称为一个数域。

(5)所有的数域都包含有理数域。在有理数域与实数域之间存在无穷多个数域,在实数域与复数域之间不存在其他的数域。

§2　一元多项式的概念及运算

1. 一元多项式的概念

(1)设 n 是一非负整数,x 是一个符号(或称文字)。形式表达式

$$a_nx^n+a_{n-1}x^{n-1}+\cdots+a_1x+a_0, \tag{1-1}$$

其中 $a_0,a_1,\cdots,a_n$ 全属于数域 P,称为系数在数域 P 中的一元多项式,或者简称为数域 P 上的一元多项式。其中,a_ix^i 称为 i 次项,a_i 称为 i 次项的系数。用 $f(x)$,$g(x)$ 或 f,g 等来表示多项式。

(2)在多项式 $a_nx^n+a_{n-1}x^{n-1}+\cdots+a_1x+a_0$ 中,如果 $a_n\neq 0$,那么 a_nx^n 称为多项式(1-1)的首项,a_n 称为首项系数,n 称为多项式的次数,记为 $\partial(f(x))$。

(3)系数全为零的多项式称为零多项式,记为 0。

注　零多项式是唯一不定义次数的多项式。

(4)若 $f(x)=c$,$(c\in P,c\neq 0)$,则 $\partial(f(x))=0$,称为零次多项式。

2. 运算

(1)加法

设

$$f(x)=a_nx^n+a_{n-1}x^{n-1}+\cdots+a_1x+a_0=\sum_{i=0}^{n}a_ix^i,$$

$$g(x)=b_mx^m+b_{m-1}x^{m-1}+\cdots+b_1x+b_0=\sum_{j=0}^{m}b_jx^j,$$

是数域 P 上的两个多项式,则 $f(x)$ 与 $g(x)$ 的和为

$$\begin{aligned}f(x)+g(x)&=(a_n+b_n)x^n+(a_{n-1}+b_{n-1})x^{n-1}+\cdots+(a_1+b_1)x+(a_0+b_0)\\&=\sum_{i=0}^{n}(a_i+b_i)x^i。\end{aligned}$$

这里不妨设 $n\geqslant m$,在 $g(x)$ 中令 $b_n=b_{n-1}=\cdots=b_{m+1}=0$。

1)数域 P 上的 2 个多项式经过加、减运算后,所得结果仍然是数域 P 上的多项式。

2)次数公式:$\partial(f(x)+g(x))\leqslant\max\{\partial(f(x)),\partial(g(x))\}$。

(2)乘法

$f(x)$ 与 $g(x)$ 的乘积为

$$f(x)g(x)=a_nb_mx^{n+m}+(a_nb_{m-1}+a_{n-1}b_m)x^{n+m-1}+\cdots+(a_1b_0+a_0b_1)x+a_0b_0,$$

其中,s 次项的系数是

$$a_sb_0+a_{s-1}b_1+\cdots+a_1b_{s-1}+a_0b_s=\sum_{i+j=s}a_ib_j。$$

所以,$f(x)g(x)$ 可表示成

$$f(x)g(x)=\sum_{s=0}^{m+n}(\sum_{i+j=s}a_ib_j)x^s。$$

1)数域 P 上的两个多项式经过乘法运算后,所得结果仍然是数域 P 上的多项式。

2)次数公式:若 $f(x)\neq 0,g(x)\neq 0$,则 $f(x)g(x)\neq 0$,并且

$$\partial(f(x)g(x))=\partial(f(x))+\partial(g(x))。$$

3)多项式乘积的首项系数就等于这两个多项式首项系数的乘积。

(3)运算规律

加法交换律:$f(x)+g(x)=g(x)+f(x)$;

加法结合律:$(f(x)+g(x))+h(x)=f(x)+(g(x)+h(x))$;

乘法交换律:$f(x)g(x)=g(x)f(x)$;

乘法结合律:$(f(x)g(x))h(x)=f(x)(g(x)h(x))$;

乘法对加法的分配律:$f(x)(g(x)+h(x))=f(x)g(x)+f(x)h(x)$;

乘法消去律:若 $f(x)g(x)=f(x)h(x)$,且 $f(x)\neq 0$,则 $g(x)=h(x)$。

3. 一元多项式环

所有系数在数域 P 中的一元多项式的全体，称为数域 P 上的一元多项式环，记为 $P[x]$，P 称为 $P[x]$ 的系数域。

§3　整除的概念

1. 带余除法定理

对于 $P[x]$ 中任意两个多项式 $f(x)$ 与 $g(x)$，其中 $g(x)\neq 0$，一定有 $P[x]$ 中的多项式 $q(x)$，$r(x)$ 存在，使

$$f(x)=q(x)g(x)+r(x)$$

成立，其中 $\partial(r(x))<\partial(g(x))$ 或者 $r(x)=0$，并且这样的 $q(x)$，$r(x)$ 是唯一决定的。

带余除法中所得的 $q(x)$ 通常称为 $g(x)$ 除 $f(x)$ 的商式，$r(x)$ 称为 $g(x)$ 除 $f(x)$ 的余式。

2. 整除的定义

数域 P 上的多项式 $g(x)$ 称为整除 $f(x)$，如果有数域 P 上的多项式 $h(x)$ 使等式

$$f(x)=g(x)h(x)$$

成立。用“$g(x)\mid f(x)$”表示 $g(x)$ 整除 $f(x)$，用“$g(x)\nmid f(x)$”表示 $g(x)$ 不能整除 $f(x)$。

1)当 $g(x)\mid f(x)$ 时，$g(x)$ 就称为 $f(x)$ 的因式，$f(x)$ 称为 $g(x)$ 的倍式。

2)当 $g(x)\neq 0$ 时，带余除法给出了整除性的一个判别方法。

3. 整除的判定

对于数域 P 上的任意两个多项式 $f(x)$，$g(x)$，其中 $g(x)\neq 0$，$g(x)\mid f(x)$ 的充分必要条件是 $g(x)$ 除 $f(x)$ 的余式为零。

注　1) $g(x)\nmid f(x)$ 的充分必要条件是 $r(x)\neq 0$；

2) $g(x)\mid f(x)$，则 $\partial(f(x))\geqslant\partial(g(x))$ $(f(x)\neq 0, g(x)\neq 0)$；

3)带余除法中 $g(x)\neq 0$，但整除定义中 $g(x)$ 可以为零。故 $0=0\cdot h(x)$，即 $0|0$；

4)当 $g(x)\mid f(x)$ 时，如 $g(x)\neq 0$，$g(x)$ 除 $f(x)$ 的商 $q(x)$ 有时也用 $\dfrac{f(x)}{g(x)}$ 来表示。

4. 整除的性质

(1)任一多项式 $f(x)$ 一定整除它自身。

(2)任一多项式 $f(x)$ 都能整除零多项式。

(3)零多项式只能整除零多项式。

(4)零次多项式，即非零常数，能整除任意一个多项式。特别地，$a\mid b$ $(a\neq 0)$。

(5)若 $f(x) \mid g(x), g(x) \mid f(x)$，则 $f(x)=cg(x)$，其中 c 为非零常数。

(6)若 $f(x) \mid g(x), g(x) \mid h(x)$，则 $f(x) \mid h(x)$（整除的传递性）。

(7)若 $f(x) \mid g(x), f(x) \mid h(x)$，则 $f(x) \mid (g(x)+h(x))$。

(8)若 $f(x) \mid g(x)$，对任意 $h(x)$，则 $f(x) \mid g(x)h(x)$。

(9)若 $f(x) \mid g_i(x), i=1,2,\cdots,r$，则

$$f(x) \mid (u_1(x)g_1(x)+u_2(x)g_2(x)+\cdots+u_r(x)g_r(x)),$$

其中，$u_i(x)$ 是数域 P 上任意的多项式。

(10) $f(x)$ 与它的任一个非零常数倍 $cf(x)(c\neq 0)$ 有相同的因式和相同的倍式，在多项式整除性的讨论中，$f(x)$ 常常可以用 $cf(x)$ 来代替。

(11)两个多项式之间的整除性不因数域的扩大而改变。

§4 多项式的最大公因式

1. 多项式的最大公因式的定义

设 $f(x)$ 与 $g(x)$ 是 $P[x]$ 中两个多项式。$P[x]$ 中多项式 $d(x)$ 称为 $f(x)$，$g(x)$ 的一个最大公因式，如果它满足下面两个条件：

1) $d(x)$ 是 $f(x)$ 与 $g(x)$ 的公因式；

2) $f(x)$，$g(x)$ 的公因式全是 $d(x)$ 的因式。

2. 性质

(1)如果有等式

$$f(x)=q(x)g(x)+r(x)$$

成立，那么 $f(x)$，$g(x)$ 和 $g(x)$，$r(x)$ 公因式完全相同。

(2)对于 $P[x]$ 的任意两个多项式 $f(x)$，$g(x)$，在 $P[x]$ 中存在一个最大公因式 $d(x)$，且 $d(x)$ 可以表示成 $f(x)$，$g(x)$ 的一个组合，即有 $P[x]$ 中多项式 $u(x)$，$v(x)$ 使

$$d(x)=u(x)f(x)+v(x)g(x)。$$

注 此命题的逆命题不成立。例如 $f(x)=x$，$g(x)=1-x$，取 $u(x)=1, v(x)=-1$，$d(x)=f(x)u(x)+g(x)v(x)=2x-1$，而 $d(x)$ 却不是 $f(x)$ 与 $g(x)$ 的最大公因式。

(3)两个多项式的最大公因式在可以相差一个非零常数倍的意义下是唯一确定的。两个不全为零的多项式，用 $(f(x),g(x))$ 表示 $f(x)$，$g(x)$ 首项系数是1的那个最大公因式。

3. 互素

(1) $P[x]$ 中两个多项式 $f(x)$，$g(x)$ 称为互素（也称互质）的，如果

$$(f(x),g(x))=1。$$

注 如果两个多项式互素，那么它们除去零次多项式外没有其他的公因式，反之亦然。

(2) $P[x]$ 中两个多项式 $f(x)$，$g(x)$ 互素的充分必要条件是有 $P[x]$ 中的多项式 $u(x)$，

$v(x)$ 使

$$u(x)f(x)+v(x)g(x)=1。$$

(3)互素的性质

1)如果 $(f(x),g(x))=1$，且 $f(x)\mid g(x)h(x)$，那么

$$f(x)\mid h(x)。$$

注　当一个多项式整除两个多项式之积时，若没有互素的条件，这个多项式一般不能整除积的因式之一。

例如：$x^2-1\mid(x+1)^2(x-1)^2$，但 $x^2-1\nmid(x+1)^2$，且 $x^2-1\nmid(x-1)^2$。

2)如果 $f_1(x)\mid g(x),f_2(x)\mid g(x)$，且 $(f_1(x),f_2(x))=1$，那么 $f_1(x)f_2(x)\mid g(x)$。

注　性质 2)中没有互素的条件，则不成立。如 $g(x)=x^2-1$，$f_1(x)=x+1$，$f_2(x)=(x+1)(x-1)$，则 $f_1(x)\mid g(x),f_2(x)\mid g(x)$，但 $f_1(x)f_2(x)\nmid g(x)$。

3)如果 $(f_1(x),g(x))=1$，$(f_2(x),g(x))=1$，那么 $(f_1(x)f_2(x),g(x))=1$。

4)如果 $(f(x),g(x))=1$，那么 $(f(x)g(x),f(x)+g(x))=1$。

4. 最大公因式与互素的推广

对于任意多个多项式 $f_1(x),f_2(x),\cdots,f_s(x)(s\geqslant 2)$，$d(x)$ 称为 $f_1(x),f_2(x),\cdots,f_s(x)(s\geqslant 2)$ 的一个最大公因式，如果 $d(x)$ 具有下面的性质：

1) $d(x)\mid f_i(x)\ (i=1,2,\cdots,s)$；

2)如果 $\varphi(x)\mid f_i(x)\ (i=1,2,\cdots,s)$，那么 $\varphi(x)\mid d(x)$。

我们仍用 $(f_1(x),f_2(x),\cdots,f_s(x))$ 符号来表示首项系数为 1 的最大公因式。不难证明，$f_1(x),f_2(x),\cdots,f_s(x)$ 的最大公因式存在，而且当 $f_1(x),f_2(x),\cdots,f_s(x)$ 全不为零时，

$$((f_1(x),f_2(x),\cdots,f_{s-1}(x)),f_s(x))$$

就是 $f_1(x),f_2(x),\cdots,f_s(x)$ 的最大公因式，即

$$(f_1(x),f_2(x),\cdots,f_s(x))=((f_1(x),f_2(x),\cdots,f_{s-1}(x)),f_s(x))。$$

同样，利用以上这个关系可以证明，存在多项式 $u_i(x)(i=1,2,\cdots,s)$，使

$$u_1(x)f_1(x)+u_2(x)f_2(x)+\cdots+u_s(x)f_s(x)=(f_1(x),f_2(x),\cdots,f_s(x))。$$

如果 $(f_1(x),f_2(x),\cdots,f_s(x))=1$，那么 $f_1(x),f_2(x),\cdots,f_s(x)$ 就称为互素的。

§5　因式分解定理

1. 不可约多项式的定义

数域 P 上次数$\geqslant 1$ 的多项式 $p(x)$ 称为数域 P 上的不可约多项式，如果它不能表示成数域 P 上的两个次数比 $p(x)$ 的次数低的多项式的乘积。

注　1)根据定义，一次多项式总是不可约多项式。

2)一个多项式是否可约是依赖于系数域的。

3)不可约多项式 $p(x)$ 的因式只有非零常数与它自身的非零常数倍 $cp(x)(c\neq 0)$ 这两

种，此外就没有了。反过来，具有这个性质的次数$\geqslant 1$的多项式一定是不可约的。

4)不可约多项式$p(x)$与任一多项式$f(x)$之间只可能有两种关系，或者$p(x)\mid f(x)$或者$(p(x),f(x))=1$。

2. 不可约多项式的性质

(1)如果$p(x)$是不可约多项式，那么对于任意的两个多项式$f(x),g(x)$，由$p(x)\mid f(x)g(x)$一定推出$p(x)\mid f(x)$或者$p(x)\mid g(x)$。

(2)如果不可约多项式$p(x)$整除一些多项式$f_1(x),f_2(x),\cdots,f_s(x)$的乘积$f_1(x)f_2(x)\cdots f_s(x)$，那么$p(x)$一定整除这些多项式之中的一个。

3. 因式分解定理

数域P上次数$\geqslant 1$的多项式$f(x)$都可以唯一地分解成数域P上一些不可约多项式的乘积。所谓唯一性是说，如果有两个分解式

$$f(x)=p_1(x)p_2(x)\cdots p_s(x)=q_1(x)q_2(x)\cdots q_t(x),$$

那么必有$s=t$，并且适当排列因式的次序后有

$$p_i(x)=c_iq_i(x),i=1,2,\cdots,s。$$

其中，$c_i(i=1,2,\cdots,s)$是一些非零常数。

4. 标准分解式

在多项式$f(x)$的分解式中，可以把每一个不可约因式的首项系数提出来，使它们成为首项系数为1的多项式，再把相同的不可约因式合并。于是$f(x)$的分解式成为

$$f(x)=cp_1^{r_1}(x)p_2^{r_2}(x)\cdots p_s^{r_s}(x),$$

其中，c是$f(x)$的首项系数，$p_1(x),p_2(x),\cdots,p_s(x)$是不同的首项系数为1的不可约多项式，而$r_1,r_2,\cdots,r_s$是正整数。这种分解式称为标准分解式。

1)如果已经有了两个多项式的标准分解式，就可以直接写出两个多项式的最大公因式。多项式$f(x)$与$g(x)$的最大公因式$d(x)$就是那些同时在$f(x)$与$g(x)$的标准分解式中出现的不可约多项式方幂的乘积，所带的方幂的指数等于它在$f(x)$与$g(x)$中所带的方幂中较小的一个。

2)上述求最大公因式的方法不能代替辗转相除法，因为在一般情况下，没有实际分解多项式为不可约多项式的乘积的方法，即使要判断数域P上一个多项式是否可约一般都是很困难的。

3)若$f(x)$与$g(x)$的标准分解式中没有共同的不可约多项式，则$f(x)$与$g(x)$互素。

§6　重因式

1. 重因式的定义

(1)不可约多项式 $p(x)$ 称为多项式 $f(x)$ 的 k 重因式，如果 $p^k(x) \mid f(x)$，但 $p^{k+1}(x) \nmid f(x)$。

如果 $k=0$，那么 $p(x)$ 根本不是 $f(x)$ 的因式；如果 $k=1$，那么 $p(x)$ 称为 $f(x)$ 的单因式；如果 $k>1$，那么 $p(x)$ 称为 $f(x)$ 的重因式。

注　k 重因式和重因式是两个不同的概念，不要混淆。

(2)不可约多项式 $p(x)$ 称为多项式 $f(x)$ 的 k 重因式，如果

$$f(x)=p^k(x)g(x), p(x) \nmid g(x)。$$

(3)如果 $f(x)$ 的标准分解式为

$$f(x)=cp_1^{r_1}(x)p_2^{r_2}(x)\cdots p_s^{r_s}(x),$$

那么 $p_1(x),p_2(x),\cdots,p_s(x)$ 分别是 $f(x)$ 的 r_1 重，r_2 重，$\cdots$，r_s 重因式。指数 $r_i=1$ 的那些不可约因式是单因式；指数 $r_i>1$ 的那些不可约因式是重因式。

2. 重因式的判别

(1)微商

1)设有多项式

$$f(x)=a_nx^n+a_{n-1}x^{n-1}+\cdots+a_1x+a_0,$$

规定它的微商(也称导数或一阶导数)是

$$f'(x)=a_nnx^{n-1}+a_{n-1}(n-1)x^{n-2}+\cdots+a_1。$$

2)微商的基本运算公式：

$$(f(x)+g(x))'=f'(x)+g'(x),$$

$$(f(x)g(x))'=f(x)g'(x)+f'(x)g(x),$$

$$(cf(x))'=cf'(x),$$

$$(f^m(x))'=mf^{m-1}(x)f'(x)。$$

3)同样可以定义高阶微商的概念。微商 $f'(x)$ 称为 $f(x)$ 的一阶微商；$f'(x)$ 的微商 $f''(x)$ 称为 $f(x)$ 的二阶微商等。$f(x)$ 的 k 阶微商记为 $f^{(k)}(x)$。

4)一个 $n(n\geqslant 1)$ 次多项式的微商是一个 $n-1$ 次多项式；它的 n 阶微商是一个常数；它的 $n+1$ 阶微商等于 0。

(2)判定定理

1)如果不可约多项式 $p(x)$ 是多项式 $f(x)$ 的一个 $k(k\geqslant 1)$ 重因式，那么 $p(x)$ 是微商 $f'(x)$ 的 $k-1$ 重因式。

注　定理的逆定理不成立，例如

$$f(x)=x^3-3x^2+3x+3,$$

$$f'(x)=3x^2-6x+3=3(x-1)^2,$$

$x-1$ 是 $f'(x)$ 的二重因式，但根本不是 $f(x)$ 的因式，当然更不是三重因式。

2)如果不可约多项式 $p(x)$ 是多项式 $f(x)$ 的一个 $k(k\geqslant 1)$ 重因式，那么 $p(x)$ 是 $f(x),f'(x),\cdots,f^{(k-1)}(x)$ 的因式，但不是 $f^{(k)}(x)$ 的因式。

3)不可约多项式 $p(x)$ 是多项式 $f(x)$ 的重因式的充分必要条件是 $p(x)$ 是 $f(x)$ 与 $f'(x)$ 的公因式。

4)多项式 $f(x)$ 没有重因式的充分必要条件是 $(f(x),f'(x))=1$。

注 1)这个推论表明，判别一个多项式有无重因式可以通过代数运算——辗转相除法来解决，这个方法甚至是机械的。

2)由于多项式的导数及两个多项式互素与否的事实在由数域 P 过渡到含 P 的数域 $\bar{P}$ 时都无改变，所以可得以下结论：

若多项式 $f(x)$ 在 $P[x]$ 中没有重因式，那么把 $f(x)$ 看成含 P 的某一数域 $\bar{P}$ 上的多项式时，$f(x)$ 也没有重因式。

3. 去掉重因式的方法

设 $f(x)$ 有重因式，其标准分解式为

$$f(x)=cp_1^{r_1}(x)p_2^{r_2}(x)\cdots p_s^{r_s}(x)。$$

那么

$$f'(x)=p_1^{r_1-1}(x)p_2^{r_2-1}(x)\cdots p_s^{r_s-1}(x)g(x),$$

此处 $g(x)$ 不能被任何 $p_i(x)(i=1,2,\cdots,s)$ 整除。于是

$$(f(x),f'(x))=d(x)=p_1^{r_1-1}(x)p_2^{r_2-1}(x)\cdots p_s^{r_s-1}(x)。$$

用 $d(x)$ 去除 $f(x)$ 所得的商式为

$$h(x)=cp_1(x)p_2(x)\cdots p_s(x)。$$

这样得到一个没有重因式的多项式 $h(x)$。且若不计重数，$h(x)$ 与 $f(x)$ 含有完全相同的不可约因式。因此，这是一个去掉因式重数的有效方法。

§7 多项式函数

1. 多项式函数

(1)设

$$f(x)=a_nx^n+a_{n-1}x^{n-1}+\cdots+a_1x+a_0,$$

是 $P[x]$ 中的多项式，α 是 P 中的数，在上式中用 α 代替 x 所得的数

$$a_n\alpha^n+a_{n-1}\alpha^{n-1}+\cdots+a_1\alpha+a_0,$$

称为 $f(x)$ 当 $x=\alpha$ 时的值，记为 $f(\alpha)$。这样，多项式 $f(x)$ 就定义了一个数域 P 上的函数。可以由一个多项式来定义的函数就称为数域 P 上的多项式函数。

(2)运算规律

如果

$$h_1(x)=f(x)+g(x),h_2(x)=f(x)g(x),$$

那么

$$h_1(\alpha)=f(\alpha)+g(\alpha),h_2(\alpha)=f(\alpha)g(\alpha)。$$

2. 余数定理

用一次多项式 $x-\alpha$ 去除多项式 $f(x)$，所得的余式是一个常数，这个常数等于函数值 $f(\alpha)$。

3. 综合除法

设

$$f(x)=a_nx^n+a_{n-1}x^{n-1}+a_{n-2}x^{n-2}+\cdots+a_1x+a_0,$$

用 $x-c$ 去除 $f(x)$ 可得商 $q(x)=b_{n-1}x^{n-1}+b_{n-2}x^{n-2}+\cdots+b_1x+b_0$ 和余数 r，用式子表达：

$$\begin{array}{c|cccccc} & a_n & a_{n-1} & a_{n-2} & \cdots & a_1 & a_0 \\ c & & +cb_{n-1} & +cb_{n-2} & \cdots & +cb_1 & +cb_0 \\ \hline & b_{n-1} & b_{n-2} & b_{n-3} & \cdots & b_0 & r \end{array}$$

其中，$b_{n-1}=a_n$。

注　在作综合除法时要注意：

1)降幂排列；

2)缺项补零；

3) $x+a=x-(-a)$。

4. 多项式的根

(1)如果 $f(x)$ 在 $x=\alpha$ 时函数值 $f(\alpha)=0$，那么 α 就称为 $f(x)$ 的一个根或零点。

(2) α 是 $f(x)$ 的根的充分必要条件是 $(x-\alpha)\mid f(x)$。

(3) α 称为 $f(x)$ 的 k 重根，如果 $x-\alpha$ 是 $f(x)$ 的 k 重因式。当 $k=1$ 时，α 称为单根；当 $k>1$ 时，α 称为重根。

(4) $P[x]$ 中 n 次多项式 $(n\geqslant 0)$ 在数域 P 中的根不可能多于 n 个，重根按重数计算。

5. 多项式相等与多项式函数相等的关系

如果多项式 $f(x)$，$g(x)$ 的次数都不超过 n，而它们对 $n+1$ 个不同的数 $\alpha_1,\alpha_2,\cdots,\alpha_{n+1}$ 有相同的值，即

$$f(\alpha_i)=g(\alpha_i),i=1,2,\cdots,n+1,$$

那么 $f(x)=g(x)$。

注　因为数域 P 中有无穷多个数，所以上述定理说明了，不同的多项式定义的函数也不相同。如果两个多项式定义相同的函数，就称为恒等，上面结论表明，多项式的恒等与多项式

相等实际上是一致的。换句话说,数域 P 上的多项式既可以作为形式表达式来处理,也可以作为函数来处理。但是应该指出,考虑到今后的应用与推广,多项式看成形式表达式要方便一些。

§8 复系数与实系数多项式的因式分解

1. 复系数多项式

(1)每个次数≥1 的复系数多项式在复数域中有一根。

(2)每个次数≥1 的复系数多项式在复数域上都可以唯一地分解成一次因式的乘积。

(3)复系数多项式具有标准分解式

$$f(x)=a_n(x-\alpha_1)^{l_1}(x-\alpha_2)^{l_2}\cdots(x-\alpha_s)^{l_s},$$

其中,$\alpha_1,\alpha_2,\cdots,\alpha_s$ 是不同的复数,$l_1,l_2,\cdots,l_s$ 是正整数。

注 标准分解式说明了每个 n 次复系数多项式恰有 n 个复根(重根按重数计算)。

2. 实系数多项式

(1)如果 α 是实系数多项式 $f(x)$ 的复根,那么 α 的共轭数 $\bar{\alpha}$ 也是 $f(x)$ 的根,并且 α 与 $\bar{\alpha}$ 有同一重数,即实系数多项式的非实的复数根两两成对。

(2)每个次数≥1 的实系数多项式在实数域上都可以唯一地分解成一次因式与含一对非实共轭复数根的二次因式的乘积。实数域上不可约多项式,除一次多项式外,只有含非实共轭复数根的二次多项式。

(3)因此,实系数多项式具有标准分解式

$$f(x)=a_n(x-c_1)^{l_1}(x-c_2)^{l_2}\cdots(x-c_s)^{l_s}(x^2+p_1x+q_1)^{k_1}(x^2+p_2x+q_2)^{k_2}\cdots(x^2+p_rx+q_r)^{k_r},$$

其中,$c_1,c_2,\cdots,c_s;p_1,p_2,\cdots,p_r;q_1,q_2,\cdots,q_r$ 全是实数,$l_1,l_2,\cdots,l_s;k_1,k_2,\cdots,k_r$ 是正整数,并且 $x^2+p_ix+q_i(i=1,2,\cdots,r)$ 是不可约的,也就是适合条件 $p_i^2-4q_i<0(i=1,2,\cdots,r)$。

3. n 次多项式的根与系数的关系

令

$$f(x)=a_0x^n+a_1x^{n-1}+\cdots+a_n,$$

是一个 n (>0)次多项式,那么在复数域 **C** 中 $f(x)$ 有 n 个根 $\alpha_1,\alpha_2,\cdots,\alpha_n$,根与系数的关系如下:

$$\frac{a_1}{a_0}=-(\alpha_1+\alpha_2+\cdots+\alpha_n),$$

$$\frac{a_2}{a_0}=\alpha_1\alpha_2+\alpha_1\alpha_3+\cdots+\alpha_{n-1}\alpha_n,$$

……

$$\frac{a_n}{a_0}=(-1)^n\alpha_1\alpha_2\cdots\alpha_n。$$

§9　有理系数多项式

1. 本原多项式及性质

(1)如果一个非零的整系数多项式

$$g(x)=b_nx^n+b_{n-1}x^{n-1}+\cdots+b_0$$

的系数 $b_n,b_{n-1},\cdots,b_0$ 没有异于 ±1 的公因子，也就是说它们是互素的，它就称为一个本原多项式。

(2)任何一个非零的有理系数多项式 $f(x)$ 都可以表示成一个有理数 r 与一个本原多项式 $g(x)$ 的乘积，即

$$f(x)=rg(x)。$$

这种表示法，除了差一个正负号是唯一的。亦即，如果

$$f(x)=rg(x)=r_1g_1(x),$$

其中，$g(x)$，$g_1(x)$ 都是本原多项式，那么必有

$$r=\pm r_1,g(x)=\pm g_1(x)。$$

(3)两个本原多项式的乘积还是本原多项式。

2. 有理系数与整系数多项式的因式分解关系

(1)如果一非零的整系数多项式能够分解成两个次数较低的有理系数多项式的乘积，那么它一定可以分解成两个次数较低的整系数多项式的乘积。

注　定理说明整系数多项式在 **Q** 上可约，则在 **Z**(环)上可约。

(2)设 $f(x)$，$g(x)$ 是整系数多项式，且 $g(x)$ 是本原的，如果 $f(x)=g(x)h(x)$，其中 $h(x)$ 是有理系数多项式，那么 $h(x)$ 一定是整系数多项式。

(3)设

$$f(x)=a_nx^n+a_{n-1}x^{n-1}+\cdots+a_0,$$

是一个整系数多项式，而 $\frac{r}{s}$ 是它的一个有理根，其中 r，s 互素，那么必有 $s\mid a_n$，$r\mid a_0$。特别地，如果 $f(x)$ 的首项系数 $a_n=1$，那么 $f(x)$ 的有理根都是整根，而且是 a_0 的因子。

3. 有理数域上多项式的可约性

(艾森斯坦判别法)设多项式

$$f(x)=a_nx^n+a_{n-1}x^{n-1}+\cdots+a_0,$$

是一个整系数多项式。若有一个素数 p，使得

1) $p \nmid a_n$；

2) $p \mid a_{n-1},a_{n-2},\cdots,a_0$；

3) $p^2 \nmid a_0$。

则多项式 $f(x)$ 在有理数域上不可约。

注 1)由艾森斯坦判别法得到：有理数域上存在任意次的不可约多项式。例如 $f(x)=x^n+2$，其中 n 是任意正整数。

2)艾森斯坦判别法的条件只是一个充分条件，即若找不到满足条件的素数 p，则 $f(x)$ 不一定不可约。

1.2 典型问题解析

1. 设 P 是一个数集，有一个非零数 $a\in P$，且 P 关于减法与除法(除数不为 0)封闭。求证：P 是一个数域。

证明 因为 $a\in P$，所以 $0=a-a\in P$，$a\div a=1\in P$。

$\forall x,y\in P$，有

$$x+y=x-(0-y)\in P,$$

即对加法封闭。

$\forall x,y\in P$，若 x,y 中有一个为零，则 $xy=0\in P$。若 $xy\neq 0$，则

$$xy=\frac{x}{\frac{1}{y}}\in P,$$

即对乘法封闭。

综上可知：P 是一个数域。

2. 求多项式 $p(x)$，满足条件：$xp(x-1)=(x-2)p(x)$，$x\in\mathbf{R}$。

解 在已知等式中，令 $x=0,1$，得 $p(0)=p(1)=0$。

由因式定理，$p(x)$ 有因式 $x(x-1)$，设

$$p(x)=x(x-1)q(x),q(x)\in\mathbf{R}[x]。\tag{1-2}$$

所以

$$p(x-1)=(x-1)(x-2)q(x-1)。\tag{1-3}$$

将式(1-2)、式(1-3)代入已知等式，由消去律得 $q(x)=q(x-1)$，由此有

$$q(0)=q(1)=q(2)=\cdots,$$

即有无穷多个 x，使 $q(x)$ 均取同一值 a，所以 $q(x)=a$。

故 $p(x)=ax(x-1)=ax^2-ax$，a 为常数。不难验证，对任一常数 a，如上 $p(x)$ 满足题设要求。

3. 设 $f(x)$，$g(x)$ 与 $h(x)$ 均为实数域上的多项式。求证：如果

$$f^2(x)=xg^2(x)+xh^2(x),$$

则

$$f(x)=g(x)=h(x)=0。$$

证明　反证法。假设 $f(x)\neq 0$，则 $f^2(x)\neq 0$。由

$$f^2(x)=xg^2(x)+xh^2(x)=x(g^2(x)+h^2(x)),$$

知 $g^2(x)+h^2(x)\neq 0$，因此

$$\partial(f^2(x))=\partial[x(g^2(x)+h^2(x))]。$$

但 $\partial(f^2(x))$ 为偶数，而 $\partial[x(g^2(x)+h^2(x))]$ 为奇数，因此 $f^2(x)\neq x(g^2(x)+h^2(x))$，与已知矛盾，故 $f(x)=0$。此时 $x(g^2(x)+h^2(x))=0$，由 $x\neq 0$ 知

$$g^2(x)+h^2(x)=0。$$

因为 $g(x)$，$h(x)$ 均为实数域上的多项式，从而必有 $g(x)=h(x)=0$。于是

$$f(x)=g(x)=h(x)=0。$$

4. 求证：$x^2+x+1 \mid x^{3m}+x^{3n+1}+x^{3p+2}$（$m,n,p$ 是 3 个任意的正整数）。

分析　用带余除法及待定系数法不易证明时，可以考虑采用因式定理来证明，即 $(x-a)\mid f(x)$ 的充分必要条件是 $f(a)=0$。

证明　可以求得 x^2+x+1 的根为 $\omega_1=\dfrac{-1+\sqrt{3}\mathrm{i}}{2}$，$\omega_2=\dfrac{-1-\sqrt{3}\mathrm{i}}{2}$，所以

$$x^2+x+1=(x-\omega_1)(x-\omega_2)。$$

又由

$$\omega_i^3-1=(\omega_i-1)(\omega_i^2+\omega_i+1)=0, i=1,2,$$

知 $\omega_i^3=1$，从而 $\omega_i^{3m}=\omega_i^{3n}=\omega_i^{3p}=1$。设 $f(x)=x^{3m}+x^{3n+1}+x^{3p+2}$，则

$$f(\omega_i)=\omega_i^{3m}+\omega_i^{3n+1}+\omega_i^{3p+2}=1+\omega_i+\omega_i^2=0, i=1,2。$$

故由因式定理知

$$x-\omega_1 \mid f(x), x-\omega_2 \mid f(x)。$$

又因为 $x-\omega_1$，$x-\omega_2$ 互素，从而 $(x-\omega_1)(x-\omega_2)\mid f(x)$，即

$$x^2+x+1 \mid f(x)。$$

5. 求一个 7 次多项式 $f(x)$，使 $f(x)+1$ 能被 $(x-1)^4$ 整除，$f(x)-1$ 能被 $(x+1)^4$ 整除。

解　因为 $x=1$ 是 $f(x)+1$ 的最少 4 重根，故 $x=1$ 为 $f'(x)$ 的最少 3 重根。同理，$x=-1$ 为 $f'(x)$ 的最少 3 重根。又因 $\partial(f'(x))=6$，故可设

$$f'(x)=a(x-1)^3(x+1)^3=a(x^6-3x^4+3x^2-1)。$$

积分得

$$f(x)=a\left(\frac{1}{7}x^7-\frac{3}{5}x^5+x^3-x\right)+b。$$

因 $f(1)=-1$, $f(-1)=1$, 即

$$a\left(\frac{1}{7}-\frac{3}{5}\right)+b=-1, a\left(-\frac{1}{7}+\frac{3}{5}\right)+b=1。$$

解得 $a=\frac{35}{16}$, $b=0$。从而所求 7 次多项式为

$$f(x)=\frac{5}{16}x^7-\frac{21}{16}x^5+\frac{35}{16}x^3-\frac{35}{16}x。$$

6. 设 $f(x)$, $g(x)$ 为数域 P 上的非零多项式,且 $(f(x),g(x))=1$。令

$$\varphi(x)=(x^3-1)f^n(x)+(x^3-x^2+x-1)g^m(x),$$
$$\psi(x)=(x^2-1)f^n(x)+(x^2-x)g^m(x)。$$

求证:$(\varphi(x),\psi(x))=x-1$。

证明 易见

$$\varphi(x)=(x-1)[(x^2+x+1)f^n(x)+(x^2+1)g^m(x)],$$
$$\psi(x)=(x-1)[(x+1)f^n(x)+xg^m(x)]。$$

故只需证 $(x^2+x+1)f^n(x)+(x^2+1)g^m(x)$ 与 $(x+1)f^n(x)+xg^m(x)$ 互素。

若 $(x^2+x+1)f^n(x)+(x^2+1)g^m(x)$ 与 $(x+1)f^n(x)+xg^m(x)$ 不互素,则存在 $p(x)\in P[x]$ 不可约,使

$$p(x)\mid[(x^2+x+1)f^n(x)+(x^2+1)g^m(x)] \text{且} p(x)\mid[(x+1)f^n(x)+xg^m(x)]。$$

从而 $(x^2+x+1)f^n(x)+(x^2+1)g^m(x)-x[(x+1)f^n(x)+xg^m(x)]$ 可被 $p(x)$ 整除,即

$$p(x)\mid(f^n(x)+g^m(x))。$$

又因为 $(x+1)f^n(x)+xg^m(x)=x[f^n(x)+g^m(x)]+f^n(x)$,所以,$p(x)\mid f^n(x)$,进而 $p(x)\mid g^m(x)$。而 $p(x)$ 在 P 上不可约,故 $p(x)\mid f(x)$,$p(x)\mid g(x)$。这与$(f(x),g(x))=1$ 矛盾。故

$$(\varphi(x),\psi(x))=x-1。$$

7. $f(x)$, $g(x)$ 不全为零,求证:

$$(f(x),g(x))^n=(f^n(x),g^n(x)), n \text{为正整数}。\quad (1-4)$$

证明 法一 令 $d(x)=(f(x),g(x))$,则式(1-4)改为

$$d^n(x)=(f^n(x),g^n(x))$$

且

$$d(x)\mid f(x), d(x)\mid g(x),$$

于是

$$f(x)=d(x)f_1(x), g(x)=d(x)g_1(x),$$

且

$$(f_1(x),g_1(x))=1。$$

所以

$$f^n(x)=d^n(x)f_1^n(x), g^n(x)=d^n(x)g_1^n(x),$$

即

$$d^n(x) \mid f^n(x), d^n(x) \mid g^n(x)。$$

再由 $(f_1(x), g_1(x))=1$ 得

$$(f_1^n(x), g_1^n(x))=1,$$

从而,存在 $u(x), v(x)$ 使

$$u(x)f_1^n(x)+v(x)g_1^n(x)=1。$$

两边乘 $d^n(x)$,有

$$u(x)f^n(x)+v(x)g^n(x)=d^n(x)。$$

进而 $\forall \varphi(x) \mid f^n(x), \varphi(x) \mid g^n(x)$, 由上式知 $\varphi(x) \mid d^n(x)$, 所以 $d^n(x)=(f^n(x), g^n(x))$, 结论得证。

法二　令 $d(x)=(f(x), g(x))$, 则

$$f(x)=d(x)f_1(x), g(x)=d(x)g_1(x), (f_1(x), g_1(x))=1,$$

所以

$$(f_1^n(x), g_1^n(x))=1,$$

从而

$$(f^n(x), g^n(x))=d^n(x)(f_1^n(x), g_1^n(x))=d^n(x)。$$

8. 设 m, n 为自然数,求证: $(x^m-1, x^n-1)=x^{(m,n)}-1$。

证明　(1)记 $d=(m,n)$, 则存在 $t, s \in \mathbf{Z}$,使 $m=dt$, $n=ds$。所以

$$\begin{aligned} x^m-1&=(x^d)^t-1\\ &=(x^d-1)[(x^d)^{t-1}+(x^d)^{t-2}+\cdots+x^d+1]。\end{aligned}$$

即 $x^d-1 \mid x^m-1$。同理有 $x^d-1 \mid x^n-1$。

(2)设 $\varphi(x)$ 是 x^m-1 与 x^n-1 的一个公因式,即

$$\varphi(x) \mid x^m-1, \varphi(x) \mid x^n-1。\tag{1-5}$$

由于存在 $u, v \in \mathbf{Z}$,使 $d=mu+nz$, 所以

$$x^d-1=x^{mu+nv}-1=(x^{mu}-1)x^{nv}+(x^{nv}-1)。\tag{1-6}$$

而 $x^m-1 \mid x^{mu}-1, x^n-1 \mid x^{nv}-1$。

结合式(1—5)、式(1—6)可得

$$\varphi(x) \mid x^d-1。$$

由(1)(2)可知

$$(x^m-1, x^n-1)=x^{(m,n)}-1。$$

9. 设 $f(x), g(x)$ 都是数域 P 上次数大于零的多项式,且 $(f(x), g(x))=1$。求证:存在 P 上唯一的多项式 $s(x), t(x)$, 其中 $\partial(s(x))<\partial(g(x)), \partial(t(x))<\partial(f(x))$, 使

$$s(x)f(x)+t(x)g(x)=1。$$

证明　由最大公因式的性质知,存在 P 上多项式 $u(x), v(x)$, 使

$$u(x)f(x)+v(x)g(x)=1,\tag{1-7}$$

从而根据多项式互素的充分必要条件知

$$(u(x), g(x))=1, (v(x), f(x))=1。$$

由带余除法得

$$u(x)=q_1(x)g(x)+s(x), v(x)=q_2(x)f(x)+t(x),$$

其中 $\partial(s(x))<\partial(g(x))$，$\partial(t(x))<\partial(f(x))$，代入式(1－7)并整理得

$$(q_1(x)+q_2(x))f(x)g(x)+s(x)f(x)+t(x)g(x)=1。$$

比较上式两端的次数，可知 $(q_1(x)+q_2(x))f(x)g(x)=0$，于是有

$$s(x)f(x)+t(x)g(x)=1。\tag{1－8}$$

再证唯一性。设有多项式 $s_1(x)$，$t_1(x)$ 也满足

$$s_1(x)f(x)+t_1(x)g(x)=1,\tag{1－9}$$

且 $\partial(s_1(x))<\partial(g(x))$，$\partial(t_1(x))<\partial(f(x))$，式(1－9)减式(1－8)得

$$(s_1(x)-s(x))f(x)+(t_1(x)-t(x))g(x)=0。$$

可见 $g(x)\mid[(s_1(x)-s(x))f(x)]$，但 $(f(x),g(x))=1$，从而 $g(x)\mid[s_1(x)-s(x)]$。由于 $s_1(x)$，$s(x)$ 的次数都小于 $g(x)$ 的次数，故只有 $s_1(x)-s(x)=0$，即 $s_1(x)=s(x)$。同理可得 $t_1(x)=t(x)$。唯一性得证。

10. 已知 $f(x)$，$g(x)$ 是数域 P 上的多项式。求证：

(1) $(f(x),g(x))=(f(x)\pm g(x)u(x),g(x))$，其中 $u(x)$ 为数域 P 上的任意多项式；

(2)设

$$f(x)=x^n+a_{n-1}x^{n-1}+\cdots+a_1x+a_0(a_0\neq 0),$$
$$g(x)=x^{n-1}+a_{n-1}x^{n-2}+\cdots+a_2x+a_1,$$

则

$$(f(x),g(x))=1。$$

证明 (1)设 $(f(x),g(x))=d(x)$，$(f(x)\pm g(x)u(x),g(x))=d_1(x)$。由于 $d(x)\mid f(x)$，$d(x)\mid g(x)$，所以 $d(x)\mid[f(x)\pm g(x)u(x)]$，于是 $d(x)\mid d_1(x)$。

另外，$d_1(x)\mid[f(x)\pm g(x)u(x)]$，$d_1(x)\mid g(x)$。所以 $d_1(x)\mid f(x)$。于是 $d_1(x)\mid d(x)$。

又 $d(x)$ 与 $d_1(x)$ 均为首项系数为 1 的多项式，所以 $d(x)=d_1(x)$，即

$$(f(x),g(x))=(f(x)\pm g(x)u(x),g(x))。$$

(2)由于 $f(x)+(-x)g(x)=a_0\neq 0$，利用本题(1)的结论得

$$(f(x),g(x))=(f(x)+(-x)g(x),g(x))=(a_0,g(x))=1。$$

11. 设 $f_1(x)$，$f_2(x)$ 是数域 P 上的两个多项式。求证：$f_1(x)$ 与 $f_2(x)$ 互素的充分必要条件是：对 P 上任意两个多项式 $r_1(x)$，$r_2(x)$，存在 P 上多项式 $q_1(x)$，$q_2(x)$，使

$$q_1(x)f_1(x)+r_1(x)=q_2(x)f_2(x)+r_2(x)。$$

证明 充分性。取 $r_1(x)=0$，$r_2(x)=1$，则有 $q_1(x)$，$q_2(x)$，使

$$q_1(x)f_1(x)-q_2(x)f_2(x)=1,$$

所以 $f_1(x)$ 与 $f_2(x)$ 互素。

必要性。因为 $(f_1(x),f_2(x))=1$，所以存在多项式 $u(x)$，$v(x)$ 使

$$u(x)f_1(x)+v(x)f_2(x)=1。$$

两边同乘以 $r_2(x)-r_1(x)$ 得

$$[u(x)f_1(x)+v(x)f_2(x)][r_2(x)-r_1(x)]=r_2(x)-r_1(x),$$

所以

$$u(x)(r_2(x)-r_1(x))f_1(x)+v(x)(r_2(x)-r_1(x))f_2(x)=r_2(x)-r_1(x),$$

取

$$q_1(x)=u(x)(r_2(x)-r_1(x)),$$
$$q_2(x)=v(x)(r_1(x)-r_2(x)),$$

即可证明结论成立。

12. 求证：$(f(x),g(x))=1$ 的充分必要条件是 $(f(x)+g(x),f(x)g(x))=1$。

证明　法一　必要性。设 $(f(x),g(x))=1$，假如 $(f(x)+g(x),f(x)g(x))\neq 1$，则有不可约公因式 $p(x)$ 存在，因为 $p(x)\mid f(x)g(x)$，则 $p(x)\mid f(x)$ 或 $p(x)\mid g(x)$，不妨设 $p(x)\mid f(x)$，又因为 $p(x)\mid (f(x)+g(x))$，推出 $p(x)\mid g(x)$，因而 $p(x)$ 是 $f(x)$，$g(x)$ 的公因式，与 $f(x)$，$g(x)$ 互素矛盾。因而 $(f(x)+g(x),f(x)g(x))=1$。

充分性。设 $(f(x)+g(x),f(x)g(x))=1$，则有 $u(x)$，$v(x)$ 使

$$(f(x)+g(x))u(x)+f(x)g(x)v(x)=1,$$

即

$$f(x)u(x)+g(x)(u(x)+f(x)v(x))=1,$$

因而

$$(f(x),g(x))=1。$$

法二　必要性。设 $(f(x),g(x))=1$，则有 $u(x)$，$v(x)$ 使

$$u(x)f(x)+v(x)g(x)=1,$$

因而

$$u(x)(f(x)+g(x))+(v(x)-u(x))g(x)=1,$$
$$(f(x)+g(x),g(x))=1。$$

同样

$$(f(x)+g(x),f(x))=1,$$

所以

$$(f(x)+g(x),f(x)g(x))=1。$$

充分性。设结论成立，则有 $u(x)$，$v(x)$ 使

$$u(x)(f(x)+g(x))+v(x)(f(x)g(x))=1,$$

于是

$$(u(x)+v(x)g(x))f(x)+u(x)g(x)=1,$$

因而 $(f(x),g(x))=1$。

13. 对任意非负整数 n，令 $f_n(x)=x^{n+2}-(x+1)^{2n+1}$。求证：$(x^2+x+1,f_n(x))=1$。

证明　因为多项式 x^2+x+1 的两个根是3次单位虚根 ω，ω^2（这里 $\omega^3=1$），且

$$f_n(\omega)=\omega^{n+2}-(\omega+1)^{2n+1}$$
$$=\omega^{n+2}-(-\omega^2)^{2n+1}$$

$$\begin{aligned}&=\omega^{n+2}+\omega^{4n+2}\\&=\omega^{n+2}+\omega^{3n}\cdot\omega^{n+2}\\&=2\omega^{n+2}\neq 0,\end{aligned}$$

$$\begin{aligned}f_n(\omega^2)&=(\omega^2)^{n+2}-(\omega^2+1)^{2n+1}\\&=\omega^{2n+4}-(-\omega)^{2n+1}\\&=\omega^{2n+4}+\omega^{2n+1}\\&=\omega^{2n+1}(\omega^3+1)\\&=2\omega^{2n+1}\neq 0,\end{aligned}$$

所以 $x-\omega\nmid f_n(x)$，$x-\omega^2\nmid f_n(x)$。

由 $x-\omega$，$x-\omega^2$ 均为不可约多项式得

$$(x-\omega,f_n(x))=1,$$

$$(x-\omega^2,f_n(x))=1。$$

又因为 $(x-\omega,x-\omega^2)=1$，所以 $((x-\omega)(x-\omega^2),f_n(x))=1$，即

$$(x^2+x+1,f_n(x))=1。$$

14. 求证：数域 P 上一个 $n(>0)$ 次多项式 $f(x)$ 能被它的导数 $f'(x)$ 整除的充分必要条件是 $f(x)=a(x-b)^n$，其中 $a,b\in P$。

证明 充分性。因为 $f(x)=a(x-b)^n$，$f'(x)=na(x-b)^{n-1}$，所以 $f'(x)\mid f(x)$。

必要性。法一 利用标准分解式。设 $f(x)$ 的标准分解式为

$$f(x)=ap_1^{r_1}(x)p_2^{r_2}(x)\cdots p_s^{r_s}(x),$$

其中 $p_i(x)(i=1,2,\cdots,s)$ 是 P 上首项系数为 1 的不可约多项式，a 是 $f(x)$ 的首项系数，$r_i(i=1,2,\cdots,s)$ 是正整数且 $r_1+r_2+\cdots+r_s=n$，则

$$f'(x)=p_1^{r_1-1}(x)p_2^{r_2-1}(x)\cdots p_s^{r_s-1}(x)g(x),$$

此处 $g(x)$ 不能被任何 $p_i(x)(i=1,2,\cdots,s)$ 整除。

因为 $f'(x)\mid f(x)$，所以 $g(x)\mid p_1(x)p_2(x)\cdots p_s(x)$，可见 $g(x)$ 可能的因式为非零常数及 $p_i(x)(i=1,2,\cdots,s)$，但 $p_i(x)\nmid g(x)(i=1,2,\cdots,s)$，故 $g(x)=c\neq 0$。

设 $\partial(p_i(x))=m_i(i=1,2,\cdots,s)$，则

$$m_1r_1+m_2r_2+\cdots+m_sr_s=\partial(f(x))=n,$$

$$m_1(r_1-1)+m_2(r_2-1)+\cdots+m_s(r_s-1)=\partial(f'(x))=n-1。$$

即得 $n-(m_1+m_2+\cdots+m_s)=n-1$，从而 $m_1+m_2+\cdots+m_s=1$。这里 $m_1=1,s=1$ 且 $r_1=n$，于是 $f(x)=ap_1^{r_1}(x)$。设 $p_1(x)=x-b$，则 $f(x)=a(x-b)^n$。

法二 待定系数法。设 $f(x)=a_nx^n+a_{n-1}x^{n-1}+\cdots+a_1x+a_0(a_i\in P,a_n\neq 0)$，则

$$f'(x)=na_nx^{n-1}+(n-1)a_{n-1}x^{n-2}+\cdots+a_1。$$

由 $f'(x)\mid f(x)$ 及 $\partial(f(x))=\partial(f'(x))+1$ 知，存在多项式 $cx+d$ 使

$$f(x)=f'(x)(cx+d)。$$

因而 $c=\dfrac{1}{n}$，此时

$$f(x)=f'(x)\left(\frac{1}{n}x+d\right)=\frac{1}{n}f'(x)(x+nd)=\frac{1}{n}f'(x)(x-b),$$

其中 $b=-nd$。于是 $(f'(x),f(x))=\frac{1}{na_n}f'(x)$，即为首项系数为 1 的 $n-1$ 次多项式。故

$$\frac{f(x)}{(f(x),f'(x))}=\frac{\frac{1}{n}f'(x)(x-b)}{\frac{1}{na_n}f'(x)}=a_n(x-b)。$$

由于 $\frac{f(x)}{(f(x),f'(x))}$ 包含了 $f(x)$ 的全部不可约因式，所以 $f(x)$ 的不可约因式只能是 $x-b$ 及它的非零常数倍。考虑到 $f(x)$ 的次数是 n，所以 $f(x)$ 具有形式

$$f(x)=a(x-b)^n, a,b\in P。$$

15. 试就实数域和复数域两种情况，求

$$f(x)=x^n+x^{n-1}+\cdots+x+1$$

的标准分解式。

解　令 $g(x)=(x-1)f(x)$，则 $g(x)=x^{n+1}-1$。那么

$$g(x)=(x-\varepsilon)(x-\varepsilon^2)\cdots(x-\varepsilon^n)(x-1)。\tag{1-10}$$

其中，$\varepsilon=\cos\frac{2\pi}{n+1}+\mathrm{i}\sin\frac{2\pi}{n+1}$。

(1) 由式(1-10)知，$f(x)$ 在复数域上的标准分解式为：

$$f(x)=(x-\varepsilon)(x-\varepsilon^2)\cdots(x-\varepsilon^n)。$$

(2) 因为 $\overline{\varepsilon^k}=\varepsilon^{n+1-k}\ (0<k<n+1)$，由式(1-10)知 $f(x)$ 在实数域上的标准分解式可分为两种情况：

①当 $n=2k$ 时，有

$$f(x)=\left(x^2-2x\cos\frac{2\pi}{n+1}+1\right)\left(x^2-2x\cos\frac{4\pi}{n+1}+1\right)\cdots\left(x^2-2x\cos\frac{2k\pi}{n+1}+1\right)。$$

②当 $n=2k+1$ 时，有

$$f(x)=(x+1)\left(x^2-2x\cos\frac{2\pi}{n+1}+1\right)\cdots\left(x^2-2x\cos\frac{2k\pi}{n+1}+1\right)。$$

16. 设 $P[x]$ 为数域 P 上的多项式环，$f_1(x)$，$f_2(x)\in P[x]$，且 $f_1(x)$，$f_2(x)$ 互素。求证：对任意的 $g_1(x)$，$g_2(x)$，存在 $g(x)\in P[x]$，使 $f_i(x)\mid g(x)-g_i(x)$，$i=1,2$。

证明　由 $f_1(x)$，$f_2(x)$ 互素知，存在 $u(x)$，$v(x)\in P[x]$，使

$$u(x)f_1(x)+v(x)f_2(x)=1,$$

所以，$\forall g_1(x)$，$g_2(x)$，有

$$u(x)f_1(x)g_1(x)+v(x)f_2(x)g_1(x)=g_1(x),$$
$$u(x)f_1(x)g_2(x)+v(x)f_2(x)g_2(x)=g_2(x)。$$

取 $g(x)=v(x)f_2(x)g_1(x)+u(x)f_1(x)g_2(x)$，有

$$g(x)-g_1(x)=f_1(x)u(x)(g_2(x)-g_1(x)),$$

$$g(x)-g_2(x)=f_2(x)v(x)(g_1(x)-g_2(x)),$$

所以

$$f_i(x)\mid g(x)-g_i(x),i=1,2。$$

17. 当正整数 n 取何值时，$f(x)=(x+1)^n-x^n-1$ 有重因式?

分析 考虑重因式的问题，一般来说总是从求 $(f(x),f'(x))$ 入手，此时若 $f(x)$ 的次数不高，则利用辗转相除法确定 $(f(x),f'(x))$。当 $f(x)$ 的次数较高或不定时，也可通过 $f(x)$ 与 $f'(x)$ 有公共根来讨论 $f(x)$ 的重因式。

解 $f'(x)=n(x+1)^{n-1}-nx^{n-1}$。由重因式判定定理知，$f(x)$ 有重因式的充分必要条件是 $f(x)$ 与 $f'(x)$ 不互素，即 $f(x)$ 与 $f'(x)$ 有公共根 α，于是

$$f(\alpha)=(\alpha+1)^n-\alpha^n-1=0,$$
$$f'(\alpha)=n(\alpha+1)^{n-1}-n\alpha^{n-1}=0,$$

即

$$(\alpha+1)^n=\alpha^n+1,(\alpha+1)^{n-1}=\alpha^{n-1},$$

从而

$$\alpha^n+1=(\alpha+1)^n=(\alpha+1)(\alpha+1)^{n-1}=(\alpha+1)\alpha^{n-1}=\alpha^n+\alpha^{n-1}。$$

故 $\alpha^{n-1}=1$。

又因为

$$\alpha^n+1=\alpha^{n-1}\alpha+1=1\cdot\alpha+1=\alpha+1,$$

所以

$$\alpha+1=\alpha^n+1=(\alpha+1)^n=(\alpha+1)(\alpha+1)^{n-1}。$$

而 $\alpha\neq-1$，因为 -1 不是 $f'(x)$ 的根，所以 $\alpha+1\neq0$，由上式可得 $(\alpha+1)^{n-1}=1$，这表明 α 与 $\alpha+1$ 都是 $n-1$ 次单位根。

令 $\alpha=a+b\mathrm{i}$，则 $\alpha+1=(a+1)+b\mathrm{i}$，由 $|\alpha|=|\alpha+1|=1$ 得 $a^2+b^2=(a+1)^2+b^2=1$，所以 $a=-\frac{1}{2}$，$b=\pm\frac{\sqrt{3}}{2}$。于是 $\alpha=-\frac{1}{2}\pm\frac{\sqrt{3}}{2}\mathrm{i}$，即 α 是 3 次单位根，故 $3\mid(n-1)$。

18. 求证：多项式 $f(x)=x^n+ax^{n-m}+b(n>m>0)$ 没有重数高于 2 的非零复数根。

证明 求导得

$$f'(x)=x^{n-m-1}[nx^m+(n-m)a]。$$

如果 $a\neq0$，则 $f'(x)$ 的非零根是 $-(n-m)a/n$ 的 m 次方根，这些根都是单根，因而 $f(x)$ 没有重数高于 2 的非零根。

如果 $a=0$，则 $f(x)=x^n+b$。这时，若 $b=0$，则 $f(x)$ 只有零根。若 $b\neq0$，则 $f(x)$ 的根只有单根，这些单根由 $-b$ 的 n 次方根组成。当然也没有重数高于 2 的非零根。

因而，$f(x)$ 没有重数高于 2 的非零复数根。

19. 设 $f(x)$ 是数域 P 上的多项式，如果对任意 $a,b\in P$，都有

$$f(a+b)=f(a)+f(b),$$

则

$$f(x)=kx,k\in P。$$

证明　法一　设

$$f(x)=a_nx^n+\cdots+a_1x+a_0,$$

则对任意 $u\in P$，有 $f(2u)=f(u+u)=f(u)+f(u)=2f(u)$。

从而

$$\begin{aligned}0&=f(2u)-2f(u)\\&=2^na_nu^n+\cdots+2a_1u+a_0-2a_nu^n-\cdots-2a_1u-2a_0\\&=(2^n-2)a_nu^n+\cdots+(2^2-2)a_2u^2-a_0,\end{aligned}$$

于是 $a_n=\cdots=a_2=a_0=0$，则 $f(x)=a_1x$。令 $k=a_1$，则 $f(x)=kx$。

法二　设

$$f(x)=a_nx^n+\cdots+a_1x+a_0,$$

由于 $f(t)=f(t+0)=f(t)+f(0)$，对于 $\forall t\in P$ 成立。于是 $f(0)=0$，即 $a_0=0$，

$$f(x)=a_nx^n+\cdots+a_1x。$$

$$f(2)=f(1+1)=2f(1),f(3)=f(2)+f(1)=3f(1),\cdots,f(n)=nf(1)。$$

设 $f(1)=k$，得

$$\begin{cases}f(1)=a_1+a_2+\cdots+a_n=k,\\f(2)=2a_1+2^2a_2+\cdots+2^na_n=2k,\\\cdots\cdots\\f(n)=na_1+n^2a_2+\cdots+n^na_n=nk,\end{cases}\tag{1-11}$$

线性方程组(1—11)的系数行列式为范德蒙德行列式，且不等于 0，所以线性方程组(1—11)只有唯一解；而 $a_1=k,a_2=a_3=\cdots=a_n=0$ 是(1—11)的解，所以 $f(x)=kx,k\in P$。

20. 求证：如果 $f(x)\mid f(x^n)$，那么 $f(x)$ 的根只能是零或单位根。

证明　设 α 是 $f(x)$ 的任意一个根，则由 $f(x)\mid f(x^n)$ 知 α 也是 $f(x^n)$ 的根，即 $f(\alpha^n)=0$，这表明 α^n 是 $f(x)$ 的根。以此类推，$\alpha,\alpha^n,\alpha^{n^2},\cdots$ 都是 $f(x)$ 的根。

如果 $f(x)$ 是 m 次多项式，则它最多只可能有 m 个不同的根，这就是说存在正整数 $k>l$，使 $\alpha^{n^k}=\alpha^{n^l}$，即 $\alpha^{n^l}(\alpha^{n^k-n^l}-1)=0$，可见 α 或者为零或者为单位根。

21. 已知 $1-\mathrm{i}$ 是方程 $x^4-4x^3+5x^2-2x-2=0$ 的一个根，解此方程。

解　法一　由于实系数方程的复根成对出现，所以 $1+\mathrm{i}$ 也是它的根。设 α,β 是它的另 2 个根，则由根与系数的关系知

$$\begin{cases}\alpha+\beta+(1-\mathrm{i})+(1+\mathrm{i})=4,\\\alpha\beta(1-\mathrm{i})(1+\mathrm{i})=-2。\end{cases}$$

解得 $\alpha=1+\sqrt{2},\beta=1-\sqrt{2}$。故方程的 4 个根为 $1+\mathrm{i},1-\mathrm{i},1+\sqrt{2},1-\sqrt{2}$。

法二　因为 $1\pm\mathrm{i}$ 是所给方程的根，故多项式 $f(x)=x^4-4x^3+5x^2-2x-2$ 可被 $g(x)=[x-(1-\mathrm{i})][x-(1+\mathrm{i})]=x^2-2x+2$ 整除。用 $g(x)$ 去除 $f(x)$ 得商为 x^2-2x-1，它的根为 $1\pm\sqrt{2}$。故原方程的四个根为 $1+\mathrm{i},1-\mathrm{i},1+\sqrt{2},1-\sqrt{2}$。

22. 设 $f(x)=x^3+ax^2+bx+c$ 是整系数多项式。求证：若 $ac+bc$ 为奇数，则 $f(x)$ 在有理数域上不可约。

证明 反证法。若 $f(x)$ 在有理数域上可约，则 $f(x)$ 可分解为两个低次整系数多项式之积。令

$$f(x)=(x^2+px+q)(x+r)=x^3+(p+r)x^2+(pr+q)x+qr。$$

对比系数知，$c=qr$。

由 $ac+bc=(a+b)c$ 为奇数知，$a+b,c$ 均为奇数；由 $c=qr$ 知，q,r 均为奇数。

易见，$f(1)=1+(a+b)+c$ 为奇数，$f(1)=(1+p+q)(1+r)$ 又是偶数，这不可能。

故 $f(x)$ 在有理数域上不可约。

23. 设 $f(x),g(x)\in P[x]$，

$$f(x)=a_nx^n+a_{n-1}x^{n-1}+\cdots+a_1x+a_0,$$
$$g(x)=a_0x^n+a_1x^{n-1}+\cdots+a_{n-1}x+a_n,$$

其中，$a_n\neq 0,a_0\neq 0$。

求证：$f(x)$ 不可约当且仅当 $g(x)$ 不可约。

证明 $f(x)$ 可约当且仅当存在两个次数比 $f(x)$ 低的多项式

$$f_1(x)=b_mx^m+b_{m-1}x^{m-1}+\cdots+b_1x+b_0,$$
$$f_2(x)=c_lx^l+c_{l-1}x^{l-1}+\cdots+c_1x+c_0,$$

使得 $f(x)=f_1(x)f_2(x)$。这又等价于 $l+m=n,b_m,c_l,b_0,c_0\neq 0$，且 $a_n=b_mc_l,a_{n-1}=b_mc_{l-1}+b_{m-1}c_l,\cdots,a_1=b_1c_0+b_0c_1,a_0=b_0c_0$。因此，这等价于

$$g(x)=(b_0x^m+\cdots+b_{m-1}x+b_m)(c_0x^l+\cdots+c_{l-1}x+c_l),$$

即等价于 $g(x)$ 是可约的。结论得证。

24. 设 $f(x),g(x)$ 是两个多项式，且 $f(x^3)+xg(x^3)$ 可被 x^2+x+1 整除，则 $f(1)=g(1)=0$。

证明 设 x^2+x+1 的两个复根为 α,β，则 $x^2+x+1=(x-\alpha)(x-\beta)$，且 $\alpha^3=\beta^3=1$。又因为

$$(x-\alpha)(x-\beta)\mid[f(x^3)+xg(x^3)],$$

所以

$$\begin{cases}f(\alpha^3)+\alpha g(\alpha^3)=0,\\ f(\beta^3)+\beta g(\beta^3)=0,\end{cases}$$

故

$$\begin{cases}f(1)+\alpha g(1)=0,\\ f(1)+\beta g(1)=0,\end{cases}$$

解得 $f(1)=g(1)=0$。

25. 求证：$x^d-1\mid x^n-1$ 当且仅当 $d\mid n$，其中 d,n 是非负整数。

证明 充分性。设 $d\nmid n$，则 $n=ds$，其中 $s\in\mathbf{N}$，所以

$$x^n-1=(x^d)^s-1=(x^d-1)[(x^d)^{s-1}+(x^d)^{s-2}+\cdots+(x^d)+1]。$$

故

$$x^d-1\mid x^n-1。$$

必要性。设 $x^d-1\mid x^n-1$，用反证法。设 $d\nmid n$，则 $n=dq+r$，其中 $0<r<d$，于是

$$d \mid n-r。$$

则

$$x^n-1=x^r x^{n-r}-x^r+x^r-1=x^r(x^{n-r}-1)+(x^r-1)。$$

因为 $d \mid n-r$，所以 $x^d-1 \mid x^{n-r}-1$。

又因为 $x^d-1 \mid x^n-1$，所以由上式可知 $x^d-1 \mid x^r-1$，矛盾。因此 $d \mid n$。

26. 设 $f(x)$ 是整系数多项式，若 $f(0)$ 与 $f(1)$ 都是奇数。求证：$f(x)$ 无整数根。

证明　设 $f(x)=a_n x^n+a_{n-1}x^{n-1}+\cdots+a_0$，其中 $a_i \in \mathbf{Z}$。因为

$$f(0)=a_0, f(1)=a_n+\cdots+a_1+a_0$$

是奇数，所以 $f(x)$ 无偶数根。事实上设 $2d \in \mathbf{Z}$，则

$$f(2d)=a_n(2d)^n+\cdots+a_1(2d)+a_0$$

是奇数，所以 $f(2d) \neq 0$。

再证明 $f(x)$ 无奇数根。因为

$$f(2d+1)=a_n(2d+1)^n+\cdots+a_1(2d+1)+a_0,$$

所以

$$f(2d+1)-f(1)=a_n[(2d+1)^n-1]+\cdots+a_1[(2d+1)-1]。$$

由上式等号右端知

$$f(2d+1)-f(1)=2s \in \mathbf{Z}。$$

故 $f(2d+1)=f(1)+2s$ 是奇数，即 $f(2d+1) \neq 0$，从而 $f(x)$ 无整数根。

27. 求证：一个非零复数 α 是某一有理系数非零多项式的根的充分必要条件是存在一个有理系数多项式 $f(x)$，使得 $\frac{1}{\alpha}=f(\alpha)$。

证明　充分性。设 $f(x)=b_n x^n+\cdots+b_1 x+b_0$，其中 $b_i(i=0,1,\cdots,n)$ 是有理数，且 $\frac{1}{\alpha}=f(\alpha)$，即

$$\frac{1}{\alpha}=b_n\alpha^n+\cdots+b_1\alpha+b_0,$$

所以

$$b_n\alpha^{n+1}+\cdots+b_1\alpha^2+b_0\alpha-1=0,$$

只要令 $g(x)=b_n x^{n+1}+\cdots+b_1 x^2+b_0 x-1$，则 $g(x) \in \mathbf{Q}[x]$，且 $g(\alpha)=0$。

必要性。设 α 是某一有理系数非零多项式 $h(x)$ 的根。

(1)若 $h(x)=c_m x^m+\cdots+c_1 x+c_0$，其中 $c_0 \neq 0, c_i \in \mathbf{Q}(i=0,1,\cdots,m)$。则

$$0=h(\alpha)=c_m\alpha^m+\cdots+c_1\alpha+c_0,$$

即

$$\frac{1}{\alpha}=-\frac{c_m}{c_0}\alpha^{m-1}-\cdots-\frac{c_2}{c_0}\alpha-\frac{c_1}{c_0}。$$

于是只要令 $f(x)=-\frac{c_m}{c_0}x^{m-1}-\cdots-\frac{c_2}{c_0}x-\frac{c_1}{c_0}$，就有 $\frac{1}{\alpha}=f(\alpha)$。

(2)若 $h(x)=c_m x^m+\cdots+c_s x^s(c_s \neq 0, s \geqslant 1), c_i \in \mathbf{Q}(i=0,1,\cdots,m)$，则

$$h(\alpha)=c_m\alpha^m+\cdots+c_s\alpha^s=0。\tag{1-12}$$

由于 $\alpha\neq 0$，由式(1－12)有

$$c_m\alpha^{m-s}+\cdots+c_{s+1}\alpha+c_s=0,$$

从而也有

$$\frac{1}{\alpha}=-\frac{c_m}{c_s}\alpha^{m-s-1}-\cdots-\frac{c_{s+2}}{c_s}\alpha-\frac{c_{s+1}}{c_s}。\tag{1-13}$$

只要令 $f(x)=-\frac{c_m}{c_s}x^{m-s-1}-\cdots-\frac{c_{s+2}}{c_s}x-\frac{c_{s+1}}{c_s}$，则由式(1－13)，即有 $\frac{1}{\alpha}=f(\alpha)$。

28. 设 $f(x)=6x^4+3x^3+ax^2+bx-1$，$g(x)=x^4-2ax^3+\frac{3}{4}x^2-5bx-4$，其中 a，b 都是整数，试求出使 $f(x)$，$g(x)$ 有公共有理根的全部 a，b，并求出相应的有理根。

解 令 $h(x)=4g(x)$，则

$$h(x)=4x^4-8ax^3+3x^2-20bx-16。$$

由于 $h(x)$ 与 $g(x)$ 有相同的根，从而可求 $f(x)$ 与 $h(x)$ 的公共有理根。

$f(x)$ 可能的有理根为：$\pm1,\pm\frac{1}{2},\pm\frac{1}{3},\pm\frac{1}{6}$；$h(x)$ 可能的有理根为：$\pm1,\pm\frac{1}{2},\pm\frac{1}{4},\pm2,\pm4,\pm8,\pm16$。因此它们公共有理根的可能范围是：$\pm1,\pm\frac{1}{2}$。

(1)若 $f(1)=0$，$h(1)=0$，有

$$\begin{cases}a+b=-8,\\8a+20b=-9。\end{cases}$$

解得

$$\begin{cases}a=-\dfrac{151}{12},\\b=\dfrac{55}{12}。\end{cases}$$

因为 a，b 不是整数，所以 1 不是 $f(x)$，$g(x)$ 的公共有理根。

(2) $f(-1)=0$，$h(-1)=0$，有

$$\begin{cases}a-b=-2,\\8a+20b=9。\end{cases}$$

解得

$$\begin{cases}a=-\dfrac{31}{28},\\b=\dfrac{25}{28}。\end{cases}$$

所以 -1 也不是 $f(x)$，$g(x)$ 的公共有理根。

(3)若 $f\left(-\frac{1}{2}\right)=0$，$h\left(-\frac{1}{2}\right)=0$，有

$$\begin{cases} a-2b=4, \\ a+10b=15。\end{cases}$$

解得

$$\begin{cases} a=\dfrac{35}{6}, \\ b=\dfrac{11}{12}。\end{cases}$$

所以$-\dfrac{1}{2}$也不是 $f(x)$,$g(x)$ 的公共有理根。

(4)若 $f\left(\dfrac{1}{2}\right)=0$,$h\left(\dfrac{1}{2}\right)=0$, 有

$$\begin{cases} a+2b=1, \\ a+10b=-15。\end{cases}$$

解得

$$\begin{cases} a=5, \\ b=-2。\end{cases}$$

所以仅有$\dfrac{1}{2}$是 $f(x)$,$g(x)$ 的公共有理根。

29. 设 k 是正整数,求一切实系数多项式

$$f(x)=a_nx^n+a_{n-1}x^{n-1}+\cdots+a_0,$$

满足等式

$$f[f(x)]=[f(x)]^k。\tag{1-14}$$

解　(1)若 $f(x)=0$, 显然满足式(1—14)。

(2)若 $f(x)\neq 0$, 设 $\partial(f(x))=n$, 则

$$\partial[f(f(x))]=n^2, \partial[f(x)]^k=nk,$$

由式(1—14)知 $n^2=nk$, 则 $n=0$ 或 $n=k$。

(ⅰ)当 $n=0$ 时,有 $f(x)=a_0$,$a_0\neq 0$, 代入式(1—14)得 $a_0=a_0^k$。

当 $k=1$ 时, $f(x)=a_0$, 其中 a_0 可以为任意非零实数。

当 $k>1$ 时,若 k 为奇数,则 $a_0=\pm 1$, 若 k 为偶数,则 $a_0=1$。

(ⅱ)当 $n=k$ 时, $f(x)=a_kx^k+a_{k-1}x^{k-1}+\cdots+a_1x+a_0$。所以

$$f[f(x)]=a_k(a_kx^k+\cdots+a_1x+a_0)^k+a_{k-1}(a_kx^k+\cdots+a_1x+a_0)^{k-1}+\cdots+ a_1(a_kx^k+\cdots+a_1x+a_0)+a_0。$$

$$[f(x)]^k=(a_kx^k+\cdots+a_1x+a_0)^k。$$

比较两式首项系数,得 $a_k^{k+1}=a_k^k$, 即 $a_k=1$。

于是

$$a_{k-1}(a_kx^k+\cdots+a_1x+a_0)^{k-1}+\cdots+a_1(a_kx^k+\cdots+a_1x+a_0)+a_0=0。$$

所以, $a_{k-1}=a_{k-2}=\cdots=a_1=a_0=0$。故 $f(x)=x^k$。

综上可知, $f(x)$ 有以下几种可能:

(ⅰ) $f(x)=0$;

(ⅱ)当 $n=0$, $k=1$ 时, $f(x)=a_0$, a_0 为实数;

(ⅲ)当 $n=0$, k 为偶数时, $f(x)=1$;

(ⅳ)当 $n=0$, k 为大于1的奇数时, $f(x)=\pm1$;

(ⅴ)当 $n=k$ 时, $f(x)=x^k$。

30. 设 $f(x)$, $g(x)$ 是数域 P 上两个一元多项式, k 为给定的正整数。求证: $f(x)\mid g(x)$ 的充分必要条件是 $f^k(x)\mid g^k(x)$。

证明 必要性。设 $f(x)\mid g(x)$, 则 $g(x)=f(x)h(x)$, 其中 $h(x)\in P[x]$, 两边 k 次方得 $g^k(x)=f^k(x)h^k(x)$, 则 $f^k(x)\mid g^k(x)$。

充分性。设 $f^k(x)\mid g^k(x)$,

(1)若 $f(x)=g(x)=0$, 则 $f(x)\mid g(x)$。

(2)若 $f(x)$, $g(x)$ 不全为0, 则令 $d(x)=(f(x),g(x))$, 那么

$$f(x)=d(x)f_1(x),g(x)=d(x)g_1(x),\text{且}(f_1(x),g_1(x))=1。$$

所以

$$f^k(x)=d^k(x)f_1^k(x),g^k(x)=d^k(x)g_1^k(x)。$$

因为 $f^k(x)\mid g^k(x)$, 所以存在 $h(x)\in P[x]$, 使得

$$g^k(x)=f^k(x)h(x)。$$

所以

$$d^k(x)g_1^k(x)=d^k(x)f_1^k(x)h(x)。$$

两边消去 $d^k(x)$, 得

$$g_1^k(x)=f_1^k(x)h(x), \tag{1-15}$$

由(1-15)得 $f_1(x)\mid g_1^k(x)$, 但 $(f_1(x),g_1(x))=1$, 所以

$$f_1(x)\mid g_1^{k-1}(x)。$$

这样继续下去,有

$$f_1(x)\mid g_1(x),\text{但}(f_1(x),g_1(x))=1,$$

故 $f_1(x)=c$, 其中 c 为非零常数。

所以, $f(x)=d(x)f_1(x)=cd(x)$, 即 $f(x)\mid g(x)$。

31. 设复数域中的非零多项式 $f(x)$ 没有重因式。求证: $(f(x)+f'(x),f(x))=1$。

证明 因为 $f(x)$ 无重因式,所以

$$(f(x),f'(x))=1。 \tag{1-16}$$

于是

$$\forall\varphi(x)\mid(f(x)+f'(x)),\varphi(x)\mid f(x),$$

有

$$\varphi(x)\mid[(f(x)+f'(x))-f(x)]。$$

因此

$$\varphi(x)\mid f'(x)。$$

由式(1-16)知 $\varphi(x)\mid 1$, 即

$$(f(x)+f'(x),f(x))=1。$$

32. 设 $f(x)$ 为一个 n 次多项式，它对于 $k=0,1,\cdots,n$，有

$$f(k)=\frac{k}{k+1},$$

试求 $f(n+1)$。

解　令 $g(x)=(x+1)f(x)-x$，由于

$$f(k)=\frac{k}{k+1},k=0,1,\cdots,n,$$

故当 $x=0,1,\cdots,n$ 时，有 $g(x)=0$，即 $0,1,\cdots,n$ 为 $g(x)$ 的所有根，所以

$$(x+1)f(x)-x=cx(x-1)(x-2)\cdots(x-n)。$$

为确定 $g(x)$ 的首项系数 c，令 $x=-1$ 代入上式得

$$1=c(-1)^{n+1}(n+1)!,$$

故

$$c=\frac{(-1)^{n+1}}{(n+1)!},$$

从而得

$$f(x)=\frac{1}{x+1}\left[\frac{(-1)^{n+1}x(x-1)\cdots(x-n)}{(n+1)!}+x\right],$$

故

$$f(n+1)=\frac{1}{n+2}[(-1)^{n+1}+n+1]$$
$$=\begin{cases}1, & n\text{ 为奇数},\\ \dfrac{n}{n+2}, & n\text{ 为偶数}。\end{cases}$$

33. 用 M 记 $P[x]$ 中一切形如 $u(x)f(x)+v(x)g(x)$ 的非零多项式所成的集合，其中 $f(x),g(x)$ 是给定 $P[x]$ 中全不为零的多项式，$u(x),v(x)$ 是 $P[x]$ 中任意两个多项式。求证：M 非空，且 M 中次数最低的多项式都是 $f(x),g(x)$ 的最大公因式。

证明　$M=\{u(x)f(x)+v(x)g(x)\mid u(x),v(x)\in P[x]\}$，因为 $f(x)\in M$，所以 M 非空。令 $d(x)=(f(x),g(x))$，则存在 $u_1(x),v_1(x)$ 使得

$$d(x)=u_1(x)f(x)+v_1(x)g(x),d(x)\in M。$$

$\forall h(x)\in M$，且次数最低，那么

$$h(x)=u_2(x)f(x)+v_2(x)g(x),$$

但

$$d(x)\mid f(x),d(x)\mid g(x),$$

所以

$$d(x)\mid h(x),h(x)=d(x)q(x)。$$

由于 $d(x)\in M$，又 $h(x)$ 次数最低，因此 $q(x)=c\neq 0$，这样 $h(x)=cd(x)$，故 $h(x)$ 也是 $f(x),g(x)$ 的最大公因式。

34.(1)多项式 $f(x)$ 没有重因式的充分必要条件是

$$(f(x),f'(x))=1。$$

(2)如果 $f'(x)\mid f(x)$，则 $f(x)$ 有 n 重根，其中 $n=\partial(f(x))$。

证明 (1)必要性。设 $f(x)=c(x-a_1)(x-a_2)\cdots(x-a_n)$，其中 $a_1,a_2,\cdots,a_n$ 互不相同，则

$$f'(x)=c[(x-a_2)\cdots(x-a_n)+\cdots+(x-a_1)\cdots(x-a_{n-1})]。$$

可证 $(x-a_i)\nmid f'(x)(i=1,2,\cdots,n)$。从而 $f(x)$ 与 $f'(x)$ 无一次和一次以上的公因式，即 $f(x)$ 与 $f'(x)$ 只有非零常数公因式，故 $(f(x),f'(x))=1$。

充分性。设 $(f(x),f'(x))=1$，用反证法证明。若 $f(x)$ 有某一个重因式 $(x-b)^k(k\geqslant 2)$，那么 $(x-b)^{k-1}\mid f'(x)$，这样 $(x-b)^{k-1}\mid (f(x),f'(x))$，这与 $(f(x),f'(x))=1$ 矛盾。

(2)由题意 $f'(x)\mid f(x)$，有

1)当 $f'(x)=c(c\neq 0)$ 时，命题显然成立。

2)若 $\partial(f'(x))>0$，并设 $f'(x)=(x-a_1)^{k_1}(x-a_2)^{k_2}\cdots(x-a_s)^{k_s}$。由于 $\partial(f'(x))=n-1$，所以

$$k_1+k_2+\cdots+k_s=n-1, \tag{1-17}$$

而 $f'(x)\mid f(x)$，可设 $f(x)=(x-a_1)^{k_1+1}\cdots(x-a_s)^{k_s+1}g(x)$，则

$$(k_1+1)+(k_2+1)+\cdots+(k_s+1)+\partial(g(x))=n。 \tag{1-18}$$

将(1-17)代入(1-18)可得

$$(n-1)+s+\partial(g(x))=n,$$

所以 $s=1,\partial(g(x))=0$，即 $f'(x)$ 只可能有根 a_1 且重数为 $n-1$。故 $f(x)$ 有 n 重根 a_1。

35.设 $f(x)$ 是复数域中的 n 次多项式，且 $f(0)=0$。令 $g(x)=xf(x)$。求证：如果 $f(x)$ 的导数 $f'(x)$ 能够整除 $g(x)$ 的导数 $g'(x)$，则 $g(x)$ 有 $n+1$ 重零根。

证明 因为

$$f(0)=0,g(x)=xf(x),$$

所以

$$g'(x)=f(x)+xf'(x)。$$

由题设知 $f'(x)\mid g'(x)$，从而可得 $f'(x)\mid f(x)$。由34题中的(2)知 $f(x)$ 有 n 重根，再由已知，0 是 $f(x)$ 的根，这样 0 必为 $f(x)$ 的 n 重根，即 $f(x)=cx^n(c\neq 0)$。故

$$g(x)=xf(x)=cx^{n+1},$$

即证明 $g(x)$ 有 $n+1$ 重零根。

36.设 $f(x)=(f(x),f'(x))g(x)$，且 $g(x)$ 在复数域内只有两根 2 和 -3。又 $g(1)=-20$，求 $g(x)$。若 $f(0)=1620$，则 $f(x)$ 能否被确定？

解 设 $g(x)=a(x-2)(x+3)$，由 $g(1)=a\times(1-2)\times(1+3)=-20$ 可求出 $a=5$。

由于 $f(x)$ 与 $g(x)$ 有相同的一次因式，故可设

$$f(x)=5(x-2)^k(x+3)^l。$$

由 $f(0)=5\times(-2)^k\times3^l=-10\times(-2)^{k-1}\times3^l=1620$ 知，$(-2)^{k-1}\times3^l=-162$。易见，$k=2,l=4$，上式成立。故 $f(x)=5(x-2)^2(x+3)^4$。

37. 设 $f(x)=x^3-x^2-2x+1,g(x)=x^2-2$，且 α,β,γ 是 $f(x)$ 的根，求一个整系数多项式，使其以 $g(\alpha),g(\beta),g(\gamma)$ 为根。

解　因为 $f(x)=g(x)(x-1)-1$，所以

$$f(\alpha)=g(\alpha)(\alpha-1)-1=0,$$
$$f(\beta)=g(\beta)(\beta-1)-1=0,$$
$$f(\gamma)=g(\gamma)(\gamma-1)-1=0。$$

因为 1 不是 $f(x)$ 的根，所以有

$$g(\alpha)=\frac{1}{\alpha-1},g(\beta)=\frac{1}{\beta-1},g(\gamma)=\frac{1}{\gamma-1}。$$

取

$$h(x)=x^3f\left(\frac{1}{x}+1\right)=-x^3-x^2+2x+1,$$

则 $h(x)$ 是一个以 $\frac{1}{\alpha-1},\frac{1}{\beta-1},\frac{1}{\gamma-1}$ 为根(即以 $g(\alpha),g(\beta),g(\gamma)$ 为根)的整系数多项式。

38. 求多项式 x^3+px+q 有重根的条件。

解　令 $f(x)=x^3+px+q$，则有 $f'(x)=3x^2+p$。用 $f'(x)$ 去除 $f(x)$ 得余式

$$r_1(x)=\frac{2}{3}px+q,$$

于是，当 $r_1(x)=0$，即 $p=q=0$ 时，$f(x)$ 有重根。

当 $p\neq0$ 时，用 $r_1(x)$ 去除 $f'(x)$ 得余式

$$r_2(x)=\frac{4p^3+27q^2}{4p^2}。$$

当 $r_2(x)=0$ 时，即 $4p^3+27q^2=0$ 时，$f(x)$ 有重根。

于是 $f(x)$ 有重根的充分必要条件是 $r_1(x)=0$ 或 $r_2(x)=0$，也即 $4p^3+27q^2=0$。

39. 求证：x_0 是 $f(x)$ 的 k 重根的充分必要条件是 $f(x_0)=f'(x_0)=\cdots=f^{(k-1)}(x_0)=0$，而 $f^{(k)}(x_0)\neq0$。

证明　必要性　设 x_0 是 $f(x)$ 的 k 重根，则 x_0 是 $f'(x)$ 的 $k-1$ 重根，是 $f''(x)$ 的 $k-2$ 重根，…，是 $f^{(k-1)}(x)$ 的单根，而不是 $f^{(k)}(x)$ 的根，即

$$f(x_0)=f'(x_0)=\cdots=f^{(k-1)}(x_0)=0,\text{但 }f^{(k)}(x_0)\neq0。$$

充分性　由 $f^{(k-1)}(x_0)=0,f^{(k)}(x_0)\neq0$，知 x_0 是 $f^{(k-1)}(x)$ 的单根；又由于 $f^{(k-2)}(x_0)=0$，知 x_0 是 $f^{(k-2)}(x)$ 的 2 重根，以此类推，可知 x_0 是 $f(x)$ 的 k 重根。

40. 设 $p(x),f(x)\in\mathbf{Q}[x]$，且 $p(x)$ 在 $\mathbf{Q}$ 上不可约，$p(x),f(x)$ 在 $\mathbf{Q}$ 上有公共根，则 $p(x)\mid f(x)$。

证明　因为 $p(x)$ 在 $\mathbf{Q}$ 上不可约，故

$$p(x)\mid f(x)\text{ 或 }(p(x),f(x))=1。$$

若 $(p(x),f(x))=1$，则存在 $u(x),v(x)$ 使

$$p(x)u(x)+f(x)v(x)=1。$$

由于 $p(x),f(x)$ 在 $\mathbf{Q}$ 上有公共根，设为 x_0，则

$$0=p(x_0)u(x_0)+f(x_0)v(x_0)=1,$$

矛盾，故 $p(x)\mid f(x)$。

41. 给定有理数域 $\mathbf{Q}$ 上多项式 $f(x)=x^3+3x^2+3$，

(1)求证 $f(x)$ 为 $\mathbf{Q}$ 上不可约多项式。

(2)设 α 是 $f(x)$ 在复数域 $\mathbf{C}$ 内的一根。定义

$$\mathbf{Q}[\alpha]=\{a_0+a_1\alpha+a_2\alpha^2\mid a_0,a_1,a_2\in\mathbf{Q}\}。$$

求证：对于任意的 $g(x)\in\mathbf{Q}[x]$，有 $g(\alpha)\in\mathbf{Q}[\alpha]$。

(3)求证：若 $\beta\in\mathbf{Q}[\alpha]$，且 $\beta\neq 0$，则存在 $\gamma\in\mathbf{Q}[\alpha]$，使得 $\beta\gamma=1$。

证明 (1)取素数 $p=3$，对

$$f(x)=x^3+3x^2+3\triangleq a_3x^3+a_2x^2+a_1x+a_0,$$

显然，有 $p\mid a_0,a_1,a_2$，但 $p\nmid a_3$，且 $p^2=9$，$9\nmid a_0$。

由艾森斯坦判别法知，$f(x)$ 在 $\mathbf{Q}$ 上不可约。

(2)如果 $\partial(g(x))\leqslant 2$，则由 $g(x)\in\mathbf{Q}[x]$ 知，$g(\alpha)\in\mathbf{Q}[\alpha]$。如果 $\partial(g(x))\geqslant 3$，令

$$g(x)=f(x)q(x)+r(x),r(x)=0\text{ 或 }\partial(r(x))<3。$$

则

$$g(\alpha)=f(\alpha)q(\alpha)+r(\alpha)=r(\alpha)\in\mathbf{Q}[\alpha]。$$

(3)令 $\beta=a_0+a_1\alpha+a_2\alpha^2,a_0,a_1,a_2\in\mathbf{Q}$。取 $g(x)=a_0+a_1x+a_2x^2$，因 $f(x)$ 在 $\mathbf{Q}$ 上不可约，且 $f(x)\nmid g(x)$，所以有

$$(f(x),g(x))=1。$$

因此存在 $u(x),v(x)\in\mathbf{Q}[x]$，使得

$$u(x)f(x)+v(x)g(x)=1,$$

令 $x=\alpha$，可得

$$v(\alpha)g(\alpha)=1,$$

取 $\gamma=v(\alpha)$，则有 $\gamma\beta=1$。

42. 设 $f(x)=1+\frac{1}{2!}x^2+\frac{1}{4!}x^4+\cdots+\frac{1}{(2k)!}x^{2k}(k\geqslant 1)$。求证：$f(x)$ 不存在 3 重根。

证明 易见，0 不是 $f(x)$ 的根。

$k=1$ 时，$f(x)=1+\frac{1}{2!}x^2$ 不存在 3 重根。

$k\geqslant 2$ 时，$f''(x)=1+\frac{1}{2!}x^2+\frac{1}{4!}x^4+\cdots+\frac{1}{(2k-2)!}x^{2k-2}$。

若 α 为 $f(x)$ 的 3 重根，则 α 为 $f''(x)$ 的单根，进而 $f(\alpha)-f''(\alpha)=\frac{1}{(2k)!}\alpha^{2k}=0$，于是 $\alpha=0$。这与 0 不是 $f(x)$ 的根矛盾。故 $f(x)$ 不存在 3 重根。

43. 设 $f(x)=a_nx^n+\cdots+a_1x+a_0$ 为整系数多项式。求证在以下两种情况下，$f(x)$ 无有理根：

(1)若 a_n,a_0 为奇数，且 $f(1),f(-1)$ 至少有一个为奇数；

(2) $a_n,a_0,f(1),f(-1)$ 都不能被 3 整除。

证明　设 $f(x)$ 有有理根 $\frac{t}{s}$，其中 s,t 为整数且 $(s,t)=1$。故

$$f(x)=\left(x-\frac{t}{s}\right)g(x)=(sx-t)h(x)。$$

由 $(s,t)=1$，$sx-t$ 为本原多项式，故 $h(x)$ 为整系数多项式。由

$$f(0)=a_0=(-t)h(0),f(1)=(s-t)h(1),f(-1)=(-s-t)h(-1),$$

知 $\frac{a_0}{t},\frac{f(1)}{s-t},\frac{f(-1)}{s+t},\frac{a_n}{s}$ 均为整数，从而

(1)若 a_n,a_0 为奇数，则 s,t 为奇数，故 $s+t,s-t$ 为偶数，从而 $f(1),f(-1)$ 均为偶数。与已知矛盾，故命题成立。

(2)若 a_n,a_0 都不能被 3 整除，则 s,t 也不能被 3 整除，故 $s+t,s-t$ 有一个能被 3 整除，从而 $f(1),f(-1)$ 有一个能被 3 整除。与已知矛盾，故命题成立。

44. 设 $f(x)$ 为整系数多项式，$f(x)$ 的次数为 $n=2m$ 或 $2m+1$，$a_1,a_2,\cdots,a_s$ 为互不相同的整数，$s>2m$，且

$$f(a_i)=1 \text{ 或 } -1(i=1,2,\cdots,s),$$

则 $f(x)$ 在有理数域上不可约。

证明　反证法。设 $f(x)=f_1(x)f_2(x)$，其中 $\partial(f_1(x))<n,\partial(f_2(x))<n$，且 $\partial(f_1(x)),\partial(f_2(x))$ 中至少有一个不大于 m，不妨设 $\partial(f_1(x))\leqslant m$，由于 $f(a_i)=1$ 或 -1 $(i=1,2,\cdots,s)$，所以 $f_1(a_i)=\pm1$。由于 $s>2m$，所以 $\frac{s}{2}>m$，故 $f_1(a_i)$ 中至少有 $m+1$ 个 1 或 -1，这样得到 $f_1(x)=1$ 或 -1，矛盾。从而 $f(x)$ 在有理数域上不可约。

45. 设 p 是素数，a 是整数，$f(x)=ax^p+px+1$，且 $p^2\mid(a+1)$。求证：$f(x)$ 在有理数域上不可约。

证明　令 $x=y+1$，则

$$\begin{aligned}g(y)=f(y+1)&=a(y+1)^p+p(y+1)+1\\&=ay^p+p(ay^{p-1}+\cdots+ay+y)+(a+p+1)\\&=b_py^p+b_{p-1}y^{p-1}+\cdots+b_1y+b_0,\end{aligned}$$

其中，$b_p=a,b_{p-1}=ap,\cdots,b_1=(a+1)p,b_0=(a+1)+p$。

(1) $p\mid b_{p-1},b_{p-2},\cdots,b_1,b_0$。

(2) $p\nmid b_p$。事实上，若 $p\mid b_p$，即 $p\mid a$，则

$$a=ps。$$

而 $p^2\mid(a+1)$，所以

$$a+1=p^2t。$$

上述两式做差，得 $1=p^2t-ps=p(pt-s)$，矛盾，故 $p\nmid b_p$。

(3) $p^2\nmid b_0$，否则若 $p^2\mid b_0$，即 $p^2\mid(a+1)+p$，而 $p^2\mid(a+1)$，则 $p^2\mid p$，矛盾。

由艾森斯坦判别法，$g(y)$ 在 $\mathbf{Q}$ 上不可约。而 $g(y)$ 与 $f(x)$ 在 $\mathbf{Q}$ 上有相同的可约性，所以 $f(x)$ 在有理数域上不可约。

46. 求证：有理系数多项式 $f(x)$ 在有理数域上不可约的充分必要条件是，对于任意有理数 $a\neq 0$ 和 b，多项式 $g(x)=f(ax+b)$ 在有理数域上不可约。

证明 必要性。已知 $f(x)$ 不可约。用反证法，假设 $g(x)$ 在有理数域上可约，即

$$g(x)=f(ax+b)=g_1(x)g_2(x),$$

其中，$g_1(x)$，$g_2(x)$ 是有理系数多项式，且次数小于 $g(x)$ 的次数。在上式中用 $\frac{1}{a}x-\frac{b}{a}$ 代 x，所得各多项式仍为有理系数多项式，次数不变，且有

$$f(x)=g_1\left(\frac{1}{a}x-\frac{b}{a}\right)g_2\left(\frac{1}{a}x-\frac{b}{a}\right),$$

这说明 $f(x)$ 在有理数域上可约，矛盾。故 $g(x)$ 在有理数域上不可约。

充分性。已知 $g(x)=f(ax+b)$ 在有理数域上不可约。采用反证法，若 $f(x)$ 可约，设

$$f(x)=f_1(x)f_2(x),$$

其中，$f_1(x)$，$f_2(x)$ 是有理系数多项式，且次数小于 $f(x)$ 的次数。由此可得

$$g(x)=f(ax+b)=f_1(ax+b)f_2(ax+b)。$$

这与 $g(x)$ 不可约矛盾。故 $f(x)$ 在有理数域上不可约。

47. 求证：多项式 $f(x)=x^5-5x+1$ 在有理数域上不可约。

证明 法一 反证法。假设 $f(x)$ 可约，那么它至少有一个一次因式，即有一个有理根。但 $f(x)$ 可能的有理根只可能是 ±1。直接验算可知 ±1 全不是根，因而 $f(x)$ 在有理数域上不可约。

法二 将 $x=y-1$ 代入 $f(x)=x^5-5x+1$ 中，得

$$\begin{aligned}g(y)=f(y-1)&=y^5-5y^4+10y^3-10y^2+5y-1-5y+5+1\\&=y^5-5y^4+10y^3-10y^2+5。\end{aligned}$$

由艾森斯坦判别法，取 $p=5$，即证明 $g(y)$ 在有理数域上不可约，因而 $f(x)$ 也在有理数域上不可约。

48. 求所有整数 m，使得 $f(x)=x^5+mx+1$ 在有理数域上可约。

解 分两种情况讨论：

(1)若 $f(x)$ 有有理根，则 $f(1)=0$ 或 $f(-1)=0$。

当 $f(1)=1+m+1=0$ 时，得 $m=-2$；

当 $f(-1)=-1-m+1=0$ 时，得 $m=0$。

(2)若 $f(x)$ 没有有理根，则 $f(x)$ 可以分解成一个 3 次与一个 2 次多项式之积。设

$$f(x)=(x^3+ax^2+bx+1)(x^2+cx+1), \tag{1-19}$$

或

$$f(x)=(x^3+ax^2+bx-1)(x^2+cx-1), \tag{1-20}$$

其中，$a,b,c\in\mathbf{Z}$。将式(1—19)右端展开，比较两端同次项系数，得

$$a+c=0,ac+b+1=0,a+bc+1=0,b+c=m。$$

解得 $a=-1,b=0,c=1,m=1$。将式(1—20)右端展开并比较两端同次项系数，得

$$a+c=0,ac+b-1=0,-a+bc-1=0,b+c=-m。$$

求不出整数解。

综上所述，当且仅当 $m=0,1,-2$ 时，$f(x)$ 在有理数域上可约。

49. 求证：当 p 为素数时，

$$f(x)=1+2x+\cdots+(p-1)x^{p-2}$$

在有理数域上不可约。

证明　$f(x)=(1+x+\cdots+x^{p-1})'=\left(\dfrac{x^p-1}{x-1}\right)'=\dfrac{(p-1)x^p-px^{p-1}+1}{(x-1)^2}$。

令 $x=y+1$，得

$$\begin{aligned}\varphi(y)=f(y+1)&=\frac{1}{y^2}\left[\sum_{k=0}^{p}(p-1)C_p^k y^k-\sum_{k=0}^{p-1}pC_{p-1}^k y^k+1\right]\\&=\sum_{k=2}^{p}(p-1)C_p^k y^{k-2}-\sum_{k=2}^{p-1}pC_{p-1}^k y^{k-2}\\&=\sum_{k=2}^{p-1}\left[(p-1)C_p^k-pC_{p-1}^k\right]y^{k-2}+(p-1)y^{p-2}\\&=\sum_{k=2}^{p-1}(k-1)C_p^k y^{k-2}+(p-1)y^{p-2}。\end{aligned}$$

因 $p\mid(k-1)C_p^k(2\leqslant k\leqslant p-1),p^2\nmid C_p^2,p\nmid p-1$，从而由艾森斯坦判别法知，$\varphi(y)$ 在有理数域上不可约，故 $f(x)$ 在有理数域上也不可约。

50. 设 $n\geqslant 2$，且 $a_1,a_2,\cdots,a_n$ 是互不相同的整数。求证：

$$f(x)=(x-a_1)(x-a_2)\cdots(x-a_n)-1,$$

不能分解成两个次数都大于零的整系数多项式之积。

证明　反证法。若 $f(x)=g(x)h(x)$，其中 $g(x),h(x)$ 都是次数大于零的整系数多项式，那么

$$g(a_i)h(a_i)=f(a_i)=-1,i=1,2,\cdots,n。\tag{1—21}$$

由于 $g(a_i),h(a_i)$ 都是整数，由(1—21)知 $g(a_i),h(a_i)$ 都只能等于 ±1，且两个反号，即有

$$g(a_i)+h(a_i)=0,i=1,2,\cdots,n。\tag{1—22}$$

现令 $F(x)=g(x)+h(x)$，那么或者 $F(x)=0$，或者 $\partial(F(x))<n$。

当 $\partial(F(x))<n$ 时，由式(1—22)，有

$$F(a_i)=0(i=1,2,\cdots,n),$$

矛盾，故 $F(x)=0$，从而有 $g(x)=-h(x)$。故

$$f(x)=g(x)h(x)=-h^2(x)。$$

由于 $f(x)$ 的首项系数为 1，而 $-h^2(x)$ 的首项系数为负数，矛盾，从而得证。

51. 试求以$\sqrt{2}+\sqrt{3}$为根的有理系数不可约多项式。

解 设$f(x)\in \mathbf{Q}[x]$，且以$\sqrt{2}+\sqrt{3}$为根，则$\sqrt{2}-\sqrt{3}$，$-(\sqrt{2}+\sqrt{3})$，$-\sqrt{2}+\sqrt{3}$也一定是$f(x)$的根。这时令

$$\begin{aligned}f(x)&=(x-\sqrt{2}+\sqrt{3})(x-\sqrt{2}-\sqrt{3})(x+\sqrt{2}+\sqrt{3})(x-\sqrt{2}-\sqrt{3})\\&=x^4-10x^2+1。\end{aligned}$$

下证$f(x)$在$\mathbf{Q}$上不可约。用反证法，假如$f(x)$在$\mathbf{Q}$上可约，则它必有两种情况：

(1) $f(x)$可以分解成至少有一个一次因式，即$f(x)$至少有一个有理根。而$f(x)$可能的有理根为±1，但±1都不是$f(x)$的根，故$f(x)$不能有一次因式。

(2) $f(x)$可以分解为两个二次因式，这时$f(x)$一定可以在整数环上分解为两个二次因式，即

$$f(x)=x^4-10x^2+1=(x^2+ax+b)(x^2+cx+d),$$

其中，$a,b,c,d\in \mathbf{Z}$。比较上式两边系数，得

$$a+c=0, \tag{1-23}$$

$$b+d+ac=-10, \tag{1-24}$$

$$ad+bc=0, \tag{1-25}$$

$$bd=1, \tag{1-26}$$

由式(1-26)知，$b=d=1$或$b=d=-1$。

当$b=d=1$时，由式(1-23)得，$a=-c$。再由式(1-24)，得$-c^2=-12$，即$c^2=12$矛盾。

当$b=d=-1$时，同理可得$-c^2=-8$，即$c^2=8$，也不可能。

因此$f(x)=x^4-10x^2+1$不可能分解为两个二次因式之积。

综上，$f(x)=x^4-10x^2+1$在$\mathbf{Q}$上不可约，命题得以证明。

52. 设$f(x)$是有理数域上的$n(n\geqslant 2)$次不可约多项式，已知$f(x)$的一根的倒数也是$f(x)$的根。求证：$f(x)$的每一个根的倒数也是$f(x)$的根。

证明 设$f(x)=a_nx^n+a_{n-1}x^{n-1}+\cdots+a_1x+a_0\in \mathbf{Q}[x]$，且$n\geqslant 2$，由$f(x)$不可约得，$a_0\neq 0$。

设α是$f(x)$的根，且$\dfrac{1}{\alpha}$也是$f(x)$的根，即

$$f\left(\frac{1}{\alpha}\right)=a_n\frac{1}{\alpha^n}+a_{n-1}\frac{1}{\alpha^{n-1}}+\cdots+a_1\frac{1}{\alpha}+a_0=0,$$

从而

$$a_n+a_{n-1}\alpha+\cdots+a_1\alpha^{n-1}+a_0\alpha^n=0,$$

即α是

$$g(x)=a_n+a_{n-1}x+\cdots+a_1x^{n-1}+a_0x^n,$$

的根。这样，有理数域上多项式$f(x)$与$g(x)$有公共根。由$f(x)$不可约知，

$$f(x)\mid g(x)。$$

任取$f(x)$的根β，这里$\beta\neq 0$(否则与$a_0\neq 0$矛盾)，则β是$g(x)$的根，即有

$$a_n+a_{n-1}\beta+\cdots+a_1\beta^{n-1}+a_0\beta^n=0。$$

从而

$$a_n\left(\frac{1}{\beta}\right)^n+a_{n-1}\left(\frac{1}{\beta}\right)^{n-1}+\cdots+a_1\frac{1}{\beta}+a_0=0,$$

所以 $f\left(\frac{1}{\beta}\right)=0$，结论得证。

53. 设一个整系数多项式 $f(x)$ 在自变量的两个互异整数值 x_1 和 x_2 处取值 ± 1。

求证：如果 $|x_1-x_2|>2$，则该多项式无有理根；如果 $|x_1-x_2|\leqslant 2$，则其有理根只能是 $\frac{1}{2}(x_1+x_2)$。

证明　设 $x=\frac{b}{a}$，$(a,b)=1$ 为 $f(x)$ 的有理根，则 $ax-b\mid f(x)$，从而存在有理系数多项式 $h(x)$，使

$$f(x)=(ax-b)h(x), \tag{1-27}$$

因 $ax-b$ 为本原多项式，$f(x)$ 为整系数多项式，所以 $h(x)$ 也是整系数多项式。将 x_1，x_2 代入式(1—27)得

$$(ax_1-b)h(x_1)=f(x_1)=\pm 1,(ax_2-b)h(x_2)=f(x_2)=\pm 1。$$

从而知

$$ax_1-b=\pm 1, \tag{1-28}$$

$$ax_2-b=\pm 1, \tag{1-29}$$

式(1—28)减去式(1—29)得

$$a(x_1-x_2)=2,-2。$$

故

$$|x_1-x_2|\leqslant 2。$$

从而当 $|x_1-x_2|>2$ 时，$f(x)$ 必无有理根。另一方面，当 $|x_1-x_2|\leqslant 2$ 时，因为 $x_1\neq x_2$，故式(1—28)和式(1—29)中必有一个为 1，另一个为 -1。从而将(1—28)和(1—29)两式相加，得

$$a(x_1+x_2)-2b=0。$$

所以

$$\frac{b}{a}=\frac{x_1+x_2}{2}。$$

结论得证。

54. 设 $\frac{p}{q}$ 是既约分数，$f(x)=a_nx^n+a_{n-1}x^{n-1}+\cdots+a_1x+a_0$ 是整系数多项式，而且 $f\left(\frac{p}{q}\right)=0$。

求证：(1) $p\mid a_0$，而 $q\mid a_n$。

(2)对任意整数 m，有 $(p-mq)\mid f(m)$。

证明　(1)由 $f\left(\frac{p}{q}\right)=0$ 可得，

$$a_n p^n + a_{n-1} p^{n-1} q + \cdots + a_1 p q^{n-1} + a_0 q^n = 0。$$

可见 $q \mid a_n p^n$。而 $(q,p)=1$，所以 $q \mid a_n$。同理可得 $p \mid a_0$。

(2)由题设，存在有理系数多项式 $f_0(x)$，使

$$f(x) = \left(x - \frac{p}{q}\right) f_0(x) = (qx - p)\left(\frac{1}{q} f_0(x)\right)。$$

由于 $f(x) \in \mathbf{Z}[x]$，$qx - p$ 是本原多项式，所以 $\frac{1}{q} f_0(x)$ 是整系数多项式，记

$$g(x) = \frac{1}{q} f_0(x),$$

则有

$$f(m) = (qm - p) \cdot g(m)。$$

这里 $g(m)$ 是整数，所以 $qm - p \mid f(m)$，结论得证。

55. 设 $f(x)$ 是整系数多项式，a 是一个整数，$f(a)=f(a+1)=f(a+2)=1$。求证：对任一整数 c，$f(c) \neq -1$。

证明 由题设 $f(x)-1$ 有根 $a, a+1, a+2$，令

$$f(x) - 1 = (x-a)(x-a-1)(x-a-2)g(x),$$

因为 $f(x)-1 \in \mathbf{Z}[x]$，且 $(x-a)(x-a-1)(x-a-2)$ 为本原多项式，所以 $g(x) \in \mathbf{Z}[x]$。

如存在整数 c 使 $f(c)=-1$，则

$$(c-a)(c-a-1)(c-a-2)g(c) = -2。$$

由于 $g(c) \in \mathbf{Z}$，而

$$6 \mid (c-a)(c-a-1)(c-a-2),$$

从而得出矛盾。

56. 设复数 c 是某个非零有理系数多项式的根，把全体以 c 为根的有理系数多项式的集合记为 J，即

$$J = \{f(x) \in \mathbf{Q}[x] \mid f(c) = 0\}。$$

求证：J 中存在唯一的首项系数为1的有理数域上不可约多项式 $p(x)$，使对任意 $f(x) \in J$，$p(x) \mid f(x)$。

证明 显然 $J \neq \varnothing$。设 $p(x)$ 是 J 中次数最低且首项系数为 1 的多项式，那么 $p(x)$ 必是有理数域上的不可约多项式。事实上，设 $p(x)$ 在有理数域上分解为 $p(x)=h(x)k(x)$，那么

$$p(c) = h(c)k(c)。$$

由 $p(c)=0$ 可知，$h(c)=0$ 或 $k(c)=0$，即 $h(x)$ 或 $k(x)$ 属于 J。而 $p(x)$ 在 J 中次数最低，故 $h(x)$ 和 $k(x)$ 中必有一个与 $p(x)$ 同次数，即 $p(x)$ 不可约。

任取 $f(x) \in J$，设

$$f(x) = p(x)q(x) + r(x),$$

其中 $\partial(r(x)) < \partial(p(x))$ 或 $r(x) = 0$。由 $f(c) = 0, p(c) = 0$，推知 $r(c) = 0$。因而 $r(x) \in J$，

但如 $r(x)\neq 0$,即 $\partial(r(x))<\partial(p(x))$,与 $p(x)$ 在 J 中次数最低矛盾。于是 $r(x)=0,p(x)\mid f(x)$。

最后,$p(x)$ 是唯一的。事实上,如果 $p_1(x)\in J$ 也是次数最低且首项系数为 1,那么 $p_1(x)\mid p(x),p(x)\mid p_1(x)$,得 $p_1(x)=p(x)$。

1.3　练习题

1. 设 $f(x)$ 为一多项式,若 $f(x+y)=f(x)f(y)(x,y\in\mathbf{R})$,则 $f(x)=0$ 或 $f(x)=1$。

2. 求证:$(f(x)h(x),g(x)h(x))=(f(x),g(x))h(x)$,$h(x)$ 的首项系数为 1。

3. 设 $p(x)$ 在数域 P 上不可约,若 $p(x)\mid(f(x)+g(x))$,且 $p(x)\mid f(x)g(x)$,则 $p(x)\mid f(x)$ 且 $p(x)\mid g(x)$。

4. 设 $f_1(x)=af(x)+bg(x),g_1(x)=cf(x)+dg(x)$,且 $ad-bc\neq 0$。求证:

$$(f(x),g(x))=(f_1(x),g_1(x))。$$

5. 求证:次数>0且首项系数为 1 的多项式 $f(x)$ 是一个 $p(x)$ 是不可约多项式的方幂的充分必要条件为对任意的多项式 $g(x)$,必有$(f(x),g(x))=1$,或者对某一正整数 m,

$$f(x)\mid g^m(x)。$$

6. 设 $h(x),k(x),f(x),g(x)$ 是实系数多项式,且

$$(x^2+1)h(x)+(x+1)f(x)+(x-2)g(x)=0,$$

$$(x^2+1)k(x)+(x-1)f(x)+(x+2)g(x)=0,$$

则 $f(x),g(x)$ 能被 x^2+1 整除。

7. 设 $f(x),g(x)$ 都是 $P[x]$ 中的非零多项式,且 $g(x)=s^m(x)g_1(x)$,这里 $m\geqslant 1$。又若 $(s(x),g_1(x))=1$,$s(x)\mid f(x)$。求证:不存在 $f_1(x),r(x)\in P[x]$,且 $\partial(r(x))<\partial(s(x))$,$r(x)\neq 0$,使

$$\frac{f(x)}{g(x)}=\frac{r(x)}{s^m(x)}+\frac{f_1(x)}{s^{m-1}(x)g_1(x)}。$$

8. 设 $f(x)$ 是有理数域 $\mathbf{Q}$ 上的一个 m 次多项式 $(m\geqslant 0)$,n 是大于 m 的正整数。求证:$\sqrt[n]{2}$ 不是 $f(x)$ 的实根。

9. 设 a 为实数。证明:$f(x)=x^n+ax^{n-1}+\cdots+a^{n-1}x+a^n$ 至多有一个实根(不计重数)。

10. 试求出满足条件

$$f(x^2)-f(x)f(x+1)=0,$$

的一切复系数多项式。

第 2 章　行列式

2.1　基础知识

§1　引言

规定

$$\begin{vmatrix} a_{11} & a_{12} \\ a_{21} & a_{22} \end{vmatrix} = a_{11}a_{22} - a_{12}a_{21},$$

为二阶行列式。

$$\begin{vmatrix} a_{11} & a_{12} & a_{13} \\ a_{21} & a_{22} & a_{23} \\ a_{31} & a_{32} & a_{33} \end{vmatrix} = a_{11}a_{22}a_{33} + a_{12}a_{23}a_{31} + a_{13}a_{21}a_{32} - a_{11}a_{23}a_{32} - a_{12}a_{21}a_{33} - a_{13}a_{22}a_{31},$$

为三阶行列式。上述计算二、三阶行列式的方法称为对角线法则。

§2　排列

1. 排列的概念

(1)由 $1,2,\cdots,n$ 组成的一个有序数组称为一个 n 阶排列。

注　1) n 阶排列的总数是 $n!$。

2) $12\cdots n$ 也是一个 n 阶排列，这个排列具有自然顺序(称为正序)，就是按递增的顺序排起来的;其他的排列都或多或少地破坏自然顺序。

(2)在一个排列中，如果一对数的前后位置与大小顺序相反，即前面的数大于后面的数，那么它们就称为一个逆序，一个排列中逆序的总数就称为这个排列的逆序数。

排列 $j_1j_2\cdots j_n$ 的逆序数记为

$$\tau(j_1j_2\cdots j_n)。$$

(3)逆序数为偶数的排列称为偶排列;逆序数为奇数的排列称为奇排列。

注　我们同样可以考虑由任意 n 个不同的自然数所组成的排列，一般也称为 n 阶排列。对这样一般的 n 阶排列，同样可以定义上面这些概念。

(4)把一个排列中某 2 个数的位置互换，而其余的数不动，就得到另一个排列，这样的一个变换称为一个对换。

2. 排列的性质

(1)对换改变排列的奇偶性。

(2)在全部 n 阶排列中,奇、偶排列的个数相等,各有 $\frac{n!}{2}$ 个。

(3)任意一个 n 阶排列与排列 $12\cdots n$ 都可以经过一系列对换互变,并且所作对换的个数与这个排列有相同的奇偶性。

§3　n 阶行列式

1. n 阶行列式的定义

n 阶行列式

$$\begin{vmatrix} a_{11} & a_{12} & \cdots & a_{1n} \\ a_{21} & a_{22} & \cdots & a_{2n} \\ \vdots & \vdots & & \vdots \\ a_{n1} & a_{n2} & \cdots & a_{nn} \end{vmatrix},$$

等于所有取自不同行不同列的 n 个元素的乘积

$$a_{1j_1}a_{2j_2}\cdots a_{nj_n} \tag{2-1}$$

的代数和,这里 $j_1j_2\cdots j_n$ 是 $1,2,\cdots,n$ 的一个排列,每一项(2-1)都按下面规则带有符号:当 $j_1j_2\cdots j_n$ 是偶排列时,(2-1)带有正号;当 $j_1j_2\cdots j_n$ 是奇排列时,(2-1)带有负号。这一定义可写成

$$\begin{vmatrix} a_{11} & a_{12} & \cdots & a_{1n} \\ a_{21} & a_{22} & \cdots & a_{2n} \\ \vdots & \vdots & & \vdots \\ a_{n1} & a_{n2} & \cdots & a_{nn} \end{vmatrix} = \sum_{j_1j_2\cdots j_n} (-1)^{\tau(j_1j_2\cdots j_n)} a_{1j_1}a_{2j_2}\cdots a_{nj_n},$$

这里 $\sum\limits_{j_1j_2\cdots j_n}$ 表示对所有 n 阶排列求和。

注　n 阶行列式还有另外 2 种等价定义:

$$\begin{vmatrix} a_{11} & a_{12} & \cdots & a_{1n} \\ a_{21} & a_{22} & \cdots & a_{2n} \\ \vdots & \vdots & & \vdots \\ a_{n1} & a_{n2} & \cdots & a_{nn} \end{vmatrix} = \sum_{i_1i_2\cdots i_n} (-1)^{\tau(i_1i_2\cdots i_n)} a_{i_11}a_{i_22}\cdots a_{i_nn}。$$

$$\begin{vmatrix} a_{11} & a_{12} & \cdots & a_{1n} \\ a_{21} & a_{22} & \cdots & a_{2n} \\ \vdots & \vdots & & \vdots \\ a_{n1} & a_{n2} & \cdots & a_{nn} \end{vmatrix} = \sum_{\substack{i_1i_2\cdots i_n, \\ j_1j_2\cdots j_n}} (-1)^{\tau(i_1i_2\cdots i_n)+\tau(j_1j_2\cdots j_n)} a_{i_1j_1}a_{i_2j_2}\cdots a_{i_nj_n}。$$

2. 常见行列式

(1)上三角行列式、下三角行列式、对角形行列式：

$$\begin{vmatrix} a_{11} & & & * \\ & a_{22} & & \\ & & \ddots & \\ 0 & & & a_{nn} \end{vmatrix} = \begin{vmatrix} a_{11} & & & 0 \\ & a_{22} & & \\ & & \ddots & \\ * & & & a_{nn} \end{vmatrix} = \begin{vmatrix} a_{11} & & & 0 \\ & a_{22} & & \\ & & \ddots & \\ 0 & & & a_{nn} \end{vmatrix} = a_{11}a_{22}\cdots a_{nn}。$$

(2)副对角线方向的行列式：

$$\begin{vmatrix} * & & & a_{1n} \\ & & a_{2,n-1} & \\ & \iddots & & \\ a_{n1} & & & 0 \end{vmatrix} = \begin{vmatrix} 0 & & & a_{1n} \\ & & a_{2,n-1} & \\ & \iddots & & \\ a_{n1} & & & * \end{vmatrix} = \begin{vmatrix} 0 & & & a_{1n} \\ & & a_{2,n-1} & \\ & \iddots & & \\ a_{n1} & & & 0 \end{vmatrix}$$

$$=(-1)^{\frac{n(n-1)}{2}} a_{1n}a_{2,n-1}\cdots a_{n1}。$$

(3)范德蒙德(Vandermonde)行列式：

$$\begin{vmatrix} 1 & 1 & 1 & \cdots & 1 \\ a_1 & a_2 & a_3 & \cdots & a_n \\ a_1^2 & a_2^2 & a_3^2 & \cdots & a_n^2 \\ \vdots & \vdots & \vdots & & \vdots \\ a_1^{n-1} & a_2^{n-1} & a_3^{n-1} & \cdots & a_n^{n-1} \end{vmatrix} = \prod_{1\leqslant j<i\leqslant n} (a_i - a_j)。$$

§4 *n* 阶行列式的性质

(1)行列互换，行列式的值不变。(此性质说明，行列式的行、列具有相同的性质。)

$$\begin{vmatrix} a_{11} & a_{12} & \cdots & a_{1n} \\ a_{21} & a_{22} & \cdots & a_{2n} \\ \vdots & \vdots & & \vdots \\ a_{n1} & a_{n2} & \cdots & a_{nn} \end{vmatrix} = \begin{vmatrix} a_{11} & a_{21} & \cdots & a_{n1} \\ a_{12} & a_{22} & \cdots & a_{n2} \\ \vdots & \vdots & & \vdots \\ a_{1n} & a_{2n} & \cdots & a_{nn} \end{vmatrix}。$$

(2)一行的公因子可以提出去，或者说以一数乘行列式的一行相当于用这个数乘此行列式。该性质对列的情形也成立。

$$\begin{vmatrix} a_{11} & a_{12} & \cdots & a_{1n} \\ \vdots & \vdots & & \vdots \\ ka_{i1} & ka_{i2} & \cdots & ka_{in} \\ \vdots & \vdots & & \vdots \\ a_{n1} & a_{n2} & \cdots & a_{nn} \end{vmatrix} = k\begin{vmatrix} a_{11} & a_{12} & \cdots & a_{1n} \\ \vdots & \vdots & & \vdots \\ a_{i1} & a_{i2} & \cdots & a_{in} \\ \vdots & \vdots & & \vdots \\ a_{n1} & a_{n2} & \cdots & a_{nn} \end{vmatrix}。$$

(3)如果行列式中一行(列)为零，那么行列式的值为零。

(4)如果某一行是 2 组数的和，那么这个行列式就等于 2 个行列式的和，而这 2 个行列式除这一行以外全与原来行列式的对应的行一样。该性质对列的情形也成立。

$$\begin{vmatrix} a_{11} & a_{12} & \cdots & a_{1n} \\ \vdots & \vdots & & \vdots \\ b_1+c_1 & b_2+c_2 & \cdots & b_n+c_n \\ \vdots & \vdots & & \vdots \\ a_{n1} & a_{n2} & \cdots & a_{nn} \end{vmatrix} = \begin{vmatrix} a_{11} & a_{12} & \cdots & a_{1n} \\ \vdots & \vdots & & \vdots \\ b_1 & b_2 & \cdots & b_n \\ \vdots & \vdots & & \vdots \\ a_{n1} & a_{n2} & \cdots & a_{nn} \end{vmatrix} + \begin{vmatrix} a_{11} & a_{12} & \cdots & a_{1n} \\ \vdots & \vdots & & \vdots \\ c_1 & c_2 & \cdots & c_n \\ \vdots & \vdots & & \vdots \\ a_{n1} & a_{n2} & \cdots & a_{nn} \end{vmatrix}。$$

注　上述结论可以推广到某一行(列)为多个数的和的情形。

(5)如果行列式中有 2 行(列)相同,那么行列式的值为零。所谓 2 行(列)相同就是说 2 行(列)的对应元素都相等。

(6)如果行列式中 2 行(列)成比例,那么行列式的值为零。

(7)把一行(列)的倍数加到另一行(列)对应的元素上,行列式的值不变。

(8)对换行列式中 2 行(列)的位置,行列式的值反号。

§5　行列式的计算

1. 矩阵的概念

由 sn 个数排成的 s 行(横的) n 列(纵的)的表

$$\begin{pmatrix} a_{11} & a_{12} & \cdots & a_{1n} \\ a_{21} & a_{22} & \cdots & a_{2n} \\ \vdots & \vdots & & \vdots \\ a_{s1} & a_{s2} & \cdots & a_{sn} \end{pmatrix}, \tag{2-2}$$

称为一个 $s\times n$ 矩阵。数 $a_{ij}(i=1,2,\cdots,s;j=1,2,\cdots,n)$ 称为矩阵(2—2)的元素,i 称为元素 a_{ij} 的行指标,j 称为列指标。当一个矩阵的元素全是某一数域 P 中的数时,它就称为这一数域 P 上的矩阵。

2. 矩阵的行列式

$n\times n$ 矩阵也称为 n 阶方阵。一个 n 阶方阵

$$\mathbf{A}=\begin{pmatrix} a_{11} & a_{12} & \cdots & a_{1n} \\ a_{21} & a_{22} & \cdots & a_{2n} \\ \vdots & \vdots & & \vdots \\ a_{n1} & a_{n2} & \cdots & a_{nn} \end{pmatrix}$$

定义一个 n 阶行列式

$$\begin{vmatrix} a_{11} & a_{12} & \cdots & a_{1n} \\ a_{21} & a_{22} & \cdots & a_{2n} \\ \vdots & \vdots & & \vdots \\ a_{n1} & a_{n2} & \cdots & a_{nn} \end{vmatrix},$$

称为矩阵 $\mathbf{A}$ 的行列式，记作 $|\mathbf{A}|$。

3. 矩阵的初等行(列)变换

所谓数域 P 上矩阵的初等行(列)变换是指下列 3 种变换：

(1)以 P 中一个非零的数乘矩阵的某一行(列)；

(2)把矩阵的某一行(列)的 c 倍加到另一行(列)，这里 c 是 P 中任意一个数；

(3)互换矩阵中 2 行(列)的位置。

4. 矩阵的行阶梯形

若一个矩阵的任一行从第一个元素起至该行的第一个非零元素所在的下方全为零，则称这样的矩阵为行阶梯形矩阵。

注 任意一个矩阵经过一系列初等行变换总能变成行阶梯形矩阵。

§6 行列式按一行(列)展开

1. 余子式

在 n 阶行列式

$$\begin{vmatrix} a_{11} & \cdots & a_{1,j-1} & a_{1,j} & a_{1,j+1} & \cdots & a_{1n} \\ \vdots & & \vdots & \vdots & \vdots & & \vdots \\ a_{i-1,1} & \cdots & a_{i-1,j-1} & a_{i-1,j} & a_{i-1,j+1} & \cdots & a_{i-1,n} \\ a_{i,1} & \cdots & a_{i,j-1} & a_{i,j} & a_{i,j+1} & \cdots & a_{i,n} \\ a_{i+1,1} & \cdots & a_{i+1,j-1} & a_{i+1,j} & a_{i+1,j+1} & \cdots & a_{i+1,n} \\ \vdots & & \vdots & \vdots & \vdots & & \vdots \\ a_{n1} & \cdots & a_{n,j-1} & a_{n,j} & a_{n,j+1} & \cdots & a_{nn} \end{vmatrix}$$

中划去元素 a_{ij} 所在的第 i 行与第 j 列，剩下的 $(n-1)^2$ 个元素按原来的排法构成一个 $n-1$ 阶行列式

$$\begin{vmatrix} a_{11} & \cdots & a_{1,j-1} & a_{1,j+1} & \cdots & a_{1n} \\ \vdots & & \vdots & \vdots & & \vdots \\ a_{i-1,1} & \cdots & a_{i-1,j-1} & a_{i-1,j+1} & \cdots & a_{i-1,n} \\ a_{i+1,1} & \cdots & a_{i+1,j-1} & a_{i+1,j+1} & \cdots & a_{i+1,n} \\ \vdots & & \vdots & \vdots & & \vdots \\ a_{n1} & \cdots & a_{n,j-1} & a_{n,j+1} & \cdots & a_{nn} \end{vmatrix},$$

称为元素 a_{ij} 的余子式，记作 M_{ij}。

2. 代数余子式

$A_{ij}=(-1)^{i+j}M_{ij}$ 称为元素 a_{ij} 的代数余子式。

3. 按行(列)展开定理

设

$$d=\begin{vmatrix} a_{11} & a_{12} & \cdots & a_{1n} \\ a_{21} & a_{22} & \cdots & a_{2n} \\ \vdots & \vdots & & \vdots \\ a_{n1} & a_{n2} & \cdots & a_{nn} \end{vmatrix},$$

A_{ij} 表示元素 a_{ij} 的代数余子式,则下列公式成立:

$$a_{i1}A_{k1}+a_{i2}A_{k2}+\cdots+a_{in}A_{kn}=\begin{cases} d, 当\ i=k, \\ 0, 当\ i\neq k。\end{cases}$$

$$a_{1l}A_{1j}+a_{2l}A_{2j}+\cdots+a_{nl}A_{nj}=\begin{cases} d, 当\ l=j, \\ 0, 当\ l\neq j。\end{cases}$$

§7　克拉默(Cramer)法则

1. 克拉默法则

如果线性方程组

$$\begin{cases} a_{11}x_1+a_{12}x_2+\cdots+a_{1n}x_n=b_1, \\ a_{21}x_1+a_{22}x_2+\cdots+a_{2n}x_n=b_2, \\ \cdots\cdots \\ a_{n1}x_1+a_{n2}x_2+\cdots+a_{nn}x_n=b_n \end{cases} \tag{2-3}$$

的系数矩阵

$$\boldsymbol{A}=\begin{pmatrix} a_{11} & a_{12} & \cdots & a_{1n} \\ a_{21} & a_{22} & \cdots & a_{2n} \\ \vdots & \vdots & & \vdots \\ a_{n1} & a_{n2} & \cdots & a_{nn} \end{pmatrix}$$

的行列式

$$d=|\boldsymbol{A}|\neq 0,$$

那么线性方程组(2—3)有解,并且解是唯一的,解可以通过系数表示为

$$x_1=\frac{d_1}{d}, x_2=\frac{d_2}{d}, \cdots, x_n=\frac{d_n}{d},$$

其中,d_j 是把矩阵 $\boldsymbol{A}$ 中第 j 列换成常数项 $b_1,b_2,\cdots,b_n$ 所成的矩阵的行列式,即

$$d_j=\begin{vmatrix} a_{11} & \cdots & a_{1,j-1} & b_1 & a_{1,j+1} & \cdots & a_{1n} \\ a_{21} & \cdots & a_{2,j-1} & b_2 & a_{2,j+1} & \cdots & a_{2n} \\ \vdots & & \vdots & \vdots & \vdots & & \vdots \\ a_{n1} & \cdots & a_{n,j-1} & b_n & a_{n,j+1} & \cdots & a_{nn} \end{vmatrix} (j=1,2,\cdots,n)。$$

注 这个结果的证明思想值得好好体会。学过逆矩阵后，用矩阵的方法可以给出更加简洁的证明。

2. 克拉默法则的应用

如果齐次线性方程组

$$\begin{cases}a_{11}x_1+a_{12}x_2+\cdots+a_{1n}x_n=0,\\ a_{21}x_1+a_{22}x_2+\cdots+a_{2n}x_n=0,\\ \cdots\cdots\\ a_{n1}x_1+a_{n2}x_2+\cdots+a_{nn}x_n=0\end{cases}$$

的系数矩阵的行列式 $|\boldsymbol{A}|\neq 0$，那么它只有零解。换句话说，如果上述方程组有非零解，那么必有 $|\boldsymbol{A}|=0$。

§8 拉普拉斯(Laplace)定理 · 行列式的乘法规则

1. 拉普拉斯定理

(1)在一个 n 阶行列式 D 中任意选定 k 行 k 列 $(k\leqslant n)$，位于这些行和列的交点上的 k^2 个元素按照原来的次序组成一个 k 阶行列式 M，称为行列式 D 的一个 k 阶子式。在 D 中划去这 k 行 k 列后余下的元素按照原来的次序组成的 $n-k$ 阶行列式 M' 称为 k 阶子式 M 的余子式。

注 从定义立刻看出，M 也是 M' 的余子式。所以，M 和 M' 可以称为 D 的一对互余的子式。

(2)设 D 的 k 阶子式 M 在 D 中所在的行、列指标分别是 $i_1,i_2,\cdots,i_k$；$j_1,j_2,\cdots,j_k$，则 M 的余子式 M' 前面加上符号 $(-1)^{(i_1+i_2+\cdots+i_k)+(j_1+j_2+\cdots+j_k)}$ 后称作 M 的代数余子式。

(3)行列式 D 的任一个子式 M 与它的代数余子式 A 的乘积中的每一项都是行列式 D 的展开式中的一项，而且符号也一致。

(4)(**拉普拉斯定理**)设在行列式 D 中任意取定了 $k\ (1\leqslant k\leqslant n-1)$ 个行，由这 k 行元素所组成的一切 k 阶子式与它们的代数余子式的乘积的和等于行列式 D。

2. 行列式的乘法规则

两个 n 阶行列式

$$D_1=\begin{vmatrix}a_{11}&a_{12}&\cdots&a_{1n}\\ a_{21}&a_{22}&\cdots&a_{2n}\\ \vdots&\vdots&&\vdots\\ a_{n1}&a_{n2}&\cdots&a_{nn}\end{vmatrix}\text{和}D_2=\begin{vmatrix}b_{11}&b_{12}&\cdots&b_{1n}\\ b_{21}&b_{22}&\cdots&b_{2n}\\ \vdots&\vdots&&\vdots\\ b_{n1}&b_{n2}&\cdots&b_{nn}\end{vmatrix}$$

的乘积等于一个 n 阶行列式

$$C=\begin{vmatrix} c_{11} & c_{12} & \cdots & c_{1n} \\ c_{21} & c_{22} & \cdots & c_{2n} \\ \vdots & \vdots & & \vdots \\ c_{n1} & c_{n2} & \cdots & c_{nn} \end{vmatrix},$$

其中，c_{ij} 是 D_1 的第 i 行元素分别与 D_2 的第 j 列的对应元素乘积之和，即

$$c_{ij}=a_{i1}b_{1j}+a_{i2}b_{2j}+\cdots+a_{in}b_{nj},i,j=1,2,\cdots,n。$$

注　这个定理也称为行列式的乘法定理。

3. 拉普拉斯定理的应用

$$\begin{vmatrix} a_{11} & \cdots & a_{1n} & 0 & \cdots & 0 \\ \vdots & & \vdots & \vdots & & \vdots \\ a_{n1} & \cdots & a_{nn} & 0 & \cdots & 0 \\ c_{11} & \cdots & c_{1n} & b_{11} & \cdots & b_{1m} \\ \vdots & & \vdots & \vdots & & \vdots \\ c_{m1} & \cdots & c_{mn} & b_{m1} & \cdots & b_{mm} \end{vmatrix}=\begin{vmatrix} a_{11} & \cdots & a_{1n} \\ \vdots & & \vdots \\ a_{n1} & \cdots & a_{nn} \end{vmatrix}\cdot\begin{vmatrix} b_{11} & \cdots & b_{1m} \\ \vdots & & \vdots \\ b_{m1} & \cdots & b_{mm} \end{vmatrix}。$$

$$\begin{vmatrix} 0 & \cdots & 0 & a_{11} & \cdots & a_{1n} \\ \vdots & & \vdots & \vdots & & \vdots \\ 0 & \cdots & 0 & a_{n1} & \cdots & a_{nn} \\ b_{11} & \cdots & b_{1m} & c_{11} & \cdots & c_{1n} \\ \vdots & & \vdots & \vdots & & \vdots \\ b_{m1} & \cdots & b_{mm} & c_{m1} & \cdots & c_{mn} \end{vmatrix}=(-1)^{mn}\begin{vmatrix} a_{11} & \cdots & a_{1n} \\ \vdots & & \vdots \\ a_{n1} & \cdots & a_{nn} \end{vmatrix}\cdot\begin{vmatrix} b_{11} & \cdots & b_{1m} \\ \vdots & & \vdots \\ b_{m1} & \cdots & b_{mm} \end{vmatrix}。$$

§9　行列式的计算和证明方法总结

1. 定义法

适用于行列式中有较多 0 的情况。

2. 化归法

利用行列式的性质化为三角行列式的方法。

3. 利用范德蒙德行列式(或其他已知的行列式)的方法

这一方法往往要结合行列式的乘法规则等。

4. 拆分法

5. 降阶法

利用行(列)展开定理，或者作拉普拉斯展开。

6. 加边法

在原行列式基础上增加一行、一列(保持行列式的值不变)，然后利用增加的行(列)对行列

式中元素化零。

7. 数学归纳法

8. 递推法

(1)如果 n 阶行列式 D_n 满足关系式

$$aD_n+bD_{n-1}+c=0,$$

一般通过再寻找 D_n 与 D_{n-1} 之间关系,进而形成一个以 D_n 和 D_{n-1} 为未知量的二元一次方程组,求出 D_n。

(2)如果 n 阶行列式 D_n 满足关系式

$$aD_n+bD_{n-1}+cD_{n-2}=0,$$

则作特征方程

$$ax^2+bx+c=0。\tag{2-4}$$

1)若方程(2—4)的判别式 $\Delta\neq 0$,则方程(2—4)有 2 个不等的复根 x_1 和 x_2,于是

$$D_n=Ax_1^{n-1}+Bx_2^{n-1},\tag{2-5}$$

其中,A,B 为待定系数,可在式(2—5)中令 $n=1$,$n=2$ 求出 A,B。

2)若方程(2—4)的判别式 $\Delta=0$,则方程有重根 $x_1=x_2$,于是

$$D_n=(A+nB)x_1^{n-1},\tag{2-6}$$

其中,A,B 为待定系数,可在式(2—6)中令 $n=1$,$n=2$ 求出 A,B。

9. 析因子法

10. 公式法

(1)设 $\boldsymbol{P}=\begin{pmatrix}\boldsymbol{A} & \boldsymbol{B}\\ \boldsymbol{C} & \boldsymbol{D}\end{pmatrix}$ 是一个四分块 n 阶方阵,其中 $\boldsymbol{A}$,$\boldsymbol{B}$,$\boldsymbol{C}$,$\boldsymbol{D}$ 分别是 $r\times r$,$r\times(n-r)$,$(n-r)\times r$,$(n-r)\times(n-r)$ 阶矩阵,则

1)若 $\boldsymbol{A}$ 可逆,则 $|\boldsymbol{P}|=|\boldsymbol{A}|\cdot|\boldsymbol{D}-\boldsymbol{C}\boldsymbol{A}^{-1}\boldsymbol{B}|$;

2)若 $\boldsymbol{D}$ 可逆,则 $|\boldsymbol{P}|=|\boldsymbol{D}|\cdot|\boldsymbol{A}-\boldsymbol{B}\boldsymbol{D}^{-1}\boldsymbol{C}|$;

此公式为行列式的降阶公式。

(2)设 $\boldsymbol{A}$ 为 n 阶可逆矩阵,$\boldsymbol{\alpha}$ 和 $\boldsymbol{\beta}$ 为 2 个 n 维列向量,则

$$|\boldsymbol{A}+\boldsymbol{\alpha}\boldsymbol{\beta}^{\mathrm{T}}|=|\boldsymbol{A}|(1+\boldsymbol{\beta}^{\mathrm{T}}\boldsymbol{A}^{-1}\boldsymbol{\alpha})。$$

证明

$$\begin{vmatrix}\boldsymbol{A} & \boldsymbol{\alpha}\\ -\boldsymbol{\beta}^{\mathrm{T}} & 1\end{vmatrix}=\begin{vmatrix}\boldsymbol{A} & \boldsymbol{\alpha}\\ 0 & 1+\boldsymbol{\beta}^{\mathrm{T}}\boldsymbol{A}^{-1}\boldsymbol{\alpha}\end{vmatrix}=|\boldsymbol{A}|(1+\boldsymbol{\beta}^{\mathrm{T}}\boldsymbol{A}^{-1}\boldsymbol{\alpha}),$$

又

$$\begin{vmatrix}\boldsymbol{A} & \boldsymbol{\alpha}\\ -\boldsymbol{\beta}^{\mathrm{T}} & 1\end{vmatrix}=\begin{vmatrix}\boldsymbol{A}+\boldsymbol{\alpha}\boldsymbol{\beta}^{\mathrm{T}} & \boldsymbol{\alpha}\\ \boldsymbol{0} & 1\end{vmatrix}=|\boldsymbol{A}+\boldsymbol{\alpha}\boldsymbol{\beta}^{\mathrm{T}}|,$$

所以公式成立。

(3)设 $\boldsymbol{A}$ 为 n 阶可逆矩阵,$\boldsymbol{B}_1$ 为 $n\times 2$ 矩阵,$\boldsymbol{B}_2$ 为 $2\times n$ 矩阵,则

$$|\boldsymbol{A}+\boldsymbol{B}_1\boldsymbol{B}_2|=|\boldsymbol{A}|\,|\boldsymbol{E}_2+\boldsymbol{B}_2\boldsymbol{A}^{-1}\boldsymbol{B}_1|。$$

证明　因为

$$\begin{vmatrix} \boldsymbol{A} & \boldsymbol{B}_1 \\ -\boldsymbol{B}_2 & \boldsymbol{E}_2 \end{vmatrix} = \begin{vmatrix} \boldsymbol{A} & \boldsymbol{B}_1 \\ \boldsymbol{O} & \boldsymbol{E}_2+\boldsymbol{B}_2\boldsymbol{A}^{-1}\boldsymbol{B}_1 \end{vmatrix} = |\boldsymbol{A}|\,|\boldsymbol{E}_2+\boldsymbol{B}_2\boldsymbol{A}^{-1}\boldsymbol{B}_1|,$$

又

$$\begin{vmatrix} \boldsymbol{A} & \boldsymbol{B}_1 \\ -\boldsymbol{B}_2 & \boldsymbol{E}_2 \end{vmatrix} = \begin{vmatrix} \boldsymbol{A}+\boldsymbol{B}_1\boldsymbol{B}_2 & \boldsymbol{B}_1 \\ \boldsymbol{O} & \boldsymbol{E}_2 \end{vmatrix} = |\boldsymbol{A}+\boldsymbol{B}_1\boldsymbol{B}_2|,$$

所以公式成立。

(4)设 $\boldsymbol{A}$ 为 n 阶方阵，$\boldsymbol{\alpha}$ 和 $\boldsymbol{\beta}$ 为 2 个 n 维列向量，$\boldsymbol{A}^*$ 为 $\boldsymbol{A}$ 的伴随矩阵，$\boldsymbol{\beta}^{\mathrm{T}}$ 是 $\boldsymbol{\beta}$ 的转置，则

$$|\boldsymbol{A}+\boldsymbol{\alpha}\boldsymbol{\beta}^{\mathrm{T}}| = |\boldsymbol{A}| + \boldsymbol{\beta}^{\mathrm{T}}\boldsymbol{A}^*\boldsymbol{\alpha}。$$

证明

$$\begin{vmatrix} \boldsymbol{A} & \boldsymbol{\alpha} \\ -\boldsymbol{\beta}^{\mathrm{T}} & 1 \end{vmatrix} = \begin{vmatrix} \boldsymbol{A}+\boldsymbol{\alpha}\boldsymbol{\beta}^{\mathrm{T}} & \boldsymbol{0} \\ -\boldsymbol{\beta}^{\mathrm{T}} & 1 \end{vmatrix} = |\boldsymbol{A}+\boldsymbol{\alpha}\boldsymbol{\beta}^{\mathrm{T}}|,$$

1)$\boldsymbol{A}$ 可逆时，有

$$\begin{vmatrix} \boldsymbol{A} & \boldsymbol{\alpha} \\ -\boldsymbol{\beta}^{\mathrm{T}} & 1 \end{vmatrix} = \begin{vmatrix} \boldsymbol{A} & \boldsymbol{\alpha} \\ \boldsymbol{0} & 1+\boldsymbol{\beta}^{\mathrm{T}}\dfrac{\boldsymbol{A}^*}{|\boldsymbol{A}|}\boldsymbol{\alpha} \end{vmatrix} = |\boldsymbol{A}|\left(1+\boldsymbol{\beta}^{\mathrm{T}}\dfrac{\boldsymbol{A}^*}{|\boldsymbol{A}|}\boldsymbol{\alpha}\right) = |\boldsymbol{A}| + \boldsymbol{\beta}^{\mathrm{T}}\boldsymbol{A}^*\boldsymbol{\alpha}。$$

2)$\boldsymbol{A}$ 不可逆时，令 $\boldsymbol{A}_1=\boldsymbol{A}+t\boldsymbol{E}$，则存在 $\delta>0$，使 $0<t<\delta$ 时，$|\boldsymbol{A}_1|\neq 0$，因而

$$\begin{vmatrix} \boldsymbol{A}_1 & \boldsymbol{\alpha} \\ -\boldsymbol{\beta}^{\mathrm{T}} & 1 \end{vmatrix} = |\boldsymbol{A}_1| + \boldsymbol{\beta}^{\mathrm{T}}\boldsymbol{A}_1^*\boldsymbol{\alpha}。$$

上述等式两边为 t 的多项式，且有无穷多个 t 使上式成立，因而上式为 t 的恒等式，故 $t=0$ 时成立，即

$$\begin{vmatrix} \boldsymbol{A} & \boldsymbol{\alpha} \\ -\boldsymbol{\beta}^{\mathrm{T}} & 1 \end{vmatrix} = |\boldsymbol{A}| + \boldsymbol{\beta}^{\mathrm{T}}\boldsymbol{A}^*\boldsymbol{\alpha}。$$

由上述证明得到公式成立。

(5)(**换元公式**)

$$\begin{vmatrix} a_{11}+x & a_{12}+x & \cdots & a_{1n}+x \\ a_{21}+x & a_{22}+x & \cdots & a_{2n}+x \\ \vdots & \vdots & & \vdots \\ a_{n1}+x & a_{n2}+x & \cdots & a_{nn}+x \end{vmatrix} = |a_{ij}|_n + x\sum_{i=1}^{n}\sum_{j=1}^{n}A_{ij} = D_n + xr。$$

证明　设 $\boldsymbol{A}=(a_{ij})_{n\times n}$，

$$\begin{vmatrix} a_{11}+x & a_{12}+x & \cdots & a_{1n}+x \\ a_{21}+x & a_{22}+x & \cdots & a_{2n}+x \\ \vdots & \vdots & & \vdots \\ a_{n1}+x & a_{n2}+x & \cdots & a_{nn}+x \end{vmatrix} = \left|\boldsymbol{A}+x\begin{pmatrix}1\\ \vdots \\ 1\end{pmatrix}(1,\cdots,1)\right|$$

$$= |\boldsymbol{A}| + x(1,\cdots,1)\boldsymbol{A}^*\begin{pmatrix}1\\ \vdots \\ 1\end{pmatrix}$$

$$= |a_{ij}|_n + x\sum_{i=1}^{n}\sum_{j=1}^{n}A_{ij} = D_n + xr。$$

2.2 典型问题解析

1. 设 $n\geqslant 2$。求证：元素为 1 或者 -1 的 n 阶矩阵 $\boldsymbol{A}$ 的行列式 $|\boldsymbol{A}|$ 的值能够被 2^{n-1} 整除。

证明 把 $|\boldsymbol{A}|$ 的第一列中元素为 -1 的行提取公因子 -1，得到

$$|\boldsymbol{A}|=(-1)^m\begin{vmatrix}1 & b_{12} & \cdots & b_{1n}\\ 1 & b_{22} & \cdots & b_{2n}\\ \vdots & \vdots & & \vdots\\ 1 & b_{n2} & \cdots & b_{nn}\end{vmatrix}=(-1)^m\begin{vmatrix}1 & c_{12} & \cdots & c_{1n}\\ 0 & c_{22} & \cdots & c_{2n}\\ \vdots & \vdots & & \vdots\\ 0 & c_{n2} & \cdots & c_{nn}\end{vmatrix}$$

$$=(-1)^m\begin{vmatrix}c_{22} & \cdots & c_{2n}\\ \vdots & & \vdots\\ c_{n2} & \cdots & c_{nn}\end{vmatrix}=(-1)^m2^{n-1}\begin{vmatrix}d_{22} & \cdots & d_{2n}\\ \vdots & & \vdots\\ d_{n2} & \cdots & d_{nn}\end{vmatrix},$$

其中，最后一步是由于 c_{ij} 为 2 或者 -2 或者 0。最后一个 $n-1$ 阶行列式的值为整数，从而结论得证。

2. 求元素为 1 或者 -1 的三阶矩阵 $\boldsymbol{A}$ 的行列式 $|\boldsymbol{A}|$ 可取到的最大值。

解 设 $d=|\boldsymbol{A}|$。由上面的第 1 题知，$4\mid d$。因此 d 为 4 的倍数；由于 $|\boldsymbol{A}|$ 展开至多有 6 项，因此 $|d|\leqslant 4$。故 $d=|\boldsymbol{A}|$ 的可能取值为 $4,0,-4$。但是

$$\begin{vmatrix}-1 & 1 & 1\\ 1 & -1 & 1\\ 1 & 1 & -1\end{vmatrix}=4。$$

因此 $|\boldsymbol{A}|$ 的最大值为 4。

3. 设 $n\geqslant 3$。证明：元素为 1 或者 -1 的 n 阶矩阵 $\boldsymbol{A}$ 的行列式的绝对值不超过 $(n-1)!(n-1)$。

证明 对阶数 n 用数学归纳法。$n=3$ 时，由上面的第 2 题知，行列式的绝对值不超过 $4=(3-1)!(3-1)$。

假设阶数为 $n-1$ 时，结论成立。当阶数为 n 时，把 $d=|\boldsymbol{A}|$ 按照第一行展开，得到

$$d=|\boldsymbol{A}|=a_{11}A_{11}+a_{12}A_{12}+\cdots+a_{1n}A_{1n}。$$

因此利用归纳假设，有

$$|d|=|a_{11}A_{11}+a_{12}A_{12}+\cdots+a_{1n}A_{1n}|\leqslant|a_{11}A_{11}|+|a_{12}A_{12}|+\cdots+|a_{1n}A_{1n}|$$

$$\leqslant n(n-2)!(n-2)=(n-1)!\frac{(n-2)n}{n-1}<(n-1)!(n-1)。$$

4. 设

$$|\boldsymbol{A}|=\begin{vmatrix}1 & -5 & 1 & 3\\ 1 & 1 & 3 & 4\\ 1 & 2 & 1 & 1\\ 2 & 2 & 3 & 4\end{vmatrix},$$

且 A_{ij} 是 $|\boldsymbol{A}|$ 中第 i 行第 j 列元素 a_{ij} 的代数余子式。

(1)求 $A_{31}+A_{32}+A_{33}+A_{34}$；(2)求 $M_{12}+M_{22}+M_{32}+M_{42}$。

解　(1)

$$A_{31}+A_{32}+A_{33}+A_{34}=\begin{vmatrix}1 & -5 & 1 & 3\\1 & 1 & 3 & 4\\1 & 1 & 1 & 1\\2 & 2 & 3 & 4\end{vmatrix}=-6。$$

(2)

$$M_{12}+M_{22}+M_{32}+M_{42}=\begin{vmatrix}1 & -1 & 1 & 3\\1 & 1 & 3 & 4\\1 & -1 & 1 & 1\\2 & 1 & 3 & 4\end{vmatrix}=-8。$$

5. 已知 5 阶行列式

$$D=\begin{vmatrix}1 & 2 & 3 & 4 & 5\\2 & 2 & 2 & 1 & 1\\3 & 1 & 2 & 4 & 5\\1 & 1 & 1 & 2 & 2\\4 & 3 & 1 & 5 & 0\end{vmatrix},$$

(1)求 $A_{31}+A_{32}+A_{33}$；(2)求 $A_{34}+A_{35}$。

解　因为 $a_{i1}A_{31}+a_{i2}A_{32}+a_{i3}A_{33}+a_{i4}A_{34}+a_{i5}A_{35}=0(i=1,2,4,5)$，所以取 $i=2,4$ 得

$$2(A_{31}+A_{32}+A_{33})+(A_{34}+A_{35})=0,$$
$$(A_{31}+A_{32}+A_{33})+2(A_{34}+A_{35})=0,$$

联立解之得

$$A_{31}+A_{32}+A_{33}=0, A_{34}+A_{35}=0。$$

6. 设

$$\boldsymbol{A}=\begin{pmatrix}2 & 2 & 2 & \cdots & 2\\0 & 1 & 1 & \cdots & 1\\0 & 0 & 1 & \cdots & 1\\\vdots & \vdots & \vdots & & \vdots\\0 & 0 & 0 & \cdots & 1\end{pmatrix},$$

求 $|\boldsymbol{A}|$ 的所有代数余子式的和 $\sum\limits_{i,j=1}^{n}A_{ij}$。

解　第 1 行元素的代数余子式的和就是将 $\boldsymbol{A}$ 中第 1 行元素全换为 1 得到的行列式

$$\begin{vmatrix}1 & 1 & 1 & \cdots & 1\\0 & 1 & 1 & \cdots & 1\\0 & 0 & 1 & \cdots & 1\\\vdots & \vdots & \vdots & & \vdots\\0 & 0 & 0 & \cdots & 1\end{vmatrix}=1。$$

第 i 行元素的代数余子式的和就是在 $\boldsymbol{A}$ 中将第 $i(i=2,3,\cdots,n)$ 行元素全换为 1 得到的行列

式，由于此时行列式中有 2 行成比例，故行列式为 0，即

$$A_{i1}+A_{i2}+\cdots+A_{in}=0, i=2,3,\cdots,n。$$

综上可知

$$\sum_{i,j=1}^{n}A_{ij}=A_{11}+A_{12}+\cdots+A_{1n}=\frac{1}{2}(2A_{11}+2A_{12}+\cdots+2A_{1n})=\frac{1}{2}|A|=1。$$

注 要求某一矩阵所有元素的代数余子式之和，可逐行(列)求其代数余子式之和再相加，也可考虑先求其伴随矩阵，再求伴随矩阵各元素之和。

7. 设

$$\boldsymbol{A}=\begin{pmatrix}1&-1&-1&-1\\-1&1&-1&-1\\-1&-1&1&-1\\-1&-1&-1&1\end{pmatrix},$$

且 A_{ij} 是 $|\boldsymbol{A}|$ 中第 i 行第 j 列元素在 $|\boldsymbol{A}|$ 中的代数余子式，试求 $\sum\limits_{i,j=1}^{4}A_{ij}$。

解 法一 因为 $|\boldsymbol{A}|=\begin{vmatrix}1&-1&-1&-1\\-1&1&-1&-1\\-1&-1&1&-1\\-1&-1&-1&1\end{vmatrix}=-16\neq 0$，所以 $\boldsymbol{A}$ 可逆。又

$$\boldsymbol{A}^{-1}=\frac{1}{4}\begin{pmatrix}1&-1&-1&-1\\-1&1&-1&-1\\-1&-1&1&-1\\-1&-1&-1&1\end{pmatrix},$$

所以

$$\boldsymbol{A}^{*}=|\boldsymbol{A}|\cdot\boldsymbol{A}^{-1}=\begin{pmatrix}-4&4&4&4\\4&-4&4&4\\4&4&-4&4\\4&4&4&-4\end{pmatrix},$$

即

$$A_{ij}=\begin{cases}-4, i=j,\\4, \ i\neq j,\end{cases} i,j=1,2,3,4,$$

从而 $\sum\limits_{i,j=1}^{4}A_{ij}=32$。

法二 换元公式。同解法一。$|\boldsymbol{A}|=-16$，又因为

$$\begin{vmatrix}2&&&\\&2&&\\&&2&\\&&&2\end{vmatrix}=\begin{vmatrix}1+1&-1+1&-1+1&-1+1\\-1+1&1+1&-1+1&-1+1\\-1+1&-1+1&1+1&-1+1\\-1+1&-1+1&-1+1&1+1\end{vmatrix}$$

$$=\begin{vmatrix} 1 & -1 & -1 & -1 \\ -1 & 1 & -1 & -1 \\ -1 & -1 & 1 & -1 \\ -1 & -1 & -1 & 1 \end{vmatrix}+\sum_{i,j=1}^{4}A_{ij},$$

所以 $16=-16+\sum\limits_{i,j=1}^{4}A_{ij}$，从而 $\sum\limits_{i,j=1}^{4}A_{ij}=32$。

8. 设 $\boldsymbol{A}=(a_{ij})_{n\times n}$ 为 n 阶方阵，且 $\sum\limits_{j=1}^{n}a_{ij}=0(i=1,2,\cdots,n)$。求证：$A_{11}=A_{12}=\cdots=A_{1n}$，这里 A_{1j} 是 a_{1j} 的代数余子式。

证明　由题设 $\sum\limits_{j=1}^{n}a_{ij}=0(i=1,2,\cdots,n)$ 知，

$$\boldsymbol{A}\begin{pmatrix}1\\ \vdots\\ 1\end{pmatrix}=\begin{pmatrix}0\\ \vdots\\ 0\end{pmatrix}, \tag{2-7}$$

且 $|\boldsymbol{A}|=0$，即 $r(\boldsymbol{A})\leqslant n-1$。

当 $r(\boldsymbol{A})=n-1$ 时，线性方程组 $\boldsymbol{AX}=\boldsymbol{0}$ 解的空间维数为 1，由(2－7)知 $(1,\cdots,1)^{\mathrm{T}}$ 是 $\boldsymbol{AX}=\boldsymbol{0}$ 的一个基础解系。

又因为此时有 $\boldsymbol{AA}^*=\boldsymbol{O}$，所以 $\boldsymbol{A}^*$ 的各列均为线性方程组 $\boldsymbol{AX}=\boldsymbol{0}$ 的解[特别地，$\boldsymbol{A}^*$ 的第 1 列 $(A_{11},A_{12},\cdots,A_{1n})^{\mathrm{T}}$ 是 $\boldsymbol{AX}=\boldsymbol{0}$ 的解]，所以有 $(A_{11},A_{12},\cdots,A_{1n})^{\mathrm{T}}$ 可由 $(1,\cdots,1)^{\mathrm{T}}$ 线性表出，从而 $A_{11}=A_{12}=\cdots=A_{1n}$。

当 $r(\boldsymbol{A})<n-1$ 时，$r(\boldsymbol{A}^*)=0$，即 $\boldsymbol{A}^*=\boldsymbol{O}$。所以 $A_{11}=A_{12}=\cdots=A_{1n}=0$。

9. 证明：如果 n 阶行列式 $D=|a_{ij}|$ 的每行元素的和与每列元素的和都为 0，那么 D 的各元素的代数余子式全相等。

证明　取 D 的第 1 行中任一元素的代数余子式 A_{1j}：

$$A_{1j}=(-1)^{1+j}\begin{vmatrix} a_{21} & \cdots & a_{2,j-1} & a_{2,j+1} & \cdots & a_{2n} \\ a_{31} & \cdots & a_{3,j-1} & a_{3,j+1} & \cdots & a_{3n} \\ \vdots & & \vdots & \vdots & & \vdots \\ a_{n1} & \cdots & a_{n,j-1} & a_{n,j+1} & \cdots & a_{nn} \end{vmatrix},$$

各列均加到第 1 列，由已知条件得

$$A_{1j}=(-1)^{1+j}\begin{vmatrix} -a_{2j} & a_{22} & \cdots & a_{2,j-1} & a_{2,j+1} & \cdots & a_{2n} \\ -a_{3j} & a_{32} & \cdots & a_{3,j-1} & a_{3,j+1} & \cdots & a_{3n} \\ \vdots & \vdots & & \vdots & \vdots & & \vdots \\ -a_{nj} & a_{n2} & \cdots & a_{n,j-1} & a_{n,j+1} & \cdots & a_{nn} \end{vmatrix},$$

第 1 列提出 -1 后，依次与其后的第 $2,3,\cdots,j-1$ 列交换得

$$A_{1j}=(-1)^{j+(j-2)}\begin{vmatrix} a_{22} & \cdots & a_{2,j-1} & a_{2,j} & a_{2,j+1} & \cdots & a_{2n} \\ a_{32} & \cdots & a_{3,j-1} & a_{3,j} & a_{3,j+1} & \cdots & a_{3n} \\ \vdots & & \vdots & \vdots & \vdots & & \vdots \\ a_{n2} & \cdots & a_{n,j-1} & a_{n,j} & a_{n,j+1} & \cdots & a_{nn} \end{vmatrix}=A_{11},$$

即 D 的第 1 行各元素的代数余子式都等于 A_{11}。

同理,D 的第 i 行各元素的代数余子式都等于 $A_{i1}(i=2,3,\cdots,n)$。

类似行的情形可证,D 的第 1 列各元素的代数余子式都等于 A_{11},从而 D 的各元素的代数余子式全相等。

10. 设

$$D=\begin{vmatrix} a_{11} & a_{12} & \cdots & a_{1,n-1} & 1 \\ a_{21} & a_{22} & \cdots & a_{2,n-1} & 1 \\ \vdots & \vdots & & \vdots & \vdots \\ a_{n1} & a_{n2} & \cdots & a_{n,n-1} & 1 \end{vmatrix},$$

把 D 的第 i 行换为 $x_1,x_2,\cdots,x_{n-1},1$ 得 $D_i(i=1,2,\cdots,n)$。证明:

$$D=D_1+D_2+\cdots+D_n。$$

证明 法一 (作加边行列式)因为

$$0=\begin{vmatrix} 1 & x_1 & x_2 & \cdots & x_{n-1} & 1 \\ 1 & a_{11} & a_{12} & \cdots & a_{1,n-1} & 1 \\ \vdots & \vdots & \vdots & & \vdots & \vdots \\ 1 & a_{n1} & a_{n2} & \cdots & a_{n,n-1} & 1 \end{vmatrix}$$

$$=D+(-1)^{2+1}D_1+(-1)^{3+1}\begin{vmatrix} x_1 & x_2 & \cdots & x_{n-1} & 1 \\ a_{11} & a_{12} & \cdots & a_{1,n-1} & 1 \\ a_{31} & a_{32} & \cdots & a_{3,n-1} & 1 \\ \vdots & \vdots & & \vdots & \vdots \\ a_{n1} & a_{n2} & \cdots & a_{n,n-1} & 1 \end{vmatrix}+\cdots+$$

$$(-1)^{(n+1)+1}\begin{vmatrix} x_1 & x_2 & \cdots & x_{n-1} & 1 \\ a_{11} & a_{12} & \cdots & a_{1,n-1} & 1 \\ \vdots & \vdots & & \vdots & \vdots \\ a_{n-1,1} & a_{n-1,2} & \cdots & a_{n-1,n-1} & 1 \end{vmatrix}$$

$$=D+(-D_1-D_2-\cdots-D_n),$$

所以

$$D=D_1+D_2+\cdots+D_n。$$

法二 (借助代数余子式,先算出 D_i,再求和)因为

$$D_1=x_1A_{11}+x_2A_{12}+\cdots+x_{n-1}A_{1,n-1}+A_{1n},$$

$$D_2=x_1A_{21}+x_2A_{22}+\cdots+x_{n-1}A_{2,n-1}+A_{2n},$$

$$\cdots\cdots$$

$$D_n=x_1A_{n1}+x_2A_{n2}+\cdots+x_{n-1}A_{n,n-1}+A_{nn}。$$

以上各项相加,得

$$D_1+D_2+\cdots+D_n=x_1\sum_{i=1}^{n}A_{i1}+x_2\sum_{i=1}^{n}A_{i2}+\cdots+x_{n-1}\sum_{i=1}^{n}A_{i,n-1}+\sum_{i=1}^{n}A_{in},$$

又将 D 的第 j 列元素均换成 1 得

$$\sum_{i=1}^{n} A_{ij} = A_{1j} + A_{2j} + \cdots + A_{nj} = \begin{cases} 0, j < n, \\ D, j = n。\end{cases}$$

则

$$D = D_1 + D_2 + \cdots + D_n。$$

11. 计算行列式

$$d = \begin{vmatrix} a_1 + b_1c_1 & a_2 + b_1c_2 & \cdots & a_n + b_1c_n \\ a_1 + b_2c_1 & a_2 + b_2c_2 & \cdots & a_n + b_2c_n \\ \vdots & \vdots & & \vdots \\ a_1 + b_nc_1 & a_2 + b_nc_2 & \cdots & a_n + b_nc_n \end{vmatrix}。$$

解 当 $n=1$ 时，$d = a_1 + b_1c_1$。

当 $n=2$ 时，$d = (a_1c_2 - a_2c_1)(b_2 - b_1)$。

当 $n \geqslant 3$ 时，

$$d = \begin{vmatrix} a_1 & a_2 + b_1c_2 & \cdots & a_n + b_1c_n \\ a_1 & a_2 + b_2c_2 & \cdots & a_n + b_2c_n \\ \vdots & \vdots & & \vdots \\ a_1 & a_2 + b_nc_2 & \cdots & a_n + b_nc_n \end{vmatrix} + \begin{vmatrix} b_1c_1 & a_2 + b_1c_2 & \cdots & a_n + b_1c_n \\ b_2c_1 & a_2 + b_2c_2 & \cdots & a_n + b_2c_n \\ \vdots & \vdots & & \vdots \\ b_nc_1 & a_2 + b_nc_2 & \cdots & a_n + b_nc_n \end{vmatrix}$$

$$= a_1 \begin{vmatrix} 1 & a_2 + b_1c_2 & \cdots & a_n + b_1c_n \\ 1 & a_2 + b_2c_2 & \cdots & a_n + b_2c_n \\ \vdots & \vdots & & \vdots \\ 1 & a_2 + b_nc_2 & \cdots & a_n + b_nc_n \end{vmatrix} + c_1 \begin{vmatrix} b_1 & a_2 + b_1c_2 & \cdots & a_n + b_1c_n \\ b_2 & a_2 + b_2c_2 & \cdots & a_n + b_2c_n \\ \vdots & \vdots & & \vdots \\ b_n & a_2 + b_nc_2 & \cdots & a_n + b_nc_n \end{vmatrix}$$

$= 0 + 0 = 0$。

12. 设 $a_1, a_2, \cdots, a_n$ 为 n 个实数，矩阵

$$\boldsymbol{A} = \begin{pmatrix} a_1^2 + 1 & a_1a_2 + 1 & \cdots & a_1a_n + 1 \\ a_2a_1 + 1 & a_2^2 + 1 & \cdots & a_2a_n + 1 \\ \vdots & \vdots & & \vdots \\ a_na_1 + 1 & a_na_2 + 1 & \cdots & a_n^2 + 1 \end{pmatrix},$$

求 $|\boldsymbol{A}|$。

解 当 $n=1$ 时，$|\boldsymbol{A}| = a_1^2 + 1$。

当 $n=2$ 时，$|\boldsymbol{A}| = \begin{vmatrix} a_1^2 + 1 & a_1a_2 + 1 \\ a_2a_1 + 1 & a_2^2 + 1 \end{vmatrix} = (a_1 - a_2)^2$。

当 $n \geqslant 3$ 时，由于

$$\boldsymbol{A} = \begin{pmatrix} a_1 & 1 \\ a_2 & 1 \\ \vdots & \vdots \\ a_n & 1 \end{pmatrix} \begin{pmatrix} a_1 & a_2 & \cdots & a_n \\ 1 & 1 & \cdots & 1 \end{pmatrix},$$

所以有 $\boldsymbol{A}$ 的秩 $r(\boldsymbol{A}) \leqslant 2$，从而 $|\boldsymbol{A}| = 0$。

13. 计算

$$D_n=\begin{vmatrix}1+x_1y_1 & 1+x_1y_2 & \cdots & 1+x_1y_n\\ 1+x_2y_1 & 1+x_2y_2 & \cdots & 1+x_2y_n\\ \vdots & \vdots & & \vdots\\ 1+x_ny_1 & 1+x_ny_2 & \cdots & 1+x_ny_n\end{vmatrix}。$$

解 当 $n=1$ 时，$D_1=|1+x_1y_1|=1+x_1y_1$。

当 $n=2$ 时，$D_2=\begin{vmatrix}1+x_1y_1 & 1+x_1y_2\\ 1+x_2y_1 & 1+x_2y_2\end{vmatrix}=(x_1-x_2)(y_1-y_2)$。

当 $n\geqslant 3$ 时，

$$D_n=\left|\begin{pmatrix}1 & x_1 & 0 & \cdots & 0\\ 1 & x_2 & 0 & \cdots & 0\\ 1 & x_3 & 0 & \cdots & 0\\ \vdots & \vdots & \vdots & & \vdots\\ 1 & x_n & 0 & \cdots & 0\end{pmatrix}\cdot\begin{pmatrix}1 & 1 & 1 & \cdots & 1\\ y_1 & y_2 & y_3 & \cdots & y_n\\ 0 & 0 & 0 & \cdots & 0\\ \vdots & \vdots & \vdots & & \vdots\\ 0 & 0 & 0 & \cdots & 0\end{pmatrix}\right|$$

$$=\begin{vmatrix}1 & x_1 & 0 & \cdots & 0\\ 1 & x_2 & 0 & \cdots & 0\\ 1 & x_3 & 0 & \cdots & 0\\ \vdots & \vdots & \vdots & & \vdots\\ 1 & x_n & 0 & \cdots & 0\end{vmatrix}\cdot\begin{vmatrix}1 & 1 & 1 & \cdots & 1\\ y_1 & y_2 & y_3 & \cdots & y_n\\ 0 & 0 & 0 & \cdots & 0\\ \vdots & \vdots & \vdots & & \vdots\\ 0 & 0 & 0 & \cdots & 0\end{vmatrix}=0。$$

14. 设

$$D=\begin{vmatrix}1 & \lambda & \lambda^2 & \lambda^3\\ 1 & \lambda^2 & \lambda^4 & \lambda\\ 1 & \lambda^3 & \lambda & \lambda^4\\ 1 & \lambda^4 & \lambda^3 & \lambda^2\end{vmatrix},$$

$\lambda^5=1$，但 $\lambda\neq 1$。求 D^2 的值。

解 $\lambda\neq 1,\lambda^5=1$，故有

$$\lambda^4+\lambda^3+\lambda^2+\lambda+1=0。$$

所以

$$D^2=\begin{vmatrix}-\lambda^4 & -\lambda^4 & -\lambda^4 & -\lambda^4\\ -\lambda^3 & -\lambda^3 & -\lambda^3 & 4\lambda^3\\ -\lambda^2 & -\lambda^2 & 4\lambda^2 & -\lambda^2\\ -\lambda & 4\lambda & -\lambda & -\lambda\end{vmatrix}=\lambda^{10}\begin{vmatrix}1 & 1 & 1 & 1\\ 1 & 1 & 1 & -4\\ 1 & 1 & -4 & 1\\ 1 & -4 & 1 & 1\end{vmatrix}=125。$$

15. 设

$$D=\begin{vmatrix}a_{11} & a_{12} & \cdots & a_{1n}\\ a_{21} & a_{22} & \cdots & a_{2n}\\ \vdots & \vdots & & \vdots\\ a_{n1} & a_{n2} & \cdots & a_{nn}\end{vmatrix}\neq 0,$$

计算

$$D_1=\begin{vmatrix} A_{11} & A_{12} & \cdots & A_{1,n-1} \\ A_{21} & A_{22} & \cdots & A_{2,n-1} \\ \vdots & \vdots & & \vdots \\ A_{n-1,1} & A_{n-1,2} & \cdots & A_{n-1,n-1} \end{vmatrix},$$

其中，A_{ij} 为 a_{ij} 在 D 中的代数余子式。

解

$$D_1=\begin{vmatrix} A_{11} & \cdots & A_{1,n-1} & A_{1n} \\ A_{21} & \cdots & A_{2,n-1} & A_{2n} \\ \vdots & & \vdots & \vdots \\ A_{n-1,1} & \cdots & A_{n-1,n-1} & A_{n-1,n} \\ 0 & \cdots & 0 & 1 \end{vmatrix},$$

而

$$\begin{vmatrix} A_{11} & \cdots & A_{1,n-1} & A_{1n} \\ A_{21} & \cdots & A_{2,n-1} & A_{2n} \\ \vdots & & \vdots & \vdots \\ A_{n-1,1} & \cdots & A_{n-1,n-1} & A_{n-1,n} \\ 0 & \cdots & 0 & 1 \end{vmatrix} \cdot \begin{vmatrix} a_{11} & a_{21} & \cdots & a_{n1} \\ a_{12} & a_{22} & \cdots & a_{n2} \\ \vdots & \vdots & & \vdots \\ a_{1n} & a_{2n} & \cdots & a_{nn} \end{vmatrix}$$

$$=\begin{vmatrix} D & 0 & \cdots & 0 & 0 \\ 0 & D & \cdots & 0 & 0 \\ \vdots & \vdots & & \vdots & \vdots \\ 0 & 0 & \cdots & D & 0 \\ a_{1n} & a_{2n} & \cdots & a_{n-1,n} & a_{nn} \end{vmatrix}=a_{nn}D^{n-1}。$$

所以

$$D_1=a_{nn}D^{n-2}。$$

16. 利用 $\boldsymbol{D}^2=\boldsymbol{D}\boldsymbol{D}^{\mathrm{T}}$，计算行列式

$$D=\begin{vmatrix} a & b & c & d \\ -b & a & -d & c \\ -c & d & a & -b \\ -d & -c & b & a \end{vmatrix}。$$

解　由行列式相乘规则可知，$\boldsymbol{D}^2=\boldsymbol{D}\boldsymbol{D}^{\mathrm{T}}$ 是一个主对角线上元素全为

$$a^2+b^2+c^2+d^2,$$

且其余元素全为零的四阶行列式；又 D 的展开式中显然有项 a^4 为正项，故

$$D=(a^2+b^2+c^2+d^2)^2。$$

17. 求以下两个行列式之积 D_1D_2，并由此计算 D_1：

$$D_1=\begin{vmatrix} a & b & c & d \\ b & a & d & c \\ c & d & a & b \\ d & c & b & a \end{vmatrix}, D_2=\begin{vmatrix} 1 & 1 & 1 & 1 \\ 1 & 1 & -1 & -1 \\ 1 & -1 & 1 & -1 \\ 1 & -1 & -1 & 1 \end{vmatrix}。$$

解 将各列都加到第1列并展开知 $D_2=-16$。又易知

$$D_1D_2=\begin{vmatrix} p & q & r & s \\ p & q & -r & -s \\ p & -q & r & -s \\ p & -q & -r & s \end{vmatrix}=pqrsD_2=-16pqrs,$$

其中，$p=a+b+c+d, q=a+b-c-d, r=a-b+c-d, s=a-b-c+d$。故

$$D_1=pqrs。$$

18. 计算 n 阶行列式

$$D_n=\begin{vmatrix} 1 & 2 & 3 & \cdots & n \\ 2 & 1 & 2 & \cdots & n-1 \\ 3 & 2 & 1 & \cdots & n-2 \\ \vdots & \vdots & \vdots & & \vdots \\ n & n-1 & n-2 & \cdots & 1 \end{vmatrix}。$$

解 化归法。从最后一列开始，每列减去其前一列，然后再将第1行加到其他各行，则

$$D_n=\begin{vmatrix} 1 & 1 & 1 & \cdots & 1 \\ 2 & -1 & 1 & \cdots & 1 \\ 3 & -1 & -1 & \cdots & 1 \\ \vdots & \vdots & \vdots & & \vdots \\ n & -1 & -1 & \cdots & -1 \end{vmatrix}=\begin{vmatrix} 1 & 1 & 1 & \cdots & 1 \\ 3 & 0 & 2 & \cdots & 2 \\ 4 & 0 & 0 & \cdots & 2 \\ \vdots & \vdots & \vdots & & \vdots \\ n+1 & 0 & 0 & \cdots & 0 \end{vmatrix}。$$

再将第1列依次与第 $2,3,\cdots,n$ 列交换，则

$$D_n=(-1)^{n-1}\begin{vmatrix} 1 & 1 & 1 & \cdots & 1 \\ 0 & 2 & 2 & \cdots & 3 \\ 0 & 0 & 2 & \cdots & 4 \\ \vdots & \vdots & \vdots & & \vdots \\ 0 & 0 & 0 & \cdots & n+1 \end{vmatrix}=(-1)^{n-1}\cdot 2^{n-2}\cdot(n+1)。$$

19. 计算 n 阶行列式

$$D=\begin{vmatrix} x_1y_1 & x_1y_2 & x_1y_3 & \cdots & x_1y_{n-1} & x_1y_n \\ x_1y_2 & x_2y_2 & x_2y_3 & \cdots & x_2y_{n-1} & x_2y_n \\ x_1y_3 & x_2y_3 & x_3y_3 & \cdots & x_3y_{n-1} & x_3y_n \\ \vdots & \vdots & \vdots & & \vdots & \vdots \\ x_1y_{n-1} & x_2y_{n-1} & x_3y_{n-1} & \cdots & x_{n-1}y_{n-1} & x_{n-1}y_n \\ x_1y_n & x_2y_n & x_3y_n & \cdots & x_{n-1}y_n & x_ny_n \end{vmatrix}。$$

解 从 D 的第1行提出公因数 x_1，最后一列提出公因数 y_n 后，第1行乘 $-x_i$ 分别加到第 $i(i=2,3,\cdots,n)$ 行，则

$$D=x_1y_n\begin{vmatrix} y_1 & y_2 & y_3 & \cdots & y_{n-1} & 1 \\ x_1y_2 & x_2y_2 & x_2y_3 & \cdots & x_2y_{n-1} & x_2 \\ x_1y_3 & x_2y_3 & x_3y_3 & \cdots & x_3y_{n-1} & x_3 \\ \vdots & \vdots & \vdots & & \vdots & \vdots \\ x_1y_{n-1} & x_2y_{n-1} & x_3y_{n-1} & \cdots & x_{n-1}y_{n-1} & x_{n-1} \\ x_1y_n & x_2y_n & x_3y_n & \cdots & x_{n-1}y_n & x_n \end{vmatrix}$$

$$=x_1y_n\begin{vmatrix} y_1 & y_2 & y_3 & \cdots & y_{n-1} & 1 \\ x_1y_2-x_2y_1 & 0 & 0 & \cdots & 0 & 0 \\ x_1y_3-x_3y_1 & x_2y_3-x_3y_2 & 0 & \cdots & 0 & 0 \\ \vdots & \vdots & \vdots & & \vdots & \vdots \\ x_1y_{n-1}-x_{n-1}y_1 & x_2y_{n-1}-x_{n-1}y_2 & x_3y_{n-1}-x_{n-1}y_3 & \cdots & 0 & 0 \\ x_1y_n-x_ny_1 & x_2y_n-x_ny_2 & x_3y_n-x_ny_3 & \cdots & x_{n-1}y_n-x_ny_{n-1} & 0 \end{vmatrix}$$

$=(-1)^{n+1}x_1y_n(x_1y_2-x_2y_1)(x_2y_3-x_3y_2)\cdots(x_{n-1}y_n-x_ny_{n-1})$。

20. 设 n 阶行列式 $|a_{ij}|=1$，且满足 $a_{ij}=-a_{ji}(i,j=1,2,\cdots,n)$。对任意数 b，求 n 阶行列式

$$\begin{vmatrix} a_{11}+b & a_{12}+b & \cdots & a_{1n}+b \\ a_{21}+b & a_{22}+b & \cdots & a_{2n}+b \\ \vdots & \vdots & & \vdots \\ a_{n1}+b & a_{n2}+b & \cdots & a_{nn}+b \end{vmatrix}。$$

解　法一　由 $a_{ij}=-a_{ji}(i,j=1,2,\cdots,n)$ 知，$|a_{ij}|$ 是反对称矩阵的行列式。又因奇数阶反对称矩阵的行列式为 0，由 $|a_{ij}|=1$，所以 n 为偶数。记 $|\boldsymbol{A}|=|a_{ij}|_n$，则所求行列式

$$\begin{vmatrix} a_{11}+b & a_{12}+b & \cdots & a_{1n}+b \\ a_{21}+b & a_{22}+b & \cdots & a_{2n}+b \\ \vdots & \vdots & & \vdots \\ a_{n1}+b & a_{n2}+b & \cdots & a_{nn}+b \end{vmatrix}_n$$

$$=\begin{vmatrix} 0+b & a_{12}+b & \cdots & a_{1n}+b \\ -a_{12}+b & 0+b & \cdots & a_{2n}+b \\ \vdots & \vdots & & \vdots \\ -a_{1n}+b & -a_{2n}+b & \cdots & 0+b \end{vmatrix}_n$$

$$=\begin{vmatrix} 1 & b & b & \cdots & b \\ 0 & 0+b & a_{12}+b & \cdots & a_{1n}+b \\ 0 & -a_{12}+b & 0+b & \cdots & a_{2n}+b \\ \vdots & \vdots & \vdots & & \vdots \\ 0 & -a_{1n}+b & -a_{2n}+b & \cdots & 0+b \end{vmatrix}_{n+1}$$

$$\xrightarrow[\text{分别加到其他各行}]{\text{将第1行的}-1\text{倍}}\begin{vmatrix}1&b&b&\cdots&b\\-1&0&a_{12}&\cdots&a_{1n}\\-1&-a_{12}&0&\cdots&a_{2n}\\\vdots&\vdots&\vdots&&\vdots\\-1&-a_{1n}&-a_{2n}&\cdots&0\end{vmatrix}_{n+1}$$

$$=\begin{vmatrix}0&b&b&\cdots&b\\-1&0&a_{12}&\cdots&a_{1n}\\-1&-a_{12}&0&\cdots&a_{2n}\\\vdots&\vdots&\vdots&&\vdots\\-1&-a_{1n}&-a_{2n}&\cdots&0\end{vmatrix}_{n+1}+\begin{vmatrix}1&0&0&\cdots&0\\-1&0&a_{12}&\cdots&a_{1n}\\-1&-a_{12}&0&\cdots&a_{2n}\\\vdots&\vdots&\vdots&&\vdots\\-1&-a_{1n}&-a_{2n}&\cdots&0\end{vmatrix}_{n+1}$$

$$=b\begin{vmatrix}0&1&1&\cdots&1\\-1&0&a_{12}&\cdots&a_{1n}\\-1&-a_{12}&0&\cdots&a_{2n}\\\vdots&\vdots&\vdots&&\vdots\\-1&-a_{1n}&-a_{2n}&\cdots&0\end{vmatrix}_{n+1}+\begin{vmatrix}0&a_{12}&\cdots&a_{1n}\\-a_{12}&0&\cdots&a_{2n}\\\vdots&\vdots&&\vdots\\-a_{1n}&-a_{2n}&\cdots&0\end{vmatrix}_{n}$$

$$=b\cdot 0+|\boldsymbol{A}|=|\boldsymbol{A}|=1。$$

法二　同解法一，$|a_{ij}|$ 为 n（偶数）阶反对称矩阵的行列式，设元素 a_{ij} 的代数余子式为 $A_{ij}(i,j=1,2,\cdots,n)$，则所求行列式

$$\begin{vmatrix}a_{11}+b&a_{12}+b&\cdots&a_{1n}+b\\a_{21}+b&a_{22}+b&\cdots&a_{2n}+b\\\vdots&\vdots&&\vdots\\a_{n1}+b&a_{n2}+b&\cdots&a_{nn}+b\end{vmatrix}=\begin{vmatrix}a_{11}&a_{12}&\cdots&a_{1n}\\a_{21}&a_{22}&\cdots&a_{2n}\\\vdots&\vdots&&\vdots\\a_{n1}&a_{n2}&\cdots&a_{nn}\end{vmatrix}+b\sum_{i=1}^{n}\sum_{j=1}^{n}A_{ij}。$$

由于 $a_{ii}(i=1,2,\cdots,n)$ 的代数余子式 A_{ii} 为 $n-1$（奇数）阶反对称矩阵的行列式，其值均为0，且显然有 $A_{ij}=-A_{ji}(i,j=1,2,\cdots,n,i\neq j)$。所以

$$\text{原式}=|a_{ij}|+b\cdot 0=|a_{ij}|=1。$$

21. 计算

$$D=\begin{vmatrix}\lambda&2&3&\cdots&n\\1&\lambda+1&3&\cdots&n\\1&2&\lambda+2&\cdots&n\\\vdots&\vdots&\vdots&&\vdots\\1&2&3&\cdots&\lambda+n-1\end{vmatrix}。$$

解　法一　将其他各列都加到第1列，并提出公因子 $\lambda-1+\dfrac{n(n+1)}{2}$ 可得

$$D=\left[\lambda-1+\frac{n(n+1)}{2}\right]\begin{vmatrix}1&2&3&\cdots&n\\1&\lambda+1&3&\cdots&n\\1&2&\lambda+2&\cdots&n\\\vdots&\vdots&\vdots&&\vdots\\1&2&3&\cdots&\lambda+n-1\end{vmatrix}$$

$$=\left[\lambda-1+\frac{n(n+1)}{2}\right]\begin{vmatrix}1&0&0&\cdots&0\\1&\lambda-1&0&\cdots&0\\1&0&\lambda-1&\cdots&0\\\vdots&\vdots&\vdots&&\vdots\\1&0&0&\cdots&\lambda-1\end{vmatrix}$$

$$=\left[\lambda-1+\frac{n(n+1)}{2}\right](\lambda-1)^{n-1}。$$

法二　公式法。

$$D=\left|\begin{pmatrix}\lambda-1 & & & \\ & \lambda-1 & & \\ & & \ddots & \\ & & & \lambda-1\end{pmatrix}+\begin{pmatrix}1\\1\\\vdots\\1\end{pmatrix}(1,2,\cdots,n)\right|。\tag{2-8}$$

当 $\lambda=1$ 时，

$$D=\begin{cases}0, n\geqslant 2,\\ 1, n=1。\end{cases}$$

当 $\lambda\neq 1$ 时，由(2－8)得

$$D=|\boldsymbol{A}+\boldsymbol{\alpha\beta}^{\mathrm{T}}|=|\boldsymbol{A}|(1+\boldsymbol{\beta}^{\mathrm{T}}\boldsymbol{A}^{-1}\boldsymbol{\alpha})=(\lambda-1)^n\left[1+\frac{1}{\lambda-1}\frac{n(n+1)}{2}\right]$$

$$=(\lambda-1)^{n-1}\left[\lambda-1+\frac{n(n+1)}{2}\right]。$$

22. 设 ω 为任一 n 次单位根，计算下列 n 阶行列式

$$D_n=\begin{vmatrix}1 & \omega^{-1} & \omega^{-2} & \cdots & \omega^{-n+1}\\ \omega^{-n+1} & 1 & \omega^{-1} & \cdots & \omega^{-n+2}\\ \omega^{-n+2} & \omega^{-n+1} & 1 & \cdots & \omega^{-n+3}\\ \vdots & \vdots & \vdots & & \vdots\\ \omega^{-1} & \omega^{-2} & \omega^{-3} & \cdots & 1\end{vmatrix}。$$

解　ω^n 乘行列式的每行，再将各行都加到第1行，最后提出公因子 $1+\omega+\omega^2+\cdots+\omega^{n-1}$，则

$$D_n=(1+\omega+\omega^2+\cdots+\omega^{n-1})\begin{vmatrix}1 & 1 & 1 & \cdots & 1\\ \omega & 1 & \omega^{n-1} & \cdots & \omega^2\\ \omega^2 & \omega & 1 & \cdots & \omega^3\\ \vdots & \vdots & \vdots & & \vdots\\ \omega^{n-1} & \omega^{n-2} & \omega^{n-3} & \cdots & 1\end{vmatrix}=0。$$

23. 计算 n 阶行列式

$$D_n=\begin{vmatrix}a_1 & x & \cdots & x\\ x & a_2 & \cdots & x\\ \vdots & \vdots & & \vdots\\ x & x & \cdots & a_n\end{vmatrix}。$$

解　法一　若 $x\neq a_i(i=1,2,\cdots,n)$，则将第1行的－1倍分别加到其他各行得

$$D_n=\begin{vmatrix}a_1 & x & \cdots & x\\ x-a_1 & a_2-x & \cdots & 0\\ \vdots & \vdots & & \vdots\\ x-a_1 & 0 & \cdots & a_n-x\end{vmatrix}=\begin{vmatrix}a_1+x\sum\limits_{i=2}^{n}\frac{x-a_1}{x-a_i} & x & \cdots & x\\ 0 & a_2-x & \cdots & 0\\ \vdots & \vdots & & \vdots\\ 0 & 0 & \cdots & a_n-x\end{vmatrix}$$

$$=(a_2-x)\cdots(a_n-x)\left(a_1+x\sum_{i=2}^{n}\frac{x-a_1}{x-a_i}\right)。$$

若存在 i 使得 $a_i=x$,则

$$D_n=\begin{vmatrix} a_1 & x & \cdots & x \\ x & a_2 & \cdots & x \\ \vdots & \vdots & & \vdots \\ x & x & \cdots & x \\ \vdots & \vdots & & \vdots \\ x & x & \cdots & a_n \end{vmatrix}=\begin{vmatrix} a_1-x & 0 & \cdots & 0 \\ 0 & a_2-x & \cdots & 0 \\ \vdots & \vdots & & \vdots \\ x & x & \cdots & x \\ \vdots & \vdots & & \vdots \\ 0 & 0 & \cdots & a_n-x \end{vmatrix}$$

(用拉普拉斯定理展开)

$$=a_i\prod_{j\neq i}(a_j-a_i)。$$

法二　公式法。若 $x\neq a_i, i=1,2,\cdots,n$,则

$$D_n=\left|\begin{pmatrix} a_1-x & & & \\ & a_2-x & & \\ & & \ddots & \\ & & & a_n-x \end{pmatrix}+\begin{pmatrix}1\\1\\\vdots\\1\end{pmatrix}(x,x,\cdots,x)\right|$$

$$=|\boldsymbol{A}+\boldsymbol{\alpha}\boldsymbol{\beta}^{\mathrm{T}}|=|\boldsymbol{A}|(1+\boldsymbol{\beta}^{\mathrm{T}}\boldsymbol{A}^{-1}\boldsymbol{\alpha})$$

$$=\prod_{i=1}^{n}(a_i-x)\left(1+\sum_{i=1}^{n}\frac{x}{a_i-x}\right)。$$

若存在 i 使得 $a_i=x$,同解法一可知

$$D_n=a_i\prod_{j\neq i}(a_j-a_i)。$$

24. 计算 n 阶行列式

$$D_n=\begin{vmatrix} x & 4 & 4 & 4 & \cdots & 4 \\ 1 & x & 2 & 2 & \cdots & 2 \\ 1 & 2 & x & 2 & \cdots & 2 \\ 1 & 2 & 2 & x & \cdots & 2 \\ \vdots & \vdots & \vdots & \vdots & & \vdots \\ 1 & 2 & 2 & 2 & \cdots & x \end{vmatrix}。$$

解　易见,当 $x=2$ 时, $D_n=0$。

当 $x\neq2$ 时,将所给行列式的第 1 列元素都写成两数之和,则

$$D_n=\begin{vmatrix} (x-1)+1 & 4 & 4 & 4 & \cdots & 4 \\ 0+1 & x & 2 & 2 & \cdots & 2 \\ 0+1 & 2 & x & 2 & \cdots & 2 \\ 0+1 & 2 & 2 & x & \cdots & 2 \\ \vdots & \vdots & \vdots & \vdots & & \vdots \\ 0+1 & 2 & 2 & 2 & \cdots & x \end{vmatrix}$$

$$=\begin{vmatrix} (x-1) & 4 & 4 & 4 & \cdots & 4 \\ 0 & x & 2 & 2 & \cdots & 2 \\ 0 & 2 & x & 2 & \cdots & 2 \\ 0 & 2 & 2 & x & \cdots & 2 \\ \vdots & \vdots & \vdots & \vdots & & \vdots \\ 0 & 2 & 2 & 2 & \cdots & x \end{vmatrix}+\begin{vmatrix} 1 & 4 & 4 & 4 & \cdots & 4 \\ 1 & x & 2 & 2 & \cdots & 2 \\ 1 & 2 & x & 2 & \cdots & 2 \\ 1 & 2 & 2 & x & \cdots & 2 \\ \vdots & \vdots & \vdots & \vdots & & \vdots \\ 1 & 2 & 2 & 2 & \cdots & x \end{vmatrix}。$$

第一个行列式按第 1 列展开后为行和相等型行列式，其值为 $(x-1)[x+2(n-2)](x-2)^{n-2}$；第二个行列式第 1 列乘 -2 分别加到其他各列后能化为箭形行列式，故

$$D_n=(x-1)\begin{vmatrix} x & 2 & 2 & \cdots & 2 \\ 2 & x & 2 & \cdots & 2 \\ 2 & 2 & x & \cdots & 2 \\ \vdots & \vdots & \vdots & & \vdots \\ 2 & 2 & 2 & \cdots & x \end{vmatrix}_{n-1}+\begin{vmatrix} 1 & 2 & 2 & 2 & \cdots & 2 \\ 1 & x-2 & 0 & 0 & \cdots & 0 \\ 1 & 0 & x-2 & 0 & \cdots & 0 \\ 1 & 0 & 0 & x-2 & \cdots & 0 \\ \vdots & \vdots & \vdots & \vdots & & \vdots \\ 1 & 0 & 0 & 0 & \cdots & x-2 \end{vmatrix}$$

$$=(x-1)[x+2(n-2)](x-2)^{n-2}+\left[1-\frac{2(n-1)}{x-2}\right](x-2)^{n-1}$$

$$=(x-1)(x+2n-4)(x-2)^{n-2}+(x-2)^{n-1}-2(n-1)(x-2)^{n-2}$$

$$=(x-2)^{n-2}[(x+2n-4)(x-1)+(x-2)-2(n-1)]$$

$$=(x-2)^{n-2}[x^2+(2n-4)x-4(n-1)]。$$

25. 已知当 a,b 是不全为零的有理数时，成立等式

$$\frac{1}{a+b\sqrt{2}}=\frac{\begin{vmatrix} 1 & b \\ \sqrt{2} & a \end{vmatrix}}{\begin{vmatrix} a & b \\ 2b & a \end{vmatrix}}。$$

(1)证明：当 a,b,c 是不全为零的有理数时，

$$\frac{1}{a+b\sqrt[3]{2}+c\sqrt[3]{4}}=\frac{\begin{vmatrix} 1 & b & c \\ \sqrt[3]{2} & a & b \\ \sqrt[3]{4} & 2c & a \end{vmatrix}}{\begin{vmatrix} a & b & c \\ 2c & a & b \\ 2b & 2c & a \end{vmatrix}}。$$

(2)应用上述公式将 $\dfrac{1}{1-3\sqrt[3]{2}-2\sqrt[3]{4}}$ 分母有理化。

(3)将(1)中的公式推广到一般情形。

证明　(1)因为

$$(a+b\sqrt[3]{2}+c\sqrt[3]{4})\cdot\begin{vmatrix} 1 & b & c \\ \sqrt[3]{2} & a & b \\ \sqrt[3]{4} & 2c & a \end{vmatrix}=\begin{vmatrix} a+b\sqrt[3]{2}+c\sqrt[3]{4} & b & c \\ a\sqrt[3]{2}+b\sqrt[3]{4}+2c & a & b \\ a\sqrt[3]{4}+2b+2\sqrt[3]{2}c & 2c & a \end{vmatrix}$$

$$=\begin{vmatrix} a+c\sqrt[3]{4} & b & c \\ b\sqrt[3]{4}+2c & a & b \\ a\sqrt[3]{4}+2b & 2c & a \end{vmatrix}=\begin{vmatrix} a & b & c \\ 2c & a & b \\ 2b & 2c & a \end{vmatrix},$$

所以

$$\frac{1}{a+b\sqrt[3]{2}+c\sqrt[3]{4}}=\frac{\begin{vmatrix} 1 & b & c \\ \sqrt[3]{2} & a & b \\ \sqrt[3]{4} & 2c & a \end{vmatrix}}{\begin{vmatrix} a & b & c \\ 2c & a & b \\ 2b & 2c & a \end{vmatrix}}。$$

(2)将 $a=1, b=-3, c=-2$ 代入上式得 $\dfrac{1}{1-3\sqrt[3]{2}-2\sqrt[3]{4}}=\dfrac{1-\sqrt[3]{2}-\sqrt[3]{4}}{11}$。

(3)推广的结论：

$$\frac{1}{a+bx+cx^2}=\frac{\begin{vmatrix} 1 & b & c \\ x & a & b \\ x^2 & x^3c & a \end{vmatrix}}{\begin{vmatrix} a & b & c \\ x^3c & a & b \\ x^3b & x^3c & a \end{vmatrix}}。$$

26. 计算 n 阶行列式

$$D_n=\begin{vmatrix} x & a & a & \cdots & a & a \\ -a & x & a & \cdots & a & a \\ -a & -a & x & \cdots & a & a \\ \vdots & \vdots & \vdots & & \vdots & \vdots \\ -a & -a & -a & \cdots & x & a \\ -a & -a & -a & \cdots & -a & x \end{vmatrix}。$$

解 法一 拆分法。将第 n 行元素都写成两数之和：$-a=0+(-a)$，$x=(x-a)+a$，所以 D_n 可以写成两个行列式之和，即

$$D_n=\begin{vmatrix} x & a & a & \cdots & a & a \\ -a & x & a & \cdots & a & a \\ -a & -a & x & \cdots & a & a \\ \vdots & \vdots & \vdots & & \vdots & \vdots \\ -a & -a & -a & \cdots & x & a \\ 0 & 0 & 0 & \cdots & 0 & x-a \end{vmatrix}+\begin{vmatrix} x & a & a & \cdots & a & a \\ -a & x & a & \cdots & a & a \\ -a & -a & x & \cdots & a & a \\ \vdots & \vdots & \vdots & & \vdots & \vdots \\ -a & -a & -a & \cdots & x & a \\ -a & -a & -a & \cdots & -a & a \end{vmatrix}$$

$$=(x-a)D_{n-1}+\begin{vmatrix} x+a & 2a & 2a & \cdots & 2a & a \\ 0 & x+a & 2a & \cdots & 2a & a \\ 0 & 0 & x+a & \cdots & 2a & a \\ \vdots & \vdots & \vdots & & \vdots & \vdots \\ 0 & 0 & 0 & \cdots & x+a & a \\ 0 & 0 & 0 & \cdots & 0 & a \end{vmatrix}$$

$$=(x-a)D_{n-1}+a(x+a)^{n-1}。\quad (2-9)$$

类似地，将 D_n 转置后，把第 n 行元素都写成两数之和：$a=0+a$，$x=(x+a)-a$，仿上得

$$D_n=(x+a)D_{n-1}-a(x-a)^{n-1},\quad (2-10)$$

再由式(2—9)和式(2—10)消去 D_{n-1} 得

$$D_n=\frac{1}{2}[(x+a)^n+(x-a)^n]。$$

法二　公式法。作

$$D_n(t)=\begin{vmatrix} x+t & a+t & \cdots & a+t \\ -a+t & x+t & \cdots & a+t \\ \vdots & \vdots & & \vdots \\ -a+t & -a+t & \cdots & x+t \end{vmatrix}=D_n+tr,$$

令 $t=a$ 和 $t=-a$，得

$$D_n(a)=(x+a)^n,D_n(-a)=(x-a)^n,$$

$$\begin{cases} D_n+ar=(x+a)^n, \\ D_n-ar=(x-a)^n, \end{cases}$$

由上式消去 r，得

$$D_n=\frac{1}{2}[(x+a)^n+(x-a)^n]。$$

27. 计算 n 阶行列式

$$D_n=\begin{vmatrix} x & y & y & \cdots & y \\ z & x & y & \cdots & y \\ z & z & x & \cdots & y \\ \vdots & \vdots & \vdots & & \vdots \\ z & z & z & \cdots & x \end{vmatrix}。$$

解　法一　拆分法。

(1)当 $z=y$ 时，行列式"行和相等"容易算得

$$D_n=(x-y)^{n-1}[x+(n-1)y]。$$

(2)当 $z\neq y$ 时，将第 n 列元素都写成两数之和，即令

$$y=y+0,x=y+(x-y),$$

那么 D_n 可以写成两个行列式之和，即

$$D_n=(x-y)D_{n-1}+C。\tag{2-11}$$

其中，

$$C=\begin{vmatrix} x & y & \cdots & y & y \\ z & x & \cdots & y & y \\ \vdots & \vdots & \vdots & \vdots & \vdots \\ z & z & \cdots & x & y \\ z & z & \cdots & z & y \end{vmatrix}=\begin{vmatrix} x & y & \cdots & y & y \\ z-x & x-y & \cdots & 0 & 0 \\ \vdots & \vdots & \vdots & \vdots & \vdots \\ z-x & z-y & \cdots & x-y & 0 \\ z-x & z-y & \cdots & z-y & 0 \end{vmatrix}$$

$$=(-1)^{n+1}y\begin{vmatrix} z-x & x-y & 0 & \cdots & 0 & 0 \\ z-x & z-y & x-y & \cdots & 0 & 0 \\ z-x & z-y & z-y & \cdots & 0 & 0 \\ \vdots & \vdots & \vdots & & \vdots & \vdots \\ z-x & z-y & z-y & \cdots & z-y & x-y \\ z-x & z-y & z-y & \cdots & z-y & z-y \end{vmatrix}_{n-1}。$$

从倒数第2行开始直至第1行，每一行的-1倍加到下一行得

$$C=(-1)^{n+1}y\begin{vmatrix} z-x & x-y & 0 & \cdots & 0 & 0 \\ 0 & z-x & x-y & \cdots & 0 & 0 \\ 0 & 0 & z-x & \cdots & 0 & 0 \\ \vdots & \vdots & \vdots & & \vdots & \vdots \\ 0 & 0 & 0 & \cdots & z-x & x-y \\ 0 & 0 & 0 & \cdots & 0 & z-x \end{vmatrix}_{n-1}$$

$$=y(x-z)^{n-1}。\tag{2-12}$$

将(2—12)代入(2—11)得

$$D_n=(x-y)D_{n-1}+y(x-z)^{n-1}。\tag{2-13}$$

由 y,z 的对称性，同理可得

$$D_n=(x-z)D_{n-1}+z(x-y)^{n-1}。\tag{2-14}$$

由式(2—13)和式(2—14)消去 D_{n-1} 得

$$(y-z)D_n=y(x-z)^n-z(x-y)^n,$$

所以

$$D_n=\frac{y(x-z)^n-z(x-y)^n}{y-z}。$$

法二 公式法。作

$$D_n(t)=\begin{vmatrix} x+t & y+t & \cdots & y+t \\ z+t & x+t & \cdots & y+t \\ \vdots & \vdots & & \vdots \\ z+t & z+t & \cdots & x+t \end{vmatrix}=D_n+tr,$$

令 $t=-y$ 和 $t=-z$ 得

$$D_n(-y)=(x-y)^n,D_n(-z)=(x-z)^n,$$

$$\begin{cases} D_n - yr = (x-y)^n, \\ D_n - zr = (x-z)^n, \end{cases}$$

由上式消去 r 得

$$D_n(z-y) = z(x-y)^n - y(x-z)^n。$$

当 $z \neq y$ 时，$D_n = \dfrac{y(x-z)^n - z(x-y)^n}{y-z}$；

当 $z = y$ 时，$D_n = (x-y)^{n-1}[x+(n-1)y]$。

28. 计算

$$D_n = \begin{vmatrix} \lambda & a & a & \cdots & a \\ b & \alpha & \beta & \cdots & \beta \\ b & \beta & \alpha & \cdots & \beta \\ \vdots & \vdots & \vdots & & \vdots \\ b & \beta & \beta & \cdots & \alpha \end{vmatrix}。$$

解　拆分法。将第 1 列元素都写成两数之和，则

$$D_n = \begin{vmatrix} \lambda - b & a & a & \cdots & a \\ 0 & \alpha & \beta & \cdots & \beta \\ 0 & \beta & \alpha & \cdots & \beta \\ \vdots & \vdots & \vdots & & \vdots \\ 0 & \beta & \beta & \cdots & \alpha \end{vmatrix} + \begin{vmatrix} b & a & a & \cdots & a \\ b & \alpha & \beta & \cdots & \beta \\ b & \beta & \alpha & \cdots & \beta \\ \vdots & \vdots & \vdots & & \vdots \\ b & \beta & \beta & \cdots & \alpha \end{vmatrix}$$

$$= (\lambda - b)\begin{vmatrix} \alpha & \beta & \beta & \cdots & \beta \\ \beta-\alpha & \alpha-\beta & 0 & \cdots & 0 \\ \beta-\alpha & 0 & \alpha-\beta & \cdots & 0 \\ \vdots & \vdots & \vdots & & \vdots \\ \beta-\alpha & 0 & 0 & \cdots & \alpha-\beta \end{vmatrix}_{n-1} + \begin{vmatrix} b & a & a & \cdots & a \\ 0 & \alpha-a & \beta-a & \cdots & \beta-a \\ 0 & \beta-\alpha & \alpha-\beta & \cdots & 0 \\ \vdots & \vdots & \vdots & & \vdots \\ 0 & 0 & 0 & \cdots & \alpha-\beta \end{vmatrix}$$

$$= (\lambda - b)\begin{vmatrix} \alpha+(n-2)\beta & \beta & \beta & \cdots & \beta \\ 0 & \alpha-\beta & 0 & \cdots & 0 \\ 0 & 0 & \alpha-\beta & \cdots & 0 \\ \vdots & \vdots & \vdots & & \vdots \\ 0 & 0 & 0 & \cdots & \alpha-\beta \end{vmatrix}_{n-1} +$$

$$b\begin{vmatrix} \alpha+(n-2)\beta-(n-1)a & (n-2)\beta-(n-2)a & \cdots & \beta-a \\ 0 & \alpha-\beta & \cdots & 0 \\ \vdots & \vdots & & \vdots \\ 0 & 0 & \cdots & \alpha-\beta \end{vmatrix}_{n-1}$$

$$= (\lambda-b)[\alpha+(n-2)\beta](\alpha-\beta)^{n-2} + b[\alpha+(n-2)\beta-(n-1)a](\alpha-\beta)^{n-2}$$

$$= [\lambda\alpha+(n-2)\lambda\beta-(n-1)ab](\alpha-\beta)^{n-2}。$$

29. 计算行列式

$$D_n=\begin{vmatrix}1+a_1+x_1 & a_1+x_2 & \cdots & a_1+x_n\\ a_2+x_1 & 1+a_2+x_2 & \cdots & a_2+x_n\\ \vdots & \vdots & & \vdots\\ a_n+x_1 & a_n+x_2 & \cdots & 1+a_n+x_n\end{vmatrix}。$$

解 公式法。

$$\begin{aligned}D_n&=\begin{vmatrix}1+a_1+x_1 & a_1+x_2 & \cdots & a_1+x_n\\ a_2+x_1 & 1+a_2+x_2 & \cdots & a_2+x_n\\ \vdots & \vdots & & \vdots\\ a_n+x_1 & a_n+x_2 & \cdots & 1+a_n+x_n\end{vmatrix}\\&=\left|\boldsymbol{E}_n+\begin{pmatrix}a_1 & 1\\ a_2 & 1\\ \vdots & \vdots\\ a_n & 1\end{pmatrix}\begin{pmatrix}1 & 1 & \cdots & 1\\ x_1 & x_2 & \cdots & x_n\end{pmatrix}\right|\\&=|\boldsymbol{E}_n+\boldsymbol{B}_1\boldsymbol{B}_2|,\end{aligned}$$

其中，

$$\boldsymbol{B}_1=\begin{pmatrix}a_1 & 1\\ a_2 & 1\\ \vdots & \vdots\\ a_n & 1\end{pmatrix},\boldsymbol{B}_2=\begin{pmatrix}1 & 1 & \cdots & 1\\ x_1 & x_2 & \cdots & x_n\end{pmatrix}。$$

$$\begin{aligned}D_n&=|\boldsymbol{E}_n||\boldsymbol{E}_2+\boldsymbol{B}_2\boldsymbol{E}_n^{-1}\boldsymbol{B}_1|\\&=\left|\boldsymbol{E}_2+\begin{pmatrix}1 & 1 & \cdots & 1\\ x_1 & x_2 & \cdots & x_n\end{pmatrix}\begin{pmatrix}a_1 & 1\\ a_2 & 1\\ \vdots & \vdots\\ a_n & 1\end{pmatrix}\right|\\&=\begin{vmatrix}1+\sum\limits_{i=1}^{n}a_i & n\\ \sum\limits_{i=1}^{n}a_ix_i & 1+\sum\limits_{j=1}^{n}x_j\end{vmatrix}\\&=1+\sum_{i=1}^{n}(a_i+x_i)+\sum_{i\neq j}a_ix_j-(n-1)\sum_{i=1}^{n}a_ix_i。\end{aligned}$$

30. 求矩阵 $\boldsymbol{A}$ 的行列式，这里矩阵

$$\boldsymbol{A}=\begin{pmatrix}a_1^2 & a_1a_2+1 & \cdots & a_1a_n+1\\ a_2a_1+1 & a_2^2 & \cdots & a_2a_n+1\\ \vdots & \vdots & & \vdots\\ a_na_1+1 & a_na_2+1 & \cdots & a_n^2\end{pmatrix}。$$

解　公式法。注意到

$$\boldsymbol{A}=-\boldsymbol{E}_n+\begin{pmatrix}a_1 & 1\\ a_2 & 1\\ \vdots & \vdots\\ a_n & 1\end{pmatrix}\begin{pmatrix}a_1 & a_2 & \cdots & a_n\\ 1 & 1 & \cdots & 1\end{pmatrix}$$

$$=-\boldsymbol{E}_n+\boldsymbol{B}_1\boldsymbol{B}_2,$$

其中，

$$\boldsymbol{B}_1=\begin{pmatrix}a_1 & 1\\ a_2 & 1\\ \vdots & \vdots\\ a_n & 1\end{pmatrix},\boldsymbol{B}_2=\begin{pmatrix}a_1 & a_2 & \cdots & a_n\\ 1 & 1 & \cdots & 1\end{pmatrix}。$$

$$|\boldsymbol{A}|=|-\boldsymbol{E}_n||\boldsymbol{E}_2+\boldsymbol{B}_2(-\boldsymbol{E}_n)^{-1}\boldsymbol{B}_1|$$

$$=(-1)^n\left|\boldsymbol{E}_2+\begin{pmatrix}a_1 & a_2 & \cdots & a_n\\ 1 & 1 & \cdots & 1\end{pmatrix}(-\boldsymbol{E}_n)^{-1}\begin{pmatrix}a_1 & 1\\ a_2 & 1\\ \vdots & \vdots\\ a_n & 1\end{pmatrix}\right|$$

$$=(-1)^n\begin{vmatrix}1-\sum_{i=1}^n a_i^2 & -\sum_{i=1}^n a_i\\ -\sum_{i=1}^n a_i & 1-n\end{vmatrix}$$

$$=(-1)^n\left[(1-n)(1-\sum_{i=1}^n a_i^2)-(\sum_{i=1}^n a_i)^2\right]。$$

31. 将 n 阶行列式 D 的每个元素减去它同行的所有其他元素得到的行列式记为 D_1。证明：$D_1=(2-n)2^{n-1}D$。

证明　公式法。设 $D=|a_{ij}|$。令

$$\boldsymbol{A}=\begin{pmatrix}a_{11} & a_{12} & \cdots & a_{1n}\\ a_{21} & a_{22} & \cdots & a_{2n}\\ \vdots & \vdots & & \vdots\\ a_{n1} & a_{n2} & \cdots & a_{nn}\end{pmatrix},$$

则 D_1 的 (i,j) 位置处元素为 $2a_{ij}-\sum_{k=1}^n a_{ik}$。因此

$$D_1=\begin{vmatrix}2a_{11}-\sum_{k=1}^n a_{1k} & 2a_{12}-\sum_{k=1}^n a_{1k} & \cdots & 2a_{1n}-\sum_{k=1}^n a_{1k}\\ 2a_{21}-\sum_{k=1}^n a_{2k} & 2a_{22}-\sum_{k=1}^n a_{2k} & \cdots & 2a_{2n}-\sum_{k=1}^n a_{2k}\\ \vdots & \vdots & & \vdots\\ 2a_{n1}-\sum_{k=1}^n a_{nk} & 2a_{n2}-\sum_{k=1}^n a_{nk} & \cdots & 2a_{nn}-\sum_{k=1}^n a_{nk}\end{vmatrix}$$

$$=\left|2\boldsymbol{A}-\begin{pmatrix}\sum_{k=1}^{n}a_{1k}\\ \sum_{k=1}^{n}a_{2k}\\ \vdots\\ \sum_{k=1}^{n}a_{nk}\end{pmatrix}(1,1,\cdots,1)\right|=|2\boldsymbol{A}|-(1,1,\cdots,1)(2\boldsymbol{A})^{*}\begin{pmatrix}\sum_{k=1}^{n}a_{1k}\\ \sum_{k=1}^{n}a_{2k}\\ \vdots\\ \sum_{k=1}^{n}a_{nk}\end{pmatrix}$$

$$=2^{n}D-2^{n-1}(1,1,\cdots,1)\boldsymbol{A}^{*}\begin{pmatrix}\sum_{k=1}^{n}a_{1k}\\ \sum_{k=1}^{n}a_{2k}\\ \vdots\\ \sum_{k=1}^{n}a_{nk}\end{pmatrix}$$

$$=2^{n}D-2^{n-1}\left(\sum_{k=1}^{n}A_{1k}\sum_{k=1}^{n}a_{1k}+\sum_{k=1}^{n}A_{2k}\sum_{k=1}^{n}a_{2k}+\cdots+\sum_{k=1}^{n}A_{nk}\sum_{k=1}^{n}a_{nk}\right)$$
$$=2^{n}D-n2^{n-1}D$$
$$=(2-n)2^{n-1}D。$$

32. 设

$$\boldsymbol{A}=\begin{pmatrix}0&2&3&\cdots&n\\1&0&3&\cdots&n\\1&2&0&\cdots&n\\\vdots&\vdots&\vdots&&\vdots\\1&2&3&\cdots&0\end{pmatrix},$$

求$|\boldsymbol{A}|$。

解 公式法。注意到

$$\boldsymbol{A}=\begin{pmatrix}-1&0&0&\cdots&0\\0&-2&0&\cdots&0\\0&0&-3&\cdots&0\\\vdots&\vdots&\vdots&&\vdots\\0&0&0&\cdots&-n\end{pmatrix}+\begin{pmatrix}1\\1\\\vdots\\1\end{pmatrix}(1,2,\cdots,n),$$

记

$$\boldsymbol{B}=\begin{pmatrix}-1&0&0&\cdots&0\\0&-2&0&\cdots&0\\0&0&-3&\cdots&0\\\vdots&\vdots&\vdots&&\vdots\\0&0&0&\cdots&-n\end{pmatrix},\boldsymbol{\alpha}=\begin{pmatrix}1\\1\\\vdots\\1\end{pmatrix},\boldsymbol{\beta}^{\mathrm{T}}=(1,2,\cdots,n),$$

则

$$|\boldsymbol{A}|=|\boldsymbol{B}+\boldsymbol{\alpha}\boldsymbol{\beta}^{\mathrm{T}}|=|\boldsymbol{B}|(1+\boldsymbol{\beta}^{\mathrm{T}}\boldsymbol{B}^{-1}\boldsymbol{\alpha})=(-1)^{\mathrm{n}}\mathrm{n}!(1-\mathrm{n})。$$

33. 设

$$\boldsymbol{A}=\begin{pmatrix}0 & 2a_1 & 3a_1 & \cdots & na_1\\ a_2 & a_2 & 3a_2 & \cdots & na_2\\ \vdots & \vdots & \vdots & & \vdots\\ a_n & 2a_n & 3a_n & \cdots & (n-1)a_n\end{pmatrix},$$

这里 $a_1a_2\cdots a_n\neq 0$，求 $|\boldsymbol{A}|$。

解　公式法。

$$\boldsymbol{A}=\begin{pmatrix}-a_1 & & & \\ & -a_2 & & \\ & & \ddots & \\ & & & -a_n\end{pmatrix}+\begin{pmatrix}a_1 & 2a_1 & 3a_1 & \cdots & na_1\\ a_2 & 2a_2 & 3a_2 & \cdots & na_2\\ \vdots & \vdots & \vdots & & \vdots\\ a_n & 2a_n & 3a_n & \cdots & na_n\end{pmatrix}$$

$$=\begin{pmatrix}-a_1 & & & \\ & -a_2 & & \\ & & \ddots & \\ & & & -a_n\end{pmatrix}+\begin{pmatrix}a_1\\ a_2\\ \vdots\\ a_n\end{pmatrix}(1,2,\cdots,n),$$

记 $\boldsymbol{B}=\begin{pmatrix}-a_1 & & & \\ & -a_2 & & \\ & & \ddots & \\ & & & -a_n\end{pmatrix}$，$\boldsymbol{\alpha}=\begin{pmatrix}a_1\\ a_2\\ \vdots\\ a_n\end{pmatrix}$，$\boldsymbol{\beta}^{\mathrm{T}}=(1,2,\cdots,n)$，则

$$|\boldsymbol{A}|=|\boldsymbol{B}+\boldsymbol{\alpha}\boldsymbol{\beta}^{\mathrm{T}}|=|\boldsymbol{B}|(1+\boldsymbol{\beta}^{\mathrm{T}}\boldsymbol{B}^{-1}\boldsymbol{\alpha})=(-1)^n a_1a_2\cdots a_n\left[1-\frac{n(n+1)}{2}\right]。$$

34. 计算

$$D_n=\begin{vmatrix}f_1(a_1) & \cdots & f_1(a_n)\\ \vdots & & \vdots\\ f_n(a_1) & \cdots & f_n(a_n)\end{vmatrix},$$

其中，$f_i(x)(i=1,2,\cdots,n)$ 为次数小于等于 $n-2$ 的数域 P 上的多项式，$a_1,a_2,\cdots,a_n$ 为数域 P 中的任意 n 个数。

解　若存在 $i\neq j$，$a_i=a_j(1\leqslant i,j\leqslant n)$，则 $D_n=0$。

若 $a_i\neq a_j(i\neq j,i,j=1,2,\cdots,n)$，令

$$g(x)=\begin{vmatrix}f_1(x) & f_1(a_2) & \cdots & f_1(a_n)\\ \vdots & \vdots & & \vdots\\ f_n(x) & f_n(a_2) & \cdots & f_n(a_n)\end{vmatrix}, \tag{2-15}$$

按第 1 列展开知 $g(x)$ 是 $f_1(x),f_2(x),\cdots,f_n(x)$ 的线性组合。

如 $g(x)\neq 0$，由于

$$\partial(f_i(x))\leqslant n-2(i=1,2,\cdots,n)。$$

故 $\partial(g(x))\leqslant n-2$。又由(2-15)可知

$$g(a_i)=0, i=2,3,\cdots,n。$$

所以 $g(x)=0$,从而

$$D_n=g(a_1)=0。$$

35.求证:

$$\begin{vmatrix} x & y & z \\ z & x & y \\ y & z & x \end{vmatrix}=(x+y+z)(x+\omega y+\omega^2 z)(x+\omega^2 y+\omega z),$$

其中,$\omega=\dfrac{-1+\sqrt{-3}}{2}$。

证明

$$\begin{vmatrix} x & y & z \\ z & x & y \\ y & z & x \end{vmatrix}\begin{vmatrix} 1 & 1 & 1 \\ 1 & \omega & \omega^2 \\ 1 & \omega^2 & \omega \end{vmatrix}$$

$$=\begin{vmatrix} x+y+z & x+\omega y+\omega^2 z & x+\omega^2 y+\omega z \\ x+y+z & z+\omega x+\omega^2 y & z+\omega^2 x+\omega y \\ x+y+z & y+\omega z+\omega^2 x & y+\omega^2 z+\omega x \end{vmatrix}$$

$$=(x+y+z)(x+\omega y+\omega^2 z)(x+\omega^2 y+\omega z)\begin{vmatrix} 1 & 1 & 1 \\ 1 & \omega & \omega^2 \\ 1 & \omega^2 & \omega \end{vmatrix}。$$

由于

$$\begin{vmatrix} 1 & 1 & 1 \\ 1 & \omega & \omega^2 \\ 1 & \omega^2 & \omega \end{vmatrix}\neq 0,$$

故等式成立。

36.设 n 阶循环矩阵 $\boldsymbol{C}$ 为

$$\boldsymbol{C}=\begin{pmatrix} c_0 & c_1 & \cdots & c_{n-1} \\ c_{n-1} & c_0 & \cdots & c_{n-2} \\ \vdots & \vdots & & \vdots \\ c_1 & c_2 & \cdots & c_0 \end{pmatrix}。$$

(1)求 $\boldsymbol{C}$ 的所有特征值;

(2)求 $\boldsymbol{C}$ 的行列式 $|\boldsymbol{C}|$。

解 (1)设 n 阶矩阵

$$\boldsymbol{A}=\begin{pmatrix} 0 & 1 & 0 & \cdots & 0 \\ 0 & 0 & 1 & \cdots & 0 \\ \vdots & \vdots & \vdots & & \vdots \\ 0 & 0 & 0 & \cdots & 1 \\ 1 & 0 & 0 & \cdots & 0 \end{pmatrix},$$

则有

$$A^2=\begin{pmatrix}0&0&1&0&\cdots&0&0\\0&0&0&1&\cdots&0&0\\\vdots&\vdots&\vdots&\vdots&&\vdots&\vdots\\0&0&0&0&\cdots&0&1\\1&0&0&0&\cdots&0&0\\0&1&0&0&\cdots&0&0\end{pmatrix},\cdots,A^{n-1}=\begin{pmatrix}0&0&\cdots&0&1\\1&0&\cdots&0&0\\0&1&\cdots&0&0\\\vdots&\vdots&&\vdots&\vdots\\0&0&\cdots&1&0\end{pmatrix},$$

取 $f(x)=c_0+c_1x+\cdots+c_{n-1}x^{n-1}$，则有

$$C=c_0E+c_1A+\cdots+c_{n-1}A^{n-1}=f(A)。$$

又

$$|\lambda E-A|=\begin{vmatrix}\lambda&-1&0&\cdots&0&0\\0&\lambda&-1&\cdots&0&0\\\vdots&\vdots&\vdots&&\vdots&\vdots\\0&0&0&\cdots&\lambda&-1\\-1&0&0&\cdots&0&\lambda\end{vmatrix}=\lambda^n-1。$$

故 A 的特征值为 $\varepsilon_0,\varepsilon_0^2,\cdots,\varepsilon_0^{n-1},1$（这里 ε_0 为 n 次本原单位根）。所以 $f(A)$ 的特征值为

$$f(\varepsilon_0),f(\varepsilon_0^2),\cdots,f(\varepsilon_0^{n-1}),f(1)。$$

(2)由(1)得

$$|C|=|f(A)|=f(\varepsilon_0)f(\varepsilon_0^2)\cdots f(\varepsilon_0^{n-1})f(1)。$$

37.设 n 阶行列式

$$D=\begin{vmatrix}1&-1&-1&\cdots&-1&-1\\1&1&-1&\cdots&-1&-1\\1&1&1&\cdots&-1&-1\\\vdots&\vdots&\vdots&&\vdots&\vdots\\1&1&1&\cdots&1&-1\\1&1&1&\cdots&1&1\end{vmatrix},$$

求它的展开式的正项总数。

解　由于 D 中元素都是 ±1，因此 D 的展开式 $n!$ 项中，每一项不是 1 就是 -1，设展开式的正项总数为 p，负项总数为 q，那么有

$$D=p-q,$$
$$n!=p+q,$$

联立解之得

$$p=\frac{1}{2}(D+n!)。$$

下面计算 D，用第 n 行分别加到其他各行，得

$$D=\begin{vmatrix}2&0&0&\cdots&0&0\\2&2&0&\cdots&0&0\\2&2&2&\cdots&0&0\\\vdots&\vdots&\vdots&&\vdots&\vdots\\2&2&2&\cdots&2&0\\1&1&1&\cdots&1&1\end{vmatrix}=2^{n-1}。$$

从而有

$$p=\frac{1}{2}(2^{n-1}+n!)。$$

38. 计算 n 阶行列式

$$D_n=\begin{vmatrix}x+1&x&x&\cdots&x\\x&x+\frac{1}{2}&x&\cdots&x\\x&x&x+\frac{1}{3}&\cdots&x\\\vdots&\vdots&\vdots&&\vdots\\x&x&x&\cdots&x+\frac{1}{n}\end{vmatrix}。$$

解 加边法。

$$D_n=\begin{vmatrix}1&x&x&\cdots&x\\0&x+1&x&\cdots&x\\0&x&x+\frac{1}{2}&\cdots&x\\\vdots&\vdots&\vdots&&\vdots\\0&x&x&\cdots&x+\frac{1}{n}\end{vmatrix}_{n+1}=\begin{vmatrix}1&x&x&\cdots&x\\-1&1&0&\cdots&0\\-1&0&\frac{1}{2}&\cdots&0\\\vdots&\vdots&\vdots&&\vdots\\-1&0&0&\cdots&\frac{1}{n}\end{vmatrix}_{n+1},$$

再利用“箭形”算法，即第 2 列乘 1，第 3 列乘 2，…，第 $n+1$ 列乘 n，都加到第 1 列得

$$D_n=\begin{vmatrix}1+x+2x+\cdots+nx&x&x&\cdots&x\\0&1&0&\cdots&0\\0&0&\frac{1}{2}&\cdots&0\\\vdots&\vdots&\vdots&&\vdots\\0&0&0&\cdots&\frac{1}{n}\end{vmatrix}_{n+1}=\left[1+\frac{n(n+1)}{2}x\right]\frac{1}{n!}。$$

39. 计算 n 阶行列式

$$D_n=\begin{vmatrix}1+a_1&1&\cdots&1\\2&2+a_2&\cdots&2\\\vdots&\vdots&&\vdots\\n&n&\cdots&n+a_n\end{vmatrix}。$$

解 加边法。

$$D_n=\begin{vmatrix}1&1&1&\cdots&1\\0&1+a_1&1&\cdots&1\\0&2&2+a_2&\cdots&2\\\vdots&\vdots&\vdots&&\vdots\\0&n&n&\cdots&n+a_n\end{vmatrix}_{n+1}=\begin{vmatrix}1&1&1&\cdots&1\\-1&a_1&0&\cdots&0\\-2&0&a_2&\cdots&0\\\vdots&\vdots&\vdots&&\vdots\\-n&0&0&\cdots&a_n\end{vmatrix}_{n+1},$$

再利用"箭形"算法，即第 2 列乘 $\frac{1}{a_1}$，第 3 列乘 $\frac{2}{a_2}$，…，第 $n+1$ 列乘 $\frac{n}{a_n}$，都加到第 1 列得

$$D_n=\begin{vmatrix}1+\sum_{i=1}^{n}\frac{i}{a_i}&1&1&\cdots&1\\0&a_1&0&\cdots&0\\0&0&a_2&\cdots&0\\\vdots&\vdots&\vdots&&\vdots\\0&0&0&\cdots&a_n\end{vmatrix}_{n+1}=\left(1+\sum_{i=1}^{n}\frac{i}{a_i}\right)\cdot\prod_{i=1}^{n}a_i。$$

40. 计算

$$D=\begin{vmatrix}2^n-2&2^{n-1}-2&\cdots&2^3-2&2^2-2\\3^n-3&3^{n-1}-3&\cdots&3^3-3&3^2-3\\\vdots&\vdots&&\vdots&\vdots\\n^n-n&n^{n-1}-n&\cdots&n^3-n&n^2-n\end{vmatrix}。$$

解 加边法。

$$D=\begin{vmatrix}1&1&1&\cdots&1&1\\0&2^n-2&2^{n-1}-2&\cdots&2^3-2&2^2-2\\0&3^n-3&3^{n-1}-3&\cdots&3^3-3&3^2-3\\\vdots&\vdots&\vdots&&\vdots&\vdots\\0&n^n-n&n^{n-1}-n&\cdots&n^3-n&n^2-n\end{vmatrix}$$

$$=\begin{vmatrix}1&1&1&\cdots&1&1\\2&2^n&2^{n-1}&\cdots&2^3&2^2\\3&3^n&3^{n-1}&\cdots&3^3&3^2\\\vdots&\vdots&\vdots&&\vdots&\vdots\\n&n^n&n^{n-1}&\cdots&n^3&n^2\end{vmatrix}$$

$$=n!(-1)^{\frac{(n-2)(n-1)}{2}}\begin{vmatrix}1&1&1&\cdots&1&1\\1&2&2^2&\cdots&2^{n-2}&2^{n-1}\\1&3&3^2&\cdots&3^{n-2}&3^{n-1}\\\vdots&\vdots&\vdots&&\vdots&\vdots\\1&n&n^2&\cdots&n^{n-2}&n^{n-1}\end{vmatrix}$$

$$=(-1)^{\frac{(n-2)(n-1)}{2}}n!\prod_{1\leqslant i<j\leqslant n}(j-i)。$$

41. 求证：

$$\begin{vmatrix}1+x_1 & 1+x_1^2 & \cdots & 1+x_1^n\\ 1+x_2 & 1+x_2^2 & \cdots & 1+x_2^n\\ \vdots & \vdots & & \vdots\\ 1+x_n & 1+x_n^2 & \cdots & 1+x_n^n\end{vmatrix}=\prod_{1\leqslant j<k\leqslant n}(x_k-x_j)\left[2\prod_{i=1}^n x_i-\prod_{i=1}^n(x_i-1)\right]。$$

证明 加边法。

$$左端=\begin{vmatrix}1 & 0 & 0 & \cdots & 0\\ 1 & 1+x_1 & 1+x_1^2 & \cdots & 1+x_1^n\\ 1 & 1+x_2 & 1+x_2^2 & \cdots & 1+x_2^n\\ \vdots & \vdots & \vdots & & \vdots\\ 1 & 1+x_n & 1+x_n^2 & \cdots & 1+x_n^n\end{vmatrix}=\begin{vmatrix}1 & -1 & -1 & \cdots & -1\\ 1 & x_1 & x_1^2 & \cdots & x_1^n\\ 1 & x_2 & x_2^2 & \cdots & x_2^n\\ \vdots & \vdots & \vdots & & \vdots\\ 1 & x_n & x_n^2 & \cdots & x_n^n\end{vmatrix}$$

$$=\begin{vmatrix}2+(-1) & 0+(-1) & 0+(-1) & \cdots & 0+(-1)\\ 1 & x_1 & x_1^2 & \cdots & x_1^n\\ 1 & x_2 & x_2^2 & \cdots & x_2^n\\ \vdots & \vdots & \vdots & & \vdots\\ 1 & x_n & x_n^2 & \cdots & x_n^n\end{vmatrix}$$

$$=\begin{vmatrix}2 & 0 & 0 & \cdots & 0\\ 1 & x_1 & x_1^2 & \cdots & x_1^n\\ 1 & x_2 & x_2^2 & \cdots & x_2^n\\ \vdots & \vdots & \vdots & & \vdots\\ 1 & x_n & x_n^2 & \cdots & x_n^n\end{vmatrix}-\begin{vmatrix}1 & 1 & 1 & \cdots & 1\\ 1 & x_1 & x_1^2 & \cdots & x_1^n\\ 1 & x_2 & x_2^2 & \cdots & x_2^n\\ \vdots & \vdots & \vdots & & \vdots\\ 1 & x_n & x_n^2 & \cdots & x_n^n\end{vmatrix}$$

$$=2x_1x_2\cdots x_n\prod_{1\leqslant j<k\leqslant n}(x_k-x_j)-\prod_{i=1}^n(x_i-1)\prod_{1\leqslant j<k\leqslant n}(x_k-x_j)$$

$$=\prod_{1\leqslant j<k\leqslant n}(x_k-x_j)\left[2\prod_{i=1}^n x_i-\prod_{i=1}^n(x_i-1)\right]$$

=右端。

故原式成立。

42. 计算 n 阶行列式

$$d=\begin{vmatrix}0 & a_1+a_2 & \cdots & a_1+a_n\\ a_2+a_1 & 0 & \cdots & a_2+a_n\\ \vdots & \vdots & & \vdots\\ a_n+a_1 & a_n+a_2 & \cdots & 0\end{vmatrix},a_1a_2\cdots a_n\neq 0。$$

解　法一　加边法。

$$d=\begin{vmatrix}1 & a_1 & a_2 & \cdots & a_n\\ 0 & 0 & a_1+a_2 & \cdots & a_1+a_n\\ 0 & a_2+a_1 & 0 & \cdots & a_2+a_n\\ \vdots & \vdots & \vdots & & \vdots\\ 0 & a_n+a_1 & a_n+a_2 & \cdots & 0\end{vmatrix}_{n+1}=\begin{vmatrix}1 & a_1 & a_2 & \cdots & a_n\\ -1 & -a_1 & a_1 & \cdots & a_1\\ -1 & a_2 & -a_2 & \cdots & a_2\\ \vdots & \vdots & \vdots & & \vdots\\ -1 & a_n & a_n & \cdots & -a_n\end{vmatrix}_{n+1}$$

$$=\begin{vmatrix}1 & 0 & 0 & 0 & \cdots & 0\\ 0 & 1 & a_1 & a_2 & \cdots & a_n\\ a_1 & -1 & -a_1 & a_1 & \cdots & a_1\\ a_2 & -1 & a_2 & -a_2 & \cdots & a_2\\ \vdots & \vdots & \vdots & \vdots & & \vdots\\ a_n & -1 & a_n & a_n & \cdots & -a_n\end{vmatrix}_{n+2}=\begin{vmatrix}1 & 0 & -1 & -1 & \cdots & -1\\ 0 & 1 & a_1 & a_2 & \cdots & a_n\\ a_1 & -1 & -2a_1 & 0 & \cdots & 0\\ a_2 & -1 & 0 & -2a_2 & \cdots & 0\\ \vdots & \vdots & \vdots & \vdots & & \vdots\\ a_n & -1 & 0 & 0 & \cdots & -2a_n\end{vmatrix}_{n+2}$$

$$=\begin{vmatrix}1-\frac{n}{2} & \frac{1}{2}\sum\limits_{i=1}^{n}\frac{1}{a_i} & -1 & -1 & \cdots & -1\\ \frac{a_1+a_2+\cdots+a_n}{2} & 1-\frac{n}{2} & a_1 & a_2 & \cdots & a_n\\ 0 & 0 & -2a_1 & 0 & \cdots & 0\\ 0 & 0 & 0 & -2a_2 & \cdots & 0\\ \vdots & \vdots & \vdots & \vdots & & \vdots\\ 0 & 0 & 0 & 0 & \cdots & -2a_n\end{vmatrix}_{n+2}$$

（用拉普拉斯定理展开）

$$=(-2)^n a_1a_2\cdots a_n\begin{vmatrix}1-\frac{n}{2} & \frac{1}{2}\sum\limits_{i=1}^{n}\frac{1}{a_i}\\ \frac{a_1+a_2+\cdots+a_n}{2} & 1-\frac{n}{2}\end{vmatrix}$$

$$=(-2)^{n-2}a_1a_2\cdots a_n\left[(n-2)^2-\left(\sum_{i=1}^{n}a_i\right)\left(\sum_{i=1}^{n}\frac{1}{a_i}\right)\right]。$$

法二　由解法一，行列式

$$d=\begin{vmatrix}1 & 0 & -1 & -1 & \cdots & -1\\ 0 & 1 & a_1 & a_2 & \cdots & a_n\\ a_1 & -1 & -2a_1 & 0 & \cdots & 0\\ a_2 & -1 & 0 & -2a_2 & \cdots & 0\\ \vdots & \vdots & \vdots & \vdots & & \vdots\\ a_n & -1 & 0 & 0 & \cdots & -2a_n\end{vmatrix}_{n+2},$$

下面用四分块矩阵来计算。

记

$$A=\begin{pmatrix}1&0\\0&1\end{pmatrix},B=\begin{pmatrix}-1&-1&\cdots&-1\\a_1&a_2&\cdots&a_n\end{pmatrix},$$

$$C=\begin{pmatrix}a_1&-1\\a_2&-1\\\vdots&\vdots\\a_n&-1\end{pmatrix},D=\begin{pmatrix}-2a_1&0&\cdots&0\\0&-2a_2&\cdots&0\\\vdots&\vdots&&\vdots\\0&0&\cdots&-2a_n\end{pmatrix},$$

又 D 可逆，则

$d=|D|\cdot|A-BD^{-1}C|$

$$=(-2)^n a_1a_2\cdots a_n\left|\begin{pmatrix}1&0\\0&1\end{pmatrix}-\begin{pmatrix}-1&-1&\cdots&-1\\a_1&a_2&\cdots&a_n\end{pmatrix}\begin{pmatrix}-\frac{1}{2a_1}&0&\cdots&0\\0&-\frac{1}{2a_2}&\cdots&0\\\vdots&\vdots&&\vdots\\0&0&\cdots&-\frac{1}{2a_n}\end{pmatrix}\begin{pmatrix}a_1&-1\\a_2&-1\\\vdots&\vdots\\a_n&-1\end{pmatrix}\right|$$

$$=(-2)^n a_1a_2\cdots a_n\begin{vmatrix}1-\frac{n}{2}&\frac{1}{2}\sum_{i=1}^{n}\frac{1}{a_i}\\\frac{1}{2}\sum_{i=1}^{n}a_i&1-\frac{n}{2}\end{vmatrix}$$

$$=(-2)^{n-2}a_1a_2\cdots a_n\left[(n-2)^2-\left(\sum_{i=1}^{n}a_i\right)\left(\sum_{i=1}^{n}\frac{1}{a_i}\right)\right]。$$

43. 计算柯西(Cauchy)行列式

$$D_n=\begin{vmatrix}\frac{1}{x_1+y_1}&\frac{1}{x_1+y_2}&\cdots&\frac{1}{x_1+y_n}\\\frac{1}{x_2+y_1}&\frac{1}{x_2+y_2}&\cdots&\frac{1}{x_2+y_n}\\\vdots&\vdots&&\vdots\\\frac{1}{x_n+y_1}&\frac{1}{x_n+y_2}&\cdots&\frac{1}{x_n+y_n}\end{vmatrix}。$$

解 将行列式第 n 行的 -1 倍加到其他各行，行提公因子 $x_n-x_i(i=1,2,\cdots,n-1)$，列提公因子 $(x_n+y_i)^{-1}(i=1,2,\cdots,n)$，得

$$D_n=\prod_{i=1}^{n-1}(x_n-x_i)\prod_{i=1}^{n}(x_n+y_i)^{-1}\begin{vmatrix}\frac{1}{x_1+y_1}&\frac{1}{x_1+y_2}&\cdots&\frac{1}{x_1+y_n}\\\frac{1}{x_2+y_1}&\frac{1}{x_2+y_2}&\cdots&\frac{1}{x_2+y_n}\\\vdots&\vdots&&\vdots\\1&1&\cdots&1\end{vmatrix}。$$

将上式中行列式的第 n 列的 -1 倍加到其他各列，按最后一行展开后，列提公因子 $y_n-y_i(i=1,2,\cdots,n-1)$，行提公因子 $(x_i+y_n)^{-1}(i=1,2,\cdots,n-1)$，可得

$$D_n=\prod_{i=1}^{n-1}(x_n-x_i)\prod_{i=1}^{n}(x_n+y_i)^{-1}\cdot\prod_{i=1}^{n-1}(y_n-y_i)\prod_{i=1}^{n-1}(x_i+y_n)^{-1}D_{n-1}。$$

以此递推，结合

$$D_2=\frac{(x_2-x_1)(y_2-y_1)}{(x_1+y_1)(x_1+y_2)(x_2+y_1)(x_2+y_2)},$$

得

$$D_n=\frac{\prod\limits_{1\leqslant i<j\leqslant n}(x_j-x_i)\prod\limits_{1\leqslant i<j\leqslant n}(y_j-y_i)}{\prod\limits_{i,j=1}^{n}(x_i+y_j)}。$$

44. 计算 n 阶行列式

$$D_n=\begin{vmatrix}9&5&0&\cdots&0&0\\4&9&5&\cdots&0&0\\0&4&9&\cdots&0&0\\\vdots&\vdots&\vdots&&\vdots&\vdots\\0&0&0&\cdots&9&5\\0&0&0&\cdots&4&9\end{vmatrix}。$$

解　递推法。按第 1 行展开得

$$D_n=9D_{n-1}-20D_{n-2},$$

即

$$D_n-9D_{n-1}+20D_{n-2}=0。$$

作特征方程

$$x^2-9x+20=0,$$

解得 $x_1=4,x_2=5$，于是

$$D_n=a4^{n-1}+b5^{n-1}。$$

当 $n=1$ 时，

$$a+b=9, \tag{2-16}$$

当 $n=2$ 时，

$$4a+5b=61。\tag{2-17}$$

由式(2－16)和式(2－17)解得 $a=-16,b=25$，所以

$$D_n=5^{n+1}-4^{n+1}。$$

45. 计算

$$|\boldsymbol{P}|=\begin{vmatrix}x&-1&0&\cdots&0&0\\0&x&-1&\cdots&0&0\\0&0&x&\cdots&0&0\\\vdots&\vdots&\vdots&&\vdots&\vdots\\0&0&0&\cdots&x&-1\\a_n&a_{n-1}&a_{n-2}&\cdots&a_2&x+a_1\end{vmatrix}，其中 x\neq 0。$$

解 令

$$\boldsymbol{A}=\begin{pmatrix} x & -1 & 0 & \cdots & 0 & 0 \\ 0 & x & -1 & \cdots & 0 & 0 \\ 0 & 0 & x & \cdots & 0 & 0 \\ \vdots & \vdots & \vdots & & \vdots & \vdots \\ 0 & 0 & 0 & \cdots & x & -1 \\ 0 & 0 & 0 & \cdots & 0 & x \end{pmatrix},\boldsymbol{B}=\begin{pmatrix} 0 \\ 0 \\ 0 \\ \vdots \\ 0 \\ -1 \end{pmatrix},$$

$$\boldsymbol{C}=(a_n,a_{n-1},\cdots,a_2),D=(x+a_1),$$

则 $|\boldsymbol{A}|=x^{n-1}$,且

$$\boldsymbol{A}^{-1}=\begin{pmatrix} \frac{1}{x} & \frac{1}{x^2} & \cdots & \frac{1}{x^{n-1}} \\ 0 & \frac{1}{x} & \cdots & \frac{1}{x^{n-2}} \\ \vdots & \vdots & & \vdots \\ 0 & 0 & \cdots & \frac{1}{x} \end{pmatrix}。$$

故

$$\begin{aligned} |\boldsymbol{P}| &= |\boldsymbol{A}|\cdot|\boldsymbol{D}-\boldsymbol{C}\boldsymbol{A}^{-1}\boldsymbol{B}| \\ &= x^{n-1}\left|(x+a_1)+\left(\frac{a_n}{x^{n-1}}+\frac{a_{n-1}}{x^{n-2}}+\cdots+\frac{a_2}{x}\right)\right| \\ &= x^n+a_1x^{n-1}+a_2x^{n-2}+\cdots+a_{n-1}x+a_n。\end{aligned}$$

注 “三线型”行列式除前面介绍的递推法外,也可以用这种四分块矩阵来计算。

46. 证明:

$$D_n=\begin{vmatrix} \cos\alpha & 1 & 0 & \cdots & 0 & 0 \\ 1 & 2\cos\alpha & 1 & \cdots & 0 & 0 \\ 0 & 1 & 2\cos\alpha & \cdots & 0 & 0 \\ \vdots & \vdots & \vdots & & \vdots & \vdots \\ 0 & 0 & 0 & \cdots & 1 & 2\cos\alpha \end{vmatrix}=\cos n\alpha。$$

证明 应用第二数学归纳法。

当 $n=2$ 时,

$$D_2=\begin{vmatrix} \cos\alpha & 1 \\ 1 & 2\cos\alpha \end{vmatrix}=2\cos^2\alpha-1=\cos 2\alpha,$$

结论成立。

假设对阶数小于 n 的行列式结论成立,则 D_n 按第 n 列展开得

$$D_n=2\cos\alpha D_{n-1}-D_{n-2},$$

由假设

$$D_{n-2}=\cos[(n-2)\alpha]=\cos[(n-1)\alpha-\alpha]$$
$$=\cos[(n-1)\alpha]\cos\alpha+\sin[(n-1)\alpha]\sin\alpha。$$

代入前一式得

$$D_n=2\cos\alpha\cos[(n-1)\alpha]-\{\cos[(n-1)\alpha]\cos\alpha+\sin[(n-1)\alpha]\sin\alpha\}$$
$$=\cos[(n-1)\alpha]\cos\alpha-\sin[(n-1)\alpha]\sin\alpha=\cos n\alpha。$$

故对一切自然数结论都成立。

47. 计算

$$D_n=\begin{vmatrix} x_1 & \alpha & \alpha & \cdots & \alpha \\ \beta & x_2 & \alpha & \cdots & \alpha \\ \beta & \beta & x_3 & \cdots & \alpha \\ \vdots & \vdots & \vdots & & \vdots \\ \beta & \beta & \beta & \cdots & x_n \end{vmatrix}。$$

解　(1)当 $\alpha=\beta$ 时,用第 1 行的 -1 倍分别加到其他各行得

$$D_n=\begin{vmatrix} x_1 & \alpha & \alpha & \cdots & \alpha \\ \alpha-x_1 & x_2-\alpha & 0 & \cdots & 0 \\ \alpha-x_1 & 0 & x_3-\alpha & \cdots & 0 \\ \vdots & \vdots & \vdots & & \vdots \\ \alpha-x_1 & 0 & 0 & \cdots & x_n-\alpha \end{vmatrix},$$

按第 1 行展开得

$$D_n=x_1(x_2-\alpha)(x_3-\alpha)\cdots(x_n-\alpha)+\alpha(x_1-\alpha)(x_3-\alpha)\cdots(x_n-\alpha)+\cdots+$$
$$\alpha(x_1-\alpha)(x_2-\alpha)\cdots(x_{n-1}-\alpha)。$$

(2)当 $\alpha\neq\beta$ 时,将最后一列元素都写成两数之和,则

$$D_n=\begin{vmatrix} x_1 & \alpha & \alpha & \cdots & \alpha \\ \beta & x_2 & \alpha & \cdots & \alpha \\ \beta & \beta & x_3 & \cdots & \alpha \\ \vdots & \vdots & \vdots & & \vdots \\ \beta & \beta & \beta & \cdots & \alpha \end{vmatrix}+\begin{vmatrix} x_1 & \alpha & \alpha & \cdots & 0 \\ \beta & x_2 & \alpha & \cdots & 0 \\ \beta & \beta & x_3 & \cdots & 0 \\ \vdots & \vdots & \vdots & & \vdots \\ \beta & \beta & \beta & \cdots & x_n-\alpha \end{vmatrix}$$

$$=\alpha\prod_{i=1}^{n-1}(x_i-\beta)+(x_n-\alpha)D_{n-1}。\qquad(2-18)$$

由对称性,又有

$$D_n=\beta\prod_{i=1}^{n-1}(x_i-\alpha)+(x_n-\beta)D_{n-1}。\qquad(2-19)$$

再由式(2—18)和式(2—19)可得

$$D_n=\frac{1}{\alpha-\beta}\left[\alpha\prod_{i=1}^{n}(x_i-\beta)-\beta\prod_{i=1}^{n}(x_i-\alpha)\right]。$$

48. 计算 n 阶行列式 $D_n=|a_{ij}|$，其中 $a_{ij}=|i-j|(i,j=1,2,\cdots,n)$。

分析 如果具体写出 D_n，可以发现该行列式具有相邻行元素差 1 的特点。对这类行列式可采用前行(列)减去后行(列)(或后行(列)减去前行(列))的方法处理，即可得到大量的元素为 1 或 -1 的行列式。

解 写出行列式得

$$D_n=\begin{vmatrix} 0 & 1 & 2 & \cdots & n-2 & n-1 \\ 1 & 0 & 1 & \cdots & n-3 & n-2 \\ 2 & 1 & 0 & \cdots & n-4 & n-3 \\ \vdots & \vdots & \vdots & & \vdots & \vdots \\ n-2 & n-3 & n-4 & \cdots & 0 & 1 \\ n-1 & n-2 & n-3 & \cdots & 1 & 0 \end{vmatrix}$$

$$\xrightarrow[\text{行减第 } n-1 \text{ 行},\cdots,\text{第 1 行减第 2 行}]{\text{依次将第 } n-1 \text{ 行减第 } n \text{ 行，第 } n-2}\begin{vmatrix} -1 & 1 & 1 & \cdots & 1 & 1 \\ -1 & -1 & 1 & \cdots & 1 & 1 \\ -1 & -1 & -1 & \cdots & 1 & 1 \\ \vdots & \vdots & \vdots & & \vdots & \vdots \\ -1 & -1 & -1 & \cdots & -1 & 1 \\ n-1 & n-2 & n-3 & \cdots & 1 & 0 \end{vmatrix}$$

$$\xrightarrow[\text{后边第 } 2,3,\cdots,n \text{ 列}]{\text{将第 1 列分别加到}}\begin{vmatrix} -1 & 0 & 0 & \cdots & 0 & 0 \\ -1 & -2 & 0 & \cdots & 0 & 0 \\ -1 & -2 & -2 & \cdots & 0 & 0 \\ \vdots & \vdots & \vdots & & \vdots & \vdots \\ -1 & -2 & -2 & \cdots & -2 & 0 \\ n-1 & 2n-3 & 2n-4 & \cdots & n & n-1 \end{vmatrix}$$

$=(-1)^{n-1}2^{n-2}(n-1)$。

49. 计算 n 阶行列式

$$D_n=\begin{vmatrix} 1 & 2 & 3 & \cdots & n-1 & n \\ 2 & 3 & 4 & \cdots & n & 1 \\ 3 & 4 & 5 & \cdots & 1 & 2 \\ \vdots & \vdots & \vdots & & \vdots & \vdots \\ n-1 & n & 1 & \cdots & n-3 & n-2 \\ n & 1 & 2 & \cdots & n-2 & n-1 \end{vmatrix}。$$

解 依次将第 n 行减第 $n-1$ 行，第 $n-1$ 行减第 $n-2$ 行，…，第 2 行减第 1 行，再将其他各列都加到第 1 列，得

$$D_n=\begin{vmatrix} 1 & 2 & 3 & \cdots & n-1 & n \\ 1 & 1 & 1 & \cdots & 1 & 1-n \\ 1 & 1 & 1 & \cdots & 1-n & 1 \\ \vdots & \vdots & \vdots & & \vdots & \vdots \\ 1 & 1 & 1-n & \cdots & 1 & 1 \\ 1 & 1-n & 1 & \cdots & 1 & 1 \end{vmatrix}_n$$

$$=\begin{vmatrix} \frac{n(n+1)}{2} & 2 & 3 & \cdots & n-1 & n \\ 0 & 1 & 1 & \cdots & 1 & 1-n \\ 0 & 1 & 1 & \cdots & 1-n & 1 \\ \vdots & \vdots & \vdots & & \vdots & \vdots \\ 0 & 1 & 1-n & \cdots & 1 & 1 \\ 0 & 1-n & 1 & \cdots & 1 & 1 \end{vmatrix}_n$$

$$=\frac{n(n+1)}{2}\begin{vmatrix} 1 & 1 & 1 & \cdots & 1 & 1-n \\ 1 & 1 & 1 & \cdots & 1-n & 1 \\ 1 & 1 & 1 & \cdots & 1 & 1 \\ \vdots & \vdots & \vdots & & \vdots & \vdots \\ 1 & 1-n & 1 & \cdots & 1 & 1 \\ 1-n & 1 & 1 & \cdots & 1 & 1 \end{vmatrix}_{n-1}$$

$$=(-1)^{(n-2)+(n-3)+\cdots+1}\frac{n(n+1)}{2}\begin{vmatrix} 1-n & 1 & 1 & \cdots & 1 & 1 \\ 1 & 1-n & 1 & \cdots & 1 & 1 \\ 1 & 1 & 1-n & \cdots & 1 & 1 \\ \vdots & \vdots & \vdots & & \vdots & \vdots \\ 1 & 1 & 1 & \cdots & 1-n & 1 \\ 1 & 1 & 1 & \cdots & 1 & 1-n \end{vmatrix}_{n-1}$$

$$=(-1)^{\frac{(n-1)(n-2)}{2}}\frac{n(n+1)}{2}[(1-n)-1]^{n-2}[(1-n)+(n-2)]$$

$$=(-1)^{\frac{(n-1)(n-2)}{2}}\frac{n(n+1)}{2}(-n)^{n-2}(-1)$$

$$=(-1)^{\frac{n(n-1)}{2}}\frac{n^{n-1}(n+1)}{2}。$$

50. 计算行列式

$$D=\begin{vmatrix} 1 & 1 & 2 & 3 \\ 1 & 2-x^2 & 2 & 3 \\ 2 & 3 & 1 & 5 \\ 2 & 3 & 1 & 9-x^2 \end{vmatrix}。$$

解 析因子法。当 $x=\pm 1$ 时，

$$f(\pm 1)=\begin{vmatrix} 1 & 1 & 2 & 3 \\ 1 & 1 & 2 & 3 \\ 2 & 3 & 1 & 5 \\ 2 & 3 & 1 & 8 \end{vmatrix}=0;$$

当 $x=\pm 2$ 时，

$$f(\pm 2)=\begin{vmatrix}1 & 1 & 2 & 3\\1 & -2 & 2 & 3\\2 & 3 & 1 & 5\\2 & 3 & 1 & 5\end{vmatrix}=0。$$

可见 $f(x)$ 有因式 $x-1,x+1,x-2,x+2$。而 D 中含有 x 的最高次数为 4,故

$$D=c(x-1)(x+1)(x-2)(x+2)。$$

令 $x=0$,直接得 $D=-12$,于是 $c=-3$。故

$$D=-3(x-1)(x+1)(x-2)(x+2)。$$

51. 计算行列式

$$D_n=\begin{vmatrix}1 & 2 & 3 & \cdots & n\\1 & x+1 & 3 & \cdots & n\\1 & 2 & x+1 & \cdots & n\\\vdots & \vdots & \vdots & & \vdots\\1 & 2 & 3 & \cdots & x+1\end{vmatrix}。$$

解 析因子法。当 $x=1$ 时,$D_n=0$,所以 $(x-1)\mid D_n$。同理 $x-2,\cdots,x-(n-1)$ 均为 D_n 的因式。

又 $x-i$ 与 $x-j(i\neq j)$ 两两互素,所以 $(x-1)(x-2)\cdots(x-n+1)\mid D_n$。

但 D_n 的展开式中最高次项 x^{n-1} 的系数为 1,所以

$$D_n=(x-1)(x-2)\cdots(x-n+1)。$$

注 此题也可将第一行的 -1 倍加到下面各行上化为三角形行列式计算。

52. 设 $a_1,a_2,\cdots,a_n$ 是数域 P 中互不相同的数,$b_1,b_2,\cdots,b_n$ 是数域 P 中任一组给定的数,用克拉默法则证明:存在唯一的数域 P 上的多项式

$$f(x)=c_0x^{n-1}+c_1x^{n-2}+\cdots+c_{n-1},$$

使

$$f(a_i)=b_i(i=1,2,\cdots,n)。$$

证明 由 $f(a_i)=b_i(i=1,2,\cdots,n)$ 得

$$\begin{cases}c_0a_1^{n-1}+c_1a_1^{n-2}+\cdots+c_{n-1}=b_1,\\c_0a_2^{n-1}+c_1a_2^{n-2}+\cdots+c_{n-1}=b_2,\\\cdots\cdots\\c_0a_n^{n-1}+c_1a_n^{n-2}+\cdots+c_{n-1}=b_n。\end{cases}$$

将其视为关于 $c_0,c_1,\cdots,c_{n-1}$ 的线性方程组,系数行列式

$$D=\begin{vmatrix}a_1^{n-1} & a_1^{n-2} & \cdots & 1\\a_2^{n-1} & a_2^{n-2} & \cdots & 1\\\vdots & \vdots & & \vdots\\a_n^{n-1} & a_n^{n-2} & \cdots & 1\end{vmatrix},$$

可经过有限次行(列)对换化为范德蒙德行列式。由题设条件 $a_1,a_2,\cdots,a_n$ 是数域 P 中互不相同的数,故 $D\neq 0$,线性方程组有唯一解 $c_0,c_1,\cdots,c_{n-1}$,故所求多项式唯一。

53. 计算

$$D_n=\begin{vmatrix}1 & a_1 & a_1^2 & \cdots & a_1^{n-2} & a_1^n\\ 1 & a_2 & a_2^2 & \cdots & a_2^{n-2} & a_2^n\\ \vdots & \vdots & \vdots & & \vdots & \vdots\\ 1 & a_n & a_n^2 & \cdots & a_n^{n-2} & a_n^n\end{vmatrix}。$$

解　在 D_n 中加一行一列，配成范德蒙德行列式，即

$$D_{n+1}(y)=\begin{vmatrix}1 & a_1 & a_1^2 & \cdots & a_1^{n-2} & a_1^{n-1} & a_1^n\\ 1 & a_2 & a_2^2 & \cdots & a_2^{n-2} & a_2^{n-1} & a_2^n\\ 1 & a_3 & a_3^2 & \cdots & a_3^{n-2} & a_3^{n-1} & a_3^n\\ \vdots & \vdots & \vdots & & \vdots & \vdots & \vdots\\ 1 & a_n & a_n^2 & \cdots & a_n^{n-2} & a_n^{n-1} & a_n^n\\ 1 & y & y^2 & \cdots & y^{n-2} & y^{n-1} & y^n\end{vmatrix}_{n+1}$$

$$=(y-a_1)(y-a_2)\cdots(y-a_n)\prod_{1\leqslant i<j\leqslant n}(a_j-a_i)。$$

由于 D_n 是 $D_{n+1}(y)$ 中 y^{n-1} 的系数的相反数，由上式右端知 y^{n-1} 的系数为

$$-(a_1+a_2+\cdots+a_n)\prod_{1\leqslant i<j\leqslant n}(a_j-a_i),$$

所以

$$D_n=(a_1+a_2+\cdots+a_n)\prod_{1\leqslant i<j\leqslant n}(a_j-a_i)。$$

54. 计算

$$D=\begin{vmatrix}\dfrac{1-\alpha_1^n\beta_1^n}{1-\alpha_1\beta_1} & \cdots & \dfrac{1-\alpha_1^n\beta_n^n}{1-\alpha_1\beta_n}\\ \vdots & & \vdots\\ \dfrac{1-\alpha_n^n\beta_1^n}{1-\alpha_n\beta_1} & \cdots & \dfrac{1-\alpha_n^n\beta_n^n}{1-\alpha_n\beta_n}\end{vmatrix}。$$

解

$$D=\begin{vmatrix}1+\alpha_1\beta_1+\alpha_1^2\beta_1^2+\cdots+\alpha_1^{n-1}\beta_1^{n-1} & \cdots & 1+\alpha_1\beta_n+\alpha_1^2\beta_n^2+\cdots+\alpha_1^{n-1}\beta_n^{n-1}\\ \vdots & & \vdots\\ 1+\alpha_n\beta_1+\alpha_n^2\beta_1^2+\cdots+\alpha_n^{n-1}\beta_1^{n-1} & \cdots & 1+\alpha_n\beta_n+\alpha_n^2\beta_n^2+\cdots+\alpha_n^{n-1}\beta_n^{n-1}\end{vmatrix}$$

$$=\left|\begin{pmatrix}1 & \alpha_1 & \cdots & \alpha_1^{n-1}\\ 1 & \alpha_2 & \cdots & \alpha_2^{n-1}\\ \vdots & \vdots & & \vdots\\ 1 & \alpha_n & \cdots & \alpha_n^{n-1}\end{pmatrix}\cdot\begin{pmatrix}1 & 1 & \cdots & 1\\ \beta_1 & \beta_2 & \cdots & \beta_n\\ \vdots & \vdots & & \vdots\\ \beta_1^{n-1} & \beta_2^{n-1} & \cdots & \beta_n^{n-1}\end{pmatrix}\right|$$

$$=\begin{vmatrix}1 & \alpha_1 & \cdots & \alpha_1^{n-1}\\ 1 & \alpha_2 & \cdots & \alpha_2^{n-1}\\ \vdots & \vdots & & \vdots\\ 1 & \alpha_n & \cdots & \alpha_n^{n-1}\end{vmatrix}\cdot\begin{vmatrix}1 & 1 & \cdots & 1\\ \beta_1 & \beta_2 & \cdots & \beta_n\\ \vdots & \vdots & & \vdots\\ \beta_1^{n-1} & \beta_2^{n-1} & \cdots & \beta_n^{n-1}\end{vmatrix}$$

$$=\prod_{1\leqslant j<i\leqslant n}[(\alpha_i-\alpha_j)(\beta_i-\beta_j)]。$$

55. 计算

$$D=\begin{vmatrix} 1 & 1 & 1 & \cdots & 1 \\ x_1+1 & x_2+1 & x_3+1 & \cdots & x_n+1 \\ x_1^2+x_1 & x_2^2+x_2 & x_3^2+x_3 & \cdots & x_n^2+x_n \\ \vdots & \vdots & \vdots & & \vdots \\ x_1^{n-1}+x_1^{n-2} & x_2^{n-1}+x_2^{n-2} & x_3^{n-1}+x_3^{n-2} & \cdots & x_n^{n-1}+x_n^{n-2} \end{vmatrix}。$$

解 法一

$$D=\left|\begin{pmatrix} 1 & 0 & 0 & \cdots & 0 \\ 1 & 1 & 0 & \cdots & 0 \\ 0 & 1 & 1 & \cdots & 0 \\ \vdots & \vdots & \vdots & & \vdots \\ 0 & 0 & 0 & \cdots & 1 \end{pmatrix}\cdot\begin{pmatrix} 1 & 1 & 1 & \cdots & 1 \\ x_1 & x_2 & x_3 & \cdots & x_n \\ x_1^2 & x_2^2 & x_3^2 & \cdots & x_n^2 \\ \vdots & \vdots & \vdots & & \vdots \\ x_1^{n-1} & x_2^{n-1} & x_3^{n-1} & \cdots & x_n^{n-1} \end{pmatrix}\right|$$

$$=\begin{vmatrix} 1 & 0 & 0 & \cdots & 0 \\ 1 & 1 & 0 & \cdots & 0 \\ 0 & 1 & 1 & \cdots & 0 \\ \vdots & \vdots & \vdots & & \vdots \\ 0 & 0 & 0 & \cdots & 1 \end{vmatrix}\cdot\begin{vmatrix} 1 & 1 & 1 & \cdots & 1 \\ x_1 & x_2 & x_3 & \cdots & x_n \\ x_1^2 & x_2^2 & x_3^2 & \cdots & x_n^2 \\ \vdots & \vdots & \vdots & & \vdots \\ x_1^{n-1} & x_2^{n-1} & x_3^{n-1} & \cdots & x_n^{n-1} \end{vmatrix}$$

$$=\prod_{1\leqslant j<i\leqslant n}(x_i-x_j)。$$

法二 从第 2 行开始按行重复使用拆分法，D 能化成范德蒙德行列式。于是

$$D=\begin{vmatrix} 1 & 1 & 1 & \cdots & 1 \\ x_1 & x_2 & x_3 & \cdots & x_n \\ x_1^2 & x_2^2 & x_3^2 & \cdots & x_n^2 \\ \vdots & \vdots & \vdots & & \vdots \\ x_1^{n-1} & x_2^{n-1} & x_3^{n-1} & \cdots & x_n^{n-1} \end{vmatrix}=\prod_{1\leqslant j<i\leqslant n}(x_i-x_j)。$$

56. 计算行列式

$$D=\begin{vmatrix} 1 & 1 & \cdots & 1 \\ x_1(x_1-1) & x_2(x_2-1) & \cdots & x_n(x_n-1) \\ x_1^2(x_1-1) & x_2^2(x_2-1) & \cdots & x_n^2(x_n-1) \\ \vdots & \vdots & & \vdots \\ x_1^{n-1}(x_1-1) & x_2^{n-1}(x_2-1) & \cdots & x_n^{n-1}(x_n-1) \end{vmatrix}。$$

解 将第 1 行的 1 改写成 $x_i-(x_i-1)(i=1,2,\cdots,n)$，按第 1 行拆分得

$$D=\begin{vmatrix} x_1 & x_2 & \cdots & x_n \\ x_1(x_1-1) & x_2(x_2-1) & \cdots & x_n(x_n-1) \\ x_1^2(x_1-1) & x_2^2(x_2-1) & \cdots & x_n^2(x_n-1) \\ \vdots & \vdots & & \vdots \\ x_1^{n-1}(x_1-1) & x_2^{n-1}(x_2-1) & \cdots & x_n^{n-1}(x_n-1) \end{vmatrix}+$$

$$\begin{vmatrix} -(x_1-1) & -(x_2-1) & \cdots & -(x_n-1) \\ x_1(x_1-1) & x_2(x_2-1) & \cdots & x_n(x_n-1) \\ x_1^2(x_1-1) & x_2^2(x_2-1) & \cdots & x_n^2(x_n-1) \\ \vdots & \vdots & & \vdots \\ x_1^{n-1}(x_1-1) & x_2^{n-1}(x_2-1) & \cdots & x_n^{n-1}(x_n-1) \end{vmatrix}$$

$$=x_1x_2\cdots x_n\begin{vmatrix} 1 & 1 & \cdots & 1 \\ x_1-1 & x_2-1 & \cdots & x_n-1 \\ x_1^2-x_1 & x_2^2-x_2 & \cdots & x_n^2-x_n \\ \vdots & \vdots & & \vdots \\ x_1^{n-1}-x_1^{n-2} & x_2^{n-1}-x_2^{n-2} & \cdots & x_n^{n-1}-x_n^{n-2} \end{vmatrix}-$$

$$\prod_{i=1}^{n}(x_i-1)\begin{vmatrix} 1 & 1 & \cdots & 1 \\ x_1 & x_2 & \cdots & x_n \\ x_1^2 & x_2^2 & \cdots & x_n^2 \\ \vdots & \vdots & & \vdots \\ x_1^{n-1} & x_2^{n-1} & \cdots & x_n^{n-1} \end{vmatrix}$$

$$=x_1x_2\cdots x_n\begin{vmatrix} 1 & 1 & \cdots & 1 \\ x_1 & x_2 & \cdots & x_n \\ x_1^2 & x_2^2 & \cdots & x_n^2 \\ \vdots & \vdots & & \vdots \\ x_1^{n-1} & x_2^{n-1} & \cdots & x_n^{n-1} \end{vmatrix}-$$

$$\prod_{i=1}^{n}(x_i-1)\begin{vmatrix} 1 & 1 & \cdots & 1 \\ x_1 & x_2 & \cdots & x_n \\ x_1^2 & x_2^2 & \cdots & x_n^2 \\ \vdots & \vdots & & \vdots \\ x_1^{n-1} & x_2^{n-1} & \cdots & x_n^{n-1} \end{vmatrix}$$

$$=\left[\prod_{i=1}^{n}x_i-\prod_{i=1}^{n}(x_i-1)\right]\prod_{1\leqslant j<i\leqslant n}(x_i-x_j)。$$

57. 计算下列 $n+1$ 阶行列式

$$D=\begin{vmatrix} S_0 & S_1 & \cdots & S_{n-1} & 1 \\ S_1 & S_2 & \cdots & S_n & x \\ S_2 & S_3 & \cdots & S_{n+1} & x^2 \\ \vdots & \vdots & & \vdots & \vdots \\ S_n & S_{n+1} & \cdots & S_{2n-1} & x^n \end{vmatrix},$$

其中，$S_k=x_1^k+x_2^k+\cdots+x_n^k$。

解

$$D=\begin{vmatrix} 1 & 1 & \cdots & 1 & 1 \\ x_1 & x_2 & \cdots & x_n & x \\ \vdots & \vdots & & \vdots & \vdots \\ x_1^{n-1} & x_2^{n-1} & \cdots & x_n^{n-1} & x^{n-1} \\ x_1^n & x_2^n & \cdots & x_n^n & x^n \end{vmatrix}\cdot\begin{vmatrix} 1 & x_1 & \cdots & x_1^{n-1} & 0 \\ 1 & x_2 & \cdots & x_2^{n-1} & 0 \\ \vdots & \vdots & & \vdots & \vdots \\ 1 & x_n & \cdots & x_n^{n-1} & 0 \\ 0 & 0 & \cdots & 0 & 1 \end{vmatrix}$$

$$=\prod_{1\leqslant j<i\leqslant n}(x_i-x_j)\prod_{i=1}^{n}(x-x_i)\cdot\begin{vmatrix} 1 & x_1 & \cdots & x_1^{n-1} \\ 1 & x_2 & \cdots & x_2^{n-1} \\ \vdots & \vdots & & \vdots \\ 1 & x_n & \cdots & x_n^{n-1} \end{vmatrix}$$

$$=\prod_{1\leqslant j<i\leqslant n}(x_i-x_j)^2\prod_{i=1}^{n}(x-x_i)。$$

2.3 练习题

1. 计算行列式

$$D_n=\begin{vmatrix} x_1-m & x_2 & \cdots & x_n \\ x_1 & x_2-m & \cdots & x_n \\ \vdots & \vdots & & \vdots \\ x_1 & x_2 & \cdots & x_n-m \end{vmatrix}。$$

2. 计算行列式

$$D_n=\begin{vmatrix} 1+a_1 & a_2 & a_3 & \cdots & a_n \\ a_1 & 1+a_2 & a_3 & \cdots & a_n \\ \vdots & \vdots & \vdots & & \vdots \\ a_1 & a_2 & a_3 & \cdots & 1+a_n \end{vmatrix}。$$

3. 计算行列式

$$D=\begin{vmatrix} a & b & c & d \\ b & a & d & c \\ c & d & a & b \\ d & c & b & a \end{vmatrix}。$$

4. 求下列多项式的所有根

$$f(x)=\begin{vmatrix} x-3 & -a_2 & -a_3 & \cdots & -a_n \\ -a_2 & x-2-a_2^2 & -a_2a_3 & \cdots & -a_2a_n \\ -a_3 & -a_3a_2 & x-2-a_3^2 & \cdots & -a_3a_n \\ \vdots & \vdots & \vdots & & \vdots \\ -a_n & -a_na_2 & -a_na_3 & \cdots & x-2-a_n^2 \end{vmatrix}。$$

5. 计算行列式

$$D=\begin{vmatrix} 1+x & 1 & 1 & 1 \\ 1 & 1-x & 1 & 1 \\ 1 & 1 & 1+y & 1 \\ 1 & 1 & 1 & 1-y \end{vmatrix}。$$

6. 计算行列式

$$D_n=\begin{vmatrix} a_1+b_1 & b_1 & b_1 & \cdots & b_1 \\ b_2 & a_2+b_2 & b_2 & \cdots & b_2 \\ b_3 & b_3 & a_3+b_3 & \cdots & b_3 \\ \vdots & \vdots & \vdots & & \vdots \\ b_n & b_n & b_n & \cdots & a_n+b_n \end{vmatrix},$$

其中，$a_i\neq 0(i=1,2,\cdots,n)$。

7. 计算 $n+1$ 阶行列式

$$D_{n+1}=\begin{vmatrix} 1 & a & a^2 & \cdots & a^n \\ b_{11} & 1 & a & \cdots & a^{n-1} \\ b_{21} & b_{22} & 1 & \cdots & a^{n-2} \\ \vdots & \vdots & \vdots & & \vdots \\ b_{n1} & b_{n2} & b_{n3} & \cdots & 1 \end{vmatrix}。$$

8. 计算下列 5 阶行列式

$$D_5=\begin{vmatrix} a & a & a & a & 0 \\ a & a & a & 0 & b \\ a & a & 0 & b & b \\ a & 0 & b & b & b \\ 0 & b & b & b & b \end{vmatrix}。$$

9.计算行列式

$$D_n=\begin{vmatrix} a_1+b_1 & a_1+b_2 & \cdots & a_1+b_n \\ a_2+b_1 & a_2+b_2 & \cdots & a_2+b_n \\ \vdots & \vdots & & \vdots \\ a_n+b_1 & a_n+b_2 & \cdots & a_n+b_n \end{vmatrix}。$$

10.设 $D_n=|\sin(\alpha_i+\alpha_j)|_{n\times n}(n\geqslant 3)$,计算 D_n 的值。

11.计算 n 阶行列式

$$D=\begin{vmatrix} 1+x_1y_1 & x_1y_2 & \cdots & x_1y_n \\ x_2y_1 & 1+x_2y_2 & \cdots & x_2y_n \\ \vdots & \vdots & & \vdots \\ x_ny_1 & x_ny_2 & \cdots & 1+x_ny_n \end{vmatrix}。$$

12.计算行列式

$$D=\begin{vmatrix} 1+a_1-b_1 & a_1-b_2 & \cdots & a_1-b_n \\ a_2-b_1 & 1+a_2-b_2 & \cdots & a_2-b_n \\ \vdots & \vdots & & \vdots \\ a_n-b_1 & a_n-b_2 & \cdots & 1+a_n-b_n \end{vmatrix}。$$

13.计算行列式

$$D_n=\begin{vmatrix} a+x_1 & a & a & \cdots & a \\ a & a+x_2 & a & \cdots & a \\ a & a & a+x_3 & \cdots & a \\ \vdots & \vdots & \vdots & & \vdots \\ a & a & a & \cdots & a+x_n \end{vmatrix}。$$

14.计算行列式

$$D=\begin{vmatrix} x_1 & a_2 & a_3 & \cdots & a_n \\ a_1 & x_2 & a_3 & \cdots & a_n \\ a_1 & a_2 & x_3 & \cdots & a_n \\ \vdots & \vdots & \vdots & & \vdots \\ a_1 & a_2 & a_3 & \cdots & x_n \end{vmatrix},$$

其中,$x_i\neq a_i,i=1,2,\cdots,n$。

15.计算 n 阶行列式

$$D_n=\begin{vmatrix} 1+x & y & \cdots & 0 & 0 \\ z & 1+x & \cdots & 0 & 0 \\ \vdots & \vdots & & \vdots & \vdots \\ 0 & 0 & \cdots & 1+x & y \\ 0 & 0 & \cdots & z & 1+x \end{vmatrix},$$

其中,$x=yz$。

16. 计算 n 阶行列式

$$D_n=\begin{vmatrix} 5 & 3 & 0 & \cdots & 0 & 0 \\ 2 & 5 & 3 & \cdots & 0 & 0 \\ 0 & 2 & 5 & \cdots & 0 & 0 \\ \vdots & \vdots & \vdots & & \vdots & \vdots \\ 0 & 0 & 0 & \cdots & 5 & 3 \\ 0 & 0 & 0 & \cdots & 2 & 5 \end{vmatrix}。$$

17. 证明：

$$D_n=\begin{vmatrix} \alpha+\beta & \alpha\beta & 0 & \cdots & 0 & 0 \\ 1 & \alpha+\beta & \alpha\beta & \cdots & 0 & 0 \\ 0 & 1 & \alpha+\beta & \cdots & 0 & 0 \\ \vdots & \vdots & \vdots & & \vdots & \vdots \\ 0 & 0 & 0 & \cdots & 1 & \alpha+\beta \end{vmatrix}=\frac{\alpha^{n+1}-\beta^{n+1}}{\alpha-\beta}。$$

18. 计算 n 阶行列式

$$D_n=\begin{vmatrix} 0 & a_2 & a_3 & \cdots & a_{n-1} & a_n \\ b_1 & 0 & a_3 & \cdots & a_{n-1} & a_n \\ b_1 & b_2 & 0 & \cdots & a_{n-1} & a_n \\ \vdots & \vdots & \vdots & & \vdots & \vdots \\ b_1 & b_2 & b_3 & \cdots & 0 & a_n \\ b_1 & b_2 & b_3 & \cdots & b_{n-1} & 0 \end{vmatrix}。$$

19. 设 $S_k=x_1^k+x_2^k+\cdots+x_n^k(k=0,1,2,\cdots)$；$a_{ij}=S_{i+j-2}(i,j=1,2,\cdots,n)$。求证：

$$|a_{ij}|=\prod_{1\leqslant j<i\leqslant n}(x_i-x_j)^2。$$

20. 计算行列式

$$D_{n+1}=\begin{vmatrix} 1 & x_1 & x_1^2 & \cdots & x_1^n \\ 1 & x_2 & x_2^2 & \cdots & x_2^n \\ \vdots & \vdots & \vdots & & \vdots \\ 1 & x_n & x_n^2 & \cdots & x_n^n \\ 0 & -2 & -2 & \cdots & -2 \end{vmatrix}。$$

第3章　矩　阵

3.1　基础知识

§1　矩阵及其运算、几种常见的矩阵

1. 矩阵的定义

(1)数域 P 上由 $m\times n$ 个数 $a_{ij}(i=1,2,\cdots,m;j=1,2,\cdots,n)$ 排成的 m 行 n 列的数表：

$$\begin{pmatrix} a_{11} & a_{12} & \cdots & a_{1n} \\ a_{21} & a_{22} & \cdots & a_{2n} \\ \vdots & \vdots & & \vdots \\ a_{m1} & a_{m2} & \cdots & a_{mn} \end{pmatrix}$$

称为数域 P 上的一个矩阵，记为 $\boldsymbol{A}_{m\times n}$，简记为 $\boldsymbol{A}$，也记为 $(a_{ij})_{m\times n}$。

(2)数域 P 上一切 $m\times n$ 矩阵组成的集合，记为 $P^{m\times n}$。

(3) $P^{n\times n}$ 称为 n 阶矩阵组成的集合。

(4) $P^{n\times 1}$ 或 $P^{1\times n}$ 中的元素都称为 n 维向量。

(5)元素全为 0 的 $m\times n$ 矩阵，称为零矩阵，记为 $\boldsymbol{O}_{m\times n}$，有时简记为 $\boldsymbol{O}$。

(6)对角线元素都是 1，其余元素都是 0 的矩阵称为单位矩阵，记为 $\boldsymbol{E}_n$（或 $\boldsymbol{I}_n$），简记为 $\boldsymbol{E}$（或 $\boldsymbol{I}$）。

(7)若 $m\times n$ 矩阵满足：它们的任一行从第一个元素起至该行的第一个非零元素所在下方及左下方元素全为零，这样的 $m\times n$ 矩阵称为阶梯形矩阵。

2. 矩阵的加法、减法与数乘矩阵

(1)设 $\boldsymbol{A}=(a_{ij})_{m\times n}$，$\boldsymbol{B}=(b_{ij})_{m\times n}$。规定：

1) $\boldsymbol{A}+\boldsymbol{B}=(c_{ij})_{m\times n}$，其中 $c_{ij}=a_{ij}+b_{ij}(i=1,2,\cdots,m;j=1,2,\cdots,n)$；

2) $\boldsymbol{A}-\boldsymbol{B}=(d_{ij})_{m\times n}$，其中 $d_{ij}=a_{ij}-b_{ij}(i=1,2,\cdots,m;j=1,2,\cdots,n)$；

3) $k\boldsymbol{A}=(e_{ij})_{m\times n}$，其中 $e_{ij}=ka_{ij}(i=1,2,\cdots,m;j=1,2,\cdots,n)$，$k$ 为常数。

特别地，$-\boldsymbol{A}=(-a_{ij})_{m\times n}$。

(2)加法性质

设 $\boldsymbol{A},\boldsymbol{B},\boldsymbol{C}\in P^{m\times n}$，加法满足下面性质：

1)交换律　$\boldsymbol{A}+\boldsymbol{B}=\boldsymbol{B}+\boldsymbol{A}$；

2)结合律 $(\boldsymbol{A}+\boldsymbol{B})+\boldsymbol{C}=\boldsymbol{A}+(\boldsymbol{B}+\boldsymbol{C})$;
3)有零元 $\boldsymbol{O}+\boldsymbol{A}=\boldsymbol{A}$;
4)有负元 $(-\boldsymbol{A})+\boldsymbol{A}=\boldsymbol{O}$;
5)$\boldsymbol{A}-\boldsymbol{B}=\boldsymbol{A}+(-\boldsymbol{B})$;
(3)数乘矩阵的性质:
设 $\boldsymbol{A},\boldsymbol{B}\in P^{m\times n},k,l\in P$,则
1)1 乘不变律 $1\boldsymbol{A}=\boldsymbol{A}$;
2)结合律 $k(l\boldsymbol{A})=(kl)\boldsymbol{A}$;
3)分配律 $k(\boldsymbol{A}+\boldsymbol{B})=k\boldsymbol{A}+k\boldsymbol{B},(k+l)\boldsymbol{A}=k\boldsymbol{A}+l\boldsymbol{A}$;
4) $k\boldsymbol{A}=\boldsymbol{O}$ 当且仅当 $k=0$ 或 $\boldsymbol{A}=\boldsymbol{O}$。

3. 矩阵的乘法

(1)设 $\boldsymbol{A}=(a_{ij})_{m\times n},\boldsymbol{B}=(b_{ij})_{n\times s}$,规定 $\boldsymbol{AB}=(c_{ij})_{m\times s}$,其中

$$c_{ij}=a_{i1}b_{1j}+a_{i2}b_{2j}+\cdots+a_{in}b_{nj}(i=1,2,\cdots,m;j=1,2,\cdots,s)。$$

(2)矩阵乘法的性质:
设 $\boldsymbol{A}=(a_{ij})_{m\times n},\boldsymbol{B}=(b_{ij})_{n\times s},\boldsymbol{C}=(c_{ij})_{n\times s},\boldsymbol{D}=(d_{ij})_{s\times r},k\in P$,则
1)结合律 $(\boldsymbol{AB})\boldsymbol{D}=\boldsymbol{A}(\boldsymbol{BD})$;
2)左分配率 $\boldsymbol{A}(\boldsymbol{B}+\boldsymbol{C})=\boldsymbol{AB}+\boldsymbol{AC}$;
右分配率 $(\boldsymbol{B}+\boldsymbol{C})\boldsymbol{D}=\boldsymbol{BD}+\boldsymbol{CD}$;
3)有单位元 $\boldsymbol{E}_m\boldsymbol{A}=\boldsymbol{A}=\boldsymbol{AE}_n$,有时简记为 $\boldsymbol{EA}=\boldsymbol{A}=\boldsymbol{AE}$;
4) $k(\boldsymbol{AB})=\boldsymbol{A}(k\boldsymbol{B})=(k\boldsymbol{A})\boldsymbol{B}$。
(3)矩阵乘法与数的乘法之间的不同之处:
1)一般不可交换,即 $\boldsymbol{AB}\neq\boldsymbol{BA}$;
2)无零因子,即 $\boldsymbol{A}\neq\boldsymbol{O},\boldsymbol{B}\neq\boldsymbol{O}$,但可能有 $\boldsymbol{AB}=\boldsymbol{O}$;
3)消去律一般不成立,即 $\boldsymbol{AB}=\boldsymbol{AC},\boldsymbol{A}\neq\boldsymbol{O}$,不一定有 $\boldsymbol{B}=\boldsymbol{C}$。

4. 转置矩阵

(1)设 $\boldsymbol{A}=(a_{ij})_{m\times n}$,规定 $\boldsymbol{A}^{\mathrm{T}}=(b_{ij})_{n\times m}$,其中

$$b_{ij}=a_{ji}(i=1,2,\cdots,n;j=1,2,\cdots,m)$$

称 $\boldsymbol{A}^{\mathrm{T}}$ 为 $\boldsymbol{A}$ 的转置矩阵,也可记为 $\boldsymbol{A}'$。若 $\boldsymbol{A}$ 是 $m\times n$ 矩阵,则 $\boldsymbol{A}^{\mathrm{T}}$ 是 $n\times m$ 矩阵。
(2)转置矩阵的性质
1)$(\boldsymbol{A}+\boldsymbol{B})^{\mathrm{T}}=\boldsymbol{A}^{\mathrm{T}}+\boldsymbol{B}^{\mathrm{T}}$;
2) $(k\boldsymbol{A}^{\mathrm{T}})=k\boldsymbol{A}^{\mathrm{T}}$;
3)穿脱律 $(\boldsymbol{AB})^{\mathrm{T}}=\boldsymbol{B}^{\mathrm{T}}\boldsymbol{A}^{\mathrm{T}}$;
4)对合律 $(\boldsymbol{A}^{\mathrm{T}})^{\mathrm{T}}=\boldsymbol{A}$。

5. 对称矩阵与反对称矩阵

(1)设 $\boldsymbol{A}=(a_{ij})_{n\times n}$,若 $\boldsymbol{A}^{\mathrm{T}}=\boldsymbol{A}$,则称 $\boldsymbol{A}$ 为对称矩阵。

(2)设 $\boldsymbol{A}=(a_{ij})_{n\times m}$，若 $\boldsymbol{A}^{\mathrm{T}}=-\boldsymbol{A}$，则称 $\boldsymbol{A}$ 为反对称矩阵。

6. n 阶矩阵的幂与矩阵多项式

(1)设 $\boldsymbol{A}$ 是 n 阶矩阵，规定

$$\boldsymbol{A}^m=\overbrace{\boldsymbol{A}\boldsymbol{A}\cdots\boldsymbol{A}}^{m},$$

称 $\boldsymbol{A}^m$ 为 $\boldsymbol{A}$ 的 m 次幂。

(2)幂的性质

设 m,l 为非负整数，则

1) $\boldsymbol{A}^m\boldsymbol{A}^l=\boldsymbol{A}^{m+l}$ ；

2) $(\boldsymbol{A}^m)^l=\boldsymbol{A}^{ml}$ ；

3)与数的乘方不同之处，一般 $(\boldsymbol{AB})^m\neq\boldsymbol{A}^m\boldsymbol{B}^m$。

(3)矩阵多项式

1)设 $f(x)=a_mx^m+\cdots+a_1x+a_0\in P[x]$。$\boldsymbol{A}$ 是 n 阶矩阵，规定

$$f(\boldsymbol{A})=a_m\boldsymbol{A}^m+\cdots+a_1\boldsymbol{A}+a_0\boldsymbol{E},$$

称 $f(\boldsymbol{A})$ 为矩阵 $\boldsymbol{A}$ 的多项式。

2)若 $f(x),g(x)\in P[x],\boldsymbol{A}\in P^{n\times n}$，则

$$f(\boldsymbol{A})+g(\boldsymbol{A})=g(\boldsymbol{A})+f(\boldsymbol{A}),f(\boldsymbol{A})g(\boldsymbol{A})=g(\boldsymbol{A})f(\boldsymbol{A})。$$

7. 几种常见的矩阵

(1)对角矩阵

1)除主对角元外，其他元素均为 0 的 n 阶矩阵，称为对角矩阵，简称对角阵。

2)主对角元皆为 1 的对角阵是 n 阶单位矩阵 $\boldsymbol{E}_n$。

3)主对角元皆为 k 的对角阵是数量矩阵 $k\boldsymbol{E}_n$。

(2)上(或下)三角形矩阵

设 $\boldsymbol{A}=(a_{ij})_{n\times n}$

1)若 $a_{ij}=0(i<j)$，称 $\boldsymbol{A}$ 为下三角形矩阵，简称下三角阵。

2)若 $a_{ij}=0(i>j)$，称 $\boldsymbol{A}$ 为上三角形矩阵，简称上三角阵。

3)上(或下)三角阵之积为上(或下)三角阵。

4)上(或下)三角阵之逆为上(或下)三角阵。

8. 矩阵的初等变换

(1)矩阵的初等变换是指下列 3 种变换

1)交换矩阵的任意两行(列)；

2)用非零数 k 乘矩阵的某一行(列)；

3)用数 k 乘某一行(列)中所有元素并加到另一行(列)的对应元素上。

(2)$\boldsymbol{A}$ 的初等行变换和初等列变换，统称为 $\boldsymbol{A}$ 的初等变换。

(3)由单位矩阵 $\boldsymbol{E}$ 经过一次初等变换得到的矩阵称为初等矩阵。

(4)下面三种 n 阶矩阵都称为初等矩阵：

$$\boldsymbol{P}(i,j)=\begin{pmatrix}1&&&&&&&&\\&\ddots&&&&&&&\\&&0&&&1&&&\\&&&1&&&&&\\&&&&\ddots&&&&\\&&&&&1&&&\\&&1&&&0&&&\\&&&&&&1&&\\&&&&&&&\ddots&\\&&&&&&&&1\end{pmatrix}\begin{matrix}\\\\(i)\\\\\\\\(j)\\\\\\\end{matrix}$$

$$\boldsymbol{P}(i(k))=\begin{pmatrix}1&&&&\\&\ddots&&&\\&&k&&\\&&&\ddots&\\&&&&1\end{pmatrix}(i)\text{，其中 } k\neq 0\text{。}$$

$$\boldsymbol{P}(i,j(k))=\begin{pmatrix}1&&&&&\\&\ddots&&&&\\&&1&\cdots&k&\\&&&\ddots&\vdots&\\&&&&1&\\&&&&&\ddots&\\&&&&&&1\end{pmatrix}\begin{matrix}\\\\(i)\\\\(j)\\\\\\\end{matrix}\text{。}$$

(5)$\boldsymbol{A}$ 经过若干次初等变换得到矩阵 $\boldsymbol{B}$，称 $\boldsymbol{A}$ 与 $\boldsymbol{B}$ 等价，记为 $\boldsymbol{A}\cong\boldsymbol{B}$。

(6)初等变换和初等矩阵的性质

1)自反性，对称性，传递性；

2)任何矩阵 $\boldsymbol{A}$ 都可通过若干次初等变换化为阶梯形矩阵；

3)对任何矩阵 $\boldsymbol{A}$ 都可以经过初等变换化为以下标准形：

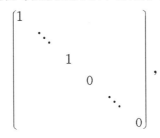

$$\begin{pmatrix}1&&&&&\\&\ddots&&&&\\&&1&&&\\&&&0&&\\&&&&\ddots&\\&&&&&0\end{pmatrix},$$

其中,主对角线上1的个数等于矩阵$\boldsymbol{A}$的秩;

4)一个初等矩阵左(右)乘矩阵$\boldsymbol{A}$,相当于对$\boldsymbol{A}$作一次初等行(列)变换;

5)初等矩阵均可逆,且逆矩阵是同一类型初等矩阵。

§2 伴随矩阵与逆矩阵

1. 伴随矩阵

设A_{ij}为矩阵

$$\boldsymbol{A}=(a_{ij})_{n\times n}=\begin{pmatrix} a_{11} & a_{12} & \cdots & a_{1n} \\ a_{21} & a_{22} & \cdots & a_{2n} \\ \vdots & \vdots & & \vdots \\ a_{n1} & a_{n2} & \cdots & a_{nn} \end{pmatrix}$$

中元素a_{ij}的代数余子式,矩阵

$$\boldsymbol{A}^*=\begin{pmatrix} A_{11} & A_{21} & \cdots & A_{n1} \\ A_{12} & A_{22} & \cdots & A_{n2} \\ \vdots & \vdots & & \vdots \\ A_{1n} & A_{2n} & \cdots & A_{nn} \end{pmatrix}$$

称为$\boldsymbol{A}$的伴随矩阵。

2. 伴随矩阵的性质

(1)$\boldsymbol{AA}^*=\boldsymbol{A}^*\boldsymbol{A}=|\boldsymbol{A}|\boldsymbol{E}$。

(2) $|\boldsymbol{A}^*|=|\boldsymbol{A}|^{n-1}$。

(3) $r(\boldsymbol{A}^*)=\begin{cases} n, & r(\boldsymbol{A})=n, \\ 1, & r(\boldsymbol{A})=n-1, \\ 0, & r(\boldsymbol{A})\leqslant n-2。\end{cases}$

(4) $(\boldsymbol{A}^*)^{\mathrm{T}}=(\boldsymbol{A}^{\mathrm{T}})^*$。

(5) $(\boldsymbol{A}^*)^*=|\boldsymbol{A}|^{n-2}\boldsymbol{A}(n\geqslant 2)$。

3. 逆矩阵

(1)逆矩阵的定义

设$\boldsymbol{A}=(a_{ij})_{n\times n}$,若存在$n$阶矩阵$\boldsymbol{B}$,使$\boldsymbol{AB}=\boldsymbol{BA}=\boldsymbol{E}$,则称$\boldsymbol{A}$为可逆矩阵,$\boldsymbol{B}$是$\boldsymbol{A}$的逆矩阵,记为$\boldsymbol{A}^{-1}$。

(2)逆矩阵的性质

1)当$\boldsymbol{A}$可逆时,$\boldsymbol{A}^{-1}=\dfrac{1}{|\boldsymbol{A}|}\boldsymbol{A}^*$;

2) $(\boldsymbol{A}^{\mathrm{T}})^{-1}=(\boldsymbol{A}^{-1})^{\mathrm{T}}$;

3) $(\boldsymbol{A}^{-1})^{-1}=\boldsymbol{A}$;

4) $(\boldsymbol{AB})^{-1}=\boldsymbol{B}^{-1}\boldsymbol{A}^{-1}$，其中 $\boldsymbol{A},\boldsymbol{B}$ 均为 n 阶可逆阵；

5) $(k\boldsymbol{A})^{-1}=\frac{1}{k}\boldsymbol{A}^{-1}$，其中 $\boldsymbol{A}$ 可逆，$k\neq 0$。

4. 求逆矩阵的方法

(1)定义法。

(2)公式法 $\boldsymbol{A}^{-1}=\frac{1}{|\boldsymbol{A}|}\boldsymbol{A}^{*}$。

(3)初等变换法。

(4)解方程组法。

§3　矩阵的运算对秩的影响

1. 秩

矩阵的行秩指矩阵的行向量组的秩，矩阵的列秩指矩阵的列向量组的秩。

矩阵 $\boldsymbol{A}$ 中最高阶非零子式的阶数称为矩阵 $\boldsymbol{A}$ 的秩，记为 $r(\boldsymbol{A})$。当 $\boldsymbol{A}$ 为零矩阵时，称 $\boldsymbol{A}$ 的秩为零。

(1)设 $\boldsymbol{A}=(a_{ij})_{n\times m}$，则 $r(\boldsymbol{A})$ 等于 $\boldsymbol{A}$ 中一切不等于 0 的子式的最高阶数。

(2)设 $\boldsymbol{A}=\begin{pmatrix}\boldsymbol{\alpha}_1\\ \boldsymbol{\alpha}_2\\ \vdots\\ \boldsymbol{\alpha}_n\end{pmatrix}$，其中 $\boldsymbol{\alpha}_i(i=1,2,\cdots,n)$ 为 $\boldsymbol{A}$ 的行向量，则 $r(\boldsymbol{A})=\boldsymbol{A}$ 的行秩。

(3)设 $\boldsymbol{A}=(\boldsymbol{\beta}_1,\boldsymbol{\beta}_2,\cdots,\boldsymbol{\beta}_n)$，其中 $\boldsymbol{\beta}_i(i=1,2,\cdots,n)$ 为 $\boldsymbol{A}$ 的列向量，则 $r(\boldsymbol{A})=\boldsymbol{A}$ 的列秩。

2. 矩阵秩的性质及矩阵的运算对秩的影响

(1) $r(\boldsymbol{A})=r(\boldsymbol{A}^{\mathrm{T}})$。

(2) $r(k\boldsymbol{A})=r(\boldsymbol{A})$，其中 k 为非零常数。

(3) $r(\boldsymbol{A}^{*})\leqslant r(\boldsymbol{A})$。

(4) $r(\boldsymbol{A}\pm\boldsymbol{B})\leqslant r(\boldsymbol{A})+r(\boldsymbol{B})$。

(5)设 $\boldsymbol{A},\boldsymbol{B}$ 分别为 $n\times m$ 与 $m\times s$ 矩阵，则

$$r(\boldsymbol{AB})\leqslant \min\{r(\boldsymbol{A}),r(\boldsymbol{B}),n,m,s\}。$$

3. 初等变换不改变矩阵的秩

4. 西尔维斯特不等式

设 $\boldsymbol{A},\boldsymbol{B}$ 分别是 $n\times m,m\times n$ 矩阵($n\geqslant m$)，则

$$r(\boldsymbol{AB}) \geqslant r(\boldsymbol{A}) + r(\boldsymbol{B}) - n。$$

5. 弗罗贝纽斯不等式

设 $\boldsymbol{A},\boldsymbol{B},\boldsymbol{C}$ 依次为 $m \times n, n \times s, s \times t$ 矩阵，则

$$r(\boldsymbol{ABC}) \geqslant r(\boldsymbol{AB}) + r(\boldsymbol{BC}) - r(\boldsymbol{B})。$$

§4　分块矩阵

1. 矩阵分块

将一个大矩阵 $\boldsymbol{A}$ 用若干条纵线和横线分成多个小矩阵，每个小矩阵称为 $\boldsymbol{A}$ 的子块，以子块为元素的形式上矩阵称为分块矩阵。

(1)矩阵分块的方法不是唯一的，它要根据问题的实际情况进行不同的分块。

(2)最常用的有 4 种分块方法：设 $\boldsymbol{A}$ 为 $m \times n$ 矩阵，则

1)列向量分法，即 $\boldsymbol{A} = (\boldsymbol{\alpha}_1, \boldsymbol{\alpha}_2, \cdots, \boldsymbol{\alpha}_n)$，其中 $\boldsymbol{\alpha}_i (i = 1, 2, \cdots, n)$ 为 $\boldsymbol{A}$ 的列向量。

2)行向量分法，即 $\boldsymbol{A} = \begin{pmatrix} \boldsymbol{\beta}_1 \\ \boldsymbol{\beta}_2 \\ \vdots \\ \boldsymbol{\beta}_m \end{pmatrix}$，其中 $\boldsymbol{\beta}_j (i = 1, 2, \cdots, n)$ 为 $\boldsymbol{A}$ 的行向量。

3)分两块，即 $\boldsymbol{A} = (\boldsymbol{A}_1, \boldsymbol{A}_2)$，其中 $\boldsymbol{A}_1, \boldsymbol{A}_2$ 分别为 $\boldsymbol{A}$ 的若干列构成，或 $\boldsymbol{A} = \begin{pmatrix} \boldsymbol{B}_1 \\ \boldsymbol{B}_2 \end{pmatrix}$，其中 $\boldsymbol{B}_1$，$\boldsymbol{B}_2$ 分别为 $\boldsymbol{A}$ 的若干行构成。

4)分 4 块，即 $\boldsymbol{A} = \begin{pmatrix} \boldsymbol{C}_1 & \boldsymbol{C}_2 \\ \boldsymbol{C}_3 & \boldsymbol{C}_4 \end{pmatrix}$。

2. 分块矩阵的广义初等变换

(1)广义初等变换指下面 3 种变换

1)交换分块矩阵的两行(列)；

2)用一可逆矩阵乘分块矩阵的某一行(列)；

3)用某一矩阵乘分块矩阵的某一行(列)加到分块矩阵的另一行(列)上去。

(2)广义初等矩阵分为下面 3 种类型：

1) $\begin{pmatrix} \boldsymbol{O} & \boldsymbol{E}_m \\ \boldsymbol{E}_n & \boldsymbol{O} \end{pmatrix}$；

2) $\begin{pmatrix} \boldsymbol{D} & \boldsymbol{O} \\ \boldsymbol{O} & \boldsymbol{E} \end{pmatrix}, \begin{pmatrix} \boldsymbol{E} & \boldsymbol{O} \\ \boldsymbol{O} & \boldsymbol{G} \end{pmatrix}$，其中 $\boldsymbol{D},\boldsymbol{G}$ 均为可逆矩阵；

3) $\begin{pmatrix} \boldsymbol{E} & \boldsymbol{O} \\ \boldsymbol{M} & \boldsymbol{E} \end{pmatrix}$，$\begin{pmatrix} \boldsymbol{E} & \boldsymbol{H} \\ \boldsymbol{O} & \boldsymbol{E} \end{pmatrix}$。

(3)用广义初等矩阵左(右)乘某一分块矩阵，相当于对此分块矩阵作一次广义初等行(列)变换，其行列式的值不变。

3. 分块矩阵求逆的方法

(1)定义法。例如，$\boldsymbol{A}=\begin{pmatrix} \boldsymbol{A}_1 & & & \\ & \boldsymbol{A}_2 & & \\ & & \ddots & \\ & & & \boldsymbol{A}_m \end{pmatrix}$，其中 $\boldsymbol{A}_i(i=1,2,\cdots,m)$ 为可逆阵，则

$$\boldsymbol{A}^{-1}=\begin{pmatrix} \boldsymbol{A}_1^{-1} & & & \\ & \boldsymbol{A}_2^{-1} & & \\ & & \ddots & \\ & & & \boldsymbol{A}_m^{-m} \end{pmatrix}。$$

(2)广义初等变换法。

(3)解方程组法。

4. 分块阵的秩

(1) $r\begin{pmatrix} \boldsymbol{A}_1 & & & \\ & \boldsymbol{A}_2 & & \\ & & \ddots & \\ & & & \boldsymbol{A}_m \end{pmatrix}=r(\boldsymbol{A}_1)+r(\boldsymbol{A}_2)+\cdots+r(\boldsymbol{A}_m)$。

特别地，$r\begin{pmatrix} \boldsymbol{A} & \boldsymbol{O} \\ \boldsymbol{O} & \boldsymbol{B} \end{pmatrix}=r\begin{pmatrix} \boldsymbol{O} & \boldsymbol{A} \\ \boldsymbol{B} & \boldsymbol{O} \end{pmatrix}=r(\boldsymbol{A})+r(\boldsymbol{B})$。

(2) $r\begin{pmatrix} \boldsymbol{A}_{11} & \cdots & \boldsymbol{A}_{1s} \\ \vdots & \ddots & \vdots \\ \boldsymbol{A}_{r1} & \cdots & \boldsymbol{A}_{rs} \end{pmatrix}\geqslant r(\boldsymbol{A}_{ij})(i=1,2,\cdots,r;j=1,2,\cdots,s)$。

(3) $r\begin{pmatrix} \boldsymbol{A} & \boldsymbol{O} \\ \boldsymbol{C} & \boldsymbol{B} \end{pmatrix}\geqslant r(\boldsymbol{A})+r(\boldsymbol{B})$。

3.2　典型问题解析

1. 设 $\boldsymbol{A}=\begin{pmatrix} 1 & \alpha & \beta \\ 0 & 1 & \alpha \\ 0 & 0 & 1 \end{pmatrix}$，试求 $\boldsymbol{A}^2$，$\boldsymbol{A}^3$，并进而求 $\boldsymbol{A}^n$。

解

$$A^2=\begin{pmatrix}1 & 2\alpha & \alpha^2+2\beta\\ 0 & 1 & 2\alpha\\ 0 & 0 & 1\end{pmatrix},$$

$$A^3=\begin{pmatrix}1 & 3\alpha & 3\alpha^2+3\beta\\ 0 & 1 & 0\\ 0 & 0 & 1\end{pmatrix},$$

今猜想

$$A^n=\begin{pmatrix}1 & n\alpha & \frac{n(n-1)}{2}\alpha^2+n\beta\\ 0 & 1 & n\alpha\\ 0 & 0 & 1\end{pmatrix}(n\in\mathbf{N}),\tag{3-1}$$

用数学归纳法证明如下：当 $n=1$ 时结论成立，归纳假设结论对 $n>k$ 成立，即

$$A^k=\begin{pmatrix}1 & k\alpha & \frac{k(k-1)}{2}\alpha^2+k\beta\\ 0 & 1 & k\alpha\\ 0 & 0 & 1\end{pmatrix},$$

再当 $n=k+1$ 时，

$$A^{k+1}=\begin{pmatrix}1 & k\alpha & \frac{k(k-1)}{2}\alpha^2+k\beta\\ 0 & 1 & (k+1)\alpha\\ 0 & 0 & 1\end{pmatrix}\begin{pmatrix}1 & \alpha & \beta\\ 0 & 1 & \alpha\\ 0 & 0 & 1\end{pmatrix}$$

$$=\begin{pmatrix}1 & (k+1)\alpha & \frac{k(k+1)}{2}\alpha^2+(k+1)\beta\\ 0 & 1 & (k+1)\alpha\\ 0 & 0 & 1\end{pmatrix},$$

即当 $n=k+1$ 时，式(3－1)也成立，从而证明式(3－1)对一切自然数皆成立。

计算一个矩阵方幂常考虑以下几种方法：

法一　利用哈密顿-凯莱定理，结合带余除法进行降次。

设 $A\in P^{n\times n}$，$\forall t\in\mathbf{N}$，必存在 $q(x)$，$r(x)$ 使得

$$x^t=f_A(x)q(x)+r(x)。$$

这里 $f_A(x)$ 是 A 的特征多项式。当 $r(x)\neq 0$ 时，有 $\partial(r(x))<\partial(f_A(x))$，且 $A^t=r(A)$；当 $r(x)=0$ 时，$A^t=0$。

法二　归纳、递推。

先求 A^2，A^3，…，在此基础上归纳出 A^n 的一般形式，再用数学归纳法给予证明(有的则可直接递推出结果)。

法三　利用相似对角形。

即如存在可逆阵 $\boldsymbol{P}$，使得

$$\boldsymbol{P}^{-1}\boldsymbol{A}\boldsymbol{P}=\operatorname{diag}(\lambda_1,\lambda_2,\cdots,\lambda_n),$$

则

$$\boldsymbol{A}^t=\boldsymbol{P}\operatorname{diag}(\lambda_1^t,\lambda_2^t,\cdots,\lambda_n^t)\boldsymbol{P}^{-1}。$$

法四　利用二项展开法。

如果一个 n 阶矩阵能分解为另一个可交换矩阵之和，即 $\boldsymbol{A}=\boldsymbol{B}+\boldsymbol{C}$，且 $\boldsymbol{BC}=\boldsymbol{CB}$，则 $\boldsymbol{A}^t=(\boldsymbol{B}+\boldsymbol{C})^t$ 可采用二项展开定理展开。这时 $\boldsymbol{B},\boldsymbol{C}$ 中最好有一个幂零矩阵或方幂易计算。

法五　对秩为 1 的 n 阶矩阵 $\boldsymbol{A}$，总存在 n 维列向量 $\boldsymbol{\alpha},\boldsymbol{\beta}$，使 $\boldsymbol{A}=\boldsymbol{\alpha}\boldsymbol{\beta}^{\mathrm{T}}$。由矩阵乘法的结合律知 $\boldsymbol{A}^t=\boldsymbol{\alpha}(\boldsymbol{\beta}^{\mathrm{T}}\boldsymbol{\alpha})(\boldsymbol{\beta}^{\mathrm{T}}\boldsymbol{\alpha})\cdots(\boldsymbol{\beta}^{\mathrm{T}}\boldsymbol{\alpha})\boldsymbol{\beta}^{\mathrm{T}}=\boldsymbol{\alpha}(\boldsymbol{\beta}^{\mathrm{T}}\boldsymbol{\alpha})^{t-1}\boldsymbol{\beta}^{\mathrm{T}}=(\boldsymbol{\beta}^{\mathrm{T}}\boldsymbol{\alpha})^{t-1}\boldsymbol{A}$，这里 $\boldsymbol{\beta}^{\mathrm{T}}\boldsymbol{\alpha}$ 为一常数。

2. $\boldsymbol{A}=\begin{pmatrix}\lambda&0&0\\0&\lambda&0\\-1&1&\lambda\end{pmatrix}$，求 $\boldsymbol{A}^{50}$。

解　记 $\boldsymbol{B}=\begin{pmatrix}0&0&0\\0&0&0\\-1&1&0\end{pmatrix}$，则 $\boldsymbol{A}=\lambda\boldsymbol{E}+\boldsymbol{B}$，而 $\boldsymbol{B}^2=\begin{pmatrix}0&0&0\\0&0&0\\0&0&0\end{pmatrix}=\boldsymbol{O}$，

故

$$\begin{aligned}\boldsymbol{A}^{50}&=(\lambda\boldsymbol{E}+\boldsymbol{B})^{50}\\&=\lambda^{50}\boldsymbol{E}+50\lambda^{49}\boldsymbol{B}+\boldsymbol{O}+\cdots+\boldsymbol{O}\\&=\begin{pmatrix}\lambda^{50}&0&0\\0&\lambda^{50}&0\\-50\lambda^{49}&50\lambda^{49}&\lambda^{50}\end{pmatrix}。\end{aligned}$$

3. 设

$$\boldsymbol{A}=\begin{pmatrix}1&0&0\\1&0&1\\0&1&0\end{pmatrix},$$

(1)求证：

$$\boldsymbol{A}^n=\boldsymbol{A}^{n-2}+\boldsymbol{A}^2-\boldsymbol{E}\quad(n\geqslant 3),\tag{3-2}$$

(2)求 $\boldsymbol{A}^{100}$。

证明　(1)用数学归纳法，当 $n=3$ 时，有

$$式(3-2)左端=\begin{pmatrix}1&0&0\\2&0&1\\1&1&0\end{pmatrix},式(3-2)右端=\begin{pmatrix}1&0&0\\2&0&1\\1&1&0\end{pmatrix},$$

从而

$$\boldsymbol{A}^3=\boldsymbol{A}+\boldsymbol{A}^2-\boldsymbol{E},\tag{3-3}$$

即式(3−2)对 $n=3$ 成立。

假设结论对 $n=k$ 成立，即

$$A^k = A^{k-2} + A^2 - E, \tag{3-4}$$

式(3－4)两边同乘A，并结合式(3－3)，则有

$$A^{k+1} = A^{k-1} + A^3 - A = A^{k-1} + (A + A^2 - E) - A = A^{k-1} + A^2 - E,$$

即式(3－2)对$n = k+1$也成立，从而得证式(3－2)成立。

(2)由式(3－2)可得

$$\begin{aligned} A^{100} &= A^{98} + A^2 - E \\ &= (A^{96} + A^2 - E) + A^2 - E \\ &= A^{96} + 2A^2 - 2E \\ &= \cdots \\ &= A^2 + 49A^2 - 49E = 50A^2 - 49E \\ &= \begin{pmatrix} 1 & 0 & 0 \\ 50 & 1 & 0 \\ 50 & 0 & 1 \end{pmatrix}。\end{aligned}$$

4. 设$A = \begin{pmatrix} 1 & 0 & 0 \\ a & \varepsilon & 0 \\ b & c & \varepsilon^2 \end{pmatrix}$，这里$a,b,c$为任意数，$\varepsilon = (-1+\sqrt{3}\mathrm{i})/2$，求$A^{1000}$。

解　因为$f_A(\lambda) = |\lambda E - A| = \lambda^3 - 1$，由哈密顿一凯莱定理得，

$$f(A) = A^3 - E = O,$$

所以，$A^3 = E$。

故

$$A^{1000} = (A^3)^{333} \cdot A = EA = A。$$

5. 若$A = \begin{pmatrix} 1 & 0 & 0 \\ 1 & 0 & 1 \\ 0 & 1 & 0 \end{pmatrix}$。求证：当$n \geqslant 3$时，$A^n = A^{n-2} + A^2 - E$，再求$A^{100}$。

证明　(1)因为$|xE - A| = x^3 - x^2 - x + 1$，由哈密顿一凯莱定理知，

$$A^3 = A^2 + A - E,$$

即$n = 3$时，结论成立。

设$n = k$时命题成立。

当$n = k+1$时，

$$\begin{aligned} A^{k+1} &= (A^{k-2} + A^2 - E)A \\ &= A^{k-1} + A^3 - A \\ &= A^{(k+1)-2} + A^2 - E。\end{aligned}$$

所以，$\forall n \geqslant 3$，$A^n = A^{n-2} + A^2 - E$。

(2)由上式可知，

$$A^{100} = A^{98} + A^2 - E,$$
$$A^{98} = A^{96} + A^2 - E,$$
$$\cdots\cdots$$

$$A^6 = A^4 + A^2 - E,$$
$$A^4 = A^2 + A^2 - E,$$

以上各式相加,得

$$A^{100} = 50A^2 - 49E = \begin{pmatrix} 1 & 0 & 0 \\ 50 & 1 & 0 \\ 50 & 0 & 1 \end{pmatrix}。$$

6. 已知 $\boldsymbol{\alpha} = (1,2,3)$,$\boldsymbol{\beta} = \left(1,\dfrac{1}{2},\dfrac{1}{3}\right)$,设 $A = \boldsymbol{\alpha}^{\mathrm{T}}\boldsymbol{\beta}$,求 A^n。

解　本题计算中需注意到 $\boldsymbol{\alpha}^{\mathrm{T}}\boldsymbol{\beta}$ 为一个 3×3 矩阵,而 $\boldsymbol{\beta}\boldsymbol{\alpha}^{\mathrm{T}}$ 为 一个数,所以

$$A^n = \boldsymbol{\alpha}^{\mathrm{T}}(\boldsymbol{\beta}\boldsymbol{\alpha}^{\mathrm{T}})(\boldsymbol{\beta}\boldsymbol{\alpha}^{\mathrm{T}})\cdots(\boldsymbol{\beta}\boldsymbol{\alpha}^{\mathrm{T}})\boldsymbol{\beta} = \boldsymbol{\alpha}^{\mathrm{T}}(\boldsymbol{\beta}\boldsymbol{\alpha}^{\mathrm{T}})^{n-1}\boldsymbol{\beta} = (\boldsymbol{\beta}\boldsymbol{\alpha}^{\mathrm{T}})^{n-1}A = 3^{n-1}\begin{pmatrix} 1 & \frac{1}{2} & \frac{1}{3} \\ 2 & 1 & \frac{2}{3} \\ 3 & \frac{3}{2} & 1 \end{pmatrix}。$$

注　设 $A = \begin{pmatrix} a_1b_1 & a_1b_2 & \cdots & a_1b_n \\ a_2b_1 & a_2b_2 & \cdots & a_2b_n \\ \vdots & \vdots & & \vdots \\ a_nb_1 & a_nb_2 & \cdots & a_nb_n \end{pmatrix}$,$\boldsymbol{\alpha} = (a_1,a_2,\cdots,a_n)$,$\boldsymbol{\beta} = (b_1,b_2,\cdots,b_n)$,则 $A =$ $\boldsymbol{\alpha}^{\mathrm{T}}\boldsymbol{\beta}$,而且 A 的行与行,列与列之间成比例,且

$$A^m = (\boldsymbol{\alpha}^{\mathrm{T}}\boldsymbol{\beta})^m = (\boldsymbol{\beta}\boldsymbol{\alpha}^{\mathrm{T}})^{m-1}A = \left(\sum_{i=1}^{n} a_ib_i\right)^{m-1}A。$$

7. 若 $A^2 = A$。求证:

$$(A + E)^k = E + (2^k - 1)A,k \text{ 为任意自然数。} \tag{3-5}$$

证明　用数学归纳法证明。当 $k = 1$ 时,式(3—5)显然成立。

假设结论对 $k = m$ 成立,即

$$(A + E)^m = E + (2^m - 1)A。\tag{3-6}$$

当 $k = m + 1$ 时,有

$$\begin{aligned}(A + E)^{m+1} &= [E + (2^m - 1)A](A + E) \\ &= A + (2^m - 1)A^2 + E + (2^m - 1)A \\ &= A + (2^m - 1)A + E + (2^m - 1)A \\ &= [2(2^m - 1) + 1]A + E \\ &= E + (2^{m+1} - 1)A,\end{aligned}$$

从而式(3—5)对 $k = m + 1$ 也成立,即证式(3—5)对一切自然数 k 都成立。

8. 设 $A = \begin{pmatrix} a & b \\ 0 & c \end{pmatrix}$,其中 a,b,c 为实数。试求 a,b,c 的一切可能值,使 $A^{100} = \begin{pmatrix} 1 & 0 \\ 0 & 1 \end{pmatrix}$。

解　A 是上三角阵,它的乘方还是上三角阵,所以

$$A^{100}=\begin{pmatrix}a^{100} & f(a,b,c)\\ 0 & c^{100}\end{pmatrix}=\begin{pmatrix}1 & 0\\ 0 & 1\end{pmatrix},$$

其中，$f(a,b,c)$ 是 a,b,c 的整系数多项式，由上式有

$$a^{100}=1, c^{100}=1, \text{从而 } a=\pm 1, c=\pm 1。$$

下面分别讨论

(1)当 $a=c=1$ 时，则

$$A^{100}=\begin{pmatrix}1 & b\\ 0 & 1\end{pmatrix}^{100}=\begin{pmatrix}1 & 100b\\ 0 & 1\end{pmatrix}=\begin{pmatrix}1 & 0\\ 0 & 1\end{pmatrix},$$

所以，这时 $A=\begin{pmatrix}1 & 0\\ 0 & 1\end{pmatrix}$。

(2)当 $a=c=-1$ 时，可得 $A=\begin{pmatrix}-1 & 0\\ 0 & -1\end{pmatrix}$。

(3)当 $a=-c=1$ 或 $a=-c=-1$ 时，这时 b 可以为任何实数。

综上可知 A 有 4 种可能：

$$\begin{pmatrix}1 & 0\\ 0 & 1\end{pmatrix},\begin{pmatrix}-1 & 0\\ 0 & -1\end{pmatrix},\begin{pmatrix}1 & b\\ 0 & -1\end{pmatrix},\begin{pmatrix}-1 & b\\ 0 & 1\end{pmatrix},$$

其中，b 为任意实数。

9. n 阶矩阵 A 的各行各列只有一个元素是 1 或 -1，其余元素均为 0。求证：存在正整数 k，使 $A^k=E$。

证明 由于 A 每行每列都只有一个非零元素 1 或 -1。从而使得矩阵列

$$A, A^2, A^3, \cdots, A^m, \cdots$$

中的每一个矩阵 A^m 仍具有这一性质，即每行每列有且仅有一个元素为 1 或 -1。然而这样的 A^m 只能做出有限个不同的。所以一定存在两个不同的自然数 $m_1>m_2$，使得

$$A^{m_1}=A^{m_2}。\tag{3-7}$$

另外，由 A 的性质知 $|A|$ 的值等于 1 或 -1，即 A^{-1} 存在。用 A^{-m_2} 右乘式(3-7)两端得 $A^{m_1-m_2}=E$，取 $k=m_1-m_2$ 即证。

10. 设 $A=I-\zeta\zeta^{\mathrm{T}}$，其中 I 为 n 阶单位矩阵，ζ 是 n 维非零列向量，ζ^{T} 是 ζ 的转置。求证：

(1) $A^2=A$ 的充要条件是 $\zeta^{\mathrm{T}}\zeta=1$。

(2)当 $\zeta^{\mathrm{T}}\zeta=1$ 时，A 是不可逆矩阵。

证明 (1)

$$\begin{aligned}A^2=A &\Leftrightarrow (I-\zeta\zeta^{\mathrm{T}})(I-\zeta\zeta^{\mathrm{T}})=I-\zeta\zeta^{\mathrm{T}}\\ &\Leftrightarrow I-2\zeta\zeta^{\mathrm{T}}+\zeta(\zeta^{\mathrm{T}}\zeta)\zeta^{\mathrm{T}}=I-\zeta\zeta^{\mathrm{T}}\\ &\Leftrightarrow I-2\zeta\zeta^{\mathrm{T}}+(\zeta\zeta^{\mathrm{T}})(\zeta\zeta^{\mathrm{T}})=I-\zeta\zeta^{\mathrm{T}}\\ &\Leftrightarrow I-(2-\zeta\zeta^{\mathrm{T}})\zeta\zeta^{\mathrm{T}}=I-\zeta\zeta^{\mathrm{T}}\\ &\Leftrightarrow (1-\zeta^{\mathrm{T}}\zeta)(\zeta\zeta^{\mathrm{T}})=O\end{aligned}\tag{3-8}$$

因为 ζ 是非零列向量，所以 $\zeta\zeta^{\mathrm{T}}\neq O$。由式(3-8)有

$$\boldsymbol{A}^2=\boldsymbol{A}\Leftrightarrow 1-\boldsymbol{\zeta}^{\mathrm{T}}\boldsymbol{\zeta}=0\Leftrightarrow\boldsymbol{\zeta}^{\mathrm{T}}\boldsymbol{\zeta}=1。$$

(2)用反证法。若 $\boldsymbol{A}$ 可逆，当 $\boldsymbol{\zeta}^{\mathrm{T}}\boldsymbol{\zeta}=1$ 时，由上面(1)知 $\boldsymbol{A}^2=\boldsymbol{A}$，即 $\boldsymbol{A}=\boldsymbol{I}$。但

$$\boldsymbol{A}=\boldsymbol{I}-\boldsymbol{\zeta}\boldsymbol{\zeta}^{\mathrm{T}}\Rightarrow\boldsymbol{\zeta}\boldsymbol{\zeta}^{\mathrm{T}}=\boldsymbol{O},$$

矛盾，所以 $\boldsymbol{A}$ 是不可逆矩阵。

11. 设 M 是一些 n 阶矩阵组成的集合，任取 $\boldsymbol{A},\boldsymbol{B}\in M$，都有 $\boldsymbol{AB}\in M$ 和 $(\boldsymbol{AB})^3=\boldsymbol{BA}$。求证：

(1)任取 $\boldsymbol{A},\boldsymbol{B}\in M$，有

$$(\boldsymbol{A}+\boldsymbol{B})^k=\boldsymbol{A}^k+\mathrm{C}_k^1\boldsymbol{A}^{k-1}\boldsymbol{B}+\cdots+\mathrm{C}_k^{k-1}\boldsymbol{A}\boldsymbol{B}^{k-1}+\boldsymbol{B}^k\quad(k\geqslant 2,k\in\mathbf{N})。\tag{3-9}$$

(2)任取 $\boldsymbol{A}\in M$，有 $|\boldsymbol{A}|=0$ 或 $|\boldsymbol{A}|=1$ 或 $|\boldsymbol{A}|=-1$。

证明 (1)先证 M 中元素满足交换律。任取 $\boldsymbol{A},\boldsymbol{B}\in M$，有

$$\boldsymbol{AB}=(\boldsymbol{BA})^3=(\boldsymbol{BA})(\boldsymbol{BA})^2=[(\boldsymbol{BA})^2(\boldsymbol{BA})]^3=(\boldsymbol{BA})^9,$$

$$\boldsymbol{BA}=(\boldsymbol{AB})^3=[(\boldsymbol{BA})^3]^3=(\boldsymbol{BA})^9,$$

即证 $\boldsymbol{AB}=\boldsymbol{BA}$。

由于 M 的元素关于乘法具有交换律，从而由二项式定理及数学归纳法可证式(3－9)成立。

(2) $\boldsymbol{A}=\boldsymbol{AE}=(\boldsymbol{EA})^3=\boldsymbol{A}^3$，两边取行列式得 $|\boldsymbol{A}|=|\boldsymbol{A}^3|$ 进而 $|\boldsymbol{A}|=|\boldsymbol{A}|^3$。即

$$|\boldsymbol{A}|(|\boldsymbol{A}|^2-1)=0\Rightarrow|\boldsymbol{A}|=0\text{ 或 }|\boldsymbol{A}|=\pm 1。$$

12. 设 $\boldsymbol{A}$ 为 n 阶实矩阵。求证：若 $\boldsymbol{AA}^{\mathrm{T}}=\boldsymbol{O}$，则 $\boldsymbol{A}=\boldsymbol{O}$。

证明 设 $\boldsymbol{A}=(a_{ij})$，考查 $\boldsymbol{AA}^{\mathrm{T}}=\boldsymbol{C}$ 主对角线线上的元素

$$c_{ii}=a_{i1}^2+a_{i2}^2+\cdots+a_{in}^2,i=1,2,\cdots,n。$$

因为 $\boldsymbol{AA}^{\mathrm{T}}=\boldsymbol{O}$，所以 $c_{ii}=a_{i1}^2+a_{i2}^2+\cdots+a_{in}^2=0$。而 $\boldsymbol{A}$ 为 n 阶实矩阵，故

$$a_{ij}=0,i,j=1,2,\cdots,n,$$

即 $\boldsymbol{A}=\boldsymbol{O}$。

注 证明一个矩阵 $\boldsymbol{A}=\boldsymbol{O}$，最基本的方法是设法证明其秩为 $\mathbf{0}$(此即证明了其每个元素为 0)。另外，若 $\boldsymbol{\alpha}$ 为一个实 $n\times 1$ 矩阵，显然有 $\boldsymbol{\alpha}=\mathbf{0}\Leftrightarrow\boldsymbol{\alpha}^{\mathrm{T}}\boldsymbol{\alpha}=0$。与此类似，设 $\boldsymbol{A}\in\mathbf{R}^{n\times n}$，则 $\boldsymbol{A}=\boldsymbol{O}\Leftrightarrow\boldsymbol{AA}^{\mathrm{T}}=\boldsymbol{O}$。更进一步，因为

$$\mathrm{tr}(\boldsymbol{AA}^{\mathrm{T}})=\sum_{i=1}^{n}\sum_{j=1}^{n}a_{ij}^2\,\mathrm{tr}(\boldsymbol{AA}^{\mathrm{T}})=\sum_{i=1}^{n}\sum_{j=1}^{n}a_{ij}^2,$$

所以，有如下结论：

命题 设 $\boldsymbol{A}\in\mathbf{R}^{n\times n}$，若 $\mathrm{tr}(\boldsymbol{AA}^{\mathrm{T}})=0$，则 $\boldsymbol{A}=\boldsymbol{O}$。

此外，设 $m\times n$ 矩阵 $\boldsymbol{B}$ 的秩为 n，由 $\boldsymbol{BA}=\boldsymbol{O}$，可推得 $\boldsymbol{A}=\boldsymbol{O}$；又设 $r(\boldsymbol{B})=m$，则由 $\boldsymbol{AB}=\boldsymbol{O}$ 可推得 $\boldsymbol{A}=\boldsymbol{O}$。这些都是证明矩阵为 $\boldsymbol{O}$ 的常用方法。

13. 设 $\boldsymbol{A}$ 是 $n\times m$ 实矩阵，若对任意实矩阵 $\boldsymbol{B}_{m\times n}$，均有 $\mathrm{tr}(\boldsymbol{AB})=0$，则 $\boldsymbol{A}=\boldsymbol{O}$。

证明 令 $\boldsymbol{B}=\boldsymbol{A}^{\mathrm{T}}$，由已知，$\mathrm{tr}(\boldsymbol{AA}^{\mathrm{T}})=0$。由于

$$\boldsymbol{AA}^{\mathrm{T}}=\begin{pmatrix}a_{11}^2+\cdots+a_{1m}^2 & \cdots & a_{11}a_{n1}+\cdots+a_{1m}a_{nm}\\ \vdots & & \vdots\\ a_{n1}a_{11}+\cdots+a_{nm}a_{1m} & \cdots & a_{n1}^2+\cdots+a_{nm}^2\end{pmatrix},$$

从而

$$a_{i1}^2+a_{i2}^2+\cdots+a_{im}^2=0, i=1,2,\cdots,n。$$

故 $a_{ij}=0(i=1,2,\cdots,n,j=1,2,\cdots,m)$，即 $\boldsymbol{A}=\boldsymbol{O}$。

14. 设 $\boldsymbol{A},\boldsymbol{B}$ 分别为 $m\times n, n\times m$ 矩阵。求证：$\operatorname{tr}(\boldsymbol{AB})=\operatorname{tr}(\boldsymbol{BA})$。

证明 法一 设 $\boldsymbol{A}=(a_{ij})_{m\times n}, \boldsymbol{B}=(b_{ij})_{n\times m}$，记 $\boldsymbol{AB}=(c_{ij})_{m\times m}, \boldsymbol{BA}=(d_{ij})_{n\times n}$，则

$$\operatorname{tr}(\boldsymbol{AB})=\sum_{i=1}^{m}c_{ii}=\sum_{i=1}^{m}\sum_{k=1}^{n}a_{ki}b_{ik},$$

故 $\operatorname{tr}(\boldsymbol{AB})=\operatorname{tr}(\boldsymbol{BA})$。

法二 $\operatorname{tr}(\boldsymbol{AB}),\operatorname{tr}(\boldsymbol{BA})$ 分别为 $\boldsymbol{AB},\boldsymbol{BA}$ 所有特征值的和。由西尔维斯特等式(见 131 页 75 题)可知，$\boldsymbol{AB},\boldsymbol{BA}$ 的特征值相差 $m-n$ 或 $n-m$，且非零特征值相同，所以 $\operatorname{tr}(\boldsymbol{AB})=\operatorname{tr}(\boldsymbol{BA})$。

15. 设 $\boldsymbol{A},\boldsymbol{B},\boldsymbol{C}$ 是 n 阶实矩阵，且 $\boldsymbol{BAA}^{\mathrm{T}}=\boldsymbol{CAA}^{\mathrm{T}}$。求证：$\boldsymbol{BA}=\boldsymbol{CA}$。

证明 由 $\boldsymbol{BAA}^{\mathrm{T}}=\boldsymbol{CAA}^{\mathrm{T}}$ 知，$(\boldsymbol{B}-\boldsymbol{C})\boldsymbol{AA}^{\mathrm{T}}=\boldsymbol{O}$，故 $(\boldsymbol{B}-\boldsymbol{C})\boldsymbol{AA}^{\mathrm{T}}(\boldsymbol{B}-\boldsymbol{C})^{\mathrm{T}}=\boldsymbol{O}$，即

$$[(\boldsymbol{B}-\boldsymbol{C})\boldsymbol{A}][(\boldsymbol{B}-\boldsymbol{C})\boldsymbol{A}]^{\mathrm{T}}=\boldsymbol{O}。$$

根据 12 题结论可知，$(\boldsymbol{B}-\boldsymbol{C})\boldsymbol{A}=\boldsymbol{O}$，从而 $\boldsymbol{BA}=\boldsymbol{CA}$。

16. 设 $\boldsymbol{A}$ 是 n 阶实矩阵。求证：$\boldsymbol{A}$ 为实对称矩阵当且仅当 $\boldsymbol{AA}^{\mathrm{T}}=\boldsymbol{A}^2$。

证明 必要性。设 $\boldsymbol{A}$ 是 n 阶实对称矩阵，即 $\boldsymbol{A}^{\mathrm{T}}=\boldsymbol{A}$，所以 $\boldsymbol{AA}^{\mathrm{T}}=\boldsymbol{AA}=\boldsymbol{A}^2$。

充分性。令 $\boldsymbol{K}=\boldsymbol{A}-\boldsymbol{A}^{\mathrm{T}}$，只要证 $\boldsymbol{K}=\boldsymbol{O}$ 即可。事实上，

$$\begin{aligned}\operatorname{tr}(\boldsymbol{KK}^{\mathrm{T}})&=\operatorname{tr}[(\boldsymbol{A}-\boldsymbol{A}^{\mathrm{T}})(\boldsymbol{A}-\boldsymbol{A}^{\mathrm{T}})^{\mathrm{T}}]\\&=\operatorname{tr}[(\boldsymbol{A}-\boldsymbol{A}^{\mathrm{T}})(\boldsymbol{A}^{\mathrm{T}}-\boldsymbol{A})]\\&=\operatorname{tr}[\boldsymbol{AA}^{\mathrm{T}}-(\boldsymbol{A}^{\mathrm{T}})^2-\boldsymbol{A}^2+\boldsymbol{A}^{\mathrm{T}}\boldsymbol{A}]\\&=2\operatorname{tr}(\boldsymbol{AA}^{\mathrm{T}})-2\operatorname{tr}(\boldsymbol{A}^2)。\end{aligned}$$

而 $\boldsymbol{AA}^{\mathrm{T}}=\boldsymbol{A}^2$，故 $\operatorname{tr}(\boldsymbol{KK}^{\mathrm{T}})=0$，所以 $\boldsymbol{K}=\boldsymbol{O}$，即 $\boldsymbol{A}^{\mathrm{T}}=\boldsymbol{A}$。

17. 设 $\boldsymbol{A}$ 为实矩阵。求证：若 $\boldsymbol{A}^2=\boldsymbol{O}$，则 $\boldsymbol{A}=\boldsymbol{O}$。

证明 设 $\boldsymbol{A}=(a_{ij})_{n\times n}$，其中 $a_{ij}\in\mathbf{R}(i,j=1,2,\cdots,n)$，且 $\boldsymbol{A}^{\mathrm{T}}=\boldsymbol{A}$。则

$$\boldsymbol{O}=\boldsymbol{A}^2=\boldsymbol{AA}^{\mathrm{T}}=\begin{pmatrix}\sum_{i=1}^{n}a_{1i}^2 & * & \cdots & *\\ * & \sum_{i=1}^{n}a_{2i}^2 & \cdots & *\\ \vdots & \vdots & \ddots & \vdots\\ * & * & \cdots & \sum_{i=1}^{n}a_{ni}^2\end{pmatrix}, \tag{3-10}$$

由式(3-10)中对角线元素都等于 0，可得

$$\begin{cases}a_{11}^2+a_{12}^2+\cdots+a_{1n}^2=0,\\a_{21}^2+a_{22}^2+\cdots+a_{2n}^2=0,\\\cdots\cdots\\a_{n1}^2+a_{n2}^2+\cdots+a_{nn}^2=0,\end{cases}$$

由于 $a_{ij}\in\mathbf{R}$，所以可得 $a_{ij}=0(i,j=1,2,\cdots,n)$，此即证 $\boldsymbol{A}=\boldsymbol{O}$。

18. 如果存在正整数 m，使得 $\boldsymbol{A}^m=\boldsymbol{O}$，则称 $\boldsymbol{A}$ 为幂零阵。求证：n 阶幂零阵 $\boldsymbol{A}$，使 $\boldsymbol{A}^k=\boldsymbol{O}$ 的最小正整数 k 满足 $k\leqslant n$。

证明 当 $\boldsymbol{A}=\boldsymbol{O}$ 时，结论显然成立。

当 $\boldsymbol{A}\neq\boldsymbol{O}$ 时，设 k 是使 $\boldsymbol{A}^k=\boldsymbol{O}$ 的最小正整数，则 $\boldsymbol{A}^{k-1}\neq\boldsymbol{O}$。所以，存在 $\boldsymbol{X}\neq\boldsymbol{O}$，使得 $\boldsymbol{A}^{k-1}\boldsymbol{X}\neq\boldsymbol{O}$。否则，分别取 $\boldsymbol{X}=\boldsymbol{\varepsilon}_i$（这里 $\boldsymbol{\varepsilon}_i$ 为单位矩阵的第 i 列，$i=1,2,\cdots,n$），则 $\boldsymbol{A}^{k-1}(\boldsymbol{\varepsilon}_1,\boldsymbol{\varepsilon}_2,\cdots,\boldsymbol{\varepsilon}_n)=\boldsymbol{O}$，即 $\boldsymbol{A}^{k-1}=\boldsymbol{O}$，矛盾。于是，$\boldsymbol{X},\boldsymbol{AX},\cdots,\boldsymbol{A}^{k-1}\boldsymbol{X}$ 线性无关。但 $n+1$ 个 n 维向量线性相关，所以 $k\leqslant n$。

19. 任一矩阵可表示成一纯量矩阵与迹为 0 的矩阵之和。

证明 设 $\boldsymbol{A}=(a_{ij})_{n\times n}$ 是任意一个 n 阶矩阵，设

$$\mathrm{tr}(\boldsymbol{A})=a_{11}+a_{12}\cdots+a_{nn}=b,$$

再令 $\boldsymbol{B}=\boldsymbol{A}-\dfrac{b}{n}\boldsymbol{E}$，那么

$$\boldsymbol{A}=\frac{b}{n}\boldsymbol{E}+\boldsymbol{B}, \tag{3-11}$$

其中，$\dfrac{a}{n}\boldsymbol{E}$ 是纯量矩阵。再由于

$$b=\mathrm{tr}(\boldsymbol{A})=\mathrm{tr}\left(\frac{b}{n}\boldsymbol{E}+\boldsymbol{B}\right)=\mathrm{tr}\left(\frac{b}{n}\boldsymbol{E}\right)+\mathrm{tr}(\boldsymbol{B})=b+\mathrm{tr}(\boldsymbol{B}),$$

所以，$\mathrm{tr}(\boldsymbol{B})=0$。结合式(3-11)即证结论。

20. 求所有与 $\begin{pmatrix}1 & \alpha\\ 0 & 1\end{pmatrix}$ 相乘可交换的 2×2 实矩阵，这里 α 是非零实数。

解 设 $\begin{pmatrix}x_1 & x_2\\ x_3 & x_4\end{pmatrix}\in\mathbf{R}^{2\times2}$，且

$$\begin{pmatrix}x_1 & x_2\\ x_3 & x_4\end{pmatrix}\begin{pmatrix}1 & \alpha\\ 0 & 1\end{pmatrix}=\begin{pmatrix}1 & \alpha\\ 0 & 1\end{pmatrix}\begin{pmatrix}x_1 & x_2\\ x_3 & x_4\end{pmatrix},$$

于是，由

$$\begin{cases}x_1=x_1+\alpha x_3\\ \alpha x_1+x_2=x_2+\alpha x_4\\ x_3=x_3\\ \alpha x_3+x_4=x_4\end{cases}$$

解得 $x_3=0,x_1=x_4,x_2$ 为任意实数，所以与 $\begin{pmatrix}1 & \alpha\\ 0 & 1\end{pmatrix}$ 可交换的实数矩阵为

$$\begin{pmatrix}a & b\\ 0 & a\end{pmatrix},$$

其中，a,b 为任意实数。

21. 设 $\boldsymbol{A}=\begin{pmatrix}0 & 1 & 0\\ 0 & 0 & 1\\ 1 & 0 & 0\end{pmatrix}$，求所有与 $\boldsymbol{A}$ 可交换的矩阵 $\boldsymbol{B}$。

解 令 $B=\begin{pmatrix}x_1 & x_2 & x_3\\ x_4 & x_5 & x_6\\ x_7 & x_8 & x_9\end{pmatrix}$，由 $AB=BA$ 可得，

$$\begin{cases}x_1=x_5=x_9,\\ x_3=x_4=x_8,\\ x_2=x_6=x_7。\end{cases}$$

所以 B 形如 $\begin{pmatrix}a & b & c\\ c & a & b\\ b & c & a\end{pmatrix}$，其中 a,b,c 为任意常数。

22. 试写出满足条件 $A^2=E$ 的一切 2 阶矩阵 $A=\begin{pmatrix}a & b\\ c & d\end{pmatrix}$。

解 因为

$$A^2=\begin{pmatrix}a^2+bc & b(a+d)\\ c(a+d) & d^2+bc\end{pmatrix}=\begin{pmatrix}1 & 0\\ 0 & 1\end{pmatrix}。$$

所以

$$\begin{cases}a^2+bc=1,\\ b(a+d)=0,\\ c(a+d)=0,\\ d^2+bc=1。\end{cases}\tag{3-12}$$

(1)当 $a+d\neq 0$ 时，由式(3-12)得 $b=c=0$
从而 $a=\pm 1,d=\pm 1$，但是 $a+d\neq 0$，所以

$$A=\begin{pmatrix}1 & 0\\ 0 & 1\end{pmatrix}\text{或}A=\begin{pmatrix}-1 & 0\\ 0 & -1\end{pmatrix}。$$

(2)当 $a+d=0$ 时，则 $d=-a$。

1)当 $b\neq 0$ 时，由式(3-12)得 $c=\dfrac{1-a^2}{b}$，这时

$$A=\begin{pmatrix}a & b\\ \dfrac{1-a^2}{b} & -a\end{pmatrix}。\tag{3-13}$$

2)当 $c\neq 0$ 时，类似有

$$A=\begin{pmatrix}a & \dfrac{1-a^2}{c}\\ c & -a\end{pmatrix}。\tag{3-14}$$

(3)当 $b=0$ 时，$a^2=1$，则 $a=\pm 1,d=-a=\mp 1$，这时

$$A=\begin{pmatrix}1 & 0\\ c & -1\end{pmatrix}\text{或}A=\begin{pmatrix}-1 & 0\\ c & -1\end{pmatrix},\tag{3-15}$$

其中，c 为任意常数。

(4)当 $c=0$ 时,类似有

$$A=\begin{pmatrix}1 & b\\0 & -1\end{pmatrix}\text{或}A=\begin{pmatrix}-1 & b\\0 & 1\end{pmatrix},\tag{3-16}$$

其中,b 为任意常数,但式(3-15)和式(3-16)含在式(3-13)和式(3-14)之中(即 $a=1$ 或 $a=-1$)。

综上可知,A 有 4 种可能,即

$$\begin{pmatrix}1 & 0\\0 & 1\end{pmatrix},\begin{pmatrix}-1 & 0\\0 & -1\end{pmatrix},\begin{pmatrix}a & b\\\dfrac{1-a^2}{b} & -a\end{pmatrix},\begin{pmatrix}a & \dfrac{1-a^2}{c}\\c & -a\end{pmatrix},$$

其中,a 为任意常数,b 和 c 为任意非零常数。

23. 设 A 为二阶实矩阵,求出使 $A^2=O$ 的各种形式的 A。

解 设 $A=\begin{pmatrix}a & b\\c & d\end{pmatrix}$,其中 a,b,c,d 为实数,由 $A^2=O$ 可得

$$\begin{cases}a^2+bc=0,\\b(a+d)=0,\\c(a+d)=0,\\d^2+bc=0。\end{cases}\tag{3-17}$$

(1)当 $b=c=0$ 时,可解得 $a=d=0$,这时 $A=O$。

(2)当 $b\neq0$ 时,由式(3-17)的第 2 式可得,$a+d=0$,即 $d=-a$。这时 $c=-\dfrac{a^2}{b}$,从而

$$A=\begin{pmatrix}a & b\\-\dfrac{a^2}{b} & -a\end{pmatrix}。$$

(3)当 $c\neq0$ 时,类似有

$$A=\begin{pmatrix}a & -\dfrac{a^2}{c}\\c & -a\end{pmatrix},$$

因此 A 有 3 种可能:

$$\begin{pmatrix}0 & 0\\0 & 0\end{pmatrix},\begin{pmatrix}a & b\\-\dfrac{a^2}{b} & -a\end{pmatrix},\begin{pmatrix}a & -\dfrac{a^2}{c}\\c & -a\end{pmatrix},$$

其中,a 为任意常数,b,c 为任意非零常数。

24. 设 A 为三阶实矩阵,求出满足 $A^2=O$ 且 A 为非零的 3 阶矩阵。

解 由 $A^2=O$,知 $r(A)<3$,由 $A\neq O$,故 $r(A)\geqslant1$,即 $1\leqslant r(A)<3$,我们断定:$r(A)\neq2$,事实上,

$$0=r(A^2)=r(AA)\geqslant r(A)+r(A)-3,$$

故 $2r(A)\leqslant3$,$r(A)\leqslant\dfrac{3}{2}$,故 $r(A)=1$。

设

$$A=\begin{pmatrix}a_1\\a_2\\a_3\end{pmatrix}(b_1,b_2,b_3),$$

由 $A^2=(a_1b_1+a_2b_2+a_3b_3)A=O$，而 $A\neq O$，故 $a_1b_1+a_2b_2+a_3b_3=0$，则

$$A=\begin{pmatrix}a_1\\a_2\\a_3\end{pmatrix}(b_1,b_2,b_3)，且\ a_1b_1+a_2b_2+a_3b_3=0。$$

25. 求满足 $A^*=A$ 的一切实 n 阶矩阵 A，其中 $n>1$。

解 (1)设 $|A|\neq 0$，则

1)当 $n=2$ 时，设 $A=\begin{pmatrix}a_{11}&a_{12}\\a_{21}&a_{22}\end{pmatrix}$，由 $A^*=A$，则

$$\begin{pmatrix}a_{22}&-a_{12}\\-a_{21}&a_{11}\end{pmatrix}=\begin{pmatrix}a_{11}&a_{12}\\a_{21}&a_{22}\end{pmatrix},$$

即 $a_{11}=a_{22}=a$，$a_{12}=a_{21}=0$，从而 $A=\begin{pmatrix}a&0\\0&a\end{pmatrix}$。

2)当 $n>2$ 时，由 $A^*=|A|A^{-1}$，故 $|A|^{n-2}=1$，而 $|A|$ 为实数，当 $n-2$ 为奇数时，$|A|=1$；当 $n-2$ 为偶数时，$|A|=1$ 或 -1。由 $A^*=A$ 得到

$$A^2=|A|E=\varepsilon E，其中\ \varepsilon=1\ 或\ -1。$$

(2)当 $1\leqslant r(A)<n-1$ 时，由 $A^*=O$，故 $A^*\neq A$，此时无解。

(3)当 $r(A)=n-1$ 时，由 $r(A^*)=1$，而 $A^*=A$，故 $n-1=1$，即 $n=2$。由(1)中的1)可知，

$$A=\begin{pmatrix}a&0\\0&a\end{pmatrix},$$

而 $r(A)=1$，矛盾，故此时也无解。

(4)当 $r(A)=0$ 时，由 $A^*=A=O$，故解为 $A=O$。

26. 求证：元素为 0 或 1 的三阶行列式之值只能是 $0,\pm1,\pm2$。

证明 设

$$A=\begin{pmatrix}a_{11}&a_{12}&a_{13}\\a_{21}&a_{22}&a_{23}\\a_{31}&a_{32}&a_{33}\end{pmatrix}。$$

若 $a_{11}=a_{21}=a_{31}=0$，那么 $|A|=0$；否则，不失一般性，可设 $a_{11}\neq 0$(如果 $a_{11}=0$，a_{21}，a_{31} 中有一不为 0 时，交换 A 的两行，可使 a_{11} 的位置不为 0，而值只相差一个符号)，这时 $a_{11}=1$，然后，由行列式的性质得到

$$|A|=\begin{vmatrix}1&a_{12}&a_{13}\\0&b_{22}&b_{23}\\0&b_{32}&b_{33}\end{vmatrix}=\begin{vmatrix}b_{22}&b_{23}\\b_{32}&b_{33}\end{vmatrix}=b_{22}b_{33}-b_{23}b_{32},\qquad(3-18)$$

其中，$b_{22},b_{23},b_{32},b_{33}$ 的值只能为 0 或 ±1。从而由式(3－18)，可知 $|A|$ 的值只可能是 $0,\pm1,\pm2$。

27. 设 $A=\begin{pmatrix} a_1 & a_2 & a_3 & \cdots & a_n \\ a_n & a_1 & a_2 & \cdots & a_{n-1} \\ a_{n-1} & a_n & a_2 & \cdots & a_{n-2} \\ \vdots & \vdots & \vdots & & \vdots \\ a_2 & a_3 & a_4 & \cdots & a_1 \end{pmatrix}$ 为复数域上 n 阶循环矩阵，求 $|A|$。

解 令 $\omega=e^{\frac{2\pi i}{n}}$。设 $f(x)=a_1+a_2x+\cdots+a_nx^{n-1}$。

令

$$B=\begin{pmatrix} 1 & 1 & 1 & \cdots & 1 \\ 1 & \omega & \omega^2 & \cdots & \omega^{n-1} \\ 1 & \omega^2 & \omega^4 & \cdots & \omega^{2(n-1)} \\ \vdots & \vdots & \vdots & & \vdots \\ 1 & \omega^{n-1} & \omega^{2(n-1)} & \cdots & \omega^{(n-1)(n-1)} \end{pmatrix}。$$

则

$$|AB|=\left|\begin{pmatrix} a_1 & a_2 & a_3 & \cdots & a_n \\ a_n & a_1 & a_2 & \cdots & a_{n-1} \\ a_{n-1} & a_n & a_2 & \cdots & a_{n-2} \\ \vdots & \vdots & \vdots & & \vdots \\ a_2 & a_3 & a_4 & \cdots & a_1 \end{pmatrix}\begin{pmatrix} 1 & 1 & 1 & \cdots & 1 \\ 1 & \omega & \omega^2 & \cdots & \omega^{n-1} \\ 1 & \omega^2 & \omega^4 & \cdots & \omega^{2(n-1)} \\ \vdots & \vdots & \vdots & & \vdots \\ 1 & \omega^{n-1} & \omega^{2(n-1)} & \cdots & \omega^{(n-1)(n-1)} \end{pmatrix}\right|$$

$$=\begin{vmatrix} f(1) & f(\omega) & f(\omega^2) & \cdots & f(\omega^{n-1}) \\ f(1) & \omega f(\omega) & \omega^2 f(\omega^2) & \cdots & \omega^{(n-1)} f(\omega^{n-1}) \\ f(1) & \omega^2 f(\omega) & \omega^4 f(\omega^2) & \cdots & \omega^{2(n-1)} f(\omega^{n-1}) \\ \vdots & \vdots & \vdots & & \vdots \\ f(1) & \omega^{n-1} f(\omega) & \omega^{2(n-1)} f(\omega^2) & \cdots & \omega^{(n-1)(n-1)} f(\omega^{n-1}) \end{vmatrix}$$

$$=f(1)f(\omega)\cdots f(\omega^{n-1})\begin{vmatrix} 1 & 1 & 1 & \cdots & 1 \\ 1 & \omega & \omega^2 & \cdots & \omega^{n-1} \\ 1 & \omega^2 & \omega^4 & \cdots & \omega^{2(n-1)} \\ \vdots & \vdots & \vdots & & \vdots \\ 1 & \omega^{n-1} & \omega^{2(n-1)} & \cdots & \omega^{(n-1)(n-1)} \end{vmatrix}$$

$$=f(1)f(\omega)\cdots f(\omega^{n-1})|B|。$$

再由范德蒙德行列式知，$|B|\neq 0$。因此，$|A|=f(1)f(\omega)\cdots f(\omega^{n-1})$。

28. 设 P 为数域，$a_1,a_2,\cdots,a_n\in P$。求证：n 阶循环矩阵

$$A=\begin{pmatrix} a_1 & a_2 & a_3 & \cdots & a_n \\ a_n & a_1 & a_2 & \cdots & a_{n-1} \\ a_{n-1} & a_n & a_2 & \cdots & a_{n-2} \\ \vdots & \vdots & \vdots & & \vdots \\ a_2 & a_3 & a_4 & \cdots & a_1 \end{pmatrix},$$

可逆当且仅当多项式 $\sum\limits_{i=1}^{n} a_i x^{i-1}$ 与 x^n-1 互素。

证明　设 $f(x)=a_1+a_2x+\cdots+a_nx^{n-1}$。设 $1,\omega,\omega^2,\cdots,\omega^{n-1}$ 为1的 n 个 n 次方根。根据27题可知,$\boldsymbol{A}$ 可逆当且仅当 $|\boldsymbol{A}|=f(1)f(\omega)\cdots f(\omega^{n-1})\neq 0$ 当且仅当

$$f(1)\neq 0,f(\omega)\neq 0,\cdots,f(\omega^{n-1})\neq 0。$$

这又等价于 $f(x)$ 与 x^n-1 无公共根,即 $f(x)$ 与 x^n-1 互素。

29. 设 $\boldsymbol{A}$ 为 n 阶矩阵 $(n\geqslant 2)$,$\boldsymbol{E}$ 为 n 阶单位矩阵,$\boldsymbol{A}^*$ 为 $\boldsymbol{A}$ 的伴随矩阵,$|\boldsymbol{A}|$ 为 $\boldsymbol{A}$ 的行列式。

(1)试证:$\boldsymbol{AA}^*=|\boldsymbol{A}|\boldsymbol{E}$。

(2)若 $\boldsymbol{A}$ 为非奇异矩阵,试证:$\boldsymbol{A}^{-1}=\dfrac{1}{|\boldsymbol{A}|}\boldsymbol{A}^*$。

(3)试证:$(a\boldsymbol{A})^*=a^{n-1}\boldsymbol{A}^*$($a$ 为实数)。

(4)若 $r(\boldsymbol{A})=n$,试证:$r(\boldsymbol{A}^*)=n$。

(5)若 $\boldsymbol{A}$ 为非奇异矩阵,试证:$(\boldsymbol{A}^{-1})^*=(\boldsymbol{A}^*)^{-1}$。

(6)若 $\boldsymbol{A}$ 为非奇异矩阵,试证:$(\boldsymbol{A}^*)^*=\boldsymbol{A}^{n-2}\boldsymbol{A}$。

证明　(1)设 $\boldsymbol{A}=(a_{ij})_{n\times n}$,则

$$\boldsymbol{A}^*=\begin{pmatrix} A_{11} & A_{21} & \cdots & A_{n1} \\ A_{12} & A_{22} & \cdots & A_{n2} \\ \vdots & \vdots & & \vdots \\ A_{1n} & A_{2n} & \cdots & A_{nn} \end{pmatrix}。$$

由于

$$a_{i1}A_{j1}+a_{i2}A_{j2}+\cdots+a_{in}A_{jn}=\begin{cases} |\boldsymbol{A}|,i\neq j, \\ 0,\ i=j。\end{cases}$$

因此

$$\begin{aligned}\boldsymbol{AA}^*&=\begin{pmatrix} a_{11} & a_{12} & \cdots & a_{1n} \\ a_{21} & a_{22} & \cdots & a_{2n} \\ \vdots & \vdots & & \vdots \\ a_{n1} & a_{n2} & \cdots & a_{nn} \end{pmatrix}\begin{pmatrix} A_{11} & A_{21} & \cdots & A_{n1} \\ A_{12} & A_{22} & \cdots & A_{n2} \\ \vdots & \vdots & & \vdots \\ A_{1n} & A_{2n} & \cdots & A_{nn} \end{pmatrix} \\ &=\begin{pmatrix} |\boldsymbol{A}| & & & \\ & |\boldsymbol{A}| & & \\ & & \ddots & \\ & & & |\boldsymbol{A}| \end{pmatrix} \\ &=|\boldsymbol{A}|\boldsymbol{E}。\end{aligned} \tag{3-19}$$

(2)仿(1)还可证 $\boldsymbol{A}^*\boldsymbol{A}=|\boldsymbol{A}|\boldsymbol{E}$,所以

$$\boldsymbol{A}\left(\frac{1}{|\boldsymbol{A}|}\boldsymbol{A}^*\right)=\frac{1}{|\boldsymbol{A}|}\boldsymbol{AA}^*=\boldsymbol{E},\left(\frac{1}{\boldsymbol{A}}\boldsymbol{A}^*\right)\boldsymbol{A}=\boldsymbol{E},$$

由定义得

$$\boldsymbol{A}^{-1}=\frac{1}{|\boldsymbol{A}|}\boldsymbol{A}^*。\tag{3-20}$$

(3)设 $\boldsymbol{A}=(a_{ij})_{n\times n}$，再设 $(a\boldsymbol{A}^*)=(b_{ij})_{n\times n}$，那么 b_{ij} 为行列式 $|a\boldsymbol{A}|$ 中划去第 j 行和第 i 列的代数余子式($n-1$ 阶行列式)，其中每行提出公因子 a 后，可得

$$b_{ij}=a^{n-1}A_{ji}(i,j=1,2,\cdots,n)$$

由此即证 $(a\boldsymbol{A})^*=a^{n-1}\boldsymbol{A}$。

(4)若 $r(\boldsymbol{A})=n$，则 $|\boldsymbol{A}|\neq 0$，那么根据上面式(3-19)有

$$|\boldsymbol{A}\boldsymbol{A}^*|=||\boldsymbol{A}|\boldsymbol{E}|=|\boldsymbol{A}|^n\neq 0。$$

所以 $|\boldsymbol{A}^*|\neq 0$，即 $r(\boldsymbol{A}^*)=0$。

(5)因为 $(k\boldsymbol{A})^{-1}=\dfrac{1}{k}\boldsymbol{A}^{-1}$，由上面式(3-20)两边取逆可得

$$\boldsymbol{A}=|\boldsymbol{A}|(\boldsymbol{A}^*)^{-1}\Rightarrow(\boldsymbol{A}^*)^{-1}=\frac{1}{|\boldsymbol{A}|}\boldsymbol{A}。\tag{3-21}$$

另一方面式(3-20)中，用 $\boldsymbol{A}^{-1}$ 换 $\boldsymbol{A}$ 得

$$(\boldsymbol{A}^{-1})^{-1}=\frac{1}{|\boldsymbol{A}^{-1}|}(\boldsymbol{A}^{-1})^*=|\boldsymbol{A}|(\boldsymbol{A}^{-1})^*\Rightarrow(\boldsymbol{A}^{-1})^*=\frac{1}{|\boldsymbol{A}|}\boldsymbol{A}。\tag{3-22}$$

由式(3-21)和式(3-22)即证 $(\boldsymbol{A}^*)^{-1}=(\boldsymbol{A}^{-1})^*$。

(6)可以证明对一切 $\boldsymbol{A}_{n\times n}$ (不一定 $\boldsymbol{A}$ 为非奇异矩阵)都有

$$(\boldsymbol{A}^*)^*=(\boldsymbol{A})^{n-2}\boldsymbol{A}。\tag{3-23}$$

事实上，由于 $|\boldsymbol{A}^*|=|\boldsymbol{A}|^{n-2}\boldsymbol{A}$，因此

1)当 $r(\boldsymbol{A})=n$ 时，$|\boldsymbol{A}|\neq 0$，$\boldsymbol{A}$ 可逆，用 $\boldsymbol{A}^{-1}$ 左乘式(3-21)两边可得

$$\boldsymbol{A}^*=|\boldsymbol{A}|\boldsymbol{A}^{-1}。\tag{3-24}$$

在式(3-24)中用 $\boldsymbol{A}$ 替换 $\boldsymbol{A}^*$ 得

$$(\boldsymbol{A}^*)^*=|\boldsymbol{A}^*|(\boldsymbol{A}^*)^{-1}=|\boldsymbol{A}|^{n-1}\left(\frac{1}{|\boldsymbol{A}|}\boldsymbol{A}\right)=|\boldsymbol{A}|^{n-2}\boldsymbol{A}。\tag{3-25}$$

2)当 $r(\boldsymbol{A})\leqslant n-1$ 时，则 $r(\boldsymbol{A}^*)\leqslant 1$，$|\boldsymbol{A}|=0$，从而 $r(\boldsymbol{A}^*)^*=0$。则

$$(\boldsymbol{A}^*)^*=\boldsymbol{O}=|\boldsymbol{A}|^{n-2}\boldsymbol{A}。\tag{3-26}$$

综合式(3-25)和式(3-26)两式，即证式(3-23)成立。

30. 设 $\boldsymbol{A}$ 为 n ($n\geqslant 3$)阶非零实矩阵，且满足 $\boldsymbol{A}^*=\boldsymbol{A}^{\mathrm{T}}$，则 $|\boldsymbol{A}|=1$。

证明 由 $\boldsymbol{A}^*=\boldsymbol{A}^{\mathrm{T}}$ 可知，$A_{ij}=a_{ij}(i,j=1,2,\cdots,n)$。因为 $\boldsymbol{A}\neq\boldsymbol{O}$，则存在 $a_{ij}\neq 0$。将 $|\boldsymbol{A}|$ 按照第 i 行展开，则有

$$|\boldsymbol{A}|=\sum_{j=1}^{n}a_{ij}A_{ij}=\sum_{j=1}^{n}a_{ij}^2>0,$$

故 $|\boldsymbol{A}|\neq 0$。由 $\boldsymbol{A}\boldsymbol{A}^{\mathrm{T}}=\boldsymbol{A}\boldsymbol{A}^*=|\boldsymbol{A}|\boldsymbol{E}_n$ 知，$|\boldsymbol{A}|^2=|\boldsymbol{A}|^n$，故 $|\boldsymbol{A}|=1$。

31. 设矩阵 $\boldsymbol{A}_{n\times n}$ 可逆，且 $\boldsymbol{A}$ 的各行元素之和为 a。求证：

(1) $a\neq 0$。

(2) $\boldsymbol{A}^{-1}$ 各行元素之和为 a^{-1}。

(3) $\boldsymbol{A}^*$ 的各行元素之和为 $a^{-1}|\boldsymbol{A}|$。

(4)若 $a=|\boldsymbol{A}|$，则 $\sum\limits_{i,j}A_{ij}=n$ 。

(5)求 $2A^{-1}-3A$ 的各行元素之和。

证明 (1)由已知，$A\begin{pmatrix}1\\1\\\vdots\\1\end{pmatrix}=a\begin{pmatrix}1\\1\\\vdots\\1\end{pmatrix}$。若 $a=0$，则 $\begin{pmatrix}1\\1\\\vdots\\1\end{pmatrix}$ 为 $Ax=0$ 的非零解，从而 $|A|=0$，这与 A 可逆矛盾，故 $a\neq0$。

(2)由 $A\begin{pmatrix}1\\1\\\vdots\\1\end{pmatrix}=a\begin{pmatrix}1\\1\\\vdots\\1\end{pmatrix}$，有 $A^{-1}\begin{pmatrix}1\\1\\\vdots\\1\end{pmatrix}=a^{-1}\begin{pmatrix}1\\1\\\vdots\\1\end{pmatrix}$，即 A^{-1} 各行元素之和为 a^{-1}。

(3)由 $A^{-1}\begin{pmatrix}1\\1\\\vdots\\1\end{pmatrix}=a^{-1}\begin{pmatrix}1\\1\\\vdots\\1\end{pmatrix}$，得 $\dfrac{A^*}{|A|}\begin{pmatrix}1\\1\\\vdots\\1\end{pmatrix}=a^{-1}\begin{pmatrix}1\\1\\\vdots\\1\end{pmatrix}$，从而 $A^*\begin{pmatrix}1\\1\\\vdots\\1\end{pmatrix}=|A|a^{-1}\begin{pmatrix}1\\1\\\vdots\\1\end{pmatrix}$，即 A^* 的各行元素之和为 $a^{-1}|A|$。

(4)由 $|A|=a$ 及(3)，则 A^* 的各行元素之和为 $a^{-1}|A|=1$，从而 $\sum\limits_{i,j}A_{ij}=n$。

(5)由(2)知 $2A^{-1}-3A$ 的各行元素之和为 $2a^{-1}-3a$。

32. 设 A 为 n 阶复矩阵，则存在 $\alpha>0$，使得对任意的 $t\in\mathbf{C}$，$0<|t|<\alpha$ 时，$A+tE$ 可逆。

证明 设 $f(t)=|A+tE|$。则 $f(t)$ 在复数域中有 n 个根。令

$$\alpha=\inf\{|t|:f(t)=0,t\neq0\}。$$

则对任意的 $t\in\mathbf{C}$，$0<|t|<\alpha$ 时，$f(t)=|A+tE|\neq0$，因此对任意的 $t\in\mathbf{C}$，$0<|t|<\alpha$ 时，$A+tE$ 可逆。

33. 设 n 阶矩阵 A,B 满足 $AB=A+B$。求证：

(1)$AB=BA$。

(2)若存在正整数 k，使 $A^k=O$，则 $|B+2021A|=|B|$。

证明 (1)由 $AB=A+B$，可得 $(A-E)(B-E)=E$，即 $A-E$ 与 $B-E$ 互为逆矩阵，所以 $(B-E)(A-E)=E$，进而有 $BA=A+B$，故 $AB=BA$。

(2)当 B 可逆时，有 $B^{-1}A=AB^{-1}$，从而 $(B^{-1}A)^k=(B^{-1})^kA^k=O$，所以 $B^{-1}A$ 的特征值全为 0，进而 $E+2021B^{-1}A$ 的特征值全为 1，所以 $|E+2021B^{-1}A|=1$。故有

$$|B+2021A|=|B|\cdot|E+2021B^{-1}A|=|B|。$$

当 B 不可逆时，有无穷多个数 t，使 $B_1=tE+B$ 可逆，且 $AB_1=B_1A$。由(1)知，$|B_1+2021A|=|B_1|$。令 $t=0$，得

$$|B+2021A|=|B|。$$

注 矩阵乘法不满足交换律，与矩阵相交换有联系的主要是逆矩阵的定义。因此，在计算或证明中，若涉及矩阵相交换的情形，要注意从逆矩阵的定义着手分析。

34. 设 $A=(a_{ij})_{n\times n}$ 为 n 阶实矩阵。求证：若 $|a_{ii}|>\sum\limits_{j\neq i}|a_{ij}|$，$i=1,2,\cdots,n$，则 A 可逆。

证明　(反正法)若 $\boldsymbol{A}$ 不可逆,则存在非零向量 $\boldsymbol{x}=(x_1,x_2,\cdots,x_n)^{\mathrm{T}}$,使 $\boldsymbol{Ax}=\boldsymbol{0}$。不妨设 $|x_1|=\max\{|x_j|,j=1,2,\cdots,n\}$。则由 $\boldsymbol{Ax}=\boldsymbol{0}$ 的第一个方程 $a_{11}x_1+a_{12}x_2+\cdots+a_{1n}x_n=0$,得

$$|a_{11}x_1|=|-a_{12}x_2-\cdots-a_{1n}x_n|\leqslant|-a_{12}x_2|+\cdots+|-a_{1n}x_n|\leqslant(|a_{12}|+\cdots+|a_{1n}|)|x_1|。$$

两边约去 $|x_1|$ 得 $|a_{11}|\leqslant|a_{12}|+\cdots+|a_{1n}|$,这与 $|a_{11}|>\sum\limits_{j\neq 1}|a_{ij}|$ 矛盾。故 $\boldsymbol{A}$ 可逆。

注　符合条件 $|a_{ii}|>\sum\limits_{j\neq i}|a_{ij}|,i=1,2,\cdots,n$ 的矩阵 $\boldsymbol{A}$ 称为严格对角占优矩阵。严格对角占优矩阵必可逆。

35. 如果矩阵的所有元素都为非负数,则称该矩阵为非负矩阵。设 $\boldsymbol{A}=(a_{ij})$ 为 n 阶可逆非负矩阵且主对角线上的所有元素都大于零。求证:$\boldsymbol{A}$ 的逆矩阵为非负矩阵当且仅当 $\boldsymbol{A}$ 为对角矩阵。

证明　充分性。设 $\boldsymbol{A}=\begin{pmatrix}\lambda_1&&&\\&\lambda_2&&\\&&\ddots&\\&&&\lambda_n\end{pmatrix}$ 为非负矩阵,$\lambda_i>0(i=1,2,\cdots,n)$,则 $\boldsymbol{A}$ 可逆,且 $\boldsymbol{A}^{-1}=\begin{pmatrix}\lambda_1^{-1}&&&\\&\lambda_2^{-1}&&\\&&\ddots&\\&&&\lambda_n^{-1}\end{pmatrix}$。由于 $\lambda_i^{-1}>0(i=1,2,\cdots,n)$,其余元素为0,所以 $\boldsymbol{A}^{-1}$ 非负。

必要性。设 $\boldsymbol{A}$ 可逆且 $\boldsymbol{A}^{-1}=(b_{ij})$ 非负。考查 $\boldsymbol{AA}^{-1}=\boldsymbol{E}$ 的 (i,j) ($i<j$)位置上的元素 0:

$$0=a_{i1}b_{1j}+a_{i2}b_{2j}+\cdots+a_{ii}b_{ij}+a_{i,i+1}b_{i+1,j}+\cdots+a_{in}b_{nj}。$$

由于上式中的各个系数 a_{ik},b_{lj} 均为非负数,且 $a_{ii}>0$,故 $b_{ij}=0(i<j)$。

同理,$b_{ij}=0(i>j)$。于是 $\boldsymbol{A}=\begin{pmatrix}b_{11}^{-1}&&&\\&b_{22}^{-1}&&\\&&\ddots&\\&&&b_{nn}^{-1}\end{pmatrix}$。

36. 设 $\boldsymbol{A}=(a_{ij})$ 为 n 阶实矩阵,已知 $a_{ii}>0(i=1,2,\cdots,n)$,且 $a_{ij}<0(i\neq j,i,j=1,2,\cdots,n)$,

$$\sum_{j=1}^{n}a_{ij}=0,\quad i=1,2,\cdots,n。\tag{3-27}$$

求证:$r(\boldsymbol{A})=n-1$。

证明　把所有其他列都加到第一列上去,并注意到式(3－27),那么 $|\boldsymbol{A}|=0$,从而 $r(\boldsymbol{A})\leqslant n-1$。

其次,考虑 a_{11} 的代数余子式

$$A_{11}=\begin{vmatrix} a_{22} & \cdots & a_{2n} \\ \vdots & \ddots & \vdots \\ a_{n2} & \cdots & a_{nn} \end{vmatrix}, \tag{3-28}$$

因为 $a_{ii}=-\sum\limits_{j\neq i}a_{ij}$，所以 $|a_{ii}|=\sum\limits_{j\neq i}|a_{ij}|\ (i=1,2,\cdots,n)$，故在行列式式(3−28)中满足

$$|a_{ii}|>|a_{i2}|+|a_{i3}|+\cdots+|a_{i,i-1}|+|a_{i,i+1}|+\cdots+|a_{in}|\ (i=2,3,\cdots,n),$$

即主对角严格占优。所以，$A_{11}\neq 0$，即 $r(\boldsymbol{A})\geqslant n-1$，从而 $r(\boldsymbol{A})=n-1$。

37. 设 $\boldsymbol{A},\boldsymbol{B}$ 是数域 P 上的 n 阶矩阵，满足 $a\boldsymbol{A}^2+b\boldsymbol{AB}+c\boldsymbol{B}=\boldsymbol{O}$，其中 a,b,c 为非零常数。求证：$b\boldsymbol{A}+c\boldsymbol{E}$ 为可逆矩阵。

证明　由 $a\boldsymbol{A}^2+b\boldsymbol{AB}+c\boldsymbol{B}=\boldsymbol{O}$ 得

$$(b\boldsymbol{A}+c\boldsymbol{E})\boldsymbol{B}+a\boldsymbol{A}^2=\boldsymbol{O},$$

直接凑因子 $b\boldsymbol{A}+c\boldsymbol{E}$ 得

$$(b\boldsymbol{A}+c\boldsymbol{E})\left(\boldsymbol{B}+\frac{a}{b}\boldsymbol{A}-\frac{ac}{b^2}\boldsymbol{E}\right)=-\frac{ac^2}{b^2}\boldsymbol{E}。$$

由于 a,b,c 为非零常数，所以 $b\boldsymbol{A}+c\boldsymbol{E}$ 可逆。

38. 设 $\boldsymbol{A}^2-\boldsymbol{A}-6\boldsymbol{E}=\boldsymbol{O}$。求证：$\boldsymbol{A}+3\boldsymbol{E},\boldsymbol{A}-2\boldsymbol{E}$ 都是可逆矩阵，并将它们的逆矩阵表为 $\boldsymbol{A}$ 的多项式。

证明　因为

$$\boldsymbol{A}^2-\boldsymbol{A}-6\boldsymbol{E}=\boldsymbol{O}, \tag{3-29}$$

所以

$$\boldsymbol{A}^2-\boldsymbol{A}-12\boldsymbol{E}=-6\boldsymbol{E},$$

进而有

$$(\boldsymbol{A}-4\boldsymbol{E})(\boldsymbol{A}+3\boldsymbol{E})=-6\boldsymbol{E}。 \tag{3-30}$$

由式(3−30)知 $\boldsymbol{A}+3\boldsymbol{E}$ 可逆，且

$$(\boldsymbol{A}+3\boldsymbol{E})^{-1}=-\frac{1}{6}(\boldsymbol{A}-4\boldsymbol{E})=-\frac{1}{6}\boldsymbol{A}+\frac{2}{3}\boldsymbol{E}。$$

由式(3−29)还可得 $\boldsymbol{A}^2-\boldsymbol{A}-2\boldsymbol{E}=4\boldsymbol{E}$，进一步知 $(\boldsymbol{A}-2\boldsymbol{E})(\boldsymbol{A}+\boldsymbol{E})=4\boldsymbol{E}$，故 $\boldsymbol{A}-2\boldsymbol{E}$ 可逆，且

$$(\boldsymbol{A}-2\boldsymbol{E})^{-1}=\frac{1}{4}\boldsymbol{A}+\frac{1}{4}\boldsymbol{E}。$$

39. 设 $\boldsymbol{A}$ 是数域 P 上的 $m\times n$ 矩阵。求证：

(1) $\boldsymbol{A}$ 列满秩当且仅当存在可逆矩阵 $\boldsymbol{P}_{m\times m}$，使得 $\boldsymbol{A}=\boldsymbol{P}\begin{pmatrix}\boldsymbol{E}_n\\ \boldsymbol{O}\end{pmatrix}$。

(2) $\boldsymbol{A}$ 行满秩当且仅当存在可逆矩阵 $\boldsymbol{Q}_{n\times n}$，使得 $\boldsymbol{A}=(\boldsymbol{E}_m,\boldsymbol{O})\boldsymbol{Q}$。

(3) 当 $r(\boldsymbol{A})=r$ 时，则存在列满秩矩阵 $\boldsymbol{F}_{m\times r}$，行满秩矩阵 $\boldsymbol{G}_{r\times n}$，使得 $\boldsymbol{A}=\boldsymbol{FG}$。

(4) 存在 $n\times m$ 矩阵使得 $\boldsymbol{AB}=\boldsymbol{E}_m$ 当且仅当 $r(\boldsymbol{A})=m$。

证明　(1) 必要性。设 $r(\boldsymbol{A})=n$，则 n 阶可逆矩阵 $\boldsymbol{P}_1$，使 $\boldsymbol{P}_1\boldsymbol{A}=\begin{pmatrix}\boldsymbol{A}_1\\ \boldsymbol{O}\end{pmatrix}$，其中 n 阶矩阵 $\boldsymbol{A}_1$

为可逆矩阵，则

$$\begin{pmatrix} \boldsymbol{A}_1^{-1} & \boldsymbol{O} \\ \boldsymbol{O} & \boldsymbol{E}_{m-r} \end{pmatrix} \boldsymbol{P}_1 \boldsymbol{A} = \begin{pmatrix} \boldsymbol{E}_n \\ \boldsymbol{O} \end{pmatrix},$$

令

$$\boldsymbol{P} = \left[\begin{pmatrix} \boldsymbol{A}_1^{-1} & \boldsymbol{O} \\ \boldsymbol{O} & \boldsymbol{E}_{m-r} \end{pmatrix} \boldsymbol{P}_1 \right]^{-1}$$

即可。

充分性。由于 $\boldsymbol{P}$ 可逆，则 $r(\boldsymbol{A}) = r\begin{pmatrix} \boldsymbol{E}_n \\ \boldsymbol{O} \end{pmatrix} = n$。

(2)证明类似于(1)。

(3)由等价标准形知，存在 m 阶可逆矩阵 $\boldsymbol{P}$ 与 n 阶可逆阵 $\boldsymbol{Q}$，使

$$\boldsymbol{A} = \boldsymbol{P} \begin{pmatrix} \boldsymbol{E}_r & \boldsymbol{O} \\ \boldsymbol{O} & \boldsymbol{O} \end{pmatrix} \boldsymbol{Q} = \boldsymbol{P} \begin{pmatrix} \boldsymbol{E}_r \\ \boldsymbol{O} \end{pmatrix} (\boldsymbol{E}_r \quad \boldsymbol{O}) \boldsymbol{Q} = \boldsymbol{F}\boldsymbol{G},$$

其中，$\boldsymbol{F} = \boldsymbol{P}\begin{pmatrix} \boldsymbol{E}_r \\ \boldsymbol{O} \end{pmatrix}$，$\boldsymbol{G} = (\boldsymbol{E}_r \quad \boldsymbol{O})\boldsymbol{Q}$。那么 $\boldsymbol{F}$ 是 $m \times n$ 矩阵，$\boldsymbol{G}$ 是 $r \times n$ 矩阵，且 $r(\boldsymbol{F}) = r(\boldsymbol{G}) = r$。

(4)必要性。设存在 $n \times m$ 矩阵 $\boldsymbol{B}$，使得 $\boldsymbol{AB} = \boldsymbol{E}_m$。因为

$$r(\boldsymbol{A}) = r(\boldsymbol{AB}) = r(\boldsymbol{E}_m) = m,$$

故 $r(\boldsymbol{A}) = m$。

充分性。设 $r(\boldsymbol{A}) = m$。不妨设 $\boldsymbol{A}$ 的前 m 列是线性无关的。可设 $\boldsymbol{A} = (\boldsymbol{A}_1, \boldsymbol{A}_2)$，其中 $\boldsymbol{A}_1$ 是 m 阶可逆矩阵。令 $\boldsymbol{B} = \begin{pmatrix} \boldsymbol{A}_1^{-1} \\ \boldsymbol{O} \end{pmatrix}$，则 $\boldsymbol{AB} = \boldsymbol{E}_m$。

注 在代数中，将(3)称为满秩分解。称 $\boldsymbol{A} = \boldsymbol{P}\begin{pmatrix} \boldsymbol{E}_r & \boldsymbol{O} \\ \boldsymbol{O} & \boldsymbol{O} \end{pmatrix}\boldsymbol{Q}$ 这种分解为等价分解。

40. 设 $\boldsymbol{E}_n - \boldsymbol{A}_{n\times m}\boldsymbol{B}_{m\times n}$ 可逆，且 $\boldsymbol{C} = (\boldsymbol{E}_n - \boldsymbol{AB})^{-1}$。求证：$\boldsymbol{E}_m - \boldsymbol{BA}$ 可逆，并求 $(\boldsymbol{E}_m - \boldsymbol{BA})^{-1}$。

证明 因为 $\boldsymbol{E}_n - \boldsymbol{AB}$ 可逆，所以存在可逆矩阵 $\boldsymbol{C}$，使得 $(\boldsymbol{E}_n - \boldsymbol{AB})\boldsymbol{C} = \boldsymbol{E}_n$，从而 $\boldsymbol{C} - \boldsymbol{ABC} = \boldsymbol{E}_n$。两边左乘 $\boldsymbol{B}$ 得，$\boldsymbol{BC} - \boldsymbol{BABC} = \boldsymbol{B}$，故 $(\boldsymbol{E}_m - \boldsymbol{BA})\boldsymbol{BC} = \boldsymbol{B}$。进一步有，

$$(\boldsymbol{E}_m - \boldsymbol{BA})\boldsymbol{BCA} = \boldsymbol{BA}。$$

则

$$(\boldsymbol{E}_m - \boldsymbol{BA})\boldsymbol{BCA} - \boldsymbol{E}_m - \boldsymbol{BA} = \boldsymbol{E}_m,$$

从而

$$(\boldsymbol{E}_m - \boldsymbol{BA})(\boldsymbol{BCA} + \boldsymbol{E}_m) = \boldsymbol{E}_m。$$

故 $\boldsymbol{E}_m - \boldsymbol{BA}$ 可逆，且

$$(\boldsymbol{E}_m - \boldsymbol{BA})^{-1} = \boldsymbol{BCA} + \boldsymbol{E}_m = \boldsymbol{B}(\boldsymbol{E}_n - \boldsymbol{AB})^{-1}\boldsymbol{A} + \boldsymbol{E}_m。$$

注 由本题结论可得：

(1)设 n 阶矩阵 $\boldsymbol{M}$ 可分解为 $\boldsymbol{M}=\boldsymbol{E}_n-\boldsymbol{\alpha\beta}^{\mathrm{T}}$(其中 $\boldsymbol{\alpha},\boldsymbol{\beta}$ 均为 n 维列向量),且 $1-\boldsymbol{\beta}^{\mathrm{T}}\boldsymbol{\alpha}\neq 0$,则

$$\boldsymbol{M}^{-1}=(\boldsymbol{E}_n-\boldsymbol{\alpha\beta}^{\mathrm{T}})^{-1}=\boldsymbol{E}_n+\frac{\boldsymbol{\alpha\beta}^{\mathrm{T}}}{1-\boldsymbol{\beta}^{\mathrm{T}}\boldsymbol{\alpha}}。$$

(2)对任意的 n 阶可逆矩阵 $\boldsymbol{A}$ 及任意 n 维列向量 $\boldsymbol{\alpha},\boldsymbol{\beta}$,若 $\boldsymbol{M}=\boldsymbol{A}-\boldsymbol{\alpha\beta}^{\mathrm{T}}$ 可逆,则有

$$\boldsymbol{M}^{-1}=(\boldsymbol{A}-\boldsymbol{\alpha\beta}^{\mathrm{T}})^{-1}=\left(\boldsymbol{E}+\frac{\boldsymbol{A}^{-1}\boldsymbol{\alpha\beta}^{\mathrm{T}}}{1-\boldsymbol{\beta}^{\mathrm{T}}\boldsymbol{A}^{-1}\boldsymbol{\alpha}}\right)\boldsymbol{A}^{-1}。$$

事实上,$\boldsymbol{M}^{-1}=[\boldsymbol{A}(\boldsymbol{E}-\boldsymbol{A}^{-1}\boldsymbol{\alpha\beta}^{\mathrm{T}})]^{-1}=(\boldsymbol{E}-\boldsymbol{A}^{-1}\boldsymbol{\alpha\beta}^{\mathrm{T}})^{-1}\boldsymbol{A}^{-1}=\left(\boldsymbol{E}+\dfrac{\boldsymbol{A}^{-1}\boldsymbol{\alpha\beta}^{\mathrm{T}}}{1-\boldsymbol{\beta}^{\mathrm{T}}\boldsymbol{A}^{-1}\boldsymbol{\alpha}}\right)\boldsymbol{A}^{-1}$。

41. 设 $\boldsymbol{A}$ 为非零矩阵,但不必为可逆矩阵。证明:$\boldsymbol{AX}=\boldsymbol{E}$ 有解当且仅当 $\boldsymbol{CA}=\boldsymbol{O}$ 必有 $\boldsymbol{C}=\boldsymbol{O}$,其中 $\boldsymbol{E}$ 为单位矩阵。

证明 设 $\boldsymbol{A}$ 为 $m\times n$ 矩阵。

必要性。如果 $\boldsymbol{AX}=\boldsymbol{E}$ 有解 $\boldsymbol{B}_{n\times m}$,即 $\boldsymbol{AB}=\boldsymbol{E}_m$,则有

$$m\geqslant r(\boldsymbol{A})\geqslant r(\boldsymbol{E}_m)=m,$$

所以,$r(\boldsymbol{A})=m$。又 $\boldsymbol{CA}=\boldsymbol{O}$,故 $r(\boldsymbol{A})+r(\boldsymbol{C})\leqslant m$,可得 $r(\boldsymbol{C})=0$,即 $\boldsymbol{C}=\boldsymbol{O}$。

充分性。如果 $r(\boldsymbol{A}_{m\times n})<m$,则线性方程组 $\boldsymbol{A}^{\mathrm{T}}\boldsymbol{x}_{m\times 1}=\boldsymbol{0}$ 有非零解。任取一个非零解 $\boldsymbol{x}_1$,令 $\boldsymbol{C}^{\mathrm{T}}=(\boldsymbol{x}_1,\boldsymbol{0},\cdots,\boldsymbol{0})_{m\times l}$,则有 $\boldsymbol{C}\neq\boldsymbol{O}$,且 $\boldsymbol{A}^{\mathrm{T}}\boldsymbol{C}^{\mathrm{T}}=\boldsymbol{O}$,即 $\boldsymbol{CA}=\boldsymbol{O}$,矛盾。所以 $r(\boldsymbol{A}_{m\times n})=m$。根据 39 题可知,$\boldsymbol{A}$ 存在右逆矩阵,即 $\boldsymbol{AX}=\boldsymbol{E}$ 有解。

42. 设 $\boldsymbol{A},\boldsymbol{B},\boldsymbol{x}_n(n=0,1,\cdots)$ 都是 3 阶矩阵,$\boldsymbol{x}_{n+1}=\boldsymbol{Ax}_n+\boldsymbol{B}$,当

$$\boldsymbol{A}=\begin{pmatrix}0&1&0\\0&0&1\\1&0&0\end{pmatrix},\boldsymbol{B}=\begin{pmatrix}1&0&0\\0&1&0\\0&0&1\end{pmatrix},\boldsymbol{x}_0=\begin{pmatrix}0&0&0\\0&0&0\\0&0&0\end{pmatrix},$$

时,求 x_n。

解 由

$$\boldsymbol{x}_k=\boldsymbol{Ax}_{k-1}+\boldsymbol{B},\tag{3-31}$$

$$\boldsymbol{x}_{k-1}=\boldsymbol{Ax}_{k-2}+\boldsymbol{B},\tag{3-32}$$

可得

$$\boldsymbol{x}_k-\boldsymbol{x}_{k-1}=\boldsymbol{A}(x_{k-1}-x_{k-2})=\boldsymbol{A}^2(x_{k-2}-x_{k-3})=\cdots=\boldsymbol{A}^{k-1}\boldsymbol{x}_1。\tag{3-33}$$

而 $\boldsymbol{x}_1=\boldsymbol{Ax}_0+\boldsymbol{B}=\boldsymbol{B}=\boldsymbol{E}$。由式(3-33)得 $\boldsymbol{x}_k-\boldsymbol{x}_{k-1}=\boldsymbol{A}^{k-1}$。所以

$$\begin{aligned}\boldsymbol{x}_k&=\boldsymbol{x}_{k-1}+\boldsymbol{A}^{k-1}=(x_{k-2}+\boldsymbol{A}^{k-2})+\boldsymbol{A}^{k-1}\\&=\cdots\cdots\\&=(\boldsymbol{x}_1+\boldsymbol{A})+\boldsymbol{A}^2+\cdots+\boldsymbol{A}^{k-1}\\&=\boldsymbol{E}+\boldsymbol{A}+\boldsymbol{A}^2+\cdots+\boldsymbol{A}^{k-1},\end{aligned}$$

可推出

$$\boldsymbol{x}_n=\boldsymbol{E}+\boldsymbol{A}+\boldsymbol{A}^2+\cdots+\boldsymbol{A}^{n-1},\tag{3-34}$$

但 $\boldsymbol{A}^3=\boldsymbol{E}$,所以由式(3-34)可得式(3-31)和式(3-32),其中

$$\boldsymbol{x}_n=\begin{cases}m\boldsymbol{J}, & n=3m,\\ m\boldsymbol{J}=\boldsymbol{E}, & n=3m+1,\\ m\boldsymbol{J}+\boldsymbol{E}+\boldsymbol{A}, & n=3m+2,\end{cases}$$

其中，$\boldsymbol{J}=\begin{pmatrix}1&1&1\\1&1&1\\1&1&1\end{pmatrix}$。

43. 设 $\boldsymbol{A}=\begin{bmatrix}-1&-2&-1&-2\\-2&-3&-2&3\\-1&-2&1&2\\-2&-3&2&-3\end{bmatrix}$，求 $\boldsymbol{A}^{-1}$。

解　法一　因为

$$\begin{bmatrix}-1&-2&-1&-2&1&0&0&0\\-2&-3&-2&3&0&1&0&0\\-1&-2&1&2&0&0&1&0\\-2&-3&2&-3&0&0&0&1\end{bmatrix}\to\begin{bmatrix}1&0&-1&12&-3&2&0&0\\0&1&0&7&-2&1&0&0\\0&0&2&4&-1&0&1&0\\0&0&0&-14&2&-1&-2&1\end{bmatrix}$$

$$\to\begin{bmatrix}-1&0&0&0&-\frac{3}{2}&1&-\frac{3}{2}&1\\0&1&0&7&-2&1&0&0\\0&0&1&2&-\frac{1}{2}&0&\frac{1}{2}&0\\0&0&0&1&-\frac{1}{7}&\frac{1}{14}&\frac{1}{7}&-\frac{1}{14}\end{bmatrix}\to\begin{bmatrix}1&0&0&0&\frac{3}{2}&-1&\frac{3}{2}&1\\0&1&0&0&-1&\frac{1}{2}&-1&\frac{1}{2}\\0&0&1&0&-\frac{3}{14}&-\frac{1}{7}&\frac{3}{14}&\frac{1}{7}\\0&0&0&1&-\frac{1}{7}&\frac{1}{14}&\frac{1}{7}&-\frac{1}{14}\end{bmatrix}$$

所以

$$\boldsymbol{A}^{-1}=\frac{1}{14}\begin{bmatrix}21&-14&21&-14\\-14&7&-14&7\\-3&-2&3&2\\-2&1&2&-1\end{bmatrix}。$$

法二　令 $\boldsymbol{B}=\begin{pmatrix}-1&-2\\-2&-3\end{pmatrix}$，$\boldsymbol{C}=\begin{pmatrix}-1&-2\\-2&3\end{pmatrix}$，由逆矩阵公式可得

$$\begin{pmatrix}a&b\\c&d\end{pmatrix}^{-1}=\frac{1}{|\boldsymbol{A}|}\boldsymbol{A}^{*}=\frac{1}{ad-bc}\begin{pmatrix}d&-b\\-c&a\end{pmatrix}(ad-bc\neq 0)。$$

所以 $\boldsymbol{B}^{-1}=\begin{pmatrix}3&-2\\-2&1\end{pmatrix}$，$\boldsymbol{C}^{-1}=\frac{1}{7}\begin{pmatrix}-3&-2\\-2&1\end{pmatrix}$。用广义初等变换求 $\boldsymbol{A}^{-1}$，如

$$(\boldsymbol{A},\boldsymbol{E})=\begin{pmatrix}\boldsymbol{B}&\boldsymbol{C}&\vdots&\boldsymbol{E}&\boldsymbol{O}\\\boldsymbol{B}&-\boldsymbol{C}&\vdots&\boldsymbol{O}&\boldsymbol{E}\end{pmatrix}\to\begin{pmatrix}\boldsymbol{B}&\boldsymbol{C}&\vdots&\boldsymbol{E}&\boldsymbol{O}\\\boldsymbol{O}&-2\boldsymbol{C}&\vdots&-\boldsymbol{E}&\boldsymbol{E}\end{pmatrix}$$

$$\to\begin{pmatrix}\boldsymbol{B}&\boldsymbol{O}&\vdots&\frac{1}{2}\boldsymbol{E}&\frac{1}{2}\boldsymbol{E}\\\boldsymbol{O}&\boldsymbol{C}&\vdots&\frac{1}{2}\boldsymbol{E}&-\frac{1}{2}\boldsymbol{E}\end{pmatrix}\to\begin{pmatrix}\boldsymbol{E}&\boldsymbol{O}&\vdots&\frac{1}{2}\boldsymbol{B}^{-1}&\frac{1}{2}\boldsymbol{B}^{-1}\\\boldsymbol{O}&\boldsymbol{C}&\vdots&\frac{1}{2}\boldsymbol{C}^{-1}&-\frac{1}{2}\boldsymbol{C}^{-1}\end{pmatrix}$$

所以

$$A^{-1}=\frac{1}{2}\begin{pmatrix}B^{-1} & B^{-1}\\ C^{-1} & C^{-1}\end{pmatrix}=\begin{pmatrix}\frac{3}{2} & -1 & \frac{3}{2} & -1\\ -1 & \frac{1}{2} & -1 & \frac{1}{2}\\ -\frac{3}{14} & -\frac{1}{7} & \frac{3}{14} & \frac{1}{7}\\ -\frac{1}{7} & \frac{1}{14} & \frac{1}{7} & -\frac{1}{14}\end{pmatrix}。$$

法三　解方程组。

令 $B=\begin{pmatrix}-1 & -2\\ -2 & -3\end{pmatrix}$，$C=\begin{pmatrix}-1 & -2\\ -2 & -3\end{pmatrix}$，则 $A=\begin{pmatrix}B & C\\ B & -C\end{pmatrix}$。再令 $A^{-1}=\begin{pmatrix}Z_1 & Z_2\\ Z_3 & Z_4\end{pmatrix}$，由 $AA^{-1}=E$ 可得

$$\begin{cases}BZ_1+CZ_3=E,\\ BZ_1+CZ_4=O,\\ BZ_1-CZ_3=O,\\ BZ_2-CZ_4=E。\end{cases}$$

解之，得

$$Z_1=\frac{1}{2}B^{-1},Z_3=\frac{1}{2}C^{-1},Z_4=-\frac{1}{2}C^{-1}。$$

所以

$$A^{-1}=\frac{1}{2}\begin{pmatrix}B^{-1} & B^{-1}\\ C^{-1} & C^{-1}\end{pmatrix}=\begin{pmatrix}\frac{3}{2} & -1 & \frac{3}{2} & -1\\ -1 & \frac{1}{2} & -1 & \frac{1}{2}\\ -\frac{3}{14} & -\frac{1}{7} & \frac{3}{14} & \frac{1}{7}\\ -\frac{1}{7} & \frac{1}{14} & \frac{1}{7} & -\frac{1}{14}\end{pmatrix}。$$

44. 求证：$(A+B)^{-1}=A^{-1}-A^{-1}(A^{-1}+B^{-1})^{-1}A^{-1}$。

证明　因为

$$\begin{aligned}(A+B)[A^{-1}-A^{-1}(A^{-1}+B^{-1})^{-1}A^{-1}]&=(A+B)A^{-1}[E-(A^{-1}+B^{-1})^{-1}A^{-1}]\\&=(E+BA^{-1})[E-(A^{-1}+B^{-1})^{-1}A^{-1}]\\&=B(B^{-1}+A^{-1})[E-(A^{-1}+B^{-1})^{-1}A^{-1}]\\&=B[(B^{-1}+A^{-1})-A^{-1}]=BB^{-1}=E。\end{aligned}$$

所以

$$(A+B)^{-1}=A^{-1}-A^{-1}(A^{-1}+B^{-1})^{-1}A^{-1}。$$

45. 设 A 为 2 阶矩阵且 $A^5=O$，则 $(E-A)^{-1}=E+A$。

证明　由 $A^5=O$，故 $|A|=0$，从而 $r(A)\leqslant 1$，可设 $A=\begin{pmatrix}a_1\\ a_2\end{pmatrix}(b_1,b_2)$。故

$$\boldsymbol{A}^2=k\boldsymbol{A},\boldsymbol{A}^3=k^2\boldsymbol{A},\boldsymbol{A}^4=k^3\boldsymbol{A},\boldsymbol{A}^5=k^4\boldsymbol{A}=\boldsymbol{O},$$

其中$k=a_1b_1+a_2b_2$。当$k\neq0$时,$\boldsymbol{A}=\boldsymbol{O}$,结论成立。设$\boldsymbol{A}\neq\boldsymbol{O}$,则$k=0$,故$\boldsymbol{A}^2=\boldsymbol{O}$,$\boldsymbol{E}-\boldsymbol{A}^2=\boldsymbol{E}$,

$$\boldsymbol{E}=(\boldsymbol{E}-\boldsymbol{A})(\boldsymbol{E}+\boldsymbol{A})$$

从而$\boldsymbol{E}-\boldsymbol{A}$可逆,且$(\boldsymbol{E}-\boldsymbol{A})^{-1}=\boldsymbol{E}+\boldsymbol{A}$。

46. 已知实矩阵$\boldsymbol{A}=(a_{ij})_{3\times3}$,满足条件:

(1) $a_{ij}=A_{ij}(i,j=1,2,3)$,其中A_{ij}是a_{ij}的代数余子式。

(2) $a_{11}\neq0$。

计算行列式$|\boldsymbol{A}|$。

解 由条件(1)得$\boldsymbol{A}^*=\boldsymbol{A}$,两边取行列式得

$$|\boldsymbol{A}|^{3-1}=|\boldsymbol{A}|^2=|\boldsymbol{A}|\Rightarrow|\boldsymbol{A}|=0\text{ 或 }|\boldsymbol{A}|=1。$$

但由于$a_{11}\neq0$,所以$|\boldsymbol{A}|$按第1行展开得

$$|\boldsymbol{A}|=a_{11}A_{11}+a_{12}A_{12}+a_{13}A_{13}=a_{11}^2+a_{12}^2+a_{13}^2\neq0。$$

因此,$|\boldsymbol{A}|=1$。

47. 设$\boldsymbol{A}$为n阶非零实矩阵,$\boldsymbol{A}^*$是$\boldsymbol{A}$的伴随矩阵,$\boldsymbol{A}^{\mathrm{T}}$是$\boldsymbol{A}$的转置矩阵。当$\boldsymbol{A}^{\mathrm{T}}=\boldsymbol{A}^*$时,求证:$|\boldsymbol{A}|\neq0$。

证明 (反证法)若$|\boldsymbol{A}|=0$,则$\boldsymbol{A}\boldsymbol{A}^{\mathrm{T}}=\boldsymbol{A}\boldsymbol{A}^*=|\boldsymbol{A}|\boldsymbol{E}=\boldsymbol{O}$。

另一方面,设$\boldsymbol{A}=(a_{ij})\in\mathbf{R}^{n\times n}$,则

$$\boldsymbol{O}=\boldsymbol{A}\boldsymbol{A}^*=\begin{pmatrix}\sum_{i=1}^n a_{1i}^2 & * & \cdots & * \\ * & \sum_{i=1}^n a_{2i}^2 & \cdots & * \\ \vdots & \vdots & \ddots & \vdots \\ * & * & \cdots & \sum_{i=1}^n a_{ni}^2\end{pmatrix}。\tag{3-35}$$

由式(3-35)中一切主对角线均等于0,可得$a_{ij}=0(i,j=1,2,\cdots,n)$,此即$\boldsymbol{A}=\boldsymbol{O}$,这与$\boldsymbol{A}$为非零矩阵的假设矛盾。所以,$|\boldsymbol{A}|\neq0$。

注 条件$\boldsymbol{A}$是实矩阵中的"实"字不能少,否则,比如设$\boldsymbol{A}=\begin{pmatrix}\mathrm{i} & 1\\ -1 & \mathrm{i}\end{pmatrix}$,则$\boldsymbol{A}^{\mathrm{T}}=\boldsymbol{A}^*$,但$|\boldsymbol{A}|=0$。

48. 求证:$r(\boldsymbol{A}+\boldsymbol{B})\leqslant r(\boldsymbol{A})+r(\boldsymbol{B})$。

证明 法一 用广义初等变换可得

$$\begin{pmatrix}\boldsymbol{A} & \boldsymbol{O}\\ \boldsymbol{O} & \boldsymbol{B}\end{pmatrix}\to\begin{pmatrix}\boldsymbol{A} & \boldsymbol{B}\\ \boldsymbol{O} & \boldsymbol{B}\end{pmatrix}\to\begin{pmatrix}\boldsymbol{A} & \boldsymbol{A}+\boldsymbol{B}\\ \boldsymbol{O} & \boldsymbol{B}\end{pmatrix}。$$

从而

$$r\begin{pmatrix}\boldsymbol{A} & \boldsymbol{O}\\ \boldsymbol{O} & \boldsymbol{B}\end{pmatrix}=r\begin{pmatrix}\boldsymbol{A} & \boldsymbol{A}+\boldsymbol{B}\\ \boldsymbol{O} & \boldsymbol{B}\end{pmatrix}\geqslant r(\boldsymbol{A}+\boldsymbol{B})。$$

又

$$r\begin{pmatrix}A & O\\ O & B\end{pmatrix}=r(A)+r(B),$$

故

$$r(A+B)\leqslant r(A)+r(B)。$$

法二　设$A,B\in P^{m\times n}$，令$A=(\alpha_1,\alpha_2,\cdots,\alpha_n)$，$B=(\beta_1,\beta_2,\cdots,\beta_n)$，其中$\alpha_i$为$A$的列向量，$\beta_i$为$B$的列向量。则

$$A+B=(\alpha_1+\beta_1,\alpha_2+\beta_2,\cdots,\alpha_n+\beta_n)。$$

再设$r(A)=r$。设$\alpha_{i1},\alpha_{i2},\cdots,\alpha_{ir}$为$\alpha_1,\alpha_2,\cdots,\alpha_n$的一个极大线性无关组。$\beta_{j1},\beta_{j2},\cdots,\beta_{js}$为$\beta_1,\beta_2,\cdots,\beta_n$的一个极大线性无关组。做向量组

$$（Ⅰ）\quad \alpha_1+\beta_1,\alpha_2+\beta_2,\cdots,\alpha_n+\beta_n,$$

$$（Ⅱ）\quad \alpha_{i1},\cdots,\alpha_{ir},\beta_{j1},\cdots,\beta_{js},$$

那么（Ⅰ）可由（Ⅱ）线性表出。故

$$r(A+B)\leqslant r(Ⅰ)+r(Ⅱ)\leqslant r+s=r(A)+r(B)。$$

49. 设A是数域P上的n阶矩阵，且$AB=BA$。求证：

$$r(A+B)\leqslant r(A)+r(B)-r(AB)。$$

证明　因为

$$\begin{pmatrix}E & O\\ E & E\end{pmatrix}\begin{pmatrix}A & O\\ O & B\end{pmatrix}\begin{pmatrix}E & E\\ O & E\end{pmatrix}=\begin{pmatrix}A & A\\ A & A+B\end{pmatrix},$$

而$AB=BA$，所以有

$$\begin{pmatrix}A & A\\ A & A+B\end{pmatrix}\begin{pmatrix}A+B & O\\ -A & E\end{pmatrix}=\begin{pmatrix}AB & A\\ O & A+B\end{pmatrix}。$$

故有

$$r(A)+r(B)=r\begin{pmatrix}A & A\\ A & A+B\end{pmatrix}\geqslant r\begin{pmatrix}AB & A\\ O & A+B\end{pmatrix}\geqslant r(AB)+r(A+B),$$

即有

$$r(A+B)\leqslant r(A)+r(B)-r(AB)。$$

50. 证明：若矩阵$A-E$和$B-E$的秩分别为p和q，则$r(AB-E)\leqslant p+q$，其中E是单位阵。

证明　因为$AB-E=A(B-E)+A-E$，所以

$$\begin{aligned}r(AB-E)&\leqslant r(A(B-E))+r(A-E)\\&\leqslant r(B-E)+r(A-E)\\&=p+q。\end{aligned}$$

注　上式结果可以写成$r(AB-E)\leqslant r(A-E)+r(B-E)$。

51. 设A,B为数域P的$m\times n$矩阵。求证：$|r(A)-r(B)|\leqslant r(A+B)$。

证明　只需证明

$$-r(A+B)\leqslant r(A)-r(B)\leqslant r(A+B)$$

即可。

由 $\boldsymbol{A}=(\boldsymbol{A}+\boldsymbol{B})-\boldsymbol{B}$,得 $r(\boldsymbol{A})\leqslant r(\boldsymbol{A}+\boldsymbol{B})+r(\boldsymbol{B})$,从而

$$r(\boldsymbol{A})-r(\boldsymbol{B})\leqslant r(\boldsymbol{A}+\boldsymbol{B})。$$

又因为 $\boldsymbol{B}=(\boldsymbol{A}+\boldsymbol{B})-\boldsymbol{A}$,因此 $r(\boldsymbol{B})\leqslant r(\boldsymbol{A}+\boldsymbol{B})+r(\boldsymbol{A})$,故

$$-r(\boldsymbol{A}+\boldsymbol{B})\leqslant r(\boldsymbol{A})-r(\boldsymbol{B})。$$

综上,结论成立。

52. 设 $\boldsymbol{A}=(a_{ij})_{s\times n}$,$\boldsymbol{B}=(b_{ij})_{n\times m}$。求证:$r(\boldsymbol{AB})\geqslant r(\boldsymbol{A})+r(\boldsymbol{B})-n$。

证明 设 $r(\boldsymbol{A})=r_1$,$r(\boldsymbol{B})=r_2$,$r(\boldsymbol{AB})=r$,则对于 $\boldsymbol{A}$,有可逆矩阵 $\boldsymbol{P}_{s\times s}$ 和可逆矩阵 $\boldsymbol{Q}_{n\times n}$ 使得

$$\boldsymbol{PAQ}=\begin{pmatrix}\boldsymbol{E}_{r_1} & \boldsymbol{O}\\ \boldsymbol{O} & \boldsymbol{O}\end{pmatrix},$$

则

$$\boldsymbol{PAB}=\boldsymbol{PAQQ}^{-1}\boldsymbol{B}=\begin{pmatrix}\boldsymbol{E}_{r_1} & \boldsymbol{O}\\ \boldsymbol{O} & \boldsymbol{O}\end{pmatrix}\boldsymbol{Q}^{-1}\boldsymbol{B}。$$

令 $\boldsymbol{Q}^{-1}\boldsymbol{B}=\begin{pmatrix}\boldsymbol{C}_{r_1\times m}\\ \boldsymbol{C}_{(n-r_1)\times m}\end{pmatrix}$,从而

$$\boldsymbol{PAB}=\begin{pmatrix}\boldsymbol{E}_{r_1} & \boldsymbol{O}\\ \boldsymbol{O} & \boldsymbol{O}\end{pmatrix}\begin{pmatrix}\boldsymbol{C}_{r_1\times m}\\ \boldsymbol{C}_{(n-r_1)\times m}\end{pmatrix}=\begin{pmatrix}\boldsymbol{C}_{r_1\times m}\\ \boldsymbol{O}\end{pmatrix}。$$

所以,$r(\boldsymbol{C}_{r_1\times m})=r(\boldsymbol{AB})=r$,但 $r(\boldsymbol{Q}^{-1}\boldsymbol{B})=r(\boldsymbol{B})=r_2$,且注意到 $\boldsymbol{Q}^{-1}\boldsymbol{B}$ 的分块,则

$$r_2=r(\boldsymbol{Q}^{-1}\boldsymbol{B})\leqslant r(\boldsymbol{C}_{r_1\times m})+r(\boldsymbol{C}_{(n-r_1)\times m})\leqslant r+(n-r_1)。$$

于是 $r_2\leqslant r+(n-r_1)$,此即 $r\geqslant r_1+r_2-n$。

注 完成这一结论的证明,用到的主要结论就是

$$\boldsymbol{PAQ}=\begin{pmatrix}\boldsymbol{E}_{r_1} & \boldsymbol{O}\\ \boldsymbol{O} & \boldsymbol{O}\end{pmatrix},$$

至于接下来的工作基本上是技术处理,如对 $\boldsymbol{Q}^{-1}\boldsymbol{B}$ 的合理分块,这种合理性是尽可能地将 $\boldsymbol{A}$ 的秩与 $\boldsymbol{AB}$ 的秩联系到一起。本题的不等式即为西尔维斯特(Sylverster)不等式。

53. 设 $\boldsymbol{A},\boldsymbol{B},\boldsymbol{C}$ 分别是数域 P 上 $n\times m$,$m\times k$,$k\times l$ 矩阵。求证:

$$r(\boldsymbol{ABC})\geqslant r(\boldsymbol{AB})+r(\boldsymbol{BC})-r(\boldsymbol{B})。$$

证明 法一 设 $r(\boldsymbol{B})=r$,那么存在 m 阶可逆阵 $\boldsymbol{P}$,k 阶可逆阵 $\boldsymbol{Q}$,使得

$$\boldsymbol{B}=\boldsymbol{P}\begin{pmatrix}\boldsymbol{E}_r & \boldsymbol{O}\\ \boldsymbol{O} & \boldsymbol{O}\end{pmatrix}\boldsymbol{Q}。$$

把 $\boldsymbol{P},\boldsymbol{Q}$ 适当分块 $\boldsymbol{P}=(\boldsymbol{M},\boldsymbol{S})$,$\boldsymbol{Q}=\begin{pmatrix}\boldsymbol{N}\\ \boldsymbol{T}\end{pmatrix}$,则有

$$\boldsymbol{B}=(\boldsymbol{M},\boldsymbol{S})\begin{pmatrix}\boldsymbol{E}_r & \boldsymbol{O}\\ \boldsymbol{O} & \boldsymbol{O}\end{pmatrix}\begin{pmatrix}\boldsymbol{N}\\ \boldsymbol{T}\end{pmatrix}=\boldsymbol{MN}。$$

所以

$$\begin{aligned} r(\boldsymbol{ABC}) &= r(\boldsymbol{AMNC}) \\ &\geqslant r(\boldsymbol{AM}) + r(\boldsymbol{NC}) - r \\ &\geqslant r(\boldsymbol{AMN}) + r(\boldsymbol{MNC}) - r \\ &= r(\boldsymbol{AB}) + r(\boldsymbol{BC}) - r。\end{aligned}$$

因此，

$$r(\boldsymbol{ABC}) \geqslant r(\boldsymbol{AB}) + r(\boldsymbol{BC}) - r(\boldsymbol{B})。$$

法二　由

$$\begin{pmatrix} \boldsymbol{ABC} & \boldsymbol{O} \\ \boldsymbol{O} & \boldsymbol{B} \end{pmatrix} \to \begin{pmatrix} \boldsymbol{ABC} & \boldsymbol{AB} \\ \boldsymbol{O} & \boldsymbol{B} \end{pmatrix} \to \begin{pmatrix} \boldsymbol{O} & \boldsymbol{AB} \\ -\boldsymbol{BC} & \boldsymbol{B} \end{pmatrix},$$

得

$$r(\boldsymbol{ABC}) + r(\boldsymbol{B}) \geqslant r(\boldsymbol{AB}) + r(\boldsymbol{BC})。$$

故结论成立。

注　本题的不等式称弗罗贝纽斯(Frobenius)不等式。

54. 对任意矩阵 $\boldsymbol{A}$，必存在正整数 m，使得 $r(\boldsymbol{A}^m) = r(\boldsymbol{A}^{m+1})$。

证明　由于

$$r(\boldsymbol{A}) \geqslant r(\boldsymbol{A}^2) \geqslant r(\boldsymbol{A}^3) \geqslant \cdots \geqslant r(\boldsymbol{A}^k) \geqslant \cdots,$$

并且 $r(\boldsymbol{A})$ 是有上限数，上面不等式不可能无限不等下去，因而存在正整数 m，使得

$$r(\boldsymbol{A}^m) = r(\boldsymbol{A}^{m+1})。$$

55. 设 $\boldsymbol{A}$ 是 $n \times n$ 矩阵，若有自然数 k，使得 $r(\boldsymbol{A}^k) = r(\boldsymbol{A}^{k+1})$，则对于任意的自然数 s，均有 $r(\boldsymbol{A}^k) = r(\boldsymbol{A}^{k+s})$。

证明　对 s 进行数学归纳。$s=1$ 时，结论显然成立。

假设对 s 成立，即 $r(\boldsymbol{A}^k) = r(\boldsymbol{A}^{k+s})$。

对 $s+1$ 时，因为 $\boldsymbol{A}^{k+s+1} = \boldsymbol{A}^k\boldsymbol{A}^s\boldsymbol{A}$，由弗罗贝纽斯不等式可得，

$$r(\boldsymbol{A}^{s+k+1}) + r(\boldsymbol{A}^k) \geqslant r(\boldsymbol{A}^{k+s}) + r(\boldsymbol{A}^{k+1})。$$

将 $r(\boldsymbol{A}^k) = r(\boldsymbol{A}^{k+1})$ 代入上式，得 $r(\boldsymbol{A}^{s+k+1}) \geqslant r(\boldsymbol{A}^{k+s}) = r(\boldsymbol{A}^k)$。又 $r(\boldsymbol{A}^{s+k+1}) \leqslant r(\boldsymbol{A}^k)$，故 $r(\boldsymbol{A}^{s+k+1}) = r(\boldsymbol{A}^k)$，即对 $s+1$ 成立。

从而对于任意的自然数 s，均有 $r(\boldsymbol{A}^k) = r(\boldsymbol{A}^{k+s})$。

56. 设 $\boldsymbol{A}$ 是 n 阶矩阵。求证：

$$r(\boldsymbol{A}^n) = r(\boldsymbol{A}^{n+1}) = \cdots。$$

证明　只需证明线性方程组 $\boldsymbol{A}^n\boldsymbol{X} = \boldsymbol{0}$ 与 $\boldsymbol{A}^{n+1}\boldsymbol{X} = \boldsymbol{0}$ 同解。首先 $\boldsymbol{A}^n\boldsymbol{X} = \boldsymbol{0}$ 的解为 $\boldsymbol{A}^{n+1}\boldsymbol{X} = \boldsymbol{0}$ 的解，下面证明 $\boldsymbol{A}^{n+1}\boldsymbol{X} = \boldsymbol{0}$ 的解为 $\boldsymbol{A}^n\boldsymbol{X} = \boldsymbol{0}$ 的解。

设 $\boldsymbol{X}_0$ 满足 $\boldsymbol{A}^{n+1}\boldsymbol{X} = \boldsymbol{0}$，可以断定 $\boldsymbol{A}^n\boldsymbol{X}_0 = \boldsymbol{0}$，若不然，考查向量

$$\boldsymbol{X}_0, \boldsymbol{AX}_0, \cdots, \boldsymbol{A}^n\boldsymbol{X}_0,$$

令 $k_0\boldsymbol{X}_0 + k_1\boldsymbol{AX}_0 + \cdots + k_n\boldsymbol{A}^n\boldsymbol{X}_0 = \boldsymbol{0}$，则得 $k_0\boldsymbol{A}^n\boldsymbol{X}_0 = \boldsymbol{0}$。由于 $\boldsymbol{A}^n\boldsymbol{X}_0 \neq \boldsymbol{0}$，故 $k_0 = 0$。同样可证明 $k_1 = k_2 = \cdots = k_n = 0$，故 $\boldsymbol{X}_0, \boldsymbol{AX}_0, \cdots, \boldsymbol{A}^n\boldsymbol{X}_0$ 线性无关，矛盾。由于 $\boldsymbol{A}^n\boldsymbol{X} = \boldsymbol{0}$ 与 $\boldsymbol{A}^{n+1}\boldsymbol{X} = \boldsymbol{0}$ 同解，故

$$r(A^n)=r(A^{n+1}),$$

同样，$r(A^{n+1})=r(A^{n+2}),\cdots$，即

$$r(A^n)=r(A^{n+1})=\cdots。$$

57. 设 A,B 都是 $n\times n$ 矩阵，$AB=O$。求证：

(1) $r(A)+r(B)\leqslant n$ 。

(2)给定矩阵 A，则存在矩阵 B，使 $r(A)+r(B)=k$，其中 k 满足 $r(A)\leqslant k\leqslant n$。

证明 (1)法一 构造分块阵 $\begin{pmatrix} B & E \\ O & A \end{pmatrix}$，那么

$$\begin{pmatrix} B & E \\ O & A \end{pmatrix}\to\begin{pmatrix} B & E \\ -AB & O \end{pmatrix}=\begin{pmatrix} B & E \\ O & O \end{pmatrix}\to\begin{pmatrix} O & E \\ O & O \end{pmatrix}。$$

从而

$$r\begin{pmatrix} B & E \\ O & A \end{pmatrix}=r\begin{pmatrix} O & E \\ O & O \end{pmatrix}=n。$$

又

$$r\begin{pmatrix} B & E \\ O & A \end{pmatrix}\geqslant r(A)+r(B)。$$

故

$$r(A)+r(B)\leqslant n。$$

法二 设 $r(A)=r$，则以 A 为系数矩阵的齐次线性方程组 $AX=0$ 的基础解系中含有 $n-r$ 个解向量，而 $AB=O$，即

$$A(B_1,B_2,\cdots,B_n)=O,$$

从而 $AB_1=0,AB_2=0,\cdots,AB_n=0$。这说明 $B_1,B_2,\cdots,B_n$ 都是齐次线性方程组 $AX=0$ 的解向量。所以 $r(B)=r(B_1,B_2,\cdots,B_n)\leqslant n-r=n-r(A)$，即

$$r(A)+r(B)\leqslant n。$$

(2)设 $r(A)=r$，由矩阵的标准型知，存在 n 阶可逆矩阵 P,Q，使

$$PAQ=\begin{pmatrix} E_r & O \\ O & O \end{pmatrix}\Rightarrow A=P^{-1}\begin{pmatrix} E_r & O \\ O & O \end{pmatrix}Q^{-1}。$$

对 $r\leqslant k\leqslant n$，令 n 阶矩阵 B 如下

$$B=P^{-1}\begin{pmatrix} O & & \\ & E_{k-r} & \\ & & O \end{pmatrix}Q^{-1}。$$

则

$$r(A)+r(B)=r+(k-r)=k。$$

注 对于(1)的证法二主要用到的是齐次线性方程组的基础解系所含向量的个数，以及由条件 $AB=O$ 得到 B 的列向量为齐次线性方程组的解向量。本题(1)还可推广为 A,B 分别为 $m\times n,n\times s$ 矩阵，且 $AB=O$，则 $r(A)+r(B)\leqslant n$，读者可用证法二证明之。

58. 设 $A_1,A_2,\cdots,A_p$ 都是 n 阶矩阵，且 $A_1A_2\cdots A_p=O$。求证：

$$r(\boldsymbol{A}_1)+r(\boldsymbol{A}_2)+\cdots+r(\boldsymbol{A}_p)\leqslant(p-1)n。$$

证明 因为

$$\begin{aligned}0&=r(\boldsymbol{A}_1\boldsymbol{A}_2\cdots\boldsymbol{A}_p)\\&\geqslant r(\boldsymbol{A}_1)+r(\boldsymbol{A}_2\cdots\boldsymbol{A}_p)-n\\&\geqslant r(\boldsymbol{A}_1)+r(\boldsymbol{A}_2)+r(\boldsymbol{A}_3\cdots\boldsymbol{A}_p)-2n\\&\geqslant\cdots\cdots\\&\geqslant r(\boldsymbol{A}_1)+r(\boldsymbol{A}_2)+\cdots+r(\boldsymbol{A}_p)-(p-1)n。\end{aligned}$$

所以

$$r(\boldsymbol{A}_1)+r(\boldsymbol{A}_2)+\cdots+r(\boldsymbol{A}_p)\leqslant(p-1)n。$$

注 这个结论的证明,反复利用了53题的结论,以此向下递推,直到推出结论。因此,关键是牢记结论:$r(\boldsymbol{AB})\geqslant r(\boldsymbol{A})+r(\boldsymbol{B})-n$。另外,这一结论不可与下面的结论混淆,即

$$r(\boldsymbol{AB})\leqslant\min\{r(\boldsymbol{A}),r(\boldsymbol{B})\}。$$

59. 求证:若 $\boldsymbol{A}$ 是数域 P 上的 n 阶矩阵,则 $\boldsymbol{A}^2=\boldsymbol{E}$ 当且仅当 $r(\boldsymbol{A}+\boldsymbol{E})+r(\boldsymbol{A}-\boldsymbol{E})=n$。

证明 由

$$\begin{pmatrix}\boldsymbol{A}-\boldsymbol{E}&\boldsymbol{O}\\\boldsymbol{O}&\boldsymbol{A}+\boldsymbol{E}\end{pmatrix}\Leftrightarrow\begin{pmatrix}\boldsymbol{A}-\boldsymbol{E}&0\\\boldsymbol{E}-\boldsymbol{A}&\boldsymbol{A}+\boldsymbol{E}\end{pmatrix}\Leftrightarrow\begin{pmatrix}\boldsymbol{A}-\boldsymbol{E}&\boldsymbol{A}-\boldsymbol{E}\\\boldsymbol{E}-\boldsymbol{A}&2\boldsymbol{E}\end{pmatrix}$$

$$\Leftrightarrow\begin{pmatrix}\frac{1}{2}(\boldsymbol{A}^2-\boldsymbol{E})&\boldsymbol{O}\\\boldsymbol{E}-\boldsymbol{A}&2\boldsymbol{E}\end{pmatrix}\Leftrightarrow\begin{pmatrix}\frac{1}{2}(\boldsymbol{A}^2-\boldsymbol{E})&\boldsymbol{O}\\\boldsymbol{O}&2\boldsymbol{E}\end{pmatrix},$$

可知,命题成立。

注 (1)上述例题的必要性还可以如下证明。

由于 $\boldsymbol{A}^2=\boldsymbol{E}$,故 $(\boldsymbol{A}-\boldsymbol{E})(\boldsymbol{A}+\boldsymbol{E})=\boldsymbol{O}$,从而 $r(\boldsymbol{A}-\boldsymbol{E})+r(\boldsymbol{A}+\boldsymbol{E})\leqslant n$。

又 $\boldsymbol{E}-\boldsymbol{A}+\boldsymbol{E}+\boldsymbol{A}=2\boldsymbol{E}$,故

$$n=r(2\boldsymbol{E})\leqslant r(\boldsymbol{E}-\boldsymbol{A})+r(\boldsymbol{E}+\boldsymbol{A})=r(\boldsymbol{A}-\boldsymbol{E})+r(\boldsymbol{A}+\boldsymbol{E})。$$

从而,$n=r(\boldsymbol{A}+\boldsymbol{E})+r(\boldsymbol{A}-\boldsymbol{E})$。

(2)上面证法可以类地似证明:设 $\boldsymbol{A},\boldsymbol{B}$ 都是 n 阶矩阵,则

$$\boldsymbol{ABA}=\boldsymbol{B}^{-1}\text{ 当且仅当 }r(\boldsymbol{E}+\boldsymbol{AB})+r(\boldsymbol{E}-\boldsymbol{AB})=n。$$

因为由 $\boldsymbol{ABA}=\boldsymbol{B}^{-1}$ 可得,$(\boldsymbol{AB})^2=\boldsymbol{E}$,所以接下来可以使用上述证明思路。

60. 求证:设 $\boldsymbol{A}$ 是 n 阶矩阵,则 $\boldsymbol{A}^2=\boldsymbol{A}$ 当且仅当 $r(\boldsymbol{A})+r(\boldsymbol{A}-\boldsymbol{E})=n$。

证明 先证必要性。由 $\boldsymbol{A}=\boldsymbol{A}^2$ 知,$\boldsymbol{A}$ 相似于形如

$$\boldsymbol{A}_0=\begin{bmatrix}1&&&&&\\&\ddots&&&&\\&&1&&&\\&&&0&&\\&&&&\ddots&\\&&&&&0\end{bmatrix},$$

的对角矩阵,其中1的个数为 $\boldsymbol{A}$ 的秩,又 $\boldsymbol{E}-\boldsymbol{A}$ 与 $\boldsymbol{E}-\boldsymbol{A}_0$ 相似,从而有相同的秩,又

$$\boldsymbol{E}-\boldsymbol{A}_0=\begin{pmatrix}1&&&&&\\&\ddots&&&&\\&&1&&&\\&&&0&&\\&&&&\ddots&\\&&&&&0\end{pmatrix},$$

其中 0 的个数为 $\boldsymbol{A}$ 的秩,1 的个数为 $n-r(\boldsymbol{A})$。所以

$$r(\boldsymbol{A})+r(\boldsymbol{A}-\boldsymbol{E})=r(\boldsymbol{A})+r(\boldsymbol{E}-\boldsymbol{A})=r(\boldsymbol{A})+r(\boldsymbol{E}-\boldsymbol{A}_0)=r(\boldsymbol{A})+n-r(\boldsymbol{A})=n。$$

再证充分性。只要证 $\forall \boldsymbol{X}\in\mathbf{R}^n$,均有 $\boldsymbol{A}^2\boldsymbol{X}=\boldsymbol{A}\boldsymbol{X}$ 即可。由已知

$$n=r(\boldsymbol{A})+r(\boldsymbol{A}-\boldsymbol{E})=r(\boldsymbol{A})+r(\boldsymbol{E}-\boldsymbol{A}),$$

可得 $\boldsymbol{A}\boldsymbol{X}=\boldsymbol{0}$ 的解空间 V_1 与 $(\boldsymbol{E}-\boldsymbol{A})\boldsymbol{X}=\boldsymbol{0}$ 的解空间 V_2 满足

$$V_1\oplus V_2=\mathbf{R}^n。$$

从而 $\forall \boldsymbol{X}\in\mathbf{R}^n$,存在唯一分解。因为 $\boldsymbol{X}=\boldsymbol{X}_1+\boldsymbol{X}_2$,其中 $\boldsymbol{X}_1\in V_1,\boldsymbol{X}_2\in V_2$,所以

$$\begin{aligned}\boldsymbol{A}^2\boldsymbol{X}&=\boldsymbol{A}^2(\boldsymbol{X}_1+\boldsymbol{X}_2)\\&=\boldsymbol{A}^2\boldsymbol{X}_1+\boldsymbol{A}^2\boldsymbol{X}_2\\&=\boldsymbol{A}(\boldsymbol{A}\boldsymbol{X}_1)+\boldsymbol{A}(\boldsymbol{A}\boldsymbol{X}_2)\\&=\boldsymbol{A}_0+\boldsymbol{A}\boldsymbol{X}_2\\&=\boldsymbol{X}_2\\&=\boldsymbol{O}+\boldsymbol{X}_2\\&=\boldsymbol{A}\boldsymbol{X}_1+\boldsymbol{A}\boldsymbol{X}_2\\&=\boldsymbol{A}(\boldsymbol{X}_1+\boldsymbol{X}_2)\\&=\boldsymbol{A}\boldsymbol{X},\end{aligned}$$

综上即证

$$\boldsymbol{A}^2=\boldsymbol{A}。$$

61. 设 $\boldsymbol{A}$ 是数域 P 上 $s\times n$ 矩阵,求证:

$$r(\boldsymbol{E}_s-\boldsymbol{A}\boldsymbol{A}^{\mathrm{T}})-r(\boldsymbol{E}_n-\boldsymbol{A}^{\mathrm{T}}\boldsymbol{A})=s-n。$$

证明 作矩阵 $\boldsymbol{B}=\begin{pmatrix}\boldsymbol{E}_s&\boldsymbol{A}\\\boldsymbol{A}^{\mathrm{T}}&\boldsymbol{E}_n\end{pmatrix}$,因为

$$\begin{pmatrix}\boldsymbol{E}_s&\boldsymbol{A}\\\boldsymbol{A}^{\mathrm{T}}&\boldsymbol{E}_n\end{pmatrix}\to\begin{pmatrix}\boldsymbol{E}_s-\boldsymbol{A}\boldsymbol{A}^{\mathrm{T}}&\boldsymbol{A}\\\boldsymbol{O}&\boldsymbol{E}_n\end{pmatrix}\to\begin{pmatrix}\boldsymbol{E}_s-\boldsymbol{A}\boldsymbol{A}^{\mathrm{T}}&\boldsymbol{O}\\\boldsymbol{O}&\boldsymbol{E}_n\end{pmatrix},$$

$$\begin{pmatrix}\boldsymbol{E}_s&\boldsymbol{A}\\\boldsymbol{A}^{\mathrm{T}}&\boldsymbol{E}_n\end{pmatrix}\to\begin{pmatrix}\boldsymbol{E}_s&\boldsymbol{A}\\\boldsymbol{O}&\boldsymbol{E}_n-\boldsymbol{A}^{\mathrm{T}}\boldsymbol{A}\end{pmatrix}\to\begin{pmatrix}\boldsymbol{E}_s&\boldsymbol{O}\\\boldsymbol{O}&\boldsymbol{E}_n-\boldsymbol{A}^{\mathrm{T}}\boldsymbol{A}\end{pmatrix},$$

所以

$$r(\boldsymbol{B})=r(\boldsymbol{E}_s-\boldsymbol{A}\boldsymbol{A}^{\mathrm{T}})+n=r(\boldsymbol{E}_n-\boldsymbol{A}^{\mathrm{T}}\boldsymbol{A})+s,$$

即

$$r(\boldsymbol{E}_s-\boldsymbol{A}\boldsymbol{A}^{\mathrm{T}})-r(\boldsymbol{E}_n-\boldsymbol{A}^{\mathrm{T}}\boldsymbol{A})=s-n。$$

62. 设 $\boldsymbol{A}$ 是 $m\times n$ 矩阵，$r(\boldsymbol{A})=n$，$\boldsymbol{B}$ 是 $n\times s$ 矩阵。求证：$r(\boldsymbol{AB})=r(\boldsymbol{B})$。

证明 因为 $m\times n$ 矩阵 $\boldsymbol{A}$ 的秩为 n，即 $\boldsymbol{A}$ 是列满秩矩阵，则存在 m 阶可逆矩阵 $\boldsymbol{P}$，使得

$$\boldsymbol{A}=\boldsymbol{P}\begin{pmatrix}\boldsymbol{E}_n\\ \boldsymbol{O}\end{pmatrix},$$

所以有

$$\boldsymbol{AB}=\boldsymbol{P}\begin{pmatrix}\boldsymbol{E}_n\\ \boldsymbol{O}\end{pmatrix}\boldsymbol{B}=\boldsymbol{P}\begin{pmatrix}\boldsymbol{B}\\ \boldsymbol{O}\end{pmatrix}。$$

进而可得

$$r(\boldsymbol{AB})=r\left(\boldsymbol{P}\begin{pmatrix}\boldsymbol{B}\\ \boldsymbol{O}\end{pmatrix}\right)=r\begin{pmatrix}\boldsymbol{B}\\ \boldsymbol{O}\end{pmatrix}=r(\boldsymbol{B})。$$

63. 设 $\boldsymbol{A},\boldsymbol{B}$ 是数域 P 上的 n 阶矩阵，且 $r(\boldsymbol{A})=r(\boldsymbol{BA})$。求证：对任意的自然数 l，有

$$r(\boldsymbol{A}^l)=r(\boldsymbol{BA}^l)。$$

证明 显然有 $r(\boldsymbol{A}^l)\geqslant r(\boldsymbol{BA}^l)$。另外，利用弗罗贝纽斯不等式得

$$r(\boldsymbol{BA}^l)=r(\boldsymbol{B}\cdot\boldsymbol{A}\cdot\boldsymbol{A}^{l-1})\geqslant r(\boldsymbol{BA})+r(\boldsymbol{A}^l)-r(\boldsymbol{A})。$$

而题设有 $r(\boldsymbol{A})=r(\boldsymbol{BA})$，所以 $r(\boldsymbol{BA}^l)\geqslant r(\boldsymbol{A}^l)$。

综上，可得

$$r(\boldsymbol{A}^l)=r(\boldsymbol{BA}^l),$$

成立。

64. 设 $\boldsymbol{A},\boldsymbol{B},\boldsymbol{C}$ 是数域 P 上的 n 阶矩阵，若 $r(\boldsymbol{A})=r(\boldsymbol{BA})$，则 $r(\boldsymbol{AC})=r(\boldsymbol{BAC})$。

证明 由弗罗贝纽斯不等式得

$$r(\boldsymbol{BAC})\geqslant r(\boldsymbol{BA})+r(\boldsymbol{AC})-r(\boldsymbol{A})。$$

而 $r(\boldsymbol{A})=r(\boldsymbol{BA})$，所以 $r(\boldsymbol{BAC})\geqslant r(\boldsymbol{AC})$。又 $r(\boldsymbol{BAC})\leqslant r(\boldsymbol{AC})$，所以

$$r(\boldsymbol{AC})=r(\boldsymbol{BAC})。$$

65. 设 $\boldsymbol{A}$ 是数域 P 上的 n 阶矩阵，$r(\boldsymbol{A})<n$，$\boldsymbol{A}=\boldsymbol{B}_1\boldsymbol{B}_2\cdots\boldsymbol{B}_s$，其中 $\boldsymbol{B}_1,\boldsymbol{B}_2,\cdots,\boldsymbol{B}_s$ 为数域 P 上的 n 阶幂等矩阵。求证：$r(\boldsymbol{E}-\boldsymbol{A})\leqslant s[n-r(\boldsymbol{A})]$。

证明 由于 $\boldsymbol{B}_i^2=\boldsymbol{B}_i(i=1,2,\cdots,s)$，因此 $r(\boldsymbol{B}_i-\boldsymbol{E})=n-r(\boldsymbol{B}_i)$。由于

$$\begin{aligned}\boldsymbol{E}-\boldsymbol{A}&=(\boldsymbol{E}-\boldsymbol{B}_1)+(\boldsymbol{B}_1-\boldsymbol{B}_1\boldsymbol{B}_2)+(\boldsymbol{B}_1\boldsymbol{B}_2-\boldsymbol{B}_1\boldsymbol{B}_2\boldsymbol{B}_3)+\cdots+(\boldsymbol{B}_1\boldsymbol{B}_2\cdots\boldsymbol{B}_{s-1}-\boldsymbol{B}_1\boldsymbol{B}_2\cdots\boldsymbol{B}_s)\\&=(\boldsymbol{E}-\boldsymbol{B}_1)+\boldsymbol{B}_1(\boldsymbol{E}-\boldsymbol{B}_2)+\boldsymbol{B}_1\boldsymbol{B}_2(\boldsymbol{E}-\boldsymbol{B}_3)+\cdots+\boldsymbol{B}_1\boldsymbol{B}_2\cdots\boldsymbol{B}_{s-1}(\boldsymbol{E}-\boldsymbol{B}_s)\end{aligned}$$

以及 $r(\boldsymbol{A})\leqslant r(\boldsymbol{B}_i)(i=1,2,\cdots,s)$，故

$$\begin{aligned}r(\boldsymbol{E}-\boldsymbol{A})&\leqslant r(\boldsymbol{E}-\boldsymbol{B}_1)+r(\boldsymbol{E}-\boldsymbol{B}_2)+r(\boldsymbol{E}-\boldsymbol{B}_3)+\cdots+r(\boldsymbol{E}-\boldsymbol{B}_s)\\&=sn-[r(\boldsymbol{B}_1)+r(\boldsymbol{B}_2)+\cdots+r(\boldsymbol{B}_s)]\\&\leqslant sn-[r(\boldsymbol{A})+r(\boldsymbol{A})+\cdots+r(\boldsymbol{A})]\\&=s[n-r(\boldsymbol{A})]。\end{aligned}$$

66. 设 $\boldsymbol{A}_1,\boldsymbol{A}_2,\cdots,\boldsymbol{A}_k$ 是 k 个是对称矩阵，$1\leqslant k\leqslant n$ 而且 $\boldsymbol{A}_1+\boldsymbol{A}_2+\cdots+\boldsymbol{A}_k=\boldsymbol{E}$。求证：下述 2 个条件等价

(1) $\boldsymbol{A}_1,\boldsymbol{A}_2,\cdots,\boldsymbol{A}_k$ 都是幂等矩阵。

(2) $r(\boldsymbol{A}_1)+r(\boldsymbol{A}_2)+\cdots+r(\boldsymbol{A}_n)=n$。

证明 (1)⇒(2)因为 $\boldsymbol{A}_i^2=\boldsymbol{A}_i$，所以 $r(\boldsymbol{A}_i)=\mathrm{tr}(\boldsymbol{A}_i)(i=1,2,\cdots,k)$，从而

$$\sum_{i=1}^{n} r(\boldsymbol{A}_i)=\sum_{i=1}^{k}\mathrm{tr}\boldsymbol{A}_i=\mathrm{tr}(\sum_{i=1}^{k}\boldsymbol{A}_i)=\mathrm{tr}\boldsymbol{E}=n。$$

(2)⇒(1)设 $r(\boldsymbol{A}_i)=r_i(i=1,2,\cdots,k)$，令

$$\boldsymbol{B}=\boldsymbol{A}_i+\cdots+\boldsymbol{A}_{i-1}+\boldsymbol{A}_{i+1}+\cdots+\boldsymbol{A}_k。$$

由于 $\boldsymbol{A}_i$ 是对称矩阵，所以存在正交矩阵 $\boldsymbol{P}$（若 $\boldsymbol{P}^{\mathrm{T}}\boldsymbol{P}=\boldsymbol{E}$，则称 $\boldsymbol{P}$ 为正交矩阵），使

$$\boldsymbol{A}_i=\boldsymbol{P}\begin{pmatrix}\lambda_1 &&&&& \\ &\ddots&&&& \\ &&\lambda_{ri}&&& \\ &&&0&& \\ &&&&\ddots& \\ &&&&&0\end{pmatrix}\boldsymbol{P}^{\mathrm{T}}, \tag{3-36}$$

但

$$\boldsymbol{E}=\boldsymbol{A}_i+\boldsymbol{B}=\boldsymbol{P}\begin{pmatrix}\lambda_1 &&&&& \\ &\ddots&&&& \\ &&\lambda_{ri}&&& \\ &&&0&& \\ &&&&\ddots& \\ &&&&&0\end{pmatrix}\boldsymbol{P}^{\mathrm{T}}+\boldsymbol{B}=\boldsymbol{P}\left(\begin{pmatrix}\lambda_1 &&&&& \\ &\ddots&&&& \\ &&\lambda_{ri}&&& \\ &&&0&& \\ &&&&\ddots& \\ &&&&&0\end{pmatrix}+\boldsymbol{B}_1\right)\boldsymbol{P}^{\mathrm{T}},$$

其中 $\boldsymbol{B}_1=\boldsymbol{P}^{\mathrm{T}}\boldsymbol{B}\boldsymbol{P}$。再用 $\boldsymbol{P}^{\mathrm{T}}$ 左乘，$\boldsymbol{P}$ 右乘上式两边，得

$$\begin{pmatrix}\lambda_1 &&&&& \\ &\ddots&&&& \\ &&\lambda_{ri}&&& \\ &&&0&& \\ &&&&\ddots& \\ &&&&&0\end{pmatrix}+\boldsymbol{B}_i=\boldsymbol{E},$$

进一步，得

$$\boldsymbol{B}_i=\begin{pmatrix}1-\lambda_1 &&&&& \\ &\ddots&&&& \\ &&1-\lambda_{ri}&&& \\ &&&1&& \\ &&&&\ddots& \\ &&&&&1\end{pmatrix}, \tag{3-37}$$

所以 $r(\boldsymbol{B})=r(\boldsymbol{B}_1)\geqslant n-r_i$。

另一方面

$$\begin{aligned}r(\boldsymbol{B})&=r(\boldsymbol{A}_1+\cdots+\boldsymbol{A}_{i-1}+\boldsymbol{A}_{i+1}+\cdots+\boldsymbol{A}_k)\\&\leqslant r(\boldsymbol{A}_1)+\cdots+r(\boldsymbol{A}_{i-1})+\cdots+r(\boldsymbol{A}_k)\end{aligned}$$

$$=n-r_i,$$

从而

$$r(\boldsymbol{B})=r(\boldsymbol{B}_i)=n-r_i。$$

再由式(3—37)得

$$1-\lambda_1=\cdots=1-\lambda_{ri}=0\Rightarrow\lambda_1=\cdots=\lambda_{ri}=1。$$

将它们代入式(3—36)得

$$\boldsymbol{A}_i=\boldsymbol{P}\begin{pmatrix}1&&&&&\\&\ddots&&&&\\&&1&&&\\&&&0&&\\&&&&\ddots&\\&&&&&0\end{pmatrix}\boldsymbol{P}^{\mathrm{T}}\Rightarrow\boldsymbol{A}_i^2=\boldsymbol{A}_i。$$

由 i 的任意性，即证 $\boldsymbol{A}_i$ 都是幂等阵。

67. 设 $\boldsymbol{A}$ 是秩为 r 的 $m\times r$ 矩阵 $(m>r)$，$\boldsymbol{B}$ 是 $r\times s$ 矩阵，求证：

(1)存在非奇异矩阵为 $\boldsymbol{P}$，使 $\boldsymbol{PA}$ 的后 $m-r$ 行全为 0。

(2) $r(\boldsymbol{AB})=r(\boldsymbol{B})$。

证明 (1)因为 $r(\boldsymbol{A})=r$，所以存在 m 阶可逆阵 $\boldsymbol{P}$ 和 r 阶可逆阵 $\boldsymbol{Q}$，使

$$\boldsymbol{PAQ}=\begin{pmatrix}\boldsymbol{E}_r\\\boldsymbol{O}\end{pmatrix}\Rightarrow\boldsymbol{PA}=\begin{pmatrix}\boldsymbol{E}_r\\\boldsymbol{O}\end{pmatrix}\boldsymbol{Q}^{-1}=\begin{pmatrix}\boldsymbol{Q}^{-1}\\\boldsymbol{O}\end{pmatrix},$$

其中，$\boldsymbol{Q}^{-1}$ 为 r 阶矩阵。即证。

(2) $r(\boldsymbol{AB})=r(\boldsymbol{PAB})=r\left(\begin{pmatrix}\boldsymbol{Q}^{-1}\\\boldsymbol{O}\end{pmatrix}\boldsymbol{B}\right)=r(\boldsymbol{Q}^{-1}\boldsymbol{B})=r(\boldsymbol{B})$。

68. 设 $\boldsymbol{A}$ 是秩为 r 的 $r\times n$ 阶矩阵。求证：$\boldsymbol{A}^2=\boldsymbol{A}$ 的充要条件是存在秩为 r 的 $r\times n$ 矩阵 $\boldsymbol{B}$ 和秩为 r 的 $n\times r$ 矩阵 $\boldsymbol{C}$，使得 $\boldsymbol{A}=\boldsymbol{CB}$，而且 $\boldsymbol{BC}=\boldsymbol{E}_r$。

证明 先证充分性。设 $\boldsymbol{A}=\boldsymbol{CB}$，其中 $\boldsymbol{C},\boldsymbol{B}$ 分别为 $n\times r$ 和 $r\times n$ 矩阵，且 $\boldsymbol{BC}=\boldsymbol{E}_r$。则

$$\boldsymbol{A}^2=(\boldsymbol{CB})(\boldsymbol{CB})=\boldsymbol{C}(\boldsymbol{BC})\boldsymbol{B}=\boldsymbol{CB}=\boldsymbol{A}。$$

再证必要性。因为 $\boldsymbol{A}^2=\boldsymbol{A}$，所以 $\boldsymbol{A}$ 可对角化，且其特征值只能是 0 和 1。于是存在可逆阵 $\boldsymbol{T}$，使

$$\boldsymbol{A}=\boldsymbol{T}^{-1}\begin{pmatrix}\boldsymbol{E}_r&\boldsymbol{O}\\\boldsymbol{O}&\boldsymbol{O}\end{pmatrix}\boldsymbol{T}=\boldsymbol{T}^{-1}\begin{pmatrix}\boldsymbol{E}_r\\\boldsymbol{O}\end{pmatrix}(\boldsymbol{E}_r,\boldsymbol{O})\boldsymbol{T}=\boldsymbol{CB},$$

其中，$\boldsymbol{C}=\boldsymbol{T}^{-1}\begin{pmatrix}\boldsymbol{E}_r\\\boldsymbol{O}\end{pmatrix}$，$\boldsymbol{B}=(\boldsymbol{E}_r,\boldsymbol{O})\boldsymbol{T}$。那么 $\boldsymbol{C}$ 是 $n\times r$ 矩阵，$\boldsymbol{B}$ 是 $r\times n$ 矩阵，且

$$r(\boldsymbol{C})=r(\boldsymbol{B})=r,\boldsymbol{BC}=(\boldsymbol{E}_r,\boldsymbol{O})\boldsymbol{TT}^{-1}\begin{pmatrix}\boldsymbol{E}_r\\\boldsymbol{O}\end{pmatrix}=\boldsymbol{E}_r。$$

69. 设 P 是数域，$\boldsymbol{A}\in P^{n\times m}$，$\boldsymbol{B}\in P^{n\times s}$，$\boldsymbol{C}\in P^{m\times t}$，$\boldsymbol{D}\in P^{s\times t}$，并且 $r(\boldsymbol{B})=s$，$\boldsymbol{AC}+\boldsymbol{BD}=\boldsymbol{O}$。求证：$r\begin{pmatrix}\boldsymbol{C}\\\boldsymbol{D}\end{pmatrix}=t\Leftrightarrow r(\boldsymbol{C})=t$。

证明 先证充分性，设 $r(\boldsymbol{C})=t$，因为 $\begin{pmatrix}\boldsymbol{C}\\ \boldsymbol{D}\end{pmatrix}$ 是 $\boldsymbol{P}$ 上的 $(m+s)\times t$ 矩阵，所以 $r\begin{pmatrix}\boldsymbol{C}\\ \boldsymbol{D}\end{pmatrix}=t$。

再证必要性，用反证法，若 $r(\boldsymbol{C})<t$，作齐次线性方程组

$$\boldsymbol{CX}=\boldsymbol{0} \tag{3-38}$$

则方程组(3—38)有非零解 $\boldsymbol{X}_0$，即

$$\boldsymbol{X}_0\neq\boldsymbol{0}\Rightarrow\boldsymbol{CX}_0=\boldsymbol{0}。 \tag{3-39}$$

再作齐次线性方程组

$$\begin{pmatrix}\boldsymbol{C}\\ \boldsymbol{D}\end{pmatrix}\boldsymbol{X}=\boldsymbol{0}, \tag{3-40}$$

因为 $r\begin{pmatrix}\boldsymbol{C}\\ \boldsymbol{D}\end{pmatrix}=t$，所以方程组(3—40)只有零解，

从而有

$$\boldsymbol{0}\neq\begin{pmatrix}\boldsymbol{C}\\ \boldsymbol{D}\end{pmatrix}\boldsymbol{X}_0=\begin{pmatrix}\boldsymbol{O}\\ \boldsymbol{DX}_0\end{pmatrix}\Rightarrow\boldsymbol{DX}_0\neq\boldsymbol{0}。 \tag{3-41}$$

又作齐次线性方程组

$$\boldsymbol{BX}=\boldsymbol{0}, \tag{3-42}$$

因为 $r(\boldsymbol{B})=s$，所以方程组(3—42)只有零解，
但

$$\boldsymbol{0}=0\boldsymbol{X}_0=(\boldsymbol{AC}+\boldsymbol{BD})\boldsymbol{X}_0=\boldsymbol{ACX}_0+\boldsymbol{BDX}_0=\boldsymbol{B}(\boldsymbol{DX}_0)。$$

由(3—41)知 $\boldsymbol{DX}_0\neq\boldsymbol{0}$，且为方程组(3—42)的解，矛盾。故 $r(\boldsymbol{C})=t$。

70. 求证：设 $\boldsymbol{A}$ 为 n 阶矩阵，则存在 n 阶矩阵 $\boldsymbol{B}$，使 $\boldsymbol{A}=\boldsymbol{ABA}$，$\boldsymbol{B}=\boldsymbol{BAB}$。

证明 (1)当 $\boldsymbol{A}=\boldsymbol{O}$ 时，取 $\boldsymbol{B}=\boldsymbol{O}$ 即可。

(2)设 $r(\boldsymbol{A})\geqslant1$，则存在可逆矩阵 $\boldsymbol{P}$，$\boldsymbol{Q}$，使 $\boldsymbol{PAQ}=\begin{pmatrix}\boldsymbol{E}_r & \boldsymbol{O}\\ \boldsymbol{O} & \boldsymbol{O}\end{pmatrix}$，故

$$\begin{pmatrix}\boldsymbol{E}_r & \boldsymbol{O}\\ \boldsymbol{O} & \boldsymbol{O}\end{pmatrix}-\boldsymbol{PAQ}=\boldsymbol{O}。$$

从而有

$$\begin{pmatrix}\boldsymbol{E}_r & \boldsymbol{O}\\ \boldsymbol{O} & \boldsymbol{O}\end{pmatrix}\left[\begin{pmatrix}\boldsymbol{E}_r & \boldsymbol{O}\\ \boldsymbol{O} & \boldsymbol{O}\end{pmatrix}-\boldsymbol{PAQ}\right]\begin{pmatrix}\boldsymbol{E}_r & \boldsymbol{O}\\ \boldsymbol{O} & \boldsymbol{O}\end{pmatrix}=\boldsymbol{O},$$

$$\begin{pmatrix}\boldsymbol{E}_r & \boldsymbol{O}\\ \boldsymbol{O} & \boldsymbol{O}\end{pmatrix}=\begin{pmatrix}\boldsymbol{E}_r & \boldsymbol{O}\\ \boldsymbol{O} & \boldsymbol{O}\end{pmatrix}\boldsymbol{PAQ}\begin{pmatrix}\boldsymbol{E}_r & \boldsymbol{O}\\ \boldsymbol{O} & \boldsymbol{O}\end{pmatrix},$$

因此

$$\boldsymbol{Q}\begin{pmatrix}\boldsymbol{E}_r & \boldsymbol{O}\\ \boldsymbol{O} & \boldsymbol{O}\end{pmatrix}\boldsymbol{P}=\boldsymbol{Q}\begin{pmatrix}\boldsymbol{E}_r & \boldsymbol{O}\\ \boldsymbol{O} & \boldsymbol{O}\end{pmatrix}\boldsymbol{PAQ}\begin{pmatrix}\boldsymbol{E}_r & \boldsymbol{O}\\ \boldsymbol{O} & \boldsymbol{O}\end{pmatrix}\boldsymbol{P},$$

令 $\boldsymbol{Q}\begin{pmatrix}\boldsymbol{E}_r & \boldsymbol{O}\\ \boldsymbol{O} & \boldsymbol{O}\end{pmatrix}\boldsymbol{P}=\boldsymbol{B}$，则 $\boldsymbol{B}=\boldsymbol{BAB}$，而

$$ABA=AQ\begin{pmatrix}E_r & O\\ O & O\end{pmatrix}P=P^{-1}(PAQ)\begin{pmatrix}E_r & O\\ O & O\end{pmatrix}(PAQ)Q^{-1}=P^{-1}\begin{pmatrix}E_r & O\\ O & O\end{pmatrix}Q^{-1}=A。$$

71. 求证：数域 P 上矩阵 $A_{m\times n}$ 的秩为 $r(r\geqslant 1)$ 当且仅当 A 可分解为 $A=\sum_{i=1}^{r}\alpha_i\beta_i^{\mathrm{T}}$，其中，$\alpha_1,\alpha_2,\cdots,\alpha_r$ 与 $\beta_1,\beta_2,\cdots,\beta_r$ 均为线性无关的向量组。

证明 必要性。由 $r(A)=r$ 可知，存在可逆矩阵 $P_{m\times m}$，$Q_{n\times n}$，使得

$$A=P\begin{pmatrix}E_r & O\\ O & O\end{pmatrix}Q。$$

令 $P=(\alpha_1,\alpha_2,\cdots,\alpha_r)$，$Q=(\beta_1,\beta_2,\cdots,\beta_r)^{\mathrm{T}}$，则

$$A=P\begin{pmatrix}E_r\\ O\end{pmatrix}(E_r,O)Q=(\alpha_1,\alpha_2,\cdots,\alpha_r)\begin{pmatrix}\beta_1^{\mathrm{T}}\\ \beta_2^{\mathrm{T}}\\ \vdots\\ \beta_r^{\mathrm{T}}\end{pmatrix}=\sum_{i=1}^{r}\alpha_i\beta_i^{\mathrm{T}}。$$

充分性。由于 $A=\sum_{i=1}^{r}\alpha_i\beta_i^{\mathrm{T}}=(\alpha_1,\alpha_2,\cdots,\alpha_r)\begin{pmatrix}\beta_1^{\mathrm{T}}\\ \beta_2^{\mathrm{T}}\\ \vdots\\ \beta_r^{\mathrm{T}}\end{pmatrix}$，从而

$$r\geqslant r(A)\geqslant r(\alpha_1,\alpha_2,\cdots,\alpha_r)+r\begin{pmatrix}\beta_1^{\mathrm{T}}\\ \beta_2^{\mathrm{T}}\\ \vdots\\ \beta_r^{\mathrm{T}}\end{pmatrix}-r=r,$$

故 $r(A)=r$。

72. 设 A,C 均为 $m\times n$ 矩阵，B,D 均为 $n\times s$ 矩阵。求证：

$$r(AB-CD)\leqslant r(A-C)+r(B-D)。$$

证明 根据分块矩阵的乘法可知：

$$\begin{pmatrix}E_m & C\\ O & E_n\end{pmatrix}\begin{pmatrix}A-C & C\\ O & B-D\end{pmatrix}\begin{pmatrix}E_n & B\\ O & E_s\end{pmatrix}=\begin{pmatrix}A-C & AB-CD\\ O & B-D\end{pmatrix}。$$

由此可知，

$$r(A-C)+r(B-D)=r\begin{pmatrix}A-C & AB-CD\\ O & B-D\end{pmatrix}\geqslant r(AB-CD)。$$

73. 设 A 为任意 $m\times n$ 矩阵，X 为 $n\times m$ 未知矩阵。求证：矩阵方程 $AXA=A$ 必有解。

证明 设 $r(A)=r$。若 $r=0$，则结论显然成立。下设 $r\neq 0$。于是存在 m 阶可逆矩阵 P 与 n 阶可逆矩阵 Q 使得

$$A=P\begin{pmatrix}E_r & O\\ O & O\end{pmatrix}Q。$$

现在，令

$$G=Q^{-1}\begin{pmatrix}E_r & G_{12}\\ G_{21} & G_{22}\end{pmatrix}P^{-1},$$

其中，G_{12},G_{21},G_{22} 依次为 $r\times(n-r),(m-r)\times r,(m-r)\times(n-r)$ 矩阵。于是有

$$\begin{aligned}AGA&=P\begin{pmatrix}E_r & O\\ O & O\end{pmatrix}QQ^{-1}\begin{pmatrix}E_r & G_{12}\\ G_{21} & G_{22}\end{pmatrix}P^{-1}P\begin{pmatrix}E_r & O\\ O & O\end{pmatrix}Q\\ &=P\begin{pmatrix}E_r & O\\ O & O\end{pmatrix}\begin{pmatrix}E_r & G_{12}\\ G_{21} & G_{22}\end{pmatrix}\begin{pmatrix}E_r & O\\ O & O\end{pmatrix}Q\\ &=P\begin{pmatrix}E_r & O\\ O & O\end{pmatrix}Q\\ &=A,\end{aligned}$$

从而 G 为矩阵方程 $AXA=A$ 的解。

注 由以上证明可得，当 $r(A)<\min\{m,n\}$ 时，矩阵方程 $AXA=A$ 不仅有解，而且有无穷多解。

74. 设 A,B 均为 n 阶矩阵。求证：$|\lambda E-AB|=|\lambda E-BA|$。

证明 由于 $\begin{pmatrix}E_n & -B\\ O & E_n\end{pmatrix}\begin{pmatrix}\lambda E_n & B\\ A & E_n\end{pmatrix}\begin{pmatrix}E_n & O\\ -A & E_n\end{pmatrix}=\begin{pmatrix}\lambda E_n-BA & O\\ O & E_n\end{pmatrix}$，所以

$$\begin{vmatrix}\lambda E_n & B\\ A & E_n\end{vmatrix}=\begin{vmatrix}\lambda E_n-BA & O\\ O & E_n\end{vmatrix}=|\lambda E_n-BA|。$$

又

$$\begin{pmatrix}E_n & -B\\ -\frac{1}{\lambda}A & E_n\end{pmatrix}\begin{pmatrix}\lambda E_n & B\\ A & E_n\end{pmatrix}\begin{pmatrix}E_n & -\frac{1}{\lambda}B\\ -A & E_n\end{pmatrix}=\begin{pmatrix}\lambda E_n & O\\ O & \lambda E_n-\frac{1}{\lambda}AB\end{pmatrix},$$

于是得

$$\begin{vmatrix}\lambda E_n & B\\ A & E_n\end{vmatrix}=\begin{vmatrix}\lambda E_n & O\\ O & E_n-\frac{1}{\lambda}AB\end{vmatrix}=\lambda^n\cdot\frac{1}{\lambda^n}|\lambda E_n-AB|=|\lambda E_n-AB|。$$

从而

$$|\lambda E-AB|=|\lambda E-BA|。$$

75.（**西尔维斯特等式**）设 A,B 均为 $n\times m,m\times n$ 矩阵（其中 $n>m$）。求证：

$$|\lambda E_n-AB|=\lambda^{n-m}|\lambda E_m-BA|。$$

证明 令 $A_1=(A,O)_{n\times n},B_1=\begin{pmatrix}B\\ O\end{pmatrix}_{n\times n}$，则

$$A_1B_1=(A,O)\begin{pmatrix}B\\ O\end{pmatrix}=AB,B_1A_1=\begin{pmatrix}B\\ O\end{pmatrix}(A,O)=\begin{pmatrix}BA & O\\ O & O\end{pmatrix}。$$

根据 74 题结论可知，$|\lambda E_n-A_1B_1|=|\lambda E_n-B_1A_1|$，从而

$$|\lambda E_n-AB|=|\lambda E_n-A_1B_1|=|\lambda E_n-B_1A_1|=\begin{vmatrix}\lambda E_m-BA & O\\ O & \lambda E_{n-m}\end{vmatrix}=\lambda^{n-m}|\lambda E_m-BA|。$$

76. 设 $\boldsymbol{A},\boldsymbol{B},\boldsymbol{C},\boldsymbol{D}$ 都是 n 阶矩阵，并且 $\boldsymbol{AC}=\boldsymbol{CA}$。证明：

$$\begin{vmatrix}\boldsymbol{A} & \boldsymbol{B}\\ \boldsymbol{C} & \boldsymbol{D}\end{vmatrix}=|\boldsymbol{AD}-\boldsymbol{CB}|。$$

证明 (1)当 $\boldsymbol{A}$ 可逆时，有

$$\begin{pmatrix}\boldsymbol{E} & \boldsymbol{O}\\ \boldsymbol{CA}^{-1} & \boldsymbol{E}\end{pmatrix}\begin{pmatrix}\boldsymbol{A} & \boldsymbol{B}\\ \boldsymbol{C} & \boldsymbol{D}\end{pmatrix}=\begin{pmatrix}\boldsymbol{A} & \boldsymbol{B}\\ \boldsymbol{O} & \boldsymbol{D}-\boldsymbol{CA}^{-1}\boldsymbol{B}\end{pmatrix}。\tag{3-43}$$

由 $\boldsymbol{AC}=\boldsymbol{CA}$ 得 $\boldsymbol{A}^{-1}\boldsymbol{C}=\boldsymbol{CA}^{-1}$，于是对式(3−43)两边取行列式得

$$\begin{aligned}\begin{vmatrix}\boldsymbol{A} & \boldsymbol{B}\\ \boldsymbol{C} & \boldsymbol{D}\end{vmatrix}&=|\boldsymbol{A}|\,|\boldsymbol{D}-\boldsymbol{CA}^{-1}\boldsymbol{B}|\\ &=|\boldsymbol{A}(\boldsymbol{D}-\boldsymbol{CA}^{-1}\boldsymbol{B})|\\ &=|\boldsymbol{AD}-\boldsymbol{ACA}^{-1}\boldsymbol{B}|\\ &=|\boldsymbol{AD}-\boldsymbol{CAA}^{-1}\boldsymbol{B}|\\ &=|\boldsymbol{AD}-\boldsymbol{CB}|。\end{aligned}$$

(2)当 $\boldsymbol{A}$ 不可逆时(即 $|\boldsymbol{A}|=0$)。由于 $\boldsymbol{A}$ 至多有 n 个不同特殊值，从而存在 λ，使 $|(-\lambda)\boldsymbol{E}-\boldsymbol{A}|\neq 0$，即有 $|\lambda\boldsymbol{E}+\boldsymbol{A}|\neq 0$，那么由 $\boldsymbol{AC}=\boldsymbol{CA}$，有

$$(\lambda\boldsymbol{E}+\boldsymbol{A})\boldsymbol{C}=\boldsymbol{C}(\lambda\boldsymbol{E}+\boldsymbol{A})。$$

再由上面的(1)结论知

$$\begin{vmatrix}\boldsymbol{A}+\lambda\boldsymbol{E} & \boldsymbol{B}\\ \boldsymbol{C} & \boldsymbol{D}\end{vmatrix}=|(\boldsymbol{A}+\lambda\boldsymbol{E})\boldsymbol{D}-\boldsymbol{CB}|。\tag{3-44}$$

所以式(3−44)两端都是关于 λ 的有限次多项式，且有无穷多个 λ 使式(3−44)成立，从而式(3−44)是 λ 的恒等式。再令 $\lambda=0$，代入(3−44)得

$$\begin{vmatrix}\boldsymbol{A} & \boldsymbol{B}\\ \boldsymbol{C} & \boldsymbol{D}\end{vmatrix}=|\boldsymbol{AD}-\boldsymbol{CB}|。$$

77. 试将下面两个可逆矩阵化为初等矩阵的乘积：$\boldsymbol{A}=\begin{pmatrix}4 & 7\\ 1 & 2\end{pmatrix}$，$\boldsymbol{B}=\begin{pmatrix}2 & 5 & 1\\ 0 & 1 & 2\\ 0 & 2 & 1\end{pmatrix}$。

解 (1)用初等行变换把 $\boldsymbol{A}$ 化为单位阵，即

$$\begin{aligned}\boldsymbol{A}=\begin{pmatrix}4 & 7\\ 1 & 2\end{pmatrix}&\xrightarrow{[1,2]}\begin{pmatrix}1 & 2\\ 4 & 7\end{pmatrix}\xrightarrow{[2,1(-4)]}\begin{pmatrix}1 & 2\\ 0 & -1\end{pmatrix}\\ &\xrightarrow{[1,2(2)]}\begin{pmatrix}1 & 0\\ 0 & -1\end{pmatrix}\xrightarrow{[2(-1)]}\begin{pmatrix}1 & 0\\ 0 & 1\end{pmatrix}。\end{aligned}$$

所以

$$\begin{aligned}&\boldsymbol{P}[2(-1)]\boldsymbol{P}[1,2(2)]\boldsymbol{P}[2,1(-4)]\boldsymbol{P}[1,2]\boldsymbol{A}=\boldsymbol{E}\\ \Rightarrow\boldsymbol{A}&=\{\boldsymbol{P}[2(-1)]\boldsymbol{P}[1,2(2)]\boldsymbol{P}[2,1(-4)]\boldsymbol{P}[1,2]\}^{-1}\\ &=\boldsymbol{P}[1,2]^{-1}\boldsymbol{P}[2,1(-4)]^{-1}\boldsymbol{P}[1,2(2)]^{-1}\boldsymbol{P}[2(-1)]^{-1}\\ &=\boldsymbol{P}[1,2]\boldsymbol{P}[2,1(4)]\boldsymbol{P}[1,2(-2)]\boldsymbol{P}[2(-1)]\end{aligned}$$

$$=\begin{pmatrix}0&1\\1&0\end{pmatrix}\begin{pmatrix}1&0\\4&1\end{pmatrix}\begin{pmatrix}1&-2\\0&1\end{pmatrix}\begin{pmatrix}1&0\\0&-1\end{pmatrix}。$$

(2)类似可得 $\boldsymbol{B}$ 的初等矩阵乘积为

$$\begin{pmatrix}1&5&0\\0&1&0\\0&0&1\end{pmatrix}\begin{pmatrix}1&0&0\\0&1&0\\0&2&1\end{pmatrix}\begin{pmatrix}1&0&0\\0&1&-\frac{2}{3}\\0&0&1\end{pmatrix}\begin{pmatrix}1&0&3\\0&1&0\\0&0&1\end{pmatrix}\begin{pmatrix}2&0&0\\0&1&0\\0&0&1\end{pmatrix}\begin{pmatrix}1&0&0\\0&1&0\\0&0&-3\end{pmatrix}。$$

78. 设 $\boldsymbol{A},\boldsymbol{B}$ 为 n 阶矩阵，$\boldsymbol{A}^2=\boldsymbol{A},\boldsymbol{B}^2=\boldsymbol{B},\boldsymbol{AB}=\boldsymbol{BA}$。求证：存在可逆矩阵 $\boldsymbol{G}$，使 $\boldsymbol{G}^{-1}\boldsymbol{AG}$，$\boldsymbol{G}^{-1}\boldsymbol{BG}$ 同时为对角阵。

证明 由 $\boldsymbol{A}^2=\boldsymbol{A}$ 知，存在可逆矩阵 $\boldsymbol{P}$，使

$$\boldsymbol{P}^{-1}\boldsymbol{AP}=\begin{pmatrix}\boldsymbol{E}_r&\boldsymbol{O}\\\boldsymbol{O}&\boldsymbol{O}\end{pmatrix},r=r(\boldsymbol{A})。$$

由 $\boldsymbol{AB}=\boldsymbol{BA}$，故

$$(\boldsymbol{P}^{-1}\boldsymbol{AP})(\boldsymbol{P}^{-1}\boldsymbol{BP})=(\boldsymbol{P}^{-1}\boldsymbol{BP})(\boldsymbol{P}^{-1}\boldsymbol{AP}),$$

故

$$\begin{pmatrix}\boldsymbol{E}_r&\boldsymbol{O}\\\boldsymbol{O}&\boldsymbol{O}\end{pmatrix}\begin{pmatrix}\boldsymbol{B}_{11}&\boldsymbol{B}_{12}\\\boldsymbol{B}_{21}&\boldsymbol{B}_{22}\end{pmatrix}=\begin{pmatrix}\boldsymbol{B}_{11}&\boldsymbol{B}_{12}\\\boldsymbol{B}_{21}&\boldsymbol{B}_{22}\end{pmatrix}\begin{pmatrix}\boldsymbol{E}_r&\boldsymbol{O}\\\boldsymbol{O}&\boldsymbol{O}\end{pmatrix},$$

这里 $\boldsymbol{P}^{-1}\boldsymbol{BP}=\begin{pmatrix}\boldsymbol{B}_{11}&\boldsymbol{B}_{12}\\\boldsymbol{B}_{21}&\boldsymbol{B}_{22}\end{pmatrix}$，故有 $\boldsymbol{B}_{12}=\boldsymbol{O},\boldsymbol{B}_{21}=\boldsymbol{O}$。

$$\boldsymbol{P}^{-1}\boldsymbol{BP}=\begin{pmatrix}\boldsymbol{B}_{11}&\boldsymbol{O}\\\boldsymbol{O}&\boldsymbol{B}_{22}\end{pmatrix},$$

因为 $\boldsymbol{B}^2=\boldsymbol{B}$，故 $(\boldsymbol{P}^{-1}\boldsymbol{BP})^2=\boldsymbol{P}^{-1}\boldsymbol{BP}$，故 $\boldsymbol{B}_{11}^2=\boldsymbol{B}_{11},\boldsymbol{B}_{22}^2=\boldsymbol{B}_{22}$，故存在可逆矩阵 $\boldsymbol{P}_1,\boldsymbol{P}_2$，使

$$\boldsymbol{P}_1^{-1}\boldsymbol{AP}_1=\begin{pmatrix}\boldsymbol{E}_{s_1}&\boldsymbol{O}\\\boldsymbol{O}&\boldsymbol{O}\end{pmatrix},\boldsymbol{P}_2^{-1}\boldsymbol{AP}_2=\begin{pmatrix}\boldsymbol{E}_{s_2}&\boldsymbol{O}\\\boldsymbol{O}&\boldsymbol{O}\end{pmatrix},$$

其中，$s_1=r(\boldsymbol{B}_{11}),s_2=r(\boldsymbol{B}_{22})$。故

$$\begin{pmatrix}\boldsymbol{P}_1^{-1}&\boldsymbol{O}\\\boldsymbol{O}&\boldsymbol{P}_2^{-1}\end{pmatrix}\boldsymbol{P}^{-1}\boldsymbol{BP}\begin{pmatrix}\boldsymbol{P}_1&\boldsymbol{O}\\\boldsymbol{O}&\boldsymbol{P}_2\end{pmatrix}\text{为对角阵},$$

$$\begin{pmatrix}\boldsymbol{P}_1^{-1}&\boldsymbol{O}\\\boldsymbol{O}&\boldsymbol{P}_2^{-1}\end{pmatrix}\boldsymbol{P}^{-1}\boldsymbol{AP}\begin{pmatrix}\boldsymbol{P}_1&\boldsymbol{O}\\\boldsymbol{O}&\boldsymbol{P}_2\end{pmatrix}\text{为对角阵},$$

取 $\boldsymbol{G}=\boldsymbol{P}\begin{pmatrix}\boldsymbol{P}_1&\boldsymbol{O}\\\boldsymbol{O}&\boldsymbol{P}_2\end{pmatrix}$ 即可，则结论成立。

79. 设 n 阶矩阵 $\boldsymbol{A},\boldsymbol{B}$ 都相似于对角阵，且 $\boldsymbol{AB}=\boldsymbol{BA}$。求证：存在 n 阶可逆矩阵 $\boldsymbol{P}$ 使 $\boldsymbol{P}^{-1}\boldsymbol{AP},\boldsymbol{P}^{-1}\boldsymbol{BP}$ 同时为对角阵。

证明 由 $\boldsymbol{A}$ 可对角化，可知存在可逆阵 $\boldsymbol{P}_1$ 使

$$P_1^{-1}AP_1=\begin{pmatrix}\lambda_{n_1}E_1 & & & O\\ & \lambda_2 E_{n_2} & & \\ & & \ddots & \\ O & & & \lambda_s E_{n_s}\end{pmatrix},$$

其中，E_{n_i} 为 n_i 阶单位矩阵，$\lambda_1,\lambda_2,\cdots,\lambda_s$ 两两互异。由 $AB=BA$ 知，

$$(P_1^{-1}AP_1)(P_1^{-1}BP_1)=(P_1^{-1}BP_1)(P_1^{-1}AP_1)。$$

从而知

$$P_1^{-1}BP_1=\begin{pmatrix}B_1 & & & O\\ & B_2 & & \\ & & \ddots & \\ O & & & B_s\end{pmatrix}$$

其中，B_i 为 n_i 阶矩阵，由 B 可对角化知，B 的初等因子全为一次，因此 B_i 的初等因子也全是一次的，从而每个 B_i 均相似于对角阵，故有 n_i 阶可逆阵 M_i 使 $M_i^{-1}B_iM_i$ 为对角阵。

令

$$M=\begin{pmatrix}M_1 & & & O\\ & M_2 & & \\ & & \ddots & \\ O & & & M_s\end{pmatrix},$$

则 M 可逆，且 $M^{-1}(P_1^{-1}BP_1)M$ 为对角阵，

$$M^{-1}(P_1^{-1}AP)M=\begin{pmatrix}\lambda_1 E_{n_1} & & & O\\ & \lambda_2 E_{n_2} & & \\ & & \ddots & \\ O & & & \lambda_s E_{n_s}\end{pmatrix},$$

令 $P=P_1M$ 即可。

80. 设 n 阶实矩阵 A 的特征值为 $\lambda_1,\lambda_2,\cdots,\lambda_n$，相应的特征向量为 $\boldsymbol{\alpha}_1,\boldsymbol{\alpha}_2,\cdots,\boldsymbol{\alpha}_n$，$A^*$ 的特征值为 $\mu_1,\mu_2,\cdots,\mu_n$。求证：当 A 不可逆时，$\mu_1=\mu_2=\cdots=\mu_{n-1}=0$，$\mu_n=A_{11}+A_{22}+\cdots+A_{nn}$，这里 A_{ij} 为 A 中元素 a_{ij} 的代数余子式，并求出 $\mu_1,\mu_2,\cdots,\mu_n$ 对应的特征向量。

证明　当 A 不可逆时，由 $|A|=0$ 知 $r(A^*)\leqslant 1$，若 $A^*=O$，则 A^* 的特征值均为零，任一非零列向量均为 A^* 的特征向量，若 $r(A^*)=1$，则

$$|\lambda E-A^*|=\lambda^{n-1}[\lambda-(A_{11}+A_{22}+\cdots+A_{nn})],$$

若 $A_{11}+A_{22}+\cdots+A_{nn}=0$，这时 A^* 的特征值均为零，而由 $A^*A=O$，故 A 的列向量组的秩为 $n-1$，且 $n-1$ 个线性无关的列向量均为 A^* 的特征向量，对应的特征值为 0。由 $A^*X=0$ 的解空间为 $n-1$ 维的，因而 A^* 的特征向量由 A 的 $n-1$ 个线性无关的列向量生成。

若 $A_{11}+A_{22}+\cdots+A_{nn}\neq 0$，这时 A^* 有 $n-1$ 个特征值为 0，另一个是 $A_{11}+A_{22}+\cdots+A_{nn}\neq 0$。由 $A^*A=O$，则 A 中有 $n-1$ 个列向量线性无关，而均为 A^* 的对应于特征值 0 的特

征向量,下求 A^* 的对应于 $\mu_n = A_{11}+A_{22}+\cdots+A_{nn}$ 的特征向量。

事实上,由 $r(A^*)=1$,可设

$$A^* = \begin{pmatrix} A_{11} & A_{21} & \cdots & A_{n1} \\ b_2A_{11} & b_2A_{21} & \cdots & b_2A_{n1} \\ \vdots & \vdots & & \vdots \\ b_nA_{11} & b_nA_{21} & \cdots & b_nA_{n1} \end{pmatrix},$$

求 $(A^*-\mu_nE)X=0$ 的非零解,得到

$$X_0 = \begin{pmatrix} 1 \\ b_2 \\ \vdots \\ b_n \end{pmatrix},$$

则 X_0 为 A^* 的对应于 $\mu_n = A_{11}+A_{22}+\cdots+A_{nn}$ 的特征向量。

81. 设 n 阶矩阵 A 的 n 个顺序主子式均不为零。证明:存在可逆的下三角矩阵 B 与可逆的上三角矩阵 C,使 $A=BC$。

证明 对 n 用数学归纳法。

$n=1$ 时,结论显然成立。

假设结论对于矩阵阶数为 $n-1$ 时成立,记 $A=\begin{pmatrix} A_{n-1} & \alpha \\ \beta^T & a_{nn} \end{pmatrix}$,$|A_{n-1}|\neq 0$,则 $A_{n-1}=B_1C_1$,且 B_1,C_1 分别为可逆的下三角矩阵与可逆的上三角矩阵。注意到,

$$\begin{pmatrix} E_{n-1} & 0 \\ -\beta^TA_{n-1}^{-1} & 1 \end{pmatrix}\begin{pmatrix} A_{n-1} & \alpha \\ \beta^T & a_{nn} \end{pmatrix}=\begin{pmatrix} A_{n-1} & \alpha \\ 0 & b \end{pmatrix},b=a_{nn}-\beta^TA_{n-1}^{-1}\alpha,$$

从而有

$$A=\begin{pmatrix} E_{n-1} & O \\ -\beta^TA_{n-1}^{-1} & 1 \end{pmatrix}\begin{pmatrix} A_{n-1} & \alpha \\ 0 & b \end{pmatrix}=\begin{pmatrix} E_{n-1} & 0 \\ -\beta^TA_{n-1}^{-1} & 1 \end{pmatrix}\begin{pmatrix} B_1 & 0 \\ 0 & 1 \end{pmatrix}\begin{pmatrix} C_1 & B_1^{-1}\alpha \\ 0 & b \end{pmatrix}=BC,$$

其中,$B=\begin{pmatrix} E_{n-1} & 0 \\ -\beta^TA_{n-1}^{-1} & 1 \end{pmatrix}^{-1}\begin{pmatrix} B_1 & 0 \\ 0 & 1 \end{pmatrix}$ 为下三角矩阵,$C=\begin{pmatrix} C_1 & B_1^{-1}\alpha \\ 0 & b \end{pmatrix}$ 为上三角矩阵且可逆。故结论成立。

82. 设 A,B,C 是数域 P 上的 n 阶矩阵,且 $AC=CB$,$r(C)=r$。求证:存在可逆矩阵 P,Q,使得 $P^{-1}AP$,$Q^{-1}BQ$ 具有相同的 r 阶顺序主子式。

证明 因为 $r(C)=r$,所以存在可逆矩阵 P,Q,使得

$$C=P\begin{pmatrix} E_r & O \\ O & O \end{pmatrix}Q^{-1}。$$

又因为 $AC=CB$,所以有

$$AP\begin{pmatrix} E_r & O \\ O & O \end{pmatrix}Q^{-1}=P\begin{pmatrix} E_r & O \\ O & O \end{pmatrix}Q^{-1}B,$$

进一步得

$$P^{-1}AP\begin{pmatrix}E_r & O\\ O & O\end{pmatrix}=\begin{pmatrix}E_r & O\\ O & O\end{pmatrix}Q^{-1}BQ。\tag{3-45}$$

令

$$P^{-1}AP=\begin{pmatrix}A_1 & A_2\\ A_3 & A_4\end{pmatrix},Q^{-1}BQ=\begin{pmatrix}B_1 & B_2\\ B_3 & B_4\end{pmatrix},\tag{3-46}$$

这里 A_1,B_1 均为 r 阶矩阵，A_4,B_4 都是 $n-r$ 阶矩阵，将它们代入式(3−45)中，得

$$\begin{pmatrix}A_1 & A_2\\ A_3 & A_4\end{pmatrix}\begin{pmatrix}E_r & O\\ O & O\end{pmatrix}=\begin{pmatrix}E_r & O\\ O & O\end{pmatrix}\begin{pmatrix}B_1 & B_2\\ B_3 & B_4\end{pmatrix},$$

从而 $\begin{pmatrix}A_1 & O\\ A_3 & O\end{pmatrix}=\begin{pmatrix}B_1 & B_2\\ O & O\end{pmatrix}$，所以 $A_1=B_1,A_3=O,B_2=O$，代入式(3−46)得，

$$P^{-1}AP=\begin{pmatrix}A_1 & A_2\\ O & A_4\end{pmatrix},Q^{-1}BQ^{-1}=\begin{pmatrix}A_1 & O\\ B_3 & B_4\end{pmatrix}。$$

83. 矩阵 $D_{n\times s}$ 是矩阵方程 $AX=B$ 的导出方程 $AX=O$ 的解当且仅当存在矩阵 $F_{(n-r)\times s}$，使得 $D=GF$，这里 G 是以 $A\begin{bmatrix}x_1\\ x_2\\ \vdots\\ x_n\end{bmatrix}=\begin{bmatrix}0\\ 0\\ \vdots\\ 0\end{bmatrix}$ 的基础解系为列向量组成的矩阵。

证明　必要性。因为 $A_{m\times n}D_{n\times s}=O_{m\times s}$，则 D 的列向量是线性方程组 $AX_{n\times 1}=0$ 的解。所以 D 的任一列可由齐次线性方程组 $AX_{n\times 1}=0$ 的基础解系线性表出。

令 $D=(\gamma_1,\gamma_2,\cdots,\gamma_s)$，$AX_{n\times 1}=0$ 的基础解系为 $\xi_1,\xi_2,\cdots,\xi_{n-s}$。则有

$$(\gamma_1,\gamma_2,\cdots,\gamma_s)=(\xi_1,\xi_2,\cdots,\xi_{n-s})(f_{ij})_{(n-r)\times s},$$

取 $F=(f_{ij})_{(n-r)\times s}$ 即可。

充分性。如果 $D=GF$，则 D 的列向量是 G 的列向量的线性组合，又 G 的列向量为 $AX_{n\times 1}=0$ 的解，所以 D 的任一列向量为 $AX_{n\times 1}=0$ 的解，故 $AD=O$。

3.3　练习题

1. 设 A 为 n 阶矩阵，$AA^{\mathrm T}=E_n$，$|A|<0$，求 $|A+E_n|$。

2. 设 A,B 为同阶矩阵。

(1)求证：$\begin{vmatrix}A & B\\ B & A\end{vmatrix}=|A+B|\cdot|A-B|$。

(2)若 $A+B,A-B$ 可逆，则 $\begin{pmatrix}A & B\\ B & A\end{pmatrix}$ 可逆并求其逆。

3. 设 A 为数域 P 上 n 阶可逆矩阵，$G=\begin{pmatrix}A & B\\ C & D\end{pmatrix}$。则

$$r(\boldsymbol{G})=r(\boldsymbol{A})+r(\boldsymbol{D}-\boldsymbol{C}\boldsymbol{A}^{-1}\boldsymbol{B})。$$

4.(浙江大学)设 $\boldsymbol{A},\boldsymbol{B}$ 均为数域 P 上的 n 阶矩阵,且 $r(\boldsymbol{A})+r(\boldsymbol{B})\leqslant n$。求证:存在 n 阶矩阵 $\boldsymbol{M}$,使得 $\boldsymbol{AMB}=\boldsymbol{O}$。

5.(华中师范大学)(1)设 $\boldsymbol{A},\boldsymbol{B}$ 均为 n 阶矩阵,且 $\boldsymbol{AB}=\boldsymbol{O}$,则 $r(\boldsymbol{BA})\leqslant\left[\frac{n}{2}\right]$,其中 $\left[\frac{n}{2}\right]$ 表示不超过 $\frac{n}{2}$ 的最大整数。

(2)对任一正整数 n,都存在 n 阶矩阵 $\boldsymbol{A},\boldsymbol{B}$,满足 $\boldsymbol{AB}=\boldsymbol{O}$,而 $r(\boldsymbol{BA})=\left[\frac{n}{2}\right]$。且 $\boldsymbol{AB}=\boldsymbol{O}$,则 $r(\boldsymbol{BA})\leqslant\left[\frac{n}{2}\right]$,其中 $\left[\frac{n}{2}\right]$ 表示不超过 $\frac{n}{2}$ 的最大整数。

6.设 $\boldsymbol{A}$ 是 n 阶矩阵。求证:$r(\boldsymbol{AB}+\boldsymbol{A}+\boldsymbol{B})\leqslant r(\boldsymbol{A})+r(\boldsymbol{B})$。

7.求证:任意 n 阶实矩阵 $\boldsymbol{A}$ 为反对称矩阵的充要条件是 $\boldsymbol{A}\boldsymbol{A}^{\mathrm{T}}=-\boldsymbol{A}^2$。

8.求证:对任意 n 阶矩阵 $\boldsymbol{A},\boldsymbol{B}$,都有 $\boldsymbol{AB}-\boldsymbol{BA}\neq\boldsymbol{E}$。

9.设 $\boldsymbol{A}$ 为 n 阶矩阵,且 $\boldsymbol{A}^2+\boldsymbol{A}=2\boldsymbol{E}$,其中 $\boldsymbol{E}$ 为 n 阶单位矩阵。求证:

$$r(\boldsymbol{A}-\boldsymbol{E})+r(\boldsymbol{A}+2\boldsymbol{E})=n,$$

其中,$r(\boldsymbol{A})$ 表示矩阵 $\boldsymbol{A}$ 的秩。

第 4 章　线性方程组

4.1　基础知识

§1　消元法和线性方程组的初等变换

1. 消元法

(1)一般线性方程组是指形式为

$$\begin{cases} a_{11}x_1 + a_{12}x_2 + \cdots + a_{1n}x_n = b_1, \\ a_{21}x_1 + a_{22}x_2 + \cdots + a_{2n}x_n = b_2, \\ \cdots\cdots \\ a_{s1}x_1 + a_{s2}x_2 + \cdots + a_{sn}x_n = b_s, \end{cases} \tag{4-1}$$

的方程组，其中 $x_1,x_2,\cdots,x_n$ 代表 n 个未知量，s 是方程的个数，a_{ij} $(i=1,2,\cdots,s;\ j=1,2,\cdots,n)$ 称为线性方程组的系数，$b_j\,(j=1,2,\cdots,s)$ 称为常数项。方程组中未知量的个数 n 与方程的个数 s 不一定相等。系数 a_{ij} 的第一个指标 i 表示它在第 i 个方程，第二个指标 j 表示 a_{ij} 是 x_j 的系数。

(2)方程组(4-1)的一个解就是指由 n 个数 $k_1,k_2,\cdots,k_n$ 组成的有序数组 $(k_1,k_2,\cdots,k_n)$，当 $x_1,x_2,\cdots,x_n$ 分别用 $k_1,k_2,\cdots,k_n$ 代入后，式(4-1)中每个等式都变成恒等式。方程组(4-1)的解的全体称为它的解集合。

2. 线性方程组的初等变换

(1)线性方程组的初等变换

1)用一非零数乘某一方程；

2)把一个方程的倍数加到另一个方程；

3)互换两个方程的位置。

(2)用消元法求解线性方程组的过程

首先用初等变换化线性方程组为阶梯形方程组，把最后的一些恒等式“0=0”(如果出现的话)去掉。如果剩下的方程当中最后的一个等式是零等于一非零的数，那么方程组无解，否则有解。在有解的情况下，如果阶梯形方程组中方程的个数 r 等于未知量的个数，那么方程组有唯一解；如果阶梯形方程组中方程的个数 r 小于未知量的个数，那么方程组就有无穷多个解。

(3)消元法解线性方程组的理论根据是：线性方程组经初等变换得到同解的线性方程组。

(4)使用消元法解线性方程组可以在线性方程组的增广矩阵(由方程组的系数与右端常数项构成的矩阵)上进行,即对增广矩阵的行施行矩阵的相应的初等行变换化为阶梯形矩阵,此时就可以判别方程组有解还是无解,在有解的情形,回到阶梯形方程组去解。

(5)在齐次线性方程组

$$\begin{cases} a_{11}x_1+a_{12}x_2+\cdots+a_{1n}x_n=0, \\ a_{21}x_1+a_{22}x_2+\cdots+a_{2n}x_n=0, \\ \cdots\cdots \\ a_{s1}x_1+a_{s2}x_2+\cdots+a_{sn}x_n=0, \end{cases} \qquad (4-2)$$

中,如果 $s<n$,那么齐次线性方程组(4—2)必有非零解。

§2　*n* 维向量空间

1. *n* 维向量的概念

(1)数域 P 上一个 n 维向量就是由数域 P 中 n 个数组成的有序数组

$$(a_1,a_2,\cdots,a_n), \qquad (4-3)$$

a_i 称为向量(4—3)的分量。

(2)如果 n 维向量

$$\boldsymbol{\alpha}=(a_1,a_2,\cdots,a_n),\boldsymbol{\beta}=(b_1,b_2,\cdots,b_n),$$

的对应分量都相等,即

$$a_i=b_i(i=1,2,\cdots,n),$$

就称这两个向量是相等的,记作 $\boldsymbol{\alpha}=\boldsymbol{\beta}$ 。

2. *n* 维向量的运算

(1)向量

$$\boldsymbol{\gamma}=(a_1+b_1,a_2+b_2,\cdots,a_n+b_n),$$

称为向量

$$\boldsymbol{\alpha}=(a_1,a_2,\cdots,a_n),\boldsymbol{\beta}=(b_1,b_2,\cdots,b_n)$$

的和,记为

$$\boldsymbol{\gamma}=\boldsymbol{\alpha}+\boldsymbol{\beta} 。$$

(2)分量全为零的向量

$$(0,0,\cdots,0),$$

称为零向量,记为 0;向量 $(-a_1,-a_2,\cdots,-a_n)$ 称为向量 $\boldsymbol{\alpha}=(a_1,a_2,\cdots,a_n)$ 的负向量,记为 $-\boldsymbol{\alpha}$ 。

(3) $\boldsymbol{\alpha}-\boldsymbol{\beta}=\boldsymbol{\alpha}+(-\boldsymbol{\beta})$ 。

(4)设 k 为数域 P 中的数,向量

$$(ka_1,ka_2,\cdots,ka_n),$$

称为向量 $\boldsymbol{\alpha}=(a_1,a_2,\cdots,a_n)$ 与数 k 的数量乘积，记为 $k\boldsymbol{\alpha}$ 。

(5) n 维向量的运算规则

1) $\boldsymbol{\alpha}+\boldsymbol{\beta}=\boldsymbol{\beta}+\boldsymbol{\alpha}$;

2) $\boldsymbol{\alpha}+(\boldsymbol{\beta}+\boldsymbol{\gamma})=(\boldsymbol{\alpha}+\boldsymbol{\beta})+\boldsymbol{\gamma}$;

3) $\boldsymbol{\alpha}+\boldsymbol{0}=\boldsymbol{\alpha}$;

4) $\boldsymbol{\alpha}+(-\boldsymbol{\alpha})=\boldsymbol{0}$;

5) $k(\boldsymbol{\alpha}+\boldsymbol{\beta})=k\boldsymbol{\alpha}+k\boldsymbol{\beta}$;

6) $(k+l)\boldsymbol{\alpha}=k\boldsymbol{\alpha}+l\boldsymbol{\alpha}$;

7) $k(l\boldsymbol{\alpha})=(kl)\boldsymbol{\alpha}$;

8) $1\boldsymbol{\alpha}=\boldsymbol{\alpha}$ 。

(6) n 维向量的运算性质

1) $0\boldsymbol{\alpha}=\boldsymbol{0}$;

2) $(-1)\boldsymbol{\alpha}=-\boldsymbol{\alpha}$;

3) $k\boldsymbol{0}=\boldsymbol{0}$;

4)如果 $k\neq 0,\boldsymbol{\alpha}\neq\boldsymbol{0}$,那么 $k\boldsymbol{\alpha}\neq\boldsymbol{0}$。

(7)设 V 是数域 P 上 n 维向量的非空集合，如果对任意 $\boldsymbol{\alpha},\boldsymbol{\beta}\in V$ 和 $k\in P$ ，有 $\boldsymbol{\alpha}+\boldsymbol{\beta}\in V$ 和 $k\boldsymbol{\alpha}\in V$ ，则称 V 为数域 P 上的 n 维向量空间。

§3 线性相关性

1. 线性相关与线性无关的相关概念

(1)设 $\boldsymbol{\alpha}_1,\boldsymbol{\alpha}_2,\cdots,\boldsymbol{\alpha}_s,\boldsymbol{\beta}$ 是数域 P 上的 n 维向量，若存在数域 P 中的数 $k_1,k_2,\cdots,k_s$ ，使得 $\boldsymbol{\beta}=k_1\boldsymbol{\alpha}_1+k_2\boldsymbol{\alpha}_2+\cdots+k_s\boldsymbol{\alpha}_s$ ，则称 $\boldsymbol{\beta}$ 是 $\boldsymbol{\alpha}_1,\boldsymbol{\alpha}_2,\cdots,\boldsymbol{\alpha}_s$ 的线性组合，或说 $\boldsymbol{\beta}$ 可由向量组 $\boldsymbol{\alpha}_1,\boldsymbol{\alpha}_2,\cdots,\boldsymbol{\alpha}_s$ 线性表出。

(2)若向量组 $\boldsymbol{\alpha}_1,\boldsymbol{\alpha}_2,\cdots,\boldsymbol{\alpha}_s$ 中的每个向量都可由向量组 $\boldsymbol{\beta}_1,\boldsymbol{\beta}_2,\cdots,\boldsymbol{\beta}_t$ 线性表出，则称向量组 $\boldsymbol{\alpha}_1,\boldsymbol{\alpha}_2,\cdots,\boldsymbol{\alpha}_s$ 可由向量组 $\boldsymbol{\beta}_1,\boldsymbol{\beta}_2,\cdots,\boldsymbol{\beta}_t$ 线性表出，若两个向量组可以互相线性表出，则称它们是等价的。

(3)向量组的等价是一个等价关系。

(4)若存在不全为零的数 $k_1,k_2,\cdots,k_s$ ，使

$$k_1\boldsymbol{\alpha}_1+k_2\boldsymbol{\alpha}_2+\cdots+k_s\boldsymbol{\alpha}_s=\boldsymbol{0},\tag{4-4}$$

其中 $k_i\in P$ ，$i=1,2,\cdots,s$ ，则称向量组 $\boldsymbol{\alpha}_1,\boldsymbol{\alpha}_2,\cdots,\boldsymbol{\alpha}_s$ 在数域 P 上线性相关；否则称其在 P 上线性无关。

注 令 $\boldsymbol{A}=(\boldsymbol{\alpha}_1,\boldsymbol{\alpha}_2,\cdots,\boldsymbol{\alpha}_s)$ ，其中 $\boldsymbol{A}$ 是 $n\times s$ 矩阵，$\boldsymbol{\alpha}_i$ 为 n 维列向量，且 $\boldsymbol{x}=(x_1,x_2,\cdots,x_n)^{\mathrm{T}}$，那么式(4-4)可改为 $\boldsymbol{Ax}=\boldsymbol{0}$。因此

$\boldsymbol{\alpha}_1,\boldsymbol{\alpha}_2,\cdots,\boldsymbol{\alpha}_s$ 线性相关当且仅当 $\boldsymbol{Ax}=\boldsymbol{0}$ 有非零解当且仅当 $r(\boldsymbol{A})<s$ 。

$\boldsymbol{\alpha}_1,\boldsymbol{\alpha}_2,\cdots,\boldsymbol{\alpha}_s$ 线性无关当且仅当 $\boldsymbol{Ax}=\boldsymbol{0}$ 只有零解当且仅当 $r(\boldsymbol{A})=s$ 。

(5) n 维单位向量 $\boldsymbol{\varepsilon}_1=(1,0,\cdots,0),\boldsymbol{\varepsilon}_2=(0,1,\cdots,0),\cdots,\boldsymbol{\varepsilon}_n=(0,0,\cdots,1)$ 线性无关，且任何 n 维向量都可由它线性表出。

2. 线性相关与线性无关的相关结论

(1)向量组 $\boldsymbol{\alpha}_1,\boldsymbol{\alpha}_2,\cdots,\boldsymbol{\alpha}_s\ (s\geqslant 2)$ 线性相关的充分必要条件是 $\boldsymbol{\alpha}_1,\boldsymbol{\alpha}_2,\cdots,\boldsymbol{\alpha}_s$ 中有一个向量可以被其余的向量线性表出。

(2)设 $\boldsymbol{\alpha}_1,\boldsymbol{\alpha}_2,\cdots,\boldsymbol{\alpha}_s$ 与 $\boldsymbol{\beta}_1,\boldsymbol{\beta}_2,\cdots,\boldsymbol{\beta}_t$ 是两个向量组，若

1)向量组 $\boldsymbol{\alpha}_1,\boldsymbol{\alpha}_2,\cdots,\boldsymbol{\alpha}_s$ 可由 $\boldsymbol{\beta}_1,\boldsymbol{\beta}_2,\cdots,\boldsymbol{\beta}_t$ 线性表出；

2) $s>t$ ；

则向量组 $\boldsymbol{\alpha}_1,\boldsymbol{\alpha}_2,\cdots,\boldsymbol{\alpha}_s$ 线性相关。

(3)设有向量组

$$\boldsymbol{\alpha}_1,\boldsymbol{\alpha}_2,\cdots,\boldsymbol{\alpha}_s, \tag{4-5}$$

$$\boldsymbol{\beta}_1,\boldsymbol{\beta}_2,\cdots,\boldsymbol{\beta}_t, \tag{4-6}$$

式(4—5)中每一个 $\boldsymbol{\alpha}_i$ 可由(4—6)中的向量 $\boldsymbol{\beta}_j$ 线性表出且(4—5)向量组线性无关，则

1) $s\leqslant t$ ；

2)必要时可对(4—6)中向量重新编号，使得用 $\boldsymbol{\alpha}_1,\boldsymbol{\alpha}_2,\cdots,\boldsymbol{\alpha}_s$ 替换 $\boldsymbol{\beta}_1,\boldsymbol{\beta}_2,\cdots,\boldsymbol{\beta}_s$ 后所得向量组

$$\boldsymbol{\alpha}_1,\boldsymbol{\alpha}_2,\cdots,\boldsymbol{\alpha}_s,\boldsymbol{\beta}_{s+1},\cdots,\boldsymbol{\beta}_t,$$

与式(4—6)等价。

(4)任意 $n+1$ 个 n 维向量必线性相关。

(5)两个线性无关的等价的向量组，必含有相同个数的向量。

(6)单个向量 $\boldsymbol{\alpha}$ 线性相关当且仅当 $\boldsymbol{\alpha}=\mathbf{0}$，$\boldsymbol{\alpha}$ 线性无关当且仅当 $\boldsymbol{\alpha}\neq\mathbf{0}$。

(7)两个向量 $\boldsymbol{\alpha},\boldsymbol{\beta}$ 线性相关当且仅当它们对应的分量成比例。

(8)设 $\boldsymbol{A}=\begin{pmatrix} a_{11} & a_{12} & \cdots & a_{1n} \\ a_{21} & a_{22} & \cdots & a_{2n} \\ \vdots & \vdots & & \vdots \\ a_{n1} & a_{n2} & \cdots & a_{nn} \end{pmatrix}$ ，$\boldsymbol{\alpha}_i=(a_{i1},a_{i2},\cdots,a_{in})\ (i=1,2,\cdots,n)$ ，则

$$\boldsymbol{\alpha}_1,\boldsymbol{\alpha}_2,\cdots,\boldsymbol{\alpha}_n \text{ 线性相关当且仅当 } |\boldsymbol{A}|=0,$$

$$\boldsymbol{\alpha}_1,\boldsymbol{\alpha}_2,\cdots,\boldsymbol{\alpha}_n \text{ 线性无关当且仅当 } |\boldsymbol{A}|\neq 0.$$

(9)若 $\boldsymbol{\alpha}_1,\boldsymbol{\alpha}_2,\cdots,\boldsymbol{\alpha}_s$ 线性相关，则 $\boldsymbol{\alpha}_1,\boldsymbol{\alpha}_2,\cdots,\boldsymbol{\alpha}_s,\boldsymbol{\beta}_1,\boldsymbol{\beta}_2,\cdots,\boldsymbol{\beta}_m$ 也线性相关。

(10)若 $\boldsymbol{\alpha}_1,\boldsymbol{\alpha}_2,\cdots,\boldsymbol{\alpha}_s,\boldsymbol{\beta}_1,\boldsymbol{\beta}_2,\cdots,\boldsymbol{\beta}_m$ 线性无关，则 $\boldsymbol{\alpha}_1,\boldsymbol{\alpha}_2,\cdots,\boldsymbol{\alpha}_s$ 也线性无关。

(11)设 $\boldsymbol{\alpha}_i=(a_{i1},a_{i2},\cdots,a_{in})$ ，$\boldsymbol{\beta}_i=(a_{i1},a_{i2},\cdots,a_{in},b_{i1},b_{i2},\cdots,b_{it})$ ，$i=1,2,\cdots,s$。

1)若 $\boldsymbol{\beta}_1,\boldsymbol{\beta}_2,\cdots,\boldsymbol{\beta}_s$ 线性相关，则 $\boldsymbol{\alpha}_1,\boldsymbol{\alpha}_2,\cdots,\boldsymbol{\alpha}_s$ 也线性相关；

2)若 $\boldsymbol{\alpha}_1,\boldsymbol{\alpha}_2,\cdots,\boldsymbol{\alpha}_s$ 线性无关，则 $\boldsymbol{\beta}_1,\boldsymbol{\beta}_2,\cdots,\boldsymbol{\beta}_s$ 也线性无关。

(12)若 $\boldsymbol{\alpha}_1,\boldsymbol{\alpha}_2,\cdots,\boldsymbol{\alpha}_m$ 线性无关，$\boldsymbol{\alpha}_1,\boldsymbol{\alpha}_2,\cdots,\boldsymbol{\alpha}_m,\boldsymbol{\beta}$ 线性相关，则 $\boldsymbol{\beta}$ 可由 $\boldsymbol{\alpha}_1,\boldsymbol{\alpha}_2,\cdots,\boldsymbol{\alpha}_m$ 唯一线性表出。

3. 向量组的极大线性无关组与秩

(1)若向量组 $\boldsymbol{\alpha}_1,\boldsymbol{\alpha}_2,\cdots,\boldsymbol{\alpha}_n$ 中有部分组 $\boldsymbol{\alpha}_{j1},\boldsymbol{\alpha}_{j2},\cdots,\boldsymbol{\alpha}_{jr}$ 满足

1) $\boldsymbol{\alpha}_{j1},\boldsymbol{\alpha}_{j2},\cdots,\boldsymbol{\alpha}_{jr}$ 线性无关；

2)每个 $\boldsymbol{\alpha}_i$ $(1\leqslant i\leqslant n)$ 都可由 $\boldsymbol{\alpha}_{j1},\boldsymbol{\alpha}_{j2},\cdots,\boldsymbol{\alpha}_{jr}$ 线性表出，则称 $\boldsymbol{\alpha}_{j1},\boldsymbol{\alpha}_{j2},\cdots,\boldsymbol{\alpha}_{jr}$ 为 $\boldsymbol{\alpha}_1,\boldsymbol{\alpha}_2,\cdots,\boldsymbol{\alpha}_n$ 的一个极大线性无关组。

(2)极大线性无关组的性质

1)向量组的极大线性无关组以外的向量都可以由极大线性无关组线性表出；

2)向量组的极大线性无关组与向量组等价；

3)一个线性无关的向量组的极大线性无关组是它本身；

4)向量组的极大线性无关组不唯一；

5)向量组的任意两个极大线性无关组等价；

6)向量组的极大线性无关组都含有相同个数的向量。

(3)设 $\boldsymbol{\alpha}_1,\boldsymbol{\alpha}_2,\cdots,\boldsymbol{\alpha}_n$ 是含有非零向量的一个向量组，则其中一个极大线性无关组中所含的向量的个数称为此向量组的秩。

(4)向量组 $\boldsymbol{\alpha}_1,\boldsymbol{\alpha}_2,\cdots,\boldsymbol{\alpha}_n$ 的秩为 n 的充分必要条件为 $\boldsymbol{\alpha}_1,\boldsymbol{\alpha}_2,\cdots,\boldsymbol{\alpha}_n$ 线性无关。

(5)两个等价的向量组具有相同的秩。

(6)若 $(\boldsymbol{\beta}_1,\boldsymbol{\beta}_2,\cdots,\boldsymbol{\beta}_m)=(\boldsymbol{\alpha}_1,\boldsymbol{\alpha}_2,\cdots,\boldsymbol{\alpha}_s)\boldsymbol{A}$，其中 $\boldsymbol{A}$ 是 $s\times m$ 矩阵，若 $\boldsymbol{\alpha}_1,\boldsymbol{\alpha}_2,\cdots,\boldsymbol{\alpha}_s$ 线性无关，则 $r(\boldsymbol{\beta}_1,\boldsymbol{\beta}_2,\cdots,\boldsymbol{\beta}_m)=r(\boldsymbol{A})$。

§4　线性方程组有解判别定理

1. 线性方程组的表述形式

(1)标准型

$$\begin{cases} a_{11}x_1+a_{12}x_2+\cdots+a_{1n}x_n=b_1, \\ a_{21}x_1+a_{22}x_2+\cdots+a_{2n}x_n=b_2, \\ \cdots\cdots \\ a_{m1}x_1+a_{m2}x_2+\cdots+a_{mn}x_n=b_m。\end{cases} \tag{4-7}$$

(2)矩阵型

令 $\boldsymbol{A}=(a_{ij})_{m\times n}$，$\boldsymbol{x}=(x_1,x_2,\cdots,x_n)^{\mathrm{T}}$，$\boldsymbol{\beta}=(b_1,b_2,\cdots,b_n)^{\mathrm{T}}$，则方程组(4－7)可表述为

$$\boldsymbol{A}\boldsymbol{x}=\boldsymbol{\beta}。\tag{4-8}$$

(3)列向量型

令

$$\boldsymbol{\alpha}_1=\begin{pmatrix}a_{11}\\a_{21}\\\vdots\\a_{m1}\end{pmatrix},\boldsymbol{\alpha}_2=\begin{pmatrix}a_{12}\\a_{22}\\\vdots\\a_{m2}\end{pmatrix},\cdots,\boldsymbol{\alpha}_n=\begin{pmatrix}a_{1n}\\a_{2n}\\\vdots\\a_{mn}\end{pmatrix},\boldsymbol{\beta}=\begin{pmatrix}b_1\\b_2\\\vdots\\b_n\end{pmatrix},$$

则方程组(4—7)又可表述为

$$x_1\boldsymbol{\alpha}_1+x_2\boldsymbol{\alpha}_2+\cdots+x_n\boldsymbol{\alpha}_n=\boldsymbol{\beta}\ 。$$

(4)行向量型

方程组(4—7)还可表述为

$$x_1\boldsymbol{\alpha}_1^{\mathrm{T}}+x_2\boldsymbol{\alpha}_2^{\mathrm{T}}+\cdots+x_n\boldsymbol{\alpha}_n^{\mathrm{T}}=\boldsymbol{\beta}^{\mathrm{T}}\ 。$$

(5)在方程组(4—8)中,若 $\boldsymbol{\beta}=\mathbf{0}$,即 $\boldsymbol{Ax}=\mathbf{0}$,则其称为齐次线性方程组;若 $\boldsymbol{\beta}\neq\mathbf{0}$,称其为非齐次线性方程组。

(6)在方程组(4—8)中,称 $\overline{\boldsymbol{A}}=(\boldsymbol{A},\boldsymbol{\beta})$ 为(4—8)的增广矩阵。

2. 线性方程组有解判别定理

(1)线性方程组(4—7)有解的充要条件为它的系数矩阵

$$\boldsymbol{A}=\begin{pmatrix}a_{11} & a_{12} & \cdots & a_{1n}\\ a_{21} & a_{22} & \cdots & a_{2n}\\ \vdots & \vdots & & \vdots\\ a_{m1} & a_{m2} & \cdots & a_{mn}\end{pmatrix}$$

与增广矩阵

$$\overline{\boldsymbol{A}}=\begin{pmatrix}a_{11} & a_{12} & \cdots & a_{1n} & b_1\\ a_{21} & a_{22} & \cdots & a_{2n} & b_2\\ \vdots & \vdots & & \vdots & \vdots\\ a_{m1} & a_{m2} & \cdots & a_{mn} & b_m\end{pmatrix}$$

有相同的秩。

(2)在方程组(4—8)中,若 $\boldsymbol{A}$ 为 $m\times n$ 矩阵,则方程组(4—8)的解的情况如下

1)当 $r(\overline{\boldsymbol{A}})=r(\boldsymbol{A})=n$ 时,方程组(4—8)有唯一解;

2)当 $r(\overline{\boldsymbol{A}})=r(\boldsymbol{A})<n$ 时,方程组(4—8)有无穷多个解;

3)当 $r(\overline{\boldsymbol{A}})\neq r(\boldsymbol{A})$ 时,方程组(4—8)无解。

(3)在齐次线性方程组 $\boldsymbol{Ax}=\mathbf{0}$ 中,$\boldsymbol{A}$ 为 $m\times n$ 矩阵,其解的情况如下

1)当 $r(\boldsymbol{A})=n$ 时,方程组 $\boldsymbol{Ax}=\mathbf{0}$ 有唯一零解;

2)当 $r(\boldsymbol{A})<n$ 时,方程组 $\boldsymbol{Ax}=\mathbf{0}$ 有无穷多个解,从而方程组 $\boldsymbol{Ax}=\mathbf{0}$ 有非零解。

(4)解线性方程组 $\boldsymbol{Ax}=\boldsymbol{\beta}$ 的步骤

1)对增广矩阵 $\overline{\boldsymbol{A}}$ 施行行初等变换,将 $\overline{\boldsymbol{A}}$ 化成阶梯形矩阵 $\overline{\boldsymbol{B}}$(阶梯形矩阵不唯一);

2)由 $\overline{\boldsymbol{B}}$ 可知 $r(\boldsymbol{A})$ 与 $r(\overline{\boldsymbol{A}})$ 是否相等,从而判断原方程组是否有解,及判断有唯一解或有无穷多解;

3)解出以 $\overline{\boldsymbol{B}}$ 为增广矩阵的线性方程组(它与原方程组同解)。在有解时,一般继续将阶梯形矩阵 $\overline{\boldsymbol{B}}$ 通过行初等变换化为行最简形矩阵。所谓行最简形矩阵是指这样的矩阵,其每个非

零行的首非零元为 1,各行的首非零元的列标递增,零行在所有非零行的下方。注意当方程组有无穷多解时,必有 $x_{r+1},x_{r+2},\cdots,x_n$,使得 $x_1,x_2,\cdots,x_r$ 可以被这 $n-r(\boldsymbol{A})$ 个未知量表示,这 $n-r(\boldsymbol{A})$ 个未知量称为自由未知量。

§5 线性方程组解的结构

1. 齐次线性方程组的解的结构

(1)齐次线性方程组 $\boldsymbol{Ax}=\boldsymbol{0}$ 的一组解向量 $\boldsymbol{\eta}_1,\boldsymbol{\eta}_2,\cdots,\boldsymbol{\eta}_t$ 称为 $\boldsymbol{Ax}=\boldsymbol{0}$ 的一个基础解系,若

1) $\boldsymbol{\eta}_1,\boldsymbol{\eta}_2,\cdots,\boldsymbol{\eta}_t$ 线性无关;

2)它的任意解向量都能表成 $\boldsymbol{\eta}_1,\boldsymbol{\eta}_2,\cdots,\boldsymbol{\eta}_t$ 的线性组合。

(2)齐次线性方程组的解所构成的集合具有下面两个重要性质:

1)两个解的和还是方程组的解;

2)一个解的倍数还是方程组的解。

注 齐次线性方程组解的线性组合还是它的解,即齐次线性方程组的解向量构成一个向量空间。

(3)在齐次线性方程组有非零解的情况下,它有基础解系,并且基础解系所含解的个数为 $n-r$,其中 n 是未知量的个数,r 是系数矩阵的秩。

(4)齐次线性方程组的解的结构

齐次线性方程组的一般解为

$$\boldsymbol{\eta}=k_1\boldsymbol{\eta}_1+k_2\boldsymbol{\eta}_2+\cdots+k_{n-r}\boldsymbol{\eta}_{n-r}\quad(k_1,k_2,\cdots,k_{n-r}\in P),$$

其中,$\boldsymbol{\eta}_1,\boldsymbol{\eta}_2,\cdots,\boldsymbol{\eta}_{n-r}$ 是齐次线性方程组的一个基础解系。

2. 非齐次线性方程组的解的结构

(1)称齐次线性方程组 $\boldsymbol{Ax}=\boldsymbol{0}$ 为非齐次线性方程组 $\boldsymbol{Ax}=\boldsymbol{\beta}$ 的导出组。

(2)非齐次线性方程组的解与它的导出组的解之间有密切的关系

1)非齐次线性方程组的两个解的差是它的导出组的解;

2)非齐次线性方程组的一个解与它的导出组的一个解之和还是这个非齐次线性方程组的一个解。

注 非齐次线性方程组的两个解之和与一个解的倍数一般不再是该非齐次线性方程组的解。

(3)非齐次线性方程组的解的结构:如果 $\boldsymbol{\gamma}_0$ 是非齐次线性方程组 $\boldsymbol{Ax}=\boldsymbol{\beta}$ 的一个特解,那么非齐次线性方程组 $\boldsymbol{Ax}=\boldsymbol{\beta}$ 的任一个解 $\boldsymbol{\gamma}$ 都可以表成

$$\boldsymbol{\gamma}=\boldsymbol{\gamma}_0+\boldsymbol{\eta}\tag{4-9}$$

其中,$\boldsymbol{\eta}$ 是导出组 $\boldsymbol{Ax}=\boldsymbol{0}$ 的一个解。因此,对于非齐次线性方程组 $\boldsymbol{Ax}=\boldsymbol{\beta}$ 的任一个特解 $\boldsymbol{\gamma}_0$,当 $\boldsymbol{\eta}$ 取遍它的导出组的全部解时,式(4-9)就给出 $\boldsymbol{Ax}=\boldsymbol{\beta}$ 的全部解。

(4)在非齐次线性方程组 $\boldsymbol{Ax}=\boldsymbol{\beta}$ 有解的条件下,解唯一的充分必要条件是它的导出组 $\boldsymbol{Ax}=\boldsymbol{0}$ 只有零解。

4.2　典型问题解析

1. 若 $\boldsymbol{\alpha}_1,\boldsymbol{\alpha}_2,\cdots,\boldsymbol{\alpha}_r$ 线性无关，则 $\boldsymbol{\alpha}_1,\boldsymbol{\alpha}_2,\cdots,\boldsymbol{\alpha}_r,\boldsymbol{\beta}$ 线性相关的充分必要条件为 $\boldsymbol{\beta}$ 被 $\boldsymbol{\alpha}_1,\boldsymbol{\alpha}_2,\cdots,\boldsymbol{\alpha}_r$ 线性表出。

证明　充分性易证。

必要性。设存在 $k_1,k_2,\cdots,k_r,l$ 不全为 0，使得

$$k_1\boldsymbol{\alpha}_1+k_2\boldsymbol{\alpha}_2+\cdots+k_r\boldsymbol{\alpha}_r+l\boldsymbol{\beta}=\mathbf{0}。$$

若 $l=0$，则 $k_1,k_2,\cdots,k_r$ 不全为 0，这与 $\boldsymbol{\alpha}_1,\boldsymbol{\alpha}_2,\cdots,\boldsymbol{\alpha}_r$ 线性无关矛盾。因此 $l\neq 0$，故

$$\boldsymbol{\beta}=-\frac{k_1}{l}\boldsymbol{\alpha}_1-\frac{k_2}{l}\boldsymbol{\alpha}_2-\cdots-\frac{k_r}{l}\boldsymbol{\alpha}_r。$$

2. 设 $\boldsymbol{\alpha}_1,\boldsymbol{\alpha}_2,\cdots,\boldsymbol{\alpha}_n$ 为一向量组。

(1)若 $\boldsymbol{\alpha}_1+\boldsymbol{\alpha}_2,\boldsymbol{\alpha}_2+\boldsymbol{\alpha}_3,\cdots,\boldsymbol{\alpha}_{n-1}+\boldsymbol{\alpha}_n,\boldsymbol{\alpha}_n+\boldsymbol{\alpha}_1$ 线性无关，则 $\boldsymbol{\alpha}_1,\boldsymbol{\alpha}_2,\cdots,\boldsymbol{\alpha}_n$ 线性无关。

(2)若 $\boldsymbol{\alpha}_1,\boldsymbol{\alpha}_2,\cdots,\boldsymbol{\alpha}_n$ 线性无关，则 $\boldsymbol{\alpha}_1+\boldsymbol{\alpha}_2,\boldsymbol{\alpha}_2+\boldsymbol{\alpha}_3,\cdots,\boldsymbol{\alpha}_{n-1}+\boldsymbol{\alpha}_n$，$\boldsymbol{\alpha}_n+\boldsymbol{\alpha}_1$ 线性无关的充分必要条件为 n 为奇数。

证明　显然

$$(\boldsymbol{\alpha}_1+\boldsymbol{\alpha}_2,\boldsymbol{\alpha}_2+\boldsymbol{\alpha}_3,\cdots,\boldsymbol{\alpha}_{n-1}+\boldsymbol{\alpha}_n,\boldsymbol{\alpha}_n+\boldsymbol{\alpha}_1)=(\boldsymbol{\alpha}_1,\boldsymbol{\alpha}_2,\cdots,\boldsymbol{\alpha}_n)\boldsymbol{A},\qquad(4-10)$$

其中，

$$\boldsymbol{A}=\begin{pmatrix}1&0&0&\cdots&0&1\\1&1&0&\cdots&0&0\\0&1&1&\cdots&0&0\\\vdots&\vdots&\vdots&&\vdots&\vdots\\0&0&0&\cdots&1&0\\0&0&0&\cdots&0&1\end{pmatrix}。$$

(1)由式(4－10)知 $\boldsymbol{\alpha}_1+\boldsymbol{\alpha}_2,\boldsymbol{\alpha}_2+\boldsymbol{\alpha}_3,\cdots,\boldsymbol{\alpha}_{n-1}+\boldsymbol{\alpha}_n,\boldsymbol{\alpha}_n+\boldsymbol{\alpha}_1$ 被 $\boldsymbol{\alpha}_1,\boldsymbol{\alpha}_2,\cdots,\boldsymbol{\alpha}_n$ 线性表出，故

$$r(\boldsymbol{\alpha}_1,\boldsymbol{\alpha}_2,\cdots,\boldsymbol{\alpha}_n)\geqslant r(\boldsymbol{\alpha}_1+\boldsymbol{\alpha}_2,\boldsymbol{\alpha}_2+\boldsymbol{\alpha}_3,\cdots,\boldsymbol{\alpha}_{n-1}+\boldsymbol{\alpha}_n,\boldsymbol{\alpha}_n+\boldsymbol{\alpha}_1)=n,$$

因此 $r(\boldsymbol{\alpha}_1,\boldsymbol{\alpha}_2,\cdots,\boldsymbol{\alpha}_n)=n$，即 $\boldsymbol{\alpha}_1,\boldsymbol{\alpha}_2,\cdots,\boldsymbol{\alpha}_n$ 线性无关。

(2)由(4－10)知 $\boldsymbol{\alpha}_1+\boldsymbol{\alpha}_2,\boldsymbol{\alpha}_2+\boldsymbol{\alpha}_3,\cdots,\boldsymbol{\alpha}_{n-1}+\boldsymbol{\alpha}_n,\boldsymbol{\alpha}_n+\boldsymbol{\alpha}_1$ 被 $\boldsymbol{\alpha}_1,\boldsymbol{\alpha}_2,\cdots,\boldsymbol{\alpha}_n$ 线性表出，由于 $\boldsymbol{\alpha}_1,\boldsymbol{\alpha}_2,\cdots,\boldsymbol{\alpha}_n$ 线性无关，故

$$r(\boldsymbol{\alpha}_1+\boldsymbol{\alpha}_2,\boldsymbol{\alpha}_2+\boldsymbol{\alpha}_3,\cdots,\boldsymbol{\alpha}_{n-1}+\boldsymbol{\alpha}_n,\boldsymbol{\alpha}_n+\boldsymbol{\alpha}_1)=r(\boldsymbol{A})。$$

因此 $\boldsymbol{\alpha}_1+\boldsymbol{\alpha}_2,\boldsymbol{\alpha}_2+\boldsymbol{\alpha}_3,\cdots,\boldsymbol{\alpha}_{n-1}+\boldsymbol{\alpha}_n,\boldsymbol{\alpha}_n+\boldsymbol{\alpha}_1$ 线性无关当且仅当

$$|\boldsymbol{A}|=1+(-1)^{n+1}\neq 0,$$

当且仅当 n 为奇数。

3. 设 $\boldsymbol{\alpha}_1,\boldsymbol{\alpha}_2,\cdots,\boldsymbol{\alpha}_r$ 是一组线性无关的向量，$\boldsymbol{\beta}_i=\sum\limits_{j=1}^{r}a_{ij}\boldsymbol{\alpha}_j\ (i=1,2,\cdots,r)$。求证：$\boldsymbol{\beta}_1,\boldsymbol{\beta}_2,\cdots,\boldsymbol{\beta}_r$ 线性无关的充分必要条件是

$$\begin{vmatrix} a_{11} & a_{12} & \cdots & a_{1r} \\ a_{21} & a_{22} & \cdots & a_{2r} \\ \vdots & \vdots & \vdots & \vdots \\ a_{r1} & a_{r2} & \cdots & a_{rr} \end{vmatrix} \neq 0。 \qquad (4-11)$$

证明 设$k_1\boldsymbol{\beta}_1+k_2\boldsymbol{\beta}_2+\cdots+k_r\boldsymbol{\beta}_r=\mathbf{0}$,则

$$\sum_{i=1}^{r}k_i\boldsymbol{\beta}_i=\sum_{i=1}^{r}k_i(\sum_{j=1}^{r}a_{ij}\boldsymbol{\alpha}_j)=\sum_{j=1}^{r}(\sum_{i=1}^{r}k_ia_{ij})\boldsymbol{\alpha}_j=\mathbf{0}。$$

由$\boldsymbol{\alpha}_1,\boldsymbol{\alpha}_2,\cdots,\boldsymbol{\alpha}_r$线性无关知

$$\sum_{i=1}^{r}k_ia_{ij}=0 \quad (j=1,2,\cdots,r)。$$

此关于k_i的齐次线性方程组只有零解的充分必要条件是

$$\begin{vmatrix} a_{11} & a_{12} & \cdots & a_{1r} \\ a_{21} & a_{22} & \cdots & a_{2r} \\ \vdots & \vdots & \vdots & \vdots \\ a_{r1} & a_{r2} & \cdots & a_{rr} \end{vmatrix} \neq 0。$$

故$\boldsymbol{\beta}_1,\boldsymbol{\beta}_2,\cdots,\boldsymbol{\beta}_r$线性无关的充分必要条件是式(4－11)成立。

4. 已知m个向量$\boldsymbol{\alpha}_1,\boldsymbol{\alpha}_2,\cdots,\boldsymbol{\alpha}_m$线性相关,但其中任意$m-1$个都线性无关。求证：

(1)如果$k_1\boldsymbol{\alpha}_1+k_2\boldsymbol{\alpha}_2+\cdots+k_m\boldsymbol{\alpha}_m=\mathbf{0}$,则这些$k_1,k_2,\cdots,k_m$或者全为0,或者全不为0;

(2)如果存在两个等式

$$k_1\boldsymbol{\alpha}_1+k_2\boldsymbol{\alpha}_2+\cdots+k_m\boldsymbol{\alpha}_m=\mathbf{0}, \qquad (4-12)$$

$$l_1\boldsymbol{\alpha}_1+l_2\boldsymbol{\alpha}_2+\cdots+l_m\boldsymbol{\alpha}_m=\mathbf{0}, \qquad (4-13)$$

其中,$l_1\neq 0$,则

$$\frac{k_1}{l_1}=\frac{k_2}{l_2}=\cdots=\frac{k_m}{l_m}。 \qquad (4-14)$$

证明 (1)若$k_1=k_2=\cdots=k_m=0$,则证毕。否则,总有一个k_i不等于0,不失一般性,设$k_1\neq 0$,那么其余的k_i都不能等于0,否则假设有$k_i=0$,即$\sum\limits_{j\neq i}k_j\boldsymbol{\alpha}_j=\mathbf{0}$,其中$k_1\neq 0$,这与任意$m-1$个都线性无关矛盾,从而得证$k_1,k_2,\cdots,k_m$全不为0。

(2)由于$l_1\neq 0$,由(1)知,$l_1,l_2,\cdots,l_m$全不为0。

如果$k_1=k_2=\cdots=k_m=0$,则式(4－14)成立。若$k_1,k_2,\cdots,k_m$全不为0,则由$l_1\times$(4－12)$-k_1\times$(4－13)得

$$(l_1k_2-k_1l_2)\boldsymbol{\alpha}_2+(l_1k_3-k_1l_3)\boldsymbol{\alpha}_3+\cdots+(l_1k_m-k_1l_m)\boldsymbol{\alpha}_m=\mathbf{0},$$

所以

$$0=l_1k_2-k_1l_2=l_1k_3-k_1l_3=\cdots=l_1k_m-k_1l_m。$$

因此,

$$\frac{k_1}{l_1}=\frac{k_2}{l_2}=\cdots=\frac{k_m}{l_m}。$$

5. 设向量组$\boldsymbol{\alpha}_1,\boldsymbol{\alpha}_2,\cdots,\boldsymbol{\alpha}_m$线性无关,向量$\boldsymbol{\beta}_1$可由它线性表出,而向量$\boldsymbol{\beta}_2$不能由它线性表

出。求证：$\boldsymbol{\alpha}_1,\boldsymbol{\alpha}_2,\cdots,\boldsymbol{\alpha}_m,\boldsymbol{\beta}_1+\boldsymbol{\beta}_2$ 线性无关。

证明　假设 $\boldsymbol{\alpha}_1,\boldsymbol{\alpha}_2,\cdots,\boldsymbol{\alpha}_m,\boldsymbol{\beta}_1+\boldsymbol{\beta}_2$ 线性相关，则存在不全为零的数 $k_1,k_2,\cdots,k_m,k_{m+1}$，使

$$k_1\boldsymbol{\alpha}_1+\cdots+k_m\boldsymbol{\alpha}_m+k_{m+1}(\boldsymbol{\beta}_1+\boldsymbol{\beta}_2)=\mathbf{0}。\tag{4-15}$$

由 $\boldsymbol{\alpha}_1,\boldsymbol{\alpha}_2,\cdots,\boldsymbol{\alpha}_m$ 线性无关，知 $k_{m+1}\neq 0$（事实上，若 $k_{m+1}=0$，则 $k_1\boldsymbol{\alpha}_1+k_2\boldsymbol{\alpha}_2+\cdots+k_m\boldsymbol{\alpha}_m=\mathbf{0}$，而 $k_1,k_2,\cdots,k_m$ 不全为 0，从而 $\boldsymbol{\alpha}_1,\boldsymbol{\alpha}_2,\cdots,\boldsymbol{\alpha}_m$ 线性相关，矛盾）。所以由式(4—15)知

$$\boldsymbol{\beta}_2=-\boldsymbol{\beta}_1-\frac{k_1}{k_{m+1}}\boldsymbol{\alpha}_1-\cdots-\frac{k_m}{k_{m+1}}\boldsymbol{\alpha}_m。$$

又因为 $\boldsymbol{\beta}_1$ 可由 $\boldsymbol{\alpha}_1,\boldsymbol{\alpha}_2,\cdots,\boldsymbol{\alpha}_m$ 线性表出，所以 $\boldsymbol{\beta}_2$ 也可由 $\boldsymbol{\alpha}_1,\boldsymbol{\alpha}_2,\cdots,\boldsymbol{\alpha}_m$ 线性表出，与题设矛盾，因此 $\boldsymbol{\alpha}_1,\boldsymbol{\alpha}_2,\cdots,\boldsymbol{\alpha}_m,\boldsymbol{\beta}_1+\boldsymbol{\beta}_2$ 线性无关。

6. 设 $\boldsymbol{\alpha}_1,\boldsymbol{\alpha}_2,\cdots,\boldsymbol{\alpha}_m$ 线性无关，则 $\boldsymbol{\alpha}_1,\boldsymbol{\alpha}_2,\cdots,\boldsymbol{\alpha}_m,\boldsymbol{\beta}$ 线性相关的充分必要条件为 $\boldsymbol{\beta}$ 可由 $\boldsymbol{\alpha}_1,\boldsymbol{\alpha}_2,\cdots,\boldsymbol{\alpha}_m$ 唯一地线性表出。

证明　充分性易证。

必要性。设存在不全为 0 的一组数 $k_1,k_2,\cdots,k_m,k$，使

$$k_1\boldsymbol{\alpha}_1+k_2\boldsymbol{\alpha}_2+\cdots+k_m\boldsymbol{\alpha}_m+k\boldsymbol{\beta}=\mathbf{0}。\tag{4-16}$$

由于 $\boldsymbol{\alpha}_1,\boldsymbol{\alpha}_2,\cdots,\boldsymbol{\alpha}_m$ 线性无关，因此 $k\neq 0$，再由 式(4—16)知

$$\boldsymbol{\beta}=\frac{-1}{k}(k_1\boldsymbol{\alpha}_1+k_2\boldsymbol{\alpha}_2+\cdots+k_m\boldsymbol{\alpha}_m)。$$

进一步地，若存在

$$\boldsymbol{\beta}=l_1\boldsymbol{\alpha}_1+l_2\boldsymbol{\alpha}_2+\cdots+l_m\boldsymbol{\alpha}_m=s_1\boldsymbol{\alpha}_1+s_2\boldsymbol{\alpha}_2+\cdots+s_m\boldsymbol{\alpha}_m,$$

则有

$$(l_1-s_1)\boldsymbol{\alpha}_1+(l_2-s_2)\boldsymbol{\alpha}_2+\cdots+(l_m-s_m)\boldsymbol{\alpha}_m=\mathbf{0}。$$

因为 $\boldsymbol{\alpha}_1,\boldsymbol{\alpha}_2,\cdots,\boldsymbol{\alpha}_m$ 线性无关，所以

$$l_1-s_1=\cdots=l_m-s_m=0。$$

即 $\boldsymbol{\beta}$ 可由 $\boldsymbol{\alpha}_1,\boldsymbol{\alpha}_2,\cdots,\boldsymbol{\alpha}_m$ 唯一地线性表出。

7. 假设向量 $\boldsymbol{\beta}$ 可以经向量组 $\boldsymbol{\alpha}_1,\boldsymbol{\alpha}_2,\cdots,\boldsymbol{\alpha}_r$ 线性表出。求证：表示法是唯一的充分必要条件为 $\boldsymbol{\alpha}_1,\boldsymbol{\alpha}_2,\cdots,\boldsymbol{\alpha}_r$ 线性无关。

证明　必要性。反证法。假设 $\boldsymbol{\alpha}_1,\boldsymbol{\alpha}_2,\cdots,\boldsymbol{\alpha}_r$ 线性相关，那么存在不全为零的数 $l_1,l_2,\cdots,l_r$，使

$$l_1\boldsymbol{\alpha}_1+l_2\boldsymbol{\alpha}_2+\cdots+l_r\boldsymbol{\alpha}_r=\mathbf{0}。$$

设 $\boldsymbol{\beta}=k_1\boldsymbol{\alpha}_1+k_2\boldsymbol{\alpha}_2+\cdots+k_r\boldsymbol{\alpha}_r$，两式相加得

$$\boldsymbol{\beta}=(k_1+l_1)\boldsymbol{\alpha}_1+(k_2+l_2)\boldsymbol{\alpha}_2+\cdots+(k_r+l_r)\boldsymbol{\alpha}_r。$$

由 $l_1,l_2,\cdots,l_r$ 不全为零知，$\boldsymbol{\beta}$ 有两种不同的表示法，这与题设矛盾。故 $\boldsymbol{\alpha}_1,\boldsymbol{\alpha}_2,\cdots,\boldsymbol{\alpha}_r$ 线性无关。

充分性。设 $\boldsymbol{\beta}=k_1\boldsymbol{\alpha}_1+k_2\boldsymbol{\alpha}_2+\cdots+k_r\boldsymbol{\alpha}_r$，$\boldsymbol{\beta}=l_1\boldsymbol{\alpha}_1+l_2\boldsymbol{\alpha}_2+\cdots+l_r\boldsymbol{\alpha}_r$。
两式相减得

$$(k_1-l_1)\boldsymbol{\alpha}_1+(k_2-l_2)\boldsymbol{\alpha}_2+\cdots+(k_r-l_r)\boldsymbol{\alpha}_r=\mathbf{0}。$$

由 $\boldsymbol{\alpha}_1,\boldsymbol{\alpha}_2,\cdots,\boldsymbol{\alpha}_r$ 线性无关，得

$$k_1-l_1=0,k_2-l_2=0,\cdots,k_r-l_r=0\ ,$$

即

$$k_1=l_1,k_2=l_2,\cdots,k_r=l_r\ ,$$

故表示法唯一。

8. 设向量组 $\boldsymbol{\alpha}_1,\boldsymbol{\alpha}_2,\cdots,\boldsymbol{\alpha}_m$ 线性无关，向量 $\boldsymbol{\beta}_1$ 可由这向量组线性表出，而向量 $\boldsymbol{\beta}_2$ 不能由这向量组线性表出。求证：向量组 $\boldsymbol{\alpha}_1,\boldsymbol{\alpha}_2,\cdots,\boldsymbol{\alpha}_m,l\boldsymbol{\beta}_1+\boldsymbol{\beta}_2$ 必线性无关(其中 l 为常数)。

证明 令

$$k_1\boldsymbol{\alpha}_1+k_2\boldsymbol{\alpha}_2+\cdots+k_m\boldsymbol{\alpha}_m+k(l\boldsymbol{\beta}_1+\boldsymbol{\beta}_2)=\boldsymbol{0},\tag{4-17}$$

由于 $\boldsymbol{\beta}_1$ 可由 $\boldsymbol{\alpha}_1,\boldsymbol{\alpha}_2,\cdots,\boldsymbol{\alpha}_m$ 线性表出，设为

$$\boldsymbol{\beta}_1=s_1\boldsymbol{\alpha}_1+s_2\boldsymbol{\alpha}_2+\cdots+s_m\boldsymbol{\alpha}_m。\tag{4-18}$$

将式(4－18)代入式(4－17)，再整理得

$$(k_1+kls_1)\boldsymbol{\alpha}_1+(k_2+kls_2)\boldsymbol{\alpha}_2+\cdots+(k_m+kls_m)\boldsymbol{\alpha}_m+k\boldsymbol{\beta}_2=\boldsymbol{0}。$$

由于 $\boldsymbol{\beta}_2$ 不能由这向量组线性表出，故由 6 题得 $\boldsymbol{\alpha}_1,\boldsymbol{\alpha}_2,\cdots,\boldsymbol{\alpha}_m,\boldsymbol{\beta}_2$ 线性无关。故

$$\begin{cases}k_i+kls_i=0,i=1,2,\cdots,m,\\k=0。\end{cases}$$

因此

$$k_1=k_2=\cdots=k_m=k=0\ 。$$

即证 $\boldsymbol{\alpha}_1,\boldsymbol{\alpha}_2,\cdots,\boldsymbol{\alpha}_m,l\boldsymbol{\beta}_1+\boldsymbol{\beta}_2$ 必线性无关。

9. 设 $\boldsymbol{\alpha}_1,\boldsymbol{\alpha}_2,\cdots,\boldsymbol{\alpha}_m$ 线性无关，且 $\boldsymbol{\beta}_1,\boldsymbol{\beta}_2,\cdots,\boldsymbol{\beta}_s$ 可由 $\boldsymbol{\alpha}_1,\boldsymbol{\alpha}_2,\cdots,\boldsymbol{\alpha}_m$ 线性表出，即

$$(\boldsymbol{\beta}_1,\boldsymbol{\beta}_2,\cdots,\boldsymbol{\beta}_s)=(\boldsymbol{\alpha}_1,\boldsymbol{\alpha}_2,\cdots,\boldsymbol{\alpha}_m)\boldsymbol{A},\tag{4-19}$$

其中，$\boldsymbol{A}$ 是 $m\times s$ 矩阵，令 $\boldsymbol{A}=(\boldsymbol{A}_1,\boldsymbol{A}_2,\cdots,\boldsymbol{A}_s)$，其中 $\boldsymbol{A}_i\ (i=1,2,\cdots,s)$ 为 $\boldsymbol{A}$ 的列向量。求证：

(1)若 $\boldsymbol{A}_{i1},\boldsymbol{A}_{i2},\cdots,\boldsymbol{A}_{ir}$ 为 $\boldsymbol{A}_1,\boldsymbol{A}_2,\cdots,\boldsymbol{A}_s$ 的一个极大线性无关组，则 $\boldsymbol{\beta}_{i1},\boldsymbol{\beta}_{i2},\cdots,\boldsymbol{\beta}_{ir}$ 为 $\boldsymbol{\beta}_1,\boldsymbol{\beta}_2,\cdots,\boldsymbol{\beta}_s$ 的一个极大线性无关组。

(2) $r(\boldsymbol{\beta}_1,\boldsymbol{\beta}_2,\cdots,\boldsymbol{\beta}_s)=r(\boldsymbol{A})$ 。

证明 (1)先证 $\boldsymbol{\beta}_{i1},\boldsymbol{\beta}_{i2},\cdots,\boldsymbol{\beta}_{ir}$ 线性无关，由式(4－19)知

$$(\boldsymbol{\beta}_{i1},\boldsymbol{\beta}_{i2},\cdots,\boldsymbol{\beta}_{ir})=(\boldsymbol{\alpha}_1,\boldsymbol{\alpha}_2,\cdots,\boldsymbol{\alpha}_m)(\boldsymbol{A}_{i1},\boldsymbol{A}_{i2},\cdots,\boldsymbol{A}_{ir})\ 。$$

令 $k_1\boldsymbol{\beta}_{i1}+k_2\boldsymbol{\beta}_{i2}+\cdots+k_r\boldsymbol{\beta}_{ir}=\boldsymbol{0}$。那么

$$\boldsymbol{0}=(\boldsymbol{\beta}_{i1},\boldsymbol{\beta}_{i2},\cdots,\boldsymbol{\beta}_{ir})\begin{pmatrix}k_1\\k_2\\\vdots\\k_r\end{pmatrix}=[(\boldsymbol{\alpha}_1,\boldsymbol{\alpha}_2,\cdots,\boldsymbol{\alpha}_m)(\boldsymbol{A}_{i1},\boldsymbol{A}_{i2},\cdots,\boldsymbol{A}_{ir})]\begin{pmatrix}k_1\\k_2\\\vdots\\k_r\end{pmatrix}\ 。\tag{4-20}$$

因为 $\boldsymbol{\alpha}_1,\boldsymbol{\alpha}_2,\cdots,\boldsymbol{\alpha}_m$ 线性无关，由(4－20)知

$$k_1\boldsymbol{A}_{i1}+k_2\boldsymbol{A}_{i2}+\cdots+k_r\boldsymbol{A}_{ir}=\boldsymbol{0},$$

但 $\boldsymbol{A}_{i1},\boldsymbol{A}_{i2},\cdots,\boldsymbol{A}_{ir}$ 线性无关，所以 $k_1=k_2=\cdots=k_r=0$，即 $\boldsymbol{\beta}_{i1},\boldsymbol{\beta}_{i2},\cdots,\boldsymbol{\beta}_{ir}$ 线性无关。

任取 $\boldsymbol{\beta}_k$，可证 $\boldsymbol{\beta}_k$ 可由 $\boldsymbol{\beta}_{i1},\boldsymbol{\beta}_{i2},\cdots,\boldsymbol{\beta}_{ir}$ 线性表出，由式(4－19)知

$$\boldsymbol{\beta}_k=(\boldsymbol{\alpha}_1,\boldsymbol{\alpha}_2,\cdots,\boldsymbol{\alpha}_m)\boldsymbol{A}_k。\tag{4-21}$$

而 $\boldsymbol{A}_k$ 可由 $\boldsymbol{A}_{i1},\boldsymbol{A}_{i2},\cdots,\boldsymbol{A}_{ir}$ 线性表出，设为

$$\boldsymbol{A}_k=l_1\boldsymbol{A}_{i1}+l_2\boldsymbol{A}_{i2}+\cdots+l_r\boldsymbol{A}_{ir}, \tag{4-22}$$

将式(4—22)代入式(4—21)得

$$\begin{aligned}\boldsymbol{\beta}_k&=(\boldsymbol{\alpha}_1,\boldsymbol{\alpha}_2,\cdots,\boldsymbol{\alpha}_m)(l_1\boldsymbol{A}_{i1}+l_2\boldsymbol{A}_{i2}+\cdots+l_r\boldsymbol{A}_{ir})\\&=l_1(\boldsymbol{\alpha}_1,\boldsymbol{\alpha}_2,\cdots,\boldsymbol{\alpha}_m)\boldsymbol{A}_{i1}+\cdots+l_r(\boldsymbol{\alpha}_1,\boldsymbol{\alpha}_2,\cdots,\boldsymbol{\alpha}_m)\boldsymbol{A}_{ir}\\&=l_1\boldsymbol{\beta}_{i1}+l_2\boldsymbol{\beta}_{i2}+\cdots+l_r\boldsymbol{\beta}_{ir}\ 。\end{aligned}$$

综上所述，得证 $\boldsymbol{\beta}_{i1},\boldsymbol{\beta}_{i2},\cdots,\boldsymbol{\beta}_{ir}$ 为 $\boldsymbol{\beta}_1,\boldsymbol{\beta}_2,\cdots,\boldsymbol{\beta}_s$ 的一个极大线性无关组。

(3)由(1)知若 $r(\boldsymbol{A})=r$，可得 $r\{\boldsymbol{\beta}_1,\boldsymbol{\beta}_2,\cdots,\boldsymbol{\beta}_s\}=r$，所以 $r\{\boldsymbol{\beta}_1,\boldsymbol{\beta}_2,\cdots,\boldsymbol{\beta}_s\}=r(\boldsymbol{A})$ 。

10. 设向量组 $\boldsymbol{\alpha}_1,\boldsymbol{\alpha}_2,\cdots,\boldsymbol{\alpha}_m$ 线性无关，而向量 $\boldsymbol{\beta}\neq\mathbf{0}$，又 $\boldsymbol{\beta},\boldsymbol{\alpha}_1,\boldsymbol{\alpha}_2,\cdots,\boldsymbol{\alpha}_m$ 线性相关。求证：向量组 $\boldsymbol{\beta},\boldsymbol{\alpha}_1,\boldsymbol{\alpha}_2,\cdots,\boldsymbol{\alpha}_m$ 中有且仅有一个向量 $\boldsymbol{\alpha}_j$ $(1\leqslant j\leqslant m)$ 可由其前面的向量 $\boldsymbol{\beta}$，$\boldsymbol{\alpha}_1,\boldsymbol{\alpha}_2,\cdots,\boldsymbol{\alpha}_{j-1}$ 线性表出。

证明　由条件可知，存在一组不全为零的 $k,k_1,k_2,\cdots,k_m$，使

$$k\boldsymbol{\beta}+k_1\boldsymbol{\alpha}_1+k_2\boldsymbol{\alpha}_2+\cdots+k_m\boldsymbol{\alpha}_m=\mathbf{0},$$

这里 $k\neq0$，且 $k_1,k_2,\cdots,k_m$ 中有非零数，设 $k_j\neq0$，而 $k_{j+1}=\cdots=k_m=0$，则

$$\boldsymbol{\alpha}_j=k'\boldsymbol{\beta}+k'_1\boldsymbol{\alpha}_1+\cdots k'_{j-1}\boldsymbol{\alpha}_{j-1}(k'\neq0)\ 。$$

若还有

$$\boldsymbol{\alpha}_t=l\boldsymbol{\beta}+l_1\boldsymbol{\alpha}_1+\cdots+l_{t-1}\boldsymbol{\alpha}_{t-1}\ ,$$

不妨设 $t>j$，从而得到

$$l\boldsymbol{\alpha}_j-k'\boldsymbol{\alpha}_t=(lk_1'-k'l_1)\boldsymbol{\alpha}_1+\cdots+(lk'_{j-1}-k'l_{j-1})\boldsymbol{\alpha}_{j-1}+\cdots+(-k'l_{t-1})\boldsymbol{\alpha}_{t-1}\ ,$$

与 $\boldsymbol{\alpha}_1,\boldsymbol{\alpha}_2,\cdots,\boldsymbol{\alpha}_m$ 线性无关矛盾，从而结论成立。

11. 设向量组 $\boldsymbol{\alpha}_1,\boldsymbol{\alpha}_2,\cdots,\boldsymbol{\alpha}_s$ 的秩为 r，在其中任取 m 个向量 $\boldsymbol{\alpha}_{i_1},\boldsymbol{\alpha}_{i_2},\cdots,\boldsymbol{\alpha}_{i_m}$ 。求证：

$$r(\boldsymbol{\alpha}_1,\boldsymbol{\alpha}_2,\cdots,\boldsymbol{\alpha}_s)\geqslant r+m-s\ 。$$

证明　设向量组 $\boldsymbol{\alpha}_{i_1},\boldsymbol{\alpha}_{i_2},\cdots,\boldsymbol{\alpha}_{i_m}$ 的秩为 t，将 $\boldsymbol{\alpha}_{i_1},\boldsymbol{\alpha}_{i_2},\cdots,\boldsymbol{\alpha}_{i_m}$ 的极大线性无关组(含 t 个向量)扩充成 $\boldsymbol{\alpha}_1,\boldsymbol{\alpha}_2,\cdots,\boldsymbol{\alpha}_s$ 的极大线性无关组(含 r 个向量)，因此扩充向量的个数为 $r-t$，但 $\boldsymbol{\alpha}_1,\boldsymbol{\alpha}_2,\cdots,\boldsymbol{\alpha}_s$ 中除 $\boldsymbol{\alpha}_{i_1},\boldsymbol{\alpha}_{i_2},\cdots,\boldsymbol{\alpha}_{i_m}$ 外，向量个数为 $s-m$，故 $r-t\leqslant s-m$，即 $t\geqslant r+m-s$ 。

12. 设 $\boldsymbol{\alpha}_1,\boldsymbol{\alpha}_2,\cdots,\boldsymbol{\alpha}_s$ $(s\geqslant2)$线性相关的充分必要条件为存在不全为 0 的数 $t_1,t_2,\cdots,t_s$ 使得任给 $\boldsymbol{\beta}$，$\boldsymbol{\alpha}_1+t_1\boldsymbol{\beta},\boldsymbol{\alpha}_2+t_2\boldsymbol{\beta},\cdots,\boldsymbol{\alpha}_s+t_s\boldsymbol{\beta}$ 线性相关。

证明　充分性。取 $\boldsymbol{\beta}=\mathbf{0}$ 即可。

必要性。由于 $\boldsymbol{\alpha}_1,\boldsymbol{\alpha}_2,\cdots,\boldsymbol{\alpha}_s$ 线性相关，故存在不全为 0 的 $k_1,k_2,\cdots k_s$，使得

$$k_1\boldsymbol{\alpha}_1+k_2\boldsymbol{\alpha}_2+\cdots+k_s\boldsymbol{\alpha}_s=\mathbf{0}\ 。$$

由于 $s\geqslant2$，故 $k_1\alpha_1+k_2\alpha_2+\cdots+k_s\alpha_s=0$ 有非零解，设 $t_1,t_2,\cdots,t_s$ 是其中的一组非零解，因此对于任给 $\boldsymbol{\beta}$，有：

$$(k_1t_1+k_2t_2+\cdots+k_st_s)\boldsymbol{\beta}=\mathbf{0}\ 。$$

故

$$k_1(\boldsymbol{\alpha}_1+t_1\boldsymbol{\beta})+k_2(\boldsymbol{\alpha}_2+t_2\boldsymbol{\beta})+\cdots+k_s(\boldsymbol{\alpha}_s+t_s\boldsymbol{\beta})=\mathbf{0}\ ,$$

即 $\boldsymbol{\alpha}_1+t_1\boldsymbol{\beta},\boldsymbol{\alpha}_2+t_2\boldsymbol{\beta},\cdots,\boldsymbol{\alpha}_s+t_s\boldsymbol{\beta}$ 线性相关。

13. 求证：$\boldsymbol{\alpha}_1,\boldsymbol{\alpha}_2,\cdots,\boldsymbol{\alpha}_s$ $(s\geqslant2)$线性无关的充分必要条件为存在向量 $\boldsymbol{\beta}$ 由 $\boldsymbol{\alpha}_1,\boldsymbol{\alpha}_2,\cdots,\boldsymbol{\alpha}_s$

线性表出,但不能由其中任何少于 s 个向量线性表出。

证明　充分性。假设 $\boldsymbol{\alpha}_1,\boldsymbol{\alpha}_2,\cdots,\boldsymbol{\alpha}_s$（$s\geqslant 2$）线性相关,则存在 $\boldsymbol{\alpha}_i$ 可由其余的线性表出（$i=1,2,\cdots,s$）。因此 $\boldsymbol{\beta}$ 可由 $\boldsymbol{\alpha}_1,\boldsymbol{\alpha}_2,\cdots\boldsymbol{\alpha}_{i-1},\boldsymbol{\alpha}_{i+1},\cdots,\boldsymbol{\alpha}_s$ 线性表出,与 $\boldsymbol{\beta}$ 不能由其中任何少于 s 个向量线性表出矛盾,故 $\boldsymbol{\alpha}_1,\boldsymbol{\alpha}_2,\cdots,\boldsymbol{\alpha}_s$ 线性无关。

必要性。取 $\boldsymbol{\beta}=\boldsymbol{\alpha}_1+\boldsymbol{\alpha}_2+\cdots+\boldsymbol{\alpha}_s$,若 $\boldsymbol{\beta}$ 可由少于 s 个向量线性表出,不妨设 $\boldsymbol{\beta}$ 可由前 k 个向量线性表出:$\boldsymbol{\beta}=x_1\boldsymbol{\alpha}_1+x_2\boldsymbol{\alpha}_2+\cdots+x_k\boldsymbol{\alpha}_k$,则有

$$(x_1-1)\boldsymbol{\alpha}_1+(x_2-1)\boldsymbol{\alpha}_2+\cdots+(x_k-1)\boldsymbol{\alpha}_k+x_{k+1}\boldsymbol{\alpha}_{k+1}+\cdots+x_s\boldsymbol{\alpha}_s=\mathbf{0}$$

因为 $\boldsymbol{\alpha}_1,\boldsymbol{\alpha}_2,\cdots,\boldsymbol{\alpha}_s$ 线性无关,故 $x_1-1=x_2-1=\cdots=x_k-1=x_{k+1}=\cdots=x_s=0$,即

$$\boldsymbol{\alpha}_{k+1}+\boldsymbol{\alpha}_{k+2}+\cdots+\boldsymbol{\alpha}_s=\mathbf{0}。$$

矛盾。故 $\boldsymbol{\beta}$ 可由 $\boldsymbol{\alpha}_1,\boldsymbol{\alpha}_2,\cdots,\boldsymbol{\alpha}_s$ 线性表出,但不能由其中任何少于 s 个向量线性表出。

14. 设 $a_1,a_2,\cdots,a_n$ 为 n 个两两不同的实数,

$$\mathbf{V}=\begin{pmatrix}1 & 1 & \cdots & 1\\ a_1 & a_2 & \cdots & a_n\\ \vdots & \vdots & & \vdots\\ a_1{}^{i-1} & a_2{}^{i-1} & \cdots & a_n{}^{i-1}\end{pmatrix},$$

这里 $i<n$。设 $\boldsymbol{\beta}=(b_1,b_2,\cdots,b_n)^{\mathrm{T}}$ 为线性方程组 $\mathbf{VX}=\mathbf{0}$ 的一个非零解。试证:$\boldsymbol{\beta}$ 至少有 $i+1$ 个非零分量。

证明　由题设知

$$\begin{cases}b_1+b_2+\cdots+b_n=0,\\ a_1b_1+a_2b_2+\cdots+a_nb_n=0,\\ \cdots\cdots\\ a_1{}^{i-1}b_1+a_2{}^{i-1}b_2+\cdots+a_n{}^{i-1}b_n=0。\end{cases}$$

若 $\boldsymbol{\beta}$ 的非零分量的个数 $\leqslant i$,不妨设 $(b_1,b_2,\cdots,b_i)\neq 0$, $b_{i+1}=b_{i+2}=\cdots=b_n=0$,则

$$\begin{cases}b_1+b_2+\cdots+b_i=0,\\ a_1b_1+a_2b_2+\cdots+a_ib_i=0,\\ \cdots\cdots\\ a_1{}^{i-1}b_1+a_2{}^{i-1}b_2+\cdots+a_i{}^{i-1}b_i=0。\end{cases}$$

于是方程组

$$\begin{cases}x_1+x_2+\cdots+x_i=0,\\ a_1x_1+a_2x_2+\cdots+a_ix_i=0,\\ \cdots\cdots\\ a_1{}^{i-1}x_1+a_2{}^{i-1}x_2+\cdots+a_i{}^{i-1}x_i=0。\end{cases}$$

有非零解,因此,它的系数行列式

$$\begin{vmatrix}1 & 1 & \cdots & 1\\ a_1 & a_2 & \cdots & a_i\\ \vdots & \vdots & \vdots & \vdots\\ a_1{}^{i-1} & a_2{}^{i-1} & \cdots & a_i{}^{i-1}\end{vmatrix}=(a_2-a_1)\cdots(a_i-a_1)(a_3-a_2)\cdots(a_i-a_2)\cdots(a_i-a_{i-1})=0,$$

与 $a_1,a_2,\cdots,a_n$ 互不相同矛盾，故 $\boldsymbol{\beta}$ 的分量的个数 $\geqslant i+1$。

15. 求证

$$\begin{cases} x_1+x_2+\cdots+x_n=0, \\ x_1{}^2+x_2{}^2+\cdots+x_n{}^2=0, \\ \cdots\cdots \\ x_1{}^n+x_2{}^n+\cdots+x_n{}^n=0, \end{cases}$$

只有零解。

证明　反证法。设 $(x_1,x_2,\cdots,x_n)\neq\mathbf{0}$，不妨设 $x_1,x_2,\cdots,x_s$ 均不为零，而

$$x_{s+1}=\cdots=x_n=0, 1\leqslant s\leqslant n,$$

即

$$\begin{cases} x_1+x_2+\cdots+x_s=0, \\ x_1{}^2+x_2{}^2+\cdots+x_s{}^2=0, \\ \cdots\cdots \\ x_1{}^n+x_2{}^n+\cdots+x_s{}^n=0。 \end{cases} \tag{4-23}$$

若 $x_1=x_2=\cdots=x_s$，则 $sx_1=0$，即 $x_1=0$，故 $(x_1,x_2,\cdots,x_n)=\mathbf{0}$，矛盾。不妨设 x_{i_1}，$x_{i_2},\cdots,x_{i_p}$ 为 $x_1,x_2,\cdots,x_s$ 中所有彼此不等的数，其中 $p\geqslant 2$，且 $x_1,x_2,\cdots,x_s$ 中有 k_j 个 x_{i_j}，则式(4—23)变为

$$\begin{cases} k_1x_{i_1}+k_2x_{i_2}+\cdots+k_px_{i_p}=0, \\ k_1x_{i_1}^2+k_2x_{i_2}^2+\cdots+k_px_{i_p}^2=0, \\ \cdots\cdots \\ k_1x_{i_1}^n+k_2x_{i_2}^n+\cdots+k_px_{i_p}^n=0, \end{cases}$$

而 $k_1+k_2+\cdots+k_p\neq 0$，且 $k_j\geqslant 1, j=1,2,\cdots,p(2\leqslant p\leqslant s\leqslant n)$。考查

$$\begin{cases} k_1x_{i_1}+k_2x_{i_2}+\cdots+k_px_{i_p}=0, \\ k_1x_{i_1}^2+k_2x_{i_2}^2+\cdots+k_px_{i_p}^2=0, \\ \cdots\cdots \\ k_1x_{i_1}^p+k_2x_{i_2}^p+\cdots+k_px_{i_p}^p=0, \end{cases} \tag{4-24}$$

由式(4—24)的系数行列式为

$$D=\begin{vmatrix} x_{i_1} & x_{i_2} & \cdots & x_{i_p} \\ x_{i_1}^2 & x_{i_2}^2 & \cdots & x_{i_p}^2 \\ \vdots & \vdots & & \vdots \\ x_{i_1}^p & x_{i_2}^p & \cdots & x_{i_p}{}^p \end{vmatrix}=x_{i_1}x_{i_2}\cdots x_{i_p}\begin{vmatrix} 1 & 1 & \cdots & 1 \\ x_{i_1} & x_{i_2} & \cdots & x_{i_p} \\ \vdots & \vdots & & \vdots \\ x_{i_1}{}^{p-1} & x_{i_2}{}^{p-1} & \vdots & x_{i_p}{}^{p-1} \end{vmatrix}\neq 0,$$

知式(4—24)只有零解，即 $k_1=k_2=\cdots=k_p=0$，矛盾，从而结论成立。

16. 设 ω 是复数域 $\mathbf{C}$ 上的本原 n 次单位根(即 $\omega^n=1$，而当 $0<l<n$ 时，$\omega^l\neq 1$)，s,b 都是正整数，且 $s<n$，令

$$A=\begin{pmatrix}1 & \omega^{b} & \omega^{2b} & \cdots & \omega^{(n-1)b}\\ 1 & \omega^{b+1} & \omega^{2(b+1)} & \cdots & \omega^{(n-1)(b+1)}\\ \vdots & \vdots & \vdots & \ddots & \vdots\\ 1 & \omega^{b+s-1} & \omega^{2(b+s-1)} & \cdots & \omega^{(n-1)(b+s-1)}\end{pmatrix},$$

任取复数域 $\mathbf{C}$ 上的 s 维列向量 $\boldsymbol{\beta}$，判断线性方程组 $\boldsymbol{AX}=\boldsymbol{\beta}$ 有无解，有多少解，写出理由。

解 $\boldsymbol{A}$ 是一个 $s\times n$ 矩阵，其前 s 列组成的子式

$$|\boldsymbol{A}_s|=\begin{vmatrix}1 & \omega^{b} & \omega^{2b} & \cdots & \omega^{(s-1)b}\\ 1 & \omega^{b+1} & \omega^{2(b+1)} & \cdots & \omega^{(s-1)(b+1)}\\ \vdots & \vdots & \vdots & & \vdots\\ 1 & \omega^{b+s-1} & \omega^{2(b+s-1)} & \cdots & \omega^{(s-1)(b+s-1)}\end{vmatrix}$$

为一范德蒙德行列式。

因 $s<n$，所以 $\omega^{b},\omega^{b+1},\cdots,\omega^{b+s-1}$ 互不相同，从而 $|\boldsymbol{A}_s|\neq 0$。故 $r(\boldsymbol{A})=s$ 。所以对方程组 $\boldsymbol{Ax}=\boldsymbol{\beta}$ ，有 $r(\boldsymbol{A})=r(\boldsymbol{A}\mid\boldsymbol{\beta})=s<n$ ，因此，对任意向量 $\boldsymbol{\beta}$，$\boldsymbol{Ax}=\boldsymbol{\beta}$ 有无穷多解。

17. 设线性方程组

$$\begin{cases}\lambda x_1+x_2+x_3=1,\\ x_1+\lambda x_2+x_3=\lambda,\\ x_1+x_2+\lambda x_3=\lambda^2,\end{cases}$$

对 λ 的不同值，讨论方程组的解。

解 系数行列式

$$d=(\lambda-1)^2(\lambda+2)。$$

当 $\lambda\neq 1$ 且 $\lambda\neq -2$ 时，方程组有唯一解。其唯一解为

$$x_1=-\frac{\lambda+1}{\lambda+2},x_2=\frac{1}{\lambda+2},x_3=\frac{(\lambda+1)^2}{\lambda+2}。$$

当 $\lambda=1$ 时，原方程组同解于方程组 $x_1+x_2+x_3=1$，故原方程组有无穷多个解，其通解为：

$$x_1=1-x_2-x_3,$$

其中，x_2,x_3 为自由未知量。

当 $\lambda=-2$ 时，原方程组变为

$$\begin{cases}-2x_1+x_2+x_3=1,\\ x_1-2x_2+x_3=-2,\\ x_1+x_2-2x_3=4,\end{cases}$$

三式相加得 $0=3$，矛盾。故当 $\lambda=-2$ 时，原方程组无解。

18. 求证：整系数线性方程组

$$\begin{cases}x_1=2a_{11}x_1+2a_{12}x_2+\cdots+2a_{1n}x_n,\\ x_2=2a_{21}x_1+2a_{22}x_2+\cdots+2a_{2n}x_n,\\ \cdots\cdots\\ x_n=2a_{n1}x_1+2a_{n2}x_2+\cdots+2a_{nn}x_n,\end{cases}$$

只有零解。

证明　原方程组与以下方程组同解：

$$\begin{cases}\left(a_{11}-\dfrac{1}{2}\right)x_1+a_{12}x_2+\cdots+a_{1n}x_n=0,\\ a_{21}x_1+\left(a_{22}-\dfrac{1}{2}\right)x_2+\cdots+a_{2n}x_n=0,\\ \cdots\cdots\\ a_{n1}x_1+a_{n2}x_2+\cdots+\left(a_{nn}-\dfrac{1}{2}\right)x_n=0,\end{cases}$$

而其行列式

$$\begin{vmatrix}a_{11}-\dfrac{1}{2} & a_{12} & \cdots & a_{1n}\\ a_{21} & a_{22}-\dfrac{1}{2} & \cdots & a_{2n}\\ \vdots & \vdots & & \vdots\\ a_{n1} & a_{n2} & \cdots & a_{nn}-\dfrac{1}{2}\end{vmatrix}=f\left(\frac{1}{2}\right),$$

其中

$$f(x)=\begin{vmatrix}a_{11}-x & a_{12} & \cdots & a_{1n}\\ a_{21} & a_{22}-x & \cdots & a_{2n}\\ \vdots & \vdots & & \vdots\\ a_{n1} & a_{n2} & \cdots & a_{nn}-x\end{vmatrix}$$

为一个整系数多项式，且首项系数为 $(-1)^n$，利用整系数多项式的有理根的结论可知：$f(x)$ 的有理根只能是整数，故 $f\left(\dfrac{1}{2}\right)\neq 0$，从而原线性方程组只有零解。

19. 已知平面上 3 条不同的直线的方程分别为

$$l_1: ax+2by+3c=0,$$
$$l_2: bx+2cy+3a=0,$$
$$l_3: cx+2ay+3b=0。$$

试证这 3 条直线交于一点的充分必要条件为 $a+b+c=0$。

证明　法一　必要性。设 3 条直线 l_1,l_2,l_3 交于一点，则线性方程组

$$\begin{cases}ax+2by+3c=0,\\ bx+2cy+3a=0,\\ cx+2ay+3b=0,\end{cases}\tag{4-25}$$

有唯一解。若记系数矩阵与增广矩阵分别为

$$\boldsymbol{A}=\begin{pmatrix}a & 2b\\ b & 2c\\ c & 2a\end{pmatrix} \text{与} \bar{\boldsymbol{A}}=\begin{pmatrix}a & 2b & -3c\\ b & 2c & -3a\\ c & 2a & -3b\end{pmatrix},$$

则 $r(\boldsymbol{A})=r(\bar{\boldsymbol{A}})=2$，于是 $|\bar{\boldsymbol{A}}|=0$。

由于

$$|\bar{\boldsymbol{A}}|=\begin{vmatrix} a & 2b & -3c \\ b & 2c & -3a \\ c & 2a & -3b \end{vmatrix}$$
$$=6(a+b+c)(a^2+b^2+c^2-ab-ac-bc)$$
$$=6(a+b+c)[(a-b)^2+(b-c)^2+(c-a)^2]$$

但 $(a-b)^2+(b-c)^2+(c-a)^2\neq 0$,故 $a+b+c=0$。

充分性。因为 $a+b+c=0$,所以由必要性的证明知 $|\bar{\boldsymbol{A}}|=0$,故 $r(\bar{\boldsymbol{A}})<3$。由于

$$\begin{vmatrix} a & 2b \\ b & 2c \end{vmatrix}=2(ac-b^2)$$
$$=-2(ac-b^2)[a(a+b)+b^2]$$
$$=-2\left[\left(a+\frac{1}{2}b\right)^2+\frac{3}{4}b^2\right]\neq 0,$$

因此 $r(\boldsymbol{A})=2$。于是 $r(\boldsymbol{A})=r(\bar{\boldsymbol{A}})=2$。从而方程组(4—25)有唯一解,即 3 条直线 l_1,l_2,l_3 交于一点。

法二　必要性。设 3 条直线交于一点 (x_0,y_0),则 $\begin{pmatrix} x_0 \\ y_0 \\ 1 \end{pmatrix}$ 为 $\boldsymbol{Ax}=\boldsymbol{0}$ 的非零解,其中

$$\boldsymbol{A}=\begin{pmatrix} a & 2b & 3c \\ b & 2c & 3a \\ c & 2a & 3b \end{pmatrix},$$

于是 $|\boldsymbol{A}|=0$。而

$$|\bar{\boldsymbol{A}}|=\begin{vmatrix} a & 2b & 3c \\ b & 2c & 3a \\ c & 2a & 3b \end{vmatrix}$$
$$=-6(a+b+c)(a^2+b^2+c^2-ab-ac-bc)$$
$$=-3(a+b+c)[(a-b)^2+(b-c)^2+(c-a)^2],$$

但 $(a-b)^2+(b-c)^2+(c-a)^2\neq 0$,故 $a+b+c=0$。

充分性。将方程组(4—25)的 3 个方程相加,并由 $a+b+c=0$ 可知,方程组(4—25)等价于方程组

$$\begin{cases} ax+2by=-3c, \\ bx+2cy=-3a。 \end{cases} \tag{4—26}$$

因为

$$\begin{vmatrix} a & 2b \\ b & 2c \end{vmatrix}=2(ac-b^2)=-2[a(a+b)+b^2]=-[a^2+(a+b)^2]\neq 0。$$

所以(4—26)有唯一解,从而(4—25)也有唯一解,即 3 条直线 l_1,l_2,l_3 交于一点。

20. 已知 $|a| \neq |b|$，求解方程组

$$\begin{cases} ax_1 + bx_{2n} = 1, \\ ax_2 + bx_{2n-1} = 1, \\ \cdots\cdots \\ ax_n + bx_{n+1} = 1, \\ bx_n + ax_{n+1} = 1, \\ \cdots\cdots \\ bx_1 + ax_{2n} = 1。 \end{cases}$$

解　方程组可分解为 n 个方程组

$$\begin{cases} ax_1 + bx_{2n} = 1 \\ bx_1 + ax_{2n} = 1 \end{cases}, \cdots, \begin{cases} ax_n + bx_{n+1} = 1 \\ bx_n + ax_{n+1} = 1 \end{cases}。$$

对于第一个方程组可得

$$\begin{cases} (a^2 - b^2)x_1 = a - b, \\ (b^2 - a^2)x_{2n} = b - a, \end{cases}$$

由于 $a \neq b$，解得

$$\begin{cases} x_1 = \dfrac{1}{a+b}, \\ x_{2n} = \dfrac{1}{a+b}。 \end{cases}$$

同理，可求出其他方程组的解为

$$\begin{cases} x_i = \dfrac{1}{a+b}, \\ x_{2n-i+1} = \dfrac{1}{a+b}, \end{cases} (i = 2, 3, \cdots, n)。$$

所以原方程组有唯一解：$\left(\dfrac{1}{a+b}, \dfrac{1}{a+b}, \cdots, \dfrac{1}{a+b}\right)$ 。

21. 设 $\boldsymbol{A} \neq \boldsymbol{O}$ 是 $m \times n$ 矩阵，$b = \begin{pmatrix} b_1 \\ b_2 \\ \vdots \\ b_m \end{pmatrix}$ 。求证：$\boldsymbol{AX} = \boldsymbol{b}$ 有解的充分必要条件为 $\boldsymbol{A}^{\mathrm{T}}\boldsymbol{Y} = \boldsymbol{0}$ 的每一个解 $\boldsymbol{V} = (v_1, v_2, \cdots, v_m)^{\mathrm{T}}$ 均满足 $\boldsymbol{V}^{\mathrm{T}}\boldsymbol{b} = \boldsymbol{0}$，即 $\boldsymbol{b}$ 与 $\boldsymbol{A}^{\mathrm{T}}\boldsymbol{Y} = \boldsymbol{0}$ 的解空间正交。

证明　必要性。设 $\boldsymbol{AX} = \boldsymbol{b}$ 有解，其解为

$$\boldsymbol{X}_0 = \begin{pmatrix} x_1^0 \\ x_2^0 \\ \vdots \\ x_n^0 \end{pmatrix}，则 \boldsymbol{AX}_0 = \boldsymbol{b}，$$

令 $\boldsymbol{V} = (v_1, v_2, \cdots, v_m)^{\mathrm{T}}$ 为 $\boldsymbol{A}^{\mathrm{T}}\boldsymbol{Y} = \boldsymbol{0}$ 的解，即 $\boldsymbol{A}^{\mathrm{T}}\boldsymbol{V} = \boldsymbol{0}$，则

$$(v_1,v_2,\cdots,v_m)\boldsymbol{A}=\boldsymbol{0}\text{，故}(v_1,v_2,\cdots,v_m)\boldsymbol{A}\begin{pmatrix}x_1^0\\x_2^0\\\vdots\\x_n^0\end{pmatrix}=0\text{，}$$

因此

$$(v_1,v_2,\cdots,v_m)\begin{pmatrix}b_1\\b_2\\\vdots\\b_m\end{pmatrix}=0\text{，即}\boldsymbol{V}^{\mathrm{T}}\boldsymbol{b}=\boldsymbol{0}\text{。}$$

充分性。由条件知

$$\boldsymbol{A}^{\mathrm{T}}\boldsymbol{Y}=\boldsymbol{0}\text{与}\begin{cases}\boldsymbol{A}^{\mathrm{T}}\boldsymbol{Y}=\boldsymbol{0},\\\boldsymbol{b}^{\mathrm{T}}\boldsymbol{Y}=\boldsymbol{0},\end{cases}$$

同解，故

$$r(\boldsymbol{A}^{\mathrm{T}})=r\begin{pmatrix}\boldsymbol{A}^{\mathrm{T}}\\\boldsymbol{b}^{\mathrm{T}}\end{pmatrix}\text{，即}r(\boldsymbol{A})=r(\boldsymbol{A},\boldsymbol{b})\text{，}$$

从而 $\boldsymbol{AX}=\boldsymbol{b}$ 有解。

22. 设 $\boldsymbol{A}$ 为 $m\times n$ 阶实矩阵。求证：

(1) $\boldsymbol{Ax}=\boldsymbol{0}$ 与 $\boldsymbol{A}^{\mathrm{T}}\boldsymbol{Ax}=\boldsymbol{0}$ 同解。

(2) $r(\boldsymbol{A})=r(\boldsymbol{A}^{\mathrm{T}}\boldsymbol{A})$。

证明 (1)显然，$\boldsymbol{Ax}=\boldsymbol{0}$ 的解均为 $\boldsymbol{A}^{\mathrm{T}}\boldsymbol{Ax}=\boldsymbol{0}$ 的解。

反之，设 $\boldsymbol{x}_0$ 为 $\boldsymbol{A}^{\mathrm{T}}\boldsymbol{Ax}=\boldsymbol{0}$ 的解，则 $\boldsymbol{A}^{\mathrm{T}}\boldsymbol{Ax}_0=\boldsymbol{0}$，所以，

$$\boldsymbol{x}_0\boldsymbol{A}^{\mathrm{T}}\boldsymbol{Ax}_0=(\boldsymbol{Ax}_0)^{\mathrm{T}}(\boldsymbol{Ax}_0)=0\text{，}$$

由于 $\boldsymbol{Ax}_0$ 为实向量，故 $\boldsymbol{Ax}_0=\boldsymbol{0}$，所以 $\boldsymbol{x}_0$ 为 $\boldsymbol{Ax}=\boldsymbol{0}$ 的解。综上所述 $\boldsymbol{Ax}=\boldsymbol{0}$ 与 $\boldsymbol{A}^{\mathrm{T}}\boldsymbol{Ax}=\boldsymbol{0}$ 同解。

(2)由(1)可得 $\boldsymbol{Ax}=\boldsymbol{0}$ 与 $\boldsymbol{A}^{\mathrm{T}}\boldsymbol{Ax}=\boldsymbol{0}$ 的解空间相同，故有相同的维数，即

$$n-r(\boldsymbol{A})=n-r(\boldsymbol{A}^{\mathrm{T}}\boldsymbol{A})$$

即 $r(\boldsymbol{A})=r(\boldsymbol{A}^{\mathrm{T}}\boldsymbol{A})$。

23. 设 $\boldsymbol{A}$ 是 n 阶半正定矩阵。求证：满足 $\boldsymbol{x}^{\mathrm{T}}\boldsymbol{Ax}=0$ 的 n 维实向量全体构成 $\boldsymbol{Ax}=\boldsymbol{0}$ 的解空间。

证明 设 $\boldsymbol{x}_0$ 为 $\boldsymbol{Ax}=\boldsymbol{0}$ 的解，则 $\boldsymbol{Ax}_0=\boldsymbol{0}$，故 $\boldsymbol{x}_0^{\mathrm{T}}\boldsymbol{Ax}_0=0$，即 $\boldsymbol{Ax}=\boldsymbol{0}$ 的解为满足 $\boldsymbol{x}^{\mathrm{T}}\boldsymbol{Ax}=0$ 的 n 维实向量。

反之，若 $\boldsymbol{x}_0^{\mathrm{T}}\boldsymbol{Ax}_0=0$，因为 $\boldsymbol{A}$ 是 n 阶半正定矩阵，所以存在 n 阶实矩阵 $\boldsymbol{B}$ 使得 $\boldsymbol{A}=\boldsymbol{B}^{\mathrm{T}}\boldsymbol{B}$。从而

$$\boldsymbol{x}_0^{\mathrm{T}}\boldsymbol{Ax}_0=\boldsymbol{x}_0^{\mathrm{T}}\boldsymbol{B}^{\mathrm{T}}\boldsymbol{Bx}_0=(\boldsymbol{Bx}_0)^{\mathrm{T}}\boldsymbol{Bx}_0=0$$

由于 $\boldsymbol{Bx}_0$ 为实向量，故 $\boldsymbol{Ax}_0=\boldsymbol{0}$。因此，满足 $\boldsymbol{x}^{\mathrm{T}}\boldsymbol{Ax}=\boldsymbol{0}$ 的 n 维实向量全体构成 $\boldsymbol{Ax}=\boldsymbol{0}$ 的解空间。

24. 设 $r(\boldsymbol{AB})=r(\boldsymbol{B})$。求证：对任意可乘的矩阵 $\boldsymbol{C}$，均有 $r(\boldsymbol{ABC})=r(\boldsymbol{BC})$。

证明 只需证明 $\boldsymbol{BCx}=\boldsymbol{0}$ 与 $\boldsymbol{ABCx}=\boldsymbol{0}$ 的解空间相同即可。

显然，$BCx=0$ 的解都是 $ABCx=0$ 的解。

反之，任给 $ABCx=0$ 的解 y_0，设 $x_0=Cy_0$，则 $ABx_0=0$，故 x_0 为 $ABx=0$ 的解。下证 x_0 也为 $Bx=0$ 的解，事实上，$Bx=0$ 的解均为 $ABx=0$ 的解，故 $Bx=0$ 的解空间为 $ABx=0$ 的解空间的子空间，因为 $r(AB)=r(B)$，故两解空间维数相等，从而两解空间相等，即 $Bx=0$ 与 $ABx=0$ 同解，故 x_0 也为 $Bx=0$ 的解。

因此

$$Bx_0=BCy_0=0\ 。$$

即 y_0 为 $BCx=0$ 的解。因此，$ABCx=0$ 的解均为 $BCx=0$ 的解。

综上所述，$ABCx=0$ 与 $BCx=0$ 的解空间相同即可，得证。

25. 设 $\alpha_1,\alpha_2,\cdots,\alpha_s$ 与 $\beta_1,\beta_2,\cdots,\beta_t$ 是数域 P 上的两个线性无关的 n 维列向量组。求证：$L(\alpha_1,\alpha_2,\cdots,\alpha_s)\cap L(\beta_1,\beta_2,\cdots,\beta_t)$ 的维数等于齐次线性方程组

$$x_1\alpha_1+x_2\alpha_2+\cdots+x_s\alpha_s=y_1\beta_1+y_2\beta_2+\cdots+y_t\beta_t,$$

的解空间的维数。

证明　由

$$\dim[L(\alpha_1,\alpha_2,\cdots,\alpha_s,\beta_1,\beta_2,\cdots,\beta_t)]=\dim[L(\alpha_1,\alpha_2,\cdots,\alpha_s)]+\dim[L(\beta_1,\beta_2,\cdots,\beta_t)]-\dim[L(\alpha_1,\alpha_2,\cdots,\alpha_s)\cap L(\beta_1,\beta_2,\cdots,\beta_t)],$$

故

$$\dim[L(\alpha_1,\alpha_2,\cdots,\alpha_s)\cap L(\beta_1,\beta_2,\cdots,\beta_t)]=s+t-\dim[L(\alpha_1,\alpha_2,\cdots,\alpha_s,\beta_1,\beta_2,\cdots,\beta_t)]\ 。$$

令

$$(\alpha_1,\alpha_2,\cdots,\alpha_s,-\beta_1,-\beta_2,\cdots,-\beta_t)\begin{pmatrix}x_1\\x_2\\\vdots\\x_s\\y_1\\y_2\\\vdots\\y_t\end{pmatrix}=0,\qquad(4-27)$$

则式(4－27)的解空间的维数为

$$s+t-r(\alpha_1,\alpha_2,\cdots,\alpha_s,-\beta_1,-\beta_2,\cdots,-\beta_t)=s+t-r(\alpha_1,\alpha_2,\cdots,\alpha_s,\beta_1,\beta_2,\cdots,\beta_t)\ ,$$

而

$$r(\alpha_1,\alpha_2,\cdots,\alpha_s,\beta_1,\beta_2,\cdots,\beta_t)=\dim[L(\alpha_1,\alpha_2,\cdots,\alpha_s,\beta_1,\beta_2,\cdots,\beta_t)]\ ,$$

从而结论成立。

26. 求证：线性方程组 $AX=b$ 无解的充分必要条件为存在列向量 C，使 $C^{T}A=0$，$C^{T}b=1$。

证明　充分性。反证法。设 $AX=b$ 有解，其解为 X_0，则 $AX_0=b$，于是

$$C^{T}AX_0=C^{T}b\ ,$$

故 $0=1$，此为矛盾，从而 $AX=b$ 无解。

必要性。由 $AX=b$ 无解知 $r(A)<r(A,b)$，设 $r(A)=r$，则 $r(A,b)=r+1$。我们断定方程组

$$Y(A,b)=(0,\cdots,0,1),$$

有解。事实上，上述方程组有解当且仅当

$$\begin{pmatrix}A^{T}\\ b^{T}\end{pmatrix}Y^{T}=\begin{pmatrix}0\\ \vdots\\ 0\\ 1\end{pmatrix}, \tag{4-28}$$

有解。由于

$$\begin{pmatrix}A^{T} & 0\\ b^{T} & 1\end{pmatrix}\rightarrow\begin{pmatrix}A^{T} & 0\\ 0 & 1\end{pmatrix},$$

故

$$r\begin{pmatrix}A^{T} & 0\\ b^{T} & 1\end{pmatrix}=r+1\text{。}$$

又由 $r\begin{pmatrix}A^{T}\\ b^{T}\end{pmatrix}=r+1$ 知

$$r\begin{pmatrix}A^{T}\\ b^{T}\end{pmatrix}=r\begin{pmatrix}A^{T} & 0\\ b^{T} & 1\end{pmatrix},$$

故方程组(4－28)有解。设其解为 C^{T}，则有

$$C^{T}(A,b)=(0,1)\text{，即 }C^{T}A=0\text{，}C^{T}b=1\text{。}$$

27. 设 $A\in P^{m\times n}$，$b\in P^{m}$，P 为数域。求证：$AX=b$ 有解的充分必要条件为

$$\begin{cases}A^{T}Y=0,\\ b^{T}Y=1,\end{cases}$$

无解。

证明 必要性。设 $AX=b$ 有解，则 $r(A,b)=r(A)$，于是

$$r\begin{pmatrix}A^{T}\\ b^{T}\end{pmatrix}=r(A^{T}),$$

故

$$\begin{cases}A^{T}Y=0,\\ b^{T}Y=0,\end{cases}\text{与 }A^{T}Y=0,$$

同解。若原方程组有解，设为 Y_0，则得 $A^{T}Y_0=0$，$b^{T}Y_0=1$ 与上述两个方程组同解矛盾，故原方程组无解。

充分性。若 $AX=b$ 无解，则

$$r\begin{pmatrix}A^{T}\\ b^{T}\end{pmatrix}>r(A^{T}),$$

从而

$$\begin{cases}A^{\mathrm{T}}\boldsymbol{Y}=\boldsymbol{0}\\ \boldsymbol{b}^{\mathrm{T}}\boldsymbol{Y}=0\end{cases} \text{与 } A^{\mathrm{T}}\boldsymbol{Y}=\boldsymbol{0},$$

不同解，故存在 $\boldsymbol{Y}_0$，使 $\boldsymbol{A}^{\mathrm{T}}\boldsymbol{Y}_0=\boldsymbol{0}$，而 $\boldsymbol{b}^{\mathrm{T}}\boldsymbol{Y}_0=a\neq 0$，故

$$\begin{cases}\boldsymbol{A}^{\mathrm{T}}\left(\dfrac{\boldsymbol{Y}_0}{a}\right)=\boldsymbol{0},\\ \boldsymbol{b}^{\mathrm{T}}\left(\dfrac{\boldsymbol{Y}_0}{a}\right)=1,\end{cases}$$

矛盾，从而 $\boldsymbol{AX}=\boldsymbol{b}$ 有解。

28. 实系数线性方程组 $\boldsymbol{Ax}=\boldsymbol{b}$，$\boldsymbol{A}$ 为 $m\times n$ 矩阵 $(m\geqslant n)$，$\boldsymbol{b}$ 为某一给定的 m 维向量，若已知 $\boldsymbol{Ax}=\boldsymbol{b}$ 有唯一解。求证：$\boldsymbol{A}^{\mathrm{T}}\boldsymbol{A}$ 非奇异，且唯一解为

$$\boldsymbol{x}=(\boldsymbol{A}^{\mathrm{T}}\boldsymbol{A})^{-1}\boldsymbol{A}^{\mathrm{T}}\boldsymbol{b}\text{。}$$

证明　因为 $\boldsymbol{Ax}=\boldsymbol{b}$ 有唯一解，所以 $r(\boldsymbol{A})=r(\boldsymbol{A},\boldsymbol{b})=n$。于是 $n=r(\boldsymbol{A})=r(\boldsymbol{A}^{\mathrm{T}}\boldsymbol{A})$，即 $\boldsymbol{A}^{\mathrm{T}}\boldsymbol{A}$ 可逆。再用 $(\boldsymbol{A}^{\mathrm{T}}\boldsymbol{A})^{-1}\boldsymbol{A}^{\mathrm{T}}$ 乘 $\boldsymbol{Ax}=\boldsymbol{b}$ 两边，即得 $\boldsymbol{x}=(\boldsymbol{A}^{\mathrm{T}}\boldsymbol{A})^{-1}\boldsymbol{A}^{\mathrm{T}}\boldsymbol{b}$。

29. 若 $\boldsymbol{b}$ 为 n 维列向量，$\boldsymbol{A}$ 与 $\begin{pmatrix}\boldsymbol{A} & \boldsymbol{b}\\ \boldsymbol{b}^{\mathrm{T}} & 0\end{pmatrix}$ 的秩相同。证明：$\boldsymbol{Ax}=\boldsymbol{b}$ 有解。

证明　由

$$r(\boldsymbol{A},\boldsymbol{b})\leqslant r\begin{pmatrix}\boldsymbol{A} & \boldsymbol{b}\\ \boldsymbol{b}^{\mathrm{T}} & 0\end{pmatrix}=r(\boldsymbol{A})\leqslant r(\boldsymbol{A},\boldsymbol{b})$$

知 $r(\boldsymbol{A})=r(\boldsymbol{A},\boldsymbol{b})$，从而 $\boldsymbol{Ax}=\boldsymbol{b}$ 有解。

30. 设 $\boldsymbol{A}$ 为 n 阶反对称矩阵，$\boldsymbol{b}$ 为 n 维列向量，若 $\boldsymbol{Ax}=\boldsymbol{b}$ 有解，则 $\boldsymbol{A}$ 与 $\begin{pmatrix}\boldsymbol{A} & \boldsymbol{b}\\ \boldsymbol{b}^{\mathrm{T}} & 0\end{pmatrix}$ 的秩相同。

证明　设 $\boldsymbol{X}_0$ 为 $\boldsymbol{AX}=\boldsymbol{b}$ 的解，即 $\boldsymbol{AX}_0=\boldsymbol{b}$，从而 $\boldsymbol{b}^{\mathrm{T}}=-\boldsymbol{X}_0^{\mathrm{T}}\boldsymbol{A}$，因此，

$$\boldsymbol{b}^{\mathrm{T}}\boldsymbol{X}_0=-\boldsymbol{X}_0^{\mathrm{T}}\boldsymbol{A}\boldsymbol{X}_0=-\boldsymbol{X}_0\boldsymbol{b}=-(\boldsymbol{b}^{\mathrm{T}}\boldsymbol{X}_0)^{\mathrm{T}},$$

从而 $\boldsymbol{b}^{\mathrm{T}}\boldsymbol{X}_0=\boldsymbol{0}$。故

$$\begin{pmatrix}\boldsymbol{A}\\ -\boldsymbol{b}^{\mathrm{T}}\end{pmatrix}\boldsymbol{X}_0=\begin{pmatrix}\boldsymbol{b}\\ 0\end{pmatrix}\text{，即}\begin{pmatrix}\boldsymbol{A}\\ -\boldsymbol{b}^{\mathrm{T}}\end{pmatrix}\boldsymbol{X}=\begin{pmatrix}\boldsymbol{b}\\ 0\end{pmatrix}\text{ 有解，}$$

从而

$$r\begin{pmatrix}\boldsymbol{A}\\ -\boldsymbol{b}^{\mathrm{T}}\end{pmatrix}=r\begin{pmatrix}\boldsymbol{A} & \boldsymbol{b}\\ -\boldsymbol{b}^{\mathrm{T}} & 0\end{pmatrix}\text{。}$$

又由

$$r(\boldsymbol{A})=r(\boldsymbol{A},\boldsymbol{b})=r\begin{pmatrix}-\boldsymbol{A}\\ \boldsymbol{b}^{\mathrm{T}}\end{pmatrix}=r\begin{pmatrix}\boldsymbol{A}\\ -\boldsymbol{b}^{\mathrm{T}}\end{pmatrix},$$

可得

$$r(\boldsymbol{A})=r\begin{pmatrix}\boldsymbol{A} & \boldsymbol{b}\\ -\boldsymbol{b}^{\mathrm{T}} & 0\end{pmatrix}\text{。}$$

31. 设 $\boldsymbol{A}$、$\boldsymbol{B}$ 是数域 F 上的 n 阶方阵且设齐次线性方程组 $\boldsymbol{AX}=\boldsymbol{0}$ 与 $\boldsymbol{BX}=\boldsymbol{0}$ 的解空间分别为 W_1 和 W_2。求证：

(1)若 $\boldsymbol{AB}=\boldsymbol{O}$，则 $\dim W_1+\dim W_2\geqslant n$。

(2) $W_1=W_2$ 的充分必要条件为存在 n 阶方阵 $\boldsymbol{P},\boldsymbol{Q}$，使 $\boldsymbol{A}=\boldsymbol{PB},\boldsymbol{B}=\boldsymbol{QA}$。

证明 (1)设 $r(\boldsymbol{A})=r_1,r(\boldsymbol{B})=r_2$，则

$$\dim W_1=n-r_1,\dim W_2=n-r_2,$$

又 $\boldsymbol{AB}=\boldsymbol{O}$，因此

$$r(\boldsymbol{A})+r(\boldsymbol{B})\leqslant n,$$

故 $\dim W_1+\dim W_2=2n-(r_1+r_2)\geqslant 2n-n=n$。

(2)必要性。设 $W_1=W_2$，则 $\boldsymbol{AX}=\boldsymbol{0}$ 与 $\boldsymbol{BX}=\boldsymbol{0}$ 同解，进而知

$$\begin{cases}\boldsymbol{AX}=\boldsymbol{0},\\ \boldsymbol{BX}=\boldsymbol{0},\end{cases}$$

与 $\boldsymbol{AX}=\boldsymbol{0}$ 同解。设

$$B=\begin{pmatrix}\boldsymbol{\beta}_1\\ \boldsymbol{\beta}_2\\ \vdots\\ \boldsymbol{\beta}_n\end{pmatrix},\boldsymbol{A}=\begin{pmatrix}\boldsymbol{\alpha}_1\\ \boldsymbol{\alpha}_2\\ \vdots\\ \boldsymbol{\alpha}_n\end{pmatrix},$$

则 $\boldsymbol{\beta}_i$ 可由 $\boldsymbol{\alpha}_1,\boldsymbol{\alpha}_2,\cdots,\boldsymbol{\alpha}_n$ 线性表出，设

$$\boldsymbol{\beta}_i=l_{i1}\boldsymbol{\alpha}_1+l_{i2}\boldsymbol{\alpha}_2+\cdots+l_{in}\boldsymbol{\alpha}_n,i=1,2,\cdots,n,$$

故

$$\boldsymbol{B}=\begin{pmatrix}\boldsymbol{\beta}_1\\ \boldsymbol{\beta}_2\\ \vdots\\ \boldsymbol{\beta}_n\end{pmatrix}=\begin{pmatrix}l_{11}&l_{12}&\cdots&l_{1n}\\ l_{21}&l_{22}&\cdots&l_{2n}\\ \vdots&\vdots&&\vdots\\ l_{n1}&l_{n2}&\cdots&l_{nn}\end{pmatrix}\begin{pmatrix}\boldsymbol{\alpha}_1\\ \boldsymbol{\alpha}_2\\ \vdots\\ \boldsymbol{\alpha}_n\end{pmatrix},$$

即 $\boldsymbol{B}=\boldsymbol{QA}$，同理 $\boldsymbol{A}=\boldsymbol{PB}$。

充分性。设 $\boldsymbol{A}=\boldsymbol{PB}$，$\boldsymbol{B}=\boldsymbol{QA}$，设 $\boldsymbol{X}_0$ 为 $\boldsymbol{AX}=\boldsymbol{0}$ 的解，则

$$\boldsymbol{BX}_0=\boldsymbol{QAX}_0=\boldsymbol{0},$$

故 $\boldsymbol{X}_0$ 为 $\boldsymbol{BX}=\boldsymbol{0}$ 的解。

同理，$\boldsymbol{BX}=\boldsymbol{0}$ 的解仍为 $\boldsymbol{AX}=\boldsymbol{0}$ 的解，因而 $\boldsymbol{AX}=\boldsymbol{0}$ 与 $\boldsymbol{BX}=\boldsymbol{0}$ 有相同的解空间，即 $W_1=W_2$。

32. 设 $\boldsymbol{A}=\begin{pmatrix}a_{11}&a_{12}&\cdots&a_{1n}\\ a_{21}&a_{22}&\cdots&a_{2n}\\ \vdots&\vdots&\vdots&\vdots\\ a_{n1}&a_{n2}&\cdots&a_{nn}\end{pmatrix}$ 为一实矩阵。求证：

(1)如果 $|a_{ii}|>\sum\limits_{j\neq i}a_{ij}$，$i=1,2,\cdots,n$，那么 $|\boldsymbol{A}|\neq 0$。

(2)如果 $a_{ii}>\sum\limits_{j\neq i}a_{ij}$，$i=1,2,\cdots,n$，那么 $|\boldsymbol{A}|>0$。

证明 (1)反证法。设 $|\boldsymbol{A}|=0$，由于线性方程组 $\boldsymbol{Ax}=\boldsymbol{0}$ 只有零解的充分必要条件是

$|\boldsymbol{A}|\neq 0$,故 $\boldsymbol{Ax}=\boldsymbol{0}$ 有非零解,记为 $\boldsymbol{x}=(x_1,x_2,\cdots,x_n)^{\mathrm{T}}$,记 $|x_{i_0}|=\max\limits_i|x_i|>0$,方程组 $\boldsymbol{Ax}=\boldsymbol{0}$ 的第 i_0 个方程为

$$a_{i_0 1}x_1+a_{i_0 2}x_2+\cdots+a_{i_0 n}x_n=0,$$

整理得

$$-a_{i_0 i_0}x_{i_0}=\sum_{\substack{j=1\\ j\neq i_0}}^{n}a_{i_0 j}x_j。$$

于是

$$|a_{i_0 i_0}|\,|x_{i_0}|=\left|\sum_{\substack{j=1\\ j\neq i_0}}^{n}a_{i_0 j}x_j\right|\leqslant\sum_{\substack{j=1\\ j\neq i_0}}^{n}|a_{i_0 j}|\,|x_j|,$$

从而

$$|a_{i_0 i_0}|\leqslant\sum_{\substack{j=1\\ j\neq i_0}}^{n}|a_{i_0 j}|\frac{|x_j|}{|x_{i_0}|}\leqslant\sum_{\substack{j=1\\ j\neq i_0}}^{n}|a_{i_0 j}|,$$

与条件矛盾。

故 $\boldsymbol{Ax}=\boldsymbol{0}$ 只有零解,即 $|\boldsymbol{A}|\neq 0$。

(2)构造矩阵

$$\boldsymbol{A}(t)=\begin{pmatrix} a_{11} & a_{12}t & \cdots & a_{1n}t\\ a_{21}t & a_{22} & \cdots & a_{2n}t\\ \vdots & \vdots & & \vdots\\ a_{n1}t & a_{n2}t & \cdots & a_{nn}\end{pmatrix}\quad(0\leqslant t\leqslant 1),$$

那么,$\boldsymbol{A}(t)$ 显然满足(1)的条件,故 $|\boldsymbol{A}(t)|\neq 0$。

注意到 $|\boldsymbol{A}(t)|$ 展开后是 t 的连续函数,且

$$\boldsymbol{A}(0)=\begin{vmatrix} a_{11} & & & \\ & a_{22} & & \\ & & \ddots & \\ & & & a_{nn}\end{vmatrix}=a_{11}a_{22}\cdots a_{nn}>0,\ |\boldsymbol{A}(1)|=|\boldsymbol{A}|,$$

以下用反证法证明 $|\boldsymbol{A}|>0$。

假设 $|\boldsymbol{A}|\leqslant 0$,但 $|\boldsymbol{A}(0)|>0$,由零点定理,存在 $t_0\in(0,1)$,使 $|\boldsymbol{A}(t_0)|=0$ 矛盾。故 $|\boldsymbol{A}|=|\boldsymbol{A}(1)|>0$。

33. 设 $\boldsymbol{A},\boldsymbol{B},\boldsymbol{C},\boldsymbol{D}$ 是数域 P 上两两可交换的 n 阶矩阵,且 $\boldsymbol{AC}+\boldsymbol{BD}=\boldsymbol{E}$。求证:齐次线性方程组 $\boldsymbol{ABX}=\boldsymbol{0}$ 的解空间是齐次线性方程组 $\boldsymbol{AX}=\boldsymbol{0}$ 的解空间与 $\boldsymbol{BX}=\boldsymbol{0}$ 的解空间的直和。

证明　设 $\boldsymbol{ABX}=\boldsymbol{0}$, $\boldsymbol{AX}=\boldsymbol{0}$, $\boldsymbol{BX}=\boldsymbol{0}$ 的解空间分别为 V, V_1 和 V_2。

设 $\boldsymbol{X}_0\in V_1$,即 $\boldsymbol{AX}_0=\boldsymbol{0}$,故

$$\boldsymbol{BAX}_0=\boldsymbol{ABX}_0=\boldsymbol{0},\ \boldsymbol{X}_0\in V,$$

即 $V_1\subseteq V$。

同理 $V_2\subseteq V$。从而 $V_1+V_2\subseteq V$。

下证 $V\subseteq V_1+V_2$。

$\forall X_0 \in V$,即

$$\boldsymbol{ABX}_0 = \boldsymbol{0},$$

由 $\boldsymbol{AC}+\boldsymbol{BD}=\boldsymbol{E}$,得

$$\boldsymbol{ACX}_0 + \boldsymbol{BDX}_0 = \boldsymbol{X}_0,$$

于是

$$\boldsymbol{A}^2\boldsymbol{CX}_0 + \boldsymbol{ABDX}_0 = \boldsymbol{AX}_0,$$

故

$$\boldsymbol{A}^2\boldsymbol{CX}_0 = \boldsymbol{AX}_0,$$

从而

$$\boldsymbol{A}(\boldsymbol{AC}-\boldsymbol{E})\boldsymbol{X}_0 = \boldsymbol{0},$$

即

$$(\boldsymbol{AC}-\boldsymbol{E})\boldsymbol{X}_0 \in V_1。$$

令

$$(\boldsymbol{AC}-\boldsymbol{E})\boldsymbol{X}_0 = \boldsymbol{\alpha} \in V_1,$$

则

$$\boldsymbol{ACX}_0 - \boldsymbol{\alpha} = \boldsymbol{X}_0,$$

又

$$\boldsymbol{BACX}_0 = \boldsymbol{CABX}_0 = \boldsymbol{0},$$

故 $\boldsymbol{ACX}_0 \in V_2$。
令

$$\boldsymbol{ACX}_0 = \boldsymbol{\beta} \in V_2,$$

则

$$\boldsymbol{X}_0 = \boldsymbol{\beta} - \boldsymbol{\alpha} \in V_1 + V_2,$$

故 $V \subseteq V_1 + V_2$。

综上所述,可得

$$V = V_1 + V_2。$$

下证 $V_1 + V_2$ 为直和。

任给 $\boldsymbol{\gamma} \in V_1 \cap V_2$,则由 $\boldsymbol{AC}+\boldsymbol{BD}=\boldsymbol{E}$ 知

$$\boldsymbol{\gamma} = \boldsymbol{AC\gamma} + \boldsymbol{BD\gamma} = \boldsymbol{CA\gamma} + \boldsymbol{DB\gamma} = \boldsymbol{0},$$

故 $V_1 \cap V_2 = \{\boldsymbol{0}\}$,从而

$$V = V_1 \oplus V_2。$$

34. 设线性方程组为

$$\begin{cases} 2x_1 - x_2 + 3x_3 + 2x_4 = 0, \\ 9x_1 - x_2 + 14x_3 + 2x_4 = 1, \\ 3x_1 + 2x_2 + 5x_3 - 4x_4 = 1, \\ 4x_1 + 5x_2 + 7x_3 - 10x_4 = 2。 \end{cases}$$

(1)求方程组的导出组的一个基础解系。

(2)用特解和导出组的基础解系表示方程组的所有解。

解　(1)方程组的增广矩阵为

$$\bar{\boldsymbol{A}}=\begin{pmatrix}2&-1&3&2&0\\9&-1&14&2&1\\3&2&5&-4&1\\4&5&7&-10&2\end{pmatrix},$$

化简可得

$$\bar{\boldsymbol{A}}=\begin{pmatrix}2&-1&3&2&0\\9&-1&14&2&1\\3&2&5&-4&1\\4&5&7&-10&2\end{pmatrix}\to\begin{pmatrix}1&3&2&-6&1\\0&7&1&-14&2\\0&0&0&0&0\\0&0&0&0&0\end{pmatrix}。$$

故其导出组 $\boldsymbol{Ax}=\boldsymbol{0}$ 与下面齐次方程组同解

$$\begin{cases}x_1+3x_2+2x_3-6x_4=0,\\ \qquad 7x_2+x_3-14x_4=0。\end{cases}\tag{4-29}$$

由(4—29)得原方程组的导出组的基础解系为

$$\boldsymbol{\alpha}_1=\begin{pmatrix}-11\\-1\\7\\0\end{pmatrix},\boldsymbol{\alpha}_2=\begin{pmatrix}0\\2\\0\\1\end{pmatrix}。$$

(2)由(1)知原方程组与下面的方程组同解

$$\begin{cases}x_1+3x_2+2x_3-6x_4=1,\\ \qquad 7x_2+x_3-14x_4=2。\end{cases}$$

令 $x_3=x_4=0$,得原方程组的特解为

$$\boldsymbol{\beta}=\begin{pmatrix}\frac{1}{7}\\\frac{2}{7}\\0\\0\end{pmatrix}。$$

所以原方程组的通解为

$$\boldsymbol{x}=\begin{pmatrix}\frac{1}{7}\\\frac{2}{7}\\0\\0\end{pmatrix}+k_1\begin{pmatrix}-11\\-1\\7\\0\end{pmatrix}+k_2\begin{pmatrix}0\\1\\0\\1\end{pmatrix},$$

其中,k_1,k_2 为任意常数。

35. 设 $\boldsymbol{\eta}_1,\boldsymbol{\eta}_2,\cdots,\boldsymbol{\eta}_t$ 为方程组

$$\begin{cases}a_{11}x_1+a_{12}x_2+\cdots+a_{1n}x_n=b_1,\\ a_{21}x_1+a_{22}x_2+\cdots+a_{2n}x_n=b_2,\\ \cdots\cdots\\ a_{m1}x_1+a_{m2}x_2+\cdots+a_{mn}x_n=b_m,\end{cases}$$

的 t 个解向量。问 $\boldsymbol{\eta}_1,\boldsymbol{\eta}_2,\cdots,\boldsymbol{\eta}_t$ 怎样的线性组合仍为方程组的解向量?

解 假设 $\boldsymbol{\eta}_1,\boldsymbol{\eta}_2,\cdots,\boldsymbol{\eta}_t$ 的线性组合 $k_1\boldsymbol{\eta}_1+k_2\boldsymbol{\eta}_2+\cdots+k_t\boldsymbol{\eta}_t$ 是解向量。

设 $\boldsymbol{\eta}_i=(c_{i1},c_{i2},\cdots,c_{in})(i=1,2,\cdots,t)$,于是有

$$k_1\boldsymbol{\eta}_1+k_2\boldsymbol{\eta}_2+\cdots+k_t\boldsymbol{\eta}_t=\left(\sum_{i=1}^{t}k_ic_{i1},\sum_{i=1}^{t}k_ic_{i2},\cdots,\sum_{i=1}^{t}k_ic_{in}\right),$$

将上式代入方程组的第 k 个方程($k=1,2,\cdots,m$),

$$\begin{aligned}\sum_{j=1}^{n}a_{kj}\left(\sum_{i=1}^{t}k_ic_{ij}\right)&=\sum_{j=1}^{n}\sum_{i=1}^{t}a_{kj}k_ic_{ij}\\&=\sum_{i=1}^{t}\sum_{j=1}^{n}a_{kj}k_ic_{ij}\\&=\sum_{i=1}^{t}k_i\left(\sum_{j=1}^{n}a_{kj}c_{ij}\right)\\&=\sum_{i=1}^{t}k_ib_k\\&=\left(\sum_{i=1}^{t}k_i\right)b_k\\&=b_k。\end{aligned}$$

由此得

$$\sum_{i=1}^{t}k_i=1。$$

反之,当 $\sum\limits_{i=1}^{t}k_i=1$ 时,显然 $\sum\limits_{i=1}^{t}k_i\boldsymbol{\eta}_i$ 为解向量。

36. 设有线性方程组(Ⅰ)$\boldsymbol{Ax}=\boldsymbol{b}$ 和(Ⅱ)$\begin{pmatrix}\boldsymbol{A}^{\mathrm{T}}\\ \boldsymbol{b}^{\mathrm{T}}\end{pmatrix}\boldsymbol{x}=\begin{pmatrix}\boldsymbol{0}\\ 1\end{pmatrix}$。求证:(Ⅰ)有解的充分必要条件为(Ⅱ)无解。

证明 (Ⅰ)有解当且仅当 $r(\boldsymbol{A})=r(\boldsymbol{A},\boldsymbol{b})$,当且仅当 $\Leftrightarrow r(\boldsymbol{A}^{\mathrm{T}})=r\begin{pmatrix}\boldsymbol{A}^{\mathrm{T}}\\ \boldsymbol{b}^{\mathrm{T}}\end{pmatrix}$,当且仅当

$$r\begin{pmatrix}\boldsymbol{A}^{\mathrm{T}}\\ \boldsymbol{b}^{\mathrm{T}}\end{pmatrix}=r\begin{pmatrix}\boldsymbol{A}^{\mathrm{T}}\\ \boldsymbol{0}\end{pmatrix}<r\begin{pmatrix}\boldsymbol{A}^{\mathrm{T}}&\boldsymbol{0}\\ \boldsymbol{0}&1\end{pmatrix}\leqslant r\begin{pmatrix}\boldsymbol{A}^{\mathrm{T}}&\boldsymbol{0}\\ \boldsymbol{b}^{\mathrm{T}}&1\end{pmatrix},$$

当且仅当(Ⅱ)无解。

37. 已知齐次线性方程组 $\boldsymbol{Ax}=\boldsymbol{0}$ 有非零解。是否存在 $\boldsymbol{b}_1,\boldsymbol{b}_2,\cdots,\boldsymbol{b}_n$ 使 $\boldsymbol{A}^{\mathrm{T}}\boldsymbol{x}=\boldsymbol{\beta}$ 有唯一解?其中,$\boldsymbol{\beta}=(b_1,b_2,\cdots,b_n)^{\mathrm{T}}$。

解 由于 $\boldsymbol{Ax}=\boldsymbol{0}$ 有非零解,故 $r(\boldsymbol{A})=r(\boldsymbol{A}^{\mathrm{T}})\leqslant n-1$。此时,$\boldsymbol{A}^{\mathrm{T}}\boldsymbol{x}=\boldsymbol{\beta}$ 的增广矩阵

$$\overline{\boldsymbol{A}}=(\boldsymbol{A},\boldsymbol{\beta})。$$

有 2 种情况：

第一种情况：$r(\overline{\boldsymbol{A}})\neq r(\boldsymbol{A}^{\mathrm{T}})$，此种情况下 $\boldsymbol{A}^{\mathrm{T}}\boldsymbol{x}=\boldsymbol{\beta}$ 无解。

第二种情况：$r(\overline{\boldsymbol{A}})=r(\boldsymbol{A}^{\mathrm{T}})$，此种情况下 $r(\overline{\boldsymbol{A}})=r(\boldsymbol{A}^{\mathrm{T}})\leqslant n-1$。此时，$\boldsymbol{A}^{\mathrm{T}}\boldsymbol{x}=\boldsymbol{\beta}$ 有无穷多解。

综上所述，不存在 $b_1,b_2,\cdots,b_n$，使 $\boldsymbol{A}^{\mathrm{T}}\boldsymbol{x}=\boldsymbol{\beta}$ 有唯一解。

38. 设 $f(x),g(x)$ 是数域 P 上的多项式且 $(f(x),g(x))=1$，$\boldsymbol{M}$ 为 P 上的 n 阶方阵，$\boldsymbol{A}=f(\boldsymbol{M}),\boldsymbol{B}=g(\boldsymbol{M})$。求证：方程组 $\boldsymbol{ABx}=\boldsymbol{0}$ 的任一解可表示为 $\boldsymbol{Ax}=\boldsymbol{0}$ 与 $\boldsymbol{Bx}=\boldsymbol{0}$ 的解的和。

证明　因为 $(f(x),g(x))=1$，故存在多项式 $u(x),v(x)$ 使得

$$u(x)f(x)+v(x)g(x)=1,$$

因此，

$$u(\boldsymbol{M})f(\boldsymbol{M})+v(\boldsymbol{M})g(\boldsymbol{M})=\boldsymbol{E},$$

即

$$\boldsymbol{A}u(\boldsymbol{M})+\boldsymbol{B}v(\boldsymbol{M})=\boldsymbol{E}。$$

设 $\boldsymbol{x}_0$ 为 $\boldsymbol{ABx}=\boldsymbol{0}$ 的解，即 $\boldsymbol{ABx}_0=\boldsymbol{0}$，从而

$$\boldsymbol{x}_0=\boldsymbol{Ex}_0=\boldsymbol{A}u(\boldsymbol{M})\boldsymbol{x}_0+\boldsymbol{B}v(\boldsymbol{M})\boldsymbol{x}_0,$$

其中，$\boldsymbol{A}u(\boldsymbol{M})\boldsymbol{x}_0$ 满足

$$\boldsymbol{BA}u(\boldsymbol{M})\boldsymbol{x}_0=f(\boldsymbol{M})g(\boldsymbol{M})u(\boldsymbol{M})\boldsymbol{x}_0=u(\boldsymbol{M})f(\boldsymbol{M})g(\boldsymbol{M})\boldsymbol{x}_0=\boldsymbol{0},$$

即 $\boldsymbol{A}u(\boldsymbol{M})\boldsymbol{x}_0$ 为 $\boldsymbol{Bx}=\boldsymbol{0}$ 的解。

$\boldsymbol{B}v(\boldsymbol{M})\boldsymbol{x}_0$ 满足

$$\boldsymbol{AB}v(\boldsymbol{M})\boldsymbol{x}_0=f(\boldsymbol{M})g(\boldsymbol{M})v(\boldsymbol{M})\boldsymbol{x}_0=v(\boldsymbol{M})f(\boldsymbol{M})g(\boldsymbol{M})\boldsymbol{x}_0=\boldsymbol{0},$$

即 $\boldsymbol{B}v(\boldsymbol{M})\boldsymbol{x}_0$ 为 $\boldsymbol{Ax}=\boldsymbol{0}$ 的解。

39. 设 $M_i(i=1,2,\cdots,n)$ 是从线性方程组

$$\begin{cases}a_{11}x_1+a_{12}x_2+\cdots+a_{1n}x_n=0,\\a_{21}x_1+a_{22}x_2+\cdots+a_{2n}x_n=0,\\\cdots\cdots\\a_{n-1,1}x_1+a_{n-1,2}x_2+\cdots+a_{n-1,n}x_n=0,\end{cases}\tag{4-30}$$

的系数矩阵

$$\boldsymbol{A}=\begin{pmatrix}a_{11}&a_{12}&\cdots&a_{1n}\\a_{21}&a_{22}&\cdots&a_{2n}\\\vdots&\vdots&&\vdots\\a_{n-1,1}&a_{n-1,2}&\cdots&a_{n-1,n}\end{pmatrix}$$

中划去第 i 列后得到的 $n-1$ 阶子式。求证：

(1) $(M_1,-M_2,\cdots,(-1)^{n-1}M_n)$ 是(4-30)的一个解。

(2)如果 $\boldsymbol{A}$ 的秩为 $n-1$，则方程组(4-30)的解全是 $(M_1,-M_2,\cdots,(-1)^{n-1}M_n)$ 的倍数。

证明 (1)因为 n 阶行列式

$$D_i=\begin{vmatrix} a_{i1} & a_{i2} & a_{i3} & \cdots & a_{in} \\ a_{11} & a_{12} & a_{13} & \cdots & a_{1n} \\ a_{21} & a_{22} & a_{23} & \cdots & a_{2n} \\ \vdots & \vdots & \vdots & \cdots & \vdots \\ a_{n-1,1} & a_{n-1,2} & a_{n-1,3} & \cdots & a_{n-1,n} \end{vmatrix},i=1,2,\cdots,n-1$$

有两行相同,所以 $D_i=0$,将行列式 D_i 按第一列展开得,

$$a_{i1}M_1+a_{i2}(-M_2)+a_{i3}M_3+\cdots+a_{in}[(-1)^{n-1}M_n]=0\text{。}$$

故 $(M_1,-M_2,\cdots,(-1)^{n-1}M_n)$ 是(4—30)的一个解。

(2)因为 $\boldsymbol{A}$ 的秩为 $n-1$,则 $(M_1,-M_2,\cdots,(-1)^{n-1}M_n)$ 的各分量中至少有一个非零,且方程组(4—30)的基础解系含有 1 个向量,故 $(M_1,-M_2,\cdots,(-1)^{n-1}M_n)$ 为(4—30)的一个基础解系,即方程组(4—30)的解全是 $(M_1,-M_2,\cdots,(-1)^{n-1}M_n)$ 的倍数。

40.解方程

$$\begin{pmatrix}1 & 2 & 3\\ 1 & 1 & 1\end{pmatrix}\boldsymbol{X}=\begin{pmatrix}3 & 1\\ 2 & 0\end{pmatrix}\text{。}$$

解 设 $\boldsymbol{X}=\begin{pmatrix}x_1 & y_1\\ x_2 & y_2\\ x_3 & y_3\end{pmatrix}$,则 $\boldsymbol{X}_1=\begin{pmatrix}x_1\\ x_2\\ x_3\end{pmatrix}$,$\boldsymbol{X}_2=\begin{pmatrix}y_1\\ y_2\\ y_3\end{pmatrix}$ 分别为两个线性方程组

$$\boldsymbol{A}\boldsymbol{X}_1=\boldsymbol{\beta}_1,\tag{4—31}$$

$$\boldsymbol{A}\boldsymbol{X}_2=\boldsymbol{\beta}_2,\tag{4—32}$$

的解。其中,$\boldsymbol{A}=\begin{pmatrix}1 & 2 & 3\\ 1 & 1 & 1\end{pmatrix}$,$\boldsymbol{\beta}_1=\begin{pmatrix}3\\ 2\end{pmatrix}$,$\boldsymbol{\beta}_2=\begin{pmatrix}1\\ 0\end{pmatrix}$。

令

$$\bar{\boldsymbol{A}}=\begin{pmatrix}1 & 2 & 3 & 3 & 1\\ 1 & 1 & 1 & 2 & 0\end{pmatrix},$$

对其作初等行变换,

$$\bar{\boldsymbol{A}}=\begin{pmatrix}1 & 2 & 3 & 3 & 1\\ 1 & 1 & 1 & 2 & 0\end{pmatrix}\rightarrow\begin{pmatrix}1 & 2 & 3 & 3 & 1\\ 0 & -1 & -2 & -1 & -1\end{pmatrix}\rightarrow\begin{pmatrix}1 & 0 & -1 & 1 & -1\\ 0 & 1 & 2 & 1 & 1\end{pmatrix}\text{。}$$

令 x_3 分别为 0,1,得到(4—31)的解为

$$\boldsymbol{X}_1=\begin{pmatrix}1+c\\ 1-2c\\ c\end{pmatrix},$$

其中,c 为任意常数。令 y_3 分别为 0,1,得到方程组(4—32)的解为

$$\boldsymbol{X}_2=\begin{pmatrix}-1+d\\ 1-2d\\ d\end{pmatrix},$$

其中，d 为任意常数。

故原矩阵方程的解为

$$X=\begin{pmatrix}1+c & -1+d\\ 1-2c & 1-2d\\ c & d\end{pmatrix}。$$

41. 设实矩阵 $\boldsymbol{A}_{n\times s}$ 为列满秩且 $s<n$ 。求证：

(1)存在列满秩矩阵 $\boldsymbol{B}_{n\times(n-s)}$ ，使

$$\boldsymbol{P}=(\boldsymbol{A},\boldsymbol{B})$$

可逆，且 $\boldsymbol{B}^{\mathrm{T}}\boldsymbol{A}=\boldsymbol{O}$ ；

(2)若 $\boldsymbol{X}=\boldsymbol{C}_{n\times m}$ 是矩阵方程 $\boldsymbol{A}^{\mathrm{T}}\boldsymbol{X}_{n\times m}=\boldsymbol{0}_{s\times m}$ 的一个解，$\boldsymbol{C}$ 的列数 $m>n-s$ ，则 $\boldsymbol{C}$ 的 m 个列向量线性相关。

证明　(1)考查线性方程组 $\boldsymbol{A}_{n\times s}^{\mathrm{T}}\boldsymbol{X}=\boldsymbol{0}$，由 $r(\boldsymbol{A}_{n\times s}^{\mathrm{T}})=s$ ，因而基础解系含有 $n-s$ 个向量，可设为 $\boldsymbol{\beta}_1,\boldsymbol{\beta}_2,\cdots,\boldsymbol{\beta}_{n-s}$ ，令

$$\boldsymbol{B}=(\boldsymbol{\beta}_1,\boldsymbol{\beta}_2,\cdots,\boldsymbol{\beta}_{n-s}),$$

则 $\boldsymbol{A}^{\mathrm{T}}\boldsymbol{B}=\boldsymbol{O}$ ，于是 $\boldsymbol{B}^{\mathrm{T}}\boldsymbol{A}=\boldsymbol{O}$ 。

设

$$\boldsymbol{P}=(\boldsymbol{\alpha}_1,\boldsymbol{\alpha}_2,\cdots,\boldsymbol{\alpha}_s,\boldsymbol{\beta}_1,\boldsymbol{\beta}_2,\cdots,\boldsymbol{\beta}_{n-s})=(\boldsymbol{A},\boldsymbol{B}),$$

则 $\boldsymbol{P}$ 可逆。事实上，由

$$k_1\boldsymbol{\alpha}_1+k_2\boldsymbol{\alpha}_2+\cdots+k_s\boldsymbol{\alpha}_s+t_1\boldsymbol{\beta}_1+t_2\boldsymbol{\beta}_2+\cdots+t_{n-s}\boldsymbol{\beta}_{n-s}=\boldsymbol{0},$$

有

$$(\boldsymbol{A},\boldsymbol{B})\begin{pmatrix}k_1\\ k_2\\ \vdots\\ k_s\\ t_1\\ t_2\\ \vdots\\ t_{n-s}\end{pmatrix}=\boldsymbol{0},$$

令

$$\boldsymbol{C}_1=\begin{pmatrix}k_1\\ k_2\\ \vdots\\ k_s\end{pmatrix},\boldsymbol{C}_2=\begin{pmatrix}t_1\\ t_2\\ \vdots\\ t_{n-s}\end{pmatrix},$$

则

$$(\boldsymbol{A},\boldsymbol{B})\begin{pmatrix}\boldsymbol{C}_1\\ \boldsymbol{C}_2\end{pmatrix}=\boldsymbol{0},$$

进而

$$A^{\mathrm{T}}(A,B)\begin{pmatrix}C_1\\C_2\end{pmatrix}=(A^{\mathrm{T}}A,0)\begin{pmatrix}C_1\\C_2\end{pmatrix}=0\text{。}$$

故 $A^{\mathrm{T}}AC_1=0$,因为

$$r(A^{\mathrm{T}}A)=r(A)=s\text{，}$$

故 $C_1=0$。

由 $\beta_1,\beta_2,\cdots,\beta_{n-s}$ 线性无关可得 $t_1=t_2=\cdots=t_{n-s}=0$。

综上所述,$k_1=k_2=\cdots=k_s=t_1=t_2=\cdots=t_{n-s}=0$,故 P 可逆。

(2)由 $A^{\mathrm{T}}C=O$ 可知 C 的列向量为 $A^{\mathrm{T}}X=0$ 的解,其解空间维数为 $n-r(A)=n-s$。由 $m>n-s$ 可得 C 的列向量线性相关。

42. 设 A 是 $m\times n$ 矩阵,B 是 $m\times p$ 矩阵,给出 $AX=B$ 有解的充要条件。进一步地,若 $r(A)=r$,X_0 为一个给定的特解,试求出其通解。

解 设 $X=(x_1,x_2,\cdots,x_p)$,其中 $x_i(i=1,2,\cdots,p)$ 为 n 维列向量,$B=(b_1,b_2,\cdots,b_p)$,其中 $b_i(i=1,2,\cdots,p)$ 为 B 的列向量。则

$AX=B$ 有解当且仅当每一个线性方程组 $Ax_i=b_i(i=1,2,\cdots,p)$ 都有解,当且仅当

$$r(A)=r(A,b_i)(i=1,2,\cdots,p)\text{，}$$

当且仅当

$$r(A)=r(A,B)\text{。}$$

令 $X_0=(x_0^1,x_0^2,\cdots,x_0^p)$ 为 $AX=B$ 的一个特解,故 $Ax_0^i=b_i$,即 x_0^i 为 $Ax=b_i(i=1,2,\cdots,p)$ 的一个特解。考查齐次线性方程组 $Ax=0$,因为 $r(A)=r$,故存在基础解系,设为 $\eta_1,\eta_2,\cdots,\eta_{n-r}$。于是 $Ax=b_i$ 的任一解 x_i 可表为

$$x_i=x_0^i+k_{i1}\eta_1+k_{i2}\eta_2+\cdots+k_{in-r}\eta_{n-r}(i=1,2,\cdots,p)\text{。}$$

从而 $AX=B$ 的通解为

$$X=(x_0^1,x_0^2,\cdots,x_0^p)+(\eta_1,\eta_2,\cdots,\eta_p)\begin{pmatrix}k_{11}&\cdots&k_{n-r,1}\\\vdots&\ddots&\vdots\\k_{1p}&\cdots&k_{n-r,p}\end{pmatrix}=X_0+TP,$$

其中,$T=(\eta_1,\eta_2,\cdots,\eta_{n-r})$,$P=\begin{pmatrix}k_{11}&\cdots&k_{n-r,1}\\\vdots&\ddots&\vdots\\k_{1p}&\cdots&k_{n-r,p}\end{pmatrix}$ 为任意矩阵。

43. 设矩阵 A,B 分别为 $m\times n$ 和 $n\times m$ 矩阵,C 为 n 阶可逆矩阵,$r(A)=r<n$ 且

$$A(C+BA)=O\text{。}$$

求证:(1) $C+BA$ 的秩为 $n-r$。(2) $Ax=0$ 的通解为 $x=(C+BA)z$,其中 z 为任意 n 维列向量。

证明 (1)因为 $A(C+BA)=O$,所以

$$r(A)+r(C+BA)\leqslant n\text{，}$$

即

$$r(\boldsymbol{C}+\boldsymbol{BA})\leqslant n-r\text{。}$$

进而

$$r(\boldsymbol{BA})\leqslant r(\boldsymbol{C}+\boldsymbol{BA})\leqslant n-r\text{。}$$

对于 $\boldsymbol{BA}$ 存在可逆矩阵 $\boldsymbol{P},\boldsymbol{Q}$ 使得

$$\boldsymbol{PBAQ}=\begin{pmatrix}\boldsymbol{I}_s & \boldsymbol{O}\\ \boldsymbol{O} & \boldsymbol{O}\end{pmatrix},$$

其中 $s=r(\boldsymbol{BA})\leqslant n-r$，因 $\boldsymbol{C}$ 可逆，故

$$\boldsymbol{P}(\boldsymbol{C}+\boldsymbol{BA})\boldsymbol{Q}=\boldsymbol{PCQ}+\begin{pmatrix}\boldsymbol{I}_s & \boldsymbol{O}\\ \boldsymbol{O} & \boldsymbol{O}\end{pmatrix}$$

中至少有 $n-s\geqslant r$ 个列向量线性无关，即

$$r(\boldsymbol{C}+\boldsymbol{BA})\geqslant n-r\text{。}$$

综上所述，$r(\boldsymbol{C}+\boldsymbol{BA})=n-r$。

(2)令 $\boldsymbol{C}+\boldsymbol{BA}=(\boldsymbol{\beta}_1,\boldsymbol{\beta}_2,\cdots,\boldsymbol{\beta}_n)$，设 $\boldsymbol{\beta}_{i1},\boldsymbol{\beta}_{i2},\cdots,\boldsymbol{\beta}_{i,n-r}$ 为 $\boldsymbol{\beta}_1,\boldsymbol{\beta}_2,\cdots,\boldsymbol{\beta}_n$ 的一个极大线性无关组，则 $\boldsymbol{\beta}_{i1},\boldsymbol{\beta}_{i2},\cdots,\boldsymbol{\beta}_{i,n-r}$ 是 $(\boldsymbol{C}+\boldsymbol{BA})\boldsymbol{x}=\boldsymbol{0}$ 的一个基础解系。从而
$\boldsymbol{x}=(\boldsymbol{C}+\boldsymbol{BA})\boldsymbol{z}=z_1\boldsymbol{\beta}_1+z_2\boldsymbol{\beta}_2+\cdots+z_n\boldsymbol{\beta}_n=k_1\boldsymbol{\beta}_{i1}+k_2\boldsymbol{\beta}_{i2}+\cdots+k_{n-r}\boldsymbol{\beta}_{i,n-r}(i=1,2,\cdots,n)$，为方程组的解。

4.3　练习题

1. 设线性方程组

$$\begin{cases}x_1+x_2+x_3=0,\\ x_1+2x_2+ax_3=0,\\ x_1+4x_2+a^2x_3=0,\end{cases}$$

与方程

$$x_1+2x_2+x_3=a-1,$$

有公共解，求 a 的值以及所有的公共解。

2. 设 $(\boldsymbol{\alpha}_1,\boldsymbol{\alpha}_2,\cdots,\boldsymbol{\alpha}_n)\in P^{n\times n}$，若线性方程组 $\boldsymbol{Ax}=\boldsymbol{\beta}$ 有通解

$$\boldsymbol{x}=\boldsymbol{\eta}_0+k_1\boldsymbol{\varepsilon}_1+k_2\boldsymbol{\varepsilon}_2+\cdots+k_s\boldsymbol{\varepsilon}_s,$$

其中，$\boldsymbol{\eta}_0=(1,1,\cdots,1)^{\mathrm{T}}$，$\boldsymbol{\xi}_i=(1,1,\cdots,1,0,\cdots,0)(i=1,2,\cdots,s)$。设

$$\boldsymbol{B}=(n\boldsymbol{\alpha}_n,(n-1)\boldsymbol{\alpha}_{n-1},\cdots,2\boldsymbol{\alpha}_2,\boldsymbol{\alpha}_1),$$

求 $\boldsymbol{Bx}=\boldsymbol{\beta}$ 的通解。

3. 设 $\boldsymbol{A},\boldsymbol{B}$ 都是 $m\times n$ 矩阵，线性方程组 $\boldsymbol{AX}=\boldsymbol{0}$ 与 $\boldsymbol{BX}=\boldsymbol{0}$ 同解，则 $\boldsymbol{A},\boldsymbol{B}$ 的列向量组是否等价？行向量组是否等价？若是，给出证明；若否，举出反例。

4. 设方程组

$$\begin{cases}a_{11}x_1+a_{12}x_2+\cdots+a_{1n}x_n=b_1,\\a_{21}x_1+a_{22}x_2+\cdots+a_{2n}x_n=b_2,\\\cdots\cdots\\a_{n1}x_1+a_{n2}x_2+\cdots+a_{nn}x_n=b_n,\end{cases}\tag{4-33}$$

与

$$\begin{cases}A_{11}x_1+A_{12}x_2+\cdots+A_{1n}x_n=c_1,\\A_{21}x_1+A_{22}x_2+\cdots+A_{2n}x_n=c_2,\\\cdots\cdots\\A_{n1}x_1+A_{n2}x_2+\cdots+A_{nn}x_n=c_n。\end{cases}\tag{4-34}$$

其中，A_{ij} 为 a_{ij} 在系数行列式 $\boldsymbol{D}=|a_{ij}|$ 中的代数余子式。求证方程组(4－33)有唯一解的充分必要条件为方程组(4－34)有唯一解。

5. 设 $\boldsymbol{\alpha}_1,\boldsymbol{\alpha}_2,\cdots,\boldsymbol{\alpha}_s$ 为 s 个线性无关的 n 维向量。求证：存在含 n 个未知量的齐次线性方程组，使 $\boldsymbol{\alpha}_1,\boldsymbol{\alpha}_2,\cdots,\boldsymbol{\alpha}_s$ 是它的一个基础解系。

6. 讨论以下方程组的解的情况

$$\begin{cases}ax+y+z=a-3,\\x+ay+z=-2,\\x+y+z=-2。\end{cases}$$

第 5 章　二次型

5.1　基础知识

§1　二次型的矩阵表示

1. 二次型的几种表述

设 P 是一数域，一个系数在数域 P 的 $x_1,x_2,\cdots,x_n$ 的二次齐次多形式 $f(x_1,x_2,\cdots,x_n)=a_{11}x_1^2+2a_{12}x_1x_2+\cdots+2a_{1n}x_1x_n+a_{22}x_2^2+\cdots+2a_{2n}x_2x_n+\cdots+a_{nn}x_n^2$ 称为数域 P 上的一个 n 元二次型，简称二次型。

下面 3 种 n 元二次齐次函数都表示 n 元二次型

1) $f(x_1,x_2,\cdots,x_n)=\sum\limits_{i=1}^{n}\sum\limits_{j=1}^{n}a_{ij}x_ix_j$；

2) $f(x_1,x_2,\cdots,x_n)=a_{11}x_1^2+a_{22}x_2^2+\cdots+a_{nn}x_n^2+2\sum\limits_{i<j}a_{ij}x_ix_j$；

3) $f(x_1,x_2,\cdots,x_n)=\boldsymbol{X}^{\mathrm{T}}\boldsymbol{AX}$，其中 $\boldsymbol{X}^{\mathrm{T}}=(x_1,x_2,\cdots x_n)$，$\boldsymbol{A}=(a_{ij})_{n\times n}$，且 $\boldsymbol{A}^{\mathrm{T}}=\boldsymbol{A}$，并称 $\boldsymbol{A}$ 为二次型 f 的矩阵。

2. 线性替换

设 $x_1,\cdots,x_n;y_1,\cdots,y_n$ 是两组文字，系数在数域 P 中的一组关系式

$$\begin{cases}x_1=c_{11}y_1+c_{12}y_2+\cdots+c_{1n}y_n,\\ x_2=c_{21}y_1+c_{22}y_2+\cdots+c_{2n}y_n,\\ \cdots\cdots\\ x_n=c_{n1}y_1+c_{n2}y_2+\cdots+c_{nn}y_n\end{cases}$$

称为由 $x_1,x_2,\cdots,x_n$ 到 $y_1,y_2,\cdots,y_n$ 的一个线性替换或简称线性替换。如果系数行列式 $|c_{ij}|\neq 0$，那么线性替换就称为非退化的。

3. 矩阵合同

(1)数域 P 上 $n\times n$ 矩阵 $\boldsymbol{A}$，$\boldsymbol{B}$ 称为合同的，如果有数域 P 上可逆的 $n\times n$ 矩阵 $\boldsymbol{C}$，使

$$\boldsymbol{B}=\boldsymbol{C}^{\mathrm{T}}\boldsymbol{AC}。$$

(2)合同是矩阵之间的一个关系，具有以下性质：

1)自反性:任意矩阵 $\boldsymbol{A}$ 都与自身合同;

2)对称性:如果 $\boldsymbol{B}$ 与 $\boldsymbol{A}$ 合同,那么 $\boldsymbol{A}$ 与 $\boldsymbol{B}$ 合同;

3)传递性:如果 $\boldsymbol{B}$ 与 $\boldsymbol{A}$ 合同, $\boldsymbol{C}$ 与 $\boldsymbol{B}$ 合同,那么 $\boldsymbol{C}$ 与 $\boldsymbol{A}$ 合同。

即合同是矩阵间的一个等价关系。

(3)二次型经过非退化线性替换仍变为二次型,且新二次型的矩阵与原二次型的矩阵是合同的。

§2 二次型的标准形

1. 标准形

(1)数域 P 上任意一个二次型 $f(x_1,x_2,\cdots,x_n)$ 都可以经过非退化的线性替换变成平方和 $d_1x_1^2+d_2x_2^2+\cdots+d_nx_n^2$,称为 $f(x_1,x_2,\cdots,x_n)$ 的标准形。

(2)在数域 P 上,任意一个对称矩阵都合同于一个对角矩阵,即对于任意一个对称矩阵 $\boldsymbol{A}$ 都可以找到一个可逆矩阵 $\boldsymbol{C}$,使 $\boldsymbol{C}^{\mathrm{T}}\boldsymbol{AC}$ 成对角矩阵。

2. 利用非退化线性替换化二次型为标准形的常用方法

(1)配方法:即将变量 $x_1,x_2,\cdots x_n$ 逐个配成完全平方形式。为了能配方,在二次型没有平方项时,先变换出平方项,再进行配方。

(2)初等变换法:用非退化线性替换 $\boldsymbol{X}=\boldsymbol{CY}$ 化二次型为标准形。具体步骤是:先求出二次型的矩阵 $\boldsymbol{A}$,再作初等变换 $(\boldsymbol{A}|\boldsymbol{E})\rightarrow(\boldsymbol{D}|\boldsymbol{C}^{\mathrm{T}})$ (其中对 $\boldsymbol{A}$ 需要做成对的初等行变换和列变换,而对 $\boldsymbol{E}$ 只作初等行变换)。当子块 $\boldsymbol{A}$ 化为对角矩阵 $\boldsymbol{D}$ 时,子块 $\boldsymbol{E}$ 也相应地化为 $\boldsymbol{C}^{\mathrm{T}}$,并有 $\boldsymbol{C}^{\mathrm{T}}\boldsymbol{AC}=\boldsymbol{D}$ 。

(3)正交替换法:先写出二次型的矩阵 $\boldsymbol{A}$,再用正交替换 $\boldsymbol{X}=\boldsymbol{PY}$ 将 $\boldsymbol{A}$ 对角化,从而

$$\boldsymbol{P}^{\mathrm{T}}\boldsymbol{AP}=\begin{pmatrix}\lambda_1 & & & \\ & \lambda_2 & & \\ & & \ddots & \\ & & & \lambda_n\end{pmatrix},$$

其中, $\lambda_i(i=1,2,\cdots,n)$ 为二次型 $f(x_1,x_2,\cdots,x_n)$ 的矩阵的所有特征值,同时也有

$$f(x_1,x_2,\cdots,x_n)=\lambda_1y_1^2+\lambda_2y_2^2+\cdots+\lambda_ny_n^2。$$

(4)偏导数方法:此方法与配方法本质上是相同的,但不需要凭观察去配方,而是按下列固定程序进行,

1)设 $f(x_1,x_2,\cdots,x_n)=\sum\limits_{i=1}^{n}\sum\limits_{j=1}^{n}a_{ij}x_ix_j$,如果 $a_{11}\neq0$,求出 $f_1=\dfrac{1}{2}\dfrac{\partial f}{\partial x_1}$,则有 $f=\dfrac{1}{a_{11}}f_1^2+Q$,其中 Q 已不含变量 x_1,继续对 Q 进行类似计算,直至都配成平方项为止;

2)设 $f(x_1,x_2,\cdots,x_n)=\sum\limits_{i=1}^{n}\sum\limits_{j=1}^{n}a_{ij}x_ix_j$ 中 $a_{11}=0$,而 $a_{12}\neq0$,求出

$$f_1=\frac{1}{2}\frac{\partial f}{\partial x_1},f_2=\frac{1}{2}\frac{\partial f}{\partial x_2},$$

则 $f=\frac{1}{2a_{12}}[(f_1+f_2)^2-(f_1-f_2)^2]+Q$，其中 Q 已不含变量 x_1 和 x_2，对 Q 继续进行上述计算，若 Q 中含有平方项，则可按 1)中方法进行。

(5)雅可比方法(此方法不宜求出线性替换矩阵)。

设在二次型 $f(x_1,x_2,\cdots,x_n)=\sum_{i=1}^{n}\sum_{j=1}^{n}a_{ij}x_ix_j$ 中，

$$D_1=a_{11},D_2=\begin{vmatrix}a_{11}&a_{12}\\a_{21}&a_{22}\end{vmatrix},\cdots,D_{n-1}=\begin{vmatrix}a_{11}&a_{12}&\cdots&a_{1,n-1}\\a_{21}&a_{22}&\cdots&a_{2,n-1}\\\vdots&\vdots&&\vdots\\a_{n-1,1}&a_{n-1,2}&\cdots&a_{n-1,n-1}\end{vmatrix},$$

都不等于零，则二次型必可经过非退化线性替换化为下面只含平方项的形式

$$\frac{D_1}{D_0}y_1^2+\frac{D_2}{D_1}y_2^2+\cdots+\frac{D_n}{D_{n-1}}y_n^2,$$

其中，$D_0=1$。

又若二次型 $f(x_1,x_2,\cdots,x_n)=\sum_{i=1}^{n}\sum_{j=1}^{n}a_{ij}x_ix_j$ 中，

$$D_1=a_{11},D_2=\begin{vmatrix}a_{11}&a_{12}\\a_{21}&a_{22}\end{vmatrix},\cdots,D_{n-1}=\begin{vmatrix}a_{11}&a_{12}&\cdots&a_{1,n-1}\\a_{21}&a_{22}&\cdots&a_{2,n-1}\\\vdots&\vdots&&\vdots\\a_{n-1,1}&a_{n-1,2}&\cdots&a_{n-1,n-1}\end{vmatrix},D_n=\begin{vmatrix}a_{11}&a_{12}&\cdots&a_{1n}\\a_{21}&a_{22}&\cdots&a_{2n}\\\vdots&\vdots&&\vdots\\a_{n1}&a_{n2}&\cdots&a_{nn}\end{vmatrix},$$

全不为零，则二次型必有下面平方和的形式

$$\frac{D_1}{D_0}y_1^2+\frac{D_2}{D_1}y_2^2+\cdots+\frac{D_n}{D_{n-1}}y_n^2。$$

§3　唯一性

1. 复数域上二次型的规范形

(1)设 $f(x_1,x_2,\cdots,x_n)$ 是一复数域上的二次型。经过一适当的非退化线性替换后，$f(x_1,x_2,\cdots,x_n)$ 变成

$$a_{11}x_1^2+a_{22}x_2^2+\cdots+a_{nn}x_n^2,$$

其中，$a_{ii}=1$ 或 $0(i=1,2,\cdots n)$，则称上式为复二次型 $f(x_1,x_2,\cdots,x_n)$ 的规范形。

(2)任意一个复二次型 $f(x_1,x_2,\cdots,x_n)$，经过一适当的非退化线性替换可以变成规范形，且规范形是唯一的。

(3)任何复对称矩阵 $\boldsymbol{A}$ 都合同于对角矩阵 $\begin{pmatrix}\boldsymbol{E}_r & \boldsymbol{O}\\ \boldsymbol{O} & \boldsymbol{O}\end{pmatrix}$，其中 $r=\boldsymbol{A}$ 的秩。

(4)两个复对称矩阵合同的充要条件是它们的秩相等。

2. 实数域上二次型的规范形

(1)设 $f(x_1,x_2,\cdots,x_n)$ 是一实数域上的二次型。经过一适当的非退化线性替换后，再适当排列文字的次序，可使 $f(x_1,x_2,\cdots,x_n)$ 变成

$$a_{11}x_1^2+a_{22}x_2^2+\cdots+a_{nn}x_n^2,$$

其中，$a_{ii}=1,-1$ 或 $0(i=1,2,\cdots n)$。则称上式为实二次型 $f(x_1,x_2,\cdots,x_n)$ 的规范形。

(2)任意一个实数域上的二次型，经过一适当的非退化线性替换可以变成规范形，且规范形是唯一的。这个定理通常称为惯性定理。

(3)在实二次型 $f(x_1,x_2,\cdots,x_n)$ 的规范形中，正平方项的个数 p 称为实二次型 $f(x_1,x_2,\cdots,x_n)$ 的正惯性指数；负平方项的个数 $r-p$ 称为实二次型 $f(x_1,x_2,\cdots,x_n)$ 的负惯性指数；它们的差 $p-(r-p)=2p-r$ 称为实二次型 $f(x_1,x_2,\cdots,x_n)$ 的符号差。

实二次型的标准形中系数为正的平方项的个数是唯一确定的，它等于正惯性指数，而系数为负的平方项的个数就等于负惯性指数。

(4)2 个 n 元实二次型可以通过实非退化线性替换互化的充要条件是二者有相同的秩和符号差。

(5)2 个 n 阶实对称矩阵在实数域上合同的充要条件是，二者有相同的秩和符号差（实对称矩阵 $\boldsymbol{A}$ 的符号差是指实二次型 $\boldsymbol{X}^{\mathrm{T}}\boldsymbol{A}\boldsymbol{X}$ 的符号差）。

3. 实对称矩阵的标准形

(1) n 阶实矩阵 $\boldsymbol{A}$ 称为正交矩阵，如果 $\boldsymbol{A}^{\mathrm{T}}\boldsymbol{A}=\boldsymbol{E}$ 。

(2)设 $\boldsymbol{A}$ 为实对称矩阵，则 $\boldsymbol{A}$ 的特征值皆为实数。

(3)设 $\boldsymbol{A}$ 为实对称矩阵，则 $\mathbf{R}^n$ 中属于 $\boldsymbol{A}$ 的不同特征值的特征向量必正交。

(4)对于任意一个 n 阶实对称矩阵 $\boldsymbol{A}$，都存在一个 n 阶正交矩阵 $\boldsymbol{P}=(\boldsymbol{\alpha}_1,\boldsymbol{\alpha}_2,\cdots,\boldsymbol{\alpha}_n)$，使得

$$\boldsymbol{P}^{\mathrm{T}}\boldsymbol{A}\boldsymbol{P}=\boldsymbol{P}^{-1}\boldsymbol{A}\boldsymbol{P}=\begin{pmatrix}\lambda_1 & & & \\ & \lambda_2 & & \\ & & \ddots & \\ & & & \lambda_n\end{pmatrix}，且 \boldsymbol{A}\boldsymbol{\alpha}_i=\lambda_i\boldsymbol{\alpha}_i(i=1,2,\cdots,n)。$$

(5)任意一个实二次型 $f(x_1,x_2,\cdots,x_n)=\sum\limits_{i=1}^{n}\sum\limits_{j=1}^{n}a_{ij}x_ix_j(a_{ij}=a_{ji})$，都可以经过正交线性替换 $\boldsymbol{x}=\boldsymbol{P}\boldsymbol{y}$，变成平方和

$$\lambda_1y_1^2+\lambda_2y_2^2+\cdots+\lambda_ny_n^2,$$

其中，平方项的系数 $\lambda_1,\lambda_2,\cdots,\lambda_n$ 为矩阵 $\boldsymbol{A}$ 的全部实特征值。

§4　正定二次型

1. 正定二次型

(1)实二次型 $f(x_1,x_2,\cdots,x_n)$ 称为正定的,如果对于任意一组不全为零的实数 $c_1,c_2,\cdots,c_n$,都有 $f(c_1,c_2,\cdots,c_n)>0$。

注　1)正定二次型经过非退化线性替换后仍为正定二次型;

2)实二次型 $d_1x_1^2+d_2x_2^2+\cdots+d_nx_n^2$ 为正定的当且仅当每个 $d_i>0$。

(2) n 元实二次型 $f(x_1,x_2,\cdots,x_n)$ 正定的充分必要条件是它的正惯性指数等于 n。

注　正定二次型 $f(x_1,x_2,\cdots,x_n)$ 的规范形为 $y_1^2+y_2^2+\cdots+y_n^2$。

2. 正定矩阵

(1)实对称矩阵 $\boldsymbol{A}$ 称为正定的,如果二次型 $\boldsymbol{X}^{\mathrm{T}}\boldsymbol{A}\boldsymbol{X}$ 正定。

注　正定矩阵的行列式大于零。

(2)子式

$$P_i=\begin{vmatrix} a_{11} & a_{12} & \cdots & a_{1i} \\ a_{21} & a_{22} & \cdots & a_{2i} \\ \vdots & \vdots & \vdots & \vdots \\ a_{i1} & a_{i2} & \cdots & a_{ii} \end{vmatrix}(i=1,2,\cdots,n)$$

称为矩阵 $\boldsymbol{A}=(a_{ij})_{nn}$ 的顺序主子式。

(3)设 f 为数域 P 上的 n 元二次型,如果二次型 f 的矩阵 $\boldsymbol{A}$ 的顺序主子式 $D_k(k=1,2,\cdots n)$ 都不等于 0,则 f 可以经过 P 上的非退化线性替换化为以下标准形:

$$\frac{D_1}{D_0}y_1^2+\frac{D_2}{D_1}y_2^2+\cdots+\frac{D_n}{D_{n-1}}y_n^2,$$

其中,$D_0=1$。

3. 正定矩阵的判定

设 $\boldsymbol{A}$ 是一个 n 阶实对称矩阵,以下条件都是 $\boldsymbol{A}$ 为正定矩阵的充分必要条件:

1) $\boldsymbol{A}$ 的特征值都大于零;

2) $\boldsymbol{A}$ 的顺序主子式都大于零;

3)存在可逆矩阵 $\boldsymbol{C}$,使 $\boldsymbol{A}=\boldsymbol{C}^{\mathrm{T}}\boldsymbol{C}$;

4) $\boldsymbol{A}$ 的所有主子式大于零;

5) $\boldsymbol{A}$ 与单位矩阵 $\boldsymbol{E}$ 合同;

6) $\boldsymbol{A}$ 的正惯性指数为 n;

7)设 $f(x_1,x_2,\cdots,x_n)=\boldsymbol{X}^{\mathrm{T}}\boldsymbol{A}\boldsymbol{X}$ 为矩阵 $\boldsymbol{A}$ 对应的实二次型,对任意非零实向量 $\boldsymbol{C}^{\mathrm{T}}=(c_1,c_2,\cdots,c_n)$,都有 $f(c_1,c_2,\cdots,c_n)=\boldsymbol{C}^{\mathrm{T}}\boldsymbol{A}\boldsymbol{C}>0$。

由于当$\boldsymbol{A}$是正定矩阵时，对应的实二次型$f(x_1,x_2,\cdots,x_n)=\boldsymbol{X}^{\mathrm{T}}\boldsymbol{A}\boldsymbol{X}$为正定二次型，因此上面的条件也是$f(x_1,x_2,\cdots,x_n)$为正定二次型的等价条件。

4. 负定矩阵(负定二次型)

设$f(x_1,x_2,\cdots,x_n)$是一实二次型，对于任意一组不全为零的实数$c_1,c_2,\cdots,c_n$，

(1)如果都有$f(c_1,c_2,\cdots,c_n)<0$，那么$f(x_1,x_2,\cdots,x_n)$称为负定的。

(2)如果都有$f(c_1,c_2,\cdots,c_n)\geqslant 0$，那么$f(x_1,x_2,\cdots,x_n)$称为半正定的。

(3)如果都有$f(c_1,c_2,\cdots,c_n)\leqslant 0$，那么$f(x_1,x_2,\cdots,x_n)$称为半负定的。

(4)如果它既不是半正定又不是半负定，那么$f(x_1,x_2,\cdots,x_n)$就称为不定的。

5. 负定矩阵(负定二次型)的判定

设$\boldsymbol{A}$是一个n阶实对称矩阵，以下条件都是$\boldsymbol{A}$为负定矩阵的充分必要条件：

(1)设$f(x_1,x_2,\cdots,x_n)=\boldsymbol{X}^{\mathrm{T}}\boldsymbol{A}\boldsymbol{X}$为矩阵$\boldsymbol{A}$对应的实二次型，对任意非零实向量$\boldsymbol{C}^{\mathrm{T}}=(c_1,c_2,\cdots,c_n)$，都有$f(c_1,c_2,\cdots,c_n)=\boldsymbol{C}^{\mathrm{T}}\boldsymbol{A}\boldsymbol{C}<0$；

(2) $g(x_1,x_2,\cdots,x_n)=\boldsymbol{X}^{\mathrm{T}}(-\boldsymbol{A})\boldsymbol{X}$是正定二次型；

(3) $\boldsymbol{A}$的特征值都小于零；

(4) $\boldsymbol{A}$与矩阵$-\boldsymbol{E}$合同；

(5) $\boldsymbol{A}$的负惯性指数为n；

(6) $\boldsymbol{A}$的一切奇数阶主子式都小于0，一切偶数阶主子式都大于0；

(7) $\boldsymbol{A}$的一切奇数阶顺序主子式都小于0，一切偶数阶顺序主子式都大于0。

由于当$\boldsymbol{A}$是负定矩阵时，对应的实二次型$f(x_1,x_2,\cdots,x_n)=\boldsymbol{X}^{\mathrm{T}}\boldsymbol{A}\boldsymbol{X}$为负定二次型，因此上面的条件也是$f(x_1,x_2,\cdots,x_n)$为负定二次型的等价条件。

6. 半正定矩阵(半正定二次型)的判定

设$\boldsymbol{A}$是一个n阶实对称矩阵，且$\boldsymbol{A}$为半正定矩阵，则以下条件等价：

(1) $f(x_1,x_2,\cdots,x_n)$是半正定的。

(2)它的正惯性指数与秩相等。

(3)有可逆实矩阵$\boldsymbol{C}$，使$\boldsymbol{C}^{\mathrm{T}}\boldsymbol{A}\boldsymbol{C}=\begin{pmatrix} d_1 & & & \\ & d_2 & & \\ & & \ddots & \\ & & & d_n \end{pmatrix}$，其中$d_i\geqslant 0,i=1,2,\cdots,n$。

(4)存在实矩阵$\boldsymbol{C}$，使$\boldsymbol{A}=\boldsymbol{C}^{\mathrm{T}}\boldsymbol{C}$；

(5) $\boldsymbol{A}$的所有主子式皆大于或等于零；

(6) $\boldsymbol{A}$的所有i阶主子式之和$\geqslant 0$；

(7) $\boldsymbol{A}$与矩阵$\begin{pmatrix}\boldsymbol{E}_r & \boldsymbol{O}\\ \boldsymbol{O} & \boldsymbol{O}\end{pmatrix}$合同；

(8) $\boldsymbol{A}$ 的正惯性指数为 $p=r=r(\boldsymbol{A})$（或者负惯性指数为 0）；

(9) $\boldsymbol{A}$ 的特征值都 $\geqslant 0$；

(10)存在半正定矩阵 $\boldsymbol{B}$，使 $\boldsymbol{A}=\boldsymbol{B}^k$（$k$ 是正整数）。

由于当 $\boldsymbol{A}$ 是半正定矩阵时，对应的实二次型 $f(x_1,x_2,\cdots,x_n)=\boldsymbol{X}^{\mathrm{T}}\boldsymbol{AX}$ 为半正定二次型，因此上面的条件也是 f 为半正定二次型的等价条件。

7. 不定矩阵(不定二次型)的判定

判定不定二次型有下列两个常用的等价条件

(1)存在两个非零实向量 $(c_1,c_2\cdots,c_n)$ 和 $(d_1,d_2\cdots,d_n)$ 使得 $f(c_1,c_2\cdots,c_n)>0$ 且 $f(d_1,d_2\cdots,d_n)<0$；

(2)不定二次型的矩阵 $\boldsymbol{A}$ 的特征值必有正有负。

5.2　典型问题解析

1. 用非退化线性替换化下面的实二次型为标准形，

$$f(x_1,x_2,x_3)=2x_1^2+4x_1x_2-4x_1x_3+5x_2^2-8x_2x_3+5x_3^2,$$

并写出所用的非退化线性替换。

解　法一　配方法。

$$\begin{aligned}f(x_1,x_2,x_3)&=2[x_1^2+2x_1(x_2-x_3)+(x_2-x_3)^2]+3\left[x_2^2-2\times\frac{2}{3}x_2x_3+\left(\frac{2}{3}x_3\right)^2\right]+\frac{5}{3}x_3^2\\&=2(x_1+x_2-x_3)^2+3\left(x_2-\frac{2}{3}x_3\right)^2+\frac{5}{3}x_3^2。\end{aligned}$$

令

$$\begin{cases}y_1=x_1+x_2-x_3\\y_2=x_2-\dfrac{2}{3}x_3,\\y_3=x_3\end{cases}$$

则有

$$f(x_1,x_2,x_3)=2y_1^2+3y_2^2+\frac{5}{3}y_3^2。$$

替换矩阵为

$$\boldsymbol{C}=\begin{pmatrix}1&-1&\dfrac{1}{3}\\0&1&\dfrac{2}{3}\\0&0&1\end{pmatrix}。$$

由于 $|\boldsymbol{C}|\neq 0$，因此所作的线性替换是非退化的。

法二　初等变换法。

$f(x_1,x_2,x_3)$ 的矩阵为 $\begin{pmatrix} 2 & 2 & -2 \\ 2 & 5 & -4 \\ -2 & -4 & 5 \end{pmatrix}$，作初等变换

$$\begin{pmatrix} 2 & 2 & -2 \\ 2 & 5 & -4 \\ -2 & -4 & 5 \\ 1 & 0 & 0 \\ 0 & 1 & 0 \\ 0 & 0 & 1 \end{pmatrix} \to \begin{pmatrix} 2 & 0 & 0 \\ 0 & 3 & -2 \\ 0 & -2 & 3 \\ 1 & -1 & 1 \\ 0 & 1 & 0 \\ 0 & 0 & 1 \end{pmatrix} \to \begin{pmatrix} 2 & 0 & 0 \\ 0 & 3 & 0 \\ 0 & 0 & \frac{5}{3} \\ 1 & -1 & \frac{1}{3} \\ 0 & 1 & \frac{2}{3} \\ 0 & 0 & 1 \end{pmatrix}。$$

因此

$$\boldsymbol{C}=\begin{pmatrix} 1 & -1 & \frac{1}{3} \\ 0 & 1 & \frac{2}{3} \\ 0 & 0 & 1 \end{pmatrix}，$$

即经过非退化线性替换 $\boldsymbol{X}=\boldsymbol{CY}$ 有

$$f(x_1,x_2,x_3)=2y_1^2+3y_2^2+\frac{5}{3}y_3^2。$$

法三　正交替换法。

由方程

$$|\lambda\boldsymbol{E}-\boldsymbol{A}|=\begin{vmatrix} \lambda-2 & -2 & 2 \\ -2 & \lambda-5 & 4 \\ 2 & 4 & \lambda-5 \end{vmatrix}=(\lambda-1)^2(\lambda-10)=0，$$

得 $\boldsymbol{A}$ 的特征值为 1(二重)与 10。

(1)对于 $\lambda=1$，求解齐次线性方程组 $(\boldsymbol{E}-\boldsymbol{A})\boldsymbol{X}=\boldsymbol{0}$，得到两个线性无关的特征向量：

$$\boldsymbol{\alpha}_1=(-2,1,0)^{\mathrm{T}},\boldsymbol{\alpha}_2=(2,0,1)^{\mathrm{T}}。$$

先正交化：

$$\boldsymbol{\beta}_1=\boldsymbol{\alpha}_1=(-2,1,0)^{\mathrm{T}},$$

$$\boldsymbol{\beta}_2=\boldsymbol{\alpha}_2-\frac{(\boldsymbol{\alpha}_2,\boldsymbol{\beta}_1)}{(\boldsymbol{\beta}_1,\boldsymbol{\beta}_1)}\boldsymbol{\beta}_1=(2,0,1)^{\mathrm{T}}+\frac{4}{5}(-2,1,0)^{\mathrm{T}}=\left(\frac{2}{5},\frac{4}{5},1\right)^{\mathrm{T}},$$

再单位化：

$$\boldsymbol{\eta}_1=\frac{1}{|\boldsymbol{\beta}_1|}\boldsymbol{\beta}_1=\begin{pmatrix}-\frac{2}{\sqrt{5}}\\ \frac{1}{\sqrt{5}}\\ 0\end{pmatrix},\boldsymbol{\eta}_2=\frac{1}{|\boldsymbol{\beta}_2|}\boldsymbol{\beta}_2=\begin{pmatrix}\frac{2}{3\sqrt{5}}\\ \frac{4}{3\sqrt{5}}\\ \frac{5}{3\sqrt{5}}\end{pmatrix}。$$

(2)对于 $\lambda=10$,求解齐次线性方程组 $(10\boldsymbol{E}-\boldsymbol{A})\boldsymbol{X}=\boldsymbol{0}$,得到一个特征向量 $\boldsymbol{\alpha}_3=(1,2,-2)^{\mathrm{T}}$,且 $\boldsymbol{\eta}_3=\frac{1}{|\boldsymbol{\alpha}_3|}\boldsymbol{\alpha}_3=\left(\frac{1}{3},\frac{2}{3},-\frac{2}{3}\right)^{\mathrm{T}}$。

令 $\boldsymbol{P}=\begin{pmatrix}-\frac{2}{\sqrt{5}} & \frac{2}{3\sqrt{5}} & \frac{1}{3}\\ \frac{1}{\sqrt{5}} & \frac{4}{3\sqrt{5}} & \frac{2}{3}\\ 0 & \frac{5}{3\sqrt{5}} & -\frac{2}{3}\end{pmatrix}$,则有 $\boldsymbol{P}^{\mathrm{T}}\boldsymbol{A}\boldsymbol{P}=\begin{pmatrix}1&0&0\\0&1&0\\0&0&10\end{pmatrix}$,即经过正交线性替换 $\boldsymbol{X}=\boldsymbol{P}\boldsymbol{Y}$ 得

$$f(x_1,x_2,x_3)=y_1^2+y_2^2+10y_3^2。$$

2. 用偏导法将下列二次型化为标准形:

(1) $f(x_1,x_2,x_3)=2x_1^2+3x_2^2+5x_3^2+4x_1x_2-4x_1x_3-8x_2x_3$;

(2) $f(x_1,x_2,x_3)=x_1x_2+x_1x_3+x_2x_3$。

解　(1)求出 $f_1=\frac{1}{2}\frac{\partial f}{\partial x_1}=2x_1+2x_2-2x_3$,则

$$\begin{aligned}f(x_1,x_2,x_3)&=\frac{1}{a_{11}}f_1^2+Q=\frac{1}{2}(2x_1+2x_2-2x_3)^2+x_2^2+3x_3^2-4x_2x_3\\&=2(x_1+x_2-x_3)^2+x_2^2+3x_3^2-4x_2x_3。\end{aligned}$$

再求出

$$Q_1=\frac{1}{2}\frac{\partial Q}{\partial x_2}=\frac{1}{2}(2x_2-4x_3)=x_2-2x_3,$$

则

$$Q=\frac{1}{a_{22}}Q_1^2+\psi=(x_2-2x_3)^2-x_3^2。$$

令

$$\begin{cases}y_1=x_1+x_2-x_3,\\ y_2=x_2-2x_3,\\ y_3=x_3,\end{cases}$$

即

$$\begin{cases}x_1=y_1-y_2-y_3,\\ x_2=y_2+2y_3,\\ x_3=y_3,\end{cases}$$

可将二次型化为标准形 $f(x_1,x_2,x_3)=2y_1^2+y_2^2-y_3^2$。

(2)此二次型 f 中没有平方项,而 $a_{12}=\frac{1}{2}\neq 0$,故可用偏导数方法中 2)的方法求出

$$f_1=\frac{1}{2}\frac{\partial f}{\partial x_1}=\frac{1}{2}(x_2+x_3),f_2=\frac{1}{2}\frac{\partial f}{\partial x_2}=\frac{1}{2}(x_1+x_3),$$

则

$$\begin{aligned}f(x_1,x_2,x_3)&=\frac{1}{2a_{12}}[(f_1+f_2)^2-(f_1-f_2)^2]+Q\\&=\frac{1}{4}(x_1+x_2+2x_3)^2+\frac{1}{4}(x_2-x_1)^2-x_3^2。\end{aligned}$$

令

$$\begin{cases}y_1=x_1+x_2+2x_3,\\y_2=-x_1+x_2,\\y_3=x_3,\end{cases}$$

即

$$\begin{cases}x_1=\frac{1}{2}y_1-\frac{1}{2}y_2-y_3,\\x_2=\frac{1}{2}y_1+\frac{1}{2}y_2-y_3,\\x_3=y_3,\end{cases}$$

即可将原二次型化为标准形 $f(x_1,x_2,x_3)=\frac{1}{4}y_1^2-\frac{1}{4}y_2^2-y_3^2$。

3. 化二次 $f(x_1,x_2,x_3)=x_1^2-8x_2^2-2x_1x_2+2x_1x_3-8x_2x_3$ 为标准形。

解 二次型的矩阵为 $\boldsymbol{A}=\begin{pmatrix}1&-1&1\\-1&-8&-4\\1&-4&0\end{pmatrix}$。

$$D_1=1,D_2=\begin{vmatrix}1&-1\\-1&-8\end{vmatrix}=-9,D_3=|\boldsymbol{A}|=0,$$

故标准形 $f(x_1,x_2,x_3)=D_1y_1^2+\frac{D_2}{D_1}y_2^2+\frac{D_3}{D_2}y_3^2=y_1^2-9y_2^2$。

4. 求证:$\boldsymbol{E}$ 与 $-\boldsymbol{E}$ 在复数域上合同,但在实数域上不合同。

证明 取

$$\boldsymbol{C}=\begin{bmatrix}\mathrm{i}&&&\\&\mathrm{i}&&\\&&\ddots&\\&&&\mathrm{i}\end{bmatrix},$$

则有 $-\boldsymbol{E}=\boldsymbol{C}^{\mathrm{T}}\boldsymbol{E}\boldsymbol{C}$,即 $\boldsymbol{E}$ 与 $-\boldsymbol{E}$ 在复数域上合同。

又若存在实满秩矩阵 $\boldsymbol{R}$，使 $-\boldsymbol{E}=\boldsymbol{R}^{\mathrm{T}}\boldsymbol{E}\boldsymbol{R}=\boldsymbol{R}^{\mathrm{T}}\boldsymbol{R}$，这是不可能的。因为 $-\boldsymbol{E}$ 的第一行第一列交叉位置上的元素为 -1，而 $\boldsymbol{R}^{\mathrm{T}}\boldsymbol{R}$ 的对应元素却为

$$r_{11}^2+r_{21}^2+\cdots+r_{n1}^2,$$

其中，$r_{11},r_{21},\cdots,r_{n1}$ 为 $\boldsymbol{R}$ 的第一列元素，由于 $\boldsymbol{R}$ 为实方阵，故 $r_{11}^2+r_{21}^2+\cdots+r_{n1}^2\neq-1$，因此，$\boldsymbol{E}$ 与 $-\boldsymbol{E}$ 在实数域上不合同。

5. 求证：实对角矩阵

$$\boldsymbol{A}=\begin{pmatrix}a_1&&&\\&a_2&&\\&&\ddots&\\&&&a_n\end{pmatrix},$$

与单位矩阵在实数域上合同的充要条件是每个 $a_i>0$。

证明　若 $\boldsymbol{A}$ 与 $\boldsymbol{E}$ 在实数域上合同，即存在实满秩矩阵

$$\boldsymbol{C}=\begin{pmatrix}c_{11}&\cdots&c_{1n}\\\vdots&&\vdots\\c_{n1}&\cdots&c_{nn}\end{pmatrix},$$

使 $\boldsymbol{A}=\boldsymbol{C}^{\mathrm{T}}\boldsymbol{E}\boldsymbol{C}=\boldsymbol{C}^{\mathrm{T}}\boldsymbol{C}$，由此可得

$$a_i=c_{1i}^2+c_{2i}^2+\cdots+c_{ni}^2>0\quad(i=1,\cdots,n)。$$

反之，若每个 $a_i>0$，则取

$$\boldsymbol{C}=\begin{pmatrix}\sqrt{a_1}&&&\\&\sqrt{a_2}&&\\&&\ddots&\\&&&\sqrt{a_n}\end{pmatrix},$$

便有 $\boldsymbol{A}=\boldsymbol{C}^{\mathrm{T}}\boldsymbol{C}=\boldsymbol{C}^{\mathrm{T}}\boldsymbol{E}\boldsymbol{C}$，即 $\boldsymbol{A}$ 与 $\boldsymbol{E}$ 合同。

6. 求证：与反对称矩阵合同的矩阵也是反对称矩阵。

证明　设 $\boldsymbol{B}$ 为反对称矩阵，则 $\boldsymbol{B}^{\mathrm{T}}=-\boldsymbol{B}$。如果 $\boldsymbol{P}$ 为可逆矩阵，$\boldsymbol{P}^{\mathrm{T}}\boldsymbol{B}\boldsymbol{P}=\boldsymbol{D}$，则

$$\boldsymbol{D}^{\mathrm{T}}=\boldsymbol{P}^{\mathrm{T}}\boldsymbol{B}^{\mathrm{T}}\boldsymbol{P}=-\boldsymbol{P}^{\mathrm{T}}\boldsymbol{B}\boldsymbol{P}=-\boldsymbol{D}。$$

故矩阵 $\boldsymbol{D}$ 也是反对称矩阵。

7. 设 $\boldsymbol{A}=\begin{pmatrix}\boldsymbol{A}_{11}&\boldsymbol{A}_{12}\\\boldsymbol{A}_{21}&\boldsymbol{A}_{22}\end{pmatrix}$ 是一对称矩阵，且 $|\boldsymbol{A}_{11}|\neq0$，求证：存在 $\boldsymbol{P}^{\mathrm{T}}=\begin{pmatrix}\boldsymbol{E}&\boldsymbol{O}\\\boldsymbol{X}&\boldsymbol{E}\end{pmatrix}$ 使

$$\boldsymbol{P}^{\mathrm{T}}\boldsymbol{A}\boldsymbol{P}=\begin{pmatrix}\boldsymbol{A}_{11}&\boldsymbol{O}\\\boldsymbol{O}&*\end{pmatrix},$$

其中，$*$ 表示一阶数与 $\boldsymbol{A}_{22}$ 相同的矩阵。

证明　令 $\boldsymbol{P}^{\mathrm{T}}=\begin{pmatrix}\boldsymbol{E}&\boldsymbol{O}\\-\boldsymbol{A}_{21}\boldsymbol{A}_{11}^{-1}&\boldsymbol{E}\end{pmatrix}$，则有 $\boldsymbol{T}=\begin{pmatrix}\boldsymbol{E}&-(\boldsymbol{A}_{11}^{-1})^{\mathrm{T}}\boldsymbol{A}_{21}^{\mathrm{T}}\\\boldsymbol{O}&\boldsymbol{E}\end{pmatrix}$，注意到 $\boldsymbol{A}_{12}=\boldsymbol{A}_{21}^{\mathrm{T}}$，$\boldsymbol{A}_{11}=\boldsymbol{A}_{11}^{\mathrm{T}}$，从而有

$$\boldsymbol{P}^{\mathrm{T}}\boldsymbol{AP}=\begin{pmatrix}\boldsymbol{E} & \boldsymbol{O}\\ -\boldsymbol{A}_{21}\boldsymbol{A}_{11}^{-1} & \boldsymbol{E}\end{pmatrix}\begin{pmatrix}\boldsymbol{A}_{11} & \boldsymbol{A}_{12}\\ \boldsymbol{A}_{21} & \boldsymbol{A}_{22}\end{pmatrix}\begin{pmatrix}\boldsymbol{E} & -(\boldsymbol{A}_{11}^{-1})^{\mathrm{T}}\boldsymbol{A}_{21}^{\mathrm{T}}\\ \boldsymbol{O} & \boldsymbol{E}\end{pmatrix}$$

$$=\begin{pmatrix}\boldsymbol{A}_{11} & \boldsymbol{A}_{12}\\ \boldsymbol{O} & -\boldsymbol{A}_{21}\boldsymbol{A}_{11}^{-1}\boldsymbol{A}_{12}+\boldsymbol{A}_{22}\end{pmatrix}\begin{pmatrix}\boldsymbol{E} & -\boldsymbol{A}_{11}^{-1}\boldsymbol{A}_{12}\\ \boldsymbol{O} & \boldsymbol{E}\end{pmatrix}$$

$$=\begin{pmatrix}\boldsymbol{A}_{11} & \boldsymbol{O}\\ \boldsymbol{O} & *\end{pmatrix}。$$

8. 设有实二次型

$$f(x_1,x_2,\cdots,x_n)=\sum_{i=1}^{s}(a_{i1}x_1+a_{i2}x_2+\cdots+a_{in}x_n)^2。$$

求证：$f(x_1,x_2,\cdots,x_n)$ 的秩等于矩阵

$$\boldsymbol{A}=\begin{pmatrix}a_{11} & a_{12} & \cdots & a_{1n}\\ a_{21} & a_{22} & \cdots & a_{2n}\\ \vdots & \vdots & & \vdots\\ a_{s1} & a_{s2} & \cdots & a_{sn}\end{pmatrix},$$

的秩。

证明 法一 设 $y_i=a_{in}x_1+\cdots+a_{in}x_n(i=1,2,\cdots,s)$，则

$$\begin{pmatrix}y_1\\ y_2\\ \vdots\\ y_s\end{pmatrix}=\boldsymbol{A}\begin{pmatrix}x_1\\ x_2\\ \vdots\\ x_n\end{pmatrix},$$

即

$$(y_1,y_2,\cdots,y_s)=(x_1,x_2,\cdots,x_n)\boldsymbol{A}^{\mathrm{T}},$$

故

$$f(x_1,x_2,\cdots,x_n)=\sum_{i=1}^{s}(a_{i1}x_1+a_{i2}x_2+\cdots+a_{in}x_n)^2=\sum_{i=1}^{s}y_i^2$$

$$=(y_1,y_2,\cdots,y_s)\begin{pmatrix}y_1\\ y_2\\ \vdots\\ y_s\end{pmatrix}=[(x_1,x_2,\cdots,x_n)\boldsymbol{A}^{\mathrm{T}}]\boldsymbol{A}\begin{pmatrix}x_1\\ x_2\\ \vdots\\ x_n\end{pmatrix}$$

$$=\boldsymbol{X}^{\mathrm{T}}(\boldsymbol{A}^{\mathrm{T}}\boldsymbol{A})\boldsymbol{X},$$

其中，$\boldsymbol{X}=(x_1,x_2,\cdots,x_n)^{\mathrm{T}}$。

因为 $(\boldsymbol{A}^{\mathrm{T}}\boldsymbol{A})^{\mathrm{T}}=\boldsymbol{A}^{\mathrm{T}}\boldsymbol{A}$，故 $\boldsymbol{A}^{\mathrm{T}}\boldsymbol{A}$ 为对称矩阵，则 $\boldsymbol{A}^{\mathrm{T}}\boldsymbol{A}$ 为二次型 $f(x_1,x_2,\cdots,x_n)$ 的矩阵，所以只需证

$$r(\boldsymbol{A}^{\mathrm{T}}\boldsymbol{A})=r(\boldsymbol{A})。$$

欲证此，只要证齐次线性方程组 $\boldsymbol{AX}=\boldsymbol{0}$ 与 $\boldsymbol{A}^{\mathrm{T}}\boldsymbol{AX}=\boldsymbol{0}$ 同解。

事实上，若 $\boldsymbol{AX}=\boldsymbol{0}$，显然有 $\boldsymbol{A}^{\mathrm{T}}\boldsymbol{AX}=\boldsymbol{0}$。反之，若 $(\boldsymbol{A}^{\mathrm{T}}\boldsymbol{A})\boldsymbol{X}=\boldsymbol{0}$，则 $\boldsymbol{X}^{\mathrm{T}}(\boldsymbol{A}^{\mathrm{T}}\boldsymbol{A})\boldsymbol{X}=0$。即

$(\boldsymbol{AX})^{\mathrm{T}}(\boldsymbol{AX})=0$，令 $\boldsymbol{AX}=(b_1,b_2,\cdots,b_s)^{\mathrm{T}}$，即 $(\boldsymbol{AX})^{\mathrm{T}}(\boldsymbol{AX})=0$，即 $\boldsymbol{AX}=\boldsymbol{0}$。所以 $(\boldsymbol{A}^{\mathrm{T}}\boldsymbol{A})\boldsymbol{X}=\boldsymbol{0}$ 与 $\boldsymbol{AX}=\boldsymbol{0}$ 的基础解系中解向量的个数相等，即

$$n-r(\boldsymbol{A}^{\mathrm{T}}\boldsymbol{A})=n-r(\boldsymbol{A}),$$

所以

$$r(\boldsymbol{A}^{\mathrm{T}}\boldsymbol{A})=r(\boldsymbol{A})。$$

法二　设 $r(\boldsymbol{A})=r$，则存在实可逆矩阵 $\boldsymbol{P}$ 和 $\boldsymbol{Q}$，使

$$\boldsymbol{PAQ}=\begin{pmatrix}\boldsymbol{E}_r & \boldsymbol{O}\\ \boldsymbol{O} & \boldsymbol{O}\end{pmatrix},$$

从而 $\boldsymbol{AQ}=\boldsymbol{P}^{-1}\begin{pmatrix}\boldsymbol{E}_r & \boldsymbol{O}\\ \boldsymbol{O} & \boldsymbol{O}\end{pmatrix}$，$\boldsymbol{Q}^{\mathrm{T}}\boldsymbol{A}^{\mathrm{T}}=\begin{pmatrix}\boldsymbol{E}_r & \boldsymbol{O}\\ \boldsymbol{O} & \boldsymbol{O}\end{pmatrix}(\boldsymbol{P}^{-1})^{\mathrm{T}}$，于是

$$\boldsymbol{Q}^{\mathrm{T}}\boldsymbol{A}^{\mathrm{T}}\boldsymbol{AQ}=\begin{pmatrix}\boldsymbol{E}_r & \boldsymbol{O}\\ \boldsymbol{O} & \boldsymbol{O}\end{pmatrix}(\boldsymbol{P}^{-1})^{\mathrm{T}}\boldsymbol{P}^{-1}\begin{pmatrix}\boldsymbol{E}_r & \boldsymbol{O}\\ \boldsymbol{O} & \boldsymbol{O}\end{pmatrix}, \tag{5-1}$$

因为乘积 $(\boldsymbol{P}^{-1})^{\mathrm{T}}\boldsymbol{P}^{-1}$ 为正定矩阵，故可设

$$(\boldsymbol{P}^{-1})^{\mathrm{T}}\boldsymbol{P}^{-1}=\begin{pmatrix}\boldsymbol{B}_r & \boldsymbol{C}\\ \boldsymbol{D} & \boldsymbol{M}\end{pmatrix},$$

其中，$|\boldsymbol{B}_r|>0$。代入式(5—1)，得 $\boldsymbol{Q}^{\mathrm{T}}\boldsymbol{A}^{\mathrm{T}}\boldsymbol{AQ}=\begin{pmatrix}\boldsymbol{B}_r & \boldsymbol{O}\\ \boldsymbol{O} & \boldsymbol{O}\end{pmatrix}$，即 $\boldsymbol{Q}^{\mathrm{T}}\boldsymbol{A}^{\mathrm{T}}\boldsymbol{AQ}$ 的秩是 r。又因为 $\boldsymbol{Q}$ 是可逆矩阵，故

$$r(\boldsymbol{A}^{\mathrm{T}}\boldsymbol{A})=r(\boldsymbol{Q}^{\mathrm{T}}\boldsymbol{A}^{\mathrm{T}}\boldsymbol{AQ})=r=r(\boldsymbol{A})。$$

于是，二次型 f 的秩等于矩阵 $\boldsymbol{A}$ 的秩。

9. 求证：一个 n 元实二次型 $f(x_1,x_2,\cdots,x_n)$ 可分解为两个实系数一次齐次多项式乘积当且仅当秩为 1，或秩为 2 且符号差为 0。

证明　必要性。设二次型

$$f(x_1,x_2,\cdots,x_n)=(a_1x_1+a_2x_2+\cdots+a_nx_n)(b_1x_1+b_2x_2+\cdots+b_nx_n),$$

令 $\boldsymbol{\alpha}=(a_1,a_2,\cdots,a_n)$，$\boldsymbol{\beta}=(b_1,b_2,\cdots,b_n)$，若 $\boldsymbol{\alpha}$，$\boldsymbol{\beta}$ 线性相关，即存在实数 k，使得 $\boldsymbol{\beta}=k\boldsymbol{\alpha}$，故

$$f(x_1,x_2,\cdots,x_n)=k(a_1x_1+a_2x_2+\cdots+a_nx_n)^2。$$

不妨设 $a_1\neq 0$，令

$$\begin{cases}y_1=a_1x_1+a_2x_2+\cdots+a_nx_n,\\ y_2=x_2,\\ \cdots\cdots\\ y_n=x_n,\end{cases}$$

则该替换为非退化线性替换，且

$$f(x_1,x_2,\cdots,x_n)=g(y_1,y_2,\cdots,y_n)=ky_1^2,$$

故 $f(x_1,x_2,\cdots,x_n)$ 的秩为 1。

若 $\boldsymbol{\alpha}$，$\boldsymbol{\beta}$ 线性无关，不妨设 $\begin{vmatrix}a_1 & a_2\\ b_1 & b_2\end{vmatrix}\neq 0$。令

$$\begin{cases} y_1 = a_1x_1 + a_2x_2 + \cdots + a_nx_n, \\ y_2 = b_1x_1 + b_2x_2 + \cdots + b_nx_n, \\ \cdots\cdots \\ y_n = x_n, \end{cases}$$

则替换为非退化线性替换，且

$$f(x_1,x_2,\cdots,x_n) = h(y_1,y_2,\cdots,y_n) = ky_1^2。$$

再令

$$\begin{cases} y_1 = z_1 + z_2, \\ y_2 = z_1 - z_2, \\ \cdots\cdots \\ y_n = z_n。 \end{cases}$$

故 $f(x_1,x_2,\cdots,x_n)$ 的规范形为 $z_1^2 - z_2^2$，从而秩为 2，符号差为 0。

充分性。若 $f(x_1,x_2,\cdots,x_n)$ 的秩为 1，则

$$f(x_1,x_2,\cdots,x_n) = ky_1^2 = k(a_1x_1 + a_2x_2 + \cdots + a_nx_n)^2,$$

是一个 1 次齐次式的平方，可看作两个一次齐次式的乘积。

若 $f(x_1,x_2,\cdots,x_n)$ 的秩为 2，且符号差为 0，则

$$\begin{aligned} f(x_1,x_2,\cdots,x_n) &= y_1^2 - y_2^2 = (y_1 + y_2)(y_1 - y_2) \\ &= (a_1x_1 + a_2x_2 + \cdots + a_nx_n)(b_1x_1 + b_2x_2 + \cdots + b_nx_n), \end{aligned}$$

是两个一次齐次式的乘积。

10. 若实二次型 $f(x_1,x_2,\cdots,x_n) = \boldsymbol{X}^{\mathrm{T}}\boldsymbol{AX}$ 的矩阵 $\boldsymbol{A}$ 满足 $|\boldsymbol{A}| \neq 0$，当 $x_{k+1} = \cdots = x_n = 0$ 时，$f(x_1,x_2,\cdots,x_n) = 0$，其中 $k \leqslant \frac{n}{2}$。求证：$f(x_1,x_2,\cdots,x_n)$ 的符号差 t 满足 $|t| \leqslant n - 2k$。

证明 设 $f(x_1,x_2,\cdots,x_n)$ 的正惯性指数为 p，则符号差为 $t = 2p - n$，即证

$$k \leqslant p \leqslant n - k。$$

设 $f(x_1,x_2,\cdots,x_n)$ 经非退化线性替换 $\boldsymbol{X} = \boldsymbol{CY}$ 化成规范形

$$g(y_1,y_2,\cdots,y_n) = y_1^2 + y_2^2 + \cdots + y_p^2 - y_{p+1}^2 - \cdots - y_n^2。$$

设 $\boldsymbol{Y} = \boldsymbol{C}^{-1}\boldsymbol{X} = (c_{ij})\boldsymbol{X}$。假设 $k > p$，令

$$\begin{cases} c_{11}x_1 + \cdots + c_{1n}x_n = 0, \\ \cdots\cdots \\ c_{p1}x_1 + \cdots + c_{pn}x_n = 0, \\ x_{k+1} = 0, \\ \cdots\cdots \\ x_n = 0。 \end{cases}$$

则方程的个数 $p + n - k < n$，故有非零解 $\boldsymbol{X}_0$，令

$$\boldsymbol{Y}_0 = \boldsymbol{C}^{-1}\boldsymbol{X}_0 = \begin{pmatrix} a_1 \\ a_2 \\ \vdots \\ a_n \end{pmatrix}。$$

因为 $a_1=a_2=\cdots=a_p=0$，故 $a_{p+1},\cdots,a_n$ 不全为零，从而

$$0=f(\boldsymbol{X}_0)=-a_{p+1}^2-\cdots-a_n^2<0,$$

矛盾，故 $k\leqslant p$。

下证 $p\leqslant n-k$。仍然采用反证法，假设 $p>n-k$，考虑方程组

$$\begin{cases}c_{p+1,1}x_1+\cdots+c_{p+1,n}x_n=0,\\ \cdots\cdots\\ c_{n1}x_1+\cdots+c_{nn}x_n=0,\\ x_{k+1}=0,\\ \cdots\cdots\\ x_n=0。\end{cases}$$

由于方程的个数 $n-p+n-k<n$，所以上述方程组有非零解 $\boldsymbol{X}_1$，令

$$\boldsymbol{Y}_1=\boldsymbol{C}^{-1}\boldsymbol{X}_1=\begin{pmatrix}b_1\\b_2\\\vdots\\b_n\end{pmatrix},$$

则 $b_{p+1}=\cdots=b_n=0$，故 $b_1,b_2,\cdots,b_p$ 不全为零，从而

$$0=f(\boldsymbol{X}_1)=b_1^2+b_2^2+\cdots+b_p^2>0,$$

矛盾，故 $p\leqslant n-k$。

11. 设 $f(x_1,x_2,\cdots,x_n)=l_1^2+l_2^2+\cdots+l_s^2-l_{s+1}^2-\cdots-l_{s+t}^2$，其中 $l_i(i=1,2,\cdots,s+t)$ 是 $x_1,x_2,\cdots,x_n$ 的实系数一次齐次式。证明实二次型 $f(x_1,x_2,\cdots,x_n)$ 的正惯性指数 $p\leqslant s$，负惯性指数 $q\leqslant t$。

证明　设 $l_i=a_{i1}x_1+a_{i2}x_2+\cdots+a_{in}x_n(i=1,2,\cdots,s+t)$，则 $f(x_1,x_2,\cdots,x_n)$ 可以经过适当的非退化线性替换 $\boldsymbol{Y}=\boldsymbol{CX}$（或 $\boldsymbol{X}=\boldsymbol{C}^{-1}\boldsymbol{Y}$）化成规范形

$$f(x_1,x_2,\cdots,x_n)=y_1^2+y_2^2+\cdots+y_p^2-y_{p+1}^2-\cdots-y_{p+q}^2,$$

其中，p,q 分别为 $f(x_1,x_2,\cdots,x_n)$ 的正惯性指数和负惯性指数，$\boldsymbol{C}=(c_{ij})_{n\times n}$ 为 n 阶可逆实矩阵，于是有

$$l_1^2+l_2^2+\cdots+l_s^2-l_{s+1}^2-\cdots-l_{s+t}^2=y_1^2+y_2^2+\cdots+y_p^2-y_{p+1}^2-\cdots-y_{p+q}^2。\tag{5-2}$$

考虑齐次线性方程组

$$\begin{cases}a_{11}x_1+a_{12}x_2+\cdots+a_{1n}x_n=0,\\ \cdots\cdots\\ a_{s1}x_1+a_{s2}x_2+\cdots+a_{sn}x_n=0,\\ c_{p+1,1}x_1+c_{p+1,2}x_2+\cdots+c_{p+1,n}x_n=0,\\ \cdots\cdots\\ c_{n1}x_1+c_{n2}x_2+\cdots+c_{nn}x_n=0,\end{cases}\tag{5-3}$$

若 $p>s$，则(5−3)的方程个数$=s+(n-p)<n$，而 n 等于(5−3)中未知量的个数，于是齐

次线性方程组(5－3)有非零解 $(a_1,a_2,\cdots,a_n)$，代入式(5－2)，由

$$l_1=l_2=\cdots=l_s=0,y_{p+1}=y_{p+2}=\cdots=y_n=0,$$

得到

$$-l_{s+1}^2-\cdots-l_{s+t}^2=y_1^2+\cdots y_p^2,$$

从而

$$y_1=y_2=\cdots=y_p=0\text{ 。}$$

这说明

$$\begin{pmatrix} c_{11} & c_{12} & \cdots & c_{1n} \\ c_{21} & c_{22} & \cdots & c_{2n} \\ \vdots & \vdots & & \vdots \\ c_{n1} & c_{n2} & \cdots & c_{nn} \end{pmatrix}\begin{pmatrix} a_1 \\ a_2 \\ \vdots \\ a_n \end{pmatrix}=\begin{pmatrix} 0 \\ 0 \\ \vdots \\ 0 \end{pmatrix},$$

故方程组 $\boldsymbol{CX}=\boldsymbol{0}$ 有非零解，从而 $|\boldsymbol{C}|=0$，这与 $\boldsymbol{X}=\boldsymbol{CY}$ 为非退化线性替换矛盾，所以 $p\leqslant s$ 。同理可证 $q\leqslant t$ 。

12. 设 $f(x_1,x_2,\cdots,x_n)=\dfrac{x_1^2+\cdots+x_n^2}{n}-\left(\dfrac{x_1+\cdots+x_n}{n}\right)^2$ 的正惯性指数为 p，秩为 r，求证：$p=r<n$ 。

证明　$f(x_1,x_2,\cdots,x_n)$ 可改写为

$$f(x_1,x_2,\cdots,x_n)=\frac{1}{n^2}\left[n\sum_{i=1}^n x_i^2-\left(\sum_{i=1}^n x_i\right)^2\right]=\frac{1}{n^2}\left[(n-1)\sum_{i=1}^n x_i^2-2\sum_{j<k}x_jx_k\right]\text{。}$$

设二次型 $f(x_1,x_2,\cdots,x_n)$ 的矩阵为 $\boldsymbol{A}$，则

$$\boldsymbol{A}=\begin{pmatrix} \frac{n-1}{n^2} & -\frac{1}{n^2} & \cdots & -\frac{1}{n^2} \\ -\frac{1}{n^2} & \frac{n-1}{n^2} & \cdots & -\frac{1}{n^2} \\ \vdots & \vdots & & \vdots \\ -\frac{1}{n^2} & -\frac{1}{n^2} & \cdots & \frac{n-1}{n^2} \end{pmatrix},$$

因为

$$|\lambda\boldsymbol{E}-\boldsymbol{A}|=\begin{vmatrix} \lambda-\frac{n-1}{n^2} & \frac{1}{n^2} & \cdots & \frac{1}{n^2} \\ \frac{1}{n^2} & \lambda-\frac{n-1}{n^2} & \cdots & \frac{1}{n^2} \\ \vdots & \vdots & & \vdots \\ \frac{1}{n^2} & \frac{1}{n^2} & \cdots & \lambda-\frac{n-1}{n^2} \end{vmatrix}$$

$$=\left(\lambda-\frac{n-1}{n^2}-\frac{1}{n^2}\right)^{n-1}\left(\lambda-\frac{n-1}{n^2}+\frac{n-1}{n^2}\right)$$

$$=\left(\lambda-\frac{1}{n}\right)^{n-1}\lambda\text{。}$$

故 $\lambda_1=\lambda_2=\cdots\lambda_{n-1}=\dfrac{1}{n}$，$\lambda_n=0$，因而 $p=$正惯性指数$=n-1$，负惯性指数$=0$，$r=$正惯性指数$+$负惯性指数$=n-1$，从而 $p=r=n-1<n$，命题得证。

13. 设 $\boldsymbol{A}$，$\boldsymbol{B}$ 均为 n 阶实对阵矩阵且 $\boldsymbol{A}=\boldsymbol{C}^{\mathrm{T}}\boldsymbol{B}\boldsymbol{C}$，其中 $\boldsymbol{C}$ 是一个 n 阶实矩阵。求证：$\boldsymbol{A}$ 的正惯性指数和负惯性指数都不超过 $\boldsymbol{B}$ 的相应指标。

证明　设 $\boldsymbol{A}$ 的正负惯性指数分别为 p'，$r-p'$，$\boldsymbol{B}$ 的正负惯性指数分别为 p，$r-p$，其中 $r=r(\boldsymbol{A})=r(\boldsymbol{B})$，则必存在可逆矩阵 $\boldsymbol{Q}$，使得

$$\boldsymbol{Q}^{\mathrm{T}}\boldsymbol{B}\boldsymbol{Q}=\begin{pmatrix}\boldsymbol{I}_p & & \\ & -\boldsymbol{I}_{r-p} & \\ & & \boldsymbol{O}\end{pmatrix}。$$

令 $\boldsymbol{x}=\boldsymbol{Q}\boldsymbol{z}$，则二次型

$$g(x_1,x_2,\cdots,x_n)=\boldsymbol{x}^{\mathrm{T}}\boldsymbol{B}\boldsymbol{x}=z_1^2+z_2^2+\cdots+z_p^2-z_{p+1}^2-\cdots-z_r^2\ 。$$

令

$$\begin{aligned}f(x_1,x_2,\cdots,x_n)&=\boldsymbol{x}^{\mathrm{T}}\boldsymbol{A}\boldsymbol{x}=\boldsymbol{x}^{\mathrm{T}}\boldsymbol{C}^{\mathrm{T}}\boldsymbol{B}\boldsymbol{C}\boldsymbol{x}\\&=\boldsymbol{x}^{\mathrm{T}}(\boldsymbol{Q}^{-1}\boldsymbol{C})^{\mathrm{T}}\begin{pmatrix}\boldsymbol{I}_p & & \\ & -\boldsymbol{I}_{r-p} & \\ & & \boldsymbol{O}\end{pmatrix}(\boldsymbol{Q}^{-1}\boldsymbol{C})\boldsymbol{x}\\&=(\boldsymbol{R}\boldsymbol{x})^{\mathrm{T}}\begin{pmatrix}\boldsymbol{I}_p & & \\ & -\boldsymbol{I}_{r-p} & \\ & & \boldsymbol{O}\end{pmatrix}(\boldsymbol{R}\boldsymbol{x})\\&=(r_{11}x_1+r_{12}x_2+\cdots+r_{1n}x_n)^2+\cdots+(r_{p1}x_1+r_{p2}x_2+\cdots+r_{pn}x_n)^2\\&\quad-(r_{p+1,1}x_1+r_{p+1,2}x_2+\cdots+r_{p+1,n}x_n)^2-\cdots-(r_{n1}x_1+r_{n2}x_2+\cdots+r_{nn}x_n)^2,\end{aligned}$$

其中，$\boldsymbol{R}=\boldsymbol{Q}^{-1}\boldsymbol{C}=(r_{ij})_{n\times n}$。令 $\boldsymbol{x}=\boldsymbol{R}\boldsymbol{y}$，则

$$f(x_1,x_2,\cdots,x_n)=y_1^2+\cdots+y_p^{2}{}'-y_{p'+1}^2-\cdots-y_r^2。$$

设 $\boldsymbol{R}^{-1}=(d_{ij})_{n\times n}$，则

$$y_i=d_{i1}x_1+d_{i2}x_2+\cdots+d_{in}x_n,i=1,2,\cdots,n。$$

假设 $p'>p$，作齐次线性方程组

$$\begin{cases}y_i=0,i=p'+1,\cdots,n,\\z_i=0,i=1,2,\cdots,p,\end{cases}$$

由于方程个数为 $n-p'+p<n$，故必有非零解 x^*，将此解代入 $g(x_1,x_2,\cdots,x_n)$ 中，有 $g(x^*)<0$，这与 $\boldsymbol{B}$ 的正惯性指数为 p 矛盾，故假设不成立，于是 $p'\leqslant p$。同理，$r-p\leqslant r-p'$。因此，$\boldsymbol{A}$ 的正惯性指数和负惯性指数都不超过 $\boldsymbol{B}$ 的相应指标。

14. 设有 n 元实二次型

$$f(x_1,x_2,\cdots,x_n)=(x_1+a_1x_2)^2+(x_2+a_2x_3)^2+\cdots+(x_n+a_nx_1)^2,$$

其中，$a_i(i=1,2,\cdots,n)$ 为实数。

试问：当 $a_1,a_2,\cdots,a_n$ 满足何种条件时，二次型 $f(x_1,x_2,\cdots,x_n)$ 为正定二次型？

解 因为对于任意实 $\boldsymbol{X}^{\mathrm{T}}=(x_1,x_2,\cdots,x_n)\neq\boldsymbol{0}$，二次型 $f(x_1,x_2,\cdots,x_n)\geqslant 0$，故二次型 $f(x_1,x_2,\cdots,x_n)$ 是正定的充要条件是齐次线性方程组

$$\begin{cases}x_1+a_1x_2=0,\\ x_2+a_2x_3=0,\\ \cdots\cdots\\ x_n+a_nx_1=0,\end{cases}\tag{5-4}$$

只有零解。方程组(5－4)只有零解的充要条件是其系数矩阵的行列式不等于零，即

$$D_n=\begin{vmatrix}1&a_1&0&\cdots&0&0\\0&1&a_2&\cdots&0&0\\\vdots&\vdots&\vdots&&\vdots&\vdots\\0&0&0&\cdots&1&a_{n-1}\\a_n&0&0&\cdots&0&1\end{vmatrix}\neq 0,$$

将 D_n 按第 1 列展开得 $D_n=1+(-1)^{n+1}a_1a_2\cdots a_n\neq 0$。故当 $1+(-1)^{n+1}a_1a_2\cdots a_n\neq 0$ 时，二次型 $f(x_1,x_2,\cdots,x_n)$ 是正定的。

15. 求证：$n\sum\limits_{i=1}^{n}x_i^2-\left(\sum\limits_{i=1}^{n}x_i\right)^2$ 是半正定的。

证明

$$\begin{aligned}n\sum_{i=1}^{n}x_i^2-\left(\sum_{i=1}^{n}x_i\right)^2&=n(x_1^2+x_2^2+\cdots+x_n^2)-(x_1^2+x_2^2+\cdots+x_n^2+2x_1x_2+\cdots+2x_1x_n+\\&\quad 2x_2x_3+\cdots+2x_2x_n+\cdots+2x_{n-1}x_n)\\&=(n-1)(x_1^2+x_2^2+\cdots+x_n^2)-\\&\quad(2x_1x_2+\cdots+2x_1x_n+2x_2x_3+\cdots+2x_2x_n+\cdots+2x_{n-1}x_n)\\&=(x_1^2-2x_1x_2+x_2^2)+(x_1^2-2x_1x_3+x_3^2)+\cdots+\\&\quad(x_{n-1}^2-2x_{n-1}x_n+x_n^2)\\&=\sum_{1\leqslant i<j\leqslant n}(x_i-x_j)^2。\end{aligned}$$

由此看到：

(1)当 $x_1,x_2,\cdots,x_n$ 不全相等时，$f(x_1,x_2,\cdots,x_n)=\sum\limits_{1\leqslant i<j\leqslant n}(x_i-x_j)^2>0$；

(2)当 $x_1=x_2=\cdots=x_n$ 时，$f(x_1,x_2,\cdots,x_n)=\sum\limits_{1\leqslant i<j\leqslant n}(x_i-x_j)^2=0$；

按照定义可知原二次型 $f(x_1,x_2,\cdots,x_n)$ 是半正定二次型。

16. 求证：对任意正定矩阵 $\boldsymbol{A}$ 及任意矩阵 $\boldsymbol{G}$ 恒有 $r(\boldsymbol{G})=r(\boldsymbol{G}^{\mathrm{T}}\boldsymbol{A}\boldsymbol{G})$。

证明 因为 $\boldsymbol{A}$ 正定，故必存在可逆矩阵 $\boldsymbol{Q}$ 使 $\boldsymbol{A}=\boldsymbol{Q}\boldsymbol{Q}^{\mathrm{T}}$，则

$$r(\boldsymbol{G}^{\mathrm{T}}\boldsymbol{A}\boldsymbol{G})=r(\boldsymbol{G}^{\mathrm{T}}\boldsymbol{Q}^{\mathrm{T}}\boldsymbol{Q}\boldsymbol{G})=r((\boldsymbol{Q}\boldsymbol{G}^{\mathrm{T}})\boldsymbol{Q}\boldsymbol{G}),$$

因为，$r((\boldsymbol{Q}\boldsymbol{G}^{\mathrm{T}})\boldsymbol{Q}\boldsymbol{G})=r(\boldsymbol{Q}\boldsymbol{G})$，又 $\boldsymbol{Q}$ 可逆，故 $r(\boldsymbol{Q}\boldsymbol{G})=r(\boldsymbol{G})$。所以，$r(\boldsymbol{G})=r(\boldsymbol{G}^{\mathrm{T}}\boldsymbol{A}\boldsymbol{G})$。

17. **(二次型偶定理)** 设 $\boldsymbol{A},\boldsymbol{B}$ 均为 n 阶实对阵矩阵且 $\boldsymbol{A}$ 正定。求证：存在实可逆矩阵 $\boldsymbol{P}$ 使 $\boldsymbol{P}^{\mathrm{T}}\boldsymbol{A}\boldsymbol{P}=\boldsymbol{E}$，$\boldsymbol{P}^{\mathrm{T}}\boldsymbol{B}\boldsymbol{P}$ 为实对角矩阵。

证明　因为 $\boldsymbol{A}$ 正定，所以存在实可逆矩阵 $\boldsymbol{Q}$ 使 $\boldsymbol{Q}^{\mathrm{T}}\boldsymbol{A}\boldsymbol{Q}=\boldsymbol{E}$。此时，$\boldsymbol{Q}^{\mathrm{T}}\boldsymbol{B}\boldsymbol{Q}$ 仍为实对称，故存在正交矩阵 $\boldsymbol{R}$ 使得

$$\boldsymbol{R}^{\mathrm{T}}\boldsymbol{Q}^{\mathrm{T}}\boldsymbol{B}\boldsymbol{Q}\boldsymbol{R}=\begin{pmatrix}\lambda_1 & & & \\ & \lambda_2 & & \\ & & \ddots & \\ & & & \lambda_n\end{pmatrix},$$

其中，$\lambda_i(i=1,2,\cdots,n)$ 为 $\boldsymbol{Q}^{\mathrm{T}}\boldsymbol{B}\boldsymbol{Q}$ 的特征值，且全为实数。令 $\boldsymbol{P}=\boldsymbol{Q}\boldsymbol{R}$，则 $\boldsymbol{P}$ 可逆，且

$$\boldsymbol{P}^{\mathrm{T}}\boldsymbol{A}\boldsymbol{P}=\boldsymbol{R}^{\mathrm{T}}\boldsymbol{Q}^{\mathrm{T}}\boldsymbol{A}\boldsymbol{Q}\boldsymbol{R}=\boldsymbol{R}^{\mathrm{T}}\boldsymbol{E}\boldsymbol{R}=\boldsymbol{E},\boldsymbol{P}^{\mathrm{T}}\boldsymbol{B}\boldsymbol{P}=\begin{pmatrix}\lambda_1 & & & \\ & \lambda_2 & & \\ & & \ddots & \\ & & & \lambda_n\end{pmatrix}。$$

18. 设 $\boldsymbol{A}$ 是正定矩阵，$\boldsymbol{B}$ 是秩为 r 的实对称矩阵，且 $|\boldsymbol{A}-\lambda\boldsymbol{B}|$ 的根 λ 全小于 1，求实二次型 $\boldsymbol{X}^{\mathrm{T}}(\boldsymbol{A}-\boldsymbol{B})\boldsymbol{X}$ 的正惯性指数。

解　因为 $\boldsymbol{A}$ 正定，$\boldsymbol{B}$ 为对称矩阵，故存在可逆阵 $\boldsymbol{P}$，使

$$\boldsymbol{P}^{\mathrm{T}}\boldsymbol{A}\boldsymbol{P}=\boldsymbol{E},\boldsymbol{P}^{\mathrm{T}}\boldsymbol{B}\boldsymbol{P}=\begin{pmatrix}\lambda_1 & & & & & \\ & \ddots & & & & \\ & & \lambda_r & & & \\ & & & 0 & & \\ & & & & \ddots & \\ & & & & & 0\end{pmatrix},$$

又 $|\boldsymbol{A}-\lambda\boldsymbol{B}|=0$ 与 $|\boldsymbol{P}^{\mathrm{T}}||\boldsymbol{A}-\lambda\boldsymbol{B}||\boldsymbol{P}|=0$ 同解，所以有

$$\left|\boldsymbol{E}-\lambda\begin{pmatrix}\lambda_1 & & & & & \\ & \ddots & & & & \\ & & \lambda_r & & & \\ & & & 0 & & \\ & & & & \ddots & \\ & & & & & 0\end{pmatrix}\right|=0,1-\lambda\lambda_i=0,\lambda=\frac{1}{\lambda_i}<1。$$

设 $\lambda_1,\lambda_2,\cdots,\lambda_j>0$，则 $\lambda_1,\lambda_2\cdots,\lambda_j>1$，而 $\lambda_{j+1},\lambda_{j+2}\cdots,\lambda_r<0$，所以有

$$\begin{aligned}\boldsymbol{X}^{\mathrm{T}}(\boldsymbol{A}-\boldsymbol{B})\boldsymbol{X}&=\boldsymbol{X}^{\mathrm{T}}(\boldsymbol{P}^{\mathrm{T}})^{-1}\boldsymbol{P}^{\mathrm{T}}(\boldsymbol{A}-\boldsymbol{B})\boldsymbol{P}(\boldsymbol{P}^{-1}\boldsymbol{X})\\&=\boldsymbol{X}^{\mathrm{T}}(\boldsymbol{P}^{\mathrm{T}})^{-1}\left[\boldsymbol{E}-\begin{pmatrix}\lambda_1 & & & & & & \\ & \ddots & & & & & \\ & & \lambda_j & & & & \\ & & & \ddots & & & \\ & & & & \lambda_r & & \\ & & & & & 0 & \\ & & & & & & \ddots \\ & & & & & & & 0\end{pmatrix}\right](\boldsymbol{P}^{-1}\boldsymbol{X})。\end{aligned}$$

因而，$X^{T}(A-B)X$ 的正惯性指数为 $n-j$ 。

19.设 A 正定，B 半正定，则 $|A+B|\geqslant|A|+|B|$ 。

证明 根据二次型偶定理，可知存在可逆矩阵 P 使

$$P^{T}AP=E,P^{T}BP=\mathrm{diag}(\mu_1,\mu_2,\cdots,\mu_n)。$$

因为 B 半正定，P 可逆，所以 $P^{T}BP$ 半正定，从而 $\mu_i\geqslant 0,i=1,2,\cdots,n$ 。又 $|A|\cdot|P|^2=1$，$|B|\cdot|P|^2=\mu_1\mu_2\cdots\mu_n$ ，因此，

$$(|A|+|B|)|P|^2=1+\mu_1\mu_2\cdots\mu_n。\tag{5-5}$$

而

$$P^{T}(A+B)P=\mathrm{diag}(1+\mu_1,1+\mu_2,\cdots,1+\mu_n),$$

所以

$$|A+B|\cdot|P|^2=(1+\mu_1)(1+\mu_2)\cdots(1+\mu_n)。\tag{5-6}$$

由式(5−5)和式(5−6)知，

$$|A+B|\cdot|P|^2\leqslant(|A|+|B|)|P|^2,$$

结合 $|P|^2\geqslant 0$ 得

$$|A|+|B|\leqslant|A+B|。$$

注 (1)由于 $|B|\geqslant 0$，所以当 A 正定，B 半正定时，有 $|A+B|\geqslant|A|$ 。

(2)当 A,B 都是半正定时，仍有 $|A+B|\geqslant|A|$ ，且当 A,B 都是正定时，大于号成立。事实上，如果 $|A|=0$，结论显然成立。如果 $|A|\neq 0$，则 A 是正定矩阵，由 19 题结论可知，$|A+B|\geqslant|A|$ 。此时，如果 B 也是正定矩阵，则对于如上 P ，有 $P^{T}BP=\mathrm{diag}(\mu_1,\mu_2,\cdots,\mu_n)$ 正定，所以 $\mu_i>0,i=1,2,\cdots,n$ 。故有 $|A+B|>|A|$ 。

20.若 A 为正定矩阵，B 为半正定矩阵，则 $|A+B|=|A|$ 当且仅当 $B=O$ 。

证明 充分性显然成立。现证明必要性。因为 A 为正定矩阵，所以存在可逆矩阵 C ，使 $C^{T}AC=E$ ，故由 $|A+B|=|A|$ ，得

$$|C^{T}(A+B)C|=|C^{T}AC|=1,|E+C^{T}BC|=1。$$

又因为 $C^{T}BC$ 半正定，所以存在正交矩阵 P ，使

$$P^{T}(C^{T}BC)P=\begin{pmatrix}\lambda_1&&\\&\ddots&\\&&\lambda_n\end{pmatrix},\lambda_i\geqslant 0,$$

故 $\left|E+\begin{pmatrix}\lambda_1&&\\&\ddots&\\&&\lambda_n\end{pmatrix}\right|=1$，即有 $(1+\lambda_1)\cdots(1+\lambda_n)=1$，所以 $\lambda_i=0$，从而 $C^{T}BC=O$，即证 $B=O$。

21.设 A 为正定矩阵，B 为非零的反对称矩阵，则 $|A+B|>|A|$ 。

证明 因为 A 为正定矩阵，所以存在可逆矩阵 P ，使 $P^{T}AP=E$ ，而 $P^{T}BP$ 仍为反对称矩阵，因而存在正交阵 Q ，使

$$Q^{\mathrm{T}}(P^{\mathrm{T}}BP)Q=\begin{pmatrix}0 & & & & \\ & \begin{pmatrix}0 & b_1\\ -b_1 & 0\end{pmatrix} & & & \\ & & \ddots & & \\ & & & & \begin{pmatrix}0 & b_t\\ -b_t & 0\end{pmatrix}\end{pmatrix},$$

其中，$b_i\neq 0$，且 t 至少为 1。所以有

$$|P^{\mathrm{T}}(A+B)P|=|E+P^{\mathrm{T}}BP|=|E+Q^{\mathrm{T}}P^{\mathrm{T}}BPQ|$$

$$=\begin{vmatrix}E_k & & & \\ & \begin{pmatrix}1 & b_1\\ -b_1 & 1\end{pmatrix} & & \\ & & \ddots & \\ & & & \begin{pmatrix}1 & b_t\\ -b_t & 1\end{pmatrix}\end{vmatrix}$$

$$=(1+b_1^2)\cdots(1+b_t^2)>1,$$

所以，

$$|A+B|>|P|^{-2}=|A|,$$

结论得证。

22. 设 A 为 m 阶实对称正定矩阵，B 为 $m\times n$ 实矩阵。求证：$B^{\mathrm{T}}AB$ 为正定矩阵当且仅当 $r(B)=n$。

证明　必要性。设 $B^{\mathrm{T}}AB$ 为正定矩阵，则对任意的实 n 维列向量 $X\neq 0$，有 $X^{\mathrm{T}}(B^{\mathrm{T}}AB)X>0$，即 $(BX)^{\mathrm{T}}A(BX)>0$，于是 $BX\neq 0$，因此 $BX=0$ 只有零解，从而 $r(B)=n$。

充分性。因为 $(B^{\mathrm{T}}AB)^{\mathrm{T}}=B^{\mathrm{T}}A^{\mathrm{T}}B=B^{\mathrm{T}}AB$，所以 $B^{\mathrm{T}}AB$ 为实对称矩阵。若 $r(B)=n$，则齐次线性方程组 $BX=0$ 只有零解，从而对任意实 n 维列向量 $X\neq 0$，有 $BX\neq 0$，又 A 为正定矩阵，所以对于 $BX\neq 0$ 有 $(BX)^{\mathrm{T}}A(BX)>0$。于是当 $X\neq 0$ 时，$X^{\mathrm{T}}(B^{\mathrm{T}}AB)X>0$，故 $B^{\mathrm{T}}AB$ 为正定矩阵。

注　根据上述结论，容易证明：设 A 是 $m\times n$ 矩阵，且 $m<n$，则 AA^{T} 正定当且仅当 $r(A)=m$。

23. 设 A 为可逆实对称矩阵。求证：A 为正定方阵的充要条件是，对于所有的正定阵 B，恒有 $\mathrm{tr}(AB)>0$。

证明　必要性。由于 A 为正定矩阵，故存在正交矩阵 P，使

$$P^{\mathrm{T}}AP=\begin{pmatrix}\lambda_1 & & & \\ & \lambda_2 & & \\ & & \ddots & \\ & & & \lambda_n\end{pmatrix},$$

其中，$\lambda_i>0$。又因为 B 正定，从而 $P^{\mathrm{T}}BP$ 必为正定，所以

$$\operatorname{tr}(\boldsymbol{AB})=\operatorname{tr}[(\boldsymbol{P}^{\mathrm{T}}\boldsymbol{AP})(\boldsymbol{P}^{\mathrm{T}}\boldsymbol{BP})]=\operatorname{tr}\left[\begin{pmatrix}\lambda_1 & & & \\ & \lambda_2 & & \\ & & \ddots & \\ & & & \lambda_n\end{pmatrix}(\boldsymbol{P}^{\mathrm{T}}\boldsymbol{BP})\right]>0。$$

充分性。由于 $\boldsymbol{A}$ 为对称矩阵,故存在正交阵 $\boldsymbol{P}$,使

$$\boldsymbol{P}^{\mathrm{T}}\boldsymbol{AP}=\begin{pmatrix}\lambda_1 & & & \\ & \lambda_2 & & \\ & & \ddots & \\ & & & \lambda_n\end{pmatrix},$$

其中,$\lambda_i\neq 0$。所以,$\operatorname{tr}(\boldsymbol{AB})=\operatorname{tr}[(\boldsymbol{P}^{\mathrm{T}}\boldsymbol{AP})(\boldsymbol{P}^{\mathrm{T}}\boldsymbol{BP})]$。设

$$\boldsymbol{P}^{\mathrm{T}}\boldsymbol{BP}=\begin{pmatrix}1 & & & \\ & \varepsilon_2 & & \\ & & \ddots & \\ & & & \varepsilon_n\end{pmatrix},\ \varepsilon_i>0,$$

则有

$$\operatorname{tr}(\boldsymbol{AB})=\lambda_1+\varepsilon_2\lambda_2+\cdots+\varepsilon_n\lambda_n。$$

令 ε_i 充分小,使 $|\varepsilon_2\lambda_2+\cdots+\varepsilon_n\lambda_n|<\lambda_1$,因而 $\lambda_1+\varepsilon_2\lambda_2+\cdots+\varepsilon_n\lambda_n$ 与 λ_1 同号,由条件知 $\lambda_1>0$,同理可证 $\lambda_2,\cdots,\lambda_n>0$,所以 $\boldsymbol{A}$ 为正定矩阵。

24. 设 $\boldsymbol{A}$ 为 n 阶实对称矩阵,其特征值全大于常数 a。求证:当 $t\leqslant a$ 时,二次型

$$f=\boldsymbol{X}^{\mathrm{T}}(\boldsymbol{A}-t\boldsymbol{E})\boldsymbol{X},$$

是正定二次型。

证明 设 $\boldsymbol{A}$ 的特征值为 $\lambda_1,\lambda_2,\cdots,\lambda_n$。因 $\boldsymbol{A}$ 是实对称矩阵,故必存在正交矩阵 $\boldsymbol{P}$,使

$$\boldsymbol{P}^{-1}\boldsymbol{AP}=\begin{pmatrix}\lambda_1 & & & \\ & \lambda_2 & & \\ & & \ddots & \\ & & & \lambda_n\end{pmatrix}=\boldsymbol{B}。$$

对于任意非零向量 $\boldsymbol{X}=(x_1,x_2,\cdots,x_n)^{\mathrm{T}}$,令 $\boldsymbol{Y}=\boldsymbol{P}^{-1}\boldsymbol{X}$,其中 $\boldsymbol{Y}=(y_1,y_2,\cdots,y_n)^{\mathrm{T}}$,则 $\boldsymbol{X}=\boldsymbol{PY}$,此时,

$$\begin{aligned}f&=\boldsymbol{X}^{\mathrm{T}}(\boldsymbol{A}-t\boldsymbol{E})\boldsymbol{X}=\boldsymbol{Y}^{\mathrm{T}}\boldsymbol{P}^{\mathrm{T}}(\boldsymbol{A}-t\boldsymbol{E})\boldsymbol{PY}\\&=\boldsymbol{Y}^{\mathrm{T}}\boldsymbol{P}^{-1}(\boldsymbol{A}-t\boldsymbol{E})\boldsymbol{PY}\\&=\boldsymbol{Y}^{\mathrm{T}}(\boldsymbol{P}^{-1}\boldsymbol{AP}-t\boldsymbol{P}^{-1}\boldsymbol{EP})\boldsymbol{Y}\\&=\boldsymbol{Y}^{\mathrm{T}}(\boldsymbol{B}-t\boldsymbol{E})\boldsymbol{Y}\\&=\boldsymbol{Y}^{\mathrm{T}}\begin{pmatrix}\lambda_1-t & & & \\ & \lambda_2-t & & \\ & & \ddots & \\ & & & \lambda_n-t\end{pmatrix}\boldsymbol{Y}\end{aligned}$$

$$=(\lambda_1-t)y_1^2+(\lambda_2-t)y_2^2+\cdots+(\lambda_n-t)y_n^2。$$

因为 $\lambda_i>a(i=1,2,\cdots,n)$，$t\leqslant a$，所以 $\lambda_i-t>0(i=1,2,\cdots,n)$，于是 f 正定。

25. 设 $\boldsymbol{A}$ 为 n 阶实对称矩阵。求证：

(1)存在正实数 t 使得 $t\boldsymbol{E}+\boldsymbol{A}$ 正定。

(2)存在正实数 t 使得 $\boldsymbol{E}+t\boldsymbol{A}$ 正定。

证明　(1)由于 $\boldsymbol{A}$ 为实对称矩阵，故存在正交矩阵 $\boldsymbol{P}$，使得

$$\boldsymbol{P}^{-1}\boldsymbol{A}\boldsymbol{P}=\begin{pmatrix}\lambda_1 & & & \\ & \lambda_2 & & \\ & & \ddots & \\ & & & \lambda_n\end{pmatrix},$$

令 $a=\min\{|\lambda_1|,|\lambda_2|,\cdots,|\lambda_n|\}$，则当 $t>a$ 时，

$$\boldsymbol{P}^{-1}(t\boldsymbol{E}+\boldsymbol{A})\boldsymbol{P}=\begin{pmatrix}t+\lambda_1 & & \\ & \ddots & \\ & & t+\lambda_n\end{pmatrix},$$

而 $t+\lambda_i>0,i=1,2,\cdots,n$，故 $t\boldsymbol{E}+\boldsymbol{A}$ 正定。

(2)由于

$$\boldsymbol{P}^{-1}(\boldsymbol{E}+t\boldsymbol{A})\boldsymbol{P}=\begin{pmatrix}1+t\lambda_1 & & \\ & \ddots & \\ & & 1+t\lambda_n\end{pmatrix},$$

若有 $1+t\lambda_k<0$，则存在 $t_k>0$，当 $0<t<t_k$ 时，$1+t\lambda_k>0$，$k=1,2,\cdots,n$，则 $0<t\leqslant\min\{t_1,t_2,\cdots,t_n\}$ 时，$\boldsymbol{E}+t\boldsymbol{A}$ 正定。

26. 设 $\boldsymbol{A}$ 为 $m\times n$ 实矩阵，$\boldsymbol{E}$ 为 n 阶单位矩阵。已知矩阵 $\boldsymbol{B}=\lambda\boldsymbol{E}+\boldsymbol{A}^{\mathrm{T}}\boldsymbol{A}$。求证：当 $\lambda>0$ 时，矩阵 $\boldsymbol{B}$ 为正定矩阵。

证明　因为 $\boldsymbol{A}$ 为实矩阵，且 $\boldsymbol{B}^{\mathrm{T}}=(\lambda\boldsymbol{E}+\boldsymbol{A}^{\mathrm{T}}\boldsymbol{A})^{\mathrm{T}}=\lambda\boldsymbol{E}+\boldsymbol{A}^{\mathrm{T}}\boldsymbol{A}=\boldsymbol{B}$，所以 $\boldsymbol{B}$ 为 n 阶实矩阵。又 $\forall\boldsymbol{X}\neq\boldsymbol{O}$，

$$\boldsymbol{X}^{\mathrm{T}}\boldsymbol{B}\boldsymbol{X}=\boldsymbol{X}^{\mathrm{T}}(\lambda\boldsymbol{E}+\boldsymbol{A}^{\mathrm{T}}\boldsymbol{A})\boldsymbol{X}=\lambda\boldsymbol{X}^{\mathrm{T}}\boldsymbol{X}+(\boldsymbol{A}\boldsymbol{X})^{\mathrm{T}}\boldsymbol{A}\boldsymbol{X},$$

且 $\lambda\boldsymbol{X}^{\mathrm{T}}\boldsymbol{X}>0$，$(\boldsymbol{A}\boldsymbol{X})^{\mathrm{T}}\boldsymbol{A}\boldsymbol{X}\geqslant0$，所以 $\boldsymbol{X}^{\mathrm{T}}\boldsymbol{B}\boldsymbol{X}>0$，因而 $\boldsymbol{B}$ 为正定矩阵。

注　本题也可用 $\boldsymbol{A}^{\mathrm{T}}\boldsymbol{A}$ 的所有特征值 $\geqslant0$ 来证。事实上，设 μ 是 $\boldsymbol{A}^{\mathrm{T}}\boldsymbol{A}$ 的特征值，$\boldsymbol{X}\neq\boldsymbol{0}$ 为相应的特征向量，即 $(\boldsymbol{A}^{\mathrm{T}}\boldsymbol{A})\boldsymbol{X}=\mu\boldsymbol{X}$，于是

$$\boldsymbol{X}^{\mathrm{T}}\boldsymbol{A}^{\mathrm{T}}\boldsymbol{A}\boldsymbol{X}=\mu\cdot\boldsymbol{X}^{\mathrm{T}}\boldsymbol{X}\Rightarrow\mu=\frac{\boldsymbol{X}^{\mathrm{T}}\boldsymbol{A}^{\mathrm{T}}\boldsymbol{A}\boldsymbol{X}}{\boldsymbol{X}^{\mathrm{T}}\boldsymbol{X}}。$$

由于 $\boldsymbol{A}$ 为实矩阵，故 $(\boldsymbol{A}\boldsymbol{X})^{\mathrm{T}}\boldsymbol{A}\boldsymbol{X}\geqslant0$，而 $\boldsymbol{X}^{\mathrm{T}}\boldsymbol{X}>0$，从而 $\mu\geqslant0$。由 $\boldsymbol{B}=\lambda\boldsymbol{E}+\boldsymbol{A}^{\mathrm{T}}\boldsymbol{A}$ 知 $\boldsymbol{B}$ 的特征值为 $\lambda+\mu$，当 $\lambda>0$ 时，$\boldsymbol{B}$ 的特征值都大于零。

27. 设 $\boldsymbol{A}$，$\boldsymbol{B}$ 为实对称矩阵，且 $\boldsymbol{B}$ 为正定的，若 $\boldsymbol{B}\boldsymbol{A}$ 的特征值均大于零。求证：$\boldsymbol{A}$ 为正定矩阵。

证明　法一　因为 $\boldsymbol{B}$ 为正定的，所以存在正定矩阵 $\boldsymbol{S}$，使 $\boldsymbol{B}=\boldsymbol{S}^2$，故

$$\boldsymbol{S}^{-1}\boldsymbol{B}\boldsymbol{A}\boldsymbol{S}=\boldsymbol{S}^{-1}\boldsymbol{S}^2\boldsymbol{A}\boldsymbol{S}=\boldsymbol{S}\boldsymbol{A}\boldsymbol{S}=\boldsymbol{S}^{\mathrm{T}}\boldsymbol{A}\boldsymbol{S},$$

$\boldsymbol{S}^{-1}\boldsymbol{B}\boldsymbol{A}\boldsymbol{S}$ 与 $\boldsymbol{B}\boldsymbol{A}$ 的特征值相同，因而 $\boldsymbol{S}^{-1}\boldsymbol{B}\boldsymbol{A}\boldsymbol{S}$ 的特征值全为正的，故 $\boldsymbol{S}^{\mathrm{T}}\boldsymbol{A}\boldsymbol{S}$ 的特征值全为正的，

因而正定，于是 $\boldsymbol{A}$ 为正定矩阵。

法二　因 $\boldsymbol{B}$ 正定，故 $\boldsymbol{B}^{-1}$ 正定，所以存在可逆阵 $\boldsymbol{P}$，使

$$\boldsymbol{P}^{\mathrm{T}}\boldsymbol{B}^{-1}\boldsymbol{P}=\boldsymbol{E},\boldsymbol{P}^{\mathrm{T}}\boldsymbol{A}\boldsymbol{P}=\begin{pmatrix}\lambda_1 & & & \\ & \lambda_2 & & \\ & & \ddots & \\ & & & \lambda_n\end{pmatrix},$$

故 $|\lambda_i\boldsymbol{E}-\boldsymbol{P}^{\mathrm{T}}\boldsymbol{A}\boldsymbol{P}|=|\lambda_i\boldsymbol{P}^{\mathrm{T}}\boldsymbol{B}^{-1}\boldsymbol{P}-\boldsymbol{P}^{\mathrm{T}}\boldsymbol{A}\boldsymbol{P}|=0$，于是 $|\lambda_i\boldsymbol{B}^{-1}-\boldsymbol{A}|=0$，从而 $|\lambda_i\boldsymbol{E}-\boldsymbol{B}\boldsymbol{A}|=0$。$\lambda_i$ 为 $\boldsymbol{BA}$ 的特征值，而 $\lambda_i>0$，所以

$$\boldsymbol{A}=(\boldsymbol{P}^{\mathrm{T}})^{-1}\begin{pmatrix}\lambda_1 & & & \\ & \lambda_2 & & \\ & & \ddots & \\ & & & \lambda_n\end{pmatrix}\boldsymbol{P}^{-1},$$

为正定的。

28. 设 $\boldsymbol{A},\boldsymbol{B}$ 均为 n 阶正定矩阵。求证：$\boldsymbol{AB}$ 的特征值均大于零。

证明　法一　因 $\boldsymbol{A}$ 正定，故存在可逆矩阵 $\boldsymbol{P}$，使 $\boldsymbol{P}^{\mathrm{T}}\boldsymbol{A}\boldsymbol{P}=\boldsymbol{E}$，由 $\boldsymbol{B}$ 正定，则 $\boldsymbol{P}^{-1}\boldsymbol{B}(\boldsymbol{P}^{-1})^{\mathrm{T}}$ 正定，故有

$$\boldsymbol{P}^{-1}\boldsymbol{B}(\boldsymbol{P}^{-1})^{\mathrm{T}}=\boldsymbol{E}\boldsymbol{P}^{-1}\boldsymbol{B}(\boldsymbol{P}^{-1})^{\mathrm{T}}=\boldsymbol{P}^{\mathrm{T}}\boldsymbol{A}\boldsymbol{P}\boldsymbol{P}^{-1}\boldsymbol{B}(\boldsymbol{P}^{-1})^{\mathrm{T}}=\boldsymbol{P}^{\mathrm{T}}\boldsymbol{A}\boldsymbol{B}(\boldsymbol{P}^{\mathrm{T}})^{-1},$$

即 $\boldsymbol{AB}$ 相似于正定矩阵 $\boldsymbol{P}^{-1}\boldsymbol{B}(\boldsymbol{P}^{-1})^{\mathrm{T}}$，所以 $\boldsymbol{AB}$ 的特征值均大于零。

法二　因 $\boldsymbol{A},\boldsymbol{B}$ 均为 n 阶正定矩阵，故存在正定矩阵 $\boldsymbol{C},\boldsymbol{D}$，使 $\boldsymbol{A}=\boldsymbol{C}^2,\boldsymbol{B}=\boldsymbol{D}^2,\boldsymbol{AB}=\boldsymbol{C}^2\boldsymbol{D}^2$，于是

$$\boldsymbol{C}^{-1}\boldsymbol{ABC}=\boldsymbol{C}^{-1}\boldsymbol{CCDDC}=\boldsymbol{CDDC}=(\boldsymbol{DC})^{\mathrm{T}}\boldsymbol{DC},$$

即 $\boldsymbol{AB}$ 与 $(\boldsymbol{DC})^{\mathrm{T}}\boldsymbol{DC}$ 相似，而 $(\boldsymbol{DC})^{\mathrm{T}}\boldsymbol{DC}$ 正定（$\boldsymbol{C}$ 正定，$\boldsymbol{D}$ 正定，$\boldsymbol{DC}$ 可逆)，故 $\boldsymbol{AB}$ 的特征值均大于零。

法三　因 $\boldsymbol{B}$ 为 n 阶正定矩阵，故存在正定矩阵 $\boldsymbol{C}$，使 $\boldsymbol{B}=\boldsymbol{C}^2$，于是

$$\boldsymbol{AB}=\boldsymbol{AC}^2=\boldsymbol{C}^{-1}\boldsymbol{CACC}=\boldsymbol{C}^{-1}\boldsymbol{C}^{\mathrm{T}}\boldsymbol{ACC},$$

即 $\boldsymbol{AB}$ 与 $\boldsymbol{C}^{\mathrm{T}}\boldsymbol{AC}$ 相似，而 $\boldsymbol{A}$ 正定，所以 $\boldsymbol{C}^{\mathrm{T}}\boldsymbol{AC}$ 正定，其特征值均大于零，因为相似矩阵有相同的特征值，所以 $\boldsymbol{AB}$ 的特征值均大于零。

法四　设 λ 为 $\boldsymbol{AB}$ 的任意特征值，则 $|\lambda\boldsymbol{E}-\boldsymbol{AB}|=0$。

若 $\lambda=0$，则 $|\boldsymbol{AB}|=|\boldsymbol{A}||\boldsymbol{B}|=0$，与 $\boldsymbol{A}$，$\boldsymbol{B}$ 均为正定矩阵矛盾，故 $\lambda\neq 0$。

若 $\lambda=-k<0$，则

$$|-k\boldsymbol{E}-\boldsymbol{AB}|=|-\boldsymbol{A}||k\boldsymbol{A}^{-1}+\boldsymbol{B}|=0,$$

因 $\boldsymbol{A}$ 正定，故 $|-\boldsymbol{A}|\neq 0$，于是 $|k\boldsymbol{A}^{-1}+\boldsymbol{B}|=0$，而 $k\boldsymbol{A}^{-1}$ 正定，$\boldsymbol{B}$ 正定，有 $(k\boldsymbol{A}^{-1}+\boldsymbol{B})$ 正定，于是 $|k\boldsymbol{A}^{-1}+\boldsymbol{B}|>0$，与 $|k\boldsymbol{A}^{-1}+\boldsymbol{B}|=0$ 矛盾，故 λ 不能小于零，所以 $\boldsymbol{AB}$ 的特征值只能大于零。

法五　设 λ 为 AB 的任意特征值，$\boldsymbol{X}$ 为 $\boldsymbol{AB}$ 的属于 λ 的特征向量，则 $\boldsymbol{ABX}=\lambda\boldsymbol{X}$，$\boldsymbol{BX}=\lambda\boldsymbol{A}^{-1}\boldsymbol{X}$，故有 $\boldsymbol{X}^{\mathrm{T}}\boldsymbol{BX}=\lambda\boldsymbol{X}^{\mathrm{T}}\boldsymbol{A}^{-1}\boldsymbol{X}$。因 $\boldsymbol{A}$ 正定，所以 $\boldsymbol{A}^{-1}$ 正定，有 $\boldsymbol{X}^{\mathrm{T}}\boldsymbol{A}^{-1}\boldsymbol{X}$ 正定，又 $\boldsymbol{B}$ 正定，故 $\boldsymbol{X}^{\mathrm{T}}\boldsymbol{BX}$ 正定，$\boldsymbol{X}^{\mathrm{T}}\boldsymbol{A}^{-1}\boldsymbol{X}$ 和 $\boldsymbol{X}^{\mathrm{T}}\boldsymbol{BX}$ 均为正实数，故得 $\lambda>0$，所以 $\boldsymbol{AB}$ 的特征值均大于零。

注　设 $\boldsymbol{A},\boldsymbol{B}$ 均为 n 阶正定矩阵，则 $|\lambda\boldsymbol{A}-\boldsymbol{B}|=0$ 的根均大于零。事实上，因为 $\boldsymbol{A}$ 为正定

矩阵，所以 A^{-1} 也是正定矩阵，故 $|\lambda A-B|=|A^{-1}|\cdot|\lambda E-A^{-1}B|=0$，进一步，$|\lambda E-A^{-1}B|=0$，根据上题结论得证。

29. 设 A 为正定矩阵，B 为实对称矩阵。求证：B 正定当且仅当 AB 的特征值均大于零。

证明　必要性由 28 题结论直接得证。

充分性。设 AB 的特征值均大于零。由于 A 为正定矩阵，B 为实对称矩阵，所以 AB 为对称矩阵。又 AB 的特征值均大于零，从而 AB 正定。由于 A 为正定矩阵，从而 A^{-1} 正定。由 28 题结论可知，$B=A^{-1}(AB)$ 的特征值均大于零，而 B 为实对称矩阵，从而 B 正定。

30. 求证：实对称矩阵 A 是正定矩阵当且仅当 A 的主子式全大于零。

证明　充分性是明显的，因为若 A 的主子式全大于零，那么其顺序主子式也必全大于零，从而 A 是正定的。

下证必要性。设 n 阶实对称矩阵 $A=(a_{ij})$ 是正定的，而

$$A_k=\begin{pmatrix} a_{i_1i_1} & a_{i_1i_2} & \cdots & a_{i_1i_k} \\ a_{i_2i_1} & a_{i_2i_2} & \cdots & a_{i_2i_k} \\ \vdots & \vdots & & \vdots \\ a_{i_ki_1} & a_{i_ki_2} & \cdots & a_{i_ki_k} \end{pmatrix}\ (1\leqslant i_1<\cdots<i_k\leqslant n),$$

为 A 的任一个 k 阶主子式 $|A_k|$ 所对应的 k 阶实对称矩阵。

由于 A 是正定的，故二次型 $f(x_1,x_2,\cdots,x_n)=X^{\mathrm{T}}AX$ 对任意不全为零的实数 $c_1,c_2,\cdots,c_n$ 都有 $f(c_1,c_2,\cdots,c_n)>0$。从而对不全为零的实数 $c_{i_1},c_{i_2},\cdots,c_{i_k}$，有

$$f(0,\cdots,c_{i_1},c_{i_2},\cdots,c_{i_k},\cdots,0)>0,$$

即在 $f(x_1,x_2,\cdots,x_n)$ 中除 $x_{i_1},x_{i_2},\cdots,x_{i_k}$ 外其余变量全取 0。但是，对变量为 $x_{i_1},x_{i_2},\cdots,x_{i_k}$ 而矩阵为 A_k 的二次型 $g(x_{i_1},x_{i_2},\cdots,x_{i_k})$ 来说，有

$$g(c_{i_1},c_{i_2},\cdots,c_{i_k})=f(0,\cdots,c_{i_1},c_{i_2},\cdots,c_{i_k},\cdots,0)>0,$$

故 $g(x_{i_1},x_{i_2},\cdots,x_{i_k})$ 是正定二次型，从而 A_k 是正定的，所以 $|A_k|>0$。

31. 设 A 与 B 均为正定矩阵。求证：AB 是正定当且仅当 $AB=BA$。

证明　必要性。因为 A 与 B 是正定的，故 A 与 B 都是实对称的，设乘积 AB 是正定的，则 AB 是实对称的：$(AB)^{\mathrm{T}}=AB$。于是有 $(AB)^{\mathrm{T}}=B^{\mathrm{T}}A^{\mathrm{T}}=BA$，故 $AB=BA$。

充分性。设 $AB=BA$，则由上知 AB 是实对称的。因 A 与 B 均为正定的，故存在实可逆方阵 P,Q，使

$$A=P^{\mathrm{T}}P,B=Q^{\mathrm{T}}Q。$$

于是 $AB=P^{\mathrm{T}}PQ^{\mathrm{T}}Q$ 与 $QP^{\mathrm{T}}PQ^{\mathrm{T}}=Q(P^{\mathrm{T}}PQ^{\mathrm{T}}Q)Q^{-1}=QABQ^{-1}$ 相似，故两者有相同的特征值。但 $QP^{\mathrm{T}}PQ^{\mathrm{T}}=(PQ^{\mathrm{T}})^{\mathrm{T}}(PQ^{\mathrm{T}})$ 为正定矩阵，其特征值都是正实数，故 AB 的特征值都是正实数，为正定矩阵。

32. 求证：(1) 如果 $\sum\limits_{i=1}^{n}\sum\limits_{j=1}^{n}a_{ij}x_ix_j,(a_{ij}=a_{ji})$ 是正定二次型，那么

$$f(y_1,y_2,\cdots,y_n)=\begin{vmatrix} a_{11} & a_{12} & \cdots & a_{1n} & y_1 \\ a_{21} & a_{22} & \cdots & a_{2n} & y_2 \\ \vdots & \vdots & & \vdots & \vdots \\ a_{n1} & a_{n2} & \cdots & a_{nn} & y_n \\ y_1 & y_2 & \cdots & y_n & 0 \end{vmatrix},$$

是负定二次型；

(2)如果 $\boldsymbol{A}$ 是正定阵，那么 $|\boldsymbol{A}|\leqslant a_{nn}P_{n-1}$，这里 P_{n-1} 是 $\boldsymbol{A}$ 的 $n-1$ 阶的顺序主子式；

(3)如果 $\boldsymbol{A}$ 是正定阵，那么 $|\boldsymbol{A}|\leqslant a_{11}a_{22}\cdots a_{nn}$；

(4)(Hadamard 不等式)设 $\boldsymbol{A}=(a_{ij})_{n\times n}$ 是 n 阶实可逆矩阵，则

$$|\boldsymbol{A}|^2\leqslant\prod_{i=1}^{n}(a_{1i}^2+a_{2i}^2+\cdots+a_{ni}^2)。$$

证明　(1)设正定二次型 $\sum\limits_{i=1}^{n}\sum\limits_{j=1}^{n}a_{ij}x_ix_j$ 的矩阵为对称矩阵 $\boldsymbol{A}$，则有可逆矩阵 $\boldsymbol{C}$，使 $\boldsymbol{C}^{\mathrm{T}}\boldsymbol{A}\boldsymbol{C}=\boldsymbol{E}$，取 $\boldsymbol{P}=\begin{pmatrix}\boldsymbol{C} & -\boldsymbol{A}^{-1}\boldsymbol{Y}\\ \boldsymbol{0} & 1\end{pmatrix}$，实际计算知

$$\boldsymbol{P}^{\mathrm{T}}\begin{pmatrix}\boldsymbol{A} & \boldsymbol{Y}\\ \boldsymbol{Y}^{\mathrm{T}} & \boldsymbol{0}\end{pmatrix}\boldsymbol{P}=\begin{pmatrix}\boldsymbol{C}^{\mathrm{T}}\boldsymbol{A}\boldsymbol{C} & \boldsymbol{0}\\ \boldsymbol{0} & -\boldsymbol{Y}^{\mathrm{T}}\boldsymbol{A}^{-1}\boldsymbol{Y}\end{pmatrix}=\begin{pmatrix}\boldsymbol{E} & \boldsymbol{0}\\ \boldsymbol{0} & -\boldsymbol{Y}^{\mathrm{T}}\boldsymbol{A}^{-1}\boldsymbol{Y}\end{pmatrix},$$

两边取行列式得 $|\boldsymbol{C}|^2f(y_1,y_2,\cdots,y_n)=|-\boldsymbol{Y}^{\mathrm{T}}\boldsymbol{A}^{-1}\boldsymbol{Y}|$。

由 $|\boldsymbol{C}|\neq 0$，$\boldsymbol{A}^{-1}$ 正定，即知 $f(y_1,y_2,\cdots,y_n)=-|\boldsymbol{C}|^{-2}\boldsymbol{Y}^{\mathrm{T}}\boldsymbol{A}^{-1}\boldsymbol{Y}$ 是负定二次型。

(2)

$$|\boldsymbol{A}|-a_{nn}P_{n-1}=\begin{vmatrix}\boldsymbol{A}_1 & \boldsymbol{B}\\ \boldsymbol{B}^{\mathrm{T}} & a_{nn}\end{vmatrix}-\begin{vmatrix}\boldsymbol{A}_1 & \boldsymbol{B}\\ 0 & a_{nn}\end{vmatrix}=\begin{vmatrix}\boldsymbol{A}_1 & \boldsymbol{B}\\ \boldsymbol{B}^{\mathrm{T}} & 0\end{vmatrix},$$

由(1)知，对任意 $n-1$ 维向量 $\boldsymbol{B}$，$\begin{vmatrix}\boldsymbol{A}_1 & \boldsymbol{B}\\ \boldsymbol{B}^{\mathrm{T}} & 0\end{vmatrix}\leqslant 0$，故 $|\boldsymbol{A}|\leqslant a_{nn}P_{n-1}$。

(3)法一　对 n 用数学归纳法。

当 $n=1$ 时，$|\boldsymbol{A}|\leqslant a_{11}$，命题成立。

当 $n=2$ 时，因 $\boldsymbol{A}$ 正定，故 $|\boldsymbol{A}|=\begin{vmatrix}a_{11} & a_{12}\\ a_{21} & a_{22}\end{vmatrix}=a_{11}a_{22}-a_{12}^2>0$，所以 $|\boldsymbol{A}|\leqslant a_{11}a_{22}$，故命题成立。

假设对 $n-1$ 时命题成立，下证对 n 成立。

令 $\boldsymbol{A}=\begin{pmatrix}\boldsymbol{A}_{11} & \boldsymbol{\alpha}\\ \boldsymbol{\alpha}^{\mathrm{T}} & a_{nn}\end{pmatrix}$，$\boldsymbol{Q}=\begin{pmatrix}\boldsymbol{E} & -\boldsymbol{A}_{11}^{-1}\boldsymbol{\alpha}\\ \boldsymbol{O} & 1\end{pmatrix}$，则

$$\boldsymbol{Q}^{\mathrm{T}}\boldsymbol{A}\boldsymbol{Q}=\begin{pmatrix}\boldsymbol{E} & \boldsymbol{O}\\ -\boldsymbol{\alpha}^{\mathrm{T}}\boldsymbol{A}_{11}^{-1} & \boldsymbol{E}\end{pmatrix}\begin{pmatrix}\boldsymbol{A}_{11} & \boldsymbol{\alpha}\\ \boldsymbol{\alpha}^{\mathrm{T}} & a_{nn}\end{pmatrix}\begin{pmatrix}\boldsymbol{E} & -\boldsymbol{A}_{11}^{-1}\boldsymbol{\alpha}\\ \boldsymbol{O} & 1\end{pmatrix}$$

$$=\begin{pmatrix}\boldsymbol{A}_{11} & \boldsymbol{O}\\ 0 & a_{nn}-\boldsymbol{\alpha}^{\mathrm{T}}\boldsymbol{A}_{11}^{-1}\boldsymbol{\alpha}\end{pmatrix},$$

所以，

$$|\boldsymbol{A}|=\begin{vmatrix}\boldsymbol{A}_{11} & \boldsymbol{O}\\ 0 & a_{nn}-\boldsymbol{\alpha}^{\mathrm{T}}\boldsymbol{A}_{11}^{-1}\boldsymbol{\alpha}\end{vmatrix}=|\boldsymbol{A}_{11}|\cdot|a_{nn}-\boldsymbol{\alpha}^{\mathrm{T}}\boldsymbol{A}_{11}^{-1}\boldsymbol{\alpha}|\text{。}$$

因为 $\boldsymbol{A}$ 正定，故 $\boldsymbol{A}_{11}$ 正定，所以　正定，于是 $\boldsymbol{\alpha}^{\mathrm{T}}\boldsymbol{A}_{11}^{-1}\boldsymbol{\alpha}\geqslant 0$，所以 $|\boldsymbol{A}|\leqslant a_{11}a_{22}\cdots a_{nn}$ 。由归纳假设 $|\boldsymbol{A}_{11}|\leqslant a_{11}a_{12}\cdots a_{n-1,n-1}$，所以 $|\boldsymbol{A}|\leqslant a_{11}a_{22}\cdots a_{nn}$ 。

法二　由于 $\boldsymbol{A}$ 的各阶顺序主子式都大于零，与它们位置相应的矩阵都是正定矩阵，故累积(2)的结论，便有 $|\boldsymbol{A}|\leqslant a_{11}a_{22}\cdots a_{nn}$ 。

(4)首先，$\boldsymbol{A}^{\mathrm{T}}\boldsymbol{A}$ 是正定矩阵，这是因为

$$(\boldsymbol{A}^{\mathrm{T}}\boldsymbol{A})^{\mathrm{T}}=\boldsymbol{A}^{\mathrm{T}}\boldsymbol{A},(\boldsymbol{A}^{-1})^{\mathrm{T}}(\boldsymbol{A}^{\mathrm{T}}\boldsymbol{A})\boldsymbol{A}^{-1}=\boldsymbol{E}\text{。}$$

其次，$\boldsymbol{A}^{\mathrm{T}}\boldsymbol{A}$ 主对角线上第 i 个元素是 $a_{1i}^2+a_{2i}^2+\cdots+a_{ni}^2$，故由(3)的结果有

$$|\boldsymbol{A}|^2\leqslant\prod_{i=1}^{n}(a_{1i}^2+a_{2i}^2+\cdots+a_{ni}^2)\text{。}$$

33. 设 $\boldsymbol{A}$ 是 n 阶正定矩阵。求证：(1) $a_{ii}>0(i=1,2\cdots,n)$；(2) $\boldsymbol{A}$ 中元素绝对值最大者在主对角线上取得；(3) $a_{ij}^2\leqslant a_{ii}a_{jj}(i\neq j)$ 。

证明　(1)反证法。若有某一 $a_{ii}<0$，因 $\boldsymbol{A}$ 是 n 阶正定矩阵，则对 $\boldsymbol{\varepsilon}_i$（第 i 个分量为 1，其余分量全为 0），$\boldsymbol{\varepsilon}_i^{\mathrm{T}}\boldsymbol{A}\boldsymbol{\varepsilon}_i=a_{ii}>0$，这与 $a_{ii}<0$ 矛盾，故 $a_{ii}>0(i=1,2\cdots,n)$ 。

(2)反证法。设 a_{st} 为 $\boldsymbol{A}$ 中绝对值最大的一个元素，且 $|a_{ii}|\leqslant|a_{st}|(i=1,2\cdots,n)$ 。令 $|a_{st}|=\delta a_{st}$，这里 $\delta=1$ 或 $\delta=-1$，因 $\boldsymbol{A}$ 正定，

$$(\boldsymbol{\varepsilon}_s-\delta\boldsymbol{\varepsilon}_t)^{\mathrm{T}}\boldsymbol{A}(\boldsymbol{\varepsilon}_s-\delta\boldsymbol{\varepsilon}_t)>0\text{。}$$

另一方面，

$$(\boldsymbol{\varepsilon}_s-\delta\boldsymbol{\varepsilon}_t)^{\mathrm{T}}\boldsymbol{A}(\boldsymbol{\varepsilon}_s-\delta\boldsymbol{\varepsilon}_t)=\boldsymbol{\varepsilon}_s^{\mathrm{T}}\boldsymbol{A}\boldsymbol{\varepsilon}_s+\boldsymbol{\varepsilon}_t^{\mathrm{T}}\boldsymbol{A}\boldsymbol{\varepsilon}_t-2\delta\boldsymbol{\varepsilon}_s^{\mathrm{T}}\boldsymbol{A}\boldsymbol{\varepsilon}_t=a_{ss}+a_{tt}-2|a_{st}|<0,$$

这与 $(\boldsymbol{\varepsilon}_s-\delta\boldsymbol{\varepsilon}_t)^{\mathrm{T}}\boldsymbol{A}(\boldsymbol{\varepsilon}_s-\delta\boldsymbol{\varepsilon}_t)>0$ 矛盾，故 $\boldsymbol{A}$ 中元素绝对值最大者在主对角线上取得。

(3)因 $\boldsymbol{A}$ 正定，所以 $\boldsymbol{A}$ 得任一个二阶主子式

$$\begin{vmatrix}a_{ii} & a_{ij}\\ a_{ji} & a_{jj}\end{vmatrix}=a_{ii}a_{jj}-a_{ij}a_{ji}=a_{ii}a_{jj}-a_{ij}^2>0\text{。}$$

所以，$a_{ij}^2\leqslant a_{ii}a_{jj}(i\neq j)$ 。

34. 设 $\boldsymbol{P},\boldsymbol{Q},\boldsymbol{B}$ 均为 n 阶矩阵，其中 $\boldsymbol{P},\boldsymbol{Q}$ 正定。试证：$\boldsymbol{P}-\boldsymbol{B}^{\mathrm{T}}\boldsymbol{Q}^{-1}\boldsymbol{B}$ 正定当且仅当 $\boldsymbol{Q}-\boldsymbol{B}^{\mathrm{T}}\boldsymbol{P}^{-1}\boldsymbol{B}$ 正定。

证明　令 $\boldsymbol{C}=\begin{pmatrix}\boldsymbol{P} & \boldsymbol{B}\\ \boldsymbol{B}^{\mathrm{T}} & \boldsymbol{Q}\end{pmatrix}$，则 $\boldsymbol{C}$ 对称，又

$$\begin{pmatrix}\boldsymbol{E} & \boldsymbol{O}\\ -\boldsymbol{B}^{\mathrm{T}}\boldsymbol{P}^{-1} & \boldsymbol{E}\end{pmatrix}\begin{pmatrix}\boldsymbol{P} & \boldsymbol{B}\\ \boldsymbol{B}^{\mathrm{T}} & \boldsymbol{Q}\end{pmatrix}\begin{pmatrix}\boldsymbol{E} & -\boldsymbol{P}^{-1}\boldsymbol{B}\\ \boldsymbol{O} & \boldsymbol{E}\end{pmatrix}$$

$$=\begin{pmatrix}\boldsymbol{P} & \boldsymbol{O}\\ \boldsymbol{O} & \boldsymbol{Q}-\boldsymbol{B}^{\mathrm{T}}\boldsymbol{P}^{-1}\boldsymbol{B}\end{pmatrix}\text{或}\begin{pmatrix}\boldsymbol{E} & -\boldsymbol{B}^{\mathrm{T}}\boldsymbol{Q}^{-1}\\ \boldsymbol{O} & \boldsymbol{E}\end{pmatrix}$$

$$\begin{pmatrix}\boldsymbol{P} & \boldsymbol{B}\\ \boldsymbol{B}^{\mathrm{T}} & \boldsymbol{O}\end{pmatrix}\begin{pmatrix}\boldsymbol{E} & \boldsymbol{O}\\ -\boldsymbol{Q}^{-1}\boldsymbol{B} & \boldsymbol{E}\end{pmatrix}=\begin{pmatrix}\boldsymbol{P}-\boldsymbol{B}^{\mathrm{T}}\boldsymbol{Q}^{-1}\boldsymbol{B} & \boldsymbol{O}\\ \boldsymbol{O} & \boldsymbol{Q}\end{pmatrix},$$

因而 $\boldsymbol{P}-\boldsymbol{B}^{\mathrm{T}}\boldsymbol{Q}^{-1}\boldsymbol{B}$ 正定 $\Leftrightarrow\begin{pmatrix}\boldsymbol{P} & \boldsymbol{B}\\ \boldsymbol{B}^{\mathrm{T}} & \boldsymbol{Q}\end{pmatrix}$ 正定 $\Leftrightarrow\boldsymbol{Q}-\boldsymbol{B}^{\mathrm{T}}\boldsymbol{P}^{-1}\boldsymbol{B}$ 正定。

35. 设 $\boldsymbol{A}$ 为正定矩阵，$\boldsymbol{\beta}$ 与 $\boldsymbol{X}$ 均为 n 维实列向量。试证：二次函数 $f(\boldsymbol{X})=\boldsymbol{X}^{\mathrm{T}}\boldsymbol{A}\boldsymbol{X}-2\boldsymbol{\beta}^{\mathrm{T}}\boldsymbol{X}+C$ 的极小值为 $C-\boldsymbol{\beta}^{\mathrm{T}}\boldsymbol{A}^{-1}\boldsymbol{\beta}$。

证明 取 $\boldsymbol{X}=\boldsymbol{A}^{-1}\boldsymbol{\beta}$，则

$$f(\boldsymbol{X})=\boldsymbol{\beta}^{\mathrm{T}}\boldsymbol{A}^{-1}\boldsymbol{A}\boldsymbol{A}^{-1}\boldsymbol{\beta}-2\boldsymbol{\beta}^{\mathrm{T}}\boldsymbol{A}^{-1}\boldsymbol{\beta}+C=C-\boldsymbol{\beta}^{\mathrm{T}}\boldsymbol{A}^{-1}\boldsymbol{\beta}。$$

又

$$\boldsymbol{X}^{\mathrm{T}}\boldsymbol{A}\boldsymbol{X}-2\boldsymbol{\beta}^{\mathrm{T}}\boldsymbol{X}+C-(C-\boldsymbol{\beta}^{\mathrm{T}}\boldsymbol{A}^{-1}\boldsymbol{\beta})=\boldsymbol{X}^{\mathrm{T}}\boldsymbol{A}\boldsymbol{X}+\boldsymbol{\beta}^{\mathrm{T}}\boldsymbol{A}^{-1}\boldsymbol{\beta}-2\boldsymbol{\beta}^{\mathrm{T}}\boldsymbol{X},$$

而 $\boldsymbol{A}$ 为正定矩阵，故存在正交阵 $\boldsymbol{P}$，使

$$\boldsymbol{P}^{\mathrm{T}}\boldsymbol{A}\boldsymbol{P}=\begin{pmatrix}\lambda_1 & & & \\ & \lambda_2 & & \\ & & \ddots & \\ & & & \lambda_n\end{pmatrix},$$

其中 $\lambda_i>0$，所以有

$$\boldsymbol{P}^{\mathrm{T}}\boldsymbol{A}^{-1}\boldsymbol{P}=\begin{pmatrix}\lambda_1^{-1} & & & \\ & \lambda_2^{-1} & & \\ & & \ddots & \\ & & & \lambda_n^{-1}\end{pmatrix}。$$

令

$$\boldsymbol{P}^{\mathrm{T}}\boldsymbol{X}=\begin{pmatrix}x_1\\ x_2\\ \vdots\\ x_n\end{pmatrix},\ \boldsymbol{P}^{\mathrm{T}}\boldsymbol{\beta}=\begin{pmatrix}b_1\\ b_2\\ \vdots\\ b_n\end{pmatrix},$$

则有

$$\begin{aligned}&\boldsymbol{X}^{\mathrm{T}}\boldsymbol{A}\boldsymbol{X}+\boldsymbol{\beta}^{\mathrm{T}}\boldsymbol{A}^{-1}\boldsymbol{\beta}-2\boldsymbol{\beta}^{\mathrm{T}}\boldsymbol{X}\\
&=\boldsymbol{X}^{\mathrm{T}}\boldsymbol{P}(\boldsymbol{P}^{\mathrm{T}}\boldsymbol{A}\boldsymbol{P})(\boldsymbol{P}^{\mathrm{T}}\boldsymbol{X})+\boldsymbol{\beta}^{\mathrm{T}}\boldsymbol{P}(\boldsymbol{P}^{\mathrm{T}}\boldsymbol{A}^{-1}\boldsymbol{P})\boldsymbol{P}^{\mathrm{T}}\boldsymbol{\beta}-2\boldsymbol{\beta}^{\mathrm{T}}\boldsymbol{P}(\boldsymbol{P}^{\mathrm{T}}\boldsymbol{X})\\
&=(x_1,x_2,\cdots,x_n)\begin{pmatrix}\lambda_1 & & & \\ & \lambda_2 & & \\ & & \ddots & \\ & & & \lambda_n\end{pmatrix}\begin{pmatrix}x_1\\ x_2\\ \vdots\\ x_n\end{pmatrix}+(b_1,b_2,\cdots,b_n)\begin{pmatrix}\lambda_1^{-1} & & & \\ & \lambda_2^{-1} & & \\ & & \ddots & \\ & & & \lambda_n^{-1}\end{pmatrix}\begin{pmatrix}b_1\\ b_2\\ \vdots\\ b_n\end{pmatrix}-\\
&\quad 2(b_1,b_2,\cdots,b_n)\begin{pmatrix}x_1\\ x_2\\ \vdots\\ x_n\end{pmatrix}\\
&=\lambda_1x_1^2+\lambda_2x_2^2+\cdots+\lambda_nx_n^2+\lambda_1^{-1}b_1^2+\lambda_2^{-1}b_2^2+\cdots+\lambda_n^{-1}b_n^2-2x_1b_1-2x_2b_2-\cdots-2x_nb_n。\end{aligned}$$

而

$$\lambda_i x_i^2 - 2x_i b_i + \lambda_i^{-1} b_i^2 = \left(\sqrt{\lambda_i}x_i - \frac{b_i}{\sqrt{\lambda_i}}\right)^2 \geqslant 0,$$

得 $\boldsymbol{X}^{\mathrm{T}}\boldsymbol{A}\boldsymbol{X} + \boldsymbol{\beta}^{\mathrm{T}}\boldsymbol{A}^{-1}\boldsymbol{\beta} - 2\boldsymbol{\beta}^{\mathrm{T}}\boldsymbol{X} \geqslant 0$，所以 $f(\boldsymbol{X})$ 的极小值为 $C - \boldsymbol{\beta}^{\mathrm{T}}\boldsymbol{A}^{-1}\boldsymbol{\beta}$ 。

36. 设 $\boldsymbol{A}$，$\boldsymbol{B}$ 都是 $m \times n$ 矩实阵，且 $\boldsymbol{B}^{\mathrm{T}}\boldsymbol{A}$ 为可逆矩阵。求证：$\boldsymbol{A}\boldsymbol{A}^{\mathrm{T}} + \boldsymbol{B}\boldsymbol{B}^{\mathrm{T}}$ 是正定矩阵。

证明　容易证明 $\boldsymbol{A}\boldsymbol{A}^{\mathrm{T}} + \boldsymbol{B}\boldsymbol{B}^{\mathrm{T}}$ 是实对称矩阵。由于 $\boldsymbol{B}^{\mathrm{T}}\boldsymbol{A}$ 为可逆矩阵，又

$$n = r(\boldsymbol{B}^{\mathrm{T}}\boldsymbol{A}) \leqslant r(\boldsymbol{A}) \leqslant n,$$

故 $r(\boldsymbol{A}) = n$，所以齐次线性方程组 $\boldsymbol{A}\boldsymbol{X} = \boldsymbol{0}$ 只有零解。于是对任意实向量 $\boldsymbol{X} \neq \boldsymbol{0}$，有 $\boldsymbol{A}\boldsymbol{X} \neq \boldsymbol{0}$，故

$$\boldsymbol{X}^{\mathrm{T}}\boldsymbol{A}^{\mathrm{T}}\boldsymbol{A}\boldsymbol{X} = (\boldsymbol{A}\boldsymbol{X})^{\mathrm{T}}(\boldsymbol{A}\boldsymbol{X}) > 0, \boldsymbol{X}^{\mathrm{T}}\boldsymbol{B}^{\mathrm{T}}\boldsymbol{B}\boldsymbol{X} = (\boldsymbol{B}\boldsymbol{X})^{\mathrm{T}}(\boldsymbol{B}\boldsymbol{X}) \geqslant 0。$$

因此，对任意实向量 $\boldsymbol{X} \neq \boldsymbol{0}$，都有

$$\boldsymbol{X}^{\mathrm{T}}(\boldsymbol{A}^{\mathrm{T}}\boldsymbol{A} + \boldsymbol{B}^{\mathrm{T}}\boldsymbol{B})\boldsymbol{X} = \boldsymbol{X}^{\mathrm{T}}\boldsymbol{A}^{\mathrm{T}}\boldsymbol{A}\boldsymbol{X} + \boldsymbol{X}^{\mathrm{T}}\boldsymbol{B}^{\mathrm{T}}\boldsymbol{B}\boldsymbol{X} > 0。$$

从而，$\boldsymbol{A}\boldsymbol{A}^{\mathrm{T}} + \boldsymbol{B}\boldsymbol{B}^{\mathrm{T}}$ 是正定矩阵。

37. 设 $\boldsymbol{A}$ 为 n 阶实矩阵，$\boldsymbol{C}$ 为 n 阶正定矩阵，若存在正定矩阵 $\boldsymbol{B}$，$\boldsymbol{A}\boldsymbol{B} + \boldsymbol{B}\boldsymbol{A}^{\mathrm{T}} = -\boldsymbol{C}$，则 $\boldsymbol{A}$ 的特征值的实部必定全小于零。

证明　设 $\boldsymbol{A}^{\mathrm{T}}$ 的特征值为 λ，对应的特征向量为 $\boldsymbol{\beta}$，则 $\boldsymbol{A}^{\mathrm{T}}\boldsymbol{\beta} = \lambda\boldsymbol{\beta}$，所以 $\overline{\boldsymbol{\beta}^{\mathrm{T}}}\boldsymbol{A} = \bar{\lambda}\ \overline{\boldsymbol{\beta}^{\mathrm{T}}}$。而 $\boldsymbol{C}$ 为 n 阶正定矩阵，故存在可逆矩阵 $\boldsymbol{P}$，使 $\boldsymbol{C} = \boldsymbol{P}^{\mathrm{T}}\boldsymbol{P}$，同样有可逆矩阵 $\boldsymbol{S}$，使 $\boldsymbol{B} = \boldsymbol{S}^{\mathrm{T}}\boldsymbol{S}$。由 $\boldsymbol{A}\boldsymbol{B} + \boldsymbol{B}\boldsymbol{A}^{\mathrm{T}} = -\boldsymbol{C}$，可得

$$\overline{\boldsymbol{\beta}^{\mathrm{T}}}\boldsymbol{A}\boldsymbol{B}\boldsymbol{\beta} + \overline{\boldsymbol{\beta}^{\mathrm{T}}}\boldsymbol{B}\boldsymbol{A}^{\mathrm{T}}\boldsymbol{\beta} = -\overline{\boldsymbol{\beta}^{\mathrm{T}}}\boldsymbol{P}^{\mathrm{T}}\boldsymbol{P}\boldsymbol{\beta} = -(\overline{\boldsymbol{P}\boldsymbol{\beta}})^{\mathrm{T}}\boldsymbol{P}\boldsymbol{\beta},$$

$$\bar{\lambda}\overline{\boldsymbol{\beta}^{\mathrm{T}}}\boldsymbol{S}^{\mathrm{T}}\boldsymbol{S}\boldsymbol{\beta} + \lambda\overline{\boldsymbol{\beta}^{\mathrm{T}}}\boldsymbol{S}^{\mathrm{T}}\boldsymbol{S}\boldsymbol{\beta} = -(\overline{\boldsymbol{P}\boldsymbol{\beta}})^{\mathrm{T}}\boldsymbol{P}\boldsymbol{\beta},$$

$$(\bar{\lambda} + \lambda)[(\overline{\boldsymbol{S}\boldsymbol{\beta}})^{\mathrm{T}}(\boldsymbol{S}\boldsymbol{\beta})] = -(\overline{\boldsymbol{P}\boldsymbol{\beta}})^{\mathrm{T}}(\boldsymbol{P}\boldsymbol{\beta}),$$

由 $\boldsymbol{\beta} \neq \boldsymbol{0}$，得 $\boldsymbol{P}\boldsymbol{\beta} \neq \boldsymbol{0}$，$\boldsymbol{S}\boldsymbol{\beta} \neq \boldsymbol{0}$，所以 $(\overline{\boldsymbol{P}\boldsymbol{\beta}})^{\mathrm{T}}(\boldsymbol{P}\boldsymbol{\beta}) > 0$，$(\overline{\boldsymbol{S}\boldsymbol{\beta}})^{\mathrm{T}}(\boldsymbol{S}\boldsymbol{\beta}) > 0$，故 $\bar{\lambda} + \lambda < 0$，即 λ 的实部 < 0，从而 $\boldsymbol{A}$ 的特征值的实部小于 0。

38. 设 n 阶对称矩阵 $\boldsymbol{A} = (a_{ij})_{nn}$ 是正定的，$b_1, b_2 \cdots, b_n$ 是任意 n 个非零实数。求证：$\boldsymbol{B} = (a_{ij}b_ib_j)_{n\times n}$ 是正定的。

证明　法一　令 $\boldsymbol{C} = \begin{pmatrix} b_1^{-1} & & & \\ & b_2^{-1} & & \\ & & \ddots & \\ & & & b_n^{-1} \end{pmatrix}$，则 $\boldsymbol{C}^{\mathrm{T}}\boldsymbol{B}\boldsymbol{C} = \boldsymbol{A}$，因 $\boldsymbol{A}$ 正定，故存在可逆矩阵 $\boldsymbol{P}$ 使 $\boldsymbol{A} = \boldsymbol{P}^{\mathrm{T}}\boldsymbol{P}$，所以

$$\boldsymbol{B} = (\boldsymbol{C}^{-1})^{\mathrm{T}}\boldsymbol{P}^{\mathrm{T}}\boldsymbol{P}\boldsymbol{C}^{-1} = (\boldsymbol{P}\boldsymbol{C}^{-1})^{\mathrm{T}}\boldsymbol{P}\boldsymbol{C}^{-1},$$

令 $\boldsymbol{G} = \boldsymbol{P}\boldsymbol{C}^{-1}$，于是 $\boldsymbol{B} = \boldsymbol{G}^{\mathrm{T}}\boldsymbol{G}$，$\boldsymbol{G}$ 是显然可逆，故 $\boldsymbol{B}$ 正定。

法二　因 $b_i(i = 1, 2, \cdots, n)$ 是 n 个不等于零的实数，故 $x_i = b_iy_i(i = 1, 2, \cdots, n)$ 是非退化线性替换，令 $\boldsymbol{X} = (x_1, x_2, \cdots, x_n)$，则

$$f(x_1, x_2, \cdots, x_n) = \boldsymbol{X}\boldsymbol{A}\boldsymbol{X}^{\mathrm{T}} = \boldsymbol{Y}\boldsymbol{B}\boldsymbol{Y}^{\mathrm{T}}。$$

因 $\boldsymbol{A}$ 正定,故 $f(x_1,x_2,\cdots,x_n)$ 是正定二次型,于是 $\boldsymbol{B}$ 是正定的。

法三　因 $\boldsymbol{A}$ 正定,故 $\boldsymbol{A}$ 的顺序主子式 $P_i>0(i=1,2,\cdots,n)$。设 $\boldsymbol{B}$ 的顺序主子式为 $Q_i(i=1,2,\cdots,n)$,则

$$Q_i=\begin{vmatrix} a_{11}b_1^2 & a_{12}b_1b_2 & \cdots & a_{1i}b_1b_i \\ a_{12}b_1b_2 & a_{22}b_2^2 & \cdots & a_{2i}b_2b_i \\ \vdots & \vdots & & \vdots \\ a_{1i}b_1b_i & a_{2i}b_2b_i & \cdots & a_{ii}b_i^2 \end{vmatrix}$$

$$=b_1^2b_2^2\cdots b_i^2P_i(i=1,2,\cdots,n)。$$

因为 $b_1,b_2\cdots,b_n$ 为非零实数,故 $Q_i>0(i=1,2,\cdots,n)$,故 $\boldsymbol{B}$ 正定。

39.求证:实二次型 $f(x_1,x_2,\cdots,x_n)$ 是半正定的充要条件是它的正惯性指数与秩相等。

证明　充分性。设 f 的秩和正惯性指数相等,都是 r,则负惯性指数为零,于是 f 可经过实满秩线性替换 $\boldsymbol{X}=\boldsymbol{CY}$ 变成

$$f(x_1,x_2,\cdots,x_n)=y_1^2+y_2^2+\cdots+y_r^2,$$

从而对任意一组实数 $x_1,x_2,\cdots,x_n$,由 $\boldsymbol{X}=\boldsymbol{CY}$ 可得 $\boldsymbol{Y}=\boldsymbol{C}^{-1}\boldsymbol{X}$,即有相应的实数 $y_1,y_2,\cdots y_r,\cdots,y_n$,使 $f(x_1,\cdots,x_n)=y_1^2+y_2^2+\cdots+y_r^2\geqslant 0$,即 f 为半正定的。

必要性。设 f 为半正定的,则 f 的负惯性指数必为零,否则,f 可经过实满秩线性替换 $\boldsymbol{X}=\boldsymbol{CY}$ 化为

$$f(x_1,x_2,\cdots,x_n)=y_1^2+y_2^2+\cdots+y_s^2-y_{s-1}^2-\cdots-y_r^2,s<r,$$

于是,当 $y_r=1$,其余 $y_i=0$ 时,由 $\boldsymbol{X}=\boldsymbol{CY}$ 可得相应的值 $x_1,x_2,\cdots,x_n$,代入上式有

$$f(x_1,\cdots,x_n)=-1<0。$$

这与 f 是半正定的相矛盾,从而 f 的正惯性指数与秩相等。

40.求证:下面每个条件都是 n 阶实对称矩阵 $\boldsymbol{A}$ 为半正定的充分必要条件:

(1)存在实方阵 $\boldsymbol{B}$,使 $\boldsymbol{A}=\boldsymbol{BB}^{\mathrm{T}}$;

(2)存在秩为 r 的 $n\times r$ 实矩阵 $\boldsymbol{B}$,使 $\boldsymbol{A}=\boldsymbol{BB}^{\mathrm{T}}$。

证明　充分性。设 $\boldsymbol{A}=\boldsymbol{BB}^{\mathrm{T}}$(其中 $\boldsymbol{B}$ 为实方阵或者秩为 r 的 $n\times r$ 实矩阵),则二次型

$$f=\boldsymbol{X}^{\mathrm{T}}\boldsymbol{AX}=\boldsymbol{X}^{\mathrm{T}}(\boldsymbol{BB}^{\mathrm{T}})\boldsymbol{X}=(\boldsymbol{X}^{\mathrm{T}}\boldsymbol{B})(\boldsymbol{B}^{\mathrm{T}}\boldsymbol{X})=(\boldsymbol{B}^{\mathrm{T}}\boldsymbol{X})^{\mathrm{T}}\boldsymbol{B}^{\mathrm{T}}\boldsymbol{X},$$

令 $(\boldsymbol{B}^{\mathrm{T}}\boldsymbol{X})^{\mathrm{T}}=(y_1,y_2,\cdots,y_n)$,则有 $f=y_1^2+y_2^2+\cdots+y_n^2\geqslant 0$,即对任意 $\boldsymbol{X}^{\mathrm{T}}=(x_1,x_2,\cdots,x_n)$,$f$ 的值总为非负实数,所以 $\boldsymbol{A}$ 是半正定的。

必要性。设 $\boldsymbol{A}$ 是半正定的,它的秩为 r,负惯性指数为 0,则存在实可逆矩阵 $\boldsymbol{P}$,使

$$\boldsymbol{A}=\boldsymbol{P}\begin{pmatrix}\boldsymbol{E}_r & \boldsymbol{O}\\ \boldsymbol{O} & \boldsymbol{O}\end{pmatrix}\boldsymbol{P}^{\mathrm{T}},\tag{5-7}$$

其中,$\boldsymbol{E}_r$ 是 r 阶单位矩阵。

(1)由式(5-7)知,$\boldsymbol{A}=\boldsymbol{P}\begin{pmatrix}\boldsymbol{E}_r & \boldsymbol{O}\\ \boldsymbol{O} & \boldsymbol{O}\end{pmatrix}\begin{pmatrix}\boldsymbol{E}_r & \boldsymbol{O}\\ \boldsymbol{O} & \boldsymbol{O}\end{pmatrix}\boldsymbol{P}^{\mathrm{T}}=\boldsymbol{BB}^{\mathrm{T}}$,这里 $\boldsymbol{B}=\boldsymbol{P}\begin{pmatrix}\boldsymbol{E}_r & \boldsymbol{O}\\ \boldsymbol{O} & \boldsymbol{O}\end{pmatrix}$。

(2)令 $\boldsymbol{P}=(\boldsymbol{B},\boldsymbol{C})$,其中 $\boldsymbol{B}$ 是 $\boldsymbol{P}$ 的前 r 列构成的子块。因为 $\boldsymbol{P}$ 是可逆的,所以 $\boldsymbol{B}$ 是秩为 r 的 $n\times r$ 的实矩阵,且由式(5-7)知,

$$\boldsymbol{A}=(\boldsymbol{B},\boldsymbol{C})\begin{pmatrix}\boldsymbol{E}_r & \boldsymbol{O}\\ \boldsymbol{O} & \boldsymbol{O}\end{pmatrix}\begin{pmatrix}\boldsymbol{B}^{\mathrm{T}}\\ \boldsymbol{C}^{\mathrm{T}}\end{pmatrix}=\boldsymbol{B}\boldsymbol{B}^{\mathrm{T}}。$$

41. 设 $\boldsymbol{A}$ 为 n 阶实对称矩阵，$V=\{x\in\mathbf{R}^n \mid \boldsymbol{x}^{\mathrm{T}}\boldsymbol{A}\boldsymbol{x}=0\}$ 。求证：V 是 $\mathbf{R}^n$ 的子空间的充要条件是 $\boldsymbol{A}$ 为半正定矩阵或半负定矩阵。

证明　充分性。设 $\boldsymbol{A}$ 为半正定矩阵，则存在 n 阶实矩阵，使 $\boldsymbol{A}=\boldsymbol{P}^{\mathrm{T}}\boldsymbol{P}$ 。任取 $\boldsymbol{x},\boldsymbol{y}\in V$，因为

$$\boldsymbol{x}^{\mathrm{T}}\boldsymbol{A}\boldsymbol{x}=\boldsymbol{x}^{\mathrm{T}}\boldsymbol{P}^{\mathrm{T}}\boldsymbol{P}\boldsymbol{x}=(\boldsymbol{P}\boldsymbol{x})^{\mathrm{T}}(\boldsymbol{P}\boldsymbol{x})=0,$$

并且 $\boldsymbol{P}\boldsymbol{x}$ 为实向量，所以 $\boldsymbol{P}\boldsymbol{x}=\boldsymbol{0}$。同理，$\boldsymbol{P}\boldsymbol{y}=\boldsymbol{0}$。进而

$$\boldsymbol{P}(\boldsymbol{x}+\boldsymbol{y})=\boldsymbol{P}\boldsymbol{x}+\boldsymbol{P}\boldsymbol{y}=\boldsymbol{0},\boldsymbol{P}(k\boldsymbol{x})=k\boldsymbol{P}\boldsymbol{x}=\boldsymbol{0},\forall k\in\mathbf{R}。$$

即 $\boldsymbol{x},\boldsymbol{y}\in V$ 时，$\boldsymbol{x}+\boldsymbol{y}\in V,k\boldsymbol{x}\in V$，故 V 是 $\mathbf{R}^n$ 的子空间。当 $\boldsymbol{A}$ 为半负定矩阵时，同理可证。

必要性。反正法 设 $\boldsymbol{A}$ 为不定矩阵，记 $\boldsymbol{f}=\boldsymbol{x}^{\mathrm{T}}\boldsymbol{A}\boldsymbol{x}$，则 f 是不定二次型。设 f 的正负惯性指标分别为 p,t，则

$$p>0,t>0,且\ p+t=r(f)=r(\boldsymbol{A})。$$

令可逆矩阵 $\boldsymbol{P}$ 使得

$$\boldsymbol{P}^{\mathrm{T}}\boldsymbol{A}\boldsymbol{P}=\begin{pmatrix}\boldsymbol{E}_p & & \\ & -\boldsymbol{E}_t & \\ & & \boldsymbol{O}\end{pmatrix},$$

则 $f=\boldsymbol{x}^{\mathrm{T}}\boldsymbol{A}\boldsymbol{x}$ 经可逆线性变换 $\boldsymbol{x}=\boldsymbol{P}\boldsymbol{y}$ 可化成规范形

$$y_1^2+\cdots y_p^2-y_{p+1}^2-\cdots-y_{p+t}^2。$$

取 $\mathbf{R}$ 的标准基 $\boldsymbol{\varepsilon}_1,\boldsymbol{\varepsilon}_2,\cdots,\boldsymbol{\varepsilon}_n$，令 $\boldsymbol{\delta}_i=\boldsymbol{P}\boldsymbol{\varepsilon}_i(i=1,2,\cdots,n)$，则 $\boldsymbol{\delta}_1,\boldsymbol{\delta}_2,\cdots,\boldsymbol{\delta}_n$ 线性无关。由矩阵乘法的定义可知，

$$\boldsymbol{\delta}_i^{\mathrm{T}}\boldsymbol{A}\boldsymbol{\delta}_i=\begin{cases}1, & i=1,2,\cdots,p,\\ -1, & i=p+1,p+2,\cdots,p+t,\\ 0, & i=p+t+1,p+t+2,\cdots,n,\end{cases}$$

再令

$$\boldsymbol{\eta}_i=\begin{cases}\boldsymbol{\delta}_i+\boldsymbol{\delta}_{p+1}, & i=1,2,\cdots,p,\\ \boldsymbol{\delta}_i-\boldsymbol{\delta}_p, & i=p+1,p+2,\cdots,p+t,\\ \boldsymbol{\delta}_i, & i=p+t+1,p+t+2,\cdots,n,\end{cases}$$

矩阵表示则为

$$(\boldsymbol{\eta}_1,\boldsymbol{\eta}_2,\cdots,\boldsymbol{\eta}_n)=(\boldsymbol{\delta}_1,\boldsymbol{\delta}_2,\cdots,\boldsymbol{\delta}_n)\begin{pmatrix}1 &&&&&&&&\\ & 1 &&&&&&&\\ && \ddots &&&&&&\\ &&& 1 & -1 & -1 & \cdots & -1 &\\ 1 & 1 & \cdots & 1 & 1 &&&&\\ &&&&& 1 &&&\\ &&&&&& \ddots &&\\ &&&&&&& 1 &\\ &&&&&&&& \boldsymbol{E}_{n-p-t}\end{pmatrix}\leftarrow p+1\ 行。$$

上式中的矩阵可逆，故 $\boldsymbol{\eta}_1,\boldsymbol{\eta}_2,\cdots,\boldsymbol{\eta}_n$ 线性无关。

当 $i=1,2,\cdots,p$ 时，

$$\boldsymbol{\eta}_i^{\mathrm{T}}\boldsymbol{A}\boldsymbol{\eta}_i=\boldsymbol{\delta}_i^{\mathrm{T}}\boldsymbol{A}\boldsymbol{\delta}_i+\boldsymbol{\delta}_{p+1}^{\mathrm{T}}\boldsymbol{A}\boldsymbol{\delta}_{p+1}+\boldsymbol{\delta}_i^{\mathrm{T}}\boldsymbol{A}\boldsymbol{\delta}_{p+1}=1-1+0+0=0。$$

当 $i=p+1,p+2,\cdots,p+t$ 时，

$$\boldsymbol{\eta}_i^{\mathrm{T}}\boldsymbol{A}\boldsymbol{\eta}_i=\boldsymbol{\delta}_i^{\mathrm{T}}\boldsymbol{A}\boldsymbol{\delta}_i+\boldsymbol{\delta}_p^{\mathrm{T}}\boldsymbol{A}\boldsymbol{\delta}_p-\boldsymbol{\delta}_i^{\mathrm{T}}\boldsymbol{A}\boldsymbol{\delta}_p-\boldsymbol{\delta}_p^{\mathrm{T}}\boldsymbol{A}\boldsymbol{\delta}_i=-1+1-0-0=0。$$

当 $i=p+t+1,p+t+2,\cdots,n$ 时，

$$\boldsymbol{\eta}_i^{\mathrm{T}}\boldsymbol{A}\boldsymbol{\eta}_i=\boldsymbol{\delta}_i^{\mathrm{T}}\boldsymbol{A}\boldsymbol{\delta}_i=0。$$

总之，$f(\boldsymbol{\eta}_i)=\boldsymbol{\eta}_i^{\mathrm{T}}\boldsymbol{A}\boldsymbol{\eta}_i=0,i=1,2,\cdots,n$ 。因而 $\boldsymbol{\eta}_1,\boldsymbol{\eta}_2,\cdots,\boldsymbol{\eta}_n\in V$，即在 V 中存在 n 个线性无关的向量。$V\subseteq\mathbf{R}^n$ 为子空间，故 $V=\mathbf{R}^n$，从而 $\forall\boldsymbol{x}\in\mathbf{R}^n$，均有 $\boldsymbol{x}^{\mathrm{T}}\boldsymbol{A}\boldsymbol{x}=0$。这与 $f=\boldsymbol{x}^{\mathrm{T}}\boldsymbol{A}\boldsymbol{x}$ 是不定二次型矛盾，故 $\boldsymbol{A}$ 为半正定矩阵或半负定矩阵。

42. 求证：(1)若 $\boldsymbol{A}$ 为正定的，则任给自然数 m，存在 $\boldsymbol{B}$，使 $\boldsymbol{A}=\boldsymbol{B}^m$；

(2)若 $\boldsymbol{B}$ 为半正定的，且对给定的自然数 m 有 $\boldsymbol{A}\boldsymbol{B}^m=\boldsymbol{B}^m\boldsymbol{A}$，则 $\boldsymbol{A}\boldsymbol{B}=\boldsymbol{B}\boldsymbol{A}$。

证明 (1)由于 $\boldsymbol{A}$ 为正定矩阵，故存在正交矩阵 $\boldsymbol{P}$，使

$$\boldsymbol{P}^{\mathrm{T}}\boldsymbol{A}\boldsymbol{P}=\begin{pmatrix}\lambda_1 & & & \\ & \lambda_2 & & \\ & & \ddots & \\ & & & \lambda_n\end{pmatrix},$$

其中，$\lambda_i>0(i=1,2,\cdots,n)$。

令

$$\boldsymbol{B}=\boldsymbol{P}\begin{pmatrix}\lambda_1^{\frac{1}{m}} & & & \\ & \lambda_2^{\frac{1}{m}} & & \\ & & \ddots & \\ & & & \lambda_n^{\frac{1}{m}}\end{pmatrix}\boldsymbol{P}^{\mathrm{T}},$$

则 $\boldsymbol{B}^m=\boldsymbol{A}$。

(2)因为 $\boldsymbol{B}$ 为半正定矩阵，故存在正交矩阵 $\boldsymbol{P}$，使

$$\boldsymbol{P}^{\mathrm{T}}\boldsymbol{B}\boldsymbol{P}=\begin{pmatrix}\lambda_1 & & & \\ & \lambda_2 & & \\ & & \ddots & \\ & & & \lambda_n\end{pmatrix},$$

其中，$\lambda_i>0(i=1,2,\cdots,n)$。所以有

$$\boldsymbol{B}^m=\boldsymbol{P}\begin{pmatrix}\lambda_1^m & & & \\ & \lambda_2^m & & \\ & & \ddots & \\ & & & \lambda_n^m\end{pmatrix}\boldsymbol{P}^{\mathrm{T}},$$

$$\boldsymbol{AP}\begin{pmatrix}\lambda_1^m & & & \\ & \lambda_2^m & & \\ & & \ddots & \\ & & & \lambda_n^m\end{pmatrix}\boldsymbol{P}^{\mathrm{T}}=\boldsymbol{P}\begin{pmatrix}\lambda_1^m & & & \\ & \lambda_2^m & & \\ & & \ddots & \\ & & & \lambda_n^m\end{pmatrix}\boldsymbol{P}^{\mathrm{T}}\boldsymbol{A},$$

$$(\boldsymbol{P}^{\mathrm{T}}\boldsymbol{AP})\begin{pmatrix}\lambda_1^m & & & \\ & \lambda_2^m & & \\ & & \ddots & \\ & & & \lambda_n^m\end{pmatrix}=\begin{pmatrix}\lambda_1^m & & & \\ & \lambda_2^m & & \\ & & \ddots & \\ & & & \lambda_n^m\end{pmatrix}(\boldsymbol{P}^{\mathrm{T}}\boldsymbol{AP}),$$

令 $\boldsymbol{P}^{\mathrm{T}}\boldsymbol{AP}=(a_{ij})$，有 $\lambda_j^m a_{ij}=\lambda_i^m a_{ij}$。若 $a_{ij}=0$，则 $\lambda_j^m a_{ij}=\lambda_i^m a_{ij}$；若 $a_{ij}\neq 0$，则 $\lambda_j^m=\lambda_i^m$，从而 $\lambda_j=\lambda_i$（因为 $\lambda_i,\lambda_j\geqslant 0,i,j=1,2,\cdots,n$），所以 $\lambda_j a_{ij}=\lambda_i a_{ij}$，即

$$(\boldsymbol{P}^{\mathrm{T}}\boldsymbol{AP})\begin{pmatrix}\lambda_1 & & & \\ & \lambda_2 & & \\ & & \ddots & \\ & & & \lambda_n\end{pmatrix}=\begin{pmatrix}\lambda_1 & & & \\ & \lambda_2 & & \\ & & \ddots & \\ & & & \lambda_n\end{pmatrix}(\boldsymbol{P}^{\mathrm{T}}\boldsymbol{AP}),$$

故 $\boldsymbol{AB}=\boldsymbol{BA}$，结论得证。

43. 求证：(1)设 $\boldsymbol{A}$ 为 n 阶实对称矩阵，m 为正整数，则 $\boldsymbol{A}$ 正定当且仅当存在正定矩阵 $\boldsymbol{B}$ 使得 $\boldsymbol{A}=\boldsymbol{B}^m$；

(2)设 $\boldsymbol{A}$ 为 n 阶实对称矩阵，m 为正整数，则 $\boldsymbol{A}$ 半正定当且仅当存在半正定矩阵 $\boldsymbol{B}$ 使得 $\boldsymbol{A}=\boldsymbol{B}^m$。

证明　(1)必要性。因为 $\boldsymbol{A}$ 是正定矩阵，所以存在正交矩阵 $\boldsymbol{T}$，使得

$$\boldsymbol{A}=\boldsymbol{T}\begin{pmatrix}\lambda_1 & & & \\ & \lambda_2 & & \\ & & \ddots & \\ & & & \lambda_n\end{pmatrix}\boldsymbol{T}^{-1},$$

其中，$\lambda_i>0(i=1,2,\cdots,n)$ 为 $\boldsymbol{A}$ 的特征值。取

$$\boldsymbol{B}=\boldsymbol{T}^{-1}\begin{pmatrix}\sqrt[m]{\lambda_1} & & & \\ & \sqrt[m]{\lambda_2} & & \\ & & \ddots & \\ & & & \sqrt[m]{\lambda_n}\end{pmatrix}\boldsymbol{T},$$

则 $\boldsymbol{B}$ 正定且 $\boldsymbol{A}=\boldsymbol{B}^m$。

充分性。若存在正定矩阵 $\boldsymbol{B}$ 使得 $\boldsymbol{A}=\boldsymbol{B}^m$，则 $\boldsymbol{B}$ 的特征值 $\lambda_1,\lambda_2,\cdots,\lambda_n$ 全为实数，从而 $\boldsymbol{A}$ 的特征值 $\lambda_1^m,\lambda_2^m,\cdots,\lambda_n^m$ 也全为实数。又因 $\boldsymbol{A}$ 实对称，所以 $\boldsymbol{A}$ 正定。

(2)证明思路类似于(1)。

44. 设 $\boldsymbol{A}$ 为 n 阶实矩阵，$m>n$。求证：$\boldsymbol{A}$ 为半正定矩阵当且仅当对任意的 $n\times m$ 矩阵 $\boldsymbol{B}$，有 $\boldsymbol{B}^{\mathrm{T}}\boldsymbol{AB}$ 为半正定矩阵。

证明 必要性。因为 $\boldsymbol{A}$ 为半正定矩阵，所以对任意 $\boldsymbol{X}=\begin{pmatrix}x_1\\x_2\\\vdots\\x_n\end{pmatrix}$，都有 $\boldsymbol{X}^{\mathrm{T}}\boldsymbol{B}^{\mathrm{T}}\boldsymbol{A}\boldsymbol{B}\boldsymbol{X}=(\boldsymbol{B}\boldsymbol{X})^{\mathrm{T}}\boldsymbol{A}(\boldsymbol{B}\boldsymbol{X})\geqslant 0$，又 $\boldsymbol{B}^{\mathrm{T}}\boldsymbol{A}\boldsymbol{B}$ 为对称矩阵，因而 $\boldsymbol{B}^{\mathrm{T}}\boldsymbol{A}\boldsymbol{B}$ 为半正定矩阵。

充分性。取 $\boldsymbol{B}=(\boldsymbol{\alpha}_1,\boldsymbol{0},\cdots,\boldsymbol{0})_{n\times m}$，这里 $\boldsymbol{\alpha}_1=\begin{pmatrix}x_1\\x_2\\\vdots\\x_n\end{pmatrix}$，故

$$\begin{pmatrix}\boldsymbol{\alpha}_1^{\mathrm{T}}\\\boldsymbol{0}\\\vdots\\\boldsymbol{0}\end{pmatrix}\boldsymbol{A}(\boldsymbol{\alpha}_1,\boldsymbol{0},\cdots,\boldsymbol{0})=\begin{pmatrix}\boldsymbol{\alpha}_1^{\mathrm{T}}\boldsymbol{A}\boldsymbol{\alpha}_1 & 0 & \cdots & 0\\0 & 0 & \cdots & 0\\\vdots & \vdots & & \vdots\\0 & 0 & \cdots & 0\end{pmatrix},$$

半正定，而

$$(1,0,\cdots,0)\begin{pmatrix}\boldsymbol{\alpha}_1^{\mathrm{T}}\boldsymbol{A}\boldsymbol{\alpha}_1 & 0 & \cdots & 0\\0 & 0 & \cdots & 0\\\vdots & \vdots & & \vdots\\0 & 0 & \cdots & 0\end{pmatrix}\begin{pmatrix}1\\0\\\vdots\\0\end{pmatrix}=\boldsymbol{\alpha}_1^{\mathrm{T}}\boldsymbol{A}\boldsymbol{\alpha}_1\geqslant 0,\forall\boldsymbol{\alpha}_1,$$

所以，$\boldsymbol{A}$ 为半正定矩阵。

45.求证：若 $\boldsymbol{A}$ 为半正定矩阵，则 $\boldsymbol{A}^*$ 也是半正定矩阵。

证明 因为 $(\boldsymbol{A}^*)^{\mathrm{T}}=(\boldsymbol{A}^{\mathrm{T}})^*=\boldsymbol{A}^*$，所以 $\boldsymbol{A}^*$ 为对称矩阵。

1)当 $r(\boldsymbol{A})=n$ 时，$\boldsymbol{A}$ 为正定的，$|\boldsymbol{A}|\geqslant 0$，$\boldsymbol{A}^*=|\boldsymbol{A}|\boldsymbol{A}^{-1}$，而 $\boldsymbol{A}^{-1}$ 为正定的，故 $\boldsymbol{A}^*$ 为正定矩阵。

2)当 $r(\boldsymbol{A})=n-1$ 时，由 $\boldsymbol{A}^*\boldsymbol{A}=\boldsymbol{O}$ 知 $r(\boldsymbol{A}^*)=1$，即 $\boldsymbol{A}^*$ 的一阶主子式为 a_{ii} 在 $\boldsymbol{A}$ 中的代数余子式，故非负。若均为0，则由 $\boldsymbol{A}^*$ 的对称性，$\boldsymbol{A}^*$ 的秩必至少为2，矛盾。设 $A_{11}\neq 0$，则有

$$\begin{pmatrix}1 & 0 & \cdots & 0\\-\dfrac{A_{12}}{A_{11}} & 1 & \cdots & 0\\\vdots & \vdots & & \vdots\\-\dfrac{A_{1n}}{A_{11}} & 0 & \cdots & 1\end{pmatrix}\boldsymbol{A}^*\begin{pmatrix}1 & -\dfrac{A_{12}}{A_{11}} & \cdots & -\dfrac{A_{1n}}{A_{11}}\\0 & 1 & \cdots & 0\\\vdots & \vdots & & \vdots\\0 & 0 & \cdots & 1\end{pmatrix}=\begin{pmatrix}A_{11} & 0\\0 & 0\end{pmatrix}。$$

$\forall\boldsymbol{X}\neq\boldsymbol{0}$，令

$$\boldsymbol{P}=\begin{pmatrix}1 & 0 & \cdots & 0\\-\dfrac{A_{12}}{A_{11}} & 1 & \cdots & 0\\\vdots & \vdots & & \vdots\\-\dfrac{A_{1n}}{A_{11}} & 0 & \cdots & 1\end{pmatrix},$$

则

$$\boldsymbol{X}^{\mathrm{T}}\boldsymbol{A}^{*}\boldsymbol{X}=\boldsymbol{X}^{\mathrm{T}}\boldsymbol{P}^{-1}(\boldsymbol{P}\boldsymbol{A}^{*}\boldsymbol{P}^{\mathrm{T}})(\boldsymbol{P}^{\mathrm{T}})^{-1}\boldsymbol{X}=\boldsymbol{X}^{\mathrm{T}}\boldsymbol{P}^{-1}\begin{pmatrix}A_{11}&0\\0&0\end{pmatrix}(\boldsymbol{P}^{\mathrm{T}})^{-1}\boldsymbol{X}\geqslant 0,$$

故 $\boldsymbol{A}^{*}$ 为半正定的。

3)当 $r(\boldsymbol{A})\leqslant n-2$ 时，$\boldsymbol{A}^{*}=\boldsymbol{O}$，当然为半正定的。

46. 设 $\boldsymbol{A}$ 为 n 阶实对称矩阵，$|\lambda\boldsymbol{E}-\boldsymbol{A}|$ 的特征根在 $[a,b]$ 上的充分必要条件是 $f(\boldsymbol{X})=\boldsymbol{X}^{\mathrm{T}}(\boldsymbol{A}-\lambda\boldsymbol{E})\boldsymbol{X}$，当 $\lambda<a$ 时正定，当 $\lambda>b$ 时负定。

证明　必要性。$\boldsymbol{A}$ 为对称矩阵，故存在正交阵 $\boldsymbol{P}$，使

$$\boldsymbol{P}^{\mathrm{T}}\boldsymbol{A}\boldsymbol{P}=\begin{pmatrix}\lambda_1&&&\\&\lambda_2&&\\&&\ddots&\\&&&\lambda_n\end{pmatrix},$$

其中，$a\leqslant\lambda_i\leqslant b$。则当 $\lambda<a$ 时，$\forall\boldsymbol{X}\neq\boldsymbol{0}$，设

$$\boldsymbol{P}^{\mathrm{T}}\boldsymbol{X}=\begin{pmatrix}y_1\\y_2\\\vdots\\y_n\end{pmatrix}\neq\boldsymbol{0},$$

从而有

$$\begin{aligned}f(\boldsymbol{X})&=\boldsymbol{X}^{\mathrm{T}}(\boldsymbol{A}-\lambda\boldsymbol{E})\boldsymbol{X}=\boldsymbol{X}^{\mathrm{T}}\boldsymbol{P}(\boldsymbol{P}^{\mathrm{T}}\boldsymbol{A}\boldsymbol{P}-\lambda\boldsymbol{E})\boldsymbol{P}^{\mathrm{T}}\boldsymbol{X}\\&=\boldsymbol{X}^{\mathrm{T}}\boldsymbol{P}\begin{pmatrix}\lambda_1-\lambda&&&\\&\lambda_2-\lambda&&\\&&\ddots&\\&&&\lambda_n-\lambda\end{pmatrix}\boldsymbol{P}^{\mathrm{T}}\boldsymbol{X}\\&=(\lambda_1-\lambda)y_1^2+(\lambda_2-\lambda)y_2^2+\cdots+(\lambda_n-\lambda)y_n^2>0,\end{aligned}$$

即 $f(\boldsymbol{X})$ 正定。同理可证当 $\lambda>b$ 时 $f(\boldsymbol{X})$ 为负定的。

充分性。设 $f(\boldsymbol{X})=(\lambda_1-\lambda)y_1^2+(\lambda_2-\lambda)y_2^2+\cdots+(\lambda_n-\lambda)y_n^2$，当 $\lambda<a$ 时正定，故 $\lambda_i-\lambda>0,\lambda_i\geqslant a$；当 $\lambda>b$ 时负定，故 $\lambda_i-\lambda<0,\lambda_i\leqslant b$，即 $\lambda_i\in[a,b]$。

47. 设 $\boldsymbol{A},\boldsymbol{B}$ 分别是正定矩阵与半正定矩阵，如果 $|(1-\mu)\boldsymbol{A}+\boldsymbol{B}|=0$ 的根 μ 全大于 1，则 $\boldsymbol{B}$ 必为正定矩阵。

证明　由已知条件知存在可逆阵 $\boldsymbol{P}$，使

$$\boldsymbol{P}^{\mathrm{T}}\boldsymbol{A}\boldsymbol{P}=\boldsymbol{E},\boldsymbol{P}^{\mathrm{T}}\boldsymbol{B}\boldsymbol{P}=\begin{pmatrix}\lambda_1&&&\\&\lambda_2&&\\&&\ddots&\\&&&\lambda_n\end{pmatrix},\lambda_i\geqslant 0。$$

又 $|(1-\mu)\boldsymbol{A}+\boldsymbol{B}|=0$ 与

$$|\boldsymbol{P}^{\mathrm{T}}|\,|(1-\mu)\boldsymbol{A}+\boldsymbol{B}|\,|\boldsymbol{P}|=\left|(1-\mu)\boldsymbol{E}+\begin{pmatrix}\lambda_1&&\\&\ddots&\\&&\lambda_n\end{pmatrix}\right|=0,$$

同解,得 $(1-\mu)+\lambda_i=0(i=1,2,\cdots,n)$。从而 $\mu=1+\lambda_i$,由 $\mu>1$ 得 $\lambda_i>0$,所以 $\boldsymbol{B}$ 为正定矩阵。

48. 实对称矩阵 $\boldsymbol{A}$ 的特征值全部落在闭区间 $[a,b]$ 上当且仅当 $\boldsymbol{A}-a\boldsymbol{E},b\boldsymbol{E}-\boldsymbol{A}$ 均半正定。

证明 因为 $\boldsymbol{A}$ 是实对称矩阵,则存在正交矩阵 $\boldsymbol{P}$,使

$$\boldsymbol{P}^{\mathrm{T}}\boldsymbol{A}\boldsymbol{P}=\begin{pmatrix}\lambda_1 & & & \\ & \lambda_2 & & \\ & & \ddots & \\ & & & \lambda_n\end{pmatrix},$$

其中,$\lambda_1,\lambda_2,\cdots,\lambda_n$ 是 $\boldsymbol{A}$ 的全部特征值。于是

$$\boldsymbol{P}^{\mathrm{T}}(\boldsymbol{A}-a\boldsymbol{E})\boldsymbol{P}=\begin{pmatrix}\lambda_1-a & & & \\ & \lambda_2-a & & \\ & & \ddots & \\ & & & \lambda_n-a\end{pmatrix},$$

$$\boldsymbol{P}^{\mathrm{T}}(b\boldsymbol{E}-\boldsymbol{A})\boldsymbol{P}=\begin{pmatrix}b-\lambda_1 & & & \\ & b-\lambda_2 & & \\ & & \ddots & \\ & & & b-\lambda_n\end{pmatrix}。$$

从而,

$$\begin{aligned}\boldsymbol{A}-a\boldsymbol{E},b\boldsymbol{E}-\boldsymbol{A}\text{ 半正定}&\Leftrightarrow\lambda_i-a\geqslant 0,b-\lambda_i\geqslant 0(i=1,2,\cdots,n)\\&\Leftrightarrow a\leqslant\lambda_i\leqslant b(i=1,2,\cdots,n)。\end{aligned}$$

49. 设 n 阶实对称矩阵 $\boldsymbol{A},\boldsymbol{B}$ 的特征值分别落在闭区间 $[a,b]$ 与 $[c,d]$ 内。求证:$\boldsymbol{A}+\boldsymbol{B}$ 的特征值落在 $[a+c,b+d]$ 内。

证明 因 $\boldsymbol{A},\boldsymbol{B}$ 的特征值分别落在闭区间 $[a,b]$ 与 $[c,d]$,由 48 题结论可知,$\boldsymbol{A}-a\boldsymbol{E}$,$b\boldsymbol{E}-\boldsymbol{A},\boldsymbol{B}-c\boldsymbol{E},d\boldsymbol{E}-\boldsymbol{B}$ 均半正定。于是 $(\boldsymbol{A}+\boldsymbol{B})-(a+c)\boldsymbol{E},(b+d)\boldsymbol{E}-(\boldsymbol{A}+\boldsymbol{B})$ 均半正定,再次利用 48 题结论可得,$\boldsymbol{A}+\boldsymbol{B}$ 的特征值落在 $[a+c,b+d]$ 内。

50. 设实对称矩阵 $\boldsymbol{A}$ 的特征值全大于 a,实对称阵 $\boldsymbol{B}$ 的特征值全大于 b。求证:$\boldsymbol{A}+\boldsymbol{B}$ 的特征值全不小于 $a+b$。

证明 设 $\boldsymbol{A},\boldsymbol{B}$ 的最大特征值分别为 s,t,则 $\boldsymbol{A},\boldsymbol{B}$ 的特征值分别落在闭区间 $[a,s]$ 与 $[b,t]$。由 49 题结论知,$\boldsymbol{A}+\boldsymbol{B}$ 的特征值落在$[a+b,s+t]$内,从而 $\boldsymbol{A}+\boldsymbol{B}$ 的特征值全不小于 $a+b$。

51. 设 $\boldsymbol{A},\boldsymbol{C}$ 分别是 n,m 阶实对称矩阵,$\boldsymbol{B}$ 是 $n\times m$ 实矩阵,$\begin{pmatrix}\boldsymbol{A} & \boldsymbol{B}\\ \boldsymbol{B}^{\mathrm{T}} & \boldsymbol{C}\end{pmatrix}$ 为正定矩阵,则

$$\begin{vmatrix}\boldsymbol{A} & \boldsymbol{B}\\ \boldsymbol{B}^{\mathrm{T}} & \boldsymbol{C}\end{vmatrix}\leqslant|\boldsymbol{A}|\cdot|\boldsymbol{C}|,$$

且等号成立当且仅当 $\boldsymbol{B}=\boldsymbol{O}$。

证明 首先根据 $\begin{pmatrix}\boldsymbol{A} & \boldsymbol{B}\\ \boldsymbol{B}^{\mathrm{T}} & \boldsymbol{C}\end{pmatrix}$ 正定,可以推出 $\boldsymbol{A},\boldsymbol{C}$ 均是正定矩阵。根据分块矩阵的初等变换,我们有

$$\begin{pmatrix} \boldsymbol{E}_n & \boldsymbol{O} \\ -\boldsymbol{B}^{\mathrm{T}}\boldsymbol{A}^{-1} & \boldsymbol{E}_m \end{pmatrix}\begin{pmatrix} \boldsymbol{A} & \boldsymbol{B} \\ \boldsymbol{B}^{\mathrm{T}} & \boldsymbol{C} \end{pmatrix}\begin{pmatrix} \boldsymbol{E}_n & -\boldsymbol{A}^{-1}\boldsymbol{B} \\ \boldsymbol{O} & \boldsymbol{E}_m \end{pmatrix}=\begin{pmatrix} \boldsymbol{A} & \boldsymbol{O} \\ \boldsymbol{O} & \boldsymbol{C}-\boldsymbol{B}^{\mathrm{T}}\boldsymbol{A}^{-1}\boldsymbol{B} \end{pmatrix},$$

因此，$\boldsymbol{H}=\boldsymbol{C}-\boldsymbol{B}^{\mathrm{T}}\boldsymbol{A}^{-1}\boldsymbol{B}$ 也是正定矩阵。

问题转换为证明 $|\boldsymbol{H}|\leqslant|\boldsymbol{C}|$ 。注意到 $\boldsymbol{B}^{\mathrm{T}}\boldsymbol{A}^{-1}\boldsymbol{B}$ 是正定矩阵，我们只需证明若 $\boldsymbol{B}$ 是一个半正定矩阵，$\boldsymbol{H}$ 是正定矩阵，则有 $|\boldsymbol{H}|\leqslant|\boldsymbol{H}+\boldsymbol{B}|$。若 $\boldsymbol{H}$ 正定，则存在可逆矩阵 $\boldsymbol{Q}$ 使得 $\boldsymbol{Q}^{\mathrm{T}}\boldsymbol{H}\boldsymbol{Q}=\boldsymbol{E}_n$。同时，$\boldsymbol{Q}^{\mathrm{T}}\boldsymbol{B}\boldsymbol{Q}$ 也是实对称矩阵，故存在正交矩阵 $\boldsymbol{P}$ ，使得

$$\boldsymbol{P}^{\mathrm{T}}\boldsymbol{B}\boldsymbol{P}=\mathrm{diag}(\lambda_1,\lambda_2,\cdots,\lambda_n)=\boldsymbol{D},$$

其中，$\lambda_1,\lambda_2,\cdots,\lambda_n$ 为非负实数，且为 $\boldsymbol{Q}^{\mathrm{T}}\boldsymbol{B}\boldsymbol{Q}$ 的特征值。因此，

$$(\boldsymbol{QP})^{\mathrm{T}}\boldsymbol{H}\boldsymbol{QP}=\boldsymbol{E}_n,(\boldsymbol{QP})^{\mathrm{T}}\boldsymbol{B}\boldsymbol{QP}=\boldsymbol{D}。$$

又 $|\boldsymbol{H}|=|(\boldsymbol{QP})^{-1}|^2>0$，从而

$$|\boldsymbol{H}+\boldsymbol{B}|=|(\boldsymbol{QP})^{-1}|^2|\boldsymbol{E}_n+\boldsymbol{D}|\geqslant|\boldsymbol{H}|。$$

上式中等号成立当且仅当 $\lambda_1=\lambda_2=\cdots=\lambda_n=0$，因此 $\begin{vmatrix} \boldsymbol{A} & \boldsymbol{B} \\ \boldsymbol{B}^{\mathrm{T}} & \boldsymbol{C} \end{vmatrix}=|\boldsymbol{A}|\cdot|\boldsymbol{C}|$ 当且仅当 $|\boldsymbol{C}-\boldsymbol{B}^{\mathrm{T}}\boldsymbol{A}^{-1}\boldsymbol{B}|=|\boldsymbol{C}|$ 当且仅当 $\boldsymbol{B}^{\mathrm{T}}\boldsymbol{A}^{-1}\boldsymbol{B}=\boldsymbol{O}$ 。由于 $\boldsymbol{A}$ 正定，故 $\boldsymbol{A}^{-1}$ 正定，存在可逆矩阵 $\boldsymbol{P}$ 使得 $\boldsymbol{A}^{-1}=\boldsymbol{P}^{\mathrm{T}}\boldsymbol{P}$ 。因此，$\boldsymbol{B}^{\mathrm{T}}\boldsymbol{A}^{-1}\boldsymbol{B}=\boldsymbol{O}=(\boldsymbol{PB})^{\mathrm{T}}(\boldsymbol{PB})$，故 $\boldsymbol{PB}=\boldsymbol{O}$ ，进而 $\boldsymbol{B}=\boldsymbol{O}$ 。因此，

$$\begin{vmatrix} \boldsymbol{A} & \boldsymbol{B} \\ \boldsymbol{B}^{\mathrm{T}} & \boldsymbol{C} \end{vmatrix}=|\boldsymbol{A}|\cdot|\boldsymbol{C}| \text{ 当且仅当 } \boldsymbol{B}=\boldsymbol{O}。$$

52. 设 $\boldsymbol{A}$ 为 n 阶实对称矩阵，若 $\boldsymbol{A}$ 的前 $n-1$ 阶顺序主子式全大于 0，而 $|\boldsymbol{A}|=0$。求证：n 元实二次型 $f(x_1,x_2,\cdots,x_n)=\boldsymbol{x}^{\mathrm{T}}\boldsymbol{A}\boldsymbol{x}$ 半正定。

证明　记 $\boldsymbol{A}=\begin{pmatrix} \boldsymbol{A}_{n-1} & \boldsymbol{\alpha} \\ \boldsymbol{\alpha}^{\mathrm{T}} & a_{nn} \end{pmatrix}$ ，由已知条件知，$\boldsymbol{A}_{n-1}$ 正定，则

$$\begin{pmatrix} \boldsymbol{E}_{n-1} & \boldsymbol{0} \\ -\boldsymbol{A}_{n-1}^{-1}\boldsymbol{\alpha} & 1 \end{pmatrix}\begin{pmatrix} \boldsymbol{A}_{n-1} & \boldsymbol{\alpha} \\ \boldsymbol{\alpha}^{\mathrm{T}} & a_{nn} \end{pmatrix}\begin{pmatrix} \boldsymbol{E}_{n-1} & -\boldsymbol{A}_{n-1}^{-1}\boldsymbol{\alpha} \\ \boldsymbol{0} & 1 \end{pmatrix}=\begin{pmatrix} \boldsymbol{A}_{n-1} & \boldsymbol{0} \\ \boldsymbol{0} & a_{nn}-\boldsymbol{\alpha}^{\mathrm{T}}\boldsymbol{A}_{n-1}^{-1}\boldsymbol{\alpha} \end{pmatrix}=\begin{pmatrix} \boldsymbol{A}_{n-1} & \boldsymbol{0} \\ \boldsymbol{0} & b \end{pmatrix},$$

其中，$b=a_{nn}-\boldsymbol{\alpha}^{\mathrm{T}}\boldsymbol{A}_{n-1}^{-1}\boldsymbol{\alpha}$ 。由 $|\boldsymbol{A}|=0$ 知，$b=a_{nn}-\boldsymbol{\alpha}^{\mathrm{T}}\boldsymbol{A}_{n-1}^{-1}\boldsymbol{\alpha}=0$。令 $\boldsymbol{P}_1=\begin{pmatrix} \boldsymbol{E}_{n-1} & \boldsymbol{0} \\ -\boldsymbol{A}_{n-1}^{-1}\boldsymbol{\alpha} & 1 \end{pmatrix}$ ，则上式为 $\boldsymbol{P}_1^{\mathrm{T}}\begin{pmatrix} \boldsymbol{A}_{n-1} & \boldsymbol{\alpha} \\ \boldsymbol{\alpha}^{\mathrm{T}} & a_{nn} \end{pmatrix}\boldsymbol{P}_1=\begin{pmatrix} \boldsymbol{A}_{n-1} & \boldsymbol{0} \\ \boldsymbol{0} & b \end{pmatrix}=\begin{pmatrix} \boldsymbol{A}_{n-1} & \boldsymbol{0} \\ \boldsymbol{0} & 0 \end{pmatrix}$ 。于是对 $\boldsymbol{A}_{n-1}$，存在 $n-1$ 阶正交矩阵 $\boldsymbol{S}$ 使得

$$\boldsymbol{S}^{\mathrm{T}}\boldsymbol{A}_{n-1}\boldsymbol{S}=\begin{pmatrix} \lambda_1 & & & \\ & \lambda_2 & & \\ & & \ddots & \\ & & & \lambda_{n-1} \end{pmatrix},$$

其中，$\lambda_1,\lambda_2,\cdots,\lambda_{n-1}$ 为 $\boldsymbol{A}_{n-1}$ 的特征值，且全为正数。

令 $\boldsymbol{P}_2=\begin{pmatrix} \boldsymbol{S} & \\ & 1 \end{pmatrix}$ ，$\boldsymbol{P}=\boldsymbol{P}_1\boldsymbol{P}_2$，则 $\boldsymbol{P}$ 可逆，使得

$$P^{\mathrm{T}}AP=\begin{pmatrix}\lambda_1&&&&\\&\lambda_2&&&\\&&\ddots&&\\&&&\lambda_{n-1}&\\&&&&0\end{pmatrix},$$

于是 A 的正惯性指标为 $n-1$，负惯性指标为 0，从而 A 半正定。

53. 设 A 是实对称矩阵，$f(x_1,x_2,\cdots,x_n)=X^{\mathrm{T}}AX$，$X^{\mathrm{T}}=(x_1,x_2,\cdots,x_n)$。求证：在条件 $x_1^2+x_2^2+\cdots+x_n^2=1$ 下，$f(x_1,x_2,\cdots,x_n)=X^{\mathrm{T}}AX$ 的最大值恰好为矩阵 A 的最大特征值。

证明 设 $\lambda_1,\lambda_2,\cdots,\lambda_n$ 为 A 的特征值。令 $t=\max\{\lambda_1,\lambda_2,\cdots,\lambda_n\}$，则 $tE-A$ 的特征值为 $t-\lambda_1,t-\lambda_2,\cdots,t-\lambda_n$ 均为非负。又 $tE-A$ 为实对称矩阵，所以 $tE-A$ 半正定，即

$$\forall X\neq 0, X^{\mathrm{T}}(tE-A)X\geqslant 0。$$

故 $X^{\mathrm{T}}AX\leqslant tX^{\mathrm{T}}X$，所以当 $X^{\mathrm{T}}X=1$ 时，$X^{\mathrm{T}}AX\leqslant t$。

下面证明 $X^{\mathrm{T}}AX$ 可以达到最大特征值。假定经正交变换 $X=PY$，$f(X^{\mathrm{T}})=X^{\mathrm{T}}AX$ 化成

$$g(Y^{\mathrm{T}})=\lambda_1y_1^2+\lambda_2y_2^2+\cdots+\lambda_ny_n^2,$$

不妨设 $\lambda_n=\max\{\lambda_1,\lambda_2,\cdots,\lambda_n\}$。取 $Y^{\mathrm{T}}=(0,\cdots,0,1)$，并令 $X=PY$，这里显然 $X^{\mathrm{T}}X=Y^{\mathrm{T}}P^{\mathrm{T}}PY=1$，并且 $f(X^{\mathrm{T}})=g(Y^{\mathrm{T}})=\lambda_n$。所以当 $x_1^2+x_2^2+\cdots+x_n^2=1$ 时，$f(x_1,x_2,\cdots,x_n)=X^{\mathrm{T}}AX$ 的最大值为矩阵 A 的最大特征值。

注 (1)令 $P^{\mathrm{T}}AP=\mathrm{diag}(\lambda_1,\lambda_2,\cdots,\lambda_n)$，$P$ 正交，且 λ_n 是 A 的最大特征值。所以有 $AP=P\mathrm{diag}(\lambda_1,\lambda_2,\cdots,\lambda_n)$。在如上证明中，有

$$\begin{aligned}AX&=A(PY)=(AP)Y\\&=P\mathrm{diag}(\lambda_1,\lambda_2,\cdots,\lambda_n)Y\\&=P(0,\cdots,0,\lambda_n)^{\mathrm{T}}\\&=\lambda_nP(0,\cdots,0,1)^{\mathrm{T}}\\&=\lambda_nX。\end{aligned}$$

即在单位球面 $\sum\limits_{i=1}^{n}x_i^2=1$ 上，$f(x_1,x_2,\cdots,x_n)=X^{\mathrm{T}}AX$ 的最大值（即 A 的最大特征值 λ_n）恰在 A 属于 λ_n 的特征向量 $P(0,\cdots,0,1)^{\mathrm{T}}$ 处取得。

(2)本题结论更一般形式是：如果 A 是正定矩阵，B 是实对称矩阵，则 $\dfrac{X^{\mathrm{T}}BX}{X^{\mathrm{T}}AX}$ 在 $X\neq 0$ 时的最大（小）值为方程 $|\lambda B-A|=0$ 的最大（小）根。

54. 设 A 为 n 阶实对称矩阵，B 为 n 阶实矩阵，且 $AB^{\mathrm{T}}+BA^{\mathrm{T}}$ 的特征根全大于零。求证：A 可逆。

证明 因 $(AB^{\mathrm{T}}+BA^{\mathrm{T}})^{\mathrm{T}}=AB^{\mathrm{T}}+BA^{\mathrm{T}}$，故 $AB^{\mathrm{T}}+BA^{\mathrm{T}}$ 为对称矩阵，从而为正定矩阵。设 λ 为 A 的特征根，而 α 为对应的特征向量，故有

$$\begin{aligned}\alpha^{\mathrm{T}}(AB^{\mathrm{T}}+BA^{\mathrm{T}})\alpha&=\alpha^{\mathrm{T}}AB^{\mathrm{T}}\alpha+\alpha^{\mathrm{T}}BA^{\mathrm{T}}\alpha\\&=\lambda(\alpha^{\mathrm{T}}B^{\mathrm{T}}\alpha)+\lambda(\alpha^{\mathrm{T}}B\alpha)\\&=\lambda(\alpha^{\mathrm{T}}B^{\mathrm{T}}\alpha)+\lambda(\alpha^{\mathrm{T}}B\alpha)\end{aligned}$$

$$=\lambda(\boldsymbol{\alpha}^{\mathrm{T}}\boldsymbol{B}\boldsymbol{\alpha})+\lambda(\boldsymbol{\alpha}^{\mathrm{T}}\boldsymbol{B}\boldsymbol{\alpha})$$
$$=2\lambda\boldsymbol{\alpha}^{\mathrm{T}}\boldsymbol{B}\boldsymbol{\alpha}。$$

而 $\boldsymbol{\alpha}^{\mathrm{T}}(\boldsymbol{A}\boldsymbol{B}^{\mathrm{T}}+\boldsymbol{B}\boldsymbol{A}^{\mathrm{T}})\boldsymbol{\alpha}>0$,故 $\lambda\neq 0$,所以 $\boldsymbol{A}$ 可逆。

55. 设 $\boldsymbol{\alpha}_1,\boldsymbol{\alpha}_2,\cdots,\boldsymbol{\alpha}_n$ 是 n 维实欧氏空间中的 n 个单位向量,即 $\boldsymbol{\alpha}^{\mathrm{T}}\boldsymbol{\alpha}=1$, $\boldsymbol{A}=(\boldsymbol{\alpha}_1,\boldsymbol{\alpha}_2,\cdots,\boldsymbol{\alpha}_n)$ 表示 $n\times n$ 矩阵。求证: $\boldsymbol{A}$ 的行列式的绝对值 $|\det\boldsymbol{A}|\leqslant 1$,且 $|\boldsymbol{A}|=1$ 当且仅当 $\boldsymbol{\alpha}_1,\boldsymbol{\alpha}_2,\cdots,\boldsymbol{\alpha}_n$ 两两正交。

证明　由于 $\boldsymbol{A}^{\mathrm{T}}\boldsymbol{A}$ 半正定,且

$$\boldsymbol{A}^{\mathrm{T}}\boldsymbol{A}=\begin{bmatrix}\boldsymbol{\alpha}_1^{\mathrm{T}}\boldsymbol{\alpha}_1 & \boldsymbol{\alpha}_1^{\mathrm{T}}\boldsymbol{\alpha}_2 & \cdots & \boldsymbol{\alpha}_1^{\mathrm{T}}\boldsymbol{\alpha}_n\\ \boldsymbol{\alpha}_2^{\mathrm{T}}\boldsymbol{\alpha}_1 & \boldsymbol{\alpha}_2^{\mathrm{T}}\boldsymbol{\alpha}_2 & \cdots & \boldsymbol{\alpha}_2^{\mathrm{T}}\boldsymbol{\alpha}_n\\ \vdots & \vdots & & \vdots\\ \boldsymbol{\alpha}_n^{\mathrm{T}}\boldsymbol{\alpha}_1 & \boldsymbol{\alpha}_n^{\mathrm{T}}\boldsymbol{\alpha}_2 & \cdots & \boldsymbol{\alpha}_n^{\mathrm{T}}\boldsymbol{\alpha}_n\end{bmatrix},\tag{5-8}$$

有 $|\boldsymbol{A}|^2=|\boldsymbol{A}^{\mathrm{T}}\boldsymbol{A}|\leqslant(\boldsymbol{\alpha}_1^{\mathrm{T}}\boldsymbol{\alpha}_1)\cdot(\boldsymbol{\alpha}_2^{\mathrm{T}}\boldsymbol{\alpha}_2)\cdot\cdots\cdot(\boldsymbol{\alpha}_n^{\mathrm{T}}\boldsymbol{\alpha}_n)=1$,故 $|\det\boldsymbol{A}|\leqslant 1$。

设 $|\boldsymbol{A}|=1$,则 $|\boldsymbol{A}^{\mathrm{T}}\boldsymbol{A}|=1$,从而 $\boldsymbol{A}^{\mathrm{T}}\boldsymbol{A}$ 为正定矩阵,令

$$\boldsymbol{A}^{\mathrm{T}}\boldsymbol{A}=\begin{bmatrix}1 & b_2 & \cdots & b_{1n}\\ b_n & 1 & \cdots & b_{2n}\\ \vdots & \vdots & & \vdots\\ b_{1n} & b_{2n} & \cdots & 1\end{bmatrix},\tag{5-9}$$

$$1=|\boldsymbol{A}^{\mathrm{T}}\boldsymbol{A}|=\begin{vmatrix}\boldsymbol{B}_{n-1} & \boldsymbol{Z}\\ \boldsymbol{Z}^{\mathrm{T}} & 1\end{vmatrix}=\begin{vmatrix}\boldsymbol{B}_{n-1} & \boldsymbol{Z}\\ \boldsymbol{0} & 1\end{vmatrix}+\begin{vmatrix}\boldsymbol{B}_{n-1} & \boldsymbol{Z}\\ \boldsymbol{Z}^{\mathrm{T}} & 0\end{vmatrix}=|\boldsymbol{B}_{n-1}|-\boldsymbol{Z}^{\mathrm{T}}\boldsymbol{B}_{n-1}^{*}\boldsymbol{Z},\tag{5-10}$$

其中,$\boldsymbol{B}_{n-1}$ 为 $\boldsymbol{A}^{\mathrm{T}}\boldsymbol{A}$ 的 $n-1$ 阶顺序主子阵,由 $\boldsymbol{A}^{\mathrm{T}}\boldsymbol{A}$ 正定,有 $\boldsymbol{B}_{n-1}$ 正定,从而 $\boldsymbol{B}_{n-1}^{*}$ 正定,$\boldsymbol{Z}^{\mathrm{T}}\boldsymbol{B}_{n-1}^{*}\boldsymbol{Z}\geqslant 0$。但 $|\boldsymbol{B}_{n-1}|\leqslant 1\times 1\times\cdots\times 1=1$,要使式(5—10)成立必须 $\boldsymbol{Z}=\boldsymbol{0}$,从而有

$$\boldsymbol{A}^{\mathrm{T}}\boldsymbol{A}=\begin{pmatrix}1 & b_{12} & \cdots & b_{1,n-1} & 0\\ b_{12} & 1 & \cdots & b_{2,n-1} & 0\\ \vdots & \vdots & & \vdots & \vdots\\ b_{n-1} & \vdots & & 1 & 0\\ 0 & 0 & \cdots & 0 & 1\end{pmatrix},\tag{5-11}$$

再由式(5—11)知 $|\boldsymbol{B}_{n-1}|=1$,且 $\boldsymbol{B}_{n-1}$ 正定,把 $\boldsymbol{B}_{n-1}$ 看成 $\boldsymbol{A}^{\mathrm{T}}\boldsymbol{A}$,仿上面继续下去,可证

$$\boldsymbol{A}^{\mathrm{T}}\boldsymbol{A}=\boldsymbol{E},\tag{5-12}$$

由(5—8)和(5—12)两式即证 $\boldsymbol{\alpha}_i\boldsymbol{\alpha}_j=0(i\neq j,i,j=1,2,\cdots,n)$。

再设 $\boldsymbol{\alpha}_i\boldsymbol{\alpha}_j=0(i\neq j)$,那么由式(5—8)知 $\boldsymbol{A}^{\mathrm{T}}\boldsymbol{A}=\boldsymbol{E}$,从而 $|\boldsymbol{A}|^2=1$,即 $|\boldsymbol{A}|=\pm 1$,得证 $|\det\boldsymbol{A}|=1$。

56. 设 $\boldsymbol{A}$ 为 n 阶可逆矩阵,则存在正交阵 $\boldsymbol{P},\boldsymbol{Q}$,使

$$\boldsymbol{P}^{\mathrm{T}}\boldsymbol{A}\boldsymbol{Q}=\begin{pmatrix}a_1 & & & \\ & a_2 & & \\ & & \ddots & \\ & & & a_n\end{pmatrix},$$

其中 $a_i>0$，且 $a_i^2(i=1,2,\cdots,n)$ 为 $\boldsymbol{A}^{\mathrm{T}}\boldsymbol{A}$ 的特征值。

证明 由于 $\boldsymbol{A}$ 为可逆矩阵，所以 $\boldsymbol{A}^{\mathrm{T}}\boldsymbol{A}$ 为正定矩阵，因而存在正交矩阵 $\boldsymbol{Q}$，使

$$\boldsymbol{Q}^{\mathrm{T}}\boldsymbol{A}^{\mathrm{T}}\boldsymbol{A}\boldsymbol{Q}=\begin{pmatrix}\lambda_1&&&\\&\lambda_2&&\\&&\ddots&\\&&&\lambda_n\end{pmatrix}。$$

令 $a_i=\lambda_i^{\frac{1}{2}}$，则 $a_i>0,\lambda_i=a_i^2(i=1,2,\cdots,n)$。因而

$$\boldsymbol{Q}^{\mathrm{T}}\boldsymbol{A}^{\mathrm{T}}\boldsymbol{A}\boldsymbol{Q}=\begin{pmatrix}a_1^2&&&\\&a_2^2&&\\&&\ddots&\\&&&a_n^2\end{pmatrix}。$$

令

$$\boldsymbol{P}^{\mathrm{T}}=\begin{pmatrix}a_1^{-1}&&&\\&a_2^{-1}&&\\&&\ddots&\\&&&a_n^{-1}\end{pmatrix}\boldsymbol{Q}^{\mathrm{T}}\boldsymbol{A}^{\mathrm{T}},$$

有

$$\boldsymbol{P}^{\mathrm{T}}\boldsymbol{P}=\begin{pmatrix}a_1^{-1}&&&\\&a_2^{-1}&&\\&&\ddots&\\&&&a_n^{-1}\end{pmatrix}(\boldsymbol{Q}^{\mathrm{T}}\boldsymbol{A}^{\mathrm{T}}\boldsymbol{A}\boldsymbol{Q})\begin{pmatrix}a_1^{-1}&&&\\&a_2^{-1}&&\\&&\ddots&\\&&&a_n^{-1}\end{pmatrix}=\boldsymbol{E}_n。$$

所以 $\boldsymbol{P}$ 为正交矩阵，且满足

$$\boldsymbol{P}^{\mathrm{T}}\boldsymbol{A}\boldsymbol{Q}=\begin{pmatrix}a_1&&&\\&a_2&&\\&&\ddots&\\&&&a_n\end{pmatrix}。$$

57. 设 $\boldsymbol{A}$ 为 n 阶实对称矩阵，其特征值为 $\lambda_1\leqslant\lambda_2\leqslant\cdots\leqslant\lambda_n$。求证：对任意实 n 维(列)向量 $\boldsymbol{X}$ 均有 $\lambda_1\boldsymbol{X}^{\mathrm{T}}\boldsymbol{X}\leqslant\boldsymbol{X}^{\mathrm{T}}\boldsymbol{A}\boldsymbol{X}\leqslant\lambda_n\boldsymbol{X}^{\mathrm{T}}\boldsymbol{X}$。

证明 法一 因 $\boldsymbol{A}$ 为实对称矩阵，故存在正交替换 $\boldsymbol{X}=\boldsymbol{P}\boldsymbol{Y}$（其中 $\boldsymbol{P}$ 为正交矩阵），使

$$f(x_1,x_2,\cdots,x_n)=\boldsymbol{X}^{\mathrm{T}}\boldsymbol{A}\boldsymbol{X}=\lambda_1y_1^2+\lambda_2y_2^2+\cdots+\lambda_ny_n^2, \tag{5-13}$$

其中，$\lambda_1,\lambda_2,\cdots,\lambda_n$ 为 $\boldsymbol{A}$ 的特征值。由 $\lambda_1\leqslant\lambda_2\leqslant\cdots\leqslant\lambda_n$ 及

$$y_1^2+y_2^2+\cdots+y_n^2=(y_1,y_2,\cdots,y_n)\begin{pmatrix}y_1\\y_2\\\vdots\\y_n\end{pmatrix}=\boldsymbol{Y}^{\mathrm{T}}\boldsymbol{Y},$$

于是对任意实 n 维向量 $\boldsymbol{X}$，由式(5－13)得

$$\lambda_1\boldsymbol{Y}^{\mathrm{T}}\boldsymbol{Y} \leqslant \boldsymbol{X}^{\mathrm{T}}\boldsymbol{A}\boldsymbol{X}=\lambda_1 y_1^2+\lambda_2 y_2^2+\cdots+\lambda_n y_n^2 \leqslant \lambda_n\boldsymbol{Y}^{\mathrm{T}}\boldsymbol{Y}。\tag{5-14}$$

又因 $\boldsymbol{P}$ 是正交矩阵，故 $\boldsymbol{P}^{\mathrm{T}}\boldsymbol{P}=\boldsymbol{E}$，于是

$$\boldsymbol{X}^{\mathrm{T}}\boldsymbol{X}=(\boldsymbol{P}\boldsymbol{Y})^{\mathrm{T}}(\boldsymbol{P}\boldsymbol{Y})=\boldsymbol{Y}^{\mathrm{T}}\boldsymbol{P}^{\mathrm{T}}\boldsymbol{P}\boldsymbol{Y}=\boldsymbol{Y}^{\mathrm{T}}\boldsymbol{Y},$$

故由式(5－14)得

$$\lambda_1\boldsymbol{X}^{\mathrm{T}}\boldsymbol{X} \leqslant \boldsymbol{X}^{\mathrm{T}}\boldsymbol{A}\boldsymbol{X} \leqslant \lambda_n\boldsymbol{X}^{\mathrm{T}}\boldsymbol{X}。$$

法二　因 $\boldsymbol{A}$ 为实对称的，故存在正交矩阵 $\boldsymbol{P}$ 使

$$\boldsymbol{P}^{-1}\boldsymbol{A}\boldsymbol{P}=\begin{pmatrix}\lambda_1 & & & \\ & \lambda_2 & & \\ & & \ddots & \\ & & & \lambda_k\end{pmatrix}。$$

由于 $\lambda_1 \leqslant \lambda_2 \leqslant \cdots \leqslant \lambda_n$，于是 $\boldsymbol{P}^{-1}\boldsymbol{A}\boldsymbol{P}-\lambda_1\boldsymbol{E}=\boldsymbol{P}^{-1}(\boldsymbol{A}-\lambda_1\boldsymbol{E})\boldsymbol{P}$ 的特征值为 $0,\lambda_2-\lambda_1,\cdots,\lambda_n-\lambda_1$ 都是非负实数，从而 $\boldsymbol{A}-\lambda_1\boldsymbol{E}$ 是半正定的。因此对任意实 n 维向量 $\boldsymbol{X}$ 都有

$$\boldsymbol{X}^{\mathrm{T}}(\boldsymbol{A}-\lambda_1\boldsymbol{E})\boldsymbol{X} \geqslant 0,$$

即

$$\lambda_1\boldsymbol{X}^{\mathrm{T}}\boldsymbol{X} \leqslant \boldsymbol{X}^{\mathrm{T}}\boldsymbol{A}\boldsymbol{X}。\tag{5-15}$$

同理，由于 $\lambda_n\boldsymbol{E}-\boldsymbol{P}^{-1}\boldsymbol{A}\boldsymbol{P}=\boldsymbol{P}^{-1}(\lambda_n\boldsymbol{E}-\boldsymbol{A})\boldsymbol{P}$ 的特征值为 $\lambda_n-\lambda_1,\cdots,\lambda_n-\lambda_{n-1},0$ 都是非负实数，故 $\lambda_n\boldsymbol{E}-\boldsymbol{A}$ 也是半正定的，从而对任意实 n 维向量 $\boldsymbol{X}$ 都有

$$\boldsymbol{X}^{\mathrm{T}}(\lambda_n\boldsymbol{E}-\boldsymbol{A})\boldsymbol{X} \geqslant 0,$$

即

$$\boldsymbol{X}^{\mathrm{T}}\boldsymbol{A}\boldsymbol{X} \leqslant \lambda_n\boldsymbol{X}^{\mathrm{T}}\boldsymbol{X}。\tag{5-16}$$

由式(5－15)和式(5－16)得

$$\lambda_1\boldsymbol{X}^{\mathrm{T}}\boldsymbol{X} \leqslant \boldsymbol{X}^{\mathrm{T}}\boldsymbol{A}\boldsymbol{X} \leqslant \lambda_n\boldsymbol{X}^{\mathrm{T}}\boldsymbol{X}。$$

58. 设 $\boldsymbol{A}$ 为实对称矩阵，λ 为最大的特征根。试证：$\lambda=\max\limits_{\|u\|=1}(\boldsymbol{A}\boldsymbol{u},\boldsymbol{u})$，其中 $\boldsymbol{u}\in\mathbf{R}^n$，$\|\boldsymbol{u}\|$ 表示 $\boldsymbol{u}$ 的长度，$(\boldsymbol{A}\boldsymbol{u},\boldsymbol{u})$ 为内积。

证明　$\boldsymbol{A}$ 为实对称矩阵，存在正交矩阵 $\boldsymbol{P}$，使

$$\boldsymbol{P}^{\mathrm{T}}\boldsymbol{A}\boldsymbol{P}=\begin{pmatrix}\lambda_1 & & & \\ & \lambda_2 & & \\ & & \ddots & \\ & & & \lambda_n\end{pmatrix}。$$

不妨设 $\lambda_1=\max\{\lambda_1,\lambda_2,\cdots,\lambda_n\}$，$\forall\boldsymbol{u}\in\mathbf{R}^n$，$\|\boldsymbol{u}\|=1$，故

$$(\boldsymbol{A}\boldsymbol{u},\boldsymbol{u})=\boldsymbol{u}^{\mathrm{T}}\boldsymbol{A}\boldsymbol{u}=\boldsymbol{u}^{\mathrm{T}}\boldsymbol{P}\begin{pmatrix}\lambda_1 & & & \\ & \lambda_2 & & \\ & & \ddots & \\ & & & \lambda_n\end{pmatrix}\boldsymbol{P}^{\mathrm{T}}\boldsymbol{u}。$$

令 $\boldsymbol{P}^{\mathrm{T}}\boldsymbol{u}=\begin{pmatrix}u_1\\u_2\\\vdots\\u_n\end{pmatrix}$，则 $\|\boldsymbol{P}^{\mathrm{T}}\boldsymbol{u}\|=[(\boldsymbol{P}^{\mathrm{T}}\boldsymbol{u})^{\mathrm{T}}(\boldsymbol{P}^{\mathrm{T}}\boldsymbol{u})^{\frac{1}{2}}]=(\boldsymbol{u}^{\mathrm{T}}\boldsymbol{u})^{\frac{1}{2}}=\|\boldsymbol{u}\|=1$，所以有

$$\boldsymbol{u}^{\mathrm{T}}\boldsymbol{A}\boldsymbol{u}=\lambda_1u_1^2+\lambda_2u_2^2+\cdots+\lambda_nu_n^2\leqslant\lambda_1(u_1^2+u_2^2+\cdots+u_n^2)=\lambda_1。$$

取 $\boldsymbol{u}_0=\boldsymbol{P}\begin{pmatrix}1\\0\\\vdots\\0\end{pmatrix}$，则 $\boldsymbol{u}_0^{\mathrm{T}}\boldsymbol{A}\boldsymbol{u}_0=\lambda_1$，其中 $\|\boldsymbol{u}_0\|=1$，所以 $\lambda_1=\max\limits_{\|\boldsymbol{u}\|=1}(\boldsymbol{A}\boldsymbol{u},\boldsymbol{u})$，结论得证。

59. 设 $\boldsymbol{A}$ 为 n 阶实可逆矩阵，$\boldsymbol{S}$ 为 n 阶实反对称矩阵。则 $|\boldsymbol{A}^{\mathrm{T}}\boldsymbol{A}+\boldsymbol{S}|>0$。

证明 首先证 $|\boldsymbol{A}^{\mathrm{T}}\boldsymbol{A}+\boldsymbol{S}|\neq0$。假设 $|\boldsymbol{A}^{\mathrm{T}}\boldsymbol{A}+\boldsymbol{S}|=0$，则方程组 $(\boldsymbol{A}^{\mathrm{T}}\boldsymbol{A}+\boldsymbol{S})\boldsymbol{X}=\boldsymbol{0}$ 有非零解 $\boldsymbol{X}_0$，即 $(\boldsymbol{A}^{\mathrm{T}}\boldsymbol{A}+\boldsymbol{S})\boldsymbol{X}_0=\boldsymbol{0}$，故

$$\boldsymbol{X}_0^{\mathrm{T}}(\boldsymbol{A}^{\mathrm{T}}\boldsymbol{A}+\boldsymbol{S})\boldsymbol{X}_0=\boldsymbol{0}。$$

由 $\boldsymbol{A}$ 可逆，$\boldsymbol{A}^{\mathrm{T}}\boldsymbol{A}$ 正定，故 $\boldsymbol{X}_0^{\mathrm{T}}\boldsymbol{A}^{\mathrm{T}}\boldsymbol{A}\boldsymbol{X}_0>0$。由 $\boldsymbol{S}$ 反对称，$\boldsymbol{X}_0^{\mathrm{T}}\boldsymbol{S}\boldsymbol{X}_0=-\boldsymbol{X}_0^{\mathrm{T}}\boldsymbol{S}\boldsymbol{X}_0$，从而 $\boldsymbol{X}_0^{\mathrm{T}}\boldsymbol{S}\boldsymbol{X}_0=0$，故 $\boldsymbol{X}_0^{\mathrm{T}}\boldsymbol{A}^{\mathrm{T}}\boldsymbol{A}\boldsymbol{X}_0=0$，矛盾，因此 $|\boldsymbol{A}^{\mathrm{T}}\boldsymbol{A}+\boldsymbol{S}|\neq0$。

假设 $|\boldsymbol{A}^{\mathrm{T}}\boldsymbol{A}+\boldsymbol{S}|<0$。若 $\boldsymbol{A}^{\mathrm{T}}\boldsymbol{A}+\boldsymbol{S}$ 的特征值是正数或者不是实数的复数，则 $|\boldsymbol{A}^{\mathrm{T}}\boldsymbol{A}+\boldsymbol{S}|>0$，因此 $\boldsymbol{A}^{\mathrm{T}}\boldsymbol{A}+\boldsymbol{S}$ 有负特征值 λ_0 及相应的特征向量 $\boldsymbol{Y}_0$，则

$$(\boldsymbol{A}^{\mathrm{T}}\boldsymbol{A}+\boldsymbol{S})\boldsymbol{Y}_0=\lambda_0\boldsymbol{Y}_0,$$

故 $\boldsymbol{Y}_0^{\mathrm{T}}(\boldsymbol{A}^{\mathrm{T}}\boldsymbol{A}+\boldsymbol{S})\boldsymbol{Y}_0=\lambda_0\boldsymbol{Y}_0^{\mathrm{T}}\boldsymbol{Y}_0$。由 $\boldsymbol{A}$ 可逆，$\boldsymbol{A}^{\mathrm{T}}\boldsymbol{A}$ 正定，故 $\boldsymbol{Y}_0^{\mathrm{T}}\boldsymbol{A}^{\mathrm{T}}\boldsymbol{A}\boldsymbol{Y}_0>0$。由 $\boldsymbol{S}$ 反对称，得 $\boldsymbol{Y}_0^{\mathrm{T}}\boldsymbol{S}\boldsymbol{Y}_0=0$。又 $(\boldsymbol{A}^{\mathrm{T}}\boldsymbol{A}+\boldsymbol{S})\boldsymbol{Y}_0=\lambda_0\boldsymbol{Y}_0$，所以 $\boldsymbol{Y}_0^{\mathrm{T}}\boldsymbol{A}^{\mathrm{T}}\boldsymbol{A}\boldsymbol{Y}_0=\lambda_0\boldsymbol{Y}_0^{\mathrm{T}}\boldsymbol{Y}_0<0$，这与 $\boldsymbol{Y}_0^{\mathrm{T}}\boldsymbol{A}^{\mathrm{T}}\boldsymbol{A}\boldsymbol{Y}_0>0$ 矛盾，故假设不成立。综上，可知 $|\boldsymbol{A}^{\mathrm{T}}\boldsymbol{A}+\boldsymbol{S}|>0$。

60. 设实对称矩阵 $\boldsymbol{A}$ 的所有一阶主子式之和与所有二阶主子式之和均为零。试证：$\boldsymbol{A}$ 必为零矩阵。

证明 设 $\boldsymbol{A}$ 的特征多项式为

$$f(\lambda)=|\lambda\boldsymbol{E}-\boldsymbol{A}|=\lambda^n-a_1\lambda^{n-1}+\cdots+(-1)^na_n,$$

则 a_k 恰为 $\boldsymbol{A}$ 所有 k 阶主子式之和，故 $a_1=a_2=0$。

设 $\lambda_1,\lambda_2,\cdots,\lambda_n$ 为矩阵 $\boldsymbol{A}$ 的 n 个特征根，且均为实数，则有

$$\begin{cases}\lambda_1+\lambda_2+\cdots+\lambda_n=a_1=0,\\ \sum\limits_{1\leqslant i<j\leqslant n}\lambda_i\lambda_j=a_2=0,\end{cases}$$

$$\frac{1}{2}(\lambda_1+\lambda_2+\cdots+\lambda_n)^2-\frac{1}{2}(\lambda_1^2+\lambda_2^2+\cdots+\lambda_n^2)=\sum_{1\leqslant i<j\leqslant n}\lambda_i\lambda_j,$$

$$\frac{1}{2}(\lambda_1^2+\lambda_2^2+\cdots+\lambda_n^2)=0,$$

从而 $\lambda_1=\lambda_2=\cdots=\lambda_n=0$，又 $\boldsymbol{A}$ 为对称矩阵，故存在正交矩阵 $\boldsymbol{P}$，使

$$\boldsymbol{A}=\boldsymbol{P}^{\mathrm{T}}\begin{pmatrix}\lambda_1 & & 0\\ & \ddots & \\ 0 & & \lambda_n\end{pmatrix}\boldsymbol{P}=\boldsymbol{O}。$$

5.3　练习题

1. 判定二次型 $f(x_1,\cdots,x_n)=\sum_{i=1}^{n}x_i^2+\sum_{i=1}^{n-1}x_ix_{i+1}$ 是否正定。

2. 已知二次型 $f(x_1,x_2,x_3)=(1-a)x_1^2+(1-a)x_2^2+2x_3^2+2(1+a)x_1x_2$ 的秩为 2。

(1)求 a 的值；

(2)求正交变换 $\boldsymbol{X}=\boldsymbol{QY}$，把 $f(x_1,x_2,x_3)$ 化成标准形；

(3)求方程 $f(x_1,x_2,x_3)=0$ 的解。

3. 设 $\boldsymbol{A}$ 为 n 阶实矩阵，且 $\boldsymbol{A}$ 不是对称矩阵，对任意的 n 维实列向量 $\boldsymbol{\alpha}$，都有 $\boldsymbol{\alpha}^{\mathrm{T}}\boldsymbol{A\alpha}\geqslant 0$。设 $\boldsymbol{\beta}$ 为一列向量，满足 $\boldsymbol{A\beta}=\boldsymbol{0}$，求证：$\boldsymbol{A}^{\mathrm{T}}\boldsymbol{\beta}=\boldsymbol{0}$。

4. (南京大学)设 $\boldsymbol{A}=\begin{pmatrix}\boldsymbol{B} & \boldsymbol{b}\\ \boldsymbol{b}^{\mathrm{T}} & a\end{pmatrix}$ 为正定矩阵，其中 $\boldsymbol{B}$ 是一个 n 阶矩阵，$\boldsymbol{b}$ 是一个 n 维列向量。求证：若 $\boldsymbol{b}\neq\boldsymbol{0}$，则有 $|\boldsymbol{A}|<|\boldsymbol{B}|\cdot a$。

5. (华东师范大学)设 $\boldsymbol{A},\boldsymbol{B}$ 均为正定矩阵。求证：

(1)方程 $|\lambda\boldsymbol{A}-\boldsymbol{B}|=0$ 的根均大于 0；

(2)方程 $|\lambda\boldsymbol{A}-\boldsymbol{B}|=0$ 的所有根都等于 1 当且仅当 $\boldsymbol{A}=\boldsymbol{B}$。

6. (南开大学)设 $\boldsymbol{A}$ 为实反对称矩阵。求证：$\boldsymbol{E}-\boldsymbol{A}^{10}$ 一定是正定矩阵。

7. (西安电子科技大学)设 $\boldsymbol{A},\boldsymbol{B}$ 为 n 阶矩阵，且 $r(\boldsymbol{A}+\boldsymbol{B})=n$。求证：$\boldsymbol{A}^{\mathrm{T}}\boldsymbol{A}+\boldsymbol{B}^{\mathrm{T}}\boldsymbol{B}$ 为正定矩阵。

8. (中国科学院)设 $\boldsymbol{A}$ 为 n 阶实对称矩阵，$\boldsymbol{b}$ 为 $n\times 1$ 维实向量。求证：$\boldsymbol{A}-\boldsymbol{bb}^{\mathrm{T}}$ 正定当且仅当 $\boldsymbol{A}$ 正定，且 $\boldsymbol{b}^{\mathrm{T}}\boldsymbol{A}^{-1}\boldsymbol{b}<1$。

9. (西安交通大学)设 $\boldsymbol{A},\boldsymbol{B}$ 均为 n 阶实对称矩阵，且 $\boldsymbol{B}$ 为正定矩阵，$\boldsymbol{A}-\boldsymbol{B}$ 半正定。求证：$|\boldsymbol{A}|-|\boldsymbol{B}|\geqslant 0$。

10. (华东师范大学)设有实二次函数

$$f(x_1,x_2,\cdots,x_n)=\sum_{i,j=1}^{n}a_{ij}x_ix_j+\sum_{i=1}^{n}2b_ix_i+c,$$

其中，$a_{ij}=a_{ji}$。

令

$$\boldsymbol{A}=(a_{ij})_{n\times n},\ \boldsymbol{D}=\begin{pmatrix}\boldsymbol{A} & \boldsymbol{B}^{\mathrm{T}}\\ \boldsymbol{B} & \boldsymbol{C}\end{pmatrix},$$

其中，$\boldsymbol{B}=(b_1,b_2,\cdots,b_n)_{1\times n}$。

(1)求证：当 $\boldsymbol{A}$ 负定时，f 有最大值 $f_{\max}=\dfrac{|\boldsymbol{D}|}{|\boldsymbol{A}|}$；

(2)设 $\boldsymbol{A}$ 负定，试确定当 $x_1,x_2,\cdots,x_n$ 为何值时，f 取得最大值，并说明理由。

第 6 章　线性空间

6.1　基础知识

§1　集合・映射

1. 集合

(1)集合是表示一组能够明确区分的一些确定的、彼此不同的事物所构成的整体。组成集合的事物称为这个集合的元素。一个集合是给定的或已知的，是指可以确定哪些元素属于这个集合，哪些元素不属于这个集合，用 $a \in M$ 表示 a 是集合 M 的元素，用 $a \notin M$ 表示 a 不是集合 M 的元素。

集合有如下常用的表示法：

1)列举法:列举出它全部的元素(包括用一定规律列出无限个元素)；

2)描述法:给出这个集合的元素所具有的特征性质。

(2)不包含任何元素的集合称为空集，记作$\varnothing$。

(3)如果集合 M 的元素全是集合 N 的元素，即由 $a \in M$ 可以推出 $a \in N$，那么 M 就称为 N 的子集合，记作 $M \subseteq N$ 或 $N \supseteq M$。

(4)如果两个集合 M 与 N 含有完全相同的元素，即 $a \in M$ 当且仅当 $a \in N$，那么它们就称为相等，记为 $M = N$。

(5)集合 M 和 N 相等的充分必要条件是 $M \subseteq N$ 且 $N \subseteq M$。

(6)设 M 和 N 是 2 个集合，既属于 M 又属于 N 的全体元素所组成的集合称为 M 与 N 的交集，记为 $M \cap N$，即 $M \cap N = \{a \mid a \in M \text{ 且 } a \in N\}$。

(7)由集合 M 或者集合 N 的全体元素所组成的集合称为 M 与 N 的并集，记为 $M \cup N$，即 $M \cup N = \{a \mid a \in M \text{ 或 } a \in N\}$。

显然有 $M \cap N \subseteq M$，$M \cap N \subseteq N$，$M \subseteq M \cup N$，$N \subseteq M \cup N$。

2. 映射

(1)设 M 和 M' 是 2 个集合，集合 M 到集合 M' 的一个映射就是指一个法则，它使 M 中每一个元素 a 都有 M' 中一个确定的元素 a' 与之对应。如果映射 σ 使元素 $a' \in M'$ 与元素 $a \in M$ 对应，那么就记为 $\sigma(a) = a'$，a' 称为 a 在映射 σ 下的像，而 a 称为 a' 在映射 σ 下的一个原像。

(2) M 到 M 自身的映射称为 M 到自身的变换。

(3)设 σ 是集合 M 到 M' 的一个映射,用 $\sigma(M)$ 代表 M 在映射 σ 下像的全体,称为 M 在映射 σ 下的像集合,显然 $\sigma(M) \subseteq M'$ 。

(4)如果 $\sigma(M) = M'$,映射 σ 称为映上的或满射。

(5)如果在映射 σ 下, M 中不同元素的像也一定不同,即由 $a_1 \neq a_2$ 一定有 $\sigma(a_1) \neq \sigma(a_2)$,则称映射 σ 为 1—1 的或单射。

(6)一个映射如果既是单射又是满射就称为 1—1 对应或双射。

(7)集合 M 到集合 M' 的 2 个映射 σ 及 τ ,若对 M 的每个元素 a 都有 $\sigma(a) = \tau(a)$,则称 σ 与 τ 相等,记作 $\sigma = \tau$ 。

(8)设 σ 为集合 M 的一个变换,若 $\sigma(a) = a, a \in M$ 。即 σ 把 M 的每个元素都映到它自身,则称 σ 为集合 M 的恒等映射或单位映射,记为 I_M 。

(9)对于映射可以定义乘法,设 σ 和 τ 分别是集合 M 到 M' 和 M' 到 M'' 的映射,乘积 $\tau\sigma$ 定义为

$$(\tau\sigma)(a) = \tau(\sigma(a)), \forall a \in M,$$

$\tau\sigma$ 是 M 到 M'' 的一个映射。

映射的乘法满足结合律,但映射乘法不满足交换律。即设 σ, τ, ψ 分别是集合 M 到 M' , M' 到 M'' , M'' 到 M''' 的映射,则有

$$(\psi\tau)\sigma = \psi(\tau\sigma)。$$

(10)设 σ 是集合 M 到 M' 的一个映射,如果存在 M' 到 M 的映射 τ ,使

$$\tau\sigma = I_M, \sigma\tau = I_{M'}$$

则称 σ 是可逆映射, τ 称为 σ 的逆映射,记为 σ^{-1}。

(11)由集合 M 到 M' 的映射 σ 是可逆映射的充分必要条件是 σ 是双射。

§2　线性空间的定义和基本性质

(1)令 V 是一个非空集合, P 是一个数域。在集合 V 的元素之间定义了称为加法的运算,在数域 P 与集合 V 的元素之间还定义了称为数量乘法的运算。如果对于 V 中任意 2 个向量 $\boldsymbol{\alpha}, \boldsymbol{\beta} \in V$ 都有 $\boldsymbol{\alpha} + \boldsymbol{\beta} \in V$,又对任意 $k \in P$ 和 $\boldsymbol{\alpha} \in V$ 都有 $k\boldsymbol{\alpha} \in V$,且加法与数量乘法满足下述八条规则(对任意 $\boldsymbol{\alpha}, \boldsymbol{\beta}, \boldsymbol{\gamma} \in V$ 和 $k, l \in P$):

1) $\boldsymbol{\alpha} + \boldsymbol{\beta} = \boldsymbol{\beta} + \boldsymbol{\alpha}$;

2) $(\boldsymbol{\alpha} + \boldsymbol{\beta}) + \boldsymbol{\gamma} = \boldsymbol{\alpha} + (\boldsymbol{\beta} + \boldsymbol{\gamma})$;

3)在 V 中存在一个元素 $\mathbf{0} \in V$,使 $\boldsymbol{\alpha} + \mathbf{0} = \boldsymbol{\alpha}$;

4)存在 $\boldsymbol{\alpha}$ 的负元素 $\boldsymbol{\beta} \in V$,使 $\boldsymbol{\alpha} + \boldsymbol{\beta} = \mathbf{0}$;

5) $1\boldsymbol{\alpha} = \boldsymbol{\alpha}$;

6) $k(l\boldsymbol{\alpha}) = (kl)\boldsymbol{\alpha}$;

7) $(k+l)\boldsymbol{\alpha}=k\boldsymbol{\alpha}+l\boldsymbol{\alpha}$；

8) $k(\boldsymbol{\alpha}+\boldsymbol{\beta})=k\boldsymbol{\alpha}+k\boldsymbol{\beta}$；

则称 V 为数域 P 上的线性空间，线性空间的元素也称为向量。

(2)线性空间有以下简单性质：

1)零元素是唯一的；

2)每个元素的负元素是唯一的；

3) $\mathbf{0}\boldsymbol{\alpha}=\mathbf{0}$；$k\mathbf{0}=\mathbf{0}$；$(-1)\boldsymbol{\alpha}=-\boldsymbol{\alpha}$；

4)如果 $k\boldsymbol{\alpha}=\mathbf{0}$，那么 $k=0$ 或者 $\boldsymbol{\alpha}=\mathbf{0}$。

5) V 中向量的线性相关、线性无关、线性组合、线性表出、极大线性无关组、向量组的秩等概念均与 P^n 中定义的相同。

(3)一些常用的线性空间

1) P^n：数域 P 上 n 维行(或列)向量的全体，按通常的向量加法和数与向量的乘法，构成 P 上的线性空间。

2) $P^{m\times n}$：数域 P 上的 $m\times n$ 矩阵的全体，按通常矩阵的加法和数与矩阵的数量乘法，构成数域 P 上的一个线性空间。

3) $P[x]$：数域 P 上一元多项式的全体，按通常的多项式加法和数与多项式的乘法，构成数域 P 上的一个线性空间。

4) $P[x]_n$：数域 P 上次数小于 n 的多项式全体，再添上零多项式，按通常的多项式加法和数与多项式的乘法，构成数域 P 上的一个线性空间。

5)数域 P 按照本身的加法与乘法构成 P 上的线性空间。复数域 $\mathbf{C}$ 按数的加法与乘法构成实数域 $\mathbf{R}$ 上的线性空间，也构成复数域 $\mathbf{C}$ 上的线性空间。

§3 维数·基与坐标

(1)设 V 是数域 P 上的一个线性空间，$\boldsymbol{\alpha}_1,\boldsymbol{\alpha}_2,\cdots,\boldsymbol{\alpha}_n\in V$，若有

1) $\boldsymbol{\alpha}_1,\boldsymbol{\alpha}_2,\cdots,\boldsymbol{\alpha}_n$ 线性无关；

2)任取 $\boldsymbol{\alpha}\in V$，$\boldsymbol{\alpha}$ 可由 $\boldsymbol{\alpha}_1,\boldsymbol{\alpha}_2,\cdots,\boldsymbol{\alpha}_n$ 线性表出，则称 $\boldsymbol{\alpha}_1,\boldsymbol{\alpha}_2,\cdots,\boldsymbol{\alpha}_n$ 是线性空间 V 的一组基，并称 V 为 n 维线性空间，维数可用符号 dim 表示，即 $\mathrm{din}(V)=n$。

(2)设 V 是数域 P 上的一个线性空间，$\boldsymbol{\alpha}_1,\boldsymbol{\alpha}_2,\cdots,\boldsymbol{\alpha}_n$ 是线性空间 V 的一组基，设

$$\boldsymbol{\alpha}=k_1\boldsymbol{\alpha}_1+k_2\boldsymbol{\alpha}_2+\cdots+k_n\boldsymbol{\alpha}_n,\ k_i\in P,i=1,2,\cdots,n,$$

称 $(k_1,k_2,\cdots,k_n)^{\mathrm{T}}$ 是向量 $\boldsymbol{\alpha}$ 由基 $\boldsymbol{\alpha}_1,\boldsymbol{\alpha}_2,\cdots,\boldsymbol{\alpha}_n$ 表示的坐标。

(3) n 维线性空间 V 的任意 n 个线性无关的向量都是 V 的基。

(4) n 维线性空间 V 的任意 r 个线性无关的向量 $\boldsymbol{\alpha}_1,\boldsymbol{\alpha}_2,\cdots,\boldsymbol{\alpha}_r$ 都可以扩充为 V 的一组基

$$\boldsymbol{\alpha}_1,\boldsymbol{\alpha}_2,\cdots,\boldsymbol{\alpha}_r,\boldsymbol{\alpha}_{r+1},\cdots,\boldsymbol{\alpha}_n,$$

但 $\boldsymbol{\alpha}_{r+1},\cdots,\boldsymbol{\alpha}_n$ 不唯一。

(5)一些常见的线性空间的基与维数：

1) $P^n=\{(a_1,a_2,\cdots,a_n)\mid a_i\in P(i=1,2,\cdots,n)\}$ 是 n 维的线性空间，且 $\boldsymbol{\varepsilon}_1=(1,0,\cdots,0),\boldsymbol{\varepsilon}_2=(0,1,\cdots,0),\cdots,\boldsymbol{\varepsilon}_n=(0,0,\cdots,1)$ 是 P^n 的一组基。

2) $P^{m\times n}=\{\boldsymbol{A}=(a_{ij})_{m\times n}\mid a_{ij}\in P(i=1,2,\cdots,m;j=1,2,\cdots,n)\}$ 是 mn 维的线性空间，且 $\boldsymbol{E}_{ij}(i=1,2,\cdots,m;j=1,2,\cdots,n)$ 是 $P^{m\times n}$ 的一组基，其中 $\boldsymbol{E}_{ij}$ 是 (i,j) 元位置为 1，其余元素为 0 的矩阵。

3) $P[x]_n=\{a_0+a_1x+\cdots+a_{n-1}x^{n-1}\mid a_i\in P(i=1,2,\cdots,n-1)\}$ 是 n 维的线性空间，且 $1,x,\cdots,x^{n-1}$ 是 $P[x]_n$ 的一组基。

4)数域 P 上一元多项式的全体 $P[x]$ 是无限维线性空间，因为对任意的自然数 $n\in\mathbf{N}$，$P[x]$ 的元素组 $1,x,\cdots,x^n$ 都是线性无关的。

§4　基变换与坐标变换

(1)设 V 是数域 P 上的一个 n 维线性空间，$\boldsymbol{\alpha}_1,\boldsymbol{\alpha}_2,\cdots,\boldsymbol{\alpha}_n$ 与 $\boldsymbol{\beta}_1,\boldsymbol{\beta}_2,\cdots,\boldsymbol{\beta}_n$ 是 n 维线性空间 V 中两组基，它们的关系式

$$\begin{cases}\boldsymbol{\beta}_1=c_{11}\boldsymbol{\alpha}_1+c_{21}\boldsymbol{\alpha}_2+\cdots+c_{n1}\boldsymbol{\alpha}_n,\\ \boldsymbol{\beta}_2=c_{12}\boldsymbol{\alpha}_1+c_{22}\boldsymbol{\alpha}_2+\cdots+c_{n2}\boldsymbol{\alpha}_n,\\ \cdots\cdots\\ \boldsymbol{\beta}_n=c_{1n}\boldsymbol{\alpha}_1+c_{2n}\boldsymbol{\alpha}_2+\cdots+c_{nn}\boldsymbol{\alpha}_n\end{cases}$$

称为基变换公式。基变换公式可形式地写为

$$(\boldsymbol{\beta}_1,\boldsymbol{\beta}_2,\cdots,\boldsymbol{\beta}_n)=(\boldsymbol{\alpha}_1,\boldsymbol{\alpha}_2,\cdots,\boldsymbol{\alpha}_n)\boldsymbol{C},$$

其中，$\boldsymbol{C}=(c_{ij})_{n\times n}$ 称为由基 $\boldsymbol{\alpha}_1,\boldsymbol{\alpha}_2,\cdots,\boldsymbol{\alpha}_n$ 到基 $\boldsymbol{\beta}_1,\boldsymbol{\beta}_2,\cdots,\boldsymbol{\beta}_n$ 的过渡矩阵。

(2)过渡矩阵都是可逆的。即如果由基 $\boldsymbol{\alpha}_1,\boldsymbol{\alpha}_2,\cdots,\boldsymbol{\alpha}_n$ 到基 $\boldsymbol{\beta}_1,\boldsymbol{\beta}_2,\cdots,\boldsymbol{\beta}_n$ 的过渡矩阵为 $\boldsymbol{C}$，则由基 $\boldsymbol{\beta}_1,\boldsymbol{\beta}_2,\cdots,\boldsymbol{\beta}_n$ 到基 $\boldsymbol{\alpha}_1,\boldsymbol{\alpha}_2,\cdots,\boldsymbol{\alpha}_n$ 的过渡矩阵为 $\boldsymbol{C}^{-1}$。

(3)设 V 为数域 P 上的线性空间，$\boldsymbol{C}$ 为由基 $\boldsymbol{\alpha}_1,\boldsymbol{\alpha}_2,\cdots,\boldsymbol{\alpha}_n$ 到 $\boldsymbol{\beta}_1,\boldsymbol{\beta}_2,\cdots,\boldsymbol{\beta}_n$ 的过渡矩阵，则 V 中元素 $\boldsymbol{\alpha}$ 在基 $\boldsymbol{\alpha}_1,\boldsymbol{\alpha}_2,\cdots,\boldsymbol{\alpha}_n$ 下的坐标 $(x_1,x_2,\cdots,x_n)^{\mathrm{T}}$ 和在基 $\boldsymbol{\beta}_1,\boldsymbol{\beta}_2,\cdots,\boldsymbol{\beta}_n$ 下的坐标 $(y_1,y_2,\cdots,y_n)^{\mathrm{T}}$ 满足关系式

$$\begin{pmatrix}x_1\\x_2\\\vdots\\x_n\end{pmatrix}=\boldsymbol{C}\begin{pmatrix}y_1\\y_2\\\vdots\\y_n\end{pmatrix}\text{或}\begin{pmatrix}y_1\\y_2\\\vdots\\y_n\end{pmatrix}=\boldsymbol{C}^{-1}\begin{pmatrix}x_1\\x_2\\\vdots\\x_n\end{pmatrix},$$

称之为坐标变换公式。

§5 线性子空间

(1)数域 P 上的线性空间 V 的一个非空子集合 W 称为 V 的一个线性子空间(或简称子空间),如果 W 对于 V 的加法和数乘这两种运算也构成数域 P 上的线性空间。

零子空间和 V 本身都是 V 的子空间,称之为 V 的平凡子空间,而其他的线性子空间为非平凡子空间。

(2)由 V 的一组向量 $\boldsymbol{\alpha}_1,\boldsymbol{\alpha}_2,\cdots,\boldsymbol{\alpha}_r$ 的所有可能的线性组合

$$\{k_1\boldsymbol{\alpha}_1+k_2\boldsymbol{\alpha}_2+\cdots+k_r\boldsymbol{\alpha}_r \mid k_1,k_2,\cdots,k_r\in P\},$$

构成 V 的一个子空间,称为由 $\boldsymbol{\alpha}_1,\boldsymbol{\alpha}_2,\cdots,\boldsymbol{\alpha}_r$ 生成的子空间,记为 $W=L(\boldsymbol{\alpha}_1,\boldsymbol{\alpha}_2,\cdots,\boldsymbol{\alpha}_r)$。

(3)线性子空间的有关结果如下:

1)数域 P 上线性空间 V 的一个非空子集合 W 是 V 的一个子空间的充分必要条件是任取 $a,b\in P$ 和 $\boldsymbol{\alpha},\boldsymbol{\beta}\in W$ 都有 $a\boldsymbol{\alpha}+b\boldsymbol{\beta}\in W$。

2)设(Ⅰ):$\boldsymbol{\alpha}_1,\boldsymbol{\alpha}_2,\cdots,\boldsymbol{\alpha}_r$ 和(Ⅱ):$\boldsymbol{\beta}_1,\boldsymbol{\beta}_2,\cdots,\boldsymbol{\beta}_t$ 是线性空间 V 的两组向量,如果向量组(Ⅰ)可由(Ⅱ)线性表出,则

$$L(\boldsymbol{\alpha}_1,\boldsymbol{\alpha}_2,\cdots,\boldsymbol{\alpha}_r)\subseteq L(\boldsymbol{\beta}_1,\boldsymbol{\beta}_2,\cdots,\boldsymbol{\beta}_t)$$

而 $L(\boldsymbol{\alpha}_1,\boldsymbol{\alpha}_2,\cdots,\boldsymbol{\alpha}_r)=L(\boldsymbol{\beta}_1,\boldsymbol{\beta}_2,\cdots,\boldsymbol{\beta}_t)$ 的充分必要条件是向量组(Ⅰ)与(Ⅱ)的等价。

3)设向量组 $\boldsymbol{\alpha}_1,\boldsymbol{\alpha}_2,\cdots,\boldsymbol{\alpha}_r$ 是线性空间 V 的一个向量组,则

$L(\boldsymbol{\alpha}_1,\boldsymbol{\alpha}_2,\cdots,\boldsymbol{\alpha}_r)$ 的维数等于向量组 $\boldsymbol{\alpha}_1,\boldsymbol{\alpha}_2,\cdots,\boldsymbol{\alpha}_r$ 的秩。

4)设 W 是数域 P 上 n 维线性空间 V 的一个 m 维子空间,$\boldsymbol{\alpha}_1,\boldsymbol{\alpha}_2,\cdots,\boldsymbol{\alpha}_m$ 是 W 的一组基,那么这组向量必可扩充为整个空间的基。也就是说,在 V 中必定可以找到 $n-m$ 个向量 $\boldsymbol{\alpha}_{m+1},\cdots,\boldsymbol{\alpha}_n$ 使得 $\boldsymbol{\alpha}_1,\boldsymbol{\alpha}_2,\cdots,\boldsymbol{\alpha}_m,\boldsymbol{\alpha}_{m+1},\cdots,\boldsymbol{\alpha}_n$ 是 V 的一组基。

5)设 W_1,W_2 是数域 P 上 n 维线性空间 V 的 2 个子空间,则它们的交也是 V 的子空间。

注 两个子空间的并 $W_1\cup W_2$ 一般不是子空间。

§6 子空间的和与直和

(1)设 V_1,V_2 是线性空间 V 的子空间,集合

$$\{\boldsymbol{\alpha}_1+\boldsymbol{\alpha}_2 \mid \boldsymbol{\alpha}_1\in V_1,\boldsymbol{\alpha}_2\in V_2\}$$

称为 V_1 与 V_2 的和,记作 V_1+V_2。

(2)如果 V_1+V_2 的每个元素 $\boldsymbol{\alpha}$ 的分解式是唯一的,则称这个和是直和,记为 $V_1\oplus V_2$。

(3)子空间的和有如下结论:

1)如果 V_1,V_2 是线性空间 V 的子空间,则 V_1+V_2 也是 V 的子空间。

2)设 V_1,V_2,V_3 是线性空间 V 的子空间,则

$$V_1+V_2=V_2+V_1,(V_1+V_2)+V_3=V_1+(V_2+V_3)。$$

3)设 V_1,V_2 是线性空间 V 的子空间,则

$$\dim(V_1)+\dim(V_2)=\dim(V_1+V_2)+\dim(V_1\cap V_2)。$$

4)如果 n 维线性空间 V 中 2 个子空间 V_1,V_2 的维数之和大于 n，那么 V_1,V_2 必含有非零的公共向量。

(4)直和的充分必要条件：

设 V_1,V_2 是线性空间 V 的子空间，则下列条件等价：

1) V_1+V_2 是直和；

2) $\boldsymbol{\alpha}_1+\boldsymbol{\alpha}_2=\mathbf{0},\boldsymbol{\alpha}_i\in V_i(i=1,2)$ 只有在 $\boldsymbol{\alpha}_i$ 全为零时才成立；

3) $V_1\cap V_2=\{\mathbf{0}\}$；

4) $\dim V=\dim V_1+\dim V_2$。

上述结果可以推广到 s 个子空间 $V_1,V_2,\cdots,V_s$ 的情形。其中 3)改为

$$V_i\cap\sum_{j\neq i}V_j=\{\mathbf{0}\},i=1,2,\cdots,s\text{ 或 }V_i\cap\sum_{j=1}^{i-1}V_j=\{\mathbf{0}\},i=2,\cdots,s。$$

(5)设 U 是线性空间 V 的一个子空间，那么一定存在一个子空间 W 使 $V=U\oplus W$，称 W 为 U 的直和补(或补子空间)。

注　直和补一般不唯一。

§7　线性空间的同构

(1)数域 P 上 2 个线性空间 V 与 V' 称为同构的，如果由 V 到 V' 有一个双射 σ，具有以下性质：

1) $\sigma(\boldsymbol{\alpha}+\boldsymbol{\beta})=\sigma(\boldsymbol{\alpha})+\sigma(\boldsymbol{\beta})$；

2) $\sigma(k\boldsymbol{\alpha})=k\sigma(\boldsymbol{\alpha})$。

其中 $\boldsymbol{\alpha},\boldsymbol{\beta}$ 是 V 中任意向量，k 是 P 中任意数。这样的映射 σ 称为同构映射。

(2)同构映射 σ 具有下列的基本性质：

1) $\sigma(\mathbf{0})=\mathbf{0},\sigma(-\boldsymbol{\alpha})=-\sigma(\boldsymbol{\alpha})$；

2) $\sigma(k_1\boldsymbol{\alpha}_1+k_2\boldsymbol{\alpha}_2+\cdots+k_r\boldsymbol{\alpha}_r)=k_1\sigma(\boldsymbol{\alpha}_1)+k_2\sigma(\boldsymbol{\alpha}_2)+\cdots+k_r\sigma(\boldsymbol{\alpha}_r)$；

3) V 中向量组 $\boldsymbol{\alpha}_1,\boldsymbol{\alpha}_2,\cdots,\boldsymbol{\alpha}_r$ 线性相关的充分必要条件是它们的像 $\sigma(\boldsymbol{\alpha}_1),\sigma(\boldsymbol{\alpha}_2),\cdots,\sigma(\boldsymbol{\alpha}_r)$ 线性相关。

4)如果 V_1 是 V 的一个子空间，则 V_1 在 σ 下的像集合 $\sigma(V_1)=\{\sigma(\boldsymbol{\alpha})\mid\boldsymbol{\alpha}\in V_1\}$ 是 $\sigma(V)$ 的子空间，并且 V_1 与 $\sigma(V_1)$ 维数相同。

5)同构映射的逆映射及 2 个同构映射的乘积还是同构映射。

(3)线性空间同构的有关结论：

1)同构映射把子空间映成子空间；

2)线性空间的同构关系具有自反性、对称性和传递性。

(4)数域 P 上 2 个有限维线性空间同构的充分必要条件是它们有相同的维数。因而，每一个数域 P 上的 n 维线性空间都与线性空间 P^n 同构。

6.2 典型问题解析

1. 设 V_1,V_2 是数域 P 上的线性空间，$\forall(\boldsymbol{\alpha}_1,\boldsymbol{\alpha}_2),(\boldsymbol{\beta}_1,\boldsymbol{\beta}_2)\in V_1\times V_2,\forall k\in P$，规定

$$(\boldsymbol{\alpha}_1,\boldsymbol{\alpha}_2)+(\boldsymbol{\beta}_1,\boldsymbol{\beta}_2)=(\boldsymbol{\alpha}_1+\boldsymbol{\beta}_1,\boldsymbol{\alpha}_2+\boldsymbol{\beta}_2) \tag{6-1}$$

$$k(\boldsymbol{\alpha}_1,\boldsymbol{\alpha}_2)=(k\boldsymbol{\alpha}_1,k\boldsymbol{\alpha}_2) \tag{6-2}$$

(1)求证：$V_1\times V_2$ 关于以上运算构成数域 P 上的线性空间。

(2)设 $\dim(V_1)=m,\dim(V_2)=n$，求 $\dim(V_1\times V_2)$。

证明 (1)由式(6−1)知 $V_1\times V_2$ 关于加法封闭，容易验证加法满足交换律和结合律。设 $(\mathbf{0}_1,\mathbf{0}_2)\in V_1\times V_2$，存在 $(-\boldsymbol{\alpha}_1,-\boldsymbol{\alpha}_2)\in V_1\times V_2$ 使得

$$(\boldsymbol{\alpha}_1,\boldsymbol{\alpha}_2)+(-\boldsymbol{\alpha}_1,-\boldsymbol{\alpha}_2)=(\mathbf{0}_1,\mathbf{0}_2),$$

其次由式(6−2)知 $V_1\times V_2$ 关于数量乘法封闭，且

$$1\cdot(\boldsymbol{\alpha}_1,\boldsymbol{\alpha}_2)=(\boldsymbol{\alpha}_1,\boldsymbol{\alpha}_2),$$

$$k[l\cdot(\boldsymbol{\alpha}_1,\boldsymbol{\alpha}_2)]=(kl)(\boldsymbol{\alpha}_1,\boldsymbol{\alpha}_2),$$

$$(k+l)(\boldsymbol{\alpha}_1,\boldsymbol{\alpha}_2)=k(\boldsymbol{\alpha}_1,\boldsymbol{\alpha}_2)+l(\boldsymbol{\alpha}_1,\boldsymbol{\alpha}_2),$$

$$k[(\boldsymbol{\alpha}_1,\boldsymbol{\alpha}_2)+(\boldsymbol{\beta}_1,\boldsymbol{\beta}_2)]=k(\boldsymbol{\alpha}_1,\boldsymbol{\alpha}_2)+k(\boldsymbol{\beta}_1,\boldsymbol{\beta}_2),$$

都成立。所以 $V_1\times V_2$ 是 P 上的线性空间。

(2)设 $\boldsymbol{\alpha}_1,\boldsymbol{\alpha}_2,\cdots,\boldsymbol{\alpha}_m$ 为 V_1 的一组基；$\boldsymbol{\beta}_1,\boldsymbol{\beta}_2,\cdots,\boldsymbol{\beta}_n$ 为 V_2 的一组基。令

$$\boldsymbol{\gamma}_1=(\boldsymbol{\alpha}_1,\mathbf{0}),\boldsymbol{\gamma}_2=(\boldsymbol{\alpha}_2,\mathbf{0}),\cdots,\boldsymbol{\gamma}_m=(\boldsymbol{\alpha}_m,\mathbf{0}),$$

$$\boldsymbol{\delta}_1=(\mathbf{0},\boldsymbol{\beta}_1),\boldsymbol{\delta}_2=(\mathbf{0},\boldsymbol{\beta}_2),\cdots,\boldsymbol{\delta}_n=(\mathbf{0},\boldsymbol{\beta}_n)。$$

先证 $m+n$ 个向量 $\boldsymbol{\gamma}_1,\boldsymbol{\gamma}_2,\cdots,\boldsymbol{\gamma}_m,\boldsymbol{\delta}_1,\boldsymbol{\delta}_2,\cdots,\boldsymbol{\delta}_n$ 线性无关。

令

$$l_1\boldsymbol{\gamma}_1+l_2\boldsymbol{\gamma}_2+\cdots+l_m\boldsymbol{\gamma}_m+k_1\boldsymbol{\delta}_1+k_2\boldsymbol{\delta}_2+\cdots+k_n\boldsymbol{\delta}_n=\mathbf{0},$$

则

$$(l_1\boldsymbol{\alpha}_1+l_2\boldsymbol{\alpha}_2+\cdots+l_m\boldsymbol{\alpha}_m,k_1\boldsymbol{\beta}_1+k_2\boldsymbol{\beta}_2+\cdots+k_n\boldsymbol{\beta}_n)=(\mathbf{0}_1,\mathbf{0}_2),$$

$$\Rightarrow l_1=l_2=\cdots=l_m=k_1=k_2=\cdots=k_n=0。$$

故 $\boldsymbol{\gamma}_1,\boldsymbol{\gamma}_2,\cdots,\boldsymbol{\gamma}_m,\boldsymbol{\delta}_1,\boldsymbol{\delta}_2,\cdots,\boldsymbol{\delta}_n$ 线性无关。

$\forall\boldsymbol{\gamma}\in V_1\times V_2$，则 $\boldsymbol{\gamma}=(\boldsymbol{\alpha},\boldsymbol{\beta})$，其中 $\boldsymbol{\alpha}\in V_1,\boldsymbol{\beta}\in V_2$，那么

$$\boldsymbol{\alpha}=s_1\boldsymbol{\alpha}_1+s_2\boldsymbol{\alpha}_2+\cdots+s_m\boldsymbol{\alpha}_m,$$

$$\boldsymbol{\beta}=t_1\boldsymbol{\beta}_1+t_2\boldsymbol{\beta}_2+\cdots+t_n\boldsymbol{\beta}_n,$$

$$\Rightarrow\boldsymbol{\gamma}=(\boldsymbol{\alpha},\mathbf{0})+(\mathbf{0},\boldsymbol{\beta})=s_1\boldsymbol{\gamma}_1+s_2\boldsymbol{\gamma}_2+\cdots+s_m\boldsymbol{\gamma}_m+t_1\boldsymbol{\delta}_1+t_2\boldsymbol{\delta}_2+\cdots+t_n\boldsymbol{\delta}_n,$$

即 $\boldsymbol{\gamma}$ 可由 $\boldsymbol{\gamma}_1,\boldsymbol{\gamma}_2,\cdots,\boldsymbol{\gamma}_m,\boldsymbol{\delta}_1,\boldsymbol{\delta}_2,\cdots,\boldsymbol{\delta}_n$ 线性表出，所以 $\boldsymbol{\gamma}_1,\boldsymbol{\gamma}_2,\cdots,\boldsymbol{\gamma}_m,\boldsymbol{\delta}_1,\boldsymbol{\delta}_2,\cdots,\boldsymbol{\delta}_n$ 为 $V_1\times V_2$ 的一组基，从而

$$\dim(V_1\times V_2)=m+n。$$

2. 设 M 是 P 上形如

$$\boldsymbol{A}=\begin{pmatrix} a_1 & a_2 & \cdots & a_n \\ a_n & a_1 & \cdots & a_{n-1} \\ \vdots & \vdots & & \vdots \\ a_2 & a_3 & \cdots & a_1 \end{pmatrix},$$

的循环阵集。求证：M 是 P 上一个线性空间，并求其一组基及维数。

证明　易证 M 是 $P^{n\times n}$ 的一个子空间。又令

$$\boldsymbol{D}=\begin{pmatrix} 0 & 1 & 0 & \cdots & 0 \\ 0 & 0 & 1 & \cdots & 0 \\ \vdots & \vdots & \vdots & & \vdots \\ 0 & 0 & 0 & \cdots & 1 \\ 1 & 0 & 0 & \cdots & 0 \end{pmatrix} \triangleq \begin{pmatrix} \boldsymbol{O} & \boldsymbol{E}_{n-1} \\ \boldsymbol{E}_1 & \boldsymbol{O} \end{pmatrix}，则\ \boldsymbol{D}^k=\begin{pmatrix} \boldsymbol{O} & \boldsymbol{E}_{n-k} \\ \boldsymbol{E}_k & \boldsymbol{O} \end{pmatrix}，k=1,2,\cdots,n-1。$$

设 $x_1\boldsymbol{E}+x_2\boldsymbol{D}+\cdots+x_n\boldsymbol{D}^{n-1}=\boldsymbol{O}$，则

$$\begin{pmatrix} x_1 & x_2 & \cdots & x_n \\ x_n & x_1 & \cdots & x_{n-1} \\ \vdots & \vdots & & \vdots \\ x_2 & x_3 & \cdots & x_1 \end{pmatrix}=\boldsymbol{O},$$

所以 $x_i=0(i=1,2,\cdots,n)$，即 $\boldsymbol{E},\boldsymbol{D},\cdots,\boldsymbol{D}^{n-1}$ 线性无关。

又显见 M 中任一元素可由 $\boldsymbol{E},\boldsymbol{D},\cdots,\boldsymbol{D}^{n-1}$ 线性表出，所以 $\boldsymbol{E},\boldsymbol{D},\cdots,\boldsymbol{D}^{n-1}$ 为 M 的一组基，$\dim M=n$。

3. 设 $f(x)$ 为实系数多项式。求证：

$$W=\{f(x)\mid f(1)=0,\partial(f(x))\leqslant n\},$$

是实数域上线性空间，并求它的一组基。

证明　记 $R[x]$ 为实系数多项式全体，已知 $R[x]$ 为实数域上的线性空间。

因为 $0\in W$，所以 W 非空。$\forall f(x),g(x)\in W,\forall k\in\mathbf{R}$，那么 $f(1)=g(1)=0$，且

$$f(1)+g(1)=0,kf(1)=0,$$

则

$$f(x)+g(x)\in W,kf(x)\in W,$$

即证 W 是 $R[x]$ 的子空间，从而 W 是实数域上线性空间。

再令

$$g_1(x)=x-1,g_2(x)=x^2-1,\cdots,g_n(x)=x^n-1,$$

由 $g_1(1)=g_2(1)=\cdots=g_n(1)=0$，且 $\partial(g_i(x))\leqslant n(i=1,2,\cdots,n)$，则

$$g_1(x),g_2(x),\cdots,g_n(x)\in W。$$

再证 $g_1(x),g_2(x),\cdots,g_n(x)$ 线性无关。令

$$k_1g_1(x)+k_2g_2(x)+\cdots+k_ng_n(x)=0$$
$$\Rightarrow k_1x+k_2x^2+\cdots+k_nx^n-(k_1+k_2+\cdots+k_n)=0,$$

比较上式两端系数，可得

$$\begin{cases}k_1=k_2=\cdots=k_n=0,\\k_1+k_2+\cdots+k_n=0,\end{cases}$$

则 $g_1(x),g_2(x),\cdots,g_n(x)$ 线性无关。

再令 $\forall h(x)=a_nx^n+a_{n-1}x^{n-1}+\cdots+a_1x+a_0\in W$，那么

$$0=h(1)=a_n+a_{n-1}+\cdots+a_1+a_0,$$

但是

$$\begin{aligned}h(x)&=a_n(x^n-1)+a_{n-1}(x^{n-1}-1)+\cdots+a_1(x-1)+\sum_{i=0}^{n}a_i\\&=a_ng_n(x)+a_{n-1}g_{n-1}(x)+\cdots+a_1g_1(x),\end{aligned}$$

此即 $h(x)$ 可由 $g_1(x),g_2(x),\cdots,g_n(x)$ 线性表出。

综上可知，$g_1(x),g_2(x),\cdots,g_n(x)$ 为 W 的一组基，且 $\dim(W)=n$ 。

4. 设 $\boldsymbol{A}=\begin{pmatrix}1&-1&0\\0&1&-1\\0&0&1\end{pmatrix}$，$M=\{\boldsymbol{B}\in P^{3\times3}\mid\boldsymbol{AB}=\boldsymbol{BA}\}$，求证：$M$ 为 $P^{3\times3}$ 的一个子空间，并求其一组基和维数。

证明 易证 M 是 $P^{3\times3}$ 的一个子空间。令 $\boldsymbol{J}=\begin{pmatrix}0&1&0\\0&0&1\\0&0&0\end{pmatrix}$，则 $\boldsymbol{A}=\boldsymbol{E}-\boldsymbol{J}$，从而

$$\boldsymbol{AB}=\boldsymbol{BA}\Leftrightarrow(\boldsymbol{E}-\boldsymbol{J})\boldsymbol{B}=\boldsymbol{B}(\boldsymbol{E}-\boldsymbol{J})\Leftrightarrow\boldsymbol{BJ}=\boldsymbol{JB}。$$

令 $\boldsymbol{B}=\begin{pmatrix}b_{11}&b_{12}&b_{13}\\b_{21}&b_{22}&b_{23}\\b_{31}&b_{32}&b_{33}\end{pmatrix}$，代入 $\boldsymbol{BJ}=\boldsymbol{JB}$ 中，有

$$b_{11}=b_{22}=b_{33}=b_1;b_{12}=b_{23}=b_2;b_{13}=b_3,b_{ij}=0(i>j)。$$

从而 $\boldsymbol{B}=\begin{pmatrix}b_1&b_2&b_3\\0&b_1&b_2\\0&0&b_1\end{pmatrix}$，故 $\boldsymbol{B}=b_1\boldsymbol{E}+b_2\boldsymbol{J}+b_3\boldsymbol{J}^2$。

又 $\boldsymbol{E},\boldsymbol{J},\boldsymbol{J}^2$ 线性无关，所以 $\boldsymbol{E},\boldsymbol{J},\boldsymbol{J}^2$ 为 M 的一组基，且 M 的维数为 3。

5. 设 $\boldsymbol{A}=\begin{bmatrix}1&1&\cdots&1\\0&1&\cdots&1\\\vdots&\vdots&&\vdots\\0&0&\cdots&1\end{bmatrix}\in P^{n\times n}$，$M=\{\boldsymbol{B}\in P^{n\times n}\mid\boldsymbol{AB}=\boldsymbol{BA}\}$。求证：$M$ 为 $P^{n\times n}$ 的一个子空间，并求其一组基和维数。

证明 易证 M 是 $P^{n\times n}$ 的一个子空间。令

$$\boldsymbol{J}=\begin{bmatrix}0&1&0&\cdots&0\\0&0&1&\cdots&0\\\vdots&\vdots&\vdots&&\vdots\\0&0&0&\cdots&1\\0&0&0&\cdots&0\end{bmatrix}\triangleq\begin{pmatrix}\boldsymbol{0}&\boldsymbol{E}_{n-1}\\0&\boldsymbol{0}\end{pmatrix},$$

则

$$\boldsymbol{J}^2=\begin{pmatrix}\boldsymbol{0} & \boldsymbol{E}_{n-2}\\ \boldsymbol{0} & \boldsymbol{0}\end{pmatrix},\cdots,\boldsymbol{J}^{n-1}=\begin{pmatrix}\boldsymbol{0} & \boldsymbol{E}_1\\ \boldsymbol{0} & \boldsymbol{0}\end{pmatrix},\boldsymbol{J}^n=\boldsymbol{0},$$

从而

$$\boldsymbol{A}=\boldsymbol{E}+\boldsymbol{J}+\boldsymbol{J}^2+\cdots+\boldsymbol{J}^{n-1}\ 。$$

因为

$$(\boldsymbol{E}-\boldsymbol{J})(\boldsymbol{E}+\boldsymbol{J}+\boldsymbol{J}^2+\cdots+\boldsymbol{J}^{n-1})=\boldsymbol{E}-\boldsymbol{J}^n=\boldsymbol{E},$$

所以

$$(\boldsymbol{E}-\boldsymbol{J})^{-1}=(\boldsymbol{E}+\boldsymbol{J}+\boldsymbol{J}^2+\cdots+\boldsymbol{J}^{n-1}),$$

从而 $\boldsymbol{A}$ 可逆,且 $\boldsymbol{A}^{-1}=\boldsymbol{E}-\boldsymbol{J}$,故

$$\boldsymbol{AB}=\boldsymbol{BA}\Leftrightarrow\boldsymbol{A}^{-1}\boldsymbol{B}=\boldsymbol{BA}^{-1}\Leftrightarrow(\boldsymbol{E}-\boldsymbol{J})\boldsymbol{B}=\boldsymbol{B}(\boldsymbol{E}-\boldsymbol{J})\Leftrightarrow\boldsymbol{BJ}=\boldsymbol{JB}。$$

设

$$\boldsymbol{B}=\begin{pmatrix}b_{11} & b_{12} & \cdots & b_{1n}\\ b_{21} & b_{22} & \cdots & b_{2n}\\ \vdots & \vdots & & \vdots\\ b_{n1} & b_{n2} & \cdots & b_{nn}\end{pmatrix},$$

代入 $\boldsymbol{BJ}=\boldsymbol{JB}$ 中,有

$$b_{11}=b_{22}=\cdots=b_{nn}=b_1,b_{12}=b_{23}=\cdots=b_{n-1,n}=b_2,$$

$$\cdots\cdots,$$

$$b_{1n}=b_n,b_{ij}=0(i>j),$$

则

$$\boldsymbol{B}=\begin{pmatrix}b_1 & b_2 & b_3 & \cdots & b_n\\ 0 & b_1 & b_2 & \cdots & b_{n-1}\\ \vdots & \vdots & \vdots & & \vdots\\ 0 & 0 & 0 & \cdots & b_2\\ 0 & 0 & 0 & \cdots & b_1\end{pmatrix},$$

故

$$\boldsymbol{B}=b_1\boldsymbol{E}+b_2\boldsymbol{J}+b_3\boldsymbol{J}^2+\cdots+b_n\boldsymbol{J}^{n-1}。$$

又 $\boldsymbol{E},\boldsymbol{J},\boldsymbol{J}^2,\cdots,\boldsymbol{J}^n$ 线性无关,所以 $\boldsymbol{E},\boldsymbol{J},\boldsymbol{J}^2,\cdots,\boldsymbol{J}^n$ 为 M 的一组基,且 $\dim M=n$ 。

6. 设 $f(x)=x^n+a_{n-1}x^{n-1}+\cdots+a_1x+a_0\in P[x]$ 为 P 上不可约多项式,α 为 $f(x)$ 的一个复根。求证:$P[\alpha]=\{g(\alpha)\mid g(x)\in P[x]\}$ 为 P 上一个线性空间,并求其一组基。

证明　易证 $P[\alpha]=\{g(\alpha)\mid g(x)\in P[x]\}$ 为 P 上的线性空间。

下证 $\alpha^{n-1},\cdots,\alpha,1$ 为 $P[\alpha]$ 的一组基。

先证 $\forall g(\alpha)\in P[\alpha]$, $g(\alpha)$ 可由 $\alpha^{n-1},\cdots,\alpha,1$ 线性表出。

首先,由条件有 $f(\alpha)=\alpha^n+a_{n-1}\alpha^{n-1}+\cdots+a_1\alpha+a_0=0$,则

$$\alpha^n=-a_{n-1}\alpha^{n-1}-\cdots-a_1\alpha-a_0,$$

于是

$$\alpha^{n+1}=-a_{n-1}\alpha^{n}-\cdots-a_1\alpha^2-a_0\alpha,$$

所以 α^{n+1} 可由 $\alpha^{n-1},\cdots,\alpha,1$ 线性表出。

以此类推，当 $m\in\mathbf{N},m\geqslant n$ 时，有 α^m 可由 $\alpha^{n-1},\cdots,\alpha,1$ 线性表出，

显然，当 $m\in\mathbf{N},0\leqslant m<n$ 时，有 α^m 可由 $\alpha^{n-1},\cdots,\alpha,1$ 线性表出。

从而，$\forall g(\alpha)\in P[\alpha]$，$g(\alpha)$ 可由 $\alpha^{n-1},\cdots,\alpha,1$ 线性表出。

再证 $\alpha^{n-1},\cdots,\alpha,1$ 线性无关。

令

$$k_1\cdot 1+k_2\alpha+\cdots+k_n\alpha^{n-1}=0,$$

$$h(x)=k_1+k_2x+\cdots+k_nx^{n-1},$$

则 $h(x)=0$。

因为 α 为 $f(x)$ 的一个复根，且 $f(x)$ 为 P 上不可约多项式，所以 $f(x)|h(x)$。又 $\partial(f(x))=n$，所以 $h(x)=0$。从而

$$k_1=k_2=\cdots=k_n=0,$$

所以 $\alpha^{n-1},\cdots,\alpha,1$ 线性无关，因此 $\alpha^{n-1},\cdots,\alpha,1$ 为 $P[\alpha]$ 的一组基。

7. 设 W 为 n 阶矩阵 $\boldsymbol{A}$ 的实系数多项式全体所组成的线性空间，求 $\dim W$。

解　设 $\boldsymbol{A}$ 的最小多项式 $m(x)$ 的次数为 k，则 $\boldsymbol{E},\boldsymbol{A},\boldsymbol{A}^2,\cdots,\boldsymbol{A}^{k-1}$ 线性无关。否则，与 $\boldsymbol{A}$ 的最小多项式 $m(x)$ 的次数为 k 矛盾。

当 $n\geqslant k$ 时，令 $x^n=m(x)q(x)+r(x)$，$r(x)=0$ 或 $\partial(r(x))<\partial(m(x))$。则有 $\boldsymbol{A}^n=r(\boldsymbol{A})$，即 $\boldsymbol{A}^n$ 可由 $\boldsymbol{E},\boldsymbol{A},\boldsymbol{A}^2,\cdots,\boldsymbol{A}^{k-1}$ 线性表出。

又 $n<k$ 时，$\boldsymbol{A}^n$ 显然可由 $\boldsymbol{E},\boldsymbol{A},\boldsymbol{A}^2,\cdots,\boldsymbol{A}^{k-1}$ 线性表出。

故 $\dim W=k$。

8. 设 $\boldsymbol{\alpha}_1,\cdots,\boldsymbol{\alpha}_k,\boldsymbol{\alpha}_{k+1},\cdots,\boldsymbol{\alpha}_n$ 是线性空间 V 的一组基，而 $\boldsymbol{\alpha}_1,\cdots,\boldsymbol{\alpha}_k,\boldsymbol{\beta}_{k+i}$ 均线性相关，$i=1,2,\cdots,n-k$，求证：$\boldsymbol{\alpha}_1,\cdots,\boldsymbol{\alpha}_k,\boldsymbol{\alpha}_{k+1}+\boldsymbol{\beta}_{k+1},\cdots,\boldsymbol{\alpha}_n+\boldsymbol{\beta}_n$ 也是线性空间 V 的一组基。

证明　因为 $\boldsymbol{\alpha}_1,\cdots,\boldsymbol{\alpha}_k,\boldsymbol{\alpha}_{k+1},\cdots,\boldsymbol{\alpha}_n$ 是线性空间 V 的一组基，所以 $\boldsymbol{\alpha}_1,\cdots,\boldsymbol{\alpha}_k,\boldsymbol{\alpha}_{k+1},\cdots,\boldsymbol{\alpha}_n$ 线性无关，从而 $\boldsymbol{\alpha}_1,\cdots,\boldsymbol{\alpha}_k$ 线性无关。而 $\boldsymbol{\alpha}_1,\cdots,\boldsymbol{\alpha}_k,\boldsymbol{\beta}_{k+i}$，$i=1,2,\cdots,n-k$ 均线性相关，所以 $\boldsymbol{\beta}_{k+i}$ 可由 $\boldsymbol{\alpha}_1,\cdots,\boldsymbol{\alpha}_k$ 线性表出，于是有

$$(\boldsymbol{\alpha}_1,\cdots,\boldsymbol{\alpha}_k,\boldsymbol{\alpha}_{k+1}+\boldsymbol{\beta}_{k+1},\cdots,\boldsymbol{\alpha}_n+\boldsymbol{\beta}_n)$$

$$=(\boldsymbol{\alpha}_1,\cdots,\boldsymbol{\alpha}_k,\boldsymbol{\alpha}_{k+1},\cdots,\boldsymbol{\alpha}_n)\begin{pmatrix}1&0&\cdots&0&*&\cdots&*\\0&1&\cdots&0&*&\cdots&*\\\vdots&\vdots&\ddots&\vdots&\vdots&\cdots&\vdots\\0&0&\cdots&1&*&\cdots&*\\0&0&\cdots&0&1&\cdots&0\\\vdots&\vdots&\ddots&\vdots&\vdots&\ddots&\vdots\\0&0&\cdots&0&0&\cdots&1\end{pmatrix}$$

$$\triangleq(\boldsymbol{\alpha}_1,\cdots,\boldsymbol{\alpha}_k,\boldsymbol{\alpha}_{k+1},\cdots,\boldsymbol{\alpha}_n)\boldsymbol{A},$$

由于 $|\boldsymbol{A}|=1\neq 0$，结合 $\boldsymbol{\alpha}_1,\cdots,\boldsymbol{\alpha}_k,\boldsymbol{\alpha}_{k+1},\cdots,\boldsymbol{\alpha}_n$ 线性无关，故 $\boldsymbol{\alpha}_1,\cdots,\boldsymbol{\alpha}_k,\boldsymbol{\alpha}_{k+1}+\boldsymbol{\beta}_{k+1},\cdots,\boldsymbol{\alpha}_n+$

$\boldsymbol{\beta}_n$ 也是线性空间 V 的一组基。

9. 设 $\boldsymbol{\alpha}_1,\boldsymbol{\alpha}_2,\cdots,\boldsymbol{\alpha}_n;\boldsymbol{\beta}_1,\boldsymbol{\beta}_2,\cdots,\boldsymbol{\beta}_n$ 为线性空间 V 的两组基。

(1)求证:对 $\forall i\in\{1,2,\cdots,n\}$,存在 $\boldsymbol{\alpha}_{j_i}\in\{\boldsymbol{\alpha}_1,\boldsymbol{\alpha}_2,\cdots,\boldsymbol{\alpha}_n\}$,使 $\boldsymbol{\beta}_1,\boldsymbol{\beta}_2,\cdots,\boldsymbol{\beta}_{i-1},\boldsymbol{\alpha}_{j_i},\boldsymbol{\beta}_{i+1},\cdots,\boldsymbol{\beta}_n$ 为 V 的一组基。

(2)如果 $n=3$,对 $\forall i\in\{1,2,3\}$,是否存在 $j,k\in\{1,2,3\},j\neq k$,使 $\boldsymbol{\beta}_i,\boldsymbol{\alpha}_j,\boldsymbol{\alpha}_k$ 为 V 的一组基?为什么?

证明　(1)由条件,设 $\boldsymbol{\alpha}_i=\sum\limits_{j=1}^{n}a_{ij}\boldsymbol{\beta}_j(i=1,2,\cdots,n)$。即

$$(\boldsymbol{\alpha}_1,\boldsymbol{\alpha}_2,\cdots,\boldsymbol{\alpha}_n)=(\boldsymbol{\beta}_1,\boldsymbol{\beta}_2,\cdots,\boldsymbol{\beta}_n)\boldsymbol{A},$$

这里 $\boldsymbol{A}=(a_{ji})_{n\times n}$ 为可逆阵,所以其任一列的元素不全为 0。

$\forall i\in\{1,2,\cdots,n\}$,设 $\boldsymbol{\alpha}_{j_i}$ 关于基 $\boldsymbol{\beta}_1,\cdots,\boldsymbol{\beta}_n$ 下的坐标的第 i 个分量 $a_{j_ii}\neq 0$,则取 $\boldsymbol{\alpha}_{j_i}$ 替换 $\boldsymbol{\beta}_i$,由于

$$\begin{cases}\boldsymbol{\beta}_1=\boldsymbol{\beta}_1\\ \quad\vdots\\ \boldsymbol{\beta}_{i-1}=\boldsymbol{\beta}_{i-1}\\ \boldsymbol{\alpha}_{j_i}=a_{j_i1}\boldsymbol{\beta}_1+\cdots+a_{j_ii}\boldsymbol{\beta}_i+\cdots a_{j_in}\boldsymbol{\beta}_n,\\ \boldsymbol{\beta}_{i+1}=\boldsymbol{\beta}_{i+1}\\ \quad\vdots\\ \boldsymbol{\beta}_n=\boldsymbol{\beta}_n\end{cases}$$

故

$$(\boldsymbol{\beta}_1,\cdots,\boldsymbol{\beta}_{i-1},\boldsymbol{\alpha}_{j_i},\boldsymbol{\beta}_{i+1},\cdots,\boldsymbol{\beta}_n)=(\boldsymbol{\beta}_1,\boldsymbol{\beta}_2,\cdots,\boldsymbol{\beta}_n)\begin{pmatrix}1 & & a_{j_i1} & & \\ & \ddots & \vdots & & \\ & & a_{j_ii} & & \\ & & \vdots & \ddots & \\ & & a_{j_in} & & 1\end{pmatrix}$$

$$\triangleq(\boldsymbol{\beta}_1,\boldsymbol{\beta}_2,\cdots,\boldsymbol{\beta}_n)\boldsymbol{A}。$$

因为 $|\boldsymbol{A}|\neq 0$,所以 $\boldsymbol{\beta}_1,\cdots,\boldsymbol{\beta}_{i-1},\boldsymbol{\alpha}_{j_i},\boldsymbol{\beta}_{i+1},\cdots,\boldsymbol{\beta}_n$ 线性无关,从而构成 V 的一组基。

(2) $n=3$ 时,对 $\forall i\in\{1,2,3\}$,设 $\boldsymbol{\beta}_i=a_{11}\boldsymbol{\alpha}_1+a_{21}\boldsymbol{\alpha}_2+a_{31}\boldsymbol{\alpha}_3$,则 a_{11},a_{21},a_{31} 不全为 0。

不妨设 $a_{11}\neq 0$,则取 $\boldsymbol{\alpha}_j=\boldsymbol{\alpha}_2,\boldsymbol{\alpha}_k=\boldsymbol{\alpha}_3$,有

$$(\boldsymbol{\beta}_i,\boldsymbol{\alpha}_j,\boldsymbol{\alpha}_k)=(\boldsymbol{\alpha}_1,\boldsymbol{\alpha}_2,\boldsymbol{\alpha}_3)\begin{pmatrix}a_{11} & 0 & 0\\ a_{21} & 1 & 0\\ a_{31} & 0 & 1\end{pmatrix}\triangleq(\boldsymbol{\alpha}_1,\boldsymbol{\alpha}_2,\boldsymbol{\alpha}_3)\boldsymbol{B},$$

因为 $|\boldsymbol{B}|=a_{11}\neq 0$,所以 $\boldsymbol{\beta}_i,\boldsymbol{\alpha}_j,\boldsymbol{\alpha}_k$ 为 V 的一组基。

10. 设 V 是 P 上 n 维线性空间,$\boldsymbol{\alpha}_1,\boldsymbol{\alpha}_2,\boldsymbol{\alpha}_3,\boldsymbol{\alpha}_4\in V,W=L(\boldsymbol{\alpha}_1,\boldsymbol{\alpha}_2,\boldsymbol{\alpha}_3,\boldsymbol{\alpha}_4)$,其中 $\boldsymbol{\alpha}_1,\boldsymbol{\alpha}_2,\boldsymbol{\alpha}_3,\boldsymbol{\alpha}_4$ 线性无关,又 $\boldsymbol{\beta}_1,\boldsymbol{\beta}_2\in W$ 且 $\boldsymbol{\beta}_1,\boldsymbol{\beta}_2$ 线性无关,求证:可用 $\boldsymbol{\beta}_1,\boldsymbol{\beta}_2$ 替换 $\boldsymbol{\alpha}_1,\boldsymbol{\alpha}_2,\boldsymbol{\alpha}_3,\boldsymbol{\alpha}_4$ 中的 2 个向量 $\boldsymbol{\alpha}_{i1},\boldsymbol{\alpha}_{i2}$,使得剩下的 2 个向量 $\boldsymbol{\alpha}_{i3},\boldsymbol{\alpha}_{i4}$ 与 $\boldsymbol{\beta}_1,\boldsymbol{\beta}_2$ 仍然生成子空间 W,也即

$$W=L(\boldsymbol{\beta}_1,\boldsymbol{\beta}_2,\boldsymbol{\alpha}_{i3},\boldsymbol{\alpha}_{i4})。$$

证明 不妨设 $W_1=L(\boldsymbol{\beta}_1,\boldsymbol{\beta}_2)$，则在4个向量 $\boldsymbol{\alpha}_1,\boldsymbol{\alpha}_2,\boldsymbol{\alpha}_3,\boldsymbol{\alpha}_4$ 中总可以找到2个向量不属于 W_1，否则的话，$\boldsymbol{\alpha}_1,\boldsymbol{\alpha}_2,\boldsymbol{\alpha}_3,\boldsymbol{\alpha}_4$ 中任意2个向量都属于 W_1。由于 $\boldsymbol{\alpha}_1,\boldsymbol{\alpha}_2\in W_1,\boldsymbol{\alpha}_2,\boldsymbol{\alpha}_3\in W_1$，且 W_1 是线性子空间，所以 $\boldsymbol{\alpha}_1,\boldsymbol{\alpha}_2,\boldsymbol{\alpha}_3\in W_1$，于是有

$$r(\boldsymbol{\alpha}_1,\boldsymbol{\alpha}_2,\boldsymbol{\alpha}_3)\leqslant r(\boldsymbol{\beta}_1,\boldsymbol{\beta}_2)\text{ 即 }3\leqslant 2,$$

矛盾。

于是在4个向量 $\boldsymbol{\alpha}_1,\boldsymbol{\alpha}_2,\boldsymbol{\alpha}_3,\boldsymbol{\alpha}_4$ 中总可以找到2个向量不属于 W_1，不妨记为 $\boldsymbol{\alpha}_{i3},\boldsymbol{\alpha}_{i4}$，用 $\boldsymbol{\beta}_1,\boldsymbol{\beta}_2$ 替换其他2个向量 $\boldsymbol{\alpha}_{i1},\boldsymbol{\alpha}_{i2}$，那么

$$r(\boldsymbol{\beta}_1,\boldsymbol{\beta}_2,\boldsymbol{\alpha}_{i3},\boldsymbol{\alpha}_{i4})=4。$$

若令 $U=L(\boldsymbol{\beta}_1,\boldsymbol{\beta}_2,\boldsymbol{\alpha}_{i3},\boldsymbol{\alpha}_{i4})$，注意到 $\boldsymbol{\beta}_1,\boldsymbol{\beta}_2,\boldsymbol{\alpha}_{i3},\boldsymbol{\alpha}_{i4}$ 可由 $\boldsymbol{\alpha}_1,\boldsymbol{\alpha}_2,\boldsymbol{\alpha}_3,\boldsymbol{\alpha}_4$ 线性表出，那么有 $U\subset W$，又 $\dim U=\dim W=4$，故 $U=W$。

11. 设 M 是线性空间 $P^{n\times n}$ 的一个非空子集合，假定 M 满足下列条件：

(1) M 中至少有一个非零矩阵；

(2)任取 $\boldsymbol{A},\boldsymbol{B}\in M$，有 $\boldsymbol{A}-\boldsymbol{B}\in M$；

(3)任取 $\boldsymbol{A}\in M,\boldsymbol{X}\in P^{n\times n}$，有 $\boldsymbol{AX}\in M,\boldsymbol{XA}\in M$。

求证：$M=P^{n\times n}$。

证明 首先，任取 $\boldsymbol{B}\in M$，取 $\boldsymbol{X}=\mathrm{diag}(k,k,\cdots,k)$，有 $k\boldsymbol{B}=\boldsymbol{XB}\in M$。特别地，$k=-1$ 时，$-\boldsymbol{B}\in M$，由(2)知 $\boldsymbol{A}+\boldsymbol{B}=\boldsymbol{A}-(-\boldsymbol{B})\in M$。从而 $P^{n\times n}$ 的非空子集合 M 对加法和数乘封闭，说明 M 是线性空间 $P^{n\times n}$ 的一个子空间。

其次，不妨设 $\boldsymbol{A}$ 为 M 的非零矩阵，且 $r(\boldsymbol{A})=r$，则存在 n 阶可逆阵 $\boldsymbol{P},\boldsymbol{Q}$，使

$$\boldsymbol{PAQ}=\begin{pmatrix}\boldsymbol{E}_r & \boldsymbol{O}\\ \boldsymbol{O} & \boldsymbol{O}\end{pmatrix},r>0。$$

由(3)知，$\begin{pmatrix}\boldsymbol{E}_r & \boldsymbol{O}\\ \boldsymbol{O} & \boldsymbol{O}\end{pmatrix}\in M$。

取 $\boldsymbol{X}=\mathrm{diag}(1,0,\cdots,0)$，再由(3)知

$$\boldsymbol{E}_{11}=\begin{pmatrix}\boldsymbol{E}_r & \boldsymbol{O}\\ \boldsymbol{O} & \boldsymbol{O}\end{pmatrix}\mathrm{diag}(1,0,\cdots,0)\in M。$$

对 $\boldsymbol{E}_{11}$ 作初等行、列变换相当于对其左、右乘相应初等矩阵，结合(3)知，$\boldsymbol{E}_{ii}\in M(i=1,2,\cdots,M)$。

又因 M 对加法封闭，所以 $\boldsymbol{E}=\sum\limits_{i=1}^{n}\boldsymbol{E}_{ii}\in M$，再由(3)知，$\boldsymbol{X}=\boldsymbol{EX}\in M$。故 $M=P^{n\times n}$。

12. 设 K,F,E 都是数域，满足 $K\subseteq F\subseteq E$，则在通常运算下，F 和 E 是数域 K 上线性空间，E 是数域 F 上线性空间。假定作为 K 上线性空间 F 是有限维的，作为 F 上线性空间 E 是有限维的，求证：作为 K 上线性空间 E 是有限维的。

证明 设 E 作为 F 上线性空间的一组基为 $\boldsymbol{v}_1,\boldsymbol{v}_2,\cdots,\boldsymbol{v}_n$，$F$ 作为 K 上线性空间的一组基为 $\boldsymbol{\mu}_1,\boldsymbol{\mu}_2,\cdots,\boldsymbol{\mu}_m$。

令 $\boldsymbol{x}\in E$，则有

$$x=\sum_{i=1}^{n}a_i\boldsymbol{v}_i(a_i\in F,i=1,2,\cdots,n),$$

对每个 $a_i\in F,i=1,2,\cdots,n$ ，又有

$$a_i=\sum_{j=1}^{m}b_{ij}\boldsymbol{\mu}_j,b_{ij}\in K\ (j=1,2,\cdots,m)。$$

于是

$$x=\sum_{i=1}^{n}\sum_{j=1}^{m}b_{ij}\boldsymbol{\mu}_j\boldsymbol{v}_i,$$

这表明 E 中每一个元素都可以表为 $\{\boldsymbol{\mu}_j\boldsymbol{v}_i\mid i=1,2,\cdots,n;j=1,2,\cdots,m\}$ 的线性组合，由于 m,n 为有限数，显然有作为 K 上线性空间 E 是有限维的。

13. 若 $\boldsymbol{\alpha}_1,\boldsymbol{\alpha}_2,\cdots,\boldsymbol{\alpha}_n$ 是 n 维线性空间 V 的一组基。求证：向量组 $\boldsymbol{\alpha}_1,\boldsymbol{\alpha}_1+\boldsymbol{\alpha}_2,\cdots,\boldsymbol{\alpha}_1+\boldsymbol{\alpha}_2+\cdots+\boldsymbol{\alpha}_n$ 也是线性空间 V 的一组基。又 $\boldsymbol{\alpha}$ 关于前一组基的坐标为 $(n,n-1,\cdots,2,1)$，求 $\boldsymbol{\alpha}$ 关于后一组基的坐标。

解　令 $\boldsymbol{\beta}_1=\boldsymbol{\alpha}_1,\boldsymbol{\beta}_2=\boldsymbol{\alpha}_1+\boldsymbol{\alpha}_2,\cdots,\boldsymbol{\beta}_n=\boldsymbol{\alpha}_1+\boldsymbol{\alpha}_2+\cdots+\boldsymbol{\alpha}_n$ ，则

$$(\boldsymbol{\beta}_1,\boldsymbol{\beta}_2\cdots,\boldsymbol{\beta}_n)=(\boldsymbol{\alpha}_1,\boldsymbol{\alpha}_2,\cdots,\boldsymbol{\alpha}_n)\begin{pmatrix}1&1&\cdots&1\\0&1&\cdots&1\\\vdots&\vdots&&\vdots\\0&0&\cdots&1\end{pmatrix}\triangleq(\boldsymbol{\alpha}_1,\boldsymbol{\alpha}_2,\cdots,\boldsymbol{\alpha}_n)\boldsymbol{A},$$

因为 $|\boldsymbol{A}|\neq 0$，所以 $r(\boldsymbol{\beta}_1,\boldsymbol{\beta}_2\cdots,\boldsymbol{\beta}_n)=r(\boldsymbol{A})=n$ ，从而 $\boldsymbol{\beta}_1,\boldsymbol{\beta}_2\cdots,\boldsymbol{\beta}_n$ 线性无关，故它是 V 的一组基。

设

$$\boldsymbol{\alpha}=x_1\boldsymbol{\beta}_1+x_2\boldsymbol{\beta}_2+\cdots+x_n\boldsymbol{\beta}_n=(\boldsymbol{\beta}_1,\boldsymbol{\beta}_2,\cdots,\boldsymbol{\beta}_n)\begin{pmatrix}x_1\\x_2\\\vdots\\x_n\end{pmatrix}$$

$$=(\boldsymbol{\alpha}_1,\boldsymbol{\alpha}_2,\cdots,\boldsymbol{\alpha}_n)\boldsymbol{A}\begin{pmatrix}x_1\\x_2\\\vdots\\x_n\end{pmatrix}=(\boldsymbol{\alpha}_1,\boldsymbol{\alpha}_2,\cdots,\boldsymbol{\alpha}_n)\begin{pmatrix}n\\n-1\\\vdots\\1\end{pmatrix},$$

所以

$$\boldsymbol{A}\begin{pmatrix}x_1\\x_2\\\vdots\\x_n\end{pmatrix}=\begin{pmatrix}n\\n-1\\\vdots\\1\end{pmatrix},$$

$$\Rightarrow\begin{pmatrix}x_1\\x_2\\\vdots\\x_n\end{pmatrix}=\boldsymbol{A}^{-1}\begin{pmatrix}n\\n-1\\\vdots\\1\end{pmatrix}=\begin{pmatrix}1&-1&0&\cdots&0\\0&1&-1&\cdots&0\\0&0&1&\cdots&0\\\vdots&\vdots&\vdots&&\vdots\\0&0&0&\cdots&1\end{pmatrix}\begin{pmatrix}n\\n-1\\\vdots\\1\end{pmatrix}=\begin{pmatrix}1\\1\\\vdots\\1\end{pmatrix}。$$

故 $\boldsymbol{\alpha}$ 在后一组基的坐标为 $(1,1,\cdots,1,1)$。

14. 设 V_1,V_2 是数域 P 上线性空间 V 的两个非平凡子空间。求证：V 中存在向量 $\boldsymbol{\alpha}$，$\boldsymbol{\alpha}\notin V_1$，$\boldsymbol{\alpha}\notin V_2$。

证明 由 V_1 是 V 的非平凡子空间，故存在 $\boldsymbol{\alpha}$，$\boldsymbol{\alpha}\notin V_1$，若 $\boldsymbol{\alpha}\notin V_2$，则结论成立。

若 $\boldsymbol{\alpha}\in V_2$，由 V_2 是 V 的非平凡子空间，存在 $\boldsymbol{\beta}\notin V_2$，若 $\boldsymbol{\beta}\notin V_1$，则结论也成立。

若 $\boldsymbol{\beta}\in V_1$，下证 $\boldsymbol{\alpha}+\boldsymbol{\beta}\notin V_1$，$\boldsymbol{\alpha}+\boldsymbol{\beta}\notin V_2$。

若 $\boldsymbol{\alpha}+\boldsymbol{\beta}\in V_1$，由 $\boldsymbol{\beta}\in V_1$，则 $\boldsymbol{\alpha}\in V_1$ 与 $\boldsymbol{\alpha}\notin V_1$ 矛盾，故 $\boldsymbol{\alpha}+\boldsymbol{\beta}\notin V_1$。

同理 $\boldsymbol{\alpha}+\boldsymbol{\beta}\notin V_2$。

故结论成立。

15. 设 $V_1,V_2,\cdots,V_s$ 是数域 P 上线性空间 V 的 s 个非平凡子空间。求证：V 中存在向量 $\boldsymbol{\alpha}$，使 $\boldsymbol{\alpha}\notin V_i(i=1,2,\cdots,s)$。

证明 对 s 用数学归纳法。

当 $s=2$ 时，由第 14 题知，结论成立。

我们对 s 个非平凡子空间 $V_1,V_2,\cdots,V_s$ 的情况进行证明。由归纳假设，存在向量 $\boldsymbol{\alpha}$，使 $\boldsymbol{\alpha}\notin V_i(i=1,2,\cdots,s-1)$。

若 $\boldsymbol{\alpha}\notin V_s$，则结论成立。

若 $\boldsymbol{\alpha}\in V_s$，由 V_s 是 V 的非平凡子空间，故存在 $\beta\notin V_s$，于是对 $\forall k\in P$，有 $k\alpha+\beta\notin V_s$。

$\forall k_1,k_2\in P$，$k_1\neq k_2$，则 $k_1\boldsymbol{\alpha}+\boldsymbol{\beta}$，$k_2\boldsymbol{\alpha}+\boldsymbol{\beta}$ 不属于同一个 $V_i(i=1,2,\cdots,s-1)$，否则，若存在 V_k，$1\leqslant k\leqslant s-1$，使 $k_1\boldsymbol{\alpha}+\boldsymbol{\beta}-k_2\boldsymbol{\alpha}-\boldsymbol{\beta}=(k_1-k_2)\boldsymbol{\alpha}\in V_k$，由于 $(k_1-k_2)\neq 0$，因而 $\boldsymbol{\alpha}\in V_k$，矛盾。

在 P 中，取 s 个互不相同的数 $k_1,k_2,\cdots,k_s$，由上述证明知在向量组 $k_1\boldsymbol{\alpha}+\boldsymbol{\beta}$，$k_2\boldsymbol{\alpha}+\boldsymbol{\beta}$，$\cdots$，$k_s\boldsymbol{\alpha}+\boldsymbol{\beta}$ 中，存在 k_j，$1\leqslant j\leqslant s$，使 $k_j\boldsymbol{\alpha}+\boldsymbol{\beta}$ 不属于 $V_1,V_2,\cdots,V_{s-1}$ 中的任何一个，而 $k_j\boldsymbol{\alpha}+\boldsymbol{\beta}\notin V_s$（否则 $\boldsymbol{\beta}\in V_s$，矛盾）。即有 $k_j\boldsymbol{\alpha}+\boldsymbol{\beta}$ 不属于 $V_1,V_2,\cdots,V_s$ 中的任何一个。

结论成立。

16. 设 $V_1,V_2,\cdots,V_s$ 是数域 P 上线性空间 V 的 s 个非平凡子空间，求证：V 中存在一组基 $\boldsymbol{\alpha}_1,\boldsymbol{\alpha}_2,\cdots,\boldsymbol{\alpha}_n$，使 $\{\boldsymbol{\alpha}_1,\boldsymbol{\alpha}_2,\cdots,\boldsymbol{\alpha}_n\}\cap(V_1\cup V_2\cup\cdots\cup V_s)=\varnothing$。

证明 因为 $V_1,V_2,\cdots,V_s$ 是数域 P 上线性空间 V 的 s 个非平凡子空间，由第 15 题知，存在 $\boldsymbol{\alpha}_1\notin V_i(i=1,2,\cdots,s)$。

令 $W_1=L(\boldsymbol{\alpha}_1)$，则 W_1 为 V 的非平凡子空间，同样存在 $\boldsymbol{\alpha}_2\notin V_i(i=1,2,\cdots,s)$，且 $\boldsymbol{\alpha}_2\notin W_1$。显然 $\boldsymbol{\alpha}_1,\boldsymbol{\alpha}_2$ 线性无关。

令 $W_2=L(\boldsymbol{\alpha}_1,\boldsymbol{\alpha}_2)$，则存在 $\boldsymbol{\alpha}_3\notin V_i(i=1,2,\cdots,s)$，且 $\boldsymbol{\alpha}_3\notin W_1$，$\boldsymbol{\alpha}_3\notin W_2$，且 $\boldsymbol{\alpha}_1,\boldsymbol{\alpha}_2,\boldsymbol{\alpha}_3$ 线性无关。

如此继续下去，可得线性无关向量组 $\boldsymbol{\alpha}_1,\boldsymbol{\alpha}_2,\cdots,\boldsymbol{\alpha}_n$（构成 V 的一组基），且有

$$\{\boldsymbol{\alpha}_1,\boldsymbol{\alpha}_2,\cdots,\boldsymbol{\alpha}_n\}\cap(V_1\cup V_2\cup\cdots\cup V_s)=\varnothing。$$

17. 设 V 是数域 P 上的 n 维线性空间，V 中有 s 组向量，且每一组都含有 t 个线性无关的向量 $\boldsymbol{\beta}_{i1},\cdots,\boldsymbol{\beta}_{it}(i=1,\cdots,s,t<n)$。求证：$V$ 中必存在 $n-t$ 个向量，它们与每一组的 t 个线

性无关向量的联合构成V的一组基。

证明　令$V=L(\boldsymbol{\beta}_{i1},\cdots,\boldsymbol{\beta}_{it})(i=1,2,\cdots,s)$，因为$t<n$，所以$V_i\ (i=1,2,\cdots,s)$是$V$的非平凡子空间。由第15题知，存在$\boldsymbol{\alpha}_1\in V$，但$\boldsymbol{\alpha}_1\notin V_i(i=1,2,\cdots,s)$。因而$\boldsymbol{\alpha}_1,\boldsymbol{\beta}_{i1},\cdots,\boldsymbol{\beta}_{it}(i=1,2,\cdots,s)$线性无关。

若$t+1<n$，令$W_i=L(\boldsymbol{\alpha}_1,\boldsymbol{\beta}_{i1},\cdots,\boldsymbol{\beta}_{it})$，$W_i\ (i=1,2,\cdots,s)$是$V$的非平凡子空间。同理，存在$\boldsymbol{\alpha}_2\in V$，使$\boldsymbol{\alpha}_1,\boldsymbol{\alpha}_2,\boldsymbol{\beta}_{i1},\cdots,\boldsymbol{\beta}_{it}\ (i=1,2,\cdots,s)$线性无关。

如此继续下去，可得V的$n-t$个向量$\boldsymbol{\alpha}_1,\boldsymbol{\alpha}_2,\cdots,\boldsymbol{\alpha}_{n-t}$，使得$\boldsymbol{\alpha}_1,\boldsymbol{\alpha}_2,\cdots,\boldsymbol{\alpha}_{n-t},\boldsymbol{\beta}_{i1},\cdots,\boldsymbol{\beta}_{it}$ $(i=1,2,\cdots,s)$为V的一组基。

18. 设S_1,S_2是线性空间V的子空间，如果$S_1\cup S_2$也是V的子空间，则有$S_1\subseteq S_2$或$S_2\subseteq S_1$。

证明　一般$S_1\cup S_2$与S_1+S_2不等，但在本题假设下可证

$$S_1\cup S_2=S_1+S_2。$$

事实上，$\forall\boldsymbol{\alpha}\in S_1\cup S_2$，有$\boldsymbol{\alpha}\in S_1$或$\boldsymbol{\alpha}\in S_2$，从而$\boldsymbol{\alpha}\in S_1+S_2$。此即

$$S_1\cup S_2\subseteq S_1+S_2。$$

另一方面，$\forall\boldsymbol{\beta}\in S_1+S_2$，有$\boldsymbol{\beta}=\boldsymbol{\beta}_1+\boldsymbol{\beta}_2$，其中$\boldsymbol{\beta}_1\in S_1,\boldsymbol{\beta}_2\in S_2$。于是

$$\boldsymbol{\beta}_1,\boldsymbol{\beta}_2\in S_1\cup S_2。$$

又$S_1\cup S_2$是V的子空间，所以$\boldsymbol{\beta}=\boldsymbol{\beta}_1+\boldsymbol{\beta}_2\in S_1\cup S_2$。此即

$$S_1+S_2\subseteq S_1\cup S_2。$$

从而

$$S_1\cup S_2=S_1+S_2。$$

用反证法，若S_1,S_2互不包含，则存在$\boldsymbol{\alpha}_1,\boldsymbol{\alpha}_2$，使得

$$\begin{cases}\boldsymbol{\alpha}_1\in S_1,\\ \boldsymbol{\alpha}_1\notin S_2,\end{cases}\text{或}\begin{cases}\boldsymbol{\alpha}_2\notin S_1,\\ \boldsymbol{\alpha}_2\in S_2,\end{cases}$$

那么

$$\boldsymbol{\alpha}_1+\boldsymbol{\alpha}_2\in S_1\cup S_2=S_1+S_2。$$

另一方面，若$\boldsymbol{\alpha}_1+\boldsymbol{\alpha}_2\in S_1$，则$\boldsymbol{\alpha}_2=\boldsymbol{\alpha}_1+\boldsymbol{\alpha}_2-\boldsymbol{\alpha}_1\in S_1$，矛盾。即证

$$\boldsymbol{\alpha}_1+\boldsymbol{\alpha}_2\notin S_1。$$

同理可证$\boldsymbol{\alpha}_1+\boldsymbol{\alpha}_2\notin S_2$。故$\boldsymbol{\alpha}_1+\boldsymbol{\alpha}_2\notin S_1\cup S_2=S_1+S_2$，矛盾。

即证$S_1\subseteq S_2$或$S_2\subseteq S_1$。

19. 设P为数域，在P^4中，设

$\boldsymbol{\alpha}_1=(1,1,0,1),\boldsymbol{\alpha}_2=(1,0,0,1),\boldsymbol{\alpha}_3=(1,1,-1,1),\boldsymbol{\beta}_1=(1,2,0,1),\boldsymbol{\beta}_2=(0,1,1,0)$，求$L(\boldsymbol{\alpha}_1,\boldsymbol{\alpha}_2,\boldsymbol{\alpha}_3)+L(\boldsymbol{\beta}_1,\boldsymbol{\beta}_2)$和$L(\boldsymbol{\alpha}_1,\boldsymbol{\alpha}_2,\boldsymbol{\alpha}_3)\cap L(\boldsymbol{\beta}_1,\boldsymbol{\beta}_2)$的维数和一组基。

解　由于$L(\boldsymbol{\alpha}_1,\boldsymbol{\alpha}_2,\boldsymbol{\alpha}_3)+L(\boldsymbol{\beta}_1,\boldsymbol{\beta}_2)=L(\boldsymbol{\alpha}_1,\boldsymbol{\alpha}_2,\boldsymbol{\alpha}_3,\boldsymbol{\beta}_1,\boldsymbol{\beta}_2)$，因此，只需求$\boldsymbol{\alpha}_1,\boldsymbol{\alpha}_2,\boldsymbol{\alpha}_3,\boldsymbol{\beta}_1,\boldsymbol{\beta}_2$的极大线性无关组即可。

$$(\boldsymbol{\alpha}_1,\boldsymbol{\alpha}_2,\boldsymbol{\alpha}_3,\boldsymbol{\beta}_1,\boldsymbol{\beta}_2)=\begin{pmatrix}1&1&1&1&0\\1&0&1&2&1\\0&0&-1&0&1\\1&1&1&1&0\end{pmatrix}\rightarrow\begin{pmatrix}1&0&0&2&2\\0&1&0&-1&-1\\0&0&1&0&-1\\0&0&0&0&0\end{pmatrix},$$

其极大无关组是$\boldsymbol{\alpha}_1,\boldsymbol{\alpha}_2,\boldsymbol{\alpha}_3$或$\boldsymbol{\alpha}_1,\boldsymbol{\alpha}_2,\boldsymbol{\beta}_2$或$\boldsymbol{\alpha}_1,\boldsymbol{\alpha}_3,\boldsymbol{\beta}_1$或$\boldsymbol{\alpha}_1,\boldsymbol{\beta}_1,\boldsymbol{\beta}_2$。它们都是$L(\boldsymbol{\alpha}_1,\boldsymbol{\alpha}_2,\boldsymbol{\alpha}_3)+L(\boldsymbol{\beta}_1,\boldsymbol{\beta}_2)$的基,因而$L(\boldsymbol{\alpha}_1,\boldsymbol{\alpha}_2,\boldsymbol{\alpha}_3)+L(\boldsymbol{\beta}_1,\boldsymbol{\beta}_2)$的维数是3。

下面求$L(\boldsymbol{\alpha}_1,\boldsymbol{\alpha}_2,\boldsymbol{\alpha}_3)\cap L(\boldsymbol{\beta}_1,\boldsymbol{\beta}_2)$的基与维数。

首先,给出P^4的一组基:

$$\begin{cases}\boldsymbol{\varepsilon}_1=(1,0,0,0),\\ \boldsymbol{\varepsilon}_2=(0,1,0,0),\\ \boldsymbol{\varepsilon}_3=(0,0,1,0),\\ \boldsymbol{\varepsilon}_4=(0,0,0,1)。\end{cases}$$

则$(\boldsymbol{\alpha}_1,\boldsymbol{\alpha}_2,\boldsymbol{\alpha}_3,\boldsymbol{\beta}_1,\boldsymbol{\beta}_2)=(\boldsymbol{\varepsilon}_1,\boldsymbol{\varepsilon}_2,\boldsymbol{\varepsilon}_3,\boldsymbol{\varepsilon}_4)\boldsymbol{A}$,其中,

$$\boldsymbol{A}=\begin{pmatrix}1&1&1&1&0\\1&0&1&2&1\\0&0&-1&0&1\\1&1&1&1&0\end{pmatrix}。$$

对$\forall\boldsymbol{\alpha}\in L(\boldsymbol{\alpha}_1,\boldsymbol{\alpha}_2,\boldsymbol{\alpha}_3)\cap L(\boldsymbol{\beta}_1,\boldsymbol{\beta}_2)$,设$\boldsymbol{\alpha}=x_1\boldsymbol{\alpha}_1+x_2\boldsymbol{\alpha}_2+x_3\boldsymbol{\alpha}_3=y_1\boldsymbol{\beta}_1+y_2\boldsymbol{\beta}_2$,则

$$\begin{aligned}\mathbf{0}&=x_1\boldsymbol{\alpha}_1+x_2\boldsymbol{\alpha}_2+x_3\boldsymbol{\alpha}_3-y_1\boldsymbol{\beta}_1-y_2\boldsymbol{\beta}_2\\&=(\boldsymbol{\alpha}_1,\boldsymbol{\alpha}_2,\boldsymbol{\alpha}_3,\boldsymbol{\beta}_1,\boldsymbol{\beta}_2)\begin{pmatrix}x_1\\x_2\\x_3\\-y_1\\-y_2\end{pmatrix}\\&=(\boldsymbol{\varepsilon}_1,\boldsymbol{\varepsilon}_2,\boldsymbol{\varepsilon}_3,\boldsymbol{\varepsilon}_4)\boldsymbol{A}\begin{pmatrix}x_1\\x_2\\x_3\\-y_1\\-y_2\end{pmatrix},\end{aligned}$$

故由$\boldsymbol{A}\begin{pmatrix}x_1\\x_2\\x_3\\-y_1\\-y_2\end{pmatrix}=\mathbf{0}$,解此方程组得其一组基础解系:$\begin{pmatrix}-2\\1\\0\\1\\0\end{pmatrix}$,$\begin{pmatrix}-2\\1\\1\\0\\1\end{pmatrix}$。

因此,$L(\boldsymbol{\alpha}_1,\boldsymbol{\alpha}_2,\boldsymbol{\alpha}_3)\cap L(\boldsymbol{\beta}_1,\boldsymbol{\beta}_2)$的维数为2,它的一组基是

$$\boldsymbol{\beta}_1,\boldsymbol{\beta}_2\text{ 或 }-2\boldsymbol{\alpha}_1+\boldsymbol{\alpha}_2,-2\boldsymbol{\alpha}_1+\boldsymbol{\alpha}_2+\boldsymbol{\alpha}_3。$$

20.设P为数域,在$P^{2\times2}$中,令

$$V_1=\left\{\begin{pmatrix}x&-x\\y&z\end{pmatrix}\middle|x,y,z\in P\right\},V_2=\left\{\begin{pmatrix}a&b\\-a&c\end{pmatrix}\middle|a,b,c\in P\right\}$$

(1)求证:V_1和V_2均为$P^{2\times2}$的子空间;

(2)求 V_1+V_2 和 $V_1\cap V_2$ 的维数与基。

(1)**证明**　显然 V_1 和 V_2 对加法和数乘都封闭，故 V_1 和 V_2 均为 $P^{2\times2}$ 的子空间。

(2)**解**　易知，$\dim(V_1)=3$，其一组基是 $\begin{pmatrix}1&-1\\0&0\end{pmatrix},\begin{pmatrix}0&0\\1&0\end{pmatrix},\begin{pmatrix}0&0\\0&1\end{pmatrix}$，$\dim(V_2)=3$，其一组基是 $\begin{pmatrix}1&0\\-1&0\end{pmatrix},\begin{pmatrix}0&1\\0&0\end{pmatrix},\begin{pmatrix}0&0\\0&1\end{pmatrix}$，即

$$V_1=L\left(\begin{pmatrix}1&-1\\0&0\end{pmatrix},\begin{pmatrix}0&0\\1&0\end{pmatrix},\begin{pmatrix}0&0\\0&1\end{pmatrix}\right),V_2=\left(\begin{pmatrix}1&0\\-1&0\end{pmatrix},\begin{pmatrix}0&1\\0&0\end{pmatrix},\begin{pmatrix}0&0\\0&1\end{pmatrix}\right),$$

于是，$\dim(V_1)+\dim(V_2)=6$。

$$V_1+V_2=L\left(\begin{pmatrix}1&-1\\0&0\end{pmatrix},\begin{pmatrix}0&0\\1&0\end{pmatrix},\begin{pmatrix}1&0\\-1&0\end{pmatrix},\begin{pmatrix}0&1\\0&0\end{pmatrix}\begin{pmatrix}0&0\\0&1\end{pmatrix}\right),$$

由于 $\begin{pmatrix}1&0\\-1&0\end{pmatrix},\begin{pmatrix}0&0\\1&0\end{pmatrix},\begin{pmatrix}0&1\\0&0\end{pmatrix},\begin{pmatrix}0&0\\0&1\end{pmatrix}$ 是 V_1+V_2 的一组基，于是

$$V_1+V_2=L\left(\begin{pmatrix}1&-1\\0&0\end{pmatrix},\begin{pmatrix}0&0\\1&0\end{pmatrix},\begin{pmatrix}0&1\\0&0\end{pmatrix}\begin{pmatrix}0&0\\0&1\end{pmatrix}\right)。$$

因而，$\dim(V_1+V_2)=4$。

由维数公式，$\dim(V_1\cap V_2)=2$，设 $\begin{pmatrix}x_1&x_2\\x_3&x_4\end{pmatrix}\in V_1\cap V_2$，则有 $x_2=-x_1=x_3$，因而 $\begin{pmatrix}1&-1\\-1&0\end{pmatrix},\begin{pmatrix}0&0\\0&1\end{pmatrix}\in V_1\cap V_2$，

由于 $\begin{pmatrix}1&-1\\-1&0\end{pmatrix},\begin{pmatrix}0&0\\0&1\end{pmatrix}$ 线性无关，故 $\begin{pmatrix}1&-1\\-1&0\end{pmatrix},\begin{pmatrix}0&0\\0&1\end{pmatrix}$ 是 $V_1\cap V_2$ 的基，即

$$V_1\cap V_2=L\left(\begin{pmatrix}1&-1\\-1&0\end{pmatrix},\begin{pmatrix}0&0\\0&1\end{pmatrix}\right)。$$

21. 若 n 维线性空间的 2 个线性子空间的和的维数减 1 等于它们交的维数。求证：它们的和与其中一个子空间相等，它们的交与其中另外一个子空间相等。

证明　设这 2 个子空间分别为 V_1,V_2，由题设可得

$$\dim(V_1+V_2)=\dim(V_1\cap V_2)+1。$$

设 $\dim(V_1\cap V_2)=m,\dim(V_1)=p$，由上式有

$$m=\dim(V_1\cap V_2)\leqslant\dim(V_1)=p\leqslant\dim(V_1+V_2)=m+1。$$

则 p 只有 2 种可能。

(1)当 $p=m$ 时，有

$$\dim(V_1\cap V_2)=\dim(V_1),$$
$$V_1\cap V_2\subseteq V_1。$$

则 $V_1\cap V_2=V_1$。此即 $V_1\subseteq V_2$。从而 $V_1+V_2=V_2$，即证结论。

(2)当 $p=m+1$ 时，有

$$\dim(V_1+V_2)=\dim(V_1),$$

显然 $V_1 \subseteq V_1 + V_2$，则 $V_1 = V_1 + V_2$。于是 $V_2 \subseteq V_1$，从而 $V_1 \cap V_2 = V_2$。结论也得证。

22. 设 V_1, V_2 分别为 n 元齐次线性方程组 $\boldsymbol{Ax}=\boldsymbol{0}$ 与 $\boldsymbol{Bx}=\boldsymbol{0}$ 的解空间。试构造两个 n 元齐次线性方程组，使它们的解空间分别为 $V_1 \cap V_2$ 和 $V_1 + V_2$。

解 考虑线性方程组 $\begin{pmatrix}\boldsymbol{A}\\ \boldsymbol{B}\end{pmatrix}\boldsymbol{x}=\boldsymbol{0}$，记它的解空间为 V_3，下证 $V_3 = V_1 \cap V_2$。

若 $\boldsymbol{x} \in V_3$，那么显然有 $\boldsymbol{Ax}=\boldsymbol{0}$ 且 $\boldsymbol{Bx}=\boldsymbol{0}$，即 $V_3 \subseteq V_1 \cap V_2$。

而若 $x \in V_1 \cap V_2$，那么有 $\boldsymbol{Ax}=\boldsymbol{0}$ 且 $\boldsymbol{Bx}=\boldsymbol{0}$，显然有 $\begin{pmatrix}\boldsymbol{A}\\ \boldsymbol{B}\end{pmatrix}\boldsymbol{x}=\boldsymbol{0}$，即有 $V_1 \cap V_2 \subseteq V_3$，于是有 $V_3 = V_1 \cap V_2$。

另记 $\boldsymbol{A}^{\mathrm{T}}$ 的 n 个列向量为 $\boldsymbol{\alpha}_1, \boldsymbol{\alpha}_2, \cdots, \boldsymbol{\alpha}_n$，记 $\boldsymbol{B}^{\mathrm{T}}$ 的 n 个列向量为 $\boldsymbol{\beta}_1, \boldsymbol{\beta}_2, \cdots, \boldsymbol{\beta}_n$，

取子空间 $L(\boldsymbol{\alpha}_1, \boldsymbol{\alpha}_2, \cdots, \boldsymbol{\alpha}_n) \cap L(\boldsymbol{\beta}_1, \boldsymbol{\beta}_2, \cdots, \boldsymbol{\beta}_n)$ 的一个基，不妨设为 $\boldsymbol{\gamma}_1, \boldsymbol{\gamma}_2, \cdots, \boldsymbol{\gamma}_n$，并令 $\boldsymbol{C}^{\mathrm{T}} = (\boldsymbol{\gamma}_1, \boldsymbol{\gamma}_2, \cdots, \boldsymbol{\gamma}_n)$。

考虑方程组 $\boldsymbol{Cx}=\boldsymbol{0}$，记它的解空间为 V_4，下证 $V_4 = V_1 + V_2$。

注意到

$$L(\boldsymbol{\gamma}_1, \boldsymbol{\gamma}_2, \cdots, \boldsymbol{\gamma}_n) = L(\boldsymbol{\alpha}_1, \boldsymbol{\alpha}_2, \cdots, \boldsymbol{\alpha}_n) \cap L(\boldsymbol{\beta}_1, \boldsymbol{\beta}_2, \cdots, \boldsymbol{\beta}_n),$$

两边同取正交补，有

$$V_4 = V_1 + V_2。$$

23. 求证：有限维线性空间 V 的任何非零真子空间均可表示为若干个 $n-1$ 维子空间的交，这里 $\dim(V)=n$。

证明 设 W 为 V 的非零真子空间。

若 $\dim(W)=n-1$，则结论显然成立(因为 $W = W \cap W$)。

若 $\dim(W)=r \leqslant n-2$，令 $\boldsymbol{e}_1, \boldsymbol{e}_2, \cdots, \boldsymbol{e}_r$ 为 W 一组基，扩充为 V 的一组基 $\boldsymbol{e}_1, \boldsymbol{e}_2, \cdots, \boldsymbol{e}_r, \boldsymbol{e}_{r+1}, \cdots, \boldsymbol{e}_n$，令

$$\begin{aligned} W_1 &= L(\boldsymbol{e}_1, \boldsymbol{e}_2, \cdots, \boldsymbol{e}_r, \boldsymbol{e}_{r+1}, \cdots, \boldsymbol{e}_{n-1}), \\ W_2 &= L(\boldsymbol{e}_1, \boldsymbol{e}_2, \cdots, \boldsymbol{e}_r, \boldsymbol{e}_{r+1}+\boldsymbol{e}_n, \cdots, \boldsymbol{e}_{n-1}), \\ &\vdots \\ W_{n-r} &= L(\boldsymbol{e}_1, \boldsymbol{e}_2, \cdots, \boldsymbol{e}_r, \boldsymbol{e}_{r+1}, \cdots, \boldsymbol{e}_{n-1}+\boldsymbol{e}_n)。\end{aligned}$$

显然，$W \subseteq \bigcap\limits_{i=1}^{n-r} W_i$。又任取 $\boldsymbol{\alpha} \in \bigcap\limits_{i=1}^{n-r} W_i$，令

$$\begin{aligned} \boldsymbol{\alpha} &= k_1\boldsymbol{e}_1 + k_2\boldsymbol{e}_2 + \cdots + k_r\boldsymbol{e}_r + k_{r+1}\boldsymbol{e}_{r+1} + \cdots + k_{n-1}\boldsymbol{e}_{n-1} \\ &= l_1\boldsymbol{e}_1 + l_2\boldsymbol{e}_2 + \cdots + l_r\boldsymbol{e}_r + l_{r+1}(\boldsymbol{e}_{r+1}+\boldsymbol{e}_n) + \cdots + l_{n-1}\boldsymbol{e}_{n-1}, \end{aligned} \tag{6-3}$$

则

$$\sum_{i=1}^{n-1}(k_i - l_i)\boldsymbol{e}_i - l_{r+1}\boldsymbol{e}_n = \boldsymbol{0}。$$

由 $\boldsymbol{e}_1, \boldsymbol{e}_2, \cdots, \boldsymbol{e}_n$ 线性无关可知，$l_{r+1}=0, k_i = l_i, 1 \leqslant i \leqslant n-1$，代回式(6-3)得，$k_{r+1}=0$。

同理：$k_{r+2} = \cdots = k_{n-1} = 0$，所以 $\boldsymbol{\alpha} \in W$。

故 $W_1 \cap W_2 \cap \cdots \cap W_{n-r} \subseteq W$，因此

$$W=W_1\cap W_2\cap\cdots\cap W_{n-r}。$$

从而结论成立。

24. 设 P 为数域，$\boldsymbol{A}\in P^{n\times s}$，$\boldsymbol{B}\in P^{s\times n}$，$\boldsymbol{\alpha}\in P^n$，求证：

(1) $W=\{\boldsymbol{B\alpha}\mid\boldsymbol{AB\alpha}=\boldsymbol{0}\}$ 是 P^s 的子空间。

(2) $\dim W=r(\boldsymbol{B})-r(\boldsymbol{AB})$。

证明　(1)对 $\forall\boldsymbol{B\alpha},\boldsymbol{C\alpha}\in W$，其中 $\boldsymbol{B},\boldsymbol{C}\in P^{s\times n}$，$\forall k\in P$，有

$$\boldsymbol{A}(\boldsymbol{B\alpha}+\boldsymbol{C\alpha})=\boldsymbol{AB\alpha}+\boldsymbol{AC\alpha}=\boldsymbol{0},\boldsymbol{A}(k\boldsymbol{B\alpha})=k(\boldsymbol{AB\alpha})=\boldsymbol{0},$$

所以 $\boldsymbol{B\alpha}+\boldsymbol{C\alpha}\in W$，$k\boldsymbol{B\alpha}\in W$，即 W 是 P^s 的子空间。

(2)设 $r(\boldsymbol{B})=r$，$r(\boldsymbol{AB})=t$，则

$$\boldsymbol{BX}=\boldsymbol{0}\text{ 的解空间 }V_1\text{ 的维数为 }p=n-r,$$

$$\boldsymbol{ABX}=\boldsymbol{0}\text{ 的解空间 }V_2\text{ 的维数为 }q=n-t,$$

设 $\boldsymbol{\alpha}\in P^n$，使 $\boldsymbol{B\alpha}=\boldsymbol{0}$，则有 $\boldsymbol{AB\alpha}=\boldsymbol{0}$，所以 $V_1\subset V_2$。

取 V_1 的一组基 $\boldsymbol{\alpha}_1,\boldsymbol{\alpha}_2,\cdots,\boldsymbol{\alpha}_p$ 将其扩充为 V_2 的基 $\boldsymbol{\alpha}_1,\boldsymbol{\alpha}_2,\cdots,\boldsymbol{\alpha}_p,\boldsymbol{\alpha}_{p+1},\cdots,\boldsymbol{\alpha}_q$。由 $W=\{\boldsymbol{B\alpha}\mid\boldsymbol{AB\alpha}=\boldsymbol{0}\}$，则

$$W=L(\boldsymbol{B\alpha}_1,\boldsymbol{B\alpha}_2,\cdots,\boldsymbol{B\alpha}_p,\boldsymbol{B\alpha}_{p+1},\cdots,\boldsymbol{B\alpha}_q)$$

由 $\boldsymbol{B\alpha}_1=\cdots=\boldsymbol{B\alpha}_p=\boldsymbol{0}$，故 $W=L(\boldsymbol{B\alpha}_{p+1},\cdots,\boldsymbol{B\alpha}_q)$。

下证 $\boldsymbol{B\alpha}_{p+1},\cdots,\boldsymbol{B\alpha}_q$ 线性无关。

设 $x_{p+1}\boldsymbol{B\alpha}_{p+1}+\cdots+x_q\boldsymbol{B\alpha}_q=\boldsymbol{0}$，则 $\boldsymbol{B}(x_{p+1}\boldsymbol{\alpha}_{p+1}+\cdots+x_q\boldsymbol{\alpha}_q)=\boldsymbol{0}$，因而，

$$x_{p+1}\boldsymbol{\alpha}_{p+1}+\cdots+x_q\boldsymbol{\alpha}_q\in V_1,$$

于是，存在 $y_1,\cdots,y_p$，使 $x_{p+1}\boldsymbol{\alpha}_{p+1}+\cdots+x_q\boldsymbol{\alpha}_q=y_1\boldsymbol{\alpha}_1+\cdots y_p\boldsymbol{\alpha}_p$。

由于 $\boldsymbol{\alpha}_1,\cdots\boldsymbol{\alpha}_p,\boldsymbol{\alpha}_{p+1},\cdots,\boldsymbol{\alpha}_q$ 为 V_2 的基，因而 $x_{p+1}=\cdots=x_q=0$，故 $\boldsymbol{B\alpha}_{p+1},\cdots,\boldsymbol{B\alpha}_q$ 线性无关，因此，

$$\dim W=p-q=(n-t)-(n-r)=r-t=r(\boldsymbol{B})-r(\boldsymbol{AB})。$$

25. 设 $W=L(\boldsymbol{\alpha}_1,\cdots,\boldsymbol{\alpha}_r)$ 是 n 维线性空间 V 的一个 r 维真子空间，其直和补 $W'=L(\boldsymbol{\beta}_1,\cdots,\boldsymbol{\beta}_{n-r})$，又设 $M=L(\boldsymbol{\eta}_1,\cdots,\boldsymbol{\eta}_{n-r})$，$\dim M=n-r$，且

$$(\boldsymbol{\eta}_1,\cdots,\boldsymbol{\eta}_{n-r})=(\boldsymbol{\alpha}_1,\cdots,\boldsymbol{\alpha}_r,\boldsymbol{\beta}_1,\cdots,\boldsymbol{\beta}_{n-r})\begin{pmatrix}\boldsymbol{A}_1\\ \boldsymbol{A}_2\end{pmatrix},$$

其中，$\boldsymbol{A}_1$ 为 $r\times(n-r)$ 矩阵，$\boldsymbol{A}_2$ 为 $(n-r)\times(n-r)$ 矩阵，则 M 为 W 直和补的充分必要条件是 $|\boldsymbol{A}_2|\neq0$。

证明　必要性。因为 M 为 W 直和补，所以 $\boldsymbol{\alpha}_1,\cdots,\boldsymbol{\alpha}_r,\boldsymbol{\eta}_1,\cdots,\boldsymbol{\eta}_{n-r}$ 是 V 的一组基。又由题设得

$$(\boldsymbol{\alpha}_1,\cdots,\boldsymbol{\alpha}_r,\boldsymbol{\eta}_1,\cdots,\boldsymbol{\eta}_{n-r})=(\boldsymbol{\alpha}_1,\cdots,\boldsymbol{\alpha}_r,\boldsymbol{\beta}_1,\cdots,\boldsymbol{\beta}_{n-r})\begin{pmatrix}\boldsymbol{E}_r & \boldsymbol{A}_1\\ \boldsymbol{O} & \boldsymbol{A}_2\end{pmatrix}。$$

所以

$$\begin{vmatrix}\boldsymbol{E}_r & \boldsymbol{A}_1\\ \boldsymbol{O} & \boldsymbol{A}_2\end{vmatrix}=|\boldsymbol{A}_2|\neq0。$$

充分性。因为

$$(\boldsymbol{\alpha}_1,\cdots,\boldsymbol{\alpha}_r,\boldsymbol{\eta}_1,\cdots,\boldsymbol{\eta}_{n-r})=(\boldsymbol{\alpha}_1,\cdots,\boldsymbol{\alpha}_r,\boldsymbol{\beta}_1,\cdots,\boldsymbol{\beta}_{n-r})\begin{pmatrix}\boldsymbol{E}_r & \boldsymbol{A}_1\\ \boldsymbol{O} & \boldsymbol{A}_2\end{pmatrix},$$

而

$$\begin{vmatrix}\boldsymbol{E}_r & \boldsymbol{A}_1\\ \boldsymbol{O} & \boldsymbol{A}_2\end{vmatrix}=|\boldsymbol{A}_2|\neq 0,$$

所以 $\boldsymbol{\alpha}_1,\cdots,\boldsymbol{\alpha}_r,\boldsymbol{\eta}_1,\cdots,\boldsymbol{\eta}_{n-r}$ 是 V 的一组基。

故 $V=L(\boldsymbol{\alpha}_1,\cdots,\boldsymbol{\alpha}_r)\oplus L(\boldsymbol{\eta}_1,\cdots,\boldsymbol{\eta}_{n-r})$，即 M 为 W 直和补。

26. 求证：有限维线性空间的非平凡子空间的补子空间不是唯一的。

证明　设 V_1 是 n 维线性空间 V 的非平凡子空间，$\boldsymbol{\varepsilon}_1,\boldsymbol{\varepsilon}_2,\cdots,\boldsymbol{\varepsilon}_r$ 是 V_1 的一组基，将它扩充为 V 的一组基 $\boldsymbol{\varepsilon}_1,\boldsymbol{\varepsilon}_2,\cdots,\boldsymbol{\varepsilon}_r,\boldsymbol{\varepsilon}_{r+1},\cdots,\boldsymbol{\varepsilon}_n$。

令 $V_2=L(\boldsymbol{\varepsilon}_{r+1},\cdots,\boldsymbol{\varepsilon}_n)$，则 $V=V_1\oplus V_2$，从而 V_2 是 V_1 的一个补子空间。

又令 $V_3=L(\boldsymbol{\varepsilon}_1+\boldsymbol{\varepsilon}_{r+1},\boldsymbol{\varepsilon}_{r+2},\cdots,\boldsymbol{\varepsilon}_n)$，显然 $\boldsymbol{\varepsilon}_1,\boldsymbol{\varepsilon}_2,\cdots,\boldsymbol{\varepsilon}_r,\boldsymbol{\varepsilon}_1+\boldsymbol{\varepsilon}_{r+1},\boldsymbol{\varepsilon}_{r+2}\cdots,\boldsymbol{\varepsilon}_n$ 也是 V 的一组基，于是 $V=V_1\oplus V_3$，即 V_3 也是 V_1 的一个补子空间。

因 $\boldsymbol{\varepsilon}_1+\boldsymbol{\varepsilon}_{r+1}\notin V_2$，否则，$\boldsymbol{\varepsilon}_1+\boldsymbol{\varepsilon}_{r+1}$ 可由 $\boldsymbol{\varepsilon}_{r+1},\cdots,\boldsymbol{\varepsilon}_n$ 线性表出，从而 $\boldsymbol{\varepsilon}_1$ 可由 $\boldsymbol{\varepsilon}_{r+1},\cdots,\boldsymbol{\varepsilon}_n$ 线性表出，矛盾，所以 $V_2\neq V_3$。故结论成立。

27. 若 V 是有限维线性空间，V_1 是 V 的非零子空间，求证：存在唯一的 V 的子空间 V_2，使

$$V=V_1\oplus V_2$$

的充分必要条件是 $V_1=V$。

证明　充分性。显然成立。

必要性。设 V_1 为 V 的非零真子空间，$\boldsymbol{\varepsilon}_1,\boldsymbol{\varepsilon}_2,\cdots,\boldsymbol{\varepsilon}_m$ 是 V_1 的一组基，则 $1\leqslant m<n$，然后扩充为 V 的一组基 $\boldsymbol{\varepsilon}_1,\boldsymbol{\varepsilon}_2,\cdots,\boldsymbol{\varepsilon}_m,\boldsymbol{\varepsilon}_{m+1},\cdots,\boldsymbol{\varepsilon}_n$，令

$$V_2=L(\boldsymbol{\varepsilon}_{m+1},\cdots,\boldsymbol{\varepsilon}_n),$$

则 $V=V_1\oplus V_2$，又令

$$V_2'=L(\boldsymbol{\varepsilon}_{m+1}+\boldsymbol{\varepsilon}_1,\boldsymbol{\varepsilon}_{m+2},\cdots,\boldsymbol{\varepsilon}_n),$$

从而 $\boldsymbol{\varepsilon}_1,\boldsymbol{\varepsilon}_2,\cdots,\boldsymbol{\varepsilon}_m,\boldsymbol{\varepsilon}_{m+1}+\boldsymbol{\varepsilon}_1,\boldsymbol{\varepsilon}_{m+2},\cdots,\boldsymbol{\varepsilon}_n$ 也为 V 的一组基。

事实上，由于

$$(\boldsymbol{\varepsilon}_1,\boldsymbol{\varepsilon}_2,\cdots,\boldsymbol{\varepsilon}_m,\boldsymbol{\varepsilon}_{m+1}+\boldsymbol{\varepsilon}_1,\boldsymbol{\varepsilon}_{m+2},\cdots,\boldsymbol{\varepsilon}_n)=(\boldsymbol{\varepsilon}_1,\boldsymbol{\varepsilon}_2,\cdots,\boldsymbol{\varepsilon}_n)\begin{pmatrix}1 & \cdots & 1 & \cdots & 0\\ \vdots & \ddots & \vdots & \ddots & \vdots\\ 0 & \cdots & 1 & \cdots & 0\\ \vdots & \ddots & \vdots & \ddots & \vdots\\ 0 & \cdots & 0 & \cdots & 1\end{pmatrix},$$

由上式右端矩阵的行列式为 1，可知 $\boldsymbol{\varepsilon}_1,\boldsymbol{\varepsilon}_2,\cdots,\boldsymbol{\varepsilon}_m,\boldsymbol{\varepsilon}_{m+1}+\boldsymbol{\varepsilon}_1,\boldsymbol{\varepsilon}_{m+2},\cdots,\boldsymbol{\varepsilon}_n$ 线性无关，从而是 V 的一组基，故 $V=V_1\oplus V_2'$。

下证 $V_2\neq V_2'$。用反证法，若 $V_2=V_2'$，则有

$$\boldsymbol{\varepsilon}_{m+1}\in V_2,\boldsymbol{\varepsilon}_{m+1}+\boldsymbol{\varepsilon}_1\in V_2\Rightarrow\boldsymbol{\varepsilon}_1\in V_2,$$

这是不可能的。因为由 $\boldsymbol{\varepsilon}_1\in V_1$，有 $\boldsymbol{\varepsilon}_1\in V_1\cap V_2$，而 $V_1\cap V_2=\{\mathbf{0}\}$，所以 $\boldsymbol{\varepsilon}_1=\mathbf{0}$，矛盾。所以 $V_1=V$。

28. 设 V 是 n 维线性空间，V_1 是 V 的子空间，且 $\dim(V_1)\geqslant \frac{n}{2}$，则存在 V 的子空间 W_1，W_2，使

$$V=V_1\oplus W_1=V_1\oplus W_2。$$

而 $W_1\cap W_2=\{\mathbf{0}\}$ 。问 $\dim(V_1)<\frac{n}{2}$ 时，上述结论成立否？

证明　设 V_1 的一组基是 $\boldsymbol{\varepsilon}_1,\boldsymbol{\varepsilon}_2,\cdots,\boldsymbol{\varepsilon}_m$，然后扩充为 V 的一组基 $\boldsymbol{\varepsilon}_1,\boldsymbol{\varepsilon}_2,\cdots,\boldsymbol{\varepsilon}_m,\boldsymbol{\varepsilon}_{m+1},\cdots,\boldsymbol{\varepsilon}_n$，令

$$W_1=L(\boldsymbol{\varepsilon}_{m+1},\cdots,\boldsymbol{\varepsilon}_n),$$

则 $V=V_1\oplus W_1$，又令

$$W_2=L(\boldsymbol{\varepsilon}_{m+1}+\boldsymbol{\varepsilon}_1,\boldsymbol{\varepsilon}_{m+2}+\boldsymbol{\varepsilon}_2,\cdots,\boldsymbol{\varepsilon}_n+\boldsymbol{\varepsilon}_{n-r}),$$

而 $\boldsymbol{\varepsilon}_1,\boldsymbol{\varepsilon}_2,\cdots,\boldsymbol{\varepsilon}_m,\boldsymbol{\varepsilon}_{m+1}+\boldsymbol{\varepsilon}_1,\boldsymbol{\varepsilon}_{m+2}+\boldsymbol{\varepsilon}_2,\cdots,\boldsymbol{\varepsilon}_n+\boldsymbol{\varepsilon}_{n-r}$ 为 V 的一组基，从而

$$V=V_1\oplus W_2。$$

设 $\boldsymbol{\alpha}\in W_1\cap W_2$，则

$$\boldsymbol{\alpha}=k_{m+1}(\boldsymbol{\varepsilon}_{m+1}+\boldsymbol{\varepsilon}_1)+\cdots+k_n(\boldsymbol{\varepsilon}_n+\boldsymbol{\varepsilon}_{n-r})=l_{m+1}\boldsymbol{\varepsilon}_{m+1}+\cdots+l_n\boldsymbol{\varepsilon}_n,$$

得到 $k_{m+1}=\cdots=k_n=0$，进而 $\boldsymbol{\alpha}=\mathbf{0}$，即证 $W_1\cap W_2=\{\mathbf{0}\}$ 。

若 $\dim(V_1)<\frac{n}{2}$ 时，上述结论不成立。

用反证法。设 $V=V_1\oplus W_1=V_1\oplus W_2$，而 $W_1\cap W_2=\{\mathbf{0}\}$ 。令 $\boldsymbol{\varepsilon}_{m+1},\cdots,\boldsymbol{\varepsilon}_n$ 是 W_1 的一组基，$\boldsymbol{\eta}_{m+1},\cdots,\boldsymbol{\eta}_n$ 是 W_2 的一组基，则 $\boldsymbol{\varepsilon}_{m+1},\cdots,\boldsymbol{\varepsilon}_n,\boldsymbol{\eta}_{m+1},\cdots,\boldsymbol{\eta}_n$ 线性无关。事实上，考查

$$k_{m+1}\boldsymbol{\varepsilon}_{m+1}+\cdots+k_n\boldsymbol{\varepsilon}_n+l_{m+1}\boldsymbol{\eta}_{m+1}+\cdots+l_n\boldsymbol{\eta}_n=\mathbf{0},$$

所以

$$k_{m+1}\boldsymbol{\varepsilon}_{m+1}+\cdots+k_n\boldsymbol{\varepsilon}_n=-l_{m+1}\boldsymbol{\eta}_{m+1}-\cdots-l_n\boldsymbol{\eta}_n\in W_1\cap W_2=\{\mathbf{0}\},$$

因此

$$k_{m+1}\boldsymbol{\varepsilon}_{m+1}+\cdots+k_n\boldsymbol{\varepsilon}_n=\mathbf{0},$$

因为 $\boldsymbol{\varepsilon}_{m+1},\cdots,\boldsymbol{\varepsilon}_n$ 线性无关，所以

$$k_{m+1}=\cdots=k_n=0,$$

同理

$$l_{m+1}=\cdots=l_n=0,$$

从而 $\boldsymbol{\varepsilon}_{m+1},\cdots,\boldsymbol{\varepsilon}_n,\boldsymbol{\eta}_{m+1},\cdots,\boldsymbol{\eta}_n$ 线性无关。

而 $\boldsymbol{\varepsilon}_{m+1},\cdots,\boldsymbol{\varepsilon}_n,\boldsymbol{\eta}_{m+1},\cdots,\boldsymbol{\eta}_n$ 共有 $n-m+n-m=n+(n-2m)$ 个向量，因为 $m<\frac{n}{2}$，所以 $n-2m>0$，故 $n-m+n-m>n$，即 n 维线性空间 V 有多于 n 个线性无关的一组向量，矛盾。从而结论成立。

29. 设 V 是 n 维线性空间，V_1,V_2 是 V 的非零真子空间，且维数相等，则存在 V 的子空间 W，使

$$V=V_1\oplus W=V_2\oplus W,$$

证明　设 $\dim V_1=\dim V_2=m$ 。对 $n-m$ 作归纳。

当 $n-m=1$ 时，因为 V_1,V_2 是 V 的非零真子空间，所以存在 $\boldsymbol{\varepsilon}\in V$，使 $\boldsymbol{\varepsilon}\notin V_i$，$i=1,2$。则

取 $W=L(\boldsymbol{\varepsilon})$ 即可。

假设命题对 $n-m=k$ 时成立。

当 $n-m=k+1$ 时,可令

$$V_1=L(\boldsymbol{\alpha}_1,\boldsymbol{\alpha}_2,\cdots,\boldsymbol{\alpha}_m),V_2=L(\boldsymbol{\beta}_1,\boldsymbol{\beta}_2,\cdots,\boldsymbol{\beta}_m),\boldsymbol{\varepsilon}\notin V_1,\boldsymbol{\varepsilon}\notin V_2,$$

且

$$V_1'=L(\boldsymbol{\alpha}_1,\boldsymbol{\alpha}_2,\cdots,\boldsymbol{\alpha}_m,\boldsymbol{\varepsilon}),V_2'=L(\boldsymbol{\beta}_1,\boldsymbol{\beta}_2,\cdots,\boldsymbol{\beta}_m,\boldsymbol{\varepsilon}),$$

则有

$$V_1'=V_1\oplus L(\boldsymbol{\varepsilon}),V_2'=V_2\oplus L(\boldsymbol{\varepsilon}),$$

所以

$$\dim(V_1')=\dim(V_2')=m+1。$$

由假设,存在子空间 W',使

$$V=V_1'\oplus W'=V_2'\oplus W',$$

所以

$$V=(V_1\oplus L(\boldsymbol{\varepsilon}))\oplus W'=(V_2\oplus L(\boldsymbol{\varepsilon}))\oplus W',$$

取 $W=L(\boldsymbol{\varepsilon})\oplus W'$,则命题得证。

30. 设 V 是 n 维线性空间, $V_1,V_2,\cdots,V_s$ 是 V 的非零真子空间,且维数相等,则存在 V 的子空间 W,使

$$V=V_1\oplus W=V_2\oplus W=\cdots=V_s\oplus W,$$

且满足条件的 W 有无穷多个。

证明 因为 $V_1,V_2,\cdots,V_s$ 是 V 的非零真子空间,所以存在 $\boldsymbol{\alpha}_1\in V$,使 $\boldsymbol{\alpha}_1\notin V_i(i=1,2,\cdots,s)$。令

$$\dim(V_1)=\dim(V_2)=\cdots=\dim(V_s)=m,$$

若 $n=m+1$,则 $W=L(\boldsymbol{\alpha}_1)$,$W$ 即为所求;

若 $n>m+1$,类似 29 题可得 W,使

$$V=V_1\oplus W=V_2\oplus W=\cdots=V_s\oplus W$$

成立。

下面证明 W 有无穷多个。事实上,因为 $\dim(W)<n$,所以 W 是 V 的真子空间,因而存在 $\boldsymbol{\beta}_1\notin V_i(i=1,2,\cdots,s)$ 及 $\boldsymbol{\beta}_1\notin W$,若 $n=m+1$,则 $W_1=L(\boldsymbol{\beta}_1)$,有

$$V=V_1\oplus W_1=V_2\oplus W_1=\cdots=V_s\oplus W_1,$$

而 $W\neq W_1$,若 $n>m+1$,则存在 $\boldsymbol{\beta}_2\notin V_i(i=1,2,\cdots,s)$ 及 $\boldsymbol{\beta}_2\notin L(\boldsymbol{\beta}_1)$,$\boldsymbol{\beta}_2\notin W$,这样继续下去,令

$$W_1=L(\boldsymbol{\beta}_1,\boldsymbol{\beta}_2,\cdots,\boldsymbol{\beta}_{n-m}),$$

则

$$V=V_1\oplus W_1=V_2\oplus W_1=\cdots=V_s\oplus W_1,$$

且 $W\neq W_1$。

再考虑 $V_1,V_2,\cdots,V_s,W,W_1$ 为真子空间,同上做法,我们可以得到无限个 $W,W_1,\cdots W_i,\cdots$,使之满足条件。

31. 用 V_1, V_2 分别表示以下关于未知数 x, y, z 的方程组的解空间：

$$\begin{cases} ax+y+z=0 \\ x+ay-z=0, \\ \quad -y+z=0 \end{cases} \qquad \begin{cases} bx+y+z=0 \\ x+by+z=0。 \\ x+y+bz=0 \end{cases}$$

试确定 a, b 的值，使得 $V_1+V_2=V_1 \oplus V_2$。

解　要使得 $V_1+V_2=V_1 \oplus V_2$，只需 $V_1 \cap V_2=\{\mathbf{0}\}$ 即可。

第一个方程组的系数矩阵为 $\begin{pmatrix} a & 1 & 1 \\ 1 & a & -1 \\ 0 & -1 & 1 \end{pmatrix}$，用初等变换可将它化为

$$\begin{pmatrix} 1 & a & -1 \\ 0 & 1 & -1 \\ 0 & 0 & (a-2)(a+1) \end{pmatrix}。$$

若 $a \neq 2$，且 $a \neq -1$，有 V_1 为零空间，显然 $V_1 \cap V_2=\{\mathbf{0}\}$ 。

若 $a=2$，可得 $V_1=L\left(\begin{pmatrix} -1 \\ 1 \\ 1 \end{pmatrix}\right)$ 。

若 $a=-1$，可得 $V_1=L\left(\begin{pmatrix} 2 \\ 1 \\ 1 \end{pmatrix}\right)$ 。

第二个方程组的系数矩阵为 $\begin{pmatrix} b & 1 & 1 \\ 1 & b & 1 \\ 1 & 1 & b \end{pmatrix}$，用初等变换可将它化为

$$\begin{pmatrix} b+2 & b+2 & b+2 \\ 1 & b & 1 \\ 1 & 1 & b \end{pmatrix}。$$

若 $b=-2$，可得 $V_2=L\left(\begin{pmatrix} 1 \\ 1 \\ 1 \end{pmatrix}\right)$ 。

此时对于 $a \neq 2$，或 $a \neq -1$，都有 $V_1 \cap V_2=\{\mathbf{0}\}$ 。

若 $b \neq -2$，那么系数矩阵可经初等行变换化为

$$\begin{pmatrix} 1 & 1 & 1 \\ 0 & b-1 & 0 \\ 0 & 0 & b-1 \end{pmatrix}。$$

若 $b=1$，可得 $V_2=L\left(\begin{pmatrix} -1 \\ 1 \\ 0 \end{pmatrix}, \begin{pmatrix} -1 \\ 0 \\ 1 \end{pmatrix}\right)$，

注意到

$$\begin{vmatrix}-1 & -1 & -1\\1 & 1 & 0\\1 & 0 & 1\end{vmatrix}\neq 0\text{ 且 }\begin{vmatrix}2 & -1 & -1\\1 & 1 & 0\\1 & 0 & 1\end{vmatrix}\neq 0,$$

此时,对于 $a=2$,或 $a=-1$,都有 $V_1\cap V_2=\{\mathbf{0}\}$ 。

若 $b\neq 1$,有 V_2 为零空间,显然 $V_1\cap V_2=\{\mathbf{0}\}$

综上所述,不管 a,b 取何值,都有 $V_1\cap V_2=\{\mathbf{0}\}$,

即不管 a,b 取何值,都有 $V_1+V_2=V_1\oplus V_2$。

32.设 $V=P^n$,已知 $V_1=\{\boldsymbol{x}\mid \boldsymbol{Ax}=\mathbf{0},\boldsymbol{x}\in V\}$, $V_2=\{\boldsymbol{x}\mid(\boldsymbol{A}-\boldsymbol{E})\boldsymbol{x}=\mathbf{0},\boldsymbol{x}\in V\}$。求证: $V=V_1\oplus V_2$ 的充分必要条件是 $\boldsymbol{A}^2=\boldsymbol{A}$ 。

证明 充分性。若 $\boldsymbol{A}^2=\boldsymbol{A}$,那么 $\boldsymbol{A}(\boldsymbol{A}-\boldsymbol{E})=(\boldsymbol{A}-\boldsymbol{E})\boldsymbol{A}=\mathbf{0}$。

$\forall\boldsymbol{\alpha}\in V$,有

$$\boldsymbol{\alpha}=(\boldsymbol{A}-\boldsymbol{E})\boldsymbol{\alpha}+\boldsymbol{A\alpha}\triangleq\boldsymbol{\alpha}_1+\boldsymbol{\alpha}_2。$$

于是有

$$\boldsymbol{A\alpha}_1=\boldsymbol{A}(\boldsymbol{A}-\boldsymbol{E})\boldsymbol{\alpha}=\mathbf{0},(\boldsymbol{A}-\boldsymbol{E})\boldsymbol{\alpha}_2=(\boldsymbol{A}-\boldsymbol{E})\boldsymbol{A\alpha}=\mathbf{0},$$

即有 $V=V_1+V_2$。

$\forall\boldsymbol{\beta}\in V_1\cap V_2$,那么显然有

$$\boldsymbol{A\beta}=\mathbf{0},(\boldsymbol{A}-\boldsymbol{E})\boldsymbol{\beta}=\mathbf{0},$$

从而两式相减有 $\boldsymbol{\beta}=\mathbf{0}$。那么有 $V_1\cap V_2=\{0\}$ 。

故

$$V=V_1\oplus V_2。$$

必要性。若 $V=V_1\oplus V_2$,那么有

$$n=\dim(V)=\dim(V_1)+\dim(V_2)。$$

记 $\dim(V_1)=r$,那么有 $\dim(V_2)=n-r$ 。

于是 $\boldsymbol{A}$ 的属于特征值 0 的特征子空间维数为 r , $\boldsymbol{A}$ 的属于特征值 1 的特征子空间维数为 $n-r$ 。

那么存在可逆矩阵 $\boldsymbol{P}$,使得

$$\boldsymbol{A}=\boldsymbol{P}\begin{pmatrix}\boldsymbol{E}_{n-r} & \boldsymbol{O}\\\boldsymbol{O} & \boldsymbol{O}\end{pmatrix}\boldsymbol{P}^{-1},$$

于是

$$\boldsymbol{A}^2=\boldsymbol{P}\begin{pmatrix}\boldsymbol{E}_{n-r} & \boldsymbol{O}\\\boldsymbol{O} & \boldsymbol{O}\end{pmatrix}\boldsymbol{P}^{-1}\boldsymbol{P}\begin{pmatrix}\boldsymbol{E}_{n-r} & \boldsymbol{O}\\\boldsymbol{O} & \boldsymbol{O}\end{pmatrix}\boldsymbol{P}^{-1}=\boldsymbol{P}\begin{pmatrix}\boldsymbol{E}_{n-r} & \boldsymbol{O}\\\boldsymbol{O} & \boldsymbol{O}\end{pmatrix}\boldsymbol{P}^{-1}=\boldsymbol{A}。$$

33.设 $\boldsymbol{A},\boldsymbol{B}$ 是数域 P 上的 n 阶矩阵,已知齐次线性方程组 $\boldsymbol{AX}=\mathbf{0},\boldsymbol{BX}=\mathbf{0}$ 分别有 l,m 个线性无关的解向量,这里 $l\geqslant 0,m\geqslant 0$。

(1)求证: $\boldsymbol{ABX}=\mathbf{0}$ 至少有 $\max\{l,m\}$ 个线性无关的解向量。

(2)如果 $\boldsymbol{AX}=\mathbf{0},\boldsymbol{BX}=\mathbf{0}$ 无公共的解向量,且 $l+m=n$ 。求证: P^n 中任一向量 $\boldsymbol{\alpha}$ 可唯一表成 $\boldsymbol{\alpha}=\boldsymbol{\beta}+\boldsymbol{\gamma}$,这里 $\boldsymbol{\beta},\boldsymbol{\gamma}$ 分别是 $\boldsymbol{AX}=\mathbf{0},\boldsymbol{BX}=\mathbf{0}$ 的解向量。

证明　(1)设 $\boldsymbol{AX}=\boldsymbol{0}$，$\boldsymbol{BX}=\boldsymbol{0}$，$\boldsymbol{ABX}=\boldsymbol{0}$ 的解空间分别为 W_1,W_2,W_3，由已知条件知 $\dim(W_1)\geqslant l,\dim(W_2)\geqslant m$，所以 $r(\boldsymbol{A})\leqslant n-l,r(\boldsymbol{B})\leqslant n-m$。

1)当 $m\geqslant l$ 时，则 $\max\{l,m\}=m$，那么 $\boldsymbol{BX}=\boldsymbol{0}$ 的 m 个线性无关的解也是 $\boldsymbol{ABX}=\boldsymbol{0}$ 的解。即证。

2)当 $l\geqslant m$ 时，则 $\max\{l,m\}=l$，而 $n-m\geqslant n-l$。于是

$$r(\boldsymbol{AB})\leqslant\min\{r(\boldsymbol{A}),r(\boldsymbol{B})\}\leqslant n-l。$$

所以

$$\dim W_3\geqslant n-r(\boldsymbol{AB})\geqslant n-(n-l)=l$$

即证 $\boldsymbol{ABX}=\boldsymbol{0}$ 至少有 $\max\{l,m\}$ 个线性无关的解向量。

(2)显然有 $W_1+W_2\subseteq P^n$，则 $\dim(W_1+W_2)\leqslant n$。

$\forall\boldsymbol{\alpha}\in W_1\cap W_2$，由于 $\boldsymbol{AX}=\boldsymbol{0}$，$\boldsymbol{BX}=\boldsymbol{0}$ 无公共的解向量，所以 $\boldsymbol{\alpha}=\boldsymbol{0}$，此即

$$W_1\cap W_2=\{\boldsymbol{0}\}\Leftrightarrow W_1+W_2=W_1\oplus W_2。$$

由上式有

$$\dim(W_1+W_2)=\dim(W_1)+\dim(W_2)\geqslant l+m=n$$

从而 $\dim(W_1+W_2)=n$，所以 $P^n=W_1\oplus W_2$。即证 P^n 中任一向量 $\boldsymbol{\alpha}$ 可唯一表示成

$$\boldsymbol{\alpha}=\boldsymbol{\beta}+\boldsymbol{\gamma},$$

其中，$\boldsymbol{\beta},\boldsymbol{\gamma}$ 分别是 $\boldsymbol{AX}=\boldsymbol{0}$，$\boldsymbol{BX}=\boldsymbol{0}$ 的解向量。

34. 设 P 为数域，$\boldsymbol{A}\in P^{n\times n}$，$f(x),g(x)\in P[x]$ 且 $(f(x),g(x))=1$，令

$$\boldsymbol{X}=\begin{pmatrix}x_1\\x_2\\\vdots\\x_n\end{pmatrix},$$

对于 P^n 中的 3 个子空间

$$V=\{\boldsymbol{X}\in P^n\mid f(\boldsymbol{A})g(\boldsymbol{A})\boldsymbol{X}=\boldsymbol{0}\},$$
$$V_1=\{\boldsymbol{X}\in P^n\mid f(\boldsymbol{A})\boldsymbol{X}=\boldsymbol{0}\},$$
$$V_2=\{\boldsymbol{X}\in P^n\mid g(\boldsymbol{A})\boldsymbol{X}=\boldsymbol{0}\},$$

求证：$V=V_1\oplus V_2$。

证明　由于 $f(\boldsymbol{A})g(\boldsymbol{A})=g(\boldsymbol{A})f(\boldsymbol{A})$，因而 $V_1,V_2\subseteq V$，于是 $V_1+V_2\subseteq V$。

由于 $(f(x),g(x))=1$，故存在 $u(x),v(x)\in p[x]$，使

$$u(x)f(x)+v(x)g(x)=1,$$

从而

$$u(\boldsymbol{A})f(\boldsymbol{A})+v(\boldsymbol{A})g(\boldsymbol{A})=\boldsymbol{E}。$$

对 $\forall\boldsymbol{\alpha}\in V$，

$$\boldsymbol{\alpha}=\boldsymbol{E\alpha}=(u(\boldsymbol{A})f(\boldsymbol{A})+v(\boldsymbol{A})g(\boldsymbol{A}))\boldsymbol{\alpha}=u(\boldsymbol{A})f(\boldsymbol{A})\boldsymbol{\alpha}+v(\boldsymbol{A})g(\boldsymbol{A})\boldsymbol{\alpha},$$

由 $\boldsymbol{\alpha}\in V$，因而 $f(\boldsymbol{A})g(\boldsymbol{A})\boldsymbol{\alpha}=\boldsymbol{0}$。于是，令 $\boldsymbol{\alpha}_1=u(\boldsymbol{A})f(\boldsymbol{A})\boldsymbol{\alpha}$，$\boldsymbol{\alpha}_2=v(\boldsymbol{A})g(\boldsymbol{A})\boldsymbol{\alpha}$，则

$$g(\boldsymbol{A})\boldsymbol{\alpha}_1=g(\boldsymbol{A})f(\boldsymbol{A})u(\boldsymbol{A})\boldsymbol{\alpha}=u(\boldsymbol{A})f(\boldsymbol{A})g(\boldsymbol{A})\boldsymbol{\alpha}=\boldsymbol{0},$$
$$f(\boldsymbol{A})\boldsymbol{\alpha}_2=f(\boldsymbol{A})g(\boldsymbol{A})v(\boldsymbol{A})\boldsymbol{\alpha}=v(\boldsymbol{A})f(\boldsymbol{A})g(\boldsymbol{A})\boldsymbol{\alpha}=\boldsymbol{0},$$

故$\boldsymbol{\alpha}_1 \in V_2, \boldsymbol{\alpha}_2 \in V_1$，即$\boldsymbol{\alpha} = \boldsymbol{\alpha}_1 + \boldsymbol{\alpha}_2 \in V_1 + V_2$，所以$V = V_1 + V_2$。

设$\boldsymbol{\beta} \in V_1 \cap V_2$，则$f(\boldsymbol{A})\boldsymbol{\beta} = g(\boldsymbol{A})\boldsymbol{\beta} = \boldsymbol{0}$，因此

$$\boldsymbol{\beta} = \boldsymbol{E\beta} = u(\boldsymbol{A})f(\boldsymbol{A})\boldsymbol{\beta} + v(\boldsymbol{A})g(\boldsymbol{A})\boldsymbol{\beta} = \boldsymbol{0}。$$

$V_1 \cap V_2 = \{0\}$，因此$V = V_1 \oplus V_2$。

35. 设P是数域，$\boldsymbol{A} \in P^{m\times n}$，$\boldsymbol{B} \in P^{(n-m)\times n}(m<n)$，$V_1, V_2$分别是齐次线性方程组$\boldsymbol{AX} = \boldsymbol{0}$和$\boldsymbol{BX} = \boldsymbol{0}$的解空间。求证：$P^n = V_1 \oplus V_2$的充分必要条件是$\begin{pmatrix}\boldsymbol{A}\\ \boldsymbol{B}\end{pmatrix}\boldsymbol{X} = \boldsymbol{0}$只有零解。

证明 充分性。因$\begin{pmatrix}\boldsymbol{A}\\ \boldsymbol{B}\end{pmatrix} \in P^{n\times n}$，若$\begin{pmatrix}\boldsymbol{A}\\ \boldsymbol{B}\end{pmatrix}\boldsymbol{X} = \boldsymbol{0}$只有零解，则$\begin{vmatrix}\boldsymbol{A}\\ \boldsymbol{B}\end{vmatrix} \neq 0$，且

$$r(\boldsymbol{A}) = m, r(\boldsymbol{B}) = n-m。$$

$\forall \boldsymbol{X}_0 \in V_1 \cap V_2$，则$\begin{cases}\boldsymbol{AX}_0 = \boldsymbol{0}\\ \boldsymbol{BX}_0 = \boldsymbol{0}\end{cases}$，即$\begin{pmatrix}\boldsymbol{A}\\ \boldsymbol{B}\end{pmatrix}\boldsymbol{X}_0 = \boldsymbol{0}$，所以$\boldsymbol{X}_0 = \boldsymbol{0}$。即证

$$V_1 \cap V_2 = \{\boldsymbol{0}\}。$$

又$V_1 + V_2 \subseteq P^n$，而由上式知

$$\begin{aligned}\dim(V_1 + V_2) &= \dim V_1 + \dim V_2 = [n - r(\boldsymbol{A})] + [n - r(\boldsymbol{B})]\\ &= (n-m) + m = n = \dim P^n。\end{aligned}$$

所以

$$P^n = V_1 \oplus V_2。$$

必要性。设$P^n = V_1 \oplus V_2$。用反证法。如果$\begin{pmatrix}\boldsymbol{A}\\ \boldsymbol{B}\end{pmatrix}\boldsymbol{X} = \boldsymbol{0}$有非零解$\boldsymbol{X}_1$，那么$\begin{cases}\boldsymbol{AX}_1 = \boldsymbol{0}\\ \boldsymbol{BX}_1 = \boldsymbol{0}\end{cases}$，即$\boldsymbol{X}_1 \in V_1 \cap V_2$，这与$P^n = V_1 \oplus V_2$矛盾。从而$\begin{pmatrix}\boldsymbol{A}\\ \boldsymbol{B}\end{pmatrix}\boldsymbol{X} = \boldsymbol{0}$只有零解。

36. 设P是数域，$\boldsymbol{A} \in P^{n\times n}$为可逆矩阵，任意将$\boldsymbol{A}$分为2个子块$\boldsymbol{A} = \begin{pmatrix}\boldsymbol{A}_1\\ \boldsymbol{A}_2\end{pmatrix}$，$V_1, V_2$分别是齐次线性方程组$\boldsymbol{A}_1\boldsymbol{X} = \boldsymbol{0}$和$\boldsymbol{A}_2\boldsymbol{X} = \boldsymbol{0}$的解空间。求证：$P^n = V_1 \oplus V_2$。

证明 由于$\boldsymbol{A}$为可逆矩阵，那么$\boldsymbol{A}$的行向量组线性无关，不妨设$r(\boldsymbol{A}_1) = r$，则

$$r(\boldsymbol{A}_2) = n - r。$$

因为

$$\boldsymbol{AA}^{-1} = \begin{pmatrix}\boldsymbol{A}_1\\ \boldsymbol{A}_2\end{pmatrix}\boldsymbol{A}^{-1} = \begin{pmatrix}\boldsymbol{E}_r & \boldsymbol{O}\\ \boldsymbol{O} & \boldsymbol{E}_{n-r}\end{pmatrix},$$

所以

$$\boldsymbol{A}_1\boldsymbol{A}^{-1} = (\boldsymbol{E}_r \quad \boldsymbol{O}), \boldsymbol{A}_2\boldsymbol{A}^{-1} = (\boldsymbol{O} \quad \boldsymbol{E}_{n-r})。$$

那么对$\forall \boldsymbol{X} \in P^n$，不妨设

$$\boldsymbol{AX} = \begin{pmatrix}\boldsymbol{\alpha}\\ \boldsymbol{\beta}\end{pmatrix},$$

其中，$\boldsymbol{\alpha}$，$\boldsymbol{\beta}$ 分别为 r 维和 $n-r$ 维向量。
从而有

$$\boldsymbol{X}=\boldsymbol{A}^{-1}\begin{pmatrix}\boldsymbol{\alpha}\\\boldsymbol{\beta}\end{pmatrix}=\boldsymbol{A}^{-1}\begin{pmatrix}\boldsymbol{0}\\\boldsymbol{\beta}\end{pmatrix}+\boldsymbol{A}^{-1}\begin{pmatrix}\boldsymbol{\alpha}\\\boldsymbol{0}\end{pmatrix}=\boldsymbol{X}_1+\boldsymbol{X}_2,$$

因此

$$\boldsymbol{A}_1\boldsymbol{X}_1=\boldsymbol{A}_1\boldsymbol{A}^{-1}\begin{pmatrix}\boldsymbol{0}\\\boldsymbol{\beta}\end{pmatrix}=(\boldsymbol{E}_r\quad\boldsymbol{O})\begin{pmatrix}\boldsymbol{0}\\\boldsymbol{\beta}\end{pmatrix}=\boldsymbol{0},$$

$$\boldsymbol{A}_2\boldsymbol{X}_2=\boldsymbol{A}_2\boldsymbol{A}^{-1}\begin{pmatrix}\boldsymbol{\alpha}\\\boldsymbol{0}\end{pmatrix}=(\boldsymbol{O}\quad\boldsymbol{E}_{n-r})\begin{pmatrix}\boldsymbol{\alpha}\\\boldsymbol{0}\end{pmatrix}=\boldsymbol{0}。$$

于是，$\boldsymbol{X}_1\in V_1$，$\boldsymbol{X}_2\in V_2$。故 $P^n\subseteq V_1+V_2$。显然 $V_1+V_2\subseteq P^n$，所以 $P^n=V_1+V_2$
又

$$\dim(V_1)=n-r,\dim(V_2)=n-(n-r)=r,$$
$$\dim(V_1+V_2)=\dim(P^n)=n。$$

于是由维数公式

$$\dim(V_1+V_2)+\dim(V_1\cap V_2)=\dim(V_1)+\dim(V_2),$$

得 $\dim(V_1\cap V_2)=0$，故 $V_1\cap V_2=\{\boldsymbol{0}\}$。

所以

$$P^n=V_1\oplus V_2。$$

37. 设 $\boldsymbol{A}=(a_{ij})_{m\times n}$，$V_1$ 是 $\boldsymbol{Ax}=\boldsymbol{0}$ 的解空间，令 $\boldsymbol{\alpha}_i=(\boldsymbol{a}_{i1},\boldsymbol{a}_{i2},\cdots,\boldsymbol{a}_{in})^{\mathrm{T}}(i=1,2,\cdots,m)$，$V_2=L(\boldsymbol{\alpha}_1,\boldsymbol{\alpha}_2,\cdots,\boldsymbol{\alpha}_m)$。求证：$\mathbf{R}^n=V_1\oplus V_2$。

证明　任取 $\boldsymbol{\beta}\in V_1$，有 $\boldsymbol{A\beta}=\boldsymbol{0}$，即

$$\begin{pmatrix}\boldsymbol{\alpha}_1^{\mathrm{T}}\\\boldsymbol{\alpha}_2^{\mathrm{T}}\\\vdots\\\boldsymbol{\alpha}_m^{\mathrm{T}}\end{pmatrix}\boldsymbol{\beta}=\boldsymbol{0},$$

因此，

$$\begin{pmatrix}\boldsymbol{\alpha}_1^{\mathrm{T}}\boldsymbol{\beta}\\\boldsymbol{\alpha}_2^{\mathrm{T}}\boldsymbol{\beta}\\\vdots\\\boldsymbol{\alpha}_m^{\mathrm{T}}\boldsymbol{\beta}\end{pmatrix}=\boldsymbol{0},$$

亦即

$$\boldsymbol{\alpha}_i^{\mathrm{T}}\boldsymbol{\beta}=\boldsymbol{0}(i=1,2,\cdots,m)。$$

于是，$V_1\perp V_2$。
所以，V_1+V_2 是直和。

又

$$\dim(V_1)=n-r(\boldsymbol{A}),\dim(V_2)=r(\boldsymbol{\alpha}_1,\boldsymbol{\alpha}_2,\cdots,\boldsymbol{\alpha}_m)=r(\boldsymbol{A}),$$

所以

$$\dim(V_1+V_2)=\dim(V_1)+\dim(V_2)=n。$$

故

$$\mathbf{R}^n=V_1\oplus V_2。$$

38. 设 W,W_1,W_2 都是线性空间 V 的子空间，$W_1\subseteq W,V=W_1\oplus W_2$。求证：

$$\dim(W)=\dim(W_1)+\dim(W_2\cap W)$$

证明 先证

$$W=W_1+(W_2\cap W)$$

因为 $W_1\subseteq W,(W_2\cap W)\subseteq W$，所以

$$W_1+(W_2\cap W)\subseteq W。$$

又因为 $V=W_1\oplus W_2$，所以对 $\forall\boldsymbol{\alpha}\in W$，有 $\boldsymbol{\alpha}=\boldsymbol{\alpha}_1+\boldsymbol{\alpha}_2$，其中 $\boldsymbol{\alpha}_1\in W_1,\boldsymbol{\alpha}_2\in W_2$。于是

$$\boldsymbol{\alpha}_2=\boldsymbol{\alpha}-\boldsymbol{\alpha}_1\in W\Rightarrow\boldsymbol{\alpha}_2\in W_2\cap W$$

故 $\boldsymbol{\alpha}\in W_1+(W_2\cap W)$，即 $W\subseteq W_1+(W_2\cap W)$。所以

$$W=W_1+(W_2\cap W)。$$

再证

$$W_1\cap(W_2\cap W)=\{0\}。$$

$\forall\boldsymbol{\beta}\in W_1\cap(W_2\cap W)$，则 $\boldsymbol{\beta}\in W_1,\boldsymbol{\beta}\in W_2$，而 $W_1\cap W_2=\{0\}$，所以 $\boldsymbol{\beta}=\mathbf{0}$，即

$$W_1\cap(W_2\cap W)=\{0\}$$

从而

$$W=W_1\oplus(W_2\cap W),$$

所以

$$\dim(W)=\dim(W_1)+\dim(W_2\cap W)。$$

39. 设实二次型 $f(\boldsymbol{X})=\boldsymbol{X}^{\mathrm{T}}\boldsymbol{AX}$ 的正、负惯性指数分别为 p,q，则 $\mathbf{R}^n$ 可表为两两正交的子空间 V_1,V_2,V_3 的直和：$V=V_1\oplus V_2\oplus V_3$，其中 V_1,V_2,V_3 的维数分别为 $p,q,n-p-q$，且对于 V_1 中的非零向量 $\boldsymbol{\alpha}$，都有 $f(\boldsymbol{\alpha})>0$，对于 V_2 中的非零向量 $\boldsymbol{\beta}$，都有 $f(\boldsymbol{\beta})<0$，对于 V_3 中的向量 $\boldsymbol{\gamma}$，都有 $f(\boldsymbol{\gamma})=0$。

证明 设实二次型 $f(\boldsymbol{X})=\boldsymbol{X}^{\mathrm{T}}\boldsymbol{AX}$ 经正交线性替换 $\boldsymbol{X}=\boldsymbol{CY}$，($\boldsymbol{C}$ 为正交矩阵)，可化为

$$f(\boldsymbol{X})=g(y_1,y_2,\cdots,y_n)=d_1y_1^2+\cdots+d_py_p^2-d_{p+1}y_{p+1}^2-\cdots-d_{p+q}y_{p+q}^2,$$

其中，$d_i>0(i=1,2,\cdots,p+q)$。

令 $\boldsymbol{e}_i$ 为 n 阶单位阵 $\boldsymbol{E}$ 的第 i 列，$i=1,2,\cdots,n$。并取

$$V_1=L(\boldsymbol{Ce}_1,\cdots,\boldsymbol{Ce}_p),$$
$$V_2=L(\boldsymbol{Ce}_{p+1},\cdots,\boldsymbol{Ce}_{p+q}),$$
$$V_3=L(\boldsymbol{Ce}_{p+q+1},\cdots,\boldsymbol{Ce}_n)。$$

任取 $\boldsymbol{\alpha}=k_1\boldsymbol{Ce}_1+\cdots+k_P\boldsymbol{Ce}_p\in V_1$，则 $\boldsymbol{\alpha}\neq\mathbf{0}$，由 $\boldsymbol{\alpha}=\boldsymbol{C}(k_1,\cdots,k_1,0,\cdots,0)^{\mathrm{T}}$，知

$$\boldsymbol{C}(k_1,\cdots,k_1,0,\cdots,0)^{\mathrm{T}}\neq0,$$

所以

$$f(\boldsymbol{\alpha})=g(k_1,\cdots k_1,0,\cdots,0)=d_1k_1^2+\cdots+d_pk_1^2>0。$$

同理可证，$\forall \boldsymbol{\beta}\in V_2,\boldsymbol{\gamma}\in V_3,\boldsymbol{\beta}\neq 0$，有 $f(\boldsymbol{\beta})<\mathbf{0},f(\boldsymbol{\gamma})=\mathbf{0}$。

下证 $V=V_1\oplus V_2\oplus V_3$。

事实上，V_1 与 V_2 的任意向量生成的内积：

$$(\boldsymbol{CY}_i)^{\mathrm{T}}\boldsymbol{CY}_j=\boldsymbol{Y}_i^{\mathrm{T}}\boldsymbol{C}^{\mathrm{T}}\boldsymbol{CY}_j=\boldsymbol{Y}_i^{\mathrm{T}}\boldsymbol{Y}_j=0(i=1,\cdots,p;j=p+1,\cdots,p+q)$$

所以，$V_1\perp V_2$。

同理，$V_2\perp V_3$，$V_1\perp V_3$。

因此，$V_1+V_2+V_3=V_1\oplus V_2\oplus V_3$。

又 $\dim(V_1+V_2+V_3)=n$，所以

$$V=V_1\oplus V_2\oplus V_3。$$

40. 设 $f(x_1,x_2,\cdots,x_n)$ 是一个秩为 n 的二次型。求证：存在 $\mathbf{R}^n$ 的一个 $\frac{1}{2}(n-|s|)$ 维子空间 V_1（其中 s 为符号差数），使对任一 $(x_1,x_2,\cdots,x_n)\in V_1$，有

$$f(x_1,x_2,\cdots,x_n)=0。$$

证明　设 $f(x_1,x_2,\cdots,x_n)$ 的正惯性指数为 p，负惯性指数为 q，则 $|p-q|=s,p+q=n$，且存在可逆矩阵 $\boldsymbol{C}$，$\boldsymbol{y}=\boldsymbol{Cx}$ 使

$$f(x_1,x_2,\cdots,x_n)=y_1^2+\cdots+y_p^2-y_{p+1}^2-\cdots-y_{p+q}^2,$$

则有

$$\frac{1}{2}(n-|s|)=\frac{1}{2}(n-|p-q|)=\begin{cases}p,p<q,\\q,p\geqslant q。\end{cases}$$

不妨对 $p<q$ 的情形证明。$p\geqslant q$ 时证法类似。令

$$\boldsymbol{\varepsilon}_1=(\overbrace{1,0,\cdots,0}^{p},\overbrace{1,0,\cdots,0}^{q})^{\mathrm{T}},$$

$$\boldsymbol{\varepsilon}_2=(\overbrace{0,1,0,\cdots,0}^{p},\overbrace{0,1,0,\cdots,0}^{q})^{\mathrm{T}},$$

$$\vdots$$

$$\boldsymbol{\varepsilon}_p=(\overbrace{0,0,\cdots,1}^{p},\overbrace{0,0,\cdots,1,\cdots,0}^{q})^{\mathrm{T}}$$

显然 $\boldsymbol{\varepsilon}_1,\boldsymbol{\varepsilon}_2,\cdots,\boldsymbol{\varepsilon}_p$ 线性无关。

作方程组 $\boldsymbol{Cx}=\boldsymbol{\varepsilon}_i(i=1,2,\cdots,p)$，因为 $\boldsymbol{C}$ 是可逆矩阵，由这 p 个方程组可以分别求出解 $\boldsymbol{\alpha}_1,\boldsymbol{\alpha}_2,\cdots,\boldsymbol{\alpha}_p$，即

$$\boldsymbol{C\alpha}_1=\boldsymbol{\varepsilon}_1,\cdots,\boldsymbol{C\alpha}_p=\boldsymbol{\varepsilon}_p。$$

作线性组合

$$l_1\boldsymbol{\alpha}_1+l_2\boldsymbol{\alpha}_2+\cdots+l_p\boldsymbol{\alpha}_p=\mathbf{0},$$

两边左乘 $\boldsymbol{C}$ 得

$$l_1(\boldsymbol{C\alpha}_1)+l_2(\boldsymbol{C\alpha}_2)+\cdots+l_p(\boldsymbol{C\alpha}_p)=\mathbf{0},$$

即

$$l_1\boldsymbol{\varepsilon}_1+l_2\boldsymbol{\varepsilon}_2+\cdots+l_p\boldsymbol{\varepsilon}_p=\mathbf{0},$$

因为 $\boldsymbol{\varepsilon}_1,\boldsymbol{\varepsilon}_2,\cdots,\boldsymbol{\varepsilon}_p$ 线性无关，所以 $l_1=l_2=\cdots=l_p=0$，故 $\boldsymbol{\alpha}_1,\boldsymbol{\alpha}_2,\cdots,\boldsymbol{\alpha}_p$ 线性无关。

下面证明 p 维子空间 $L(\boldsymbol{\alpha}_1,\boldsymbol{\alpha}_2,\cdots,\boldsymbol{\alpha}_p)$ 就是所要求的 V_1。对 $\forall \boldsymbol{X}_0\in L(\boldsymbol{\alpha}_1,\cdots,\boldsymbol{\alpha}_p)$，有

$$\boldsymbol{X}_0=k_1\boldsymbol{\alpha}_1+k_2\boldsymbol{\alpha}_2+\cdots+k_p\boldsymbol{\alpha}_p,$$

代入 $\boldsymbol{y}=\boldsymbol{Cx}$ 得

$$\begin{aligned}\boldsymbol{y}_0&=\boldsymbol{Cx}_0=k_1\boldsymbol{C\alpha}_1+\cdots+k_p\boldsymbol{C\alpha}_p\\&=k_1\boldsymbol{\varepsilon}_1+\cdots+k_p\boldsymbol{\varepsilon}_p\\&=(k_1,\cdots,k_p,k_1,\cdots,k_p,0,\cdots,0)^{\mathrm{T}},\end{aligned}$$

故

$$f=\boldsymbol{X}_0{}^{\mathrm{T}}\boldsymbol{AX}_0=0。$$

41. 设 $\mathbf{C}$ 为复数域，令

$$H=\left\{\begin{pmatrix}\alpha & \beta\\ -\bar{\beta} & \bar{\alpha}\end{pmatrix}\,\middle|\,\alpha,\beta\in\mathbf{C}\right\}。$$

求证：

(1) H 关于矩阵的加法和乘法构成实数域 $\mathbf{R}$ 上的线性空间；

(2)求 H 的一组基和维数；

(3)证 H 和 $\mathbf{R}^4$ 同构，并写出一个同构映射。

证明 (1)由于 $\mathbf{C}^{2\times2}$ 是实数域 $\mathbf{R}$ 上的线性空间，易证在实数域 $\mathbf{R}$ 上，H 是 $\mathbf{C}^{2\times2}$ 的子空间。

(2)令 $\boldsymbol{A}_1=\begin{pmatrix}1&0\\0&1\end{pmatrix}$，$\boldsymbol{A}_2=\begin{pmatrix}0&1\\-1&0\end{pmatrix}$，$\boldsymbol{A}_3=\begin{pmatrix}\mathrm{i}&0\\0&\mathrm{i}\end{pmatrix}$，$\boldsymbol{A}_4=\begin{pmatrix}0&\mathrm{i}\\-\mathrm{i}&0\end{pmatrix}$，其中 $\mathrm{i}^2=-1$。

设 $\sum\limits_{i=1}^{4}k_i\boldsymbol{A}_i=\boldsymbol{0}$，则有 $\begin{pmatrix}k_1+k_3\mathrm{i} & k_2+k_4\mathrm{i}\\ -(k_2+k_4\mathrm{i}) & k_1+k_3\mathrm{i}\end{pmatrix}=\boldsymbol{O}$，从而有

$$\begin{cases}k_1+k_3\mathrm{i}=0,\\k_2+k_4\mathrm{i}=0,\end{cases}$$

即

$$k_1=k_2=k_3=k_4=0,$$

故 $\boldsymbol{A}_1,\boldsymbol{A}_2,\boldsymbol{A}_3,\boldsymbol{A}_4$ 线性无关。

对 $\boldsymbol{A}\in H$，设 $\boldsymbol{A}=\begin{pmatrix}a+b\mathrm{i} & c+d\mathrm{i}\\ -(c+d\mathrm{i}) & a+b\mathrm{i}\end{pmatrix}$，则 $\boldsymbol{A}=a\boldsymbol{A}_1+c\boldsymbol{A}_2+b\boldsymbol{A}_3+d\boldsymbol{A}_4$，因而 $\boldsymbol{A}_1,\boldsymbol{A}_2$，$\boldsymbol{A}_3,\boldsymbol{A}_4$ 是 H 的一组基，从而有 $\dim(H)=4$。

(3)由于 $\dim(\mathbf{R}^4)=\dim(H)=4$，故 $H\cong\mathbf{R}^4$。

令

$$\sigma:H\rightarrow\mathbf{R},$$

$$\begin{pmatrix}a+b\mathrm{i} & c+d\mathrm{i}\\ -(c+d\mathrm{i}) & a+b\mathrm{i}\end{pmatrix}\mapsto(a,b,c,d),$$

则 σ 是 H 到 $\mathbf{R}^4$ 的一个同构映射。

42. 求证：数域 P 上一元多项式环组成的线性空间 $P[x]$ 可与它的一个真子空间同构。

证明 记 $V_1=\{f(x)\mid f(x)$ 的常数项为 $0,f(x)\in P[x]\}$。

显然 $V_1 \subset P[x]$，且 V_1 构成 $P[x]$ 的真子空间。

构造 $P[x]$ 到 V_1 的映射：$\sigma: f(x) \to xf(x)$。显然 σ 为双射。

又 $\forall f(x), g(x) \in P[x], k \in P$，

$$\sigma(f(x)+g(x)) = x(f(x)+g(x)) = xf(x)+xg(x) = \sigma(f(x))+\sigma(g(x)),$$

$$\sigma(kf(x)) = x(kf(x)) = kxf(x) = k\sigma(f(x))。$$

所以 σ 为 $P[x]$ 到它的一个真子空间 V_1 的同构映射。

故 $P[x]$ 与 V_1 同构。

43. 设 $\boldsymbol{A} \in P^{m\times n}$，$\boldsymbol{0} \neq \boldsymbol{B} \in P^m$，令 $W = \{\boldsymbol{\alpha} \in P^n \mid \text{存在 } t, \text{使 } \boldsymbol{A\alpha} = t\boldsymbol{B}\}$。

(1)求证：W 关于 P 的运算构成 P^n 的一个子空间。

(2)设线性方程组 $\boldsymbol{AX} = \boldsymbol{B}$ 的增广矩阵的秩为 r。证明：$\dim(W) = n - r + 1$。

(3)对于非齐次线性方程组

$$\begin{cases} 2x_1 - x_2 + x_3 + 3x_4 = -1 \\ x_1 + 2x_2 + 3x_3 - x_4 = 2 \\ 4x_1 + 3x_2 + 7x_3 + x_4 = 3 \end{cases},$$

求 W 的一组基。

证明　(1)显然 $W \neq \varnothing$，又 $\forall \boldsymbol{\alpha}, \boldsymbol{\beta} \in W, k, l \in P$。因为存在 t_1, t_2，使 $\boldsymbol{A\alpha} = t_1\boldsymbol{B}, \boldsymbol{A\beta} = t_2\boldsymbol{B}$，所以

$$\boldsymbol{A}(k\boldsymbol{\alpha} + l\boldsymbol{\beta}) = k\boldsymbol{A\alpha} + l\boldsymbol{A\beta} = kt_1\boldsymbol{B} + lt_2\boldsymbol{B} = (kt_1 + lt_2)\boldsymbol{B}。$$

即 $k\boldsymbol{\alpha} + l\boldsymbol{\beta} \in W$，此说明 W 关于 P^n 的运算构成 P^n 的一个子空间。

(2)对线性方程组 $(\boldsymbol{A}, \boldsymbol{B})\boldsymbol{X}_{n+1} = \boldsymbol{0}$，由题设，其解空间 V 的维数为 $n - r(\boldsymbol{A}, \boldsymbol{B}) = n - r + 1$。

对 $\forall \boldsymbol{\alpha} \in W, \exists t \in P$，使 $\boldsymbol{A\alpha} = t\boldsymbol{B}$，所以 $\begin{pmatrix} \boldsymbol{\alpha} \\ -t \end{pmatrix}$ 是线性方程组 $(\boldsymbol{A}, \boldsymbol{B})\boldsymbol{X}_{n+1} = \boldsymbol{0}$ 的解。

这样，存在 W 到 V 的映射，

$$\sigma: \boldsymbol{\alpha} \to \begin{pmatrix} \boldsymbol{\alpha} \\ -t \end{pmatrix}。$$

显然，这是 W 到 V 的双射。

对 $\forall \boldsymbol{\alpha}_1, \boldsymbol{\alpha}_2 \in W, k \in P$，存在 $t_1, t_2 \in P$，使 $\boldsymbol{A\alpha}_1 = t_1\boldsymbol{B}, \boldsymbol{A\alpha}_2 = t_2\boldsymbol{B}$，则

$$\boldsymbol{A}(\boldsymbol{\alpha}_1 + \boldsymbol{\alpha}_2) = (t_1 + t_2)\boldsymbol{B},$$

所以

$$\sigma(\boldsymbol{\alpha}_1 + \boldsymbol{\alpha}_2) = \begin{pmatrix} \boldsymbol{\alpha}_1 + \boldsymbol{\alpha}_2 \\ -t_1 - t_2 \end{pmatrix} = \begin{pmatrix} \boldsymbol{\alpha}_1 \\ -t_1 \end{pmatrix} + \begin{pmatrix} \boldsymbol{\alpha}_2 \\ -t_2 \end{pmatrix} = \sigma(\boldsymbol{\alpha}_1) + \sigma(\boldsymbol{\alpha}_2),$$

$$\sigma(k\boldsymbol{\alpha}_1) = \begin{pmatrix} k\boldsymbol{\alpha}_1 \\ -kt_1 \end{pmatrix} = k\begin{pmatrix} \boldsymbol{\alpha}_1 \\ -t_1 \end{pmatrix} = k\sigma(\boldsymbol{\alpha}_1)。$$

从而 W 与 V 同构，故

$$\dim(W) = \dim(V) = n - r + 1。$$

(3)由(2)可知，W 与如下齐次线性方程组的解空间同构。

$$\begin{cases}2x_1-x_2+x_3+3x_4-x_5=0,\\x_1+2x_2+3x_3-x_4+2x_5=0,\\4x_1+3x_2+7x_3+x_4+3x_5=0,\end{cases}$$

该方程组的一个基础解系为：

$$\boldsymbol{\xi}_1=(-1,-1,1,0,0)^{\mathrm{T}},\boldsymbol{\xi}_2=(-1,1,0,1,0)^{\mathrm{T}},\boldsymbol{\xi}_3=(0,-1,0,0,1)^{\mathrm{T}},$$

其在 σ 之下的原像

$$\boldsymbol{\alpha}_1=(-1,-1,1,0)^{\mathrm{T}},\boldsymbol{\alpha}_2=(-1,1,0,1)^{\mathrm{T}},\boldsymbol{\alpha}_3=(0,-1,0,0)^{\mathrm{T}}$$

即为 W 的一组基。

6.3 练习题

1. 设数域 P 上线性空间 V 中的向量 $\boldsymbol{\alpha}_1,\boldsymbol{\alpha}_2,\cdots,\boldsymbol{\alpha}_n$ 的秩为 r。求证：使

$$k_1\boldsymbol{\alpha}_1+k_2\boldsymbol{\alpha}_2+\cdots+k_n\boldsymbol{\alpha}_n=\mathbf{0},$$

的向量 $(k_1,k_2,\cdots,k_n)$ 的全体构成的集合 V 是 $n-r$ 维子空间。

2. 设矩阵 $\boldsymbol{A}=\begin{pmatrix}1&0&0\\0&\omega&0\\0&0&\omega^2\end{pmatrix}$，$\omega=\dfrac{-1+\sqrt{3}\mathrm{i}}{2}$，设 $V=\{f(\boldsymbol{A})\mid f(x)\in\mathbf{R}[x]\}$。求证：

(1) V 关于矩阵的加法和矩阵的乘法构成 $\mathbf{R}$ 上的线性空间。

(2) $\dim V=3$。

3. 假设 $\boldsymbol{A}_{m\times n}$ 是行满秩实矩阵，$m<n$，令 $\boldsymbol{B}=\boldsymbol{A}^{\mathrm{T}}\boldsymbol{A}$，

(1)求证：使 $\boldsymbol{X}^{\mathrm{T}}\boldsymbol{B}\boldsymbol{X}=0$ 的所有向量 $\boldsymbol{X}$ 构成 $\mathbf{R}^n$ 的一个线性子空间 W。

(2)求 $\dim W$。

4. 设数域 P 上线性空间 $P^{n\times n}$ 的子空间 $V=\{\boldsymbol{A}\in P^{n\times n}\mid \mathrm{tr}(\boldsymbol{A})=0\}$，求 V 的一组基和维数。

5. 设 $\boldsymbol{A}=\begin{pmatrix}1&0&0\\0&1&0\\3&1&2\end{pmatrix}$，$W=\{\boldsymbol{B}\in P^{3\times 3}\mid \boldsymbol{AB}=\boldsymbol{BA}\}$，求 W 的维数和一组基。

6. 设 $\boldsymbol{\alpha}_1,\boldsymbol{\alpha}_2,\cdots,\boldsymbol{\alpha}_n$ 是数域 P 上 n 维线性空间 V 的基，$\boldsymbol{A}=(a_{ij})_{n\times s}\in P^{n\times s}$，$\boldsymbol{\beta}_1,\boldsymbol{\beta}_2,\cdots,\boldsymbol{\beta}_s\in V$，且满足 $(\boldsymbol{\beta}_1,\boldsymbol{\beta}_2,\cdots,\boldsymbol{\beta}_s)=(\boldsymbol{\alpha}_1,\boldsymbol{\alpha}_2,\cdots,\boldsymbol{\alpha}_n)\boldsymbol{A}$。证明：$L(\boldsymbol{\beta}_1,\boldsymbol{\beta}_2,\cdots,\boldsymbol{\beta}_s)$ 的维数等于 $r(\boldsymbol{A})$。

7. 设 V_1,V_2 是 n 维线性空 V 的 2 个不同的子空间，若 $\dim(V_1)=\dim(V_2)=n-1$，求 $\dim(V_1\cap V_2)$。

8. 设 $\boldsymbol{A}_{m\times n}=(\boldsymbol{A}_1,\boldsymbol{A}_2,\cdots,\boldsymbol{A}_n)$，其中 $\boldsymbol{A}_1,\boldsymbol{A}_2,\cdots,\boldsymbol{A}_n$ 是 $\boldsymbol{A}$ 的列向量，W 是 $\boldsymbol{AX}=\mathbf{0}$ 的解空间，令 $V=L(\boldsymbol{A}_1,\boldsymbol{A}_2,\cdots,\boldsymbol{A}_n)$，求证：$\dim(W)+\dim(V)=n$。

9. 设 $S(\boldsymbol{A})=\{\boldsymbol{B}\mid \boldsymbol{B}\in P^{n\times n},\boldsymbol{AB}=\mathbf{0}\}$，求证：

(1) $S(\boldsymbol{A})$ 是 $P^{n\times n}$ 的子空间；

(2)若 $r(\boldsymbol{A})=r$，求 $S(\boldsymbol{A})$ 的一组基。

第 7 章　线性变换

7.1　基础知识

§1　线性变换的定义

1. 线性变换的概念

(1)数域 P 上线性空间 V 的一个变换 σ 称为线性变换,如果对于 V 中任意的元素 α,β 和数域 P 中任意数 k ,都有

$$\sigma(\alpha+\beta)=\sigma(\alpha)+\sigma(\beta),\sigma(k\alpha)=k\sigma(\alpha)。$$

(2)如下两种变换

$$\varepsilon(\alpha)=\alpha \text{ 或 } I(\alpha)=\alpha,0(\alpha)=0,\forall \alpha \in V,$$

分别称为 V 中的恒等变换(或单位变换)及零变换,它们都是 V 的线性变换。

2. 线性变换的简单性质

(1)设 σ 是线性空间 V 的线性变换,则 $\sigma(0)=0$, $\sigma(-\alpha)=-\sigma(\alpha)$ 。

(2)线性变换保持向量组线性组合与线性关系式不变,即

若

$$\boldsymbol{\beta}=k_1\boldsymbol{\alpha}_1+k_2\boldsymbol{\alpha}_2+\cdots+k_r\boldsymbol{\alpha}_r,$$

则

$$\sigma(\boldsymbol{\beta})=k_1\sigma(\boldsymbol{\alpha}_1)+k_2\sigma(\boldsymbol{\alpha}_2)+\cdots+k_r\sigma(\boldsymbol{\alpha}_r)。$$

(3)线性变换把线性相关的向量组变成线性相关的向量组。

§2　线性变换的相关运算

1. 线性变换的运算

设 σ,τ 是线性空间 V 的两个线性变换

(1) σ,τ 的和的定义为

$$(\sigma+\tau)(\alpha)=\sigma(\alpha)+\tau(\alpha)\quad(\alpha\in V)。$$

(2) P 中的数与 σ 的数量乘法定义为

$$(k\sigma)(\alpha)=k\sigma(\alpha) \quad (\alpha \in V)。$$

(3) σ 的负变换 $-\sigma$ 定义为

$$(-\sigma)(\alpha)=-\sigma(\alpha) \quad (\alpha \in V)。$$

(4) σ,τ 的乘积的定义为

$$(\sigma\tau)(\alpha)=\sigma[\tau(\alpha)] \quad (\alpha \in V)。$$

(5)线性空间 V 上全体线性变换的集合记为 $L(V)$。$L(V)$ 关于以上定义的加法和数量乘法运算构成数域 P 上的线性空间,对 $\forall\ \sigma,\tau \in L(V)$,任取 $k \in P$,有 $\sigma+\tau \in L(V)$,$k\sigma \in L(V)$,即两种运算封闭。

加法和数乘满足以下 8 条算律

1)交换律:$\sigma+\tau=\tau+\sigma, \forall \sigma,\tau \in L(V)$;

2)结合律:$(\sigma+\tau)+\delta=\sigma+(\tau+\delta), \forall \sigma,\tau,\delta \in L(V)$;

3)存在零元:即存在零变换 $0 \in L(V)$,使 $0+\sigma=\sigma, \forall \sigma \in L(V)$;

4)存在负元:$\forall \sigma \in L(V)$,则存在 $-\sigma \in L(V)$,使 $-\sigma+\sigma=0$;

5)存在单位元:$1\sigma=\sigma, \forall \sigma \in L(V)$;

6)结合律:$(kl)\sigma=k(l\sigma), \forall k,l \in P, \forall \sigma \in L(V)$;

7)分配律:$(k+l)\sigma=k\sigma+l\sigma, \forall k,l \in P, \forall \sigma \in L(V)$;

8)另一分配律:$k(\sigma+\tau)=k\sigma+k\tau, \forall k \in P, \forall \sigma,\tau \in L(V)$。

2. 逆变换

(1)对线性变换 σ,如果存在 V 的线性变换 τ,使得

$$\sigma\tau=\tau\sigma=\varepsilon,$$

则称 σ 可逆,并称 τ 为 σ 的逆变换,记为 σ^{-1}。

(2)如果线性变换 σ 可逆,则 σ^{-1} 也是可逆变换。

(3)线性变换 σ 可逆的充分必要条件是 σ 为双射。

3. 方幂与多项式

(1) n 个(n 是正整数)线性变换 σ 的乘积称为 σ 的 n 次幂,记为 σ^n,即

$$\sigma^n=\overbrace{\sigma\sigma\cdots\sigma}^{n}。$$

规定 $\sigma^0=\varepsilon$。当线性变换 σ 可逆时,规定

$$\sigma^{-n}=(\sigma^{-1})^n。$$

(2)设 $f(x)=a_mx^m+a_{m-1}x^{m-1}+\cdots+a_0 \in P[x]$,定义

$$f(\sigma)=a_m\sigma^m+a_{m-1}\sigma^{m-1}+\cdots+a_0I,$$

称之为线性变换 σ 的多项式。

(3)方幂运算有如下的运算律:

$$\sigma^m\sigma^n=\sigma^{m+n},(\sigma^m)^n=\sigma^{mn}(m,n \text{ 是整数})$$

一般来说,$(\sigma\tau)^n \neq \sigma^n\tau^n$。

(4)如果 $f(x),g(x)\in P[x]$,且

$$h(x)=f(x)+g(x),p(x)=f(x)g(x),$$

则

$$h(\sigma)=f(\sigma)+g(\sigma),p(\sigma)=f(\sigma)g(\sigma)。$$

特别地,

$$f(\sigma)g(\sigma)=g(\sigma)f(\sigma)。$$

§3　线性变换的矩阵

1. 线性变换与基的关系

设 V 是数域 P 上 n 维线性空间,$\boldsymbol{\alpha}_1,\boldsymbol{\alpha}_2,\cdots,\boldsymbol{\alpha}_n$ 是 V 的一组基。

(1)如果 V 的线性变换 σ 与 τ 在基 $\boldsymbol{\alpha}_1,\boldsymbol{\alpha}_2,\cdots,\boldsymbol{\alpha}_n$ 上的作用相同,即

$$\sigma(\boldsymbol{\alpha}_i)=\tau(\boldsymbol{\alpha}_i)\quad(i=1,2,\cdots,n),$$

则 $\sigma=\tau$ 。

(2)对 V 中的任意一组元素 $\boldsymbol{\beta}_1,\boldsymbol{\beta}_2,\cdots,\boldsymbol{\beta}_n$,存在唯一的线性变换 σ 使

$$\sigma(\boldsymbol{\alpha}_i)=\boldsymbol{\beta}_i\quad(i=1,2,\cdots,n)。$$

(3)设 σ 为 V 的线性变换,基的像可以被基线性表出

$$\begin{cases}\sigma(\boldsymbol{\alpha}_1)=a_{11}\boldsymbol{\alpha}_1+a_{21}\boldsymbol{\alpha}_2+\cdots+a_{n1}\boldsymbol{\alpha}_n,\\ \sigma(\boldsymbol{\alpha}_2)=a_{12}\boldsymbol{\alpha}_1+a_{22}\boldsymbol{\alpha}_2+\cdots+a_{n2}\boldsymbol{\alpha}_n,\\ \qquad\qquad\vdots\\ \sigma(\boldsymbol{\alpha}_n)=a_{1n}\boldsymbol{\alpha}_1+a_{2n}\boldsymbol{\alpha}_2+\cdots+a_{nn}\boldsymbol{\alpha}_n,\end{cases}$$

用矩阵乘法形式表示为

$$\sigma(\boldsymbol{\alpha}_1,\boldsymbol{\alpha}_2,\cdots,\boldsymbol{\alpha}_n)=(\sigma(\boldsymbol{\alpha}_1),\sigma(\boldsymbol{\alpha}_2),\cdots,\sigma(\boldsymbol{\alpha}_n))=(\boldsymbol{\alpha}_1,\boldsymbol{\alpha}_2,\cdots,\boldsymbol{\alpha}_n)\boldsymbol{A},$$

其中

$$\boldsymbol{A}=\begin{pmatrix}a_{11}&a_{12}&\cdots&a_{1n}\\a_{21}&a_{22}&\cdots&a_{2n}\\\vdots&\vdots&&\vdots\\a_{n1}&a_{n2}&\cdots&a_{nn}\end{pmatrix},$$

矩阵 $\boldsymbol{A}$ 称为 σ 在 V 的基 $\boldsymbol{\alpha}_1,\boldsymbol{\alpha}_2,\cdots,\boldsymbol{\alpha}_n$ 下的矩阵。

(4)设 V 的线性变换 σ,τ 在基 $\boldsymbol{\alpha}_1,\boldsymbol{\alpha}_2,\cdots,\boldsymbol{\alpha}_n$ 下的矩阵分别是 $\boldsymbol{A},\boldsymbol{B}$,则

1) $\sigma+\tau$ 在基 $\boldsymbol{\alpha}_1,\boldsymbol{\alpha}_2,\cdots,\boldsymbol{\alpha}_n$ 下的矩阵是 $\boldsymbol{A}+\boldsymbol{B}$;

2) $k\sigma$ 在基 $\boldsymbol{\alpha}_1,\boldsymbol{\alpha}_2,\cdots,\boldsymbol{\alpha}_n$ 下的矩阵是 $k\boldsymbol{A}$,其中 $k\in P$;

3) $\sigma\tau$ 在基 $\boldsymbol{\alpha}_1,\boldsymbol{\alpha}_2,\cdots,\boldsymbol{\alpha}_n$ 下的矩阵是 $\boldsymbol{AB}$ 。

(5) σ 可逆的充分必要条件是 $\boldsymbol{A}$ 可逆,且 σ^{-1} 在基 $\boldsymbol{\alpha}_1,\boldsymbol{\alpha}_2,\cdots,\boldsymbol{\alpha}_n$ 下的矩阵是 $\boldsymbol{A}^{-1}$ 。

(6)设 $\boldsymbol{\alpha}\in V$ 在基 $\boldsymbol{\alpha}_1,\boldsymbol{\alpha}_2,\cdots,\boldsymbol{\alpha}_n$ 下的坐标为 $(x_1,x_2,\cdots,x_n)^{\mathrm{T}}$,则 $\sigma(\boldsymbol{\alpha})$ 在基 $\boldsymbol{\alpha}_1,\boldsymbol{\alpha}_2,\cdots,$

$\boldsymbol{\alpha}_n$ 下的坐标为 $(y_1,y_2,\cdots,y_n)^{\mathrm{T}}$ 满足

$$\begin{pmatrix} y_1 \\ y_2 \\ \vdots \\ y_n \end{pmatrix} = \boldsymbol{A} \begin{pmatrix} x_1 \\ x_2 \\ \vdots \\ x_n \end{pmatrix}。$$

(7)设 $\boldsymbol{\alpha}_1,\boldsymbol{\alpha}_2,\cdots,\boldsymbol{\alpha}_n$ 和 $\boldsymbol{\beta}_1,\boldsymbol{\beta}_2,\cdots,\boldsymbol{\beta}_n$ 是数域 P 上线性空间 V 的两组基,且由基 $\boldsymbol{\alpha}_1,\boldsymbol{\alpha}_2,\cdots,\boldsymbol{\alpha}_n$ 到 $\boldsymbol{\beta}_1,\boldsymbol{\beta}_2,\cdots,\boldsymbol{\beta}_n$ 的过渡矩阵为 $\boldsymbol{X}$;又 V 的线性变换 σ 在这两组基下的矩阵分别是 $\boldsymbol{A},\boldsymbol{B}$,则

$$\boldsymbol{B}=\boldsymbol{X}^{-1}\boldsymbol{A}\boldsymbol{X}。$$

2. 相似矩阵

(1)设 $\boldsymbol{A},\boldsymbol{B}$ 为数域 P 上两个 n 阶方阵,如果存在数域 P 上的 n 阶可逆方阵 $\boldsymbol{X}$,使得 $\boldsymbol{B}=\boldsymbol{X}^{-1}\boldsymbol{A}\boldsymbol{X}$,则称 $\boldsymbol{A}$ 相似于 $\boldsymbol{B}$,记作 $\boldsymbol{A}\sim\boldsymbol{B}$;并称 $\boldsymbol{A}$ 到 $\boldsymbol{B}$ 的变换为相似变换,称 $\boldsymbol{X}$ 为相似变换矩阵。

(2)设 n 阶方阵 $\boldsymbol{A}$ 与 $\boldsymbol{B}$ 相似,则有如下性质

1) $r(\boldsymbol{A})=r(\boldsymbol{B})$;

2) $|\boldsymbol{A}|=|\boldsymbol{B}|$;

3) $|\lambda\boldsymbol{E}-\boldsymbol{A}|=|\lambda\boldsymbol{E}-\boldsymbol{B}|$;

4) $\boldsymbol{A}^{\mathrm{T}}\sim\boldsymbol{B}^{\mathrm{T}}$, $\boldsymbol{A}^k\sim\boldsymbol{B}^k$, $\boldsymbol{A}^{-1}\sim\boldsymbol{B}^{-1}$(如果 $\boldsymbol{A}$ 可逆的话);

5)若 $f(x)$ 为数域 P 上的任一多项式,则 $f(\boldsymbol{A})\sim f(\boldsymbol{B})$;

6)相似关系满足自反性、对称性、传递性。

(3)线性变换在两组不同基下的矩阵是相似的,且相似变换矩阵是两组基之间的过渡矩阵。

§4 特征值与特征向量

1. 矩阵的特征值与特征向量

(1)设 $\boldsymbol{A}$ 是数域 P 上的一个 n 阶矩阵,如果存在数 λ 和数域 P 上的 n 维非零列向量 $\boldsymbol{\alpha}$,使得

$$\boldsymbol{A}\boldsymbol{\alpha}=\lambda\boldsymbol{\alpha},$$

则称 λ 为 $\boldsymbol{A}$ 的特征值,$\boldsymbol{\alpha}$ 称为 $\boldsymbol{A}$ 的属于特征值 λ 的特征向量。称 $\lambda\boldsymbol{E}-\boldsymbol{A}$ 为 $\boldsymbol{A}$ 的特征矩阵;称 $|\lambda\boldsymbol{E}-\boldsymbol{A}|$ 为 $\boldsymbol{A}$ 的特征多项式;称 $|\lambda\boldsymbol{E}-\boldsymbol{A}|=0$ 为 $\boldsymbol{A}$ 的特征方程。

(2)矩阵的特征值和特征向量具有如下一些性质:

1)若 λ_i 是矩阵 $\boldsymbol{A}$ 的 r_i 重特征值,$\boldsymbol{A}$ 的属于特征值 λ_i 有 s_i 个线性无关的特征向量,则 $1\leqslant s_i\leqslant r_i$;

2)如果 $\boldsymbol{\alpha},\boldsymbol{\beta}$ 都是矩阵 $\boldsymbol{A}$ 的属于特征值 λ_0 的特征向量,则当 $k\boldsymbol{\alpha}+l\boldsymbol{\beta}\neq\boldsymbol{0}$ 时,$k\boldsymbol{\alpha}+l\boldsymbol{\beta}$ 仍是矩阵 $\boldsymbol{A}$ 的属于特征值 λ_0 的特征向量;

3)设 $A=(a_{ij})_{n\times n}$ 的 n 个特征值为 $\lambda_1,\lambda_2,\cdots,\lambda_n$，则

$$\lambda_1+\lambda_2+\cdots+\lambda_n=a_{11}+a_{22}+\cdots+a_{nn},$$
$$\lambda_1\lambda_2\cdots\lambda_n=|A|。$$

4)如果 $\lambda_1,\lambda_2,\cdots,\lambda_s$ 是矩阵 A 的互异特征值，其对应的特征向量分别是 $\boldsymbol{\alpha}_1,\boldsymbol{\alpha}_2,\cdots,\boldsymbol{\alpha}_s$，则 $\boldsymbol{\alpha}_1,\boldsymbol{\alpha}_2,\cdots,\boldsymbol{\alpha}_s$ 线性无关。

5)如果 $\lambda_1,\lambda_2,\cdots,\lambda_s$ 是矩阵 A 的互异特征值，λ_i 对应的线性无关特征向量是 $\boldsymbol{\alpha}_{i1},\boldsymbol{\alpha}_{i2},\cdots,\boldsymbol{\alpha}_{ir_i}$，则向量组

$$\boldsymbol{\alpha}_{11},\boldsymbol{\alpha}_{12},\cdots,\boldsymbol{\alpha}_{1r_1},\boldsymbol{\alpha}_{21},\boldsymbol{\alpha}_{22},\cdots,\boldsymbol{\alpha}_{2r_2},\cdots,\boldsymbol{\alpha}_{s1},\boldsymbol{\alpha}_{s2},\cdots,\boldsymbol{\alpha}_{sr_s},$$

线性无关；

6)设 $B=X^{-1}AX$，即矩阵 A 与 B 相似。如果 λ_i 是 A 的特征值，$\boldsymbol{\alpha}_i$ 是 A 对应特征值 λ_i 的特征向量，则 λ_i 是 B 的特征值，且 B 对应特征值 λ_i 的特征向量是 $X^{-1}\boldsymbol{\alpha}_i$。

(3)(特征多项式的降阶定理)在数域 P 上，设 $A\in P^{m\times n}$，$B\in P^{n\times m}$，则对 $\forall\lambda\in P$，且 $\lambda\neq 0$，有

$$|\lambda E_m-AB|=\lambda^{m-n}|\lambda E_n-BA|。$$

特别地，当 $n=m$ 时，有

$$|\lambda E-AB|=|\lambda E-BA|。$$

2. 线性变换的特征值与特征向量

(1)设 σ 是数域 P 上线性空间 V 的一个线性变换，如果对于数域 P 中数 λ_0，存在一个非零向量 $\boldsymbol{\xi}$，使得

$$\sigma(\boldsymbol{\xi})=\lambda_0\boldsymbol{\xi},$$

那么 λ_0 称为 σ 的一个特征值，而 $\boldsymbol{\xi}$ 叫作 σ 的属于特征值 λ_0 的一个特征向量。

(2)由 σ 的属于 λ_0 的全部特征向量再添上零向量所成的集合，是 V 的一个子空间，称为 σ 的一个特征子空间，记为 V_{λ_0}，

$$V_{\lambda_0}=\{\boldsymbol{\alpha}\mid\sigma\boldsymbol{\alpha}=\lambda_0\boldsymbol{\alpha},\boldsymbol{\alpha}\in V\},$$

V_{λ_0} 的维数就是属于 λ_0 的线性无关的特征向量的最大个数。

3. 哈密顿-凯莱定理(Hamilton-Caylay theorem)

(1)设 A 是数域 P 上的一个 n 阶矩阵，$f(\lambda)=|\lambda E-A|$ 是 A 的特征多项式，则 $f(A)=0$。

(2)设 σ 是数域 P 上 n 维线性空间 V 的一个线性变换，且 σ 在 V 的一组基下的矩阵是 A，$f(\lambda)=|\lambda E-A|$ 是 A 的特征多项式(也称为 σ 的特征多项式)，则 $f(\sigma)=0$。

§5　对角矩阵

相似可对角化

(1)如果数域 P 上的一个 n 阶矩阵 A 可相似于对角矩阵，则称 A 可对角化。

(2)数域 P 上 n 阶矩阵 $\boldsymbol{A}$ 可对角化的条件如下：

1)(充分必要条件) $\boldsymbol{A}$ 有 n 个线性无关的特征向量；

2)(充分条件) $\boldsymbol{A}$ 有 n 个互异的特征值；

3)(充分必要条件) $\boldsymbol{A}$ 的所有重特征值对应的线性无关特征向量的个数等于其重数。

(3)线性变换 σ 在某一组基下的矩阵为对角矩阵时，称这个线性变换 σ 可以对角化。

(4)线性变换可以对角化的条件：

1)(充分必要条件) σ 有 n 个线性无关的特征向量；

2)(充分条件) σ 有 n 个互异的特征值；

3)(充分必要条件) σ 的所有重特征值对应的线性无关特征向量的个数等于其重数。

4)(充分必要条件) σ 的特征子空间 $V_{\lambda_1},V_{\lambda_2},\cdots,V_{\lambda_r}$ 的维数之和等于空间的维数。

§6 线性变换的值域与核

1. 线性变换的值域与核的定义

(1)设 σ 是线性空间 V 的一个线性变换，σ 的全体像组成的集合称为 σ 的值域，用 $\sigma(V)$ 表示。所有被 σ 变成零向量的向量组成的集合称为 σ 的核，用 $\sigma^{-1}(\mathbf{0})$ 表示。记为

$$\sigma(V)=\{\sigma(\boldsymbol{\xi})\mid\boldsymbol{\xi}\in V\},\sigma^{-1}(0)=\{\boldsymbol{\xi}\mid\sigma(\boldsymbol{\xi})=\mathbf{0},\boldsymbol{\xi}\in V\}。$$

值域与核也可用 $\mathrm{Im}(\sigma)$ 与 $\mathrm{Ker}(\sigma)$ 表示。

线性变换的值域 $\sigma(V)$ 与核 $\sigma^{-1}(\mathbf{0})$ 都是 V 的子空间。

(2)称 $\sigma(V)$ 的维数为 σ 的秩，$\sigma^{-1}(\mathbf{0})$ 的维数称为 σ 的零度。

2. 线性变换的值域与核的性质

设 σ 是 n 维线性空间 V 的线性变换，$\boldsymbol{\varepsilon}_1,\boldsymbol{\varepsilon}_2,\cdots,\boldsymbol{\varepsilon}_n$ 是 V 的一组基，在这组基下 σ 的矩阵是 $\boldsymbol{A}$，则

1) σ 的值域 $\sigma(V)$ 是由基像组生成的子空间，即

$$\sigma(V)=L(\sigma\boldsymbol{\varepsilon}_1,\sigma\boldsymbol{\varepsilon}_2,\cdots,\sigma\boldsymbol{\varepsilon}_n)$$

2) σ 的秩 $=\boldsymbol{A}$ 的秩。

3) σ 的秩 $+\sigma$ 的零度 $=n$ 。

§7 不变子空间

1. 不变子空间的定义

(1)设 σ 是数域 P 上线性空间 V 的线性变换，W 是 V 的一个子空间。如果 W 中的向量在 σ 下的像仍在 W 中，即对于 W 中任一向量 $\boldsymbol{\xi}$，有 $\sigma(\boldsymbol{\xi})\in W$，就称 W 是 σ 的不变子空间，简称 σ-子空间。

(2)一些常见的不变子空间

1) V 和零子空间 $\{0\}$ 是 σ -子空间。

2) σ 的值域与核都是 σ -子空间。

3)若线性变换 σ 与 τ 是可交换的,则 τ 的值域与核都是 σ -子空间。

4) σ 的多项式为 $f(\sigma)$,则 $f(\sigma)$的值域与核都是 σ -子空间。

5) σ 的属于特征值 λ_0 的一个特征子空间 V_{λ_0} 也是 σ -子空间。

6) σ -子空间的和与交还是 σ -子空间。

(3)线性变换 σ 在不变子空间 W 上引起的变换 $\sigma|W$,定义为:任取 $\boldsymbol{\xi}\in W$,

$$(\sigma|W)(\boldsymbol{\xi})=\sigma(\boldsymbol{\xi})。$$

2. 不变子空间与线性变换的矩阵的化简

(1)设 σ 是维线性空间 V 的线性变换,W 是 V 的 σ -子空间。在 W 中取一组基 $\boldsymbol{\varepsilon}_1,\boldsymbol{\varepsilon}_2,\cdots,\boldsymbol{\varepsilon}_k$,并且把它扩充成 V 的一组基

$$\boldsymbol{\varepsilon}_1,\boldsymbol{\varepsilon}_2,\cdots,\boldsymbol{\varepsilon}_k,\boldsymbol{\varepsilon}_{k+1},\cdots,\boldsymbol{\varepsilon}_n,$$

那么,σ 在这组基下的矩阵就具有下列形状

$$\begin{pmatrix} a_{11} & \cdots & a_{1k} & a_{1,k+1} & \cdots & a_{1n} \\ \vdots & & \vdots & \vdots & & \vdots \\ a_{k1} & & a_{kk} & a_{k,k+1} & \cdots & a_{kn} \\ 0 & \cdots & 0 & a_{k+1,k+1} & \cdots & a_{k+1,n} \\ \vdots & & \vdots & \vdots & & \vdots \\ 0 & \cdots & 0 & a_{n,k+1} & \cdots & a_{nn} \end{pmatrix}=\begin{pmatrix} \boldsymbol{A}_1 & \boldsymbol{A}_3 \\ \boldsymbol{O} & \boldsymbol{A}_2 \end{pmatrix},$$

并且左上角的 k 阶矩阵 $\boldsymbol{A}_1$ 就是 $\sigma|W$ 在基 $\boldsymbol{\varepsilon}_1,\boldsymbol{\varepsilon}_2,\cdots,\boldsymbol{\varepsilon}_k$ 下的矩阵。

(2)设 V 分解成若干个 σ -子空间的直和:

$$V=W_1\oplus W_2\oplus\cdots\oplus W_s,$$

在每一个 σ -子空间 W_i 中取基

$$\boldsymbol{\varepsilon}_{i1},\boldsymbol{\varepsilon}_{i2},\cdots,\boldsymbol{\varepsilon}_{ir_i}(i=1,2,\cdots,s),$$

把它们合并起来成为 V 的一组基。则在这组基下,σ 的矩阵具有准对角形状

$$\begin{pmatrix} \boldsymbol{A}_1 & & & \\ & \boldsymbol{A}_2 & & \\ & & \ddots & \\ & & & \boldsymbol{A}_s \end{pmatrix},$$

其中,$\boldsymbol{A}_i(i=1,2,\cdots,s)$ 就是 $\sigma|W$ 在基 $\boldsymbol{\varepsilon}_{i1},\boldsymbol{\varepsilon}_{i2},\cdots,\boldsymbol{\varepsilon}_{ir_i}$ 下的矩阵。

(3)设线性变换 σ 的特征多项式为 $f(\lambda)$,它可分解成一次因式的乘积

$$f(\lambda)=(\lambda-\lambda_1)^{r_1}(\lambda-\lambda_2)^{r_2}\cdots(\lambda-\lambda_s)^{r_s},$$

则 V 可分解成不变子空间的直和

$$V=V_1\oplus V_2\oplus\cdots\oplus V_s,$$

其中，

$$V_i=\{\boldsymbol{\xi}\mid(\sigma-\lambda_i\boldsymbol{\varepsilon})^{r_i}\boldsymbol{\xi}=\mathbf{0},\boldsymbol{\xi}\in V\}(i=1,2,\cdots,s)。$$

§8 若尔当(Jordan)标准形介绍

(1)形式为

$$J(\lambda,t)=\begin{pmatrix}\lambda & 0 & \cdots & 0 & 0 & 0\\ 1 & \lambda & \cdots & 0 & 0 & 0\\ \vdots & \vdots & & \vdots & \vdots & \vdots\\ 0 & 0 & \cdots & 1 & \lambda & 0\\ 0 & 0 & \cdots & 0 & 1 & \lambda\end{pmatrix},$$

的矩阵称为若尔当(Jordan)块,其中 λ 是复数。由若干个若尔当块组成的准对角矩阵称为若尔当形矩阵,其一般形状如

$$\begin{pmatrix}\boldsymbol{A}_1 & & & \\ & \boldsymbol{A}_2 & & \\ & & \ddots & \\ & & & \boldsymbol{A}_s\end{pmatrix},$$

其中

$$\boldsymbol{A}_i=\begin{pmatrix}\lambda_i & & & & \\ 1 & \lambda_i & & & \\ & \ddots & \ddots & & \\ & & 1 & \lambda_i & \\ & & & 1 & \lambda_i\end{pmatrix}_{k_i\times k_i},$$

并且 $\lambda_1,\lambda_2,\cdots,\lambda_s$ 中有一些可以相等。

(2)每个 n 阶复矩阵 $\boldsymbol{A}$ 都与一个若尔当形矩阵相似。

(3)设 σ 是复数域上线性空间 V 的一个线性变换,则在 V 中必定存在一组基,使 σ 在这组基下的矩阵是若尔当形矩阵。

§9 最小多项式

(1)设 $\boldsymbol{A}$ 为数域 P 上一个 n 阶矩阵,如果数域 P 上一个多项式 $f(x)$,使 $f(\boldsymbol{A})=\mathbf{0}$,则称 $f(x)$ 以 $\boldsymbol{A}$ 为根,也可称 $f(x)$ 为 $\boldsymbol{A}$ 的零化多项式。在以 $\boldsymbol{A}$ 为根的多项式中,次数最低的首项系数为 1 的多项式称为 $\boldsymbol{A}$ 的最小多项式。

(2)最小多项式有如下一些结论:

1)矩阵 $\boldsymbol{A}$ 的最小多项式是唯一的;

2)设 $g(x)$ 是矩阵 $\boldsymbol{A}$ 的最小多项式,那么 $f(x)$ 以 $\boldsymbol{A}$ 为根的充要条件是 $g(x)$ 整除

$f(x)$，从而矩阵 $\boldsymbol{A}$ 的最小多项式是 $\boldsymbol{A}$ 的特征多项式的一个因式；

3)相似矩阵有相同的最小多项式；

4)设 $\boldsymbol{A}$ 是一个准对角矩阵

$$\boldsymbol{A}=\begin{pmatrix}\boldsymbol{A}_1 & \\ & \boldsymbol{A}_2\end{pmatrix},$$

则 $\boldsymbol{A}$ 的最小多项式为 $\boldsymbol{A}_1$ 的最小多项式与 $\boldsymbol{A}_2$ 的最小多项式的最小公倍式；

5) k 阶若尔当块

$$\boldsymbol{J}=\begin{pmatrix}a & & & \\ 1 & a & & \\ & \ddots & \ddots & \\ & & 1 & a\end{pmatrix},$$

的最小多项式为 $(x-a)^k$；

6)数域 P 上 n 阶矩阵 $\boldsymbol{A}$ 与对角矩阵相似的充要条件为 $\boldsymbol{A}$ 的最小多项式是 P 上互素的一次因式的乘积；

7)复数矩阵 $\boldsymbol{A}$ 与对角矩阵相似的充要条件是 $\boldsymbol{A}$ 的最小多项式没有重根。

7.2　典型问题解析

1. 设 $V=P^{2\times 2}$ 是 P 上线性空间，取定 $\boldsymbol{A}=\begin{pmatrix}1 & 1\\ 2 & 2\end{pmatrix}\in V$，对 $\forall \boldsymbol{X}\in V$，令 $\sigma(\boldsymbol{X})=\boldsymbol{A}\boldsymbol{X}$。求证：

(1) σ 是线性变换。

(2)求 σ 在基 $\boldsymbol{E}_{11}=\begin{pmatrix}1 & 0\\ 0 & 0\end{pmatrix}$，$\boldsymbol{E}_{12}=\begin{pmatrix}0 & 1\\ 0 & 0\end{pmatrix}$，$\boldsymbol{E}_{21}=\begin{pmatrix}0 & 0\\ 1 & 0\end{pmatrix}$，$\boldsymbol{E}_{22}=\begin{pmatrix}0 & 0\\ 0 & 1\end{pmatrix}$ 下的矩阵。

(3)求 σ 在基 $\boldsymbol{A}_1=\begin{pmatrix}1 & 1\\ 1 & 1\end{pmatrix}$，$\boldsymbol{A}_2=\begin{pmatrix}1 & 1\\ 1 & 0\end{pmatrix}$，$\boldsymbol{A}_3=\begin{pmatrix}1 & 1\\ 0 & 0\end{pmatrix}$，$\boldsymbol{A}_4=\begin{pmatrix}1 & 0\\ 0 & 0\end{pmatrix}$ 下的矩阵。

解　(1) $\forall \boldsymbol{X},\boldsymbol{Y}\in V$，$k\in P$，有

$$\sigma(\boldsymbol{X}+\boldsymbol{Y})=\boldsymbol{A}(\boldsymbol{X}+\boldsymbol{Y})=\boldsymbol{A}\boldsymbol{X}+\boldsymbol{A}\boldsymbol{Y}=\sigma(\boldsymbol{X})+\sigma(\boldsymbol{Y}),$$

$$\sigma(k\boldsymbol{X})=\boldsymbol{A}(k\boldsymbol{X})=k\boldsymbol{A}\boldsymbol{X}=k\sigma(\boldsymbol{X}),$$

即知 σ 是 V 上线性变换。

(2)由

$$\sigma(\boldsymbol{E}_{11})=\begin{pmatrix}1 & 0\\ 2 & 0\end{pmatrix},\quad \sigma(\boldsymbol{E}_{12})=\begin{pmatrix}0 & 1\\ 0 & 2\end{pmatrix},\quad \sigma(\boldsymbol{E}_{21})=\begin{pmatrix}1 & 0\\ 2 & 0\end{pmatrix},\quad \sigma(\boldsymbol{E}_{22})=\begin{pmatrix}0 & 1\\ 0 & 2\end{pmatrix},$$

得 σ 在基 $\boldsymbol{E}_{11}$，$\boldsymbol{E}_{12}$，$\boldsymbol{E}_{21}$，$\boldsymbol{E}_{22}$ 下的矩阵为

$$A=\begin{pmatrix}1&0&1&0\\0&1&0&1\\2&0&2&0\\0&2&0&2\end{pmatrix}。$$

(3)由基 $E_{11},E_{12},E_{21},E_{22}$ 到基 A_1,A_2,A_3,A_4 的过渡矩阵为

$$C=\begin{pmatrix}1&1&1&1\\1&1&1&0\\1&1&0&0\\1&0&0&0\end{pmatrix},$$

所以 σ 在基 A_1,A_2,A_3,A_4 下的矩阵为

$$B=C^{-1}AC=\begin{pmatrix}3&1&1&0\\0&2&0&1\\-1&-2&0&-1\\0&1&0&1\end{pmatrix}。$$

2. 设 $V=P^{2\times2}$ 是 P 上线性空间,取定 $A=\begin{pmatrix}a&b\\c&d\end{pmatrix}\in V$,对 $\forall X\in V$,令 $\sigma(X)=AX$,求证:

(1) σ 是线性变换;

(2)求 σ 在基 $E_{11}=\begin{pmatrix}1&0\\0&0\end{pmatrix},E_{12}=\begin{pmatrix}0&1\\0&0\end{pmatrix},E_{21}=\begin{pmatrix}0&0\\1&0\end{pmatrix},E_{22}=\begin{pmatrix}0&0\\0&1\end{pmatrix}$ 下的矩阵;

(3)求证:若 A 可对角化,则可以找到 V 的一组基,使 σ 在此基下的矩阵为对角阵。

解 (1)略。

(2)由

$$\sigma(E_{11})=\begin{pmatrix}a&0\\c&0\end{pmatrix},\sigma(E_{12})=\begin{pmatrix}0&a\\0&c\end{pmatrix},\sigma(E_{21})=\begin{pmatrix}b&0\\d&0\end{pmatrix},\sigma(E_{22})=\begin{pmatrix}0&b\\0&d\end{pmatrix},$$

得 σ 在基 $E_{11},E_{12},E_{21},E_{22}$ 下的矩阵为

$$B=\begin{pmatrix}a&0&b&0\\0&a&0&b\\c&0&d&0\\0&c&0&d\end{pmatrix}。$$

(3)由(2)知,σ 在基 $E_{11},E_{21},E_{12},E_{22}$ 下的矩阵为

$$C=\begin{pmatrix}a&b&0&0\\c&d&0&0\\0&0&a&c\\0&0&b&d\end{pmatrix}。$$

若 A 可对角化,则存在可逆矩阵 P,使得

$$A=P\begin{pmatrix}\lambda_1&0\\0&\lambda_2\end{pmatrix}P^{-1}。$$

若令 $Q=\begin{pmatrix}\boldsymbol{P} & \boldsymbol{0}\\ \boldsymbol{0} & \boldsymbol{P}\end{pmatrix}$，则 Q 为可逆矩阵。令 $(\boldsymbol{\eta}_1,\boldsymbol{\eta}_2,\boldsymbol{\eta}_3,\boldsymbol{\eta}_4)=(\boldsymbol{E}_{11},\boldsymbol{E}_{21},\boldsymbol{E}_{12},\boldsymbol{E}_{22})\boldsymbol{Q}$，则 $\boldsymbol{\eta}_1,\boldsymbol{\eta}_2,\boldsymbol{\eta}_3,\boldsymbol{\eta}_4$ 为到 V 的一组基，且 σ 在此基下的矩阵为 $\mathrm{diag}(\lambda_1,\lambda_2,\lambda_1,\lambda_2)$，它是对角阵。

3. 设 σ 是线性空间 $V=\mathbf{R}^2$ 上的线性变换，且 $\sigma(x_1,x_2)=(-x_2,x_1)$，$(x_1,x_2)\in\mathbf{R}^2$，

(1)求 σ 在基 $\boldsymbol{\alpha}_1=(1,2)$，$\boldsymbol{\alpha}_2=(1,-1)$ 下的矩阵；

(2)求证：对于每个实数 c，线性变换 $\sigma-cI$ 可逆；

(3)设 σ 在某组基下的矩阵为 $\begin{pmatrix}a & b\\ c & d\end{pmatrix}$，求证：$bc\neq 0$。

证明　(1)显然有

$$\sigma(\boldsymbol{\alpha}_1)=(-2,1),\sigma(\boldsymbol{\alpha}_2)=(1,1)。$$

不妨设 $\sigma(\boldsymbol{\alpha}_1)=k_1\boldsymbol{\alpha}_1+k_2\boldsymbol{\alpha}_2$，那么有

$$\begin{pmatrix}1 & 1\\ 2 & -1\end{pmatrix}\begin{pmatrix}k_1\\ k_2\end{pmatrix}=\begin{pmatrix}-2\\ 1\end{pmatrix}\Rightarrow\begin{pmatrix}k_1\\ k_2\end{pmatrix}=\begin{pmatrix}-\dfrac{1}{3}\\ -\dfrac{5}{3}\end{pmatrix},$$

同理，若设 $\sigma(\boldsymbol{\alpha}_2)=l_1\boldsymbol{\alpha}_1+l_2\boldsymbol{\alpha}_2$，可得

$$\begin{pmatrix}l_1\\ l_2\end{pmatrix}=\begin{pmatrix}\dfrac{2}{3}\\ \dfrac{1}{3}\end{pmatrix},$$

那么 σ 在基 $\boldsymbol{\alpha}_1,\boldsymbol{\alpha}_2$ 下的矩阵为

$$\begin{pmatrix}-\dfrac{1}{3} & \dfrac{2}{3}\\ -\dfrac{5}{3} & \dfrac{1}{3}\end{pmatrix}。$$

(2)由(1)类似可得线性变换 $\sigma-cI$ 在基 $\boldsymbol{\alpha}_1,\boldsymbol{\alpha}_2$ 下的矩阵为

$$\begin{pmatrix}-\dfrac{1}{3}-c & \dfrac{2}{3}\\ -\dfrac{5}{3} & \dfrac{1}{3}-c\end{pmatrix},$$

其行列式为 $c^2+1\neq 0$，即这个矩阵为可逆矩阵，那么线性变换 $\sigma-cI$ 可逆。

(3)显然线性变换 σ 不同基下的矩阵是相似的，那么有

$$\begin{pmatrix}a & b\\ c & d\end{pmatrix}与\mathbf{A}=\begin{pmatrix}-\dfrac{1}{3} & \dfrac{2}{3}\\ -\dfrac{5}{3} & \dfrac{1}{3}\end{pmatrix}相似。$$

又相似矩阵有相同的行列式和迹，于是有

$$ad-bc=\begin{vmatrix}a & b\\ c & d\end{vmatrix}=|\mathbf{A}|=1,a+d=\mathrm{tr}\begin{pmatrix}a & b\\ c & d\end{pmatrix}=\mathrm{tr}(\mathbf{A})=0。$$

若 $bc=0$，则有 $ad=1$，从而 $0=(a+d)^2=a^2+2ad+d^2=a^2+d^2+2>0$，矛盾。故$bc\neq 0$。

4. 设 $V=P^{n\times n}$ 是 P 上线性空间，取定 $\boldsymbol{A},\boldsymbol{B}\in V$，对 $\forall \boldsymbol{X}\in V$，令 $\sigma(\boldsymbol{X})=\boldsymbol{AXB}$。

求证：(1)σ 是线性变换。(2)σ 可逆的充分必要条件是$|\boldsymbol{AB}|\neq 0$。

证明　(1)显然 $\sigma(\boldsymbol{X})\in V$，知 σ 是 V 上变换，下证它是线性变换。$\forall \boldsymbol{X},\boldsymbol{Y}\in V,k\in P$，有

$$\sigma(\boldsymbol{X}+\boldsymbol{Y})=\boldsymbol{A}(\boldsymbol{X}+\boldsymbol{Y})\boldsymbol{B}=\boldsymbol{AXB}+\boldsymbol{AYB}=\sigma(\boldsymbol{X})+\sigma(\boldsymbol{Y}),$$
$$\sigma(k\boldsymbol{X})=\boldsymbol{A}(k\boldsymbol{X})\boldsymbol{B}=k\boldsymbol{AXB}=k\sigma(\boldsymbol{X}),$$

即知 σ 是 V 上线性变换。

(2)充分性。若 $|\boldsymbol{AB}|\neq 0$，则 $|\boldsymbol{A}|\neq 0$，$|\boldsymbol{B}|\neq 0$，即 $\boldsymbol{A},\boldsymbol{B}$ 都可逆。若令 $\boldsymbol{Y}=\boldsymbol{AXB}$，那么有 $\boldsymbol{X}=\boldsymbol{A}^{-1}\boldsymbol{YB}^{-1}$，于是可令 $\sigma^{-1}(\boldsymbol{X})=\boldsymbol{A}^{-1}\boldsymbol{XB}^{-1}$，则有 $\sigma\sigma^{-1}=\sigma^{-1}\sigma=I$，故 σ 可逆。

必要性。若 σ 可逆，那么 σ 是双射，且是满射，那么对 $\boldsymbol{Y}\in V$，存在 $\boldsymbol{X}\in V$，使得 $\boldsymbol{AXB}=\boldsymbol{Y}$。

特别地，取 $\boldsymbol{Y}=\boldsymbol{E}$，代入上式，两边取行列式，有 $|\boldsymbol{AXB}|=1\neq 0$。从而 $|\boldsymbol{AB}|\neq 0$。

5. 设 V 为 n 维线性空间，V_1,V_2 是 V 的子空间，$V=V_1\oplus V_2$。又设 σ 是线性空间 V 上的线性变换，证明 σ 可逆的充要条件是 $V=\sigma(V_1)\oplus\sigma(V_2)$。

证明　法一　必要性。因为 σ 可逆，所以 σ 是 V 到 V 的同构映射。又

$$V=V_1\oplus V_2,$$

分别取 V_1,V_2 的基 $\boldsymbol{\varepsilon}_1,\cdots,\boldsymbol{\varepsilon}_r$ 与 $\boldsymbol{\varepsilon}_{r+1},\cdots,\boldsymbol{\varepsilon}_n$，则 $\boldsymbol{\varepsilon}_1,\boldsymbol{\varepsilon}_2,\cdots,\boldsymbol{\varepsilon}_n$ 为 V 的一组基，且 $\sigma(\boldsymbol{\varepsilon}_1)$，$\sigma(\boldsymbol{\varepsilon}_2),\cdots,\sigma(\boldsymbol{\varepsilon}_n)$ 也线性无关，从而也构成 V 的一组基。

由于 $V_1=L(\boldsymbol{\varepsilon}_1,\cdots,\boldsymbol{\varepsilon}_r)$，$V_2=L(\boldsymbol{\varepsilon}_{r+1},\cdots,\boldsymbol{\varepsilon}_n)$，所以

$$\sigma(V_1)=L(\sigma(\boldsymbol{\varepsilon}_1),\cdots,\sigma(\boldsymbol{\varepsilon}_r)),\sigma(V_2)=L(\boldsymbol{\sigma}(\varepsilon_{r+1}),\cdots,\boldsymbol{\sigma}(\varepsilon_n)),$$

这样有 $V=\sigma(V_1)\oplus\sigma(V_2)$。

充分性。由 $V=\sigma(V_1)\oplus\sigma(V_2)$，分别取 $\sigma(V_1)$ 与 $\sigma(V_2)$ 的基 $\boldsymbol{\beta}_1,\cdots,\boldsymbol{\beta}_r$ 与 $\boldsymbol{\beta}_{r+1},\cdots,\boldsymbol{\beta}_n$，则 $\boldsymbol{\beta}_1,\cdots,\boldsymbol{\beta}_r,\boldsymbol{\beta}_{r+1},\cdots,\boldsymbol{\beta}_n$ 也构成 V 的一组基。

令 $\boldsymbol{\beta}_i=\sigma(\boldsymbol{\alpha}_i)$，$\boldsymbol{\alpha}_i\in V_1(i=1,2,\cdots,r)$，$\boldsymbol{\alpha}_j\in V_1(j=r+1,\cdots,n)$。

由于存在线性变换 τ，使 $\tau(\boldsymbol{\beta}_i)=\boldsymbol{\alpha}_i(i=1,2,\cdots,n)$，且 $\forall \boldsymbol{\alpha}_i\in V$，有 $\tau\sigma(\boldsymbol{\alpha}_i)=\boldsymbol{\alpha}_i(i=1,2,\cdots,n)$。

因此 $\tau\sigma=I$，所以 σ 可逆。

法二　因为 $V=V_1\oplus V_2$，取 $\boldsymbol{\alpha}_1,\cdots,\boldsymbol{\alpha}_r$ 为 V_1 的一组基，再取 $\boldsymbol{\alpha}_{r+1},\cdots,\boldsymbol{\alpha}_n$ 为 V_2 的一组基。那么 $\boldsymbol{\alpha}_1,\boldsymbol{\alpha}_2,\cdots,\boldsymbol{\alpha}_r,\boldsymbol{\alpha}_{r+1},\cdots,\boldsymbol{\alpha}_n$ 为 V 的一组基，且令

$$\sigma(\boldsymbol{\alpha}_1,\boldsymbol{\alpha}_2,\cdots,\boldsymbol{\alpha}_n)=(\boldsymbol{\alpha}_1,\boldsymbol{\alpha}_2,\cdots,\boldsymbol{\alpha}_n)\boldsymbol{A}。$$

必要性。设 σ 可逆，则 $\boldsymbol{A}$ 可逆，由上式知

$$r(\sigma(\boldsymbol{\alpha}_1),\cdots,\sigma(\boldsymbol{\alpha}_n))=r(\boldsymbol{A})=n,$$

从而 $\sigma(\boldsymbol{\alpha}_1),\sigma(\boldsymbol{\alpha}_2),\cdots,\sigma(\boldsymbol{\alpha}_n)$ 亦为 V 的一组基。于是

$$V=L(\sigma(\boldsymbol{\alpha}_1),\sigma(\boldsymbol{\alpha}_2),\cdots,\sigma(\boldsymbol{\alpha}_n))=L(\sigma(\boldsymbol{\alpha}_1),\cdots,\sigma(\boldsymbol{\alpha}_r))\oplus L(\sigma(\boldsymbol{\alpha}_{r+1}),\cdots,\sigma(\boldsymbol{\alpha}_n))。$$

因为 $V_1=L(\boldsymbol{\alpha}_1,\boldsymbol{\alpha}_2,\cdots,\boldsymbol{\alpha}_r)$，$V_2=L(\boldsymbol{\alpha}_{r+1},\cdots,\boldsymbol{\alpha}_n)$，所以

$$\sigma(V_1)=L(\sigma(\boldsymbol{\alpha}_1),\sigma(\boldsymbol{\alpha}_2),\cdots,\sigma(\boldsymbol{\alpha}_r)),\sigma(V_2)=L(\sigma(\boldsymbol{\alpha}_{r+1}),\cdots,\sigma(\boldsymbol{\alpha}_n))。$$

故

$$V=\sigma(V_1)\oplus\sigma(V_2)。$$

充分性。设 $V=\sigma(V_1)\oplus\sigma(V_2)$，但

$$V_1=L(\boldsymbol{\alpha}_1,\boldsymbol{\alpha}_2,\cdots,\boldsymbol{\alpha}_r),V_2=L(\boldsymbol{\alpha}_{r+1},\cdots,\boldsymbol{\alpha}_n),$$

所以

$$\sigma(V_1)=L(\sigma(\boldsymbol{\alpha}_1),\sigma(\boldsymbol{\alpha}_2),\cdots,\sigma(\boldsymbol{\alpha}_r)),\sigma(V_2)=L(\sigma(\boldsymbol{\alpha}_{r+1}),\cdots,\sigma(\boldsymbol{\alpha}_n)),$$

且由 $V=\sigma(V_1)\oplus\sigma(V_2)$ 知

$$L(\sigma(\boldsymbol{\alpha}_1),\sigma(\boldsymbol{\alpha}_2),\cdots,\sigma(\boldsymbol{\alpha}_r))+L(\sigma(\boldsymbol{\alpha}_{r+1}),\cdots,\sigma(\boldsymbol{\alpha}_n))=L(\sigma(\boldsymbol{\alpha}_1),\sigma(\boldsymbol{\alpha}_2),\cdots,\sigma(\boldsymbol{\alpha}_n)),$$

$$n=\dim(\sigma(V_1))+\dim(\sigma(V_2))=r(\sigma(\boldsymbol{\alpha}_1),\sigma(\boldsymbol{\alpha}_2),\cdots,\sigma(\boldsymbol{\alpha}_n)),$$

故 $\sigma(\boldsymbol{\alpha}_1),\sigma(\boldsymbol{\alpha}_2),\cdots,\sigma(\boldsymbol{\alpha}_n)$ 线性无关，从而 $r(\mathbf{A})=n$ 。所以 $\mathbf{A}$ 可逆，从而 σ 可逆。

6. 设 V 为数域 P 上线性空间，f_1,f_2 为 V 到 P 的线性映射，存在 V 到 P 的线性映射 σ，使 $\sigma(X)=f_1(X)f_2(X)$ 。求证：σ 是零映射时，f_1 或 f_2 为零映射。

证明　已知 $\sigma(X)=f_1(X)f_2(X)$，若 f_1,f_2 均不为零映射，则存在 x_1,x_2，使

$$f_1(x_1)\neq 0,f_2(x_2)\neq 0。$$

σ 是零映射时，有

$$\begin{aligned}\sigma(x_1+x_2)&=f_1(x_1+x_2)f_2(x_1+x_2)=[f_1(x_1)+f_1(x_2)][f_2(x_1)+f_2(x_2)]\\&=f_1(x_1)f_2(x_1)+f_1(x_2)f_2(x_1)+f_1(x_1)f_2(x_2)+f_1(x_2)f_2(x_2)\\&=0。\end{aligned}$$

而如 $f_1(x_1)f_2(x_1)\neq 0$ 或 $f_1(x_2)f_2(x_2)\neq 0$，则 $\sigma(x_1)\neq 0$ 或 $\sigma(x_2)\neq 0$，矛盾。所以

$$\sigma(x_1+x_2)=f_1(x_2)f_2(x_1)+f_1(x_1)f_2(x_2)=0。$$

但若 $f_1(x_2)\neq 0$，则 $f_1(x_2)f_2(x_2)\neq 0$，与 $\sigma(x_2)=f_1(x_2)f_2(x_2)=0$ 矛盾。所以 $f_1(x_2)=0$。从而 $f_1(x_1)f_2(x_2)=0$，与 $f_1(x_1)\neq 0,f_2(x_2)\neq 0$ 矛盾。

故 σ 是零映射时，f_1 或 f_2 为零映射。

7. 有理数域上线性空间 V 的变换 σ 是线性变换的充要条件是对 $\forall u,v\in V$，有

$$\sigma(u+v)=\sigma(u)+\sigma(v) 。$$

证明　必要性。显然成立。

充分性。令 $u=v=0$，易得 $\sigma(0)=0$。不断利用

$$\sigma(u+v)=\sigma(u)+\sigma(v),\tag{7-1}$$

对于正整数 k，有

$$\sigma(ku)=k\sigma(u)。$$

$\forall w\in V$，若将(7-1)式中的 u,v 分别换成 $-kw$ 和 kw，那么有

$$0=\sigma(0)=\sigma(-kw+kw)=\sigma(-kw)+\sigma(kw),$$

即有

$$\sigma(-kw)=-\sigma(kw)=-k\sigma(w)。$$

从而对任意整数 l，有

$$\sigma(lw)=l\sigma(w) 。$$

考虑有理数的情形,对于任意有理数都可以写成 $\frac{q}{p}$ (p,q 都是整数)的形式,那么由

$$p\sigma\left(\frac{q}{p}w\right)=\sigma\left(p\cdot\frac{q}{p}w\right)=\sigma(qw)=q\sigma(w),$$

可知

$$\sigma\left(\frac{q}{p}w\right)=\frac{q}{p}\sigma(w)。$$

所以线性变换 σ 在有理数域上的线性空间 V 上对加法和数乘都是封闭的,从而 σ 是线性空间 V 上的线性变换。

8. 设 σ_1,σ_2 为 n 维线性空间 V 的两个线性变换。求证:$\sigma_2(V)\subseteq\sigma_1(V)$ 的充分必要条件是存在线性变换 σ ,使 $\sigma_2=\sigma_1\sigma$ 。

证明 取 V 的一组基 $\boldsymbol{\varepsilon}_1,\boldsymbol{\varepsilon}_2,\cdots,\boldsymbol{\varepsilon}_n$,且

$$\sigma_1(\boldsymbol{\varepsilon}_1,\boldsymbol{\varepsilon}_2,\cdots,\boldsymbol{\varepsilon}_n)=(\boldsymbol{\varepsilon}_1,\boldsymbol{\varepsilon}_2,\cdots,\boldsymbol{\varepsilon}_n)\boldsymbol{A},$$
$$\sigma_2(\boldsymbol{\varepsilon}_1,\boldsymbol{\varepsilon}_2,\cdots,\boldsymbol{\varepsilon}_n)=(\boldsymbol{\varepsilon}_1,\boldsymbol{\varepsilon}_2,\cdots,\boldsymbol{\varepsilon}_n)\boldsymbol{B}。$$

必要性。设 $\sigma_2(V)\subseteq\sigma_1(V)$,即

$$L(\sigma_2(\boldsymbol{\varepsilon}_1),\sigma_2(\boldsymbol{\varepsilon}_2),\cdots,\sigma_2(\boldsymbol{\varepsilon}_n))\subseteq L(\sigma_1(\boldsymbol{\varepsilon}_1),\sigma_1(\boldsymbol{\varepsilon}_2),\cdots,\sigma_1(\boldsymbol{\varepsilon}_n)),$$

则

$$(\sigma_2(\boldsymbol{\varepsilon}_1),\sigma_2(\boldsymbol{\varepsilon}_2),\cdots,\sigma_2(\boldsymbol{\varepsilon}_n))=(\sigma_1(\boldsymbol{\varepsilon}_1),\sigma_1(\boldsymbol{\varepsilon}_2),\cdots,\sigma_1(\boldsymbol{\varepsilon}_n))\boldsymbol{H},$$

其中 $\boldsymbol{H}=(h_{ij})_{n\times n}$,将上式改写为

$$\sigma_2(\boldsymbol{\varepsilon}_1,\boldsymbol{\varepsilon}_2,\cdots,\boldsymbol{\varepsilon}_n)=\sigma_1(\boldsymbol{\varepsilon}_1,\boldsymbol{\varepsilon}_2,\cdots,\boldsymbol{\varepsilon}_n)\boldsymbol{H},$$

即

$$(\boldsymbol{\varepsilon}_1,\boldsymbol{\varepsilon}_2,\cdots,\boldsymbol{\varepsilon}_n)\boldsymbol{B}=(\boldsymbol{\varepsilon}_1,\boldsymbol{\varepsilon}_2,\cdots,\boldsymbol{\varepsilon}_n)\boldsymbol{AH},$$

故 $\boldsymbol{B}=\boldsymbol{AH}$ 。

令线性变换 σ 如下:

$$\begin{aligned}\sigma(\boldsymbol{\varepsilon}_1,\boldsymbol{\varepsilon}_2,\cdots,\boldsymbol{\varepsilon}_n)&=(\boldsymbol{\varepsilon}_1,\boldsymbol{\varepsilon}_2,\cdots,\boldsymbol{\varepsilon}_n)\boldsymbol{H}\\ \Rightarrow\sigma_1\sigma(\boldsymbol{\varepsilon}_1,\boldsymbol{\varepsilon}_2,\cdots,\boldsymbol{\varepsilon}_n)&=\sigma_1[(\boldsymbol{\varepsilon}_1,\boldsymbol{\varepsilon}_2,\cdots,\boldsymbol{\varepsilon}_n)\boldsymbol{H}]\\ &=(\boldsymbol{\varepsilon}_1,\boldsymbol{\varepsilon}_2,\cdots,\boldsymbol{\varepsilon}_n)\boldsymbol{AH}\\ &=(\boldsymbol{\varepsilon}_1,\boldsymbol{\varepsilon}_2,\cdots,\boldsymbol{\varepsilon}_n)\boldsymbol{B}。\end{aligned}$$

所以 $\sigma_2=\sigma_1\sigma$ 。

充分性。设 $\sigma_2=\sigma_1\sigma$,令

$$\sigma(\boldsymbol{\varepsilon}_1,\boldsymbol{\varepsilon}_2,\cdots,\boldsymbol{\varepsilon}_n)=(\boldsymbol{\varepsilon}_1,\boldsymbol{\varepsilon}_2,\cdots,\boldsymbol{\varepsilon}_n)\boldsymbol{H},$$

由 $\boldsymbol{B}=\boldsymbol{AH}$,所以

$$\begin{aligned}\sigma_2(\boldsymbol{\varepsilon}_1,\boldsymbol{\varepsilon}_2,\cdots,\boldsymbol{\varepsilon}_n)&=(\boldsymbol{\varepsilon}_1,\boldsymbol{\varepsilon}_2,\cdots,\boldsymbol{\varepsilon}_n)\boldsymbol{B}=(\boldsymbol{\varepsilon}_1,\boldsymbol{\varepsilon}_2,\cdots,\boldsymbol{\varepsilon}_n)\boldsymbol{AH}\\ &=\sigma_1(\boldsymbol{\varepsilon}_1,\boldsymbol{\varepsilon}_2,\cdots,\boldsymbol{\varepsilon}_n)\boldsymbol{H}。\end{aligned}$$

故 $\sigma_2(\boldsymbol{\varepsilon}_i)$ 可由 $\sigma_1(\boldsymbol{\varepsilon}_1),\sigma_1(\boldsymbol{\varepsilon}_2),\cdots,\sigma_1(\boldsymbol{\varepsilon}_n)$ 线性表出,于是

$$L(\sigma_2(\boldsymbol{\varepsilon}_1),\sigma_2(\boldsymbol{\varepsilon}_2),\cdots,\sigma_2(\boldsymbol{\varepsilon}_n))\subseteq L(\sigma_1(\boldsymbol{\varepsilon}_1),\sigma_1(\boldsymbol{\varepsilon}_2),\cdots,\sigma_1(\boldsymbol{\varepsilon}_n)),$$

即 $\sigma_2(V)\subseteq\sigma_1(V)$ 。

9. 设 V 是有理数域上的线性空间，σ 是 V 的线性变换，设 $\boldsymbol{\alpha},\boldsymbol{\beta},\boldsymbol{\gamma}\in V,\sigma(\boldsymbol{\alpha})=\boldsymbol{\beta},\sigma(\boldsymbol{\beta})=\boldsymbol{\gamma},\sigma(\boldsymbol{\gamma})=\boldsymbol{\alpha}+\boldsymbol{\beta}$。求证：$\boldsymbol{\alpha},\boldsymbol{\beta},\gamma$ 线性无关。

证明　首先证 $\boldsymbol{\alpha},\boldsymbol{\beta}$ 线性无关。否则，由 $\boldsymbol{\alpha}\neq\mathbf{0}$，则 $\boldsymbol{\beta}$ 可由 $\boldsymbol{\alpha}$ 线性表出，不妨设 $\boldsymbol{\beta}=k\boldsymbol{\alpha}$，从而有

$$\boldsymbol{\gamma}=\sigma(\boldsymbol{\beta})=\sigma(k\boldsymbol{\alpha})=k\sigma(\boldsymbol{\alpha})=k\boldsymbol{\beta}=k^2\boldsymbol{\alpha},$$

于是

$$\boldsymbol{\alpha}+\boldsymbol{\beta}=\sigma(\boldsymbol{\gamma})=k^2\sigma(\boldsymbol{\alpha})=k^2\boldsymbol{\beta}=k^3\boldsymbol{\alpha}。$$

又因为 $\boldsymbol{\alpha}+\boldsymbol{\beta}=\boldsymbol{\alpha}+k\boldsymbol{\alpha}$，故 $(k^3-k-1)\boldsymbol{\alpha}=\mathbf{0}$，由 $\boldsymbol{\alpha}\neq\mathbf{0}$ 知 $k^3-k-1=0$，与 $x^3-x-1=0$ 无有理根矛盾，故 $\boldsymbol{\alpha},\boldsymbol{\beta}$ 线性无关。

再证 $\boldsymbol{\alpha},\boldsymbol{\beta},\boldsymbol{\gamma}$ 线性无关。

若 $\boldsymbol{\alpha},\boldsymbol{\beta},\boldsymbol{\gamma}$ 线性相关，由 $\boldsymbol{\alpha},\boldsymbol{\beta}$ 线性无关，所以存在 $k,l\in Q$，使 $\boldsymbol{\gamma}=k\boldsymbol{\alpha}+l\boldsymbol{\beta}$，因而

$$\begin{aligned}\boldsymbol{\alpha}+\boldsymbol{\beta}=\sigma(\boldsymbol{\gamma})&=k\sigma(\boldsymbol{\alpha})+l\sigma(\boldsymbol{\beta})=k\boldsymbol{\beta}+l(k\boldsymbol{\alpha}+l\boldsymbol{\beta})\\&=k\boldsymbol{\beta}+lk\boldsymbol{\alpha}+l^2\boldsymbol{\beta}=lk\boldsymbol{\alpha}+(k+l^2)\boldsymbol{\beta},\end{aligned}$$

即 $(lk-1)\boldsymbol{\alpha}+(k+l^2-1)\boldsymbol{\beta}=\mathbf{0}$，由 $\boldsymbol{\alpha},\boldsymbol{\beta}$ 线性无关，则 $lk=1,k+l^2=1$，于是 $l^3+kl=l$，$kl=1$，从而 $l^3-l+1=0$，这与 $x^3-x+1=0$ 无有理根矛盾。

10. 设 σ 是线性空间 $V=P^n$ 上的线性变换，存在正整数 m，使得 $\sigma^{m-1}\neq O,\sigma^m=O$。求一向量 $\boldsymbol{\alpha}\in V$，使得 $\boldsymbol{\alpha},\sigma(\boldsymbol{\alpha}),\cdots,\sigma^{m-1}(\boldsymbol{\alpha})$ 线性无关。

解　令 $\boldsymbol{e}_i$ 为 n 阶单位矩阵第 i 列，则 $\boldsymbol{e}_1,\boldsymbol{e}_2,\cdots,\boldsymbol{e}_n$ 线性无关，从而为 V 的一组基。于是至少存在一 $\boldsymbol{e}_i$，使得 $\sigma^{m-1}\boldsymbol{e}_i\neq\mathbf{0}$。否则，对 $\forall\boldsymbol{\alpha}\in V$，有

$$\boldsymbol{\alpha}=k_1\boldsymbol{e}_1+k_2\boldsymbol{e}_2+\cdots+k_n\boldsymbol{e}_n,$$

此时有 $\sigma^{m-1}\boldsymbol{\alpha}=\mathbf{0}$，从而 $\sigma^{m-1}=O$ 矛盾。

下证 $\boldsymbol{e}_i,\sigma(\boldsymbol{e}_i),\cdots,\sigma^{m-1}(\boldsymbol{e}_i)$ 线性无关。

若不然，存在不全为零的数 $k_0,k_1,\cdots,k_{m-1}$，使得

$$k_0\boldsymbol{e}_i+k_1\sigma(\boldsymbol{e}_i)+\cdots+k_{m-1}\sigma^{m-1}(\boldsymbol{e}_i)=\mathbf{0}。$$

设 k_j 是 $k_0,k_1,\cdots,k_{m-1}$ 中第一个不为 0 的数，则

$$k_j\sigma^j(\boldsymbol{e}_i)+\cdots+k_{m-1}\sigma^{m-1}(\boldsymbol{e}_i)=\mathbf{0},$$

用 σ^{m-j-1} 作用上式，得 $k_j\sigma^{m-1}(\boldsymbol{e}_i)=\mathbf{0}$，又 $k_j\neq 0$，故 $\sigma^{m-1}(\boldsymbol{e}_i)=0$，这与前面 $\boldsymbol{e}_i$ 的选择矛盾。

所以，$\boldsymbol{e}_i$ 即为所求的向量。

11. 设 σ 是 n 维线性空间 V 的一个线性变换，且 σ 的秩为 r。求证：在 V 中可选取 2 组基 $\boldsymbol{\varepsilon}_1,\boldsymbol{\varepsilon}_2,\cdots,\boldsymbol{\varepsilon}_n$ 与 $\boldsymbol{\eta}_1,\boldsymbol{\eta}_2,\cdots,\boldsymbol{\eta}_n$，使 V 中的任一向量 φ 在前一组基下的坐标为 $(x_1,x_2,\cdots,x_n)$，它的像在后一组基下的坐标为 $(x_1,x_2,\cdots,x_r,0,\cdots0)$。

证明　设 $\boldsymbol{e}_1,\boldsymbol{e}_2,\cdots,\boldsymbol{e}_n$ 为 V 的一组基，令

$$\sigma(\boldsymbol{e}_1,\boldsymbol{e}_2,\cdots,\boldsymbol{e}_n)=(\boldsymbol{e}_1,\boldsymbol{e}_2,\cdots,\boldsymbol{e}_n)\boldsymbol{A}。$$

由 $r(\boldsymbol{A})=r$，故存在可逆矩阵 $\boldsymbol{P},\boldsymbol{Q}$，使

$$\boldsymbol{PAQ}=\begin{pmatrix}\boldsymbol{E}_r & \boldsymbol{O}\\ \boldsymbol{O} & \boldsymbol{O}\end{pmatrix},$$

令

$$(\boldsymbol{\varepsilon}_1,\boldsymbol{\varepsilon}_2,\cdots,\boldsymbol{\varepsilon}_n)=(\boldsymbol{e}_1,\boldsymbol{e}_2,\cdots,\boldsymbol{e}_n)\boldsymbol{Q},$$

故

$$\sigma(\boldsymbol{\varepsilon}_1,\boldsymbol{\varepsilon}_2,\cdots,\boldsymbol{\varepsilon}_n)=(\boldsymbol{\varepsilon}_1,\boldsymbol{\varepsilon}_2,\cdots,\boldsymbol{\varepsilon}_n)\boldsymbol{Q}^{-1}\boldsymbol{AQ},$$

设

$$\boldsymbol{\alpha}=(\boldsymbol{\varepsilon}_1,\boldsymbol{\varepsilon}_2,\cdots,\boldsymbol{\varepsilon}_n)\begin{pmatrix}x_1\\x_2\\\vdots\\x_n\end{pmatrix},$$

则

$$\sigma(\boldsymbol{\alpha})=\sigma(\boldsymbol{\varepsilon}_1,\boldsymbol{\varepsilon}_2,\cdots,\boldsymbol{\varepsilon}_n)\begin{pmatrix}x_1\\x_2\\\vdots\\x_n\end{pmatrix}=(\boldsymbol{\varepsilon}_1,\boldsymbol{\varepsilon}_2,\cdots,\boldsymbol{\varepsilon}_n)\boldsymbol{Q}^{-1}\boldsymbol{AQ}\begin{pmatrix}x_1\\x_2\\\vdots\\x_n\end{pmatrix}$$

$$=(\boldsymbol{\varepsilon}_1,\boldsymbol{\varepsilon}_2,\cdots,\boldsymbol{\varepsilon}_n)\boldsymbol{Q}^{-1}\boldsymbol{P}^{-1}(\boldsymbol{PAQ})\begin{pmatrix}x_1\\x_2\\\vdots\\x_n\end{pmatrix},$$

令

$$(\boldsymbol{\varepsilon}_1,\boldsymbol{\varepsilon}_2,\cdots,\boldsymbol{\varepsilon}_n)\boldsymbol{Q}^{-1}\boldsymbol{P}^{-1}=(\boldsymbol{\eta}_1,\boldsymbol{\eta}_2,\cdots,\boldsymbol{\eta}_n),$$

故

$$\sigma(\boldsymbol{\alpha})=(\boldsymbol{\eta}_1,\boldsymbol{\eta}_2,\cdots,\boldsymbol{\eta}_n)\begin{pmatrix}\boldsymbol{E}_r&\boldsymbol{O}\\\boldsymbol{O}&\boldsymbol{O}\end{pmatrix}\begin{pmatrix}x_1\\x_2\\\vdots\\x_n\end{pmatrix}=x_1\boldsymbol{\eta}_1+x_2\boldsymbol{\eta}_2\cdots+x_r\boldsymbol{\eta}_r。$$

从而 $\boldsymbol{\varepsilon}_1,\boldsymbol{\varepsilon}_2,\cdots,\boldsymbol{\varepsilon}_n$ 与 $\boldsymbol{\eta}_1,\boldsymbol{\eta}_2,\cdots,\boldsymbol{\eta}_n$ 即为所求的基。

12. 设 σ 是 n 维线性空间 V 的一个线性变换，且 σ 的秩为 r。求证：存在 V 的基 $\boldsymbol{\beta}_1,\boldsymbol{\beta}_2,\cdots,\boldsymbol{\beta}_n$ 及 V 的线性变换 $\tau:V\to V$，满足

$$\tau\sigma(k_1\boldsymbol{\beta}_1+\cdots+k_r\boldsymbol{\beta}_r+\cdots+k_n\boldsymbol{\beta}_n)=k_1\boldsymbol{\beta}_1+\cdots+k_r\boldsymbol{\beta}_r。$$

证明 设 $\boldsymbol{\varepsilon}_1,\boldsymbol{\varepsilon}_2,\cdots,\boldsymbol{\varepsilon}_n$ 为 V 的一组基，令

$$\sigma(\boldsymbol{\varepsilon}_1,\boldsymbol{\varepsilon}_2,\cdots,\boldsymbol{\varepsilon}_n)=(\boldsymbol{\varepsilon}_1,\boldsymbol{\varepsilon}_2,\cdots,\boldsymbol{\varepsilon}_n)\boldsymbol{A}。$$

由 $r(\boldsymbol{A})=r$，故存在可逆矩阵 $\boldsymbol{P},\boldsymbol{Q}$，使

$$\boldsymbol{PAQ}=\begin{pmatrix}\boldsymbol{E}_r&\boldsymbol{O}\\\boldsymbol{O}&\boldsymbol{O}\end{pmatrix}。$$

因为 $\sigma(\boldsymbol{\varepsilon}_1,\boldsymbol{\varepsilon}_2,\cdots,\boldsymbol{\varepsilon}_n)=(\boldsymbol{\varepsilon}_1,\boldsymbol{\varepsilon}_2,\cdots,\boldsymbol{\varepsilon}_n)\boldsymbol{A}$，故

$$\sigma(\boldsymbol{\varepsilon}_1,\boldsymbol{\varepsilon}_2,\cdots,\boldsymbol{\varepsilon}_n)\boldsymbol{Q}=(\boldsymbol{\varepsilon}_1,\boldsymbol{\varepsilon}_2,\cdots,\boldsymbol{\varepsilon}_n)\boldsymbol{P}^{-1}(\boldsymbol{PAQ})。$$

令

$$(\boldsymbol{\varepsilon}_1,\boldsymbol{\varepsilon}_2,\cdots,\boldsymbol{\varepsilon}_n)\boldsymbol{Q}=(\boldsymbol{\eta}_1,\boldsymbol{\eta}_2,\cdots,\boldsymbol{\eta}_n),(\boldsymbol{\varepsilon}_1,\boldsymbol{\varepsilon}_2,\cdots,\boldsymbol{\varepsilon}_n)\boldsymbol{P}^{-1}=(\boldsymbol{e}_1,\boldsymbol{e}_2,\cdots,\boldsymbol{e}_n),$$

则 $\boldsymbol{\eta}_1,\boldsymbol{\eta}_2,\cdots,\boldsymbol{\eta}_n$ 及 $\boldsymbol{e}_1,\boldsymbol{e}_2,\cdots,\boldsymbol{e}_n$ 均为 V 的基，且有

$$\sigma(\boldsymbol{\eta}_1,\cdots,\boldsymbol{\eta}_r,\cdots,\boldsymbol{\eta}_n)=(\boldsymbol{e}_1,\cdots,\boldsymbol{e}_r,\cdots,\boldsymbol{e}_n)\begin{pmatrix}\boldsymbol{E}_r & \boldsymbol{O}\\ \boldsymbol{O} & \boldsymbol{O}\end{pmatrix},$$

故

$$\sigma(\boldsymbol{\eta}_i)=\boldsymbol{e}_i(i=1,2,\cdots,r);\sigma(\boldsymbol{\eta}_j)=0(j=r+1,\cdots,n)。$$

令

$$\tau:V\to V$$

$$x_1\boldsymbol{e}_1+x_2\boldsymbol{e}_2+\cdots+x_n\boldsymbol{e}_n\mapsto x_1\boldsymbol{\eta}_1+x_2\boldsymbol{\eta}_2+\cdots+x_n\boldsymbol{\eta}_n。$$

则 τ 为可逆线性变换，且

$$\begin{aligned}\tau\sigma(k_1\boldsymbol{\eta}_1+k_2\boldsymbol{\eta}_2+\cdots+k_r\boldsymbol{\eta}_r+\cdots+k_n\boldsymbol{\eta}_n)&=\tau(k_1\boldsymbol{e}_1+k_2\boldsymbol{e}_2+\cdots+k_r\boldsymbol{e}_r)\\&=k_1\tau(\boldsymbol{e}_1)+k_2\tau(\boldsymbol{e}_2)+\cdots+k_r\tau(\boldsymbol{e}_r)\\&=k_1\boldsymbol{\eta}_1+k_2\boldsymbol{\eta}_2+\cdots+k_r\boldsymbol{\eta}_r,\end{aligned}$$

而 $\boldsymbol{\eta}_1,\boldsymbol{\eta}_2,\cdots,\boldsymbol{\eta}_n$ 即为所求的基 $\boldsymbol{\beta}_1,\boldsymbol{\beta}_2,\cdots,\boldsymbol{\beta}_n$ 。

13. 设 φ 为数域 P 上 n 维线性空间 V 的线性变换，且 $r(\varphi^2)=r(\varphi)$，则存在 V 的线性变换 σ,τ，使

$$\varphi^2\sigma=\varphi,\varphi\tau=\varphi^2。$$

证明　设 $\boldsymbol{\varepsilon}_1,\boldsymbol{\varepsilon}_2,\cdots,\boldsymbol{\varepsilon}_n$ 为 V 的基，而

$$\varphi(\boldsymbol{\varepsilon}_1,\boldsymbol{\varepsilon}_2,\cdots,\boldsymbol{\varepsilon}_n)=(\boldsymbol{\varepsilon}_1,\boldsymbol{\varepsilon}_2,\cdots,\boldsymbol{\varepsilon}_n)\boldsymbol{A},$$

由条件可得 $r(\boldsymbol{A}^2)=r(\boldsymbol{A})$，下面只需证明存在矩阵 $\boldsymbol{B},\boldsymbol{C}$，使

$$\boldsymbol{A}^2\boldsymbol{B}=\boldsymbol{A},\boldsymbol{A}\boldsymbol{C}=\boldsymbol{A}^2$$

成立即可。事实上，令 $\boldsymbol{A}=(\boldsymbol{\alpha}_1,\boldsymbol{\alpha}_2,\cdots,\boldsymbol{\alpha}_n)$，组成线性方程组

$$\boldsymbol{A}^2\boldsymbol{X}=\boldsymbol{\alpha}_1$$

由

$$(\boldsymbol{A},\boldsymbol{0})\to(\boldsymbol{A},\boldsymbol{A}^2),$$

故有

$$r(\boldsymbol{A}^2)\leqslant r(\boldsymbol{\alpha}_1,\boldsymbol{A}^2)\leqslant r(\boldsymbol{A},\boldsymbol{A}^2)=r(\boldsymbol{A})=r(\boldsymbol{A}^2),$$

$$r(\boldsymbol{\alpha}_1,\boldsymbol{A}^2)=r(\boldsymbol{A}^2),$$

从而 $\boldsymbol{A}^2\boldsymbol{X}=\boldsymbol{\alpha}_1$ 有解。同样，

$$\boldsymbol{A}^2\boldsymbol{X}=\boldsymbol{\alpha}_2,\cdots,\boldsymbol{A}^2\boldsymbol{X}=\boldsymbol{\alpha}_n,$$

亦有解，设上述 n 个方程组的解分别为 $\boldsymbol{X}_1,\boldsymbol{X}_2,\cdots,\boldsymbol{X}_n$，则

$$\boldsymbol{A}^2(\boldsymbol{X}_1,\boldsymbol{X}_2,\cdots,\boldsymbol{X}_n)=\boldsymbol{A},$$

令 $\boldsymbol{B}=(\boldsymbol{X}_1,\boldsymbol{X}_2,\cdots,\boldsymbol{X}_n)$，则 $\boldsymbol{A}^2\boldsymbol{B}=\boldsymbol{A}$ 。

同上证明，令 $\boldsymbol{A}^2=(\boldsymbol{\beta}_1,\boldsymbol{\beta}_2,\cdots,\boldsymbol{\beta}_n)$，组成方程组

$$\boldsymbol{A}\boldsymbol{Y}=\boldsymbol{\beta}_1,\cdots,\boldsymbol{A}\boldsymbol{Y}=\boldsymbol{\beta}_n,$$

由

$$(\boldsymbol{A},\boldsymbol{0}) \rightarrow (\boldsymbol{A},\boldsymbol{A}^2),$$

故有

$$r(\boldsymbol{A})=r(\boldsymbol{A},\boldsymbol{0})=r(\boldsymbol{A},\boldsymbol{A}^2)\geqslant r(\boldsymbol{A},\boldsymbol{\beta}_1)\geqslant r(\boldsymbol{A}),$$
$$r(\boldsymbol{A})=r(\boldsymbol{A},\boldsymbol{\beta}_1),$$

从而 $\boldsymbol{AY}=\boldsymbol{\beta}_1$ 有解，同样可证 $\boldsymbol{AY}=\boldsymbol{\beta}_2,\cdots,\boldsymbol{AY}=\boldsymbol{\beta}_n$ 均有解，设这 n 个方程组的解分别为 $\boldsymbol{Y}_1,\boldsymbol{Y}_2,\cdots,\boldsymbol{Y}_n$，则

$$\boldsymbol{A}(\boldsymbol{Y}_1,\boldsymbol{Y}_2,\cdots,\boldsymbol{Y}_n)=\boldsymbol{A}^2,$$

令 $\boldsymbol{C}=(\boldsymbol{Y}_1,\cdots,\boldsymbol{Y}_n)$，则 $\boldsymbol{AC}=\boldsymbol{A}^2$。

再令

$$\sigma(\boldsymbol{\varepsilon}_1,\boldsymbol{\varepsilon}_2,\cdots,\boldsymbol{\varepsilon}_n)=(\boldsymbol{\varepsilon}_1,\boldsymbol{\varepsilon}_2,\cdots,\boldsymbol{\varepsilon}_n)\boldsymbol{B},$$
$$\tau(\boldsymbol{\varepsilon}_1,\boldsymbol{\varepsilon}_2,\cdots,\boldsymbol{\varepsilon}_n)=(\boldsymbol{\varepsilon}_1,\boldsymbol{\varepsilon}_2,\cdots,\boldsymbol{\varepsilon}_n)\boldsymbol{C},$$

则 σ,τ 即为所求。

14. 设 f 为 n 阶复矩阵所成线性空间到复数域上的线性函数，且对一切 n 阶复矩阵 $\boldsymbol{A},\boldsymbol{B}$ 都有

$$f(\boldsymbol{AB})=f(\boldsymbol{BA})。$$

求证：必有复数 a，使对任意 n 阶复矩阵 $\boldsymbol{G}=(g_{ij})_{n\times n}$ 有

$$f(\boldsymbol{G})=a\sum_{j=1}^{n}g_{jj}。$$

证明 由 f 的线性性质，有 $f(\boldsymbol{O})=f(\boldsymbol{O}+\boldsymbol{O})=f(\boldsymbol{O})+f(\boldsymbol{O})$，所以

$$f(\boldsymbol{O})=0。$$

其中，上式左边的 $\boldsymbol{O}$ 是 $n\times n$ 零矩阵，而右边的 0 是数 0。

设 $\boldsymbol{E}_{ij}$ 是 (i,j) 元为 1，其余元素均为 0 的 n 阶位置矩阵，则

$$\boldsymbol{E}_{ij}\boldsymbol{E}_{jj}=\boldsymbol{E}_{ij},(j=1,2,\cdots,n),\boldsymbol{E}_{jj}\boldsymbol{E}_{ij}=\boldsymbol{0}(i\neq j),$$

且

$$f(\boldsymbol{E}_{ij})=f(\boldsymbol{E}_{ij}\boldsymbol{E}_{jj})=f(\boldsymbol{E}_{jj}\boldsymbol{E}_{ij})=f(\boldsymbol{O})=0(i\neq j)。$$

又因为

$$f(\boldsymbol{E}_{11})=f(\boldsymbol{E}_{12}\boldsymbol{E}_{21})=f(\boldsymbol{E}_{21}\boldsymbol{E}_{12})=f(\boldsymbol{E}_{22})。$$

类似可证得

$$f(\boldsymbol{E}_{11})=f(\boldsymbol{E}_{22})=\cdots=f(\boldsymbol{E}_{nn})。$$

令 $a=f(\boldsymbol{E}_{11})$，则

$$f(E_{ii})=a(i=1,2,\cdots,n)。$$

$\forall\boldsymbol{G}=(g_{ij})_{n\times n}$，有

$$\boldsymbol{G}=\sum_{i,j=1}^{n}g_{jj}\boldsymbol{E}_{ij}$$

由于 f 为线性函数，故有

$$f(\boldsymbol{G})=\sum_{i,j=1}^{n}g_{jj}f(\boldsymbol{E}_{ij})=a\sum_{j=1}^{n}g_{jj}。$$

15. 设 λ_0 是数域 P 上 n 维线性空间 V 的线性变换 σ 的 n_0 重特征值，则有

$$\dim(V_{\lambda_0}) \leqslant n_0,$$

即几何重数≤代数重数。

证明　设 $\dim(V_{\lambda_0})=r$，取 V_{λ_0} 的一组基 $\boldsymbol{\varepsilon}_1,\boldsymbol{\varepsilon}_2,\cdots,\boldsymbol{\varepsilon}_r$，扩充为 V 的一组基 $\boldsymbol{\varepsilon}_1,\cdots,\boldsymbol{\varepsilon}_r,\boldsymbol{\varepsilon}_{r+1},\cdots,\boldsymbol{\varepsilon}_n$，则有

$$\sigma(\boldsymbol{\varepsilon}_i)=\lambda_0\boldsymbol{\varepsilon}_i(i=1,2,\cdots,r)。$$

令 $\sigma(\varepsilon_j)=a_{1j}\boldsymbol{\varepsilon}_1+a_{2j}\boldsymbol{\varepsilon}_2+\cdots+a_{nj}\boldsymbol{\varepsilon}_n(j=r+1,r+2,\cdots,n)$，则 σ 在基 $\boldsymbol{\varepsilon}_1,\cdots,\boldsymbol{\varepsilon}_r,\boldsymbol{\varepsilon}_{r+1},\cdots,\boldsymbol{\varepsilon}_n$ 下的矩阵为

$$\boldsymbol{A}=\begin{pmatrix}\lambda_0 & \cdots & 0 & a_{1,r+1} & \cdots & a_{1n}\\ \vdots & & \vdots & \vdots & & \vdots\\ 0 & \cdots & \lambda_0 & a_{r,r+1} & \cdots & a_{rn}\\ \vdots & & \vdots & \vdots & & \vdots\\ 0 & \cdots & 0 & a_{n,r+1} & \cdots & a_{nn}\end{pmatrix}。$$

显见，σ 的特征多项式

$$f_\sigma(\lambda)=|\lambda\boldsymbol{E}-\boldsymbol{A}|=(\lambda-\lambda_0)^r g(\lambda),$$

可见 λ_0 的代数重数 $\geqslant r=\dim(V_{\lambda_0})$。

16. 已知3阶矩阵 $\boldsymbol{A}$ 满足

$$|\boldsymbol{A}-\boldsymbol{E}|=|\boldsymbol{A}-2\boldsymbol{E}|=|\boldsymbol{A}+\boldsymbol{E}|=\lambda,$$

(1)当 $\lambda=0$ 时，求 $|\boldsymbol{A}+3\boldsymbol{E}|$ 的值。

(2)当 $\lambda=2$ 时，求 $|\boldsymbol{A}+3\boldsymbol{E}|$ 的值。

解　(1)当 $\lambda=0$ 时，由

$$|\boldsymbol{A}-\boldsymbol{E}|=|\boldsymbol{A}-2\boldsymbol{E}|=|\boldsymbol{A}+\boldsymbol{E}|=0,$$

解得 $\boldsymbol{A}$ 的3个特征值为 $1,2,-1$，从而 $\boldsymbol{A}+3\boldsymbol{E}$ 的特征值为 $4,5,2$，故

$$|\boldsymbol{A}+3\boldsymbol{E}|=4\times5\times2=40。$$

(2)当 $\lambda=3$ 时，由 $\boldsymbol{A}$ 为3阶矩阵，结合题设知

$$|\boldsymbol{E}-\boldsymbol{A}|=|2\boldsymbol{E}-\boldsymbol{A}|=|-\boldsymbol{E}-\boldsymbol{A}|=-\mathbf{2}。$$

设 $\boldsymbol{A}$ 的特征多项式为 $f(\lambda)=\lambda^3+a\lambda^2+b\lambda+c$ 的，由上式知，

$$\begin{cases}1^3+a\cdot1^2+b\cdot1+c=-2,\\ 2^3+a\cdot2^2+b\cdot2+c=-2,\\ (-1)^3+a\cdot(-1)^2+b\cdot(-1)+c=-2,\end{cases}$$

解之得 $a=-2,b=-1,c=0$，即

$$f(\lambda)=\lambda^3-2\lambda^2-\lambda=\lambda(\lambda^2-2\lambda-1)。$$

所以 $\boldsymbol{A}$ 的特征值为 $0,1\pm\sqrt{2}$，从而 $\boldsymbol{A}+3\boldsymbol{E}$ 的特征值为 $3,4\pm\sqrt{2}$，于是

$$|\boldsymbol{A}+3\boldsymbol{E}|=3\times(4+\sqrt{2})\times(4-\sqrt{2})=42。$$

17. 设 $\boldsymbol{A}$ 为 n 阶非负矩阵，即 $\boldsymbol{A}=(a_{ij}),a_{ij}\geqslant0$。若对所有 $i=1,2,\cdots,n$，都有 $\sum\limits_{j=1}^{n}a_{ij}=1$。

求证：A 必有特征值 1，且所有特征值的绝对值不超过 1。

证明 令 $X=(1,1,\cdots,1)^{\mathrm T}$，则 $AX=X$，所以 A 有特征值 1。

设 λ 为 A 的特征值，且 $|\lambda|>1$。令

$$A\alpha=\lambda\alpha,\alpha=(b_1,b_2,\cdots,b_n)^{\mathrm T}\neq 0。$$

令

$$\max\{|b_1|,|b_2|,\cdots,|b_n|\}=|b_k|(|b_k|>0),$$

设由 $A\alpha=\alpha$ 可得

$$a_{k1}b_1+a_{k2}b_2+\cdots+a_{kn}b_n=\lambda b_k,$$

所以 $|b_k|<|\lambda||b_k|=|\lambda b_k|\leqslant\sum\limits_{j=1}^{n}a_{kj}|b_j|\leqslant\sum\limits_{j=1}^{n}a_{kj}|b_k|=1\cdot|b_k|$，得出矛盾。

18. 假设 3 阶实对称矩阵 A 的秩为 2，并且 $AB=C$。其中

$$B=\begin{pmatrix}1&1\\0&0\\-1&1\end{pmatrix},C=\begin{pmatrix}-1&1\\0&0\\1&1\end{pmatrix},$$

求 A 的所有特征值和相应的特征向量，并求 A。

解 由 $r(A)=2<3$，知 0 必为 A 的特征值，而若令

$$\alpha_1=\begin{pmatrix}1\\0\\-1\end{pmatrix},\alpha_2=\begin{pmatrix}1\\0\\1\end{pmatrix},$$

必那么由条件 $AB=C$ 可知

$$A\alpha_1=-\alpha_1,A\alpha_2=\alpha_2。$$

于是 $-1,1$ 也是 A 的两个特征值，那么有 $\mathrm{tr}(A)=0+1-1=0$。

不妨设对称矩阵 A 的形式为

$$A=\begin{pmatrix}a&d&e\\d&b&f\\e&f&-(a+b)\end{pmatrix}。$$

利用 $A\alpha_1=-\alpha_1,A\alpha_2=\alpha_2$ 易解得

$$a=b=d=f=0,e=1,$$

即有

$$A=\begin{pmatrix}0&0&1\\0&0&0\\1&0&0\end{pmatrix}。$$

解方程组 $Ax=0$ 可得对应于特征值 0 的一个特征向量为

$$\alpha_3=\begin{pmatrix}0\\1\\0\end{pmatrix}。$$

19. 假设 3 阶实对称矩阵 A 的特征值为 $\lambda_1=-1,\lambda_2=\lambda_3=1$，对应 λ_1 的特征向量为 $\alpha_1=$

$(0,1,1)^{\mathrm{T}}$,求 $\boldsymbol{A}$ 。

解　由条件知 $\operatorname{tr}(\boldsymbol{A})=-1+1+1=1$。不妨设对称矩阵 $\boldsymbol{A}$ 的形式为

$$\boldsymbol{A}=\begin{pmatrix} a & c & d \\ c & b & e \\ d & e & 1-(a+b) \end{pmatrix}。$$

那么由条件 $\boldsymbol{A}\boldsymbol{\alpha}_1=-\boldsymbol{\alpha}_1$ 易解得

$$d=-c,e=-1-b,a=1-2b。$$

于是

$$\boldsymbol{A}=\begin{pmatrix} 1-2b & c & -c \\ c & b & -1-b \\ -c & -1-b & b \end{pmatrix}。$$

注意到 $\boldsymbol{A}$ 有二重特征值为 1,这意味着 $r(\boldsymbol{A}-\boldsymbol{E})=3-2=1$,也就是说

$$r(\boldsymbol{A}-\boldsymbol{E})=r\begin{pmatrix} -2b & c & -c \\ c & b-1 & -1-b \\ -c & -1-b & b-1 \end{pmatrix}=1。$$

那么 $\boldsymbol{A}-\boldsymbol{E}$ 的所有二阶子式全为零,考查 $\boldsymbol{A}-\boldsymbol{E}$ 的前两列,有

$$\begin{vmatrix} -2b & c \\ c & b-1 \end{vmatrix}=-2b(b-1)-c^2=0,$$

$$\begin{vmatrix} c & b-1 \\ -c & -1-b \end{vmatrix}=-2c=0,$$

$$\begin{vmatrix} -2b & c \\ -c & -1-b \end{vmatrix}=2b(b+1)+c^2=0。$$

解上面 3 个式子,有 $b=c=0$,代入矩阵 $\boldsymbol{A}$ 可得

$$\boldsymbol{A}=\begin{pmatrix} 1 & 0 & 0 \\ 0 & 0 & -1 \\ 0 & -1 & 0 \end{pmatrix}。$$

20. n 阶复矩阵 $\boldsymbol{A}$ 满足:任取 k,有 $\operatorname{tr}(\boldsymbol{A}^k)=0$,求 $\boldsymbol{A}$ 的特征值。

证明　不妨设 $\boldsymbol{A}$ 的若尔当标准形为 $\boldsymbol{J}$,那么显然若尔当标准形 $\boldsymbol{J}$ 的主对角元素即为 $\boldsymbol{A}$ 的特征值,设为 $\lambda_1,\lambda_2,\cdots,\lambda_n$(当 $i\neq j$ 时,这里的 λ_i 可以等于 λ_j),从而存在可逆矩阵 $\boldsymbol{P}$,使得

$$\boldsymbol{A}=\boldsymbol{P}\boldsymbol{J}\boldsymbol{P}^{-1},$$

显然,对任意正整数 k,有 $\boldsymbol{A}^k=\boldsymbol{P}\boldsymbol{J}^k\boldsymbol{P}^{-1}$,
那么可得

$$0=\operatorname{tr}(\boldsymbol{A}^k)=\operatorname{tr}(\boldsymbol{P}\boldsymbol{J}^k\boldsymbol{P}^{-1})=\operatorname{tr}(\boldsymbol{P}\boldsymbol{P}^{-1}\boldsymbol{J}^k)=\operatorname{tr}(\boldsymbol{J}^k)。$$

注意到矩阵 $\boldsymbol{J}^k$ 的主对角线元素必为 $\lambda_1^k,\lambda_2^k,\cdots,\lambda_n^k$,那么显然有

$$0=\operatorname{tr}(\boldsymbol{J}^k)=\lambda_1^k+\lambda_2^k+\cdots+\lambda_n^k。$$

依次取 $k=1,2,\cdots,n$,可得关于特征值 $\lambda_1,\lambda_2,\cdots,\lambda_n$ 的方程组

$$\begin{cases}\lambda_1+\lambda_2+\cdots+\lambda_n=0,\\ \lambda_1^2+\lambda_2^2+\cdots+\lambda_n^2=0,\\ \cdots\cdots\\ \lambda_1^n+\lambda_2^n+\cdots+\lambda_n^n=0,\end{cases}$$

解之得

$$\lambda_1=\lambda_2=\cdots=\lambda_n=0。$$

故 $\boldsymbol{A}$ 的特征值全为 0。

21. 设 $\boldsymbol{A}$ 为 n 阶矩阵，$\boldsymbol{\alpha}$ 为特征值 λ 对应的特征向量。求证：存在数 μ，使得 $\boldsymbol{\alpha}$ 为 $\boldsymbol{A}^*$ 的对应于特征值 μ 的一个特征向量。

证明 若 $r(\boldsymbol{A})=n$，那么 $\boldsymbol{A}$ 可逆，于是必有特征值 $\lambda\neq0$，且有 $\boldsymbol{A}^*=|\boldsymbol{A}|\boldsymbol{A}^{-1}$，那么由 $\boldsymbol{A\alpha}=\lambda\boldsymbol{\alpha}$，两边同时左乘 $\boldsymbol{A}^*$，有

$$\boldsymbol{A}^*\boldsymbol{\alpha}=\frac{|\boldsymbol{A}|}{\lambda}\boldsymbol{\alpha}=\mu\boldsymbol{\alpha},$$

即 $\boldsymbol{\alpha}$ 为 $\boldsymbol{A}^*$ 的对应于特征值 $\boldsymbol{\mu}=\dfrac{|\boldsymbol{A}|}{\lambda}$ 的一个特征向量。

若 $r(\boldsymbol{A})<n-1$，显然 $\boldsymbol{A}^*$ 为零矩阵，那么 $\boldsymbol{\alpha}$ 为 $\boldsymbol{A}^*$ 的对应于特征值 $\mu=0$ 的一个特征向量。

若 $r(\boldsymbol{A})=n-1$，对特征值 λ 分类讨论。

若 $\lambda\neq0$，注意到 $\boldsymbol{AA}^*=|\boldsymbol{A}|\boldsymbol{E}=\boldsymbol{0}$，对 $\boldsymbol{A\alpha}=\lambda\boldsymbol{\alpha}$ 两边同时左乘 $\boldsymbol{A}^*$ 有 $\boldsymbol{A}^*\boldsymbol{\alpha}=\boldsymbol{0}$，即 $\boldsymbol{\alpha}$ 为 $\boldsymbol{A}^*$ 的对应于特征值 $\mu=0$ 的一个特征向量。

若 $\lambda=0$，那么由 $r(\boldsymbol{A})=n-1$，知 $\boldsymbol{A}$ 的对应于特征值 0 的特征子空间 V_0 的维数必为 $n-r(\boldsymbol{A})=1$。由 $\boldsymbol{A\alpha}=\boldsymbol{0}$ 可知 $V_0=L(\boldsymbol{\alpha})$。

注意到 $\boldsymbol{AA}^*=\boldsymbol{A}^*\boldsymbol{A}$，所以 V_0 必为 $\boldsymbol{A}^*$ 的不变子空间。那么由 $\boldsymbol{A}^*\boldsymbol{\alpha}\in V_0=L(\boldsymbol{\alpha})$ 可知，必存在数 μ，使得 $\boldsymbol{A}^*\boldsymbol{\alpha}=\mu\boldsymbol{\alpha}$，即 $\boldsymbol{\alpha}$ 为 $\boldsymbol{A}^*$ 的对应于特征值 μ 的一个特征向量。

综上所述，不论何种情况都可以找到一个 μ，使得 $\boldsymbol{\alpha}$ 为 $\boldsymbol{A}^*$ 的对应于特征值 μ 的一个特征向量。

22. 设 $\boldsymbol{A}$ 为 n 阶正定矩阵，$\boldsymbol{0}\neq\boldsymbol{\alpha}\in\mathbf{R}^n$，令 $\boldsymbol{B}=\boldsymbol{A\alpha\alpha}^{\mathrm{T}}$，求 $\boldsymbol{B}$ 的一个最大特征值及 $\boldsymbol{B}$ 的属于这个特征值的特征子空间的一组基和维数。

解 显然 $r(\boldsymbol{B})=r(\boldsymbol{A\alpha\alpha}^{\mathrm{T}})\leqslant r(\boldsymbol{\alpha}^{\mathrm{T}})=1$，则 $\boldsymbol{B}$ 的特征值零的个数至少有 $n-1$ 个。注意到 $\boldsymbol{A}$ 为正定矩阵，那么

$$\mathrm{tr}(\boldsymbol{B})=\mathrm{tr}(\boldsymbol{A\alpha\alpha}^{\mathrm{T}})=\mathrm{tr}(\boldsymbol{\alpha}^{\mathrm{T}}\boldsymbol{A\alpha})=\boldsymbol{\alpha}^{\mathrm{T}}\boldsymbol{A\alpha}>0,$$

于是由矩阵的迹为它的所有特征值之和，知 $\boldsymbol{B}$ 的唯一的一个不为零的特征值为 $\lambda=\boldsymbol{\alpha}^{\mathrm{T}}\boldsymbol{A\alpha}>0$，也为它的最大特征值。

注意到属于特征值零的特征子空间的维数至少为 $n-1$ 维，显然属于特征值 λ 的特征子空间的维数为 1。

令 $\boldsymbol{\eta}=\boldsymbol{A\alpha}$，那么由 $\boldsymbol{B\eta}=\boldsymbol{A\alpha\alpha}^{\mathrm{T}}\boldsymbol{A\alpha}=(\boldsymbol{\alpha}^{\mathrm{T}}\boldsymbol{A\alpha})\boldsymbol{A\alpha}=\lambda\boldsymbol{\eta}$，知 $\boldsymbol{\eta}$ 为属于特征值 λ 的特征子空间的一组基。

23. 设 $\boldsymbol{A}$ 为 n 阶复矩阵，$\boldsymbol{\alpha}$ 为非零复向量，$\boldsymbol{\alpha},\boldsymbol{A\alpha},\cdots,\boldsymbol{A}^{n-1}\boldsymbol{\alpha}$ 线性无关，λ_0 是 $\boldsymbol{A}$ 的一特征值，求证：$\dim(V_{\lambda_0})=1$。

证明　设 V 是复数域上的 n 维线性空间，$\boldsymbol{\varepsilon}_1,\boldsymbol{\varepsilon}_2,\cdots,\boldsymbol{\varepsilon}_n$ 为 V 的一组基，σ 为 V 上一个线性变换。令

$$\sigma(\boldsymbol{\varepsilon}_1,\boldsymbol{\varepsilon}_2,\cdots,\boldsymbol{\varepsilon}_n)=(\boldsymbol{\varepsilon}_1,\boldsymbol{\varepsilon}_2,\cdots,\boldsymbol{\varepsilon}_n)\boldsymbol{A},$$

设 $\boldsymbol{\alpha}_1=(\boldsymbol{\varepsilon}_1,\boldsymbol{\varepsilon}_2,\cdots,\boldsymbol{\varepsilon}_n)\boldsymbol{\alpha}$，则由条件得 $\boldsymbol{\alpha}_1,\sigma(\boldsymbol{\alpha}_1),\cdots,\sigma^{n-1}(\boldsymbol{\alpha}_1)$ 线性无关，可构成 V 的一组基，从而

$$\sigma(\boldsymbol{\alpha}_1,\sigma(\boldsymbol{\alpha}_1),\cdots,\sigma^{n-1}(\boldsymbol{\alpha}_1))=(\boldsymbol{\alpha}_1,\sigma(\boldsymbol{\alpha}_1),\cdots,\sigma^{n-1}(\boldsymbol{\alpha}_1))\begin{pmatrix}0&0&\cdots&0&k_1\\1&0&\cdots&0&k_2\\0&1&\cdots&0&k_3\\\vdots&\vdots&&\vdots&\vdots\\0&0&\cdots&1&k_n\end{pmatrix}$$

$$\triangleq(\boldsymbol{\alpha}_1,\sigma(\boldsymbol{\alpha}_1),\cdots,\sigma^{n-1}(\boldsymbol{\alpha}_1))\boldsymbol{B},$$

其中，$\sigma^n(\boldsymbol{\alpha}_1)=k_1\boldsymbol{\alpha}_1+k_2\sigma(\boldsymbol{\alpha}_1)+\cdots+k_n\sigma^{n-1}(\boldsymbol{\alpha}_1)$ 。

因为线性变换在不同基下的矩阵相似，所以 $\boldsymbol{A}\sim\boldsymbol{B}$，从而 λ_0 也是 $\boldsymbol{B}$ 的特征值，于是

$$|\lambda_0\boldsymbol{E}-\boldsymbol{B}|=0 \text{ 且 } r(\lambda_0\boldsymbol{E}-\boldsymbol{B})=n-1,$$

所以

$$\dim(V_{\lambda_0})=n-r(\lambda_0\boldsymbol{E}-\boldsymbol{B})=n-(n-1)=1。$$

24. 设线性空间 V 的线性变换 σ 以 V 中的每个非零向量为特征向量，λ 为 σ 的特征值。求证：

(1) λ 为 σ 的唯一特征值。

(2) σ 为数乘变换。

证明　(1)反证法。若 σ 还有其他的特征值 $\mu\neq\lambda$，那么取一个对应于特征值 λ 的一个特征向量 $\boldsymbol{\alpha}$，另取一个对应于特征值 μ 的一个特征向量 $\boldsymbol{\beta}$。

注意到不同特征值对应的特征向量线性无关，考虑向量 $\boldsymbol{\alpha}+\boldsymbol{\beta}$，由题设知非零向量 $\boldsymbol{\alpha}+\boldsymbol{\beta}$ 也是 σ 的属于某个特征值 λ_0 的特征向量，那么有

$$\sigma(\boldsymbol{\alpha}+\boldsymbol{\beta})=\lambda_0(\boldsymbol{\alpha}+\boldsymbol{\beta})=\lambda\boldsymbol{\alpha}+\mu\boldsymbol{\beta},$$

即有

$$(\lambda_0-\lambda)\boldsymbol{\alpha}+(\lambda_0-\mu)\boldsymbol{\beta}=\boldsymbol{0}。$$

因为 $\boldsymbol{\alpha},\boldsymbol{\beta}$ 线性无关，所以 $\lambda_0=\lambda=\mu$，矛盾。故 λ 为 σ 的唯一特征值。

(2)取 V 的一组基 $\boldsymbol{\alpha}_1,\boldsymbol{\alpha}_2,\cdots,\boldsymbol{\alpha}_n$，有 $\sigma(\boldsymbol{\alpha}_i)=\lambda(\boldsymbol{\alpha}_i)(i=1,2\cdots,n)$。那么 $\forall\boldsymbol{\alpha}\in V$，若 $\boldsymbol{\alpha}=\sum\limits_{i=1}^{n}l_i\boldsymbol{\alpha}_i$，则有

$$\sigma(\boldsymbol{\alpha})=\sigma\left(\sum_{i=1}^{n}l_i\boldsymbol{\alpha}_i\right)=\sum_{i=1}^{n}l_i\sigma(\boldsymbol{\alpha}_i)=\sum_{i=1}^{n}l_i\lambda(\boldsymbol{\alpha}_i)=\lambda\sum_{i=1}^{n}l_i(\boldsymbol{\alpha}_i)=\lambda\boldsymbol{\alpha},$$

即有 σ 为数乘变换 λI。

25. 设 V 是数域 P 上 n 维线性空间，σ 是 V 的线性变换，$\sigma \neq a\varepsilon$（$\forall a \in P$，ε 是 V 的恒等变换），$g(x)=x^2-4$ 而且 $g(\sigma)=0$。求证：

(1)2 和 -2 都是 σ 的特征值；

(2) $V=V_2 \oplus V_{-2}$。

证明 (1)设 $\boldsymbol{\alpha}_1,\boldsymbol{\alpha}_2,\cdots,\boldsymbol{\alpha}_n$ 是 V 的一组基，且 σ 在这组基下的矩阵是 $\boldsymbol{A}$，由 $g(\sigma)=0$，则

$$\boldsymbol{0}=g(\boldsymbol{A})=(\boldsymbol{A}-2\boldsymbol{E})(\boldsymbol{A}+2\boldsymbol{E})=(\boldsymbol{A}+2\boldsymbol{E})(\boldsymbol{A}-2\boldsymbol{E}),$$

由 $\sigma \neq a\varepsilon$，则有 $\boldsymbol{A} \neq a\boldsymbol{E}$（$\forall a \in P$）。于是知 $\boldsymbol{A}-2\boldsymbol{E} \neq \boldsymbol{0}$，$\boldsymbol{A}+2\boldsymbol{E} \neq \boldsymbol{0}$。

因而，方程组 $(\boldsymbol{A}-2\boldsymbol{E})\boldsymbol{X}=\boldsymbol{0}$ 和 $(\boldsymbol{A}+2\boldsymbol{E})\boldsymbol{X}=\boldsymbol{0}$ 都有非零解。

故有

$$|\boldsymbol{A}-2\boldsymbol{E}|=0,|\boldsymbol{A}+2\boldsymbol{E}|=0,$$

即

$$|2\boldsymbol{E}-\boldsymbol{A}|=0,|-2\boldsymbol{E}-\boldsymbol{A}|=0。$$

因此，2 和 -2 都是 σ 的特征值。

(2)由(1)知，$\sigma(\boldsymbol{\alpha}_1,\boldsymbol{\alpha}_2,\cdots,\boldsymbol{\alpha}_n)=(\boldsymbol{\alpha}_1,\boldsymbol{\alpha}_2,\cdots,\boldsymbol{\alpha}_n)\boldsymbol{A}$，且 $(\boldsymbol{A}-2\boldsymbol{E})(\boldsymbol{A}+2\boldsymbol{E})=\boldsymbol{0}$，即

$$(2\boldsymbol{E}-\boldsymbol{A})(-2\boldsymbol{E}-\boldsymbol{A})=\boldsymbol{0},$$

于是

$$r(2\boldsymbol{E}-\boldsymbol{A})+r(-2\boldsymbol{E}-\boldsymbol{A})\leqslant n。$$

再由 $(2\boldsymbol{E}-\boldsymbol{A})-(-2\boldsymbol{E}-\boldsymbol{A})=4\boldsymbol{E}$，则

$$r(2\boldsymbol{E}-\boldsymbol{A})+r(-2\boldsymbol{E}-\boldsymbol{A})\geqslant n,$$

于是

$$r(2\boldsymbol{E}-\boldsymbol{A})+r(-2\boldsymbol{E}-\boldsymbol{A})=n。$$

因而 $\dim V_2+\dim V_{-2}=n$，所以 $V=V_2 \oplus V_{-2}$。

26. 设 $V=P^{n\times n}$，V 关于矩阵的加法和数乘构成线性空间，定义

$$\sigma(\boldsymbol{A})=\boldsymbol{A}^{\mathrm{T}},$$

则 σ 为 V 的线性变换，并求 σ 的特征值及对应的特征向量和若尔当标准型。

解 取 $\boldsymbol{A}_{11},\boldsymbol{A}_{22},\cdots,\boldsymbol{A}_{nn},\boldsymbol{A}_{12},\boldsymbol{A}_{13},\cdots,\boldsymbol{A}_{1n},\boldsymbol{A}_{23},\boldsymbol{A}_{24},\cdots,\boldsymbol{A}_{2n},\cdots,\boldsymbol{A}_{n-1,n}$；$\boldsymbol{B}_{12},\boldsymbol{B}_{13},\cdots,\boldsymbol{B}_{1n},\boldsymbol{B}_{23},\cdots,\boldsymbol{B}_{2n},\cdots,\boldsymbol{B}_{n-1,n}$，这里 $\boldsymbol{A}_{ij}^{\mathrm{T}}=\boldsymbol{A}_{ij}$，$\boldsymbol{A}_{ij}$ 在 (i,j) 及 (j,i) 位置元素为 1。其他元素均为零，而 $\boldsymbol{B}_{ij}^{\mathrm{T}}=-\boldsymbol{B}_{ij}$，$\boldsymbol{B}_{ij}$ 在 (i,j) 位置元素为 1，在 (j,i) 位置元素为 -1，其他元素均为零。上述 n^2 个矩阵线性无关，因而为 V 的基，而

$$\sigma(\boldsymbol{A}_{ij})=\boldsymbol{A}_{ij}^{\mathrm{T}}=1\cdot\boldsymbol{A}_{ij},$$

故 $\boldsymbol{A}_{ij}$ 为 σ 的属于特征值 $1\left(\dfrac{n(n+1)}{2}\text{重}\right)$ 的特征向量，又

$$\sigma(\boldsymbol{B}_{ij})=\boldsymbol{B}_{ij}^{\mathrm{T}}=-1\cdot\boldsymbol{B}_{ij},$$

故 $\boldsymbol{B}_{ij}$ 为 σ 的属于特征值 $-1\left(\dfrac{n(n-1)}{2}\text{重}\right)$ 的特征向量。

因而 σ 在上述基下的矩阵为

$$\begin{pmatrix}1&&&&&\\&\ddots&&&&\\&&1&&&\\&&&-1&&\\&&&&\ddots&\\&&&&&-1\end{pmatrix},$$

即为 σ 的若尔当标准型。

27. 设 $\boldsymbol{A},\boldsymbol{B}$ 为 n 阶矩阵，求证：$\boldsymbol{AB}$ 与 $\boldsymbol{BA}$ 有相同的特征值。

证明　法一　设 $\boldsymbol{ABx}=\lambda\boldsymbol{x}$，即 λ 是 $\boldsymbol{AB}$ 的特征值，$\boldsymbol{x}$ 是对应 λ 的特征向量。用 $\boldsymbol{B}$ 左乘之得 $\boldsymbol{BA}(\boldsymbol{Bx})=\lambda(\boldsymbol{Bx})$。

(1)若 $\lambda\neq0$，则 $\boldsymbol{Bx}\neq\boldsymbol{0}$。否则，若 $\boldsymbol{Bx}=\boldsymbol{0}$，则 $\boldsymbol{0}=\boldsymbol{ABx}=\lambda\boldsymbol{x}$，这与 $\lambda\neq0$ 矛盾。可见 λ 也是 $\boldsymbol{BA}$ 的特征值。

(2)若 $\lambda=0$，即 $\boldsymbol{AB}$ 有零特征值，则

$$0=|\boldsymbol{AB}-0\boldsymbol{E}|=|\boldsymbol{A}|\,|\boldsymbol{B}|=|\boldsymbol{B}|\,|\boldsymbol{A}|=|\boldsymbol{BA}-0\boldsymbol{E}|,$$

即 0 也是 $\boldsymbol{BA}$ 的特征值。

综合(1)与(2)得证 $\boldsymbol{AB}$ 与 $\boldsymbol{BA}$ 有相同的特征值。

法二　对分块矩阵 $\begin{pmatrix}\lambda\boldsymbol{E}&\boldsymbol{B}\\\boldsymbol{A}&\boldsymbol{E}\end{pmatrix}$ $(\lambda\neq0)$ 分别做分块初等变换：

$$\begin{pmatrix}\boldsymbol{E}&\boldsymbol{O}\\-\lambda^{-1}\boldsymbol{A}&\boldsymbol{E}\end{pmatrix}\begin{pmatrix}\lambda\boldsymbol{E}&\boldsymbol{B}\\\boldsymbol{A}&\boldsymbol{E}\end{pmatrix}=\begin{pmatrix}\lambda\boldsymbol{E}&\boldsymbol{B}\\\boldsymbol{O}&\boldsymbol{E}-\lambda^{-1}\boldsymbol{AB}\end{pmatrix},$$

$$\begin{pmatrix}\boldsymbol{E}&-\boldsymbol{B}\\\boldsymbol{O}&\boldsymbol{E}\end{pmatrix}\begin{pmatrix}\lambda\boldsymbol{E}&\boldsymbol{B}\\\boldsymbol{A}&\boldsymbol{E}\end{pmatrix}=\begin{pmatrix}\lambda\boldsymbol{E}-\boldsymbol{BA}&\boldsymbol{O}\\\boldsymbol{A}&\boldsymbol{E}\end{pmatrix}。$$

分别取行列式得

$$\begin{vmatrix}\lambda\boldsymbol{E}&\boldsymbol{B}\\\boldsymbol{A}&\boldsymbol{E}\end{vmatrix}=|\lambda\boldsymbol{E}|\,|\boldsymbol{E}-\lambda^{-1}\boldsymbol{AB}|=\lambda^n|\lambda^{-1}(\lambda\boldsymbol{E}-\boldsymbol{AB})|=|\lambda\boldsymbol{E}-\boldsymbol{AB}|,$$

$$\begin{vmatrix}\lambda\boldsymbol{E}&\boldsymbol{B}\\\boldsymbol{A}&\boldsymbol{E}\end{vmatrix}=|\lambda\boldsymbol{E}-\boldsymbol{BA}|\,|\boldsymbol{E}|=|\lambda\boldsymbol{E}-\boldsymbol{BA}|。$$

即

$$|\lambda\boldsymbol{E}-\boldsymbol{AB}|=|\lambda\boldsymbol{E}-\boldsymbol{BA}|。$$

这表明 $\boldsymbol{AB}$ 与 $\boldsymbol{BA}$ 有相同的特征值。当 $\lambda=0$ 时，同法一类似的证明。

28. 在数域 P 上，设 $\boldsymbol{A}\in P^{m\times n}$，$\boldsymbol{B}\in P^{n\times m}$，则对 任取 $\lambda\in P$，$\lambda\neq0$，有

$$|\lambda\boldsymbol{E}_m-\boldsymbol{AB}|=\lambda^{m-n}|\lambda\boldsymbol{E}_n-\boldsymbol{BA}|。$$

证明　经初等变换，则有

$$\begin{pmatrix}\lambda\boldsymbol{E}_m&\boldsymbol{A}_{m\times n}\\\boldsymbol{B}_{n\times m}&\boldsymbol{E}_n\end{pmatrix}\to\begin{pmatrix}\lambda\boldsymbol{E}_m-\boldsymbol{AB}&\boldsymbol{A}_{m\times n}\\\boldsymbol{O}&\boldsymbol{E}_n\end{pmatrix},$$

$$\begin{pmatrix}\lambda\boldsymbol{E}_m&\boldsymbol{A}_{m\times n}\\\boldsymbol{B}_{n\times m}&\boldsymbol{E}_n\end{pmatrix}\to\begin{pmatrix}\lambda\boldsymbol{E}_m&\boldsymbol{A}_{m\times n}\\\boldsymbol{O}&\boldsymbol{E}_n-\lambda^{-1}\boldsymbol{BA}\end{pmatrix}$$

故有

$$|\lambda \boldsymbol{E}_m - \boldsymbol{AB}| = \lambda^m |\boldsymbol{E}_n - \lambda^{-1}\boldsymbol{BA}| = \lambda^{m-n}|\lambda \boldsymbol{E}_n - \boldsymbol{BA}|。$$

29. 设 $\boldsymbol{A}$ 是数域 P 上的一个 n 阶复矩阵，$f(\lambda)=|\lambda\boldsymbol{E}-\boldsymbol{A}|$ 是 $\boldsymbol{A}$ 的特征多项式，则 $f(\boldsymbol{A})=0$（不用哈密顿-凯莱定理）。

证明 设 $f(\lambda)=|\lambda\boldsymbol{E}-\boldsymbol{A}|=\lambda^n+a_{n-1}\lambda^{n-1}+\cdots+a_1\lambda+a_0$，设 $\boldsymbol{T}$ 为 n 阶复可逆矩阵，使

$$\boldsymbol{T}^{-1}\boldsymbol{AT}=\begin{pmatrix}\boldsymbol{J}_1 & & & \\ & \boldsymbol{J}_2 & & \\ & & \ddots & \\ & & & \boldsymbol{J}_s\end{pmatrix}，其中 \boldsymbol{J}_i=\begin{pmatrix}\lambda_i & & & \\ 1 & \lambda_i & & \\ & \ddots & \ddots & \\ & & 1 & \lambda_i\end{pmatrix}_{r_i\times r_i} \quad (i=1,2,\cdots,s)。$$

于是

$$f(\boldsymbol{T}^{-1}\boldsymbol{AT})=(\boldsymbol{T}^{-1}\boldsymbol{AT})^n+a_{n-1}(\boldsymbol{T}^{-1}\boldsymbol{AT})^n+\cdots+a_1(\boldsymbol{T}^{-1}\boldsymbol{AT})+a_0\boldsymbol{E}$$

$$=\begin{pmatrix}f(\boldsymbol{J}_1) & & & \\ & f(\boldsymbol{J}_2) & & \\ & & \ddots & \\ & & & f(\boldsymbol{J}_s)\end{pmatrix}。$$

而

$$f(\boldsymbol{J}_i)=\begin{pmatrix}f(\lambda_i) & & & \\ b_{i1}f'(\lambda_i) & \ddots & & \\ \vdots & & \ddots & \\ b_{i,k_i-1}f^{(k_i-1)}(\lambda_i) & \cdots & b_{i1}f'(\lambda_i) & f(\lambda_i)\end{pmatrix},$$

λ_i 为 $f(\lambda)$ 的 r_i 重根。故 $f(\lambda_i)=0, f'(\lambda_i)=0,\cdots,f^{(k_i-1)}(\lambda_i)=0, f(\boldsymbol{J}_i)=0$。于是 $f(\boldsymbol{T}^{-1}\boldsymbol{AT})=0$，进而 $f(\boldsymbol{A})=0$。

30. 设 $\boldsymbol{A}$ 是数域 P 上的一个 n 阶可逆矩阵，则存在多项式 $g(\lambda)$，使得 $\boldsymbol{A}^{-1}=g(\boldsymbol{A})$。

证明 设 $\boldsymbol{A}$ 的特征多项式 $f(\lambda)=|\lambda\boldsymbol{E}-\boldsymbol{A}|=\lambda^n+a_{n-1}\lambda^{n-1}+\cdots+a_1\lambda+a_0$。因为 $\boldsymbol{A}$ 可逆，所以 $a_0\neq 0$。

由哈密顿-凯莱定理有

$$f(\boldsymbol{A})=\boldsymbol{A}^n+a_{n-1}\boldsymbol{A}^{n-1}+\cdots+a_1\boldsymbol{A}+a_0\boldsymbol{E}=\boldsymbol{O},$$

于是有

$$\boldsymbol{A}^{-1}=-\frac{1}{a_0}(\boldsymbol{A}^{n-1}+a_{n-1}\boldsymbol{A}^{n-2}+\cdots+a_2\boldsymbol{A}+a_1\boldsymbol{E})。$$

令

$$g(\lambda)=-\frac{1}{a_0}(\lambda^{n-1}+a_{n-1}\lambda^{n-2}+\cdots+a_2\lambda+a_1),$$

则 $\boldsymbol{A}^{-1}=g(\boldsymbol{A})$。

31. 设 $\boldsymbol{A}$ 是数域 P 上的一个 n 阶矩阵，它的所有元素均为 $a(a\neq 0)$，求证：存在多项式 $g(\lambda)$，使得 $(\boldsymbol{A}+na\boldsymbol{E})^{-1}=g(\boldsymbol{A})$。

证明　令 $\boldsymbol{B}=\boldsymbol{A}+na\boldsymbol{E}$，易知 $|\boldsymbol{B}|\neq 0$。令

$$f(\lambda)=|\lambda\boldsymbol{E}-\boldsymbol{B}|=\lambda^n+b_{n-1}\lambda^{n-1}+\cdots+b_1\lambda+b_0,$$

则 $b_0\neq 0$。因为 $f(\boldsymbol{B})=\boldsymbol{O}$，即

$$f(\boldsymbol{B})=\boldsymbol{B}^n+b_{n-1}\boldsymbol{B}^{n-1}+\cdots+b_1\boldsymbol{B}+b_0\boldsymbol{E}=\boldsymbol{O},$$

所以

$$\boldsymbol{B}^{-1}=-\frac{1}{b_0}(\boldsymbol{B}^{n-1}+b_{n-1}\boldsymbol{B}^{n-2}+\cdots+b_2\boldsymbol{B}+b_1\boldsymbol{E})。$$

以 $\boldsymbol{B}=\boldsymbol{A}+na\boldsymbol{E}$ 代入，并计算可得

$$\boldsymbol{B}^{-1}=a_{n-1}\boldsymbol{A}^{n-1}+a_{n-2}\boldsymbol{A}^{n-2}+\cdots+a_1\boldsymbol{A}+a_0\boldsymbol{E}=g(\boldsymbol{A}),$$

取 $g(\lambda)=a_{n-1}\lambda^{n-1}+a_{n-2}\lambda^{n-2}+\cdots+a_1\lambda+a_0$ 即可。

32. 设 $\boldsymbol{A}$ 是 m 阶矩阵，$\boldsymbol{B}$ 是 n 阶矩阵，$f_{\boldsymbol{B}}(\lambda)=|\lambda\boldsymbol{E}-\boldsymbol{B}|$，求证：$f_{\boldsymbol{B}}(\boldsymbol{A})$ 可逆的充要条件是 $\boldsymbol{A}$ 与 $\boldsymbol{B}$ 没有相同的特征值。

证明　设 $\lambda_1,\lambda_2,\cdots,\lambda_m$ 为 $\boldsymbol{A}$ 的特征值，$\mu_1,\mu_2,\cdots,\mu_n$ 为 $\boldsymbol{B}$ 的特征值，则

$$f_{\boldsymbol{B}}(\lambda)=|\lambda\boldsymbol{E}-\boldsymbol{B}|=(\lambda-\mu_1)(\lambda-\mu_2)\cdots(\lambda-\mu_n),$$

$$f_{\boldsymbol{A}}(\lambda)=|\lambda\boldsymbol{E}-\boldsymbol{A}|=(\lambda-\lambda_1)(\lambda-\lambda_2)\cdots(\lambda-\lambda_m)。$$

所以 $f_{\boldsymbol{B}}(\boldsymbol{A})=(\boldsymbol{A}-\mu_1\boldsymbol{E})(\boldsymbol{A}-\mu_2\boldsymbol{E})\cdots(\boldsymbol{A}-\mu_n\boldsymbol{E})$，由于

$$\begin{aligned}|\boldsymbol{A}-\mu_i\boldsymbol{E}|&=(-1)^m|\mu_i\boldsymbol{E}-\boldsymbol{A}|=(-1)^m f_{\boldsymbol{A}}(\mu_i)\\&=(-1)^m(\mu_i-\lambda_1)(\mu_i-\lambda_2)\cdots(\mu_i-\lambda_m)\\&=\prod_{j=1}^{m}(\lambda_j-\mu_i)(i=1,2,\cdots,n)。\end{aligned}$$

因此，

$$|f_{\boldsymbol{B}}(\boldsymbol{A})|=|\boldsymbol{A}-\mu_1\boldsymbol{E}||\boldsymbol{A}-\mu_2\boldsymbol{E}|\cdots|\boldsymbol{A}-\mu_n\boldsymbol{E}|=\prod_{i=1}^{n}\prod_{j=1}^{m}(\lambda_j-\mu_i)。$$

故

$f_{\boldsymbol{B}}(\boldsymbol{A})$ 可逆当且仅当 $|f_{\boldsymbol{B}}(\boldsymbol{A})|\neq 0$ 当且仅当 $\lambda_j\neq\mu_i(j=1,2,\cdots,m;i=1,2,\cdots,n)$。

注　同样也可得 $f_{\boldsymbol{A}}(\boldsymbol{B})$ 可逆当且仅当 $|f_{\boldsymbol{B}}(\boldsymbol{A})|\neq 0$ 当且仅当 $\lambda_j\neq\mu_i$ $(j=1,2,\cdots,m;i=1,2,\cdots,n)$

33. 设 $\boldsymbol{A}$ 是 m 阶矩阵，$\boldsymbol{B}$ 是 n 阶矩阵。求证：$\boldsymbol{A}$ 与 $\boldsymbol{B}$ 没有公共特征值的充要条件是 $\boldsymbol{AX}=\boldsymbol{XB}$ 只有零解。

证明　充分性。设 λ_1 是 $\boldsymbol{A}$ 与 $\boldsymbol{B}$ 的公共特征值。由于 $\boldsymbol{B}^{\mathrm{T}}$ 与 $\boldsymbol{B}$ 有相同的特征值，那么 λ_1 也是 $\boldsymbol{B}^{\mathrm{T}}$ 的特征值。

现在假设 $\boldsymbol{\alpha},\boldsymbol{\beta}$ 分别是 $\boldsymbol{A},\boldsymbol{B}^{\mathrm{T}}$ 对应于特征值 λ_1 的特征向量，那么有

$$\boldsymbol{A\alpha}=\lambda_1\boldsymbol{\alpha},\boldsymbol{B}^{\mathrm{T}}\boldsymbol{\beta}=\lambda_1\boldsymbol{\beta}。$$

令 $\boldsymbol{C}=\boldsymbol{\alpha\beta}^{\mathrm{T}}$，显然 $\boldsymbol{C}$ 非零，且有

$$\boldsymbol{AC}=\boldsymbol{A\alpha\beta}^{\mathrm{T}}=\lambda_1\boldsymbol{\alpha\beta}^{\mathrm{T}},$$

$$\boldsymbol{CB}=\boldsymbol{\alpha\beta}^{\mathrm{T}}\boldsymbol{B}=\boldsymbol{\alpha}(\boldsymbol{B}^{\mathrm{T}}\boldsymbol{\beta})^{\mathrm{T}}=\lambda_1\boldsymbol{\alpha\beta}^{\mathrm{T}},$$

可见 $\boldsymbol{AC}=\boldsymbol{CB}$，则 $\boldsymbol{AX}=\boldsymbol{XB}$ 有非零解，矛盾。故 $\boldsymbol{AX}=\boldsymbol{XB}$ 只有零解。

必要性。法一　设 $\boldsymbol{X}$ 为 $m\times n$ 矩阵，且 $\boldsymbol{AX}=\boldsymbol{XB}$，则

$$\boldsymbol{A}^2\boldsymbol{X}=\boldsymbol{A}(\boldsymbol{AX})=\boldsymbol{A}(\boldsymbol{XB})=\boldsymbol{XB}^2。$$

由归纳法可得，

$$\boldsymbol{A}^k\boldsymbol{X}=\boldsymbol{XB}^k(k\in\mathbf{N})。$$

进而有 $f_{\boldsymbol{A}}(\boldsymbol{A})\boldsymbol{X}=\boldsymbol{X}f_{\boldsymbol{A}}(\boldsymbol{B})$，这里 $f_{\boldsymbol{A}}(\lambda)$ 为 $\boldsymbol{A}$ 的特征多项式。

因为 $\boldsymbol{A}$ 与 $\boldsymbol{B}$ 没有公共特征值，所以 $f_{\boldsymbol{A}}(\boldsymbol{B})$ 可逆。

又 $f_{\boldsymbol{A}}(\boldsymbol{A})=\boldsymbol{0}$，所以 $f_{\boldsymbol{A}}(\boldsymbol{A})\boldsymbol{X}=\boldsymbol{X}f_{\boldsymbol{A}}(\boldsymbol{B})=\boldsymbol{0}$，因此 $\boldsymbol{X}=\boldsymbol{0}$。

法二　设 $f_{\boldsymbol{A}}(\lambda),f_{\boldsymbol{B}}(\lambda)$ 分别为 $\boldsymbol{A},\boldsymbol{B}$ 的特征多项式。因为 $\boldsymbol{A}$ 与 $\boldsymbol{B}$ 没有公共特征值，所以 $f_{\boldsymbol{A}}(\lambda),f_{\boldsymbol{B}}(\lambda)$ 互素，从而存在 $u(\lambda),v(\lambda)$，使得

$$u(\lambda)f_{\boldsymbol{A}}(\lambda)+v(\lambda)f_{\boldsymbol{B}}(\lambda)=1。$$

于是有

$$u(\boldsymbol{A})f_{\boldsymbol{A}}(\boldsymbol{A})+v(\boldsymbol{A})f_{\boldsymbol{B}}(\boldsymbol{A})=\boldsymbol{E},$$

又 $f_{\boldsymbol{A}}(\boldsymbol{A})=\boldsymbol{0}$，可得 $v(\boldsymbol{A})f_{\boldsymbol{B}}(\boldsymbol{A})=\boldsymbol{E}$，所以 $f_{\boldsymbol{B}}(\boldsymbol{A})$ 可逆。

假设 $\boldsymbol{C}$ 是 $\boldsymbol{AX}=\boldsymbol{XB}$ 的解，则 $\boldsymbol{AC}=\boldsymbol{CB}$。

令 $f_{\boldsymbol{B}}(\lambda)=\lambda^n+b_{n-1}\lambda^{n-1}+\cdots+b_0$，那么可得 $f_{\boldsymbol{B}}(\boldsymbol{A})\boldsymbol{C}=\boldsymbol{C}f_{\boldsymbol{B}}(\boldsymbol{B})=\boldsymbol{0}$，由 $f_{\boldsymbol{B}}(\boldsymbol{A})$ 可逆。则有 $\boldsymbol{C}=\boldsymbol{O}$。

法三　设 $r(\boldsymbol{X})=r$，那么存在可逆矩阵 $\boldsymbol{P},\boldsymbol{Q}$，使得

$$\boldsymbol{PXQ}=\begin{pmatrix}\boldsymbol{E}_r & \boldsymbol{O}\\ \boldsymbol{O} & \boldsymbol{O}\end{pmatrix}。$$

又设 $\boldsymbol{PAP}^{-1}=\begin{pmatrix}\boldsymbol{A}_{11} & \boldsymbol{A}_{12}\\ \boldsymbol{A}_{21} & \boldsymbol{A}_{22}\end{pmatrix},\boldsymbol{Q}^{-1}\boldsymbol{BQ}=\begin{pmatrix}\boldsymbol{B}_{11} & \boldsymbol{B}_{12}\\ \boldsymbol{B}_{21} & \boldsymbol{B}_{22}\end{pmatrix}$，则有

$$\boldsymbol{PAXQ}=\boldsymbol{PAP}^{-1}\boldsymbol{PXQ}=\begin{pmatrix}\boldsymbol{A}_{11} & \boldsymbol{O}\\ \boldsymbol{A}_{21} & \boldsymbol{O}\end{pmatrix},$$

$$\boldsymbol{PXBQ}=\boldsymbol{PXQQ}^{-1}\boldsymbol{BQ}=\begin{pmatrix}\boldsymbol{B}_{11} & \boldsymbol{B}_{12}\\ \boldsymbol{O} & \boldsymbol{O}\end{pmatrix},$$

那么有 $\boldsymbol{A}_{11}=\boldsymbol{B}_{11},\boldsymbol{A}_{21}=\boldsymbol{O},\boldsymbol{B}_{12}=\boldsymbol{O}$，于是有

$$\boldsymbol{PAP}^{-1}=\begin{pmatrix}\boldsymbol{A}_{11} & \boldsymbol{A}_{12}\\ \boldsymbol{O} & \boldsymbol{A}_{22}\end{pmatrix},\boldsymbol{Q}^{-1}\boldsymbol{BQ}=\begin{pmatrix}\boldsymbol{B}_{11} & \boldsymbol{O}\\ \boldsymbol{B}_{21} & \boldsymbol{B}_{22}\end{pmatrix}。$$

由于 $\boldsymbol{A}_{11}=\boldsymbol{B}_{11}$，那么矩阵 $\boldsymbol{PAP}^{-1},\boldsymbol{Q}^{-1}\boldsymbol{BQ}$ 至少有 r 个相同的特征值，矛盾。

那么 $r(\boldsymbol{X})=0$，即知 $\boldsymbol{X}=\boldsymbol{0}$，故 $\boldsymbol{AX}=\boldsymbol{XB}$ 只有零解。

34. 设 $\lambda_1,\lambda_2,\cdots,\lambda_n$ 是 n 阶实矩阵 $\boldsymbol{A}$ 的全部特征值，但 $-\lambda_i(i=1,2,\cdots,n)$ 不是 $\boldsymbol{A}$ 的特征值。求证：线性变换

$$\sigma(\boldsymbol{X})=\boldsymbol{A}^{\mathrm{T}}\boldsymbol{X}+\boldsymbol{XA},\forall\boldsymbol{X}\in\mathbf{R}^{n\times n}$$

是 $\mathbf{R}^{n\times n}$ 的可逆线性变换。

证明　设

$$f(\lambda)=|\lambda\boldsymbol{E}-\boldsymbol{A}|=(\lambda-\lambda_1)(\lambda-\lambda_2)\cdots(\lambda-\lambda_n),$$

由 $-\lambda_i(i=1,2,\cdots,n)$ 不是 $\boldsymbol{A}$ 的特征值,故 $f(-\lambda_i)\neq 0(i=1,2,\cdots,n)$,
设

$$\sigma(\boldsymbol{X})=\boldsymbol{A}^{\mathrm{T}}\boldsymbol{X}+\boldsymbol{XA}=\boldsymbol{0},$$

下面证明 $\boldsymbol{X}=\boldsymbol{0}$。事实上,由 $\boldsymbol{A}^{\mathrm{T}}\boldsymbol{X}+\boldsymbol{XA}=\boldsymbol{0}$,故

$$\boldsymbol{XA}=-\boldsymbol{A}^{\mathrm{T}}\boldsymbol{X},\boldsymbol{XA}^2=(-\boldsymbol{A}^{\mathrm{T}})^2\boldsymbol{X},\cdots,\boldsymbol{XA}^m=(-\boldsymbol{A}^{\mathrm{T}})^m\boldsymbol{X},\cdots,$$

而 $-\boldsymbol{A}^{\mathrm{T}}$ 的特征值是 $-\lambda_1,-\lambda_2,\cdots,-\lambda_n$,令

$$f(\lambda)=|\lambda\boldsymbol{E}-\boldsymbol{A}|=\lambda^n+a_1\lambda^{n-1}+\cdots+a_n,$$

因为

$$f(-\boldsymbol{A}^{\mathrm{T}})=(-\boldsymbol{A}^{\mathrm{T}})^n+a_1(-\boldsymbol{A}^{\mathrm{T}})^{n-1}+\cdots+a_n\boldsymbol{E},$$

$$|f(-\boldsymbol{A}^{\mathrm{T}})|=f(-\lambda_1)f(-\lambda_2)\cdots f(-\lambda_n)\neq 0,$$

故 $f(-\boldsymbol{A}^{\mathrm{T}})$ 可逆,由

$$\boldsymbol{0}=\boldsymbol{X}f(\boldsymbol{A})=f(-\boldsymbol{A}^{\mathrm{T}})\boldsymbol{X},$$

故 $\boldsymbol{X}=\boldsymbol{0}$,从而 σ 可逆。

35. 设 $\boldsymbol{A}$ 是 n 阶实矩阵, $\forall\,\boldsymbol{0}\neq\boldsymbol{\alpha}\in\mathbf{R}^n$,均有 $\boldsymbol{\alpha}^{\mathrm{T}}\boldsymbol{A\alpha}>0$,证明 $|\boldsymbol{A}|>0$。

证明　设 $\boldsymbol{A\beta}=\lambda\boldsymbol{\beta},\lambda\in\mathbf{C},\boldsymbol{0}\neq\boldsymbol{\beta}\in\mathbf{C}^n$ 。

令 $\lambda=a+b\mathrm{i},\boldsymbol{\beta}=\boldsymbol{\eta}+\mathrm{i}\boldsymbol{\gamma};\boldsymbol{\eta},\boldsymbol{\gamma}\in\mathbf{R}^n$,则有

$$\boldsymbol{A}(\boldsymbol{\eta}+\mathrm{i}\boldsymbol{\gamma})=(a+b\mathrm{i})(\boldsymbol{\eta}+\mathrm{i}\boldsymbol{\gamma})。$$

于是

$$\begin{cases}\boldsymbol{A\eta}=a\boldsymbol{\eta}-b\boldsymbol{\gamma}\\ \boldsymbol{A\gamma}=a\boldsymbol{\gamma}+b\boldsymbol{\eta}\end{cases},$$

从而有

$$\begin{cases}\boldsymbol{\eta}^{\mathrm{T}}\boldsymbol{A\eta}=a\boldsymbol{\eta}^{\mathrm{T}}\boldsymbol{\eta}-b\boldsymbol{\eta}^{\mathrm{T}}\boldsymbol{\gamma}\\ \boldsymbol{\gamma}^{\mathrm{T}}\boldsymbol{A\gamma}=a\boldsymbol{\gamma}^{\mathrm{T}}\boldsymbol{\gamma}+b\boldsymbol{\gamma}^{\mathrm{T}}\boldsymbol{\eta}\end{cases},$$

两式相加得

$$\boldsymbol{\eta}^{\mathrm{T}}\boldsymbol{A\eta}+\boldsymbol{\gamma}^{\mathrm{T}}\boldsymbol{A\gamma}=a(\boldsymbol{\eta}^{\mathrm{T}}\boldsymbol{\eta}+\boldsymbol{\gamma}^{\mathrm{T}}\boldsymbol{\gamma})>0。$$

但 $\boldsymbol{\eta}^{\mathrm{T}}\boldsymbol{\eta}+\boldsymbol{\gamma}^{\mathrm{T}}\boldsymbol{\gamma}>0$,故 $a>0$(即如果 λ 是实数,则为正)。又因为 $\boldsymbol{A}$ 的特征值除实数外,虚根成对出现,且 $|\boldsymbol{A}|$ 等于其特征值的乘积,因此 $|\boldsymbol{A}|>0$。

36. 设 $\boldsymbol{A}$ 为二阶矩阵,如果存在二阶矩阵 $\boldsymbol{B}$,使得 $\boldsymbol{A}+\boldsymbol{AB}=\boldsymbol{BA}$,求证: $\boldsymbol{A}^2=\boldsymbol{O}$ 。

证明　由 $\boldsymbol{A}+\boldsymbol{AB}=\boldsymbol{BA}$ 知, $\boldsymbol{A}=\boldsymbol{BA}-\boldsymbol{AB}$,因此有

$$\mathrm{tr}(\boldsymbol{A})=\mathrm{tr}(\boldsymbol{BA}-\boldsymbol{AB})=0,$$

又 $\boldsymbol{A}$ 为二阶矩阵,所以

$$|\lambda\boldsymbol{E}-\boldsymbol{A}|=\lambda^2-\mathrm{tr}(\boldsymbol{A})\lambda+|\boldsymbol{A}|=\lambda^2+|\boldsymbol{A}|。$$

若 $|\boldsymbol{A}|\neq 0$,则 $\boldsymbol{A}$ 可逆,从而由 $\boldsymbol{A}+\boldsymbol{AB}=\boldsymbol{BA}$ 得 $\boldsymbol{E}+\boldsymbol{B}=\boldsymbol{A}^{-1}\boldsymbol{BA}$,所以

$$\mathrm{tr}(\boldsymbol{E}+\boldsymbol{B})=\mathrm{tr}(\boldsymbol{A}^{-1}\boldsymbol{BA})=\mathrm{tr}(\boldsymbol{B}),$$

因此

$$\mathrm{tr}(\boldsymbol{B})=\mathrm{tr}(\boldsymbol{E}+\boldsymbol{B})=\mathrm{tr}(\boldsymbol{E})+\mathrm{tr}(\boldsymbol{B})=2+\mathrm{tr}(\boldsymbol{B}),$$

得出矛盾。由哈密顿-凯莱定理知 $\boldsymbol{A}^2=\boldsymbol{0}$。

37. 设 λ 为 $\boldsymbol{AB}$ 与 $\boldsymbol{BA}$ 的非零特征值。求证：$\boldsymbol{AB}$ 的属于 λ 的特征子空间 W_λ 与 $\boldsymbol{BA}$ 的属于 λ 的特征子空间 V_λ 的维数相同。

证明　令 $W_\lambda=\{\boldsymbol{X}\in\mathbf{C}^n\,|\,\boldsymbol{ABX}=\lambda\boldsymbol{X}\}$，$V_\lambda=\{\boldsymbol{Y}\in\mathbf{C}^n\,|\,\boldsymbol{BAY}=\lambda\boldsymbol{Y}\}$。

设 $\boldsymbol{X}_1,\boldsymbol{X}_2,\cdots,\boldsymbol{X}_r$ 是 W_λ 的一组基，则 $\boldsymbol{ABX}_i=\lambda\boldsymbol{X}_i$，故有 $\boldsymbol{BABX}_i=\lambda\boldsymbol{BX}_i$，因此 $\boldsymbol{BX}_i\in V_\lambda$。若 $\sum\limits_{i=1}^{r}k_i\boldsymbol{BX}_i=\boldsymbol{0}$，则 $\boldsymbol{A}\left(\sum\limits_{i=1}^{r}k_i\boldsymbol{BX}_i\right)=\boldsymbol{0}$，所以

$$\sum_{i=1}^{r}k_i\boldsymbol{ABX}_i=\sum_{i=1}^{r}k_i\lambda\boldsymbol{X}_i=\boldsymbol{0},$$

则有 $k_i\lambda=0(i=1,2,\cdots,r)$。由 $\lambda\neq0$，知 $k_i=0(i=1,2,\cdots,r)$。即 $\boldsymbol{BX}_1,\boldsymbol{BX}_2,\cdots,\boldsymbol{BX}_r$ 线性无关。故 $\dim W_\lambda\leqslant\dim V_\lambda$。同理 $\dim V_\lambda\leqslant\dim W_\lambda$，所以 $\dim W_\lambda=\dim V_\lambda$。

38. 设 $\boldsymbol{A},\boldsymbol{B}$ 为 n 阶方阵，且 $\boldsymbol{A}+\boldsymbol{B}+\boldsymbol{AB}=\boldsymbol{O}$。证明：(1) $\boldsymbol{A},\boldsymbol{B}$ 的特征向量是公共的；(2) $\boldsymbol{A}$ 相似于对角矩阵当且仅当 $\boldsymbol{B}$ 相似于对角阵；(3) $r(\boldsymbol{A})=r(\boldsymbol{B})$。

证明　(1)设 $\boldsymbol{\alpha}$ 是 $\boldsymbol{B}$ 的特征向量，对应的特征值为 λ_0，则 $\boldsymbol{B\alpha}=\lambda_0\boldsymbol{\alpha}$，故

$$\boldsymbol{A\alpha}+\boldsymbol{B\alpha}+\boldsymbol{AB\alpha}=\boldsymbol{0},\boldsymbol{A\alpha}+\lambda_0\boldsymbol{\alpha}+\lambda_0\boldsymbol{A\alpha}=\boldsymbol{0},$$
$$(\lambda_0+1)\boldsymbol{A\alpha}=-\lambda_0\boldsymbol{\alpha},$$

若 $\lambda_0\neq-1$，则

$$\boldsymbol{A\alpha}=-\frac{\lambda_0}{(\lambda_0+1)}\boldsymbol{\alpha},$$

故 $\boldsymbol{\alpha}$ 是 $\boldsymbol{A}$ 的特征向量，若 $\lambda_0=-1$，而 $\boldsymbol{B\alpha}=-\boldsymbol{\alpha}$，得到 $-\boldsymbol{\alpha}=\boldsymbol{0},\boldsymbol{\alpha}=\boldsymbol{0}$，矛盾。

因为 $\boldsymbol{A}+\boldsymbol{B}+\boldsymbol{AB}=\boldsymbol{0}$，所以

$$(\boldsymbol{A}+\boldsymbol{E})+(\boldsymbol{A}+\boldsymbol{E})\boldsymbol{B}=\boldsymbol{E},(\boldsymbol{A}+\boldsymbol{E})(\boldsymbol{E}+\boldsymbol{B})=\boldsymbol{E},$$
$$(\boldsymbol{E}+\boldsymbol{B})(\boldsymbol{A}+\boldsymbol{E})=\boldsymbol{E},\boldsymbol{A}+\boldsymbol{B}+\boldsymbol{BA}=\boldsymbol{0},$$

由上证明 $\boldsymbol{A}$ 的特征向量也是 $\boldsymbol{B}$ 的特征向量，因而 $\boldsymbol{A},\boldsymbol{B}$ 的特征向量是公共的。

(2)必要性。由 $\boldsymbol{A}$ 相似于对角矩阵，知存在可逆矩阵 $\boldsymbol{T}$，使

$$\boldsymbol{T}^{-1}\boldsymbol{AT}=\begin{pmatrix}\lambda_1 & \cdots & 0\\ \vdots & \ddots & \vdots\\ 0 & \cdots & \lambda_n\end{pmatrix},$$

所以

$$\boldsymbol{AT}=\boldsymbol{T}\begin{pmatrix}\lambda_1 & \cdots & 0\\ \vdots & \ddots & \vdots\\ 0 & \cdots & \lambda_n\end{pmatrix}。$$

令 $\boldsymbol{T}=(\boldsymbol{\alpha}_1,\boldsymbol{\alpha}_2,\cdots,\boldsymbol{\alpha}_n)$，则 $\boldsymbol{A\alpha}_i=\lambda_i\boldsymbol{\alpha}_i(i=1,2,\cdots,n)$；$\boldsymbol{\alpha}_i$ 为 $\boldsymbol{A}$ 的特征向量，由上知也是 $\boldsymbol{B}$ 的特征向量，设

$$\boldsymbol{B\alpha}_i=\lambda_i'\boldsymbol{\alpha}_i(i=1,2,\cdots,n),$$

$$(\boldsymbol{\alpha}_1,\boldsymbol{\alpha}_2,\cdots,\boldsymbol{\alpha}_n)^{-1}\boldsymbol{B}(\boldsymbol{\alpha}_1,\boldsymbol{\alpha}_2,\cdots,\boldsymbol{\alpha}_n)=\begin{pmatrix}\lambda_1' & \cdots & 0\\ \vdots & \ddots & \vdots\\ 0 & \cdots & \lambda_n'\end{pmatrix},$$

所以 $\boldsymbol{B}$ 相似于对角矩阵。

充分性。同上证明。

(3)由 $\boldsymbol{A}+\boldsymbol{B}+\boldsymbol{AB}=\boldsymbol{O}$，所以 $\boldsymbol{A}(\boldsymbol{E}+\boldsymbol{B})=-\boldsymbol{B}$，故 $r(\boldsymbol{A})\geqslant r(\boldsymbol{B})$；同样 $r(\boldsymbol{B})\geqslant r(\boldsymbol{A})$，所以 $r(\boldsymbol{A})=r(\boldsymbol{B})$。

39. 设 $\boldsymbol{A}$ 为 n 阶矩阵，且满足 $\boldsymbol{A}^2-3\boldsymbol{A}+2\boldsymbol{E}=\boldsymbol{O}$，求一可逆矩阵 $\boldsymbol{T}$，使 $\boldsymbol{T}^{-1}\boldsymbol{AT}$ 为对角矩阵。

解　由 $\boldsymbol{A}^2-3\boldsymbol{A}+2\boldsymbol{E}=\boldsymbol{O}$，则 $(\boldsymbol{A}-\boldsymbol{E})(\boldsymbol{A}-2\boldsymbol{E})=(\boldsymbol{A}-2\boldsymbol{E})(\boldsymbol{A}-\boldsymbol{E})=\boldsymbol{O}$。

由于 $\boldsymbol{A}-2\boldsymbol{E}$ 的每一个列向量都是 $(\boldsymbol{A}-\boldsymbol{E})\boldsymbol{X}=\boldsymbol{0}$ 的解，因而

$$r(\boldsymbol{A}-2\boldsymbol{E})+r(\boldsymbol{A}-\boldsymbol{E})\leqslant n。$$

又由于 $(\boldsymbol{A}-\boldsymbol{E})-(\boldsymbol{A}-2\boldsymbol{E})=\boldsymbol{E}$，也有 $r(\boldsymbol{A}-\boldsymbol{E})+r(\boldsymbol{A}-2\boldsymbol{E})\geqslant n$，因此

$$r(\boldsymbol{A}-\boldsymbol{E})+r(\boldsymbol{A}-2\boldsymbol{E})=n。$$

设 $r(\boldsymbol{A}-\boldsymbol{E})=k$，$r(\boldsymbol{A}-2\boldsymbol{E})=s$，$k+s=n$。令 $\boldsymbol{\alpha}_1,\boldsymbol{\alpha}_2,\cdots,\boldsymbol{\alpha}_r$ 是 $\boldsymbol{A}-\boldsymbol{E}$ 的列极大线性无关组，$\boldsymbol{\beta}_1,\boldsymbol{\beta}_2,\cdots,\boldsymbol{\beta}_s$ 是 $\boldsymbol{A}-2\boldsymbol{E}$ 的列极大线性无关组。由 $(\boldsymbol{A}-\boldsymbol{E})(\boldsymbol{A}-2\boldsymbol{E})=\boldsymbol{O}$，知 $\boldsymbol{\beta}_1,\boldsymbol{\beta}_2,\cdots,\boldsymbol{\beta}_s$ 是属于特征值 1 的线性无关的特征向量。

由 $(\boldsymbol{A}-2\boldsymbol{E})(\boldsymbol{A}-\boldsymbol{E})=\boldsymbol{O}$，知 $\boldsymbol{\alpha}_1,\boldsymbol{\alpha}_2,\cdots,\boldsymbol{\alpha}_r$ 是属于特征值 2 的线性无关的特征向量。因而 $\boldsymbol{\alpha}_1,\boldsymbol{\alpha}_2,\cdots,\boldsymbol{\alpha}_r,\boldsymbol{\beta}_1,\boldsymbol{\beta}_2,\cdots,\boldsymbol{\beta}_s$ 线性无关。令 $\boldsymbol{T}=(\boldsymbol{\alpha}_1,\boldsymbol{\alpha}_2,\cdots,\boldsymbol{\alpha}_r,\boldsymbol{\beta}_1,\boldsymbol{\beta}_2,\cdots,\boldsymbol{\beta}_s)$，则有

$$\boldsymbol{T}^{-1}\boldsymbol{AT}=\begin{pmatrix}1&&&&&\\&\ddots&&&&\\&&1&&&\\&&&2&&\\&&&&\ddots&\\&&&&&2\end{pmatrix}。$$

40. 设非零实向量 $\boldsymbol{\alpha}=(a_1,a_2,\cdots,a_n)$。求证：$\boldsymbol{\alpha}^{\mathrm{T}}\boldsymbol{\alpha}$ 可相似于一对角矩阵，并求此对角矩阵。

证明　显然 $\boldsymbol{\alpha}^{\mathrm{T}}\boldsymbol{\alpha}$ 为实对称矩阵，那么它必相似于一个对角矩阵。令 $\boldsymbol{A}=\boldsymbol{\alpha}^{\mathrm{T}}\boldsymbol{\alpha}$，那么有

$$r(\boldsymbol{A})=r(\boldsymbol{\alpha}^{\mathrm{T}}\boldsymbol{\alpha})\leqslant r(\boldsymbol{\alpha})=1。$$

又 $\boldsymbol{\alpha}$ 非零，那么有 $r(\boldsymbol{A})\geqslant 1$，从而 $r(\boldsymbol{A})=1$。

于是 $\boldsymbol{Ax}=\boldsymbol{0}$ 的解空间的维数为 $n-r(\boldsymbol{A})=n-1$。注意到 $\boldsymbol{A}$ 可对角化，那么它的特征值 0 的重数必为 $n-1$，不妨设它的非零特征值为 λ，那么有

$$\mathrm{tr}(\boldsymbol{A})=\lambda+(n-1)\cdot 0=\lambda,$$

也就是说

$$\lambda=\mathrm{tr}(\boldsymbol{A})=\mathrm{tr}(\boldsymbol{\alpha}^{\mathrm{T}}\boldsymbol{\alpha})=\mathrm{tr}(\boldsymbol{\alpha}\boldsymbol{\alpha}^{\mathrm{T}})=\boldsymbol{\alpha}\boldsymbol{\alpha}^{\mathrm{T}}=\sum_{i=1}^{n}a_i^2。$$

那么 $\boldsymbol{\alpha}^{\mathrm{T}}\boldsymbol{\alpha}$ 相似的对角矩阵为 $\mathrm{diag}\left(\sum\limits_{i=1}^{n}a_i^2,0,\cdots,0\right)$。

41. 求证：$\boldsymbol{A}$ 相似于对角矩阵的充要条件是对于 $\boldsymbol{A}$ 的任意特征值 λ_i，均有

$$r(\lambda_i\boldsymbol{E}-\boldsymbol{A})=r((\lambda_i\boldsymbol{E}-\boldsymbol{A})^2)。$$

证明　必要性。因为 $\boldsymbol{A}$ 相似于对角矩阵，所以 $\boldsymbol{A}$ 的最小多项式 $m(\lambda)$ 无重根。

又任意特征值都是最小多项式的根，所以存在 $u(\lambda)$，$v(\lambda)$，使得

$$u(\lambda)m(\lambda)+v(\lambda)(\lambda-\lambda_i)^2=(\lambda-\lambda_i),$$

以 $\boldsymbol{A}$ 代入，有

$$u(\boldsymbol{A})m(\boldsymbol{A})+v(\boldsymbol{A})(\boldsymbol{A}-\lambda_i\boldsymbol{E})^2=(\boldsymbol{A}-\lambda_i\boldsymbol{E})。$$

而 $m(\boldsymbol{A})=0$，故 $v(\boldsymbol{A})(\boldsymbol{A}-\lambda_i\boldsymbol{E})^2=(\boldsymbol{A}-\lambda_i\boldsymbol{E})$，从而 $r((\boldsymbol{A}-\lambda_i\boldsymbol{E})^2)\geqslant r(\boldsymbol{A}-\lambda_i\boldsymbol{E})$，显然 $r((\boldsymbol{A}-\lambda_i\boldsymbol{E})^2)\leqslant r(\boldsymbol{A}-\lambda_i\boldsymbol{E})$，所以 $r((\boldsymbol{A}-\lambda_i\boldsymbol{E})^2)=r(\boldsymbol{A}-\lambda_i\boldsymbol{E})$。

充分性。只要证明 $m(\lambda)$ 无重根即可。否则，设 λ_0 不是 $m(\lambda)$ 的单根，则

$$(\lambda-\lambda_0)^2\mid m(\lambda)。$$

令 $m(\lambda)=(\lambda-\lambda_0)^2q(\lambda)$，由最小多项式定义知

$$(\boldsymbol{A}-\lambda_0\boldsymbol{E})q(\boldsymbol{A})\neq 0,q(\boldsymbol{A})\neq 0,$$

所以存在 $q(\boldsymbol{A})$ 的非零列 q_i 不是方程组 $(\boldsymbol{A}-\lambda_0\boldsymbol{E})\boldsymbol{x}=\boldsymbol{0}$ 的解。

但 $(\boldsymbol{A}-\lambda_0\boldsymbol{E})^2q(\boldsymbol{A})=m(\boldsymbol{A})=0$，所以如上 q_i 是方程组 $(\boldsymbol{A}-\lambda_0\boldsymbol{E})^2\boldsymbol{x}=\boldsymbol{0}$ 的解。这和 $(\boldsymbol{A}-\lambda_0\boldsymbol{E})\boldsymbol{x}=\boldsymbol{0}$ 与 $(\boldsymbol{A}-\lambda_0\boldsymbol{E})^2\boldsymbol{x}=\boldsymbol{0}$ 同解矛盾。

故 $\boldsymbol{A}$ 的最小多项式 $m(\lambda)$ 无重根，于是 $\boldsymbol{A}$ 相似于对角矩阵。

42. 设 V 为数域 P 上 n 维线性空间，σ,τ 是 V 的两个线性变换，σ 在 P 上有 n 个互异的特征值，则有

(1) σ 的特征向量都是 τ 的特征向量的充要条件是 $\sigma\tau=\tau\sigma$。

(2)若 $\sigma\tau=\tau\sigma$，则 τ 是 $\varepsilon,\sigma,\sigma^2,\cdots,\sigma^{n-1}$ 的线性组合，其中 ε 为恒等变换。

证明 设 $\lambda_1,\lambda_2,\cdots,\lambda_n$ 为 σ 的 n 个互异的特征值，$\boldsymbol{\alpha}_1,\boldsymbol{\alpha}_2,\cdots,\boldsymbol{\alpha}_n$ 是分别属于特征值 $\lambda_1,\lambda_2,\cdots,\lambda_n$ 的特征向量，由于 $\lambda_1,\lambda_2,\cdots,\lambda_n$ 互异，因此，$\boldsymbol{\alpha}_1,\boldsymbol{\alpha}_2,\cdots,\boldsymbol{\alpha}_n$ 是线性空间 V 的一组基。

(1)若每个 $\boldsymbol{\alpha}_i$ 都是 τ 的特征向量，则存在 $\mu_i\in P$，使 $\tau(\boldsymbol{\alpha}_i)=\mu_i\boldsymbol{\alpha}_i(i=1,2,\cdots,n)$，于是

$$\sigma\tau(\boldsymbol{\alpha}_i)=\sigma(\mu_i\boldsymbol{\alpha}_i)=\mu_i\sigma(\boldsymbol{\alpha}_i)=\lambda_i(\mu_i\boldsymbol{\alpha}_i)=\lambda_i(\tau(\boldsymbol{\alpha}_i))=\tau(\lambda_i\boldsymbol{\alpha}_i)=\tau\sigma(\boldsymbol{\alpha}_i)(i=1,2,\cdots,n)$$

由于 $\boldsymbol{\alpha}_1,\boldsymbol{\alpha}_2,\cdots,\boldsymbol{\alpha}_n$ 是 V 的一组基，因此 $\sigma\tau=\tau\sigma$。

反之，设 $\sigma\tau=\tau\sigma$，对每一个 $\boldsymbol{\alpha}_i(i=1,2,\cdots,n)$，则有

$$\sigma\tau(\boldsymbol{\alpha}_i)=\tau\sigma(\boldsymbol{\alpha}_i)=\tau(\lambda_i\boldsymbol{\alpha}_i)=\lambda_i(\tau(\boldsymbol{\alpha}_i)),$$

于是 $\tau(\boldsymbol{\alpha}_i)\in V_{\lambda_i}$。

由于 $\dim(V_{\lambda_i})=1$，故存在 $\mu_i\in P$，使

$$\tau(\boldsymbol{\alpha}_i)=\mu_i\boldsymbol{\alpha}_i(i=1,\cdots,n),$$

故 $\boldsymbol{\alpha}_i\ (i=1,2,\cdots,n)$ 也是 τ 的特征向量。因此，σ 的特征向量也是 τ 的特征向量。

(2)设 $\sigma\tau=\tau\sigma$，由(1)知 $\boldsymbol{\alpha}_i\ (i=1,2,\cdots,n)$ 也是 τ 的特征向量。因而存在 $\mu_i\in P$，使

$$\tau(\boldsymbol{\alpha}_i)=\mu_i\boldsymbol{\alpha}_i(i=1,2,\cdots,n)。$$

于是有

$$\sigma(\boldsymbol{\alpha}_1,\boldsymbol{\alpha}_2,\cdots,\boldsymbol{\alpha}_n)=(\boldsymbol{\alpha}_1,\boldsymbol{\alpha}_2,\cdots,\boldsymbol{\alpha}_n)\begin{pmatrix}\lambda_1 & & & \\ & \lambda_2 & & \\ & & \ddots & \\ & & & \lambda_n\end{pmatrix},$$

$$\tau(\boldsymbol{\alpha}_1,\boldsymbol{\alpha}_2,\cdots,\boldsymbol{\alpha}_n)=(\boldsymbol{\alpha}_1,\boldsymbol{\alpha}_2,\cdots,\boldsymbol{\alpha}_n)\begin{pmatrix}\mu_1 & & & \\ & \mu_2 & & \\ & & \ddots & \\ & & & \mu_n\end{pmatrix},$$

考虑方程组

$$\begin{cases}x_1+\lambda_1x_2+\cdots+\lambda_1^{n-1}x_n=\mu_1\\ x_1+\lambda_2x_2+\cdots+\lambda_2^{n-1}x_n=\mu_2\\ \cdots\cdots\\ x_1+\lambda_nx_2+\cdots+\lambda_n^{n-1}x_n=\mu_n\end{cases},\tag{7-2}$$

由于系数行列式 $\begin{vmatrix}1 & \lambda_1 & \lambda_1^2 & \cdots & \lambda_1^{n-1}\\ 1 & \lambda_2 & \lambda_2^2 & \cdots & \lambda_2^{n-1}\\ \vdots & & & \vdots & \\ 1 & \lambda_n & \lambda_n^2 & \cdots & \lambda_n^{n-1}\end{vmatrix}=\prod\limits_{1\leqslant i<j\leqslant n}(\lambda_j-\lambda_i)\neq 0$,

所以方程组(7—2)有唯一解,设为 $(a_0,a_1,\cdots,a_n)^{\mathrm{T}}$ 即

$$(a_0+a_1\lambda_i+\cdots+a_n\lambda_i^{n-1})=\mu_i(i=1,2,\cdots,n),$$

于是

$$(a_0+a_1\lambda_i+\cdots+a_n\lambda_i^{n-1})\boldsymbol{\alpha}_i=\mu_i\boldsymbol{\alpha}_i(i=1,2,\cdots,n)。$$

由 $\sigma(\boldsymbol{\alpha}_i)=\lambda_i\boldsymbol{\alpha}_i,\tau(\boldsymbol{\alpha}_i)=\mu_i\boldsymbol{\alpha}_i$,则

$$(a_0\varepsilon+a_1\sigma+\cdots+a_n\sigma^{n-1})\boldsymbol{\alpha}_i=\tau\boldsymbol{\alpha}_i(i=1,2,\cdots,n),$$

由于 $\boldsymbol{\alpha}_1,\boldsymbol{\alpha}_2,\cdots,\boldsymbol{\alpha}_n$ 是 V 的一组基,因此 $\tau=a_0\varepsilon+a_1\sigma+\cdots+a_n\sigma^{n-1}$。

43. 证明:对任一 n 阶复矩阵 $\boldsymbol{A}$,存在可逆矩阵 $\boldsymbol{T}$,使 $\boldsymbol{T}^{-1}\boldsymbol{AT}$ 是上三角矩阵。

证明　因为每一个 n 阶复矩阵都与一个若尔当矩阵 $\boldsymbol{J}$ 相似,所以存在 n 阶可逆矩阵 $\boldsymbol{P}$,使

$$\boldsymbol{P}^{-1}\boldsymbol{AP}=\boldsymbol{J}=\begin{pmatrix}\boldsymbol{J}_1 & & & \\ & \boldsymbol{J}_2 & & \\ & & \ddots & \\ & & & \boldsymbol{J}_s\end{pmatrix},\text{其中 }\boldsymbol{J}_i=\begin{pmatrix}\lambda_i & & & \\ 1 & \lambda_i & & \\ & \ddots & \ddots & \\ & & 1 & \lambda_i\end{pmatrix}_{r_i\times r_i}\quad(i=1,2,\cdots,s)。$$

构造 n 阶矩阵

$$\boldsymbol{Q}=\begin{pmatrix}\boldsymbol{B}_1 & & & \\ & \boldsymbol{B}_2 & & \\ & & \ddots & \\ & & & \boldsymbol{B}_s\end{pmatrix},\text{其中 }\boldsymbol{B}_i=\begin{pmatrix} & & & 1\\ & & 1 & \\ & \iddots & & \\ 1 & & & \end{pmatrix}_{r_i\times r_i}\quad(i=1,2,\cdots,s)。$$

容易验证

$$Q^{-1}=Q,且\ Q^{-1}JQ=J^{\mathrm{T}}=\begin{pmatrix}J_1^{\mathrm{T}} & & & \\ & J_2^{\mathrm{T}} & & \\ & & \ddots & \\ & & & J_s^{\mathrm{T}}\end{pmatrix},$$

其中，J_i^{T} 为 J_i 的转置矩阵。令 $T=PQ$，则 $T^{-1}AT=J^{\mathrm{T}}$ 为一个上三角矩阵。

44. 设 A 为 n 阶复矩阵，求证：

(1)若 λ_1 为 A 的特征值，则有可逆矩阵 P，使

$$P^{-1}AP=\begin{pmatrix}\lambda_1 & b_{12} & \cdots & b_{1n}\\ 0 & b_{22} & \cdots & b_{2n}\\ \vdots & \vdots & & \vdots\\ 0 & b_{n2} & \cdots & b_{nn}\end{pmatrix}。$$

(2)对 n 进行归纳求证：有可逆矩阵 T，使

$$T^{-1}AT=\begin{pmatrix}\lambda_1 & c_{12} & \cdots & c_{1n}\\ 0 & \lambda_2 & \cdots & c_{2n}\\ \vdots & \vdots & & \vdots\\ 0 & 0 & \cdots & \lambda_n\end{pmatrix}。$$

证明　(1)设 $\mathbf{C}^n$ 为一切 $n\times 1$ 复矩阵之集。由于 λ_1 为 A 的特征值，从而存在特征向量 α_1，使

$$A\alpha_1=\lambda_1\alpha_1。$$

再将 α_1 扩充为 $\mathbf{C}^n$ 的一组基 $\alpha_1,\alpha_2,\cdots,\alpha_n$，令 $P=(\alpha_1,\alpha_2,\cdots,\alpha_n)$，则 P 为可逆矩阵，且

$$A(\alpha_1,\alpha_2,\cdots,\alpha_n)=(\alpha_1,\alpha_2,\cdots,\alpha_n)\begin{pmatrix}\lambda_1 & b_{12} & \cdots & b_{1n}\\ 0 & b_{22} & \cdots & b_{2n}\\ \vdots & \vdots & & \vdots\\ 0 & b_{n2} & \cdots & b_{nn}\end{pmatrix},$$

此即

$$P^{-1}AP=\begin{pmatrix}\lambda_1 & b_{12} & \cdots & b_{1n}\\ 0 & b_{22} & \cdots & b_{2n}\\ \vdots & \vdots & & \vdots\\ 0 & b_{n2} & \cdots & b_{nn}\end{pmatrix}。$$

(2)对 n 用数学归纳法。

当 $n=1$ 时，由(1)知结论成立。

假设结论对 $n-1$ 时成立。下证结论对 n 时也成立。

取 A 的一个特征值 λ_1，由(1)，存在可逆矩阵 P，使

$$P^{-1}AP=\begin{pmatrix}\lambda_1 & b_{12} & \cdots & b_{1n}\\ 0 & b_{22} & \cdots & b_{2n}\\ \vdots & \vdots & & \vdots\\ 0 & b_{n2} & \cdots & b_{nn}\end{pmatrix},$$

令 $B=\begin{pmatrix}b_{22} & \cdots & b_{2n}\\ \vdots & & \vdots\\ b_{n2} & \cdots & b_{nn}\end{pmatrix}$，则 B 是 $n-1$ 阶矩阵。由归纳假设，存在 $n-1$ 阶可逆矩阵 T_1，使 $T_1^{-1}BT_1$ 为上三角矩阵，即

$$T_1^{-1}AT_1=\begin{pmatrix}\lambda_2 & d_{12} & \cdots & d_{1n}\\ 0 & \lambda_3 & \cdots & d_{2n}\\ \vdots & \vdots & & \vdots\\ 0 & 0 & \cdots & \lambda_n\end{pmatrix}。$$

再令

$$P_1=\begin{pmatrix}1 & \mathbf{0}\\ \mathbf{0} & T_1\end{pmatrix},T=PP_1,$$

则 P_1 和 T 都是 n 阶可逆矩阵。令 $\alpha=(b_{12},b_{13},\cdots,b_{1n})$，即知

$$T^{-1}AT=P_1^{-1}(P^{-1}AP)P_1=\begin{pmatrix}1 & \mathbf{0}\\ \mathbf{0} & T_1^{-1}\end{pmatrix}\begin{pmatrix}\lambda_1 & \alpha\\ \mathbf{0} & B\end{pmatrix}\begin{pmatrix}1 & \mathbf{0}\\ \mathbf{0} & T_1\end{pmatrix}$$

$$=\begin{pmatrix}\lambda_1 & c_{12} & \cdots & c_{1n}\\ 0 & \lambda_2 & \cdots & c_{2n}\\ \vdots & \vdots & & \vdots\\ 0 & 0 & \cdots & \lambda_n\end{pmatrix}。$$

45. 设 A,B 为 n 阶复矩阵，且 $AB=BA$。求证：存在 n 阶可逆矩阵 G，使 $G^{-1}AG$ 和 $G^{-1}BG$ 同时为上三角形。

证明　对 A,B 的阶数 n 用数学归纳法。

当 $n=1$ 时，结论显然成立。

假设结论对 $n-1$ 时成立。下证结论对 n 时也成立。

由 $AB=BA$，故 A,B 有公共的特征向量 α，不妨设 $A\alpha=\lambda_1\alpha,B\alpha=\mu_1\alpha,\alpha\neq\mathbf{0}$，将 α 扩充为 $\mathbf{C}^n$ 的一组基 $\alpha,\alpha_2,\cdots,\alpha_n$。设

$$A(\alpha,\alpha_2,\cdots,\alpha_n)=(A\alpha,A\alpha_2,\cdots,A\alpha_n)=(\alpha,\alpha_2,\cdots,\alpha_n)\begin{pmatrix}\lambda_1 & *\\ \mathbf{0} & A_1\end{pmatrix},$$

$$B(\alpha,\alpha_2,\cdots,\alpha_n)=(B\alpha,B\alpha_2,\cdots,B\alpha_n)=(\alpha,\alpha_2,\cdots,\alpha_n)\begin{pmatrix}\mu_1 & *\\ \mathbf{0} & B_1\end{pmatrix}。$$

由 $AB=BA$，故

$$\begin{pmatrix}\lambda_1 & *\\ \mathbf{0} & A_1\end{pmatrix}\begin{pmatrix}\mu_1 & *\\ \mathbf{0} & B_1\end{pmatrix}=\begin{pmatrix}\mu_1 & *\\ \mathbf{0} & B_1\end{pmatrix}\begin{pmatrix}\lambda_1 & *\\ \mathbf{0} & A_1\end{pmatrix},$$

于是 $A_1B_1=B_1A_1$。

由归纳假设,存在 $n-1$ 阶可逆矩阵 Q ,使

$$Q^{-1}AQ=\begin{pmatrix}\lambda_2 & & & * \\ 0 & \lambda_3 & & \\ \vdots & \vdots & \ddots & \\ 0 & 0 & \cdots & \lambda_n\end{pmatrix},Q^{-1}BQ=\begin{pmatrix}\mu_2 & & & * \\ 0 & \mu_3 & & \\ \vdots & \vdots & \ddots & \\ 0 & 0 & \cdots & \mu_n\end{pmatrix},$$

令 $P=(\alpha,\alpha_2,\cdots,\alpha_n)$,则

$$P^{-1}AP=\begin{pmatrix}\lambda_1 & * \\ \mathbf{0} & A_1\end{pmatrix},P^{-1}BP=\begin{pmatrix}\mu_1 & * \\ \mathbf{0} & B_1\end{pmatrix}$$

令 $G=P\begin{pmatrix}1 & \mathbf{0} \\ \mathbf{0} & Q\end{pmatrix}$,则

$$G^{-1}AG=\begin{pmatrix}\lambda_1 & & & * \\ 0 & \lambda_2 & & \\ \vdots & \vdots & \ddots & \\ 0 & 0 & \cdots & \lambda_n\end{pmatrix},G^{-1}BG=\begin{pmatrix}\mu_1 & & & * \\ 0 & \mu_2 & & \\ \vdots & \vdots & \ddots & \\ 0 & 0 & \cdots & \mu_n\end{pmatrix}。$$

46. 设 A,B 为 n 阶矩阵,且 $AB=BA$,又存在一正整数 s,使 $A^s=O$。求证:

$$|A+B|=|B|。$$

证明 由 $AB=BA$,再由 45 题知存在可逆矩阵 G ,使

$$G^{-1}AG=\begin{pmatrix}\lambda_1 & & & * \\ 0 & \lambda_2 & & \\ \vdots & \vdots & \ddots & \\ 0 & 0 & \cdots & \lambda_n\end{pmatrix},\quad G^{-1}BG=\begin{pmatrix}\mu_1 & & & * \\ 0 & \mu_2 & & \\ \vdots & \vdots & \ddots & \\ 0 & 0 & \cdots & \mu_n\end{pmatrix},$$

其中,$\lambda_1,\lambda_2,\cdots,\lambda_n$ 为 A 的特征值,$\mu_1,\mu_2,\cdots,\mu_n$ 为 B 的特征值。

由 $A^s=O$,因此 A 的特征值均为零,则

$$G^{-1}AG=\begin{pmatrix}0 & & & * \\ 0 & 0 & & \\ \vdots & \vdots & \ddots & \\ 0 & 0 & \cdots & 0\end{pmatrix},$$

且

$$G^{-1}(A+B)G=\begin{pmatrix}\mu_1 & & & * \\ 0 & \mu_2 & & \\ \vdots & \vdots & \ddots & \\ 0 & 0 & \cdots & \mu_n\end{pmatrix}。$$

两边取行列式得

$$|A+B|=\mu_1\mu_2\cdots\mu_n=|B|。$$

47. 设 $\varepsilon_1,\varepsilon_2,\varepsilon_3,\varepsilon_4$ 是 4 维线性空间 V 的一组基,线性变换 σ 在这组基下的矩阵为

$$\begin{pmatrix}1&0&2&1\\-1&2&1&3\\1&2&5&5\\2&-2&1&-2\end{pmatrix},$$

(1)求σ在基$\boldsymbol{\alpha}_1=\boldsymbol{\varepsilon}_1-2\boldsymbol{\varepsilon}_2+\boldsymbol{\varepsilon}_4,\boldsymbol{\alpha}_2=3\boldsymbol{\varepsilon}_2-\boldsymbol{\varepsilon}_3-\boldsymbol{\varepsilon}_4,\boldsymbol{\alpha}_3=\boldsymbol{\varepsilon}_3+\boldsymbol{\varepsilon}_4,\boldsymbol{\alpha}_4=2\boldsymbol{\varepsilon}_4$下的矩阵；

(2)求σ的核与值域；

(3)在σ的核中任取一组基，把它扩充成V的一组基，并求σ在这组基下的矩阵；

(4)在σ的值域中任取一组基，把它扩充成V的一组基，并求σ在这组基下的矩阵。

解　(1)易知$(\boldsymbol{\alpha}_1,\boldsymbol{\alpha}_2,\boldsymbol{\alpha}_3,\boldsymbol{\alpha}_4)=(\boldsymbol{\varepsilon}_1,\boldsymbol{\varepsilon}_2,\boldsymbol{\varepsilon}_3,\boldsymbol{\varepsilon}_4)\begin{pmatrix}1&0&0&0\\-2&3&0&0\\0&-1&1&0\\1&-1&1&2\end{pmatrix}$，

由已知，$\sigma(\boldsymbol{\varepsilon}_1,\boldsymbol{\varepsilon}_2,\boldsymbol{\varepsilon}_3,\boldsymbol{\varepsilon}_4)=(\boldsymbol{\varepsilon}_1,\boldsymbol{\varepsilon}_2,\boldsymbol{\varepsilon}_3,\boldsymbol{\varepsilon}_4)\begin{pmatrix}1&0&2&1\\-1&2&1&3\\1&2&5&5\\2&-2&1&-2\end{pmatrix}$，

故σ在基$\boldsymbol{\alpha}_1,\boldsymbol{\alpha}_2,\boldsymbol{\alpha}_3,\boldsymbol{\alpha}_4$下的矩阵为

$$\boldsymbol{T}=\begin{pmatrix}1&0&0&0\\-2&3&0&0\\0&-1&1&0\\1&-1&1&2\end{pmatrix}^{-1}\begin{pmatrix}1&0&2&1\\-1&2&1&3\\1&2&5&5\\2&-2&1&-2\end{pmatrix}\begin{pmatrix}1&0&0&0\\-2&3&0&0\\0&-1&1&0\\1&-1&1&2\end{pmatrix}$$

$$=\begin{pmatrix}2&-3&3&2\\\frac{2}{3}&-\frac{4}{3}&\frac{10}{3}&\frac{10}{3}\\\frac{8}{3}&-\frac{16}{3}&\frac{40}{3}&\frac{40}{3}\\0&1&-7&-8\end{pmatrix}。$$

(2)由于$\dim(\sigma(V))=r\begin{pmatrix}1&0&2&1\\-1&2&1&3\\1&2&5&5\\2&-2&1&-2\end{pmatrix}=2$，故$\dim(\sigma^{-1}(\mathbf{0}))=2$。

设$\boldsymbol{\alpha}=x_1\boldsymbol{\varepsilon}_1+x_2\boldsymbol{\varepsilon}_2+x_3\boldsymbol{\varepsilon}_3+x_4\boldsymbol{\varepsilon}_4=(\boldsymbol{\varepsilon}_1,\boldsymbol{\varepsilon}_2,\boldsymbol{\varepsilon}_3,\boldsymbol{\varepsilon}_4)\begin{pmatrix}x_1\\x_2\\x_3\\x_4\end{pmatrix}\in\sigma^{-1}(\mathbf{0})$，则

$$\sigma(\boldsymbol{\varepsilon}_1,\boldsymbol{\varepsilon}_2,\boldsymbol{\varepsilon}_3,\boldsymbol{\varepsilon}_4)\begin{pmatrix}x_1\\x_2\\x_3\\x_4\end{pmatrix}=(\boldsymbol{\varepsilon}_1,\boldsymbol{\varepsilon}_2,\boldsymbol{\varepsilon}_3,\boldsymbol{\varepsilon}_4)\begin{pmatrix}1&0&2&1\\-1&2&1&3\\1&2&5&5\\2&-2&1&-2\end{pmatrix}\begin{pmatrix}x_1\\x_2\\x_3\\x_4\end{pmatrix}=0,$$

从而

$$(\boldsymbol{\varepsilon}_1,\boldsymbol{\varepsilon}_2,\boldsymbol{\varepsilon}_3,\boldsymbol{\varepsilon}_4)\begin{pmatrix}1&0&2&1\\-1&2&1&3\\1&2&5&5\\2&-2&1&-2\end{pmatrix}\begin{pmatrix}x_1\\x_2\\x_3\\x_4\end{pmatrix}=0,$$

解得基础解系为

$$\begin{pmatrix}4\\3\\-2\\0\end{pmatrix},\begin{pmatrix}1\\2\\0\\-1\end{pmatrix},$$

即

$$\boldsymbol{\beta}_1=4\boldsymbol{\varepsilon}_1+3\boldsymbol{\varepsilon}_2-2\boldsymbol{\varepsilon}_3,\boldsymbol{\beta}_2=\boldsymbol{\varepsilon}_1+2\boldsymbol{\varepsilon}_2-\boldsymbol{\varepsilon}_4,$$

为 $\sigma^{-1}(\mathbf{0})$ 的基。

故

$$\sigma^{-1}(\mathbf{0})=L(\boldsymbol{\beta}_1,\boldsymbol{\beta}_2)=L(4\boldsymbol{\varepsilon}_1+3\boldsymbol{\varepsilon}_2-2\boldsymbol{\varepsilon}_3,\boldsymbol{\varepsilon}_1+2\boldsymbol{\varepsilon}_2-\boldsymbol{\varepsilon}_4)$$

又

$$\sigma(V)=L(\sigma(\boldsymbol{\varepsilon}_1),\sigma(\boldsymbol{\varepsilon}_2),\sigma(\boldsymbol{\varepsilon}_3),\sigma(\boldsymbol{\varepsilon}_4)),$$

由于 σ 的秩=2,故

$$\begin{aligned}\sigma(V)&=L(\sigma(\boldsymbol{\varepsilon}_1),\sigma(\boldsymbol{\varepsilon}_2))=L(\boldsymbol{\varepsilon}_1-\boldsymbol{\varepsilon}_2+\boldsymbol{\varepsilon}_3+2\boldsymbol{\varepsilon}_4,2\boldsymbol{\varepsilon}_2+2\boldsymbol{\varepsilon}_3-2\boldsymbol{\varepsilon}_4)\\&=L(\boldsymbol{\varepsilon}_1+\boldsymbol{\varepsilon}_2+3\boldsymbol{\varepsilon}_3,\boldsymbol{\varepsilon}_2+\boldsymbol{\varepsilon}_3-\boldsymbol{\varepsilon}_4)=L(\boldsymbol{\gamma}_1,\boldsymbol{\gamma}_2),\end{aligned}$$

其中,$\boldsymbol{\gamma}_1=\boldsymbol{\varepsilon}_1+\boldsymbol{\varepsilon}_2+3\boldsymbol{\varepsilon}_3,\boldsymbol{\gamma}_2=\boldsymbol{\varepsilon}_2+\boldsymbol{\varepsilon}_3-\boldsymbol{\varepsilon}_4$。

(3)将 $\boldsymbol{\beta}_1,\boldsymbol{\beta}_2$ 扩充为 V 的基,

$$\boldsymbol{\beta}_1=4\boldsymbol{\varepsilon}_1+3\boldsymbol{\varepsilon}_2-2\boldsymbol{\varepsilon}_3,\boldsymbol{\beta}_2=\boldsymbol{\varepsilon}_1+2\boldsymbol{\varepsilon}_2-\boldsymbol{\varepsilon}_4,\boldsymbol{\beta}_3=\boldsymbol{\varepsilon}_3,\boldsymbol{\beta}_4=\boldsymbol{\varepsilon}_4。$$

由于

$$(\boldsymbol{\beta}_1,\boldsymbol{\beta}_2,\boldsymbol{\beta}_3,\boldsymbol{\beta}_4)=(\boldsymbol{\varepsilon}_1,\boldsymbol{\varepsilon}_2,\boldsymbol{\varepsilon}_3,\boldsymbol{\varepsilon}_4)=\begin{pmatrix}4&1&0&0\\3&2&0&0\\-2&0&1&0\\0&-1&0&1\end{pmatrix},$$

故 σ 在基 $\boldsymbol{\beta}_1,\boldsymbol{\beta}_2,\boldsymbol{\beta}_3,\boldsymbol{\beta}_4$ 下的矩阵为

$$\boldsymbol{A}=\begin{pmatrix}4&1&0&0\\3&2&0&0\\-2&0&1&0\\0&-1&0&1\end{pmatrix}^{-1}\begin{pmatrix}1&0&2&1\\-1&2&1&3\\1&2&5&5\\2&-2&1&-2\end{pmatrix}\begin{pmatrix}4&1&0&0\\3&2&0&0\\-2&0&1&0\\0&-1&0&1\end{pmatrix}$$

$$=\begin{pmatrix}0&0&\frac{3}{5}&-\frac{1}{5}\\0&0&-\frac{2}{5}&\frac{9}{5}\\0&0&\frac{31}{5}&\frac{23}{5}\\0&0&\frac{3}{5}&-\frac{1}{5}\end{pmatrix}。$$

(4)将 $\sigma(V)$ 的基 $\boldsymbol{\gamma}_1,\boldsymbol{\gamma}_2$ 扩充为 V 的基 $\boldsymbol{\gamma}_1,\boldsymbol{\gamma}_2,\boldsymbol{\gamma}_3=\boldsymbol{\varepsilon}_3,\boldsymbol{\gamma}_4=\boldsymbol{\varepsilon}_4$。由于

$$(\boldsymbol{\gamma}_1,\boldsymbol{\gamma}_2,\boldsymbol{\gamma}_3,\boldsymbol{\gamma}_4)=(\boldsymbol{\varepsilon}_1,\boldsymbol{\varepsilon}_2,\boldsymbol{\varepsilon}_3,\boldsymbol{\varepsilon}_4)=\begin{pmatrix}1&0&0&0\\1&1&0&0\\3&1&1&0\\0&-1&0&1\end{pmatrix},$$

故 σ 在基 $\boldsymbol{\gamma}_1,\boldsymbol{\gamma}_2,\boldsymbol{\gamma}_3,\boldsymbol{\gamma}_4$ 下的矩阵为

$$\boldsymbol{B}=\begin{pmatrix}1&0&0&0\\1&1&0&0\\3&1&1&0\\0&-1&0&1\end{pmatrix}^{-1}\begin{pmatrix}1&0&2&1\\-1&2&1&3\\1&2&5&5\\2&-2&1&-2\end{pmatrix}\begin{pmatrix}1&0&0&0\\1&1&0&0\\3&1&1&0\\0&-1&0&1\end{pmatrix}$$

$$=\begin{pmatrix}7&1&2&1\\-3&-1&-1&2\\0&0&0&0\\0&0&0&0\end{pmatrix}。$$

48. 设 V 是全体次数不超过 n 的实系数多项式，再添上零多项式组成的实数域上的线性空间，定义 V 上的线性变换

$$\sigma[f(x)]=xf'(x)-f(x),\forall f(x)\in V$$

(1)求 σ 的核 $\sigma^{-1}(0)$ 和值域 $\sigma(V)$；

(2)求证：$V=\sigma^{-1}(0)\oplus\sigma(V)$。

解　(1)取 V 的一组基 $1,x,x^2,\cdots,x^n$，则

$$\sigma(1,x,x^2,\cdots,x^n)=(1,x,x^2,\cdots,x^n)\boldsymbol{A},$$

其中，

$$\boldsymbol{A}=\begin{pmatrix}-1&0&0&\cdots&0\\0&0&0&\cdots&0\\0&0&1&\cdots&0\\\vdots&\vdots&\vdots&&\vdots\\0&0&0&\cdots&n-1\end{pmatrix},$$

因此，$\boldsymbol{Ax}=\boldsymbol{0}$ 的基础解系为 $\boldsymbol{\alpha}=(0,1,0,\cdots,0)^{\mathrm{T}}$。

令 $\boldsymbol{\xi}=(1,x,x^2,\cdots,x^n)\boldsymbol{\alpha}$，则 $\dim(\sigma^{-1}(0))=1$，且

$$\sigma^{-1}(0)=L(x)=\{kx\mid k\in\mathbf{R}\}。$$

其次

$$\sigma(V)=\sigma(L(1,x,x^2,\cdots,x^n))=L(\sigma(1),\sigma(x),\sigma(x^2),\cdots,\sigma(x^n))$$
$$=L(-1,0,x^2,2x^3,\cdots,(n-1)x^n)$$
$$=L(1,x^2,x^3,\cdots,x^n)。$$

故 $\dim(\sigma(V))=n$,且

$$\sigma(V)=\{k_0+k_2x^2+\cdots+k_nx^n\mid k_i\in\mathbf{R}\}。$$

证明 (2)由(1)得

$$\sigma^{-1}(0)+\sigma(V)=L(x)+L(1,x^2,x^3,\cdots,x^n)=L(1,x,x^2,\cdots,x^n)=V。$$

又因为 $\dim(V)=n+1=\dim(\sigma^{-1}(0))+\dim(\sigma(V))$,所以

$$V=\sigma^{-1}(0)\oplus\sigma(V)。$$

49. 设 σ 为 n 维线性空间 V 的线性变换。求证:下列 4 个条件等价

(1) $V=\sigma(V)+\sigma^{-1}(\mathbf{0})$; (2) $V=\sigma(V)\oplus\sigma^{-1}(\mathbf{0})$;

(3) $\sigma^2(V)=\sigma(V)$; (4) $(\sigma^2)^{-1}(\mathbf{0})=\sigma^{-1}(\mathbf{0})$。

证明 (1)⇒(2)。

若 $V=\sigma(V)+\sigma^{-1}(\mathbf{0})$,那么 $\dim(V)=\dim(\sigma(V)+\sigma^{-1}(\mathbf{0}))$ 。

而由线性变换的维数公式可得,

$$\dim(V)=\dim(\sigma(V))+\dim(\sigma^{-1}(\mathbf{0}))。$$

那么,利用两个子空间之间的维数公式有

$$\dim(\sigma(V)\cap\sigma^{-1}(\mathbf{0}))=\dim(\sigma(V))+\dim(\sigma^{-1}(\mathbf{0}))-\dim(\sigma(V)+\sigma^{-1}(\mathbf{0}))$$
$$=\dim(V)-\dim(V)=0。$$

即知 $\sigma(V)\cap\sigma^{-1}(\mathbf{0})=\{\mathbf{0}\}$,那么有 $V=\sigma(V)\oplus\sigma^{-1}(\mathbf{0})$ 。

(2)⇒(3)。

显然有 $\sigma^2(V)\subseteq\sigma(V)$,下证 $\sigma(V)\subseteq\sigma^2(V)$ 。

若 $\forall\boldsymbol{\alpha}\in\sigma(V)$,那么存在 $\boldsymbol{\beta}\in V$,使得 $\boldsymbol{\alpha}=\sigma(\boldsymbol{\beta})$,注意到 $V=\sigma(V)\oplus\sigma^{-1}(\mathbf{0})$,那么对于 $\boldsymbol{\beta}\in V$,存在 $\boldsymbol{\beta}_1\in\sigma(V)$,$\boldsymbol{\beta}_2\in\sigma^{-1}(\mathbf{0})$,使得

$$\boldsymbol{\beta}=\boldsymbol{\beta}_1+\boldsymbol{\beta}_2,$$

于是,存在 $\boldsymbol{\gamma}\in V$,使得 $\boldsymbol{\beta}_1=\sigma(\boldsymbol{\gamma})$, 注意到 $\sigma(\boldsymbol{\beta}_2)=\mathbf{0}$,于是

$$\boldsymbol{\alpha}=\sigma(\boldsymbol{\beta})=\sigma(\boldsymbol{\beta}_1+\boldsymbol{\beta}_2)=\sigma^2(\boldsymbol{\gamma})+\sigma(\boldsymbol{\beta}_2)=\sigma^2(\boldsymbol{\gamma})\in\sigma^2(V),$$

即有 $\sigma(V)\subseteq\sigma^2(V)$,那么 $\sigma^2(V)=\sigma(V)$ 。

(3)⇒(4)。

注意到若 $\sigma(\boldsymbol{\alpha})=\mathbf{0}$ 必有 $\sigma^2(\boldsymbol{\alpha})=\mathbf{0}$,所以 $\sigma^{-1}(\mathbf{0})\subseteq(\sigma^2)^{-1}(\mathbf{0})$ 。

对 σ 用线性变换的维数公式可得

$$\dim(V)=\dim(\sigma(V))+\dim(\sigma^{-1}(\mathbf{0}))。$$

对 σ^2 用线性变换的维数公式可得

$$\dim(V)=\dim(\sigma^2(V))+\dim((\sigma^2)^{-1}(\mathbf{0}))$$

注意到 $\sigma(V)=\sigma^2(V)$,那么有 $\dim(\sigma(V))=\dim(\sigma^2(V))$,于是有

$$\dim(\sigma^{-1}(\mathbf{0}))=\dim((\sigma^2)^{-1}(\mathbf{0})),$$

结合 $\sigma^{-1}(\mathbf{0})\subseteq(\sigma^2)^{-1}(\mathbf{0})$，有 $\sigma^{-1}(\mathbf{0})=(\sigma^2)^{-1}(\mathbf{0})$。

(4)⇒(1)。

若 $\boldsymbol{\alpha}\in\sigma(V)\cap\sigma^{-1}(\mathbf{0})$，则存在那么存在 $\boldsymbol{\beta}\in V$，使得 $\boldsymbol{\alpha}=\sigma(\boldsymbol{\beta})$，且 $\sigma(\boldsymbol{\alpha})=\mathbf{0}$，那么有 $\sigma^2(\boldsymbol{\beta})=\mathbf{0}$。注意到 $\sigma^{-1}(\mathbf{0})=(\sigma^2)^{-1}(\mathbf{0})$，这意味着若 $\sigma^2(\boldsymbol{\beta})=\mathbf{0}$，必有 $\sigma(\boldsymbol{\beta})=\mathbf{0}$，所以 $\boldsymbol{\alpha}=\sigma(\boldsymbol{\beta})=\mathbf{0}$，于是 $\sigma(V)\cap\sigma^{-1}(\mathbf{0})=\{\mathbf{0}\}$，从而

$$\dim(\sigma(V)\cap\sigma^{-1}(\mathbf{0}))=0。$$

那么利用 2 个子空间之间的维数公式有

$$\dim(\sigma(V)+\sigma^{-1}(\mathbf{0}))=\dim(\sigma(V))+\dim(\sigma^{-1}(\mathbf{0})),$$

而由线性变换的维数公式可得，

$$\dim(V)=\dim(\sigma(V))+\dim(\sigma^{-1}(\mathbf{0}))。$$

显然有

$$\dim(V)=\dim(\sigma(V)+\sigma^{-1}(\mathbf{0})),$$

那么由

$$\sigma(V)+\sigma^{-1}(\mathbf{0})\subseteq V,$$

得

$$V=\sigma(V)+\sigma^{-1}(\mathbf{0})。$$

50. 设 σ 为 n 维线性空间 V 的线性变换，求证：

(1) $\dim(\sigma(V)+\sigma^{-1}(\mathbf{0}))\geqslant\frac{n}{2}$。

(2) $\dim(\sigma(V)+\sigma^{-1}(\mathbf{0}))=\frac{n}{2}$ 的充要条件是 $\sigma(V)=\sigma^{-1}(\mathbf{0})$。

证明　(1)必要性。反证法。

若 $\dim(\sigma(V)+\sigma^{-1}(\mathbf{0}))<\frac{n}{2}$，显然有

$$\sigma(V)\cap\sigma^{-1}(\mathbf{0})\subseteq\sigma(V)+\sigma^{-1}(\mathbf{0}),$$

那么有

$$\dim(\sigma(V)\cap\sigma^{-1}(\mathbf{0}))\leqslant\dim(\sigma(V)+\sigma^{-1}(\mathbf{0}))<\frac{n}{2}。$$

由线性变换的维数公式和子空间的维数公式有

$$\begin{aligned}n=\dim(V)&=\dim(\sigma(V))+\dim(\sigma^{-1}(\mathbf{0}))\\&=\dim(\sigma(V)+\sigma^{-1}(\mathbf{0}))+\dim(\sigma(V)\cap\sigma^{-1}(\mathbf{0}))\\&<\frac{n}{2}+\frac{n}{2}=n,\end{aligned}$$

矛盾，那么必有

$$\dim(\sigma(V)+\sigma^{-1}(\mathbf{0}))\geqslant\frac{n}{2}。$$

(2)充分性。若 $\sigma(V)=\sigma^{-1}(\mathbf{0})$，显然有

$$\sigma(V)+\sigma^{-1}(\mathbf{0})=\sigma(V)\cap\sigma^{-1}(\mathbf{0}),$$

于是

$$\dim(\sigma(V)+\sigma^{-1}(\mathbf{0}))=\dim(\sigma(V)\cap\sigma^{-1}(\mathbf{0}))。$$

由

$$\begin{aligned}n=\dim V&=\dim(\sigma(V))+\dim(\sigma^{-1}(\mathbf{0}))\\&=\dim(\sigma(V)+\sigma^{-1}(\mathbf{0}))+\dim(\sigma(V)\cap\sigma^{-1}(\mathbf{0})),\end{aligned}$$

可知

$$\dim(\sigma(V)+\sigma^{-1}(\mathbf{0}))=\frac{n}{2}。$$

必要性。若 $\dim(\sigma(V)+\sigma^{-1}(\mathbf{0}))=\frac{n}{2}$，那么由

$$\sigma(V)\subseteq\sigma(V)+\sigma^{-1}(\mathbf{0}),\sigma^{-1}(\mathbf{0})\subseteq\sigma(V)+\sigma^{-1}(\mathbf{0})$$

可知

$$\dim\sigma(V)\leqslant\dim[\sigma(V)+\sigma^{-1}(\mathbf{0})]=\frac{n}{2},$$

$$\dim\sigma^{-1}(\mathbf{0})\leqslant\dim[\sigma(V)+\sigma^{-1}(\mathbf{0})]=\frac{n}{2}。$$

由上面两个式子，并注意到

$$n=\dim(V)=\dim(\sigma(V))+\dim(\sigma^{-1}(\mathbf{0})),$$

可知，必有

$$\dim(\sigma(V))=\dim(\sigma^{-1}(\mathbf{0}))=\frac{n}{2},$$

由 $\sigma(V)\subseteq\sigma(V)+\sigma^{-1}(\mathbf{0})$，且 $\dim(\sigma(V))=\dim(\sigma(V)+\sigma^{-1}(\mathbf{0}))$ 可知

$$\sigma(V)=\sigma(V)+\sigma^{-1}(\mathbf{0}),$$

而由 $\sigma^{-1}(\mathbf{0})\subseteq\sigma(V)+\sigma^{-1}(\mathbf{0})$，且 $\dim(\sigma^{-1}(\mathbf{0}))=\dim(\sigma(V)+\sigma^{-1}(\mathbf{0}))$ 可知

$$\sigma^{-1}(\mathbf{0})=\sigma(V)+\sigma^{-1}(\mathbf{0}),$$

从而有 $\sigma(V)=\sigma^{-1}(\mathbf{0})$。

51. 设 σ 是 n 维线性空间 V 的线性变换，满足 $\sigma(V)=\sigma^{-1}(\mathbf{0})$。求证：

(1) n 为偶数；

(2)存在 V 的一组基 $\boldsymbol{\varepsilon}_1,\boldsymbol{\varepsilon}_2,\cdots,\boldsymbol{\varepsilon}_n$，使得 σ 在该基下的矩阵为 $\begin{pmatrix}\boldsymbol{O}&\boldsymbol{E}_{\frac{n}{2}}\\\boldsymbol{O}&\boldsymbol{O}\end{pmatrix}$。

证明 (1)由题设及线性变换的维数公式有

$$n=\dim(V)=\dim(\sigma(V))+\dim(\sigma^{-1}(\mathbf{0}))=2\dim(\sigma(V))$$

所以 n 为偶数。

(2)设 $\boldsymbol{e}_1,\boldsymbol{e}_2,\cdots,\boldsymbol{e}_n$ 为 V 的一组基，则

$$\sigma(V)=L(\sigma(\boldsymbol{e}_1),\sigma(\boldsymbol{e}_2),\cdots,\sigma(\boldsymbol{e}_n))=\sigma^{-1}(\mathbf{0})。$$

不妨设 $\sigma(\boldsymbol{e}_1),\sigma(\boldsymbol{e}_2),\cdots,\sigma(\boldsymbol{e}_r)$ 为 $\sigma(\boldsymbol{e}_1),\sigma(\boldsymbol{e}_2),\cdots,\sigma(\boldsymbol{e}_n)$ 的一组极大线性无关组，则有

$$\sigma(V)=L(\sigma(\boldsymbol{e}_1),\sigma(\boldsymbol{e}_2),\cdots,\sigma(\boldsymbol{e}_r))=\sigma^{-1}(\mathbf{0}),r=\frac{n}{2}。$$

断定 $\sigma(\boldsymbol{e}_1),\sigma(\boldsymbol{e}_2),\cdots,\sigma(\boldsymbol{e}_r),\boldsymbol{e}_1,\boldsymbol{e}_2,\cdots,\boldsymbol{e}_r$ 线性无关。

令

$$k_1\sigma(\boldsymbol{e}_1)+k_2\sigma(\boldsymbol{e}_2)+\cdots+k_r\sigma(\boldsymbol{e}_r)+l_1\boldsymbol{e}_1+l_2\boldsymbol{e}_2+\cdots+l_r\boldsymbol{e}_r=\boldsymbol{0}, \qquad (7-3)$$

因为 $\sigma(\boldsymbol{e}_i)\in\sigma(V)=\sigma^{-1}(\boldsymbol{0})(i=1,2,\cdots,r)$，所以 $\sigma(\sigma(\boldsymbol{e}_i))=0(i=1,2,\cdots,r)$。

对式(7—3)用 σ 作用，有

$$k_1\sigma(\sigma(\boldsymbol{e}_1))+k_2\sigma(\sigma(\boldsymbol{e}_2))+\cdots+k_r\sigma(\sigma(\boldsymbol{e}_r))+l_1\sigma(\boldsymbol{e}_1)+l_2\sigma(\boldsymbol{e}_2)+\cdots+l_r\sigma(\boldsymbol{e}_r)=\boldsymbol{0},$$

从而

$$l_1\sigma(\boldsymbol{e}_1)+l_2\sigma(\boldsymbol{e}_2)+\cdots+l_r\sigma(\boldsymbol{e}_r)=\boldsymbol{0}。$$

因为 $\sigma(\boldsymbol{e}_1),\sigma(\boldsymbol{e}_2),\cdots,\sigma(\boldsymbol{e}_r)$ 线性无关，所以 $l_1=l_2=\cdots=l_r=0$，进而

$$k_1=k_2=\cdots=k_r=0,$$

所以 $\sigma(\boldsymbol{e}_1),\sigma(\boldsymbol{e}_2),\cdots,\sigma(\boldsymbol{e}_r),\boldsymbol{e}_1,\boldsymbol{e}_2,\cdots,\boldsymbol{e}_r$ 线性无关，从而 $\sigma(\boldsymbol{e}_1),\sigma(\boldsymbol{e}_2),\cdots,\sigma(\boldsymbol{e}_r),\boldsymbol{e}_1,\boldsymbol{e}_2,\cdots,\boldsymbol{e}_r$ 可构成 V 的一组基。

令 $\boldsymbol{\varepsilon}_1=\sigma(\boldsymbol{e}_1),\sigma(\boldsymbol{e}_2),\cdots,\boldsymbol{\varepsilon}_r=\sigma(\boldsymbol{e}_r),\boldsymbol{\varepsilon}_{r+1}=\boldsymbol{e}_1,\boldsymbol{e}_2,\cdots,\boldsymbol{\varepsilon}_n=\boldsymbol{e}_r$，则 σ 在基 $\boldsymbol{\varepsilon}_1,\boldsymbol{\varepsilon}_2,\cdots,\boldsymbol{\varepsilon}_n$ 下的矩阵为

$$\begin{pmatrix}\boldsymbol{O} & \boldsymbol{E}_{\frac{n}{2}}\\ \boldsymbol{O} & \boldsymbol{O}\end{pmatrix}。$$

52. 设 $\boldsymbol{W},\boldsymbol{T}$ 是 n 维线性空间 V 的任意两个子空间，维数和为 n。求证：存在线性变换 σ，使

$$\sigma(V)=T,\sigma^{-1}(\boldsymbol{0})=W。$$

证明　设 $\dim(W)=t,\dim(T)=n-t$。

(1)若 $t=0$，即 $W=\{\boldsymbol{0}\}$，这时规定 $\sigma=I$(恒等变换)即可。

(2)若 $t=n$，即 $\sigma(V)=\{\boldsymbol{0}\}$，这时规定 $\sigma=0$(零变换)即可。

(3)若 $0<t<n$，令

$W=L(\boldsymbol{\alpha}_1,\boldsymbol{\alpha}_2,\cdots,\boldsymbol{\alpha}_t)$，其中 $\boldsymbol{\alpha}_1,\boldsymbol{\alpha}_2,\cdots,\boldsymbol{\alpha}_t$ 为 W 的一组基。

$T=L(\boldsymbol{\beta}_{t+1},\cdots,\boldsymbol{\beta}_n)$，其中 $\boldsymbol{\beta}_{t+1},\boldsymbol{\beta}_{t+2},\cdots,\boldsymbol{\beta}_n$ 为 T 的一组基。

现将 $\boldsymbol{\alpha}_1,\boldsymbol{\alpha}_2,\cdots,\boldsymbol{\alpha}_t$ 扩充为 V 的一组基

$$\boldsymbol{\alpha}_1,\boldsymbol{\alpha}_2,\cdots,\boldsymbol{\alpha}_t,\boldsymbol{\alpha}_{t+1},\cdots,\boldsymbol{\alpha}_n$$

那么存在唯一的线性变换 σ，使

$$\sigma(\boldsymbol{\alpha}_i)=\begin{cases}\boldsymbol{0}, & i=1,2,\cdots,t,\\ \boldsymbol{\beta}_i, & i=t+1,t+2,\cdots,n。\end{cases}$$

则

$$\sigma(V)=L(\boldsymbol{\beta}_{t+1},\cdots,\boldsymbol{\beta}_n)=T,\sigma^{-1}(\boldsymbol{0})=L(\boldsymbol{\alpha}_1,\boldsymbol{\alpha}_2,\cdots,\boldsymbol{\alpha}_t)=W。$$

53. 设 σ 是 n 维线性空间 V 的线性变换，求证：

$$\dim(\sigma^3(V))+\dim(\sigma(V))\geqslant 2\dim(\sigma^2(V))。$$

证明　设 $\boldsymbol{\varepsilon}_1,\boldsymbol{\varepsilon}_2,\cdots,\boldsymbol{\varepsilon}_n$ 为 V 的基，而

$$\sigma(\boldsymbol{\varepsilon}_1,\boldsymbol{\varepsilon}_2,\cdots,\boldsymbol{\varepsilon}_n)=(\boldsymbol{\varepsilon}_1,\boldsymbol{\varepsilon}_2,\cdots,\boldsymbol{\varepsilon}_n)\boldsymbol{A},$$

故

$$\sigma^2(\boldsymbol{\varepsilon}_1,\boldsymbol{\varepsilon}_2,\cdots,\boldsymbol{\varepsilon}_n)=(\boldsymbol{\varepsilon}_1,\boldsymbol{\varepsilon}_2,\cdots,\boldsymbol{\varepsilon}_n)\boldsymbol{A}^2,\sigma^3(\boldsymbol{\varepsilon}_1,\boldsymbol{\varepsilon}_2,\cdots,\boldsymbol{\varepsilon}_n)=(\boldsymbol{\varepsilon}_1,\boldsymbol{\varepsilon}_2,\cdots,\boldsymbol{\varepsilon}_n)\boldsymbol{A}^3,$$

而

$$\dim(\sigma(V))=r(\boldsymbol{A}),\dim(\sigma^2(V))=r(\boldsymbol{A}^2),\dim(\sigma^3(V))=r(\boldsymbol{A}^3),$$

因此只需证明 $r(\boldsymbol{A}^3)+r(\boldsymbol{A})\geqslant 2r(\boldsymbol{A}^2)$ 即可。事实上，

$$\begin{pmatrix}\boldsymbol{A}^3 & \boldsymbol{O}\\ \boldsymbol{O} & \boldsymbol{A}\end{pmatrix}\to\begin{pmatrix}\boldsymbol{A}^3 & \boldsymbol{A}^2\\ \boldsymbol{O} & \boldsymbol{A}\end{pmatrix}\to\begin{pmatrix}\boldsymbol{O} & \boldsymbol{A}^2\\ -\boldsymbol{A}^2 & \boldsymbol{A}\end{pmatrix},$$

故 $r(\boldsymbol{A}^3)+r(\boldsymbol{A})\geqslant 2r(\boldsymbol{A}^2)$。

54. 设 σ,τ 是 n 维线性空间 V 的线性变换，求证：若

$$\dim(\sigma(V))+\dim(\tau(V))<n,$$

则 σ 与 τ 有公共的特征值与特征向量。

证明 设 $\boldsymbol{\varepsilon}_1,\boldsymbol{\varepsilon}_2,\cdots,\boldsymbol{\varepsilon}_n$ 为 V 的基，设

$$\sigma(\boldsymbol{\varepsilon}_1,\boldsymbol{\varepsilon}_2,\cdots,\boldsymbol{\varepsilon}_n)=(\boldsymbol{\varepsilon}_1,\boldsymbol{\varepsilon}_2,\cdots,\boldsymbol{\varepsilon}_n)\boldsymbol{A},$$
$$\tau(\boldsymbol{\varepsilon}_1,\boldsymbol{\varepsilon}_2,\cdots,\boldsymbol{\varepsilon}_n)=(\boldsymbol{\varepsilon}_1,\boldsymbol{\varepsilon}_2,\cdots,\boldsymbol{\varepsilon}_n)\boldsymbol{B},$$

而

$$\dim(\sigma(V))=r(\boldsymbol{A}),\dim(\tau(V))=r(\boldsymbol{B}),$$

由条件可得

$$r(\boldsymbol{A})+r(\boldsymbol{B})<n,$$

而

$$r\begin{pmatrix}\boldsymbol{A}\\ \boldsymbol{B}\end{pmatrix}\leqslant r(\boldsymbol{A})+r(\boldsymbol{B})<n,$$

因而线性方程组 $\begin{pmatrix}\boldsymbol{A}\\ \boldsymbol{B}\end{pmatrix}\boldsymbol{X}=\boldsymbol{0}$ 有非零解，设为 $\boldsymbol{X}_0$，故

$$\begin{pmatrix}\boldsymbol{A}\\ \boldsymbol{B}\end{pmatrix}\boldsymbol{X}_0=\boldsymbol{0},\boldsymbol{A}\boldsymbol{X}_0=\boldsymbol{0},\boldsymbol{B}\boldsymbol{X}_0=\boldsymbol{0}。$$

从而

$$(\boldsymbol{\varepsilon}_1,\boldsymbol{\varepsilon}_2,\cdots,\boldsymbol{\varepsilon}_n)\boldsymbol{A}\boldsymbol{X}_0=\boldsymbol{0},(\boldsymbol{\varepsilon}_1,\boldsymbol{\varepsilon}_2,\cdots,\boldsymbol{\varepsilon}_n)\boldsymbol{B}\boldsymbol{X}_0=\boldsymbol{0},$$

即

$$\sigma(\boldsymbol{\varepsilon}_1,\boldsymbol{\varepsilon}_2,\cdots,\boldsymbol{\varepsilon}_n)\boldsymbol{X}_0=\boldsymbol{0},\tau(\boldsymbol{\varepsilon}_1,\boldsymbol{\varepsilon}_2,\cdots,\boldsymbol{\varepsilon}_n)\boldsymbol{X}_0=\boldsymbol{0}。$$

令 $\boldsymbol{\alpha}=(\boldsymbol{\varepsilon}_1,\boldsymbol{\varepsilon}_2,\cdots,\boldsymbol{\varepsilon}_n)\boldsymbol{X}_0$，则 $\boldsymbol{\alpha}\neq\boldsymbol{0}$，且

$$\sigma(\boldsymbol{\alpha})=\boldsymbol{0}=0\cdot\boldsymbol{\alpha},\tau(\boldsymbol{\alpha})=\boldsymbol{0}=0\cdot\boldsymbol{\alpha},$$

因而 $\boldsymbol{\alpha}$ 为 σ,τ 公共的特征向量，对应的特征值为 0。

55. 设 W 是 n 维线性空间 V 的子空间，σ 是 V 的线性变换，$W_0=W\cap\sigma^{-1}(\boldsymbol{0})$。求证：

$$\dim(W)=\dim(\sigma(W))+\dim(W_0)。$$

证明 设 $\dim(W_0)=m$，取它的一组基 $\boldsymbol{\alpha}_1,\boldsymbol{\alpha}_2,\cdots,\boldsymbol{\alpha}_m$，再扩充为 W 的一组基 $\boldsymbol{\alpha}_1,\boldsymbol{\alpha}_2,\cdots,\boldsymbol{\alpha}_m,\boldsymbol{\alpha}_{m+1},\cdots,\boldsymbol{\alpha}_s$，其中 $\dim(W)=s$。则

$$W=L(\boldsymbol{\alpha}_1,\boldsymbol{\alpha}_2,\cdots,\boldsymbol{\alpha}_m,\boldsymbol{\alpha}_{m+1},\cdots,\boldsymbol{\alpha}_s),$$

$$\sigma(W)=L(\sigma(\boldsymbol{\alpha}_1),\cdots,\sigma(\boldsymbol{\alpha}_m),\sigma(\boldsymbol{\alpha}_{m+1}),\cdots,\sigma(\boldsymbol{\alpha}_s))=L(\sigma(\boldsymbol{\alpha}_{m+1}),\cdots,\sigma(\boldsymbol{\alpha}_s))。$$

下证 $\sigma(\boldsymbol{\alpha}_{m+1}),\cdots,\sigma(\boldsymbol{\alpha}_s)$ 线性无关。令

$$k_{m+1}\sigma(\boldsymbol{\alpha}_{m+1})+\cdots+k_s\sigma(\boldsymbol{\alpha}_s)=0,$$

则

$$\sigma(k_{m+1}\boldsymbol{\alpha}_{m+1}+\cdots+k_s\boldsymbol{\alpha}_s)=0\Rightarrow k_{m+1}\boldsymbol{\alpha}_{m+1}+\cdots+k_s\boldsymbol{\alpha}_s\in W\cap\sigma^{-1}(\mathbf{0})。$$

又因为 $W\cap\sigma^{-1}(\mathbf{0})=L(\boldsymbol{\alpha}_1,\boldsymbol{\alpha}_2,\cdots,\boldsymbol{\alpha}_m)$，所以

$$k_{m+1}\boldsymbol{\alpha}_{m+1}+\cdots+k_s\boldsymbol{\alpha}=l_1\boldsymbol{\alpha}_1+l_2\boldsymbol{\alpha}_2+\cdots+l_m\boldsymbol{\alpha}_m。$$

从而由表示法唯一知

$$k_{m+1}=\cdots=k_s=l_1=\cdots=l_m=0,$$

故

$$\dim(\sigma(W))=s-m。$$

即证

$$\dim(\sigma(W))+\dim W_0=(s-m)+m=s=\dim(W)。$$

56. 设 V 是数域 P 上的线性空间，σ 是 V 的线性变换，$f(x),g(x)\in P[x]$，$h(x)=f(x)g(x)$。求证：

(1) $\mathrm{Ker}(f(\sigma))+\mathrm{Ker}(g(\sigma))\subseteq\mathrm{Ker}(h(\sigma))$；

(2)若 $(f(x),g(x))=1$，则

$$\mathrm{Ker}(h(\sigma))=\mathrm{Ker}(f(\sigma))\oplus\mathrm{Ker}(g(\sigma))。$$

证明　(1)任取 $\boldsymbol{\alpha}\in\mathrm{Ker}(f(\sigma))+\mathrm{Ker}(g(\sigma))$，则有

$$\boldsymbol{\alpha}=\boldsymbol{\alpha}_1+\boldsymbol{\alpha}_2,\boldsymbol{\alpha}_1\in\mathrm{Ker}(f(\sigma)),\boldsymbol{\alpha}_2\in\mathrm{Ker}(g(\sigma)),$$

所以，$f(\sigma)\boldsymbol{\alpha}_1=\mathbf{0},g(\sigma)\boldsymbol{\alpha}_2=\mathbf{0}$，且由 $f(\sigma)g(\sigma)=g(\sigma)f(\sigma)$，知

$$\begin{aligned}h(\sigma)(\boldsymbol{\alpha})&=h(\sigma)(\boldsymbol{\alpha}_1)+h(\sigma)(\boldsymbol{\alpha}_2)\\&=g(\sigma)f(\sigma)(\boldsymbol{\alpha}_1)+f(\sigma)g(\sigma)(\boldsymbol{\alpha}_2)=0。\end{aligned}$$

此即 $\boldsymbol{\alpha}\in\mathrm{Ker}(f(\sigma))$，故 $\mathrm{Ker}(f(\sigma))+\mathrm{Ker}(g(\sigma))\subseteq\mathrm{Ker}(h(\sigma))$。

(2)因为 $(f(x),g(x))=1$，所以

$$u(x)f(x)+v(x)g(x)=1,$$

从而有

$$u(\sigma)f(\sigma)+v(\sigma)g(\sigma)=I\text{(其中 }I\text{ 为恒等变换)}。$$

下证 $\mathrm{Ker}(h(\sigma))=\mathrm{Ker}(f(\sigma))+\mathrm{Ker}(g(\sigma))$。

任取 $\boldsymbol{\beta}\in\mathrm{Ker}(h(\sigma))$，有 $h(\sigma)\boldsymbol{\beta}=\mathbf{0}$，且

$$\boldsymbol{\beta}=u(\sigma)f(\sigma)\boldsymbol{\beta}+v(\sigma)g(\sigma)\boldsymbol{\beta}=\boldsymbol{\beta}_2+\boldsymbol{\beta}_1,$$

其中，$\boldsymbol{\beta}_1=v(\sigma)g(\sigma)\boldsymbol{\beta},\boldsymbol{\beta}_2=u(\sigma)f(\sigma)\boldsymbol{\beta}$，故

$$g(\sigma)\boldsymbol{\beta}_2=u(\sigma)h(\sigma)\boldsymbol{\beta}=\mathbf{0},$$

此即 $\boldsymbol{\beta}_2\in\mathrm{Ker}(g(\sigma))$。

同理有

$$f(\sigma)\boldsymbol{\beta}_1=v(\sigma)h(\sigma)\boldsymbol{\beta}=\mathbf{0},$$

此即有 $\boldsymbol{\beta}_1\in\mathrm{Ker}(f(\sigma))$。故 $\boldsymbol{\beta}\in\mathrm{Ker}(f(\sigma))+\mathrm{Ker}(g(\sigma))$，此即

$$\mathrm{Ker}(h(\sigma))\in\mathrm{Ker}(f(\sigma))+\mathrm{Ker}(g(\sigma))。$$

再结合(1)，从而有

$$\operatorname{Ker}(h(\sigma))=\operatorname{Ker}(f(\sigma))+\operatorname{Ker}(g(\sigma))。$$

再证 $\operatorname{Ker}(f(\sigma))\cap\operatorname{Ker}(g(\sigma))=\{\mathbf{0}\}$ 。

任取 $\boldsymbol{\gamma}\in\operatorname{Ker}(f(\sigma))\cap\operatorname{Ker}(g(\sigma))$ ，有 $f(\sigma)\boldsymbol{\gamma}=\mathbf{0},g(\sigma)\boldsymbol{\gamma}=\mathbf{0}$，于是

$$\boldsymbol{\gamma}=u(\sigma)f(\sigma)\boldsymbol{\gamma}+v(\sigma)g(\sigma)\boldsymbol{\gamma}=\mathbf{0}。$$

故

$$\operatorname{Ker}(f(\sigma))\cap\operatorname{Ker}(g(\sigma))=\{\mathbf{0}\}。$$

由上可得

$$\operatorname{Ker}(h(\sigma))=\operatorname{Ker}(f(\sigma))\oplus\operatorname{Ker}(g(\sigma))。$$

57. 设 σ 是有理数域 $\mathbf{Q}$ 上 n 维线性空间 V 的线性变换，$g(x)=x(x^2+x-1)$ 。求证：若 $g(\sigma)=0$，则 $V=\sigma(V)\oplus\sigma^{-1}(\mathbf{0})$ 。

证明 记 $g_1(x)=x,g_2(x)=x^2+x-1$，则 $g(x)=g_1(x)g_2(x)$ 。

因为 $(g_1(x),g_2(x))=1$，所以存在 $u(x),v(x)$ ，使得

$$u(x)g_1(x)+v(x)g_2(x)=1,$$

从而

$$u(\sigma)g_1(\sigma)+v(\sigma)g_2(\sigma)=I,$$

于是对任取 $\boldsymbol{\alpha}\in V$ ，有

$$\boldsymbol{\alpha}=u(\sigma)g_1(\sigma)\boldsymbol{\alpha}+v(\sigma)g_2(\sigma)\boldsymbol{\alpha},$$

因为

$$v(\sigma)g_2(\sigma)\boldsymbol{\alpha}\in(g_1(\sigma))^{-1}(\mathbf{0})=\sigma^{-1}(\mathbf{0}),$$
$$u(\sigma)g_1(\sigma)\boldsymbol{\alpha}=\sigma(u(\sigma)\boldsymbol{\alpha})\in\sigma(v),$$

所以 $V\subseteq\sigma(V)+\sigma^{-1}(\mathbf{0})$ ，显然 $\sigma(V)+\sigma^{-1}(\mathbf{0})\subseteq V$，故

$$V=\sigma(V)+\sigma^{-1}(\mathbf{0})。$$

任取 $\boldsymbol{\alpha}\in\sigma(V)\cap\sigma^{-1}(\mathbf{0})$ ，则存在 $\boldsymbol{\beta}\in V$，使得 $\sigma(\boldsymbol{\beta})=\boldsymbol{\alpha}$ ，进而

$$0=\sigma(\boldsymbol{\alpha})=\sigma^2(\boldsymbol{\beta})。$$

因为

$$\boldsymbol{\beta}=u(\sigma)g_1(\sigma)\boldsymbol{\beta}+v(\sigma)g_2(\sigma)\boldsymbol{\beta},$$

所以

$$\boldsymbol{\alpha}=\sigma(\boldsymbol{\beta})=u(\sigma)\sigma^2(\boldsymbol{\beta})+v(\sigma)g(\sigma)\boldsymbol{\beta}=\mathbf{0},$$

从而 $\sigma(V)\cap\sigma^{-1}(\mathbf{0})=\{\mathbf{0}\}$ ，故 $V=\sigma(V)\oplus\sigma^{-1}(\mathbf{0})$ 。

58. 设 W,V 是有限维线性空间，$f:V\rightarrow W$ 是一个线性映射。求证：

$$\dim V=\dim(\operatorname{Ker}f)+\dim(\operatorname{Im}f)。$$

证明 设 $\dim(\operatorname{Ker}f)=s$ ，并取它的一组基 $\boldsymbol{\alpha}_1,\boldsymbol{\alpha}_2,\cdots,\boldsymbol{\alpha}_s$ ，再扩充为 σ,τ 的一组基 $\boldsymbol{\alpha}_1,\boldsymbol{\alpha}_2,\cdots,\boldsymbol{\alpha}_s,\boldsymbol{\alpha}_{s+1},\cdots,\boldsymbol{\alpha}_n$ ，其中 $n=\dim V$ ，那么

$$\begin{aligned}\operatorname{Im}(f)&=L(f(\boldsymbol{\alpha}_1),\cdots,f(\boldsymbol{\alpha}_s),f(\boldsymbol{\alpha}_{s+1}),\cdots,f(\boldsymbol{\alpha}_n))\\&=L(0,\cdots,0,f(\boldsymbol{\alpha}_{s+1}),\cdots,f(\boldsymbol{\alpha}_n))\\&=L(f(\boldsymbol{\alpha}_{s+1}),\cdots,f(\boldsymbol{\alpha}_n))\end{aligned}$$

下证 $f(\boldsymbol{\alpha}_{s+1}),f(\boldsymbol{\alpha}_{s+2}),\cdots,f(\boldsymbol{\alpha}_n)$ 线性无关。令

$$x_{s+1}f(\boldsymbol{\alpha}_{s+1})+\cdots+x_nf(\boldsymbol{\alpha}_n)=\boldsymbol{0},$$

则

$$f(x_{s+1}\boldsymbol{\alpha}_{s+1}+\cdots+x_n\boldsymbol{\alpha}_n)=0,$$

故

$$x_{s+1}\boldsymbol{\alpha}_{s+1}+\cdots+x_n\boldsymbol{\alpha}_n\in \mathrm{Ker}f,$$

从而

$$x_{s+1}\boldsymbol{\alpha}_{s+1}+\cdots+x_n\boldsymbol{\alpha}_n=y_1\boldsymbol{\alpha}_1+\cdots+y_s\boldsymbol{\alpha}_s,$$

即

$$x_{s+1}\boldsymbol{\alpha}_{s+1}+\cdots+x_n\boldsymbol{\alpha}_n-y_1\boldsymbol{\alpha}_1-\cdots-y_s\boldsymbol{\alpha}_s=\boldsymbol{0}。$$

因为 $\boldsymbol{\alpha}_1,\boldsymbol{\alpha}_2,\cdots,\boldsymbol{\alpha}_s,\boldsymbol{\alpha}_{s+1},\cdots,\boldsymbol{\alpha}_n$ 线性无关,故

$$x_{s+1}=\cdots=x_n=y_1=\cdots=y_s=0。$$

即证 $f(\boldsymbol{\alpha}_{s+1}),\cdots,f(\boldsymbol{\alpha}_n)$ 线性无关。从而有

$$\dim(\mathrm{Im}f)=n-r=n-\dim(\mathrm{Ker}f),$$

故

$$\dim(V)=\dim(\mathrm{Ker}f)+\dim(\mathrm{Im}f)。$$

59. 设 σ 是 n 维线性空间 V 的一个线性变换。求证:存在 V 的线性变换 τ ,使 $\sigma\tau=0$,且

$$\dim(V)=\dim(\sigma(V))+\dim(\tau(V))。$$

证明　设 $\boldsymbol{\varepsilon}_1,\boldsymbol{\varepsilon}_2,\cdots,\boldsymbol{\varepsilon}_n$ 为 V 的一组基,且设 $\sigma(\boldsymbol{\varepsilon}_1),\sigma(\boldsymbol{\varepsilon}_2),\cdots,\sigma(\boldsymbol{\varepsilon}_r)$ 是 $\sigma(\boldsymbol{\varepsilon}_1),\sigma(\boldsymbol{\varepsilon}_2),\cdots,\sigma(\boldsymbol{\varepsilon}_n)$ 的一个极大线性无关组,则

$$\sigma(V)=L(\sigma(\boldsymbol{\varepsilon}_1),\sigma(\boldsymbol{\varepsilon}_2),\cdots,\sigma(\boldsymbol{\varepsilon}_r))。$$

由

$$\dim(V)=n=\dim(\sigma(V))+\dim(\sigma^{-1}(\boldsymbol{0})),$$

故 $\dim(\sigma^{-1}(\boldsymbol{0}))=n-r$ 。令 $\boldsymbol{\eta}_1,\boldsymbol{\eta}_2,\cdots,\boldsymbol{\eta}_{n-r}$ 为 $\sigma^{-1}(\boldsymbol{0})$ 的基,然后扩充为 V 的基 $\boldsymbol{\gamma}_1,\boldsymbol{\gamma}_2,\cdots,\boldsymbol{\gamma}_r,\boldsymbol{\eta}_1,\cdots,\boldsymbol{\eta}_{n-r}$,则

$$V=L(\boldsymbol{\gamma}_1,\boldsymbol{\gamma}_2,\cdots,\boldsymbol{\gamma}_r)\oplus L(\boldsymbol{\eta}_1,\boldsymbol{\eta}_2,\cdots,\boldsymbol{\eta}_{n-r})。$$

令

$$\tau:V\to V$$
$$\boldsymbol{\alpha}+\boldsymbol{\beta}\mapsto\boldsymbol{\beta}。$$

其中,$\boldsymbol{\alpha}\in L(\boldsymbol{\gamma}_1,\boldsymbol{\gamma}_2,\cdots,\boldsymbol{\gamma}_r)$,$\boldsymbol{\beta}\in L(\boldsymbol{\eta}_1,\boldsymbol{\eta}_2,\cdots,\boldsymbol{\eta}_{n-r})$,则 τ 为线性变换,且任取 $\boldsymbol{\alpha}+\boldsymbol{\beta}\in V$,有

$$\sigma\tau(\boldsymbol{\alpha}+\boldsymbol{\beta})=\sigma(\boldsymbol{\beta})=0,$$

即 $\sigma\tau=0$,且 $\dim(V)=\dim(\sigma(V))+\dim(\tau(V))$ 。

60. 设 V 为数域 P 上 n 维线性空间,σ 是 V 的线性变换。求证:$r(\sigma)=r(\sigma^2)$ 的充分必要条件是 $V=\sigma(V)\oplus\sigma^{-1}(\boldsymbol{0})$ 。

证明　充分性。设 $V=\sigma(V)\oplus\sigma^{-1}(\boldsymbol{0})$,因为

$$\sigma^2(V)=\sigma(\sigma(V))\subseteq\sigma(V),$$

且 $\forall \boldsymbol{\beta} \in \sigma(V)$，存在 $\boldsymbol{\alpha} \in V$，使 $\boldsymbol{\beta}=\sigma(\boldsymbol{\alpha})$。于是可设

$$\boldsymbol{\alpha}=\boldsymbol{\alpha}_1+\boldsymbol{\alpha}_2,\text{其中 } \boldsymbol{\alpha}_1 \in \sigma(V), \boldsymbol{\alpha}_2 \in \sigma^{-1}(\mathbf{0}),$$

于是，对 $\boldsymbol{\alpha}_1 \in \sigma(V)$，$\exists \boldsymbol{\gamma} \in V$，使得 $\sigma(\boldsymbol{\gamma})=\boldsymbol{\alpha}_1$，

则

$$\boldsymbol{\beta}=\sigma(\boldsymbol{\alpha})=\sigma(\boldsymbol{\alpha}_1)+\sigma(\boldsymbol{\alpha}_2)=\sigma(\boldsymbol{\alpha}_1)=\sigma(\sigma(\boldsymbol{\gamma}))=\sigma^2(\boldsymbol{\gamma}) \in \sigma^2(V),$$

此即 $\sigma(V) \subseteq \sigma^2(V)$。所以 $\sigma(V)=\sigma^2(V)$。故

$$r(\sigma)=\dim(\sigma(V))=\dim(\sigma^2(V))=r(\sigma^2)。$$

必要性。设 $r(\sigma)=r(\sigma^2)$。则

$$\begin{aligned} r(\sigma)+\dim(\sigma^{-1}(\mathbf{0})) &= \dim(\sigma(V))+\dim(\sigma^{-1}(\mathbf{0}))=n \\ &= \dim(\sigma^2(V))+\dim((\sigma^2)^{-1}(\mathbf{0})) \\ &= r(\sigma^2)+\dim((\sigma^2)^{-1}(\mathbf{0}))。\end{aligned}$$

于是

$$\dim(\sigma^{-1}(\mathbf{0}))=\dim((\sigma^2)^{-1}(\mathbf{0}))。$$

但

$$\sigma^{-1}(\mathbf{0}) \subseteq (\sigma^2)^{-1}(\mathbf{0}),$$

所以

$$\sigma^{-1}(\mathbf{0})=(\sigma^2)^{-1}(\mathbf{0})。$$

下证 $\sigma(V) \cap \sigma^{-1}(\mathbf{0})=\{\mathbf{0}\}$。

因为 $\forall \boldsymbol{\beta} \in \sigma(V) \cap \sigma^{-1}(\mathbf{0})$，存在 $\boldsymbol{\gamma} \in V$，使 $\boldsymbol{\beta}=\sigma(\boldsymbol{\gamma})$，且 $\sigma(\boldsymbol{\beta})=\mathbf{0}$，所以

$$\sigma^2(\boldsymbol{\gamma})=\sigma(\boldsymbol{\beta}) \Rightarrow \boldsymbol{\gamma} \in (\sigma^2)^{-1}(\mathbf{0})=\sigma^{-1}(\mathbf{0})。$$

故 $\boldsymbol{\beta}=\sigma(\boldsymbol{\gamma})=\mathbf{0}$，即 $\sigma(V) \cap \sigma^{-1}=\{\mathbf{0}\}$。

所以

$$V=\sigma(V) \oplus \sigma^{-1}(\mathbf{0})。$$

61. 设 σ,τ 是 n 维线性空间 V 的线性变换，求证：

$$\dim((\sigma\tau)^{-1}(\mathbf{0})) \leqslant \dim(\sigma^{-1}(\mathbf{0}))+\dim(\tau^{-1}(\mathbf{0}))。$$

证明 设 $\boldsymbol{\varepsilon}_1,\boldsymbol{\varepsilon}_2,\cdots,\boldsymbol{\varepsilon}_n$ 为 V 的一组基，设

$$\sigma(\boldsymbol{\varepsilon}_1,\boldsymbol{\varepsilon}_2,\cdots,\boldsymbol{\varepsilon}_n)=(\boldsymbol{\varepsilon}_1,\boldsymbol{\varepsilon}_2,\cdots,\boldsymbol{\varepsilon}_n)\boldsymbol{A},$$

$$\tau(\boldsymbol{\varepsilon}_1,\boldsymbol{\varepsilon}_2,\cdots,\boldsymbol{\varepsilon}_n)=(\boldsymbol{\varepsilon}_1,\boldsymbol{\varepsilon}_2,\cdots,\boldsymbol{\varepsilon}_n)\boldsymbol{B},$$

于是有 $\sigma^{-1}(\mathbf{0})$ 中所有向量关于基 $\boldsymbol{\varepsilon}_1,\boldsymbol{\varepsilon}_2,\cdots,\boldsymbol{\varepsilon}_n$ 的坐标的全体构成 $\boldsymbol{A}\boldsymbol{x}=\mathbf{0}$ 的解空间，所以

$$\dim(\sigma^{-1}(\mathbf{0}))=n-r(\boldsymbol{A})。$$

同理

$$\dim(\tau^{-1}(\mathbf{0}))=n-r(\boldsymbol{B})。$$

又 $\sigma\tau(\boldsymbol{\varepsilon}_1,\boldsymbol{\varepsilon}_2,\cdots,\boldsymbol{\varepsilon}_n)=(\boldsymbol{\varepsilon}_1,\boldsymbol{\varepsilon}_2,\cdots,\boldsymbol{\varepsilon}_n)\boldsymbol{A}\boldsymbol{B}$，所以 $\dim((\sigma\tau)^{-1}(\mathbf{0}))=n-r(\boldsymbol{A}\boldsymbol{B})$。

因为

$$r(\boldsymbol{A}\boldsymbol{B}) \geqslant r(\boldsymbol{A})+r(\boldsymbol{B})-n,$$

所以

$$\dim(\sigma^{-1}(\mathbf{0}))+\dim(\tau^{-1}(\mathbf{0}))=n-r(\boldsymbol{A})+n-r(\boldsymbol{B})=2n-(r(\boldsymbol{A})+r(\boldsymbol{B}))$$

$$\geqslant 2n-(n+r(\boldsymbol{AB}))=n-r(\boldsymbol{AB})=\dim((\sigma\tau)^{-1}(\boldsymbol{0}))。$$

62. 设 V 为数域 P 上 n 维线性空间，σ_i 是 V 的线性变换，满足 $\sigma_1\sigma_2+\sigma_3\sigma_4=I$，$\boldsymbol{\alpha}_i\boldsymbol{\alpha}_j=\boldsymbol{\alpha}_j\boldsymbol{\alpha}_i(i,j=1,2,3,4)$。

求证：(1) $(\sigma_1\sigma_3)^{-1}(\boldsymbol{0})=(\sigma_1)^{-1}(\boldsymbol{0})\oplus(\sigma_3)^{-1}(\boldsymbol{0})$；

(2)假设 n 阶矩阵 $\boldsymbol{A},\boldsymbol{B},\boldsymbol{C},\boldsymbol{D}$ 关于矩阵乘法可互相交换，如果 $\boldsymbol{AC}+\boldsymbol{BD}=\boldsymbol{E}$，则

$$r(\boldsymbol{AB})=r(\boldsymbol{A})+r(\boldsymbol{B})-n。$$

证明　(1)任取 $\boldsymbol{\gamma}\in(\sigma_1\sigma_3)^{-1}(\boldsymbol{0})$，由 $\sigma_1\sigma_2+\sigma_3\sigma_4=I$，可得

$$\boldsymbol{\gamma}=\sigma_1(\sigma_2(\boldsymbol{\gamma}))+\sigma_3(\sigma_4(\boldsymbol{\gamma}))\triangleq\boldsymbol{\beta}+\boldsymbol{\alpha}。$$

显然由 $\sigma_1(\sigma_3(\boldsymbol{\gamma}))=\boldsymbol{0}$，且 σ_1 与 σ_3 可交换，有 $\boldsymbol{\beta}\in(\sigma_3)^{-1}(\boldsymbol{0})$，$\boldsymbol{\alpha}\in(\sigma_1)^{-1}(\boldsymbol{0})$，于是有

$$(\sigma_1\sigma_3)^{-1}(\boldsymbol{0})\subseteq(\sigma_1)^{-1}(\boldsymbol{0})+(\sigma_3)^{-1}(\boldsymbol{0}),$$

显然 $(\sigma_1)^{-1}(\boldsymbol{0})+(\sigma_3)^{-1}(\boldsymbol{0})\subseteq(\sigma_1\sigma_3)^{-1}(\boldsymbol{0})$，故 $(\sigma_1\sigma_3)^{-1}(\boldsymbol{0})=(\sigma_1)^{-1}(\boldsymbol{0})+(\sigma_3)^{-1}(\boldsymbol{0})$。

任取 $\boldsymbol{\alpha}\in(\sigma_1)^{-1}(\boldsymbol{0})\cap(\sigma_3)^{-1}(\boldsymbol{0})$，由可交换条件可知

$$\boldsymbol{\alpha}=\sigma_1(\sigma_2(\boldsymbol{\alpha}))+\sigma_3(\sigma_4(\boldsymbol{\alpha}))=\boldsymbol{0}+\boldsymbol{0}=\boldsymbol{0},$$

从而 $(\sigma_1)^{-1}(\boldsymbol{0})\cap(\sigma_3)^{-1}(\boldsymbol{0})=\{\boldsymbol{0}\}$，故

$$(\sigma_1\sigma_3)^{-1}(\boldsymbol{0})=(\sigma_1)^{-1}(\boldsymbol{0})\oplus(\sigma_3)^{-1}(\boldsymbol{0})。$$

(2)把 n 阶矩阵 $\boldsymbol{A},\boldsymbol{B},\boldsymbol{C},\boldsymbol{D}$ 看作 V 上的线性变换，那么由(1)中直和的结果，可得

$$\dim((\boldsymbol{AB})^{-1}(\boldsymbol{0}))=\dim((\boldsymbol{A})^{-1}(\boldsymbol{0}))+\dim((\boldsymbol{B})^{-1}(\boldsymbol{0})),$$

于是，

$$n-r(\boldsymbol{AB})=n-r(\boldsymbol{A})+n-r(\boldsymbol{B}),$$

故

$$r(\boldsymbol{AB})=r(\boldsymbol{A})+r(\boldsymbol{B})-n。$$

63. 若 n 维线性空间 V 的线性变换 σ 有 n 个不同的特征值，则 σ 有 2^n 个不变子空间。

证明　设 σ 有 n 个不同的特征值 $\lambda_1,\lambda_2,\cdots,\lambda_n$，则 σ 有 n 个线性无关的特征向量 $\boldsymbol{\alpha}_1,\boldsymbol{\alpha}_2,\cdots,\boldsymbol{\alpha}_n$，这里 $\sigma(\boldsymbol{\alpha}_i)=\lambda_i\boldsymbol{\alpha}_i(i=1,2,\cdots,n)$。

易知 σ 有 n 个不同的一维不变子空间

$$L(\boldsymbol{\alpha}_1),L(\boldsymbol{\alpha}_2),\cdots,L(\boldsymbol{\alpha}_n)。$$

同理，σ 有 C_n^2 个不同的二维不变子空间

$$L(\boldsymbol{\alpha}_i,\boldsymbol{\alpha}_j)(i<j,i,j=1,2,\cdots,n)。$$

一般地，σ 有 C_n^k 个不同的 k 维不变子空间。连同零子空间和整个空间 V，则 σ 有 $1+\mathrm{C}_n^1+\mathrm{C}_n^2+\cdots+\mathrm{C}_n^n=2^n$ 个不变子空间。

64. 设 σ 为复数域上 n 维线性空间 V 的线性变换，i 是小于 n 的正整数。求证：存在维数为 i 的不变子空间。

证明　任取 V 的一组基 $\boldsymbol{\alpha}_1,\boldsymbol{\alpha}_2,\cdots,\boldsymbol{\alpha}_n$，令

$$\sigma(\boldsymbol{\alpha}_1,\boldsymbol{\alpha}_2,\cdots,\boldsymbol{\alpha}_n)=(\boldsymbol{\alpha}_1,\boldsymbol{\alpha}_2,\cdots,\boldsymbol{\alpha}_n)\boldsymbol{A},$$

对复矩阵 $\boldsymbol{A}$，存在可逆矩阵 $\boldsymbol{P}$，使 $\boldsymbol{A}$ 相似于其若尔当标准形。不妨设

$$PAP^{-1}=\begin{pmatrix}\lambda_1 & \mu_{12} & \cdots & \mu_{1n}\\ & \lambda_2 & \cdots & \vdots\\ & & \ddots & \mu_{n-1,n}\\ & & & \lambda_n\end{pmatrix},$$

令 $(\boldsymbol{\varepsilon}_1,\boldsymbol{\varepsilon}_2,\cdots,\boldsymbol{\varepsilon}_n)=(\boldsymbol{\alpha}_1,\boldsymbol{\alpha}_2,\cdots,\boldsymbol{\alpha}_n)\boldsymbol{P}$,则 $\boldsymbol{\varepsilon}_1,\boldsymbol{\varepsilon}_2,\cdots,\boldsymbol{\varepsilon}_n$ 为 V 的一组基。

设 $W_i=L(\boldsymbol{\varepsilon}_1,\boldsymbol{\varepsilon}_2,\cdots,\boldsymbol{\varepsilon}_i)(i=1,2,\cdots,n)$,则 W_i 为 σ 的 i 维不变子空间。

事实上,$\forall \boldsymbol{\alpha}\in W_i$,令 $\boldsymbol{\alpha}=x_1\boldsymbol{\varepsilon}_1+x_2\boldsymbol{\varepsilon}_2+\cdots+x_i\boldsymbol{\varepsilon}_i$,则

$$\sigma(\boldsymbol{\alpha})=x_1\sigma(\boldsymbol{\varepsilon}_1)+x_2\sigma(\boldsymbol{\varepsilon}_2)+\cdots+x_i\sigma(\boldsymbol{\varepsilon}_i),$$

这里 $\sigma(\boldsymbol{\varepsilon}_i)=\mu_{1i}\boldsymbol{\varepsilon}_1+\mu_{2i}\boldsymbol{\varepsilon}_2+\cdots+\mu_{i-1,i}\boldsymbol{\varepsilon}_{i-1}+\lambda_i\boldsymbol{\varepsilon}_i\in W_i(i=1,2,\cdots,n)$。

所以 $\sigma(\boldsymbol{\alpha})\in W_i$,且 $\dim(W_i)=i(i=1,2,\cdots,n)$。

65. 设 σ 为 n 维线性空间 V 的线性变换,且 σ 在 V 的某组基下的矩阵为对角矩阵。求证:σ 的任一不变子空间 W 一定可以用 σ 的特征向量作基。

证明 设 $\lambda_1,\lambda_2,\cdots,\lambda_s$ 为 σ 所有不同的特征值,V_{λ_i} 为对应与 $\lambda_i(i=1,2,\cdots,s)$ 的特征子空间。

由条件有 $V=V_{\lambda_1}\oplus\cdots\oplus V_{\lambda_2}$。设 W 为 σ 的一不变子空间,$\forall\boldsymbol{\alpha}\in W$,令

$$\boldsymbol{\alpha}=\boldsymbol{\alpha}_1+\boldsymbol{\alpha}_2+\cdots+\boldsymbol{\alpha}_s(\boldsymbol{\alpha}_i\in V_{\lambda_i},i=1,2,\cdots,s),$$

则

$$\sigma(\boldsymbol{\alpha})=\lambda_1\boldsymbol{\alpha}_1+\lambda_2\boldsymbol{\alpha}_2+\cdots+\lambda_s\boldsymbol{\alpha}_s,$$
$$\sigma^2(\boldsymbol{\alpha})=\lambda_1^2\boldsymbol{\alpha}_1+\lambda_2^2\boldsymbol{\alpha}_2+\cdots+\lambda_s^2\boldsymbol{\alpha}_s,$$
$$\cdots\cdots$$

从而

$$\begin{cases}\boldsymbol{\alpha}=\boldsymbol{\alpha}_1+\boldsymbol{\alpha}_2+\cdots+\boldsymbol{\alpha}_s\\ \sigma(\boldsymbol{\alpha})=\lambda_1\boldsymbol{\alpha}_1+\lambda_2\boldsymbol{\alpha}_2+\cdots+\lambda_s\boldsymbol{\alpha}_s\\ \cdots\cdots\\ \sigma^{s-1}(\boldsymbol{\alpha})=\lambda_1^{s-1}\boldsymbol{\alpha}_1+\lambda_2^{s-1}\boldsymbol{\alpha}_2+\cdots+\lambda_s^{s-1}\boldsymbol{\alpha}_s\end{cases},$$

因为

$$\begin{vmatrix}1 & 1 & \cdots & 1\\ \lambda_1 & \lambda_2 & \cdots & \lambda_s\\ \vdots & \vdots & & \vdots\\ \lambda_1^{s-1} & \lambda_2^{s-1} & \cdots & \lambda_s^{s-1}\end{vmatrix}\neq 0,$$

所以 $\boldsymbol{\alpha}_1,\boldsymbol{\alpha}_2,\cdots,\boldsymbol{\alpha}_s$ 可由 $\boldsymbol{\alpha},\sigma(\boldsymbol{\alpha}),\cdots,\sigma^{s-1}(\boldsymbol{\alpha})$ 线性表出,而

$$\sigma^i(\boldsymbol{\alpha})\in W(i=0,1,2,\cdots,s-1),$$

于是 $\boldsymbol{\alpha}_1,\boldsymbol{\alpha}_2,\cdots,\boldsymbol{\alpha}_s\in W$,故 $W=L(\boldsymbol{\alpha}_1,\boldsymbol{\alpha}_2,\cdots,\boldsymbol{\alpha}_s)$。

66. 对线性空间 V,有线性变换 σ 的不同特征值 $\lambda_1,\cdots,\lambda_k$,相应的特征向量 $\boldsymbol{\alpha}_1,\boldsymbol{\alpha}_2,\cdots,\boldsymbol{\alpha}_k$,若有 $\boldsymbol{\alpha}_1+\boldsymbol{\alpha}_2+\cdots+\boldsymbol{\alpha}_k\in W$,而 W 是 σ 的不变子空间。求证:$\dim W\geqslant k$。

证明 由 $\boldsymbol{\alpha}_1+\boldsymbol{\alpha}_2+\cdots+\boldsymbol{\alpha}_k\in W$,以及 W 是 σ 的不变子空间,有

$$\sigma(\boldsymbol{\alpha}_1+\boldsymbol{\alpha}_2+\cdots+\boldsymbol{\alpha}_k)=\lambda_1\boldsymbol{\alpha}_1+\lambda_2\boldsymbol{\alpha}_2+\cdots+\lambda_k\boldsymbol{\alpha}_k\in W。$$

又 $\lambda_1(\boldsymbol{\alpha}_1+\boldsymbol{\alpha}_2+\cdots+\boldsymbol{\alpha}_k)\in W$，所以

$$\begin{aligned}&(\lambda_1\boldsymbol{\alpha}_1+\lambda_2\boldsymbol{\alpha}_2+\cdots\lambda_k\boldsymbol{\alpha}_k)-\lambda_1(\boldsymbol{\alpha}_1+\boldsymbol{\alpha}_2+\cdots+\boldsymbol{\alpha}_k)\\&=(\lambda_2-\lambda_1)\boldsymbol{\alpha}_2+\cdots(\lambda_k-\lambda_1)\boldsymbol{\alpha}_k\in W。\end{aligned}\tag{7-4}$$

用 σ 作用于式(7—4)有

$$(\lambda_2-\lambda_1)\lambda_2\boldsymbol{\alpha}_2+\cdots+(\lambda_k-\lambda_1)\lambda_k\boldsymbol{\alpha}_k\in W\tag{7-5}$$

(7—5)$-\lambda_2\times$(7—4)得

$$(\lambda_3-\lambda_1)(\lambda_3-\lambda_2)\boldsymbol{\alpha}_3+\cdots+(\lambda_k-\lambda_1)(\lambda_k-\lambda_2)\boldsymbol{\alpha}_k\in W。$$

这样继续下去，可得

$$(\lambda_k-\lambda_1)(\lambda_k-\lambda_2)\cdots(\lambda_k-\lambda_{k-1})\boldsymbol{\alpha}_k\in W,$$

则有 $\boldsymbol{\alpha}_k\in W$。

再有

$$(\boldsymbol{\alpha}_1+\boldsymbol{\alpha}_2+\cdots+\boldsymbol{\alpha}_k)-\boldsymbol{\alpha}_k=\boldsymbol{\alpha}_1+\boldsymbol{\alpha}_2+\cdots+\boldsymbol{\alpha}_{k-1}\in W。$$

仿此下去，可得

$$\boldsymbol{\alpha}_i\in W(i=1,2,\cdots,k)。$$

又因为不同特征值的特征向量线性无关，所以 $L(\boldsymbol{\alpha}_1,\boldsymbol{\alpha}_2,\cdots,\boldsymbol{\alpha}_n)\subset W$，故证得 $\dim(W)\geqslant k$。

67. 设 F 为数域，σ 为线性空间 F^2 的线性变换，满足

$$\sigma(a,b)=(a,b)\begin{pmatrix}1&-1\\2&2\end{pmatrix}。$$

求证：(1) $F=\mathbf{R}$ 时，$\mathbf{R}^2$ 无 σ 的非平凡不变子空间；

(2) $F=\mathbf{C}$ 时，$\mathbf{C}^2$ 有 σ 的非平凡不变子空间。

证明　(1)当 $F=\mathbf{R}$ 时，设 W 为 σ 的真不变子空间，此时 $\{\mathbf{0}\}\neq W\subset\mathbf{R}^2$，则 $\dim(W)=1$。设 $W=L(\boldsymbol{\alpha})$，则 $\sigma(\boldsymbol{\alpha})=k\boldsymbol{\alpha}$，$k$ 为特征值，且为实数。

取 $\mathbf{R}^2$ 的一组基 $\boldsymbol{\varepsilon}_1=(1,0)$，$\boldsymbol{\varepsilon}_2=(0,1)$，则

$$\sigma(\boldsymbol{\varepsilon}_1,\boldsymbol{\varepsilon}_2)=(\boldsymbol{\varepsilon}_1,\boldsymbol{\varepsilon}_2)\begin{pmatrix}1&2\\-1&2\end{pmatrix}\triangleq(\boldsymbol{\varepsilon}_1,\boldsymbol{\varepsilon}_2)\boldsymbol{A}。$$

因为

$$|\lambda\boldsymbol{E}-\boldsymbol{A}|=\begin{vmatrix}\lambda-1&2\\1&\lambda-2\end{vmatrix}=\lambda^2-3\lambda+4,$$

无实根，这与 σ 有实特征值矛盾，故 $\mathbf{R}^2$ 无 σ 的非平凡不变子空间。

(2)当 $F=\mathbf{C}$ 时，由(1)得 σ 在 $\mathbf{C}$ 内有两个不等的特征值，因而对应每一个特征值的特征子空间的维数都是 1 维的，所以 $\mathbf{C}^2$ 有 σ 的非平凡不变子空间。

68. 设 V 为实数域上的 n 维线性空间，σ 为其线性变换，则在 V 中 σ 有 1 维或 2 维的不变子空间。

证明　$\boldsymbol{\varepsilon}_1,\boldsymbol{\varepsilon}_2,\cdots,\boldsymbol{\varepsilon}_n$ 为 V 的基，而

$$\sigma(\boldsymbol{\varepsilon}_1,\boldsymbol{\varepsilon}_2,\cdots,\boldsymbol{\varepsilon}_n)=(\boldsymbol{\varepsilon}_1,\boldsymbol{\varepsilon}_2,\cdots,\boldsymbol{\varepsilon}_n)\boldsymbol{A},$$

若 $|\lambda\boldsymbol{E}-\boldsymbol{A}|=0$ 有实根 λ_0，σ 对应于 λ_0 的特征向量为 $\boldsymbol{\alpha}$，即 $\sigma(\boldsymbol{\alpha})=\lambda_0\boldsymbol{\alpha}$，则 $L(\boldsymbol{\alpha})$ 即为

σ 的 1 维不变子空间。

下设 $|\lambda\boldsymbol{E}-\boldsymbol{A}|=0$ 无实根，由于其虚根成对出现，因而 $a+b\mathrm{i}, a-b\mathrm{i}$ 同时为 σ 的特征值，这里 $b\neq 0$，从而有

$$\begin{cases}\boldsymbol{A}(\boldsymbol{\alpha}+\mathrm{i}\boldsymbol{\beta})=(a+b\mathrm{i})(\boldsymbol{\alpha}+\mathrm{i}\boldsymbol{\beta})\\ \boldsymbol{A}(\boldsymbol{\alpha}-\mathrm{i}\boldsymbol{\beta})=(a-b\mathrm{i})(\boldsymbol{\alpha}-\mathrm{i}\boldsymbol{\beta})\end{cases},$$

故

$$\boldsymbol{A}\boldsymbol{\alpha}=a\boldsymbol{\alpha}-b\boldsymbol{\beta}, \boldsymbol{A}\boldsymbol{\beta}=b\boldsymbol{\alpha}+a\boldsymbol{\beta},$$

从而

$$(\boldsymbol{\varepsilon}_1,\boldsymbol{\varepsilon}_2,\cdots,\boldsymbol{\varepsilon}_n)\boldsymbol{A}\boldsymbol{\alpha}=a(\boldsymbol{\varepsilon}_1,\boldsymbol{\varepsilon}_2,\cdots,\boldsymbol{\varepsilon}_n)\boldsymbol{\alpha}-b(\boldsymbol{\varepsilon}_1,\boldsymbol{\varepsilon}_2,\cdots,\boldsymbol{\varepsilon}_n)\boldsymbol{\beta},$$
$$(\boldsymbol{\varepsilon}_1,\boldsymbol{\varepsilon}_2,\cdots,\boldsymbol{\varepsilon}_n)\boldsymbol{A}\boldsymbol{\beta}=b(\boldsymbol{\varepsilon}_1,\boldsymbol{\varepsilon}_2,\cdots,\boldsymbol{\varepsilon}_n)\boldsymbol{\alpha}+a(\boldsymbol{\varepsilon}_1,\boldsymbol{\varepsilon}_2,\cdots,\boldsymbol{\varepsilon}_n)\boldsymbol{\beta},$$

令

$$\boldsymbol{\alpha}_1=(\boldsymbol{\varepsilon}_1,\boldsymbol{\varepsilon}_2,\cdots,\boldsymbol{\varepsilon}_n)\boldsymbol{\alpha}, \boldsymbol{\beta}_1=(\boldsymbol{\varepsilon}_1,\boldsymbol{\varepsilon}_2,\cdots,\boldsymbol{\varepsilon}_n)\boldsymbol{\beta},$$

则 $\boldsymbol{\alpha}_1,\boldsymbol{\beta}_1$ 均为 V 中向量，且

$$\begin{cases}\sigma(\boldsymbol{\alpha}_1)=a\boldsymbol{\alpha}_1-b\boldsymbol{\beta}_1\\ \sigma(\boldsymbol{\beta}_1)=b\boldsymbol{\alpha}_1+a\boldsymbol{\beta}_1\end{cases},$$

从而 $L(\boldsymbol{\alpha}_1,\boldsymbol{\beta}_1)$ 为 σ 的 2 维不变子空间。事实上，若 $\boldsymbol{\alpha}_1,\boldsymbol{\beta}_1$ 线性相关，不妨设

$$\boldsymbol{\alpha}_1=k\boldsymbol{\beta}_1, \text{故 } \boldsymbol{\alpha}=k\boldsymbol{\beta},$$

代入 $\boldsymbol{A}(\boldsymbol{\alpha}+\mathrm{i}\boldsymbol{\beta})=(a+b\mathrm{i})(\boldsymbol{\alpha}+\mathrm{i}\boldsymbol{\beta})$ 中得

$$(k+\mathrm{i})\boldsymbol{A}\boldsymbol{\beta}=(a+b\mathrm{i})(k+\mathrm{i})\boldsymbol{\beta},$$

由 k 为实数，故 $k+\mathrm{i}\neq 0$，从而有

$$\boldsymbol{A}\boldsymbol{\beta}=(a+b\mathrm{i})\boldsymbol{\beta},$$

由 $b\neq 0$，此为矛盾。这样得到 $L(\boldsymbol{\alpha}_1,\boldsymbol{\beta}_1)$ 为 σ 的 2 维不变子空间。

69. 令 σ 是数域 P 上线性空间 V 的线性变换，且满足 $\sigma^2=\sigma$。求证：

(1) $\sigma^{-1}(\boldsymbol{0})=\{\boldsymbol{\alpha}-\sigma(\boldsymbol{\alpha}) \mid \boldsymbol{\alpha}\in V\}$；

(2) $V=\sigma(V)\oplus\sigma^{-1}(\boldsymbol{0})$；

(3)如果 τ 是 V 的线性变换，$\sigma(V)$ 和 $\sigma^{-1}(\boldsymbol{0})$ 均为 τ 的不变子空间的充分必要条件是 $\sigma\tau=\tau\sigma$。

证明 (1)首先

$$\sigma(\boldsymbol{\alpha}-\sigma(\boldsymbol{\alpha}))=\sigma(\boldsymbol{\alpha})-\sigma^2(\boldsymbol{\alpha})=\sigma(\boldsymbol{\alpha})-\sigma(\boldsymbol{\alpha})=\boldsymbol{0}。$$

所以

$$\boldsymbol{\alpha}-\sigma(\boldsymbol{\alpha})\in\sigma^{-1}(\boldsymbol{0}),$$

又 $\boldsymbol{\alpha}\in\sigma^{-1}(\boldsymbol{0})$，则 $\sigma(\boldsymbol{\alpha})=\boldsymbol{0}$，故 $\boldsymbol{\alpha}=\boldsymbol{\alpha}-\sigma(\boldsymbol{\alpha})$，因而等式成立。

(2) $\forall\boldsymbol{\alpha}\in\sigma(V)\cap\sigma^{-1}(\boldsymbol{0})$，则 $\boldsymbol{\alpha}=\sigma(\boldsymbol{\beta}),\boldsymbol{\beta}\in V$，故

$$\boldsymbol{0}=\sigma(\boldsymbol{\alpha})=\sigma^2(\boldsymbol{\beta})=\sigma(\boldsymbol{\beta})=\boldsymbol{\alpha},$$

因而

$$\sigma(V)\cap\sigma^{-1}(\boldsymbol{0})=\{\boldsymbol{0}\},$$

又

$$\dim(\sigma(V))+\dim(\sigma^{-1}(\mathbf{0}))=\dim(V)=n,$$

得到

$$V=\sigma(V)\oplus\sigma^{-1}(\mathbf{0})。$$

(3)充分性。设 $\sigma\tau=\tau\sigma$ 。

$\forall\boldsymbol{\alpha}\in\sigma^{-1}(\mathbf{0})$,有 $\sigma(\boldsymbol{\alpha})=\mathbf{0}$,于是

$$\sigma\tau(\boldsymbol{\alpha})=\tau\sigma(\boldsymbol{\alpha})=\tau(\mathbf{0})=\mathbf{0}。$$

此即 $\tau(\boldsymbol{\alpha})\in\sigma^{-1}(\mathbf{0})$,从而 $\sigma^{-1}(\mathbf{0})$ 为 τ 的不变子空间。

$\forall\boldsymbol{\beta}\in\sigma(V)$,则存在 $\boldsymbol{\gamma}\in V$,使 $\sigma(\boldsymbol{\gamma})=\boldsymbol{\beta}$,所以

$$\tau(\boldsymbol{\beta})=\tau\sigma(\boldsymbol{\gamma})=\sigma\tau(\boldsymbol{\gamma})\in\sigma(V)。$$

所以 $\sigma(V)$ 为 τ 的不变子空间。

必要性。因为

$$V=\sigma(V)\oplus\sigma^{-1}(\mathbf{0}),\forall\boldsymbol{\beta}\in V,\boldsymbol{\beta}=\boldsymbol{\beta}_1+\boldsymbol{\beta}_2,\boldsymbol{\beta}_1\in\sigma^{-1}(\mathbf{0}),\boldsymbol{\beta}_2\in\sigma(V),$$

则

$$\sigma\tau(\boldsymbol{\beta})=\sigma\tau(\boldsymbol{\beta}_1+\boldsymbol{\beta}_2)=\sigma\tau(\boldsymbol{\beta}_1)+\sigma\tau(\boldsymbol{\beta}_2)=\sigma\tau(\boldsymbol{\beta}_2),$$

又 $\forall\boldsymbol{x}\in\sigma(V)$,则

$$\boldsymbol{x}=\sigma(\boldsymbol{\gamma}),\boldsymbol{\gamma}\in V,\sigma(\boldsymbol{x})=\sigma^2(\boldsymbol{\gamma})=\sigma(\boldsymbol{\gamma})=\boldsymbol{x},$$

故

$$\sigma\tau(\boldsymbol{\beta}_2)=\tau(\boldsymbol{\beta}_2),$$

又

$$\tau\sigma(\boldsymbol{\beta}_1+\boldsymbol{\beta}_2)=\tau\sigma(\boldsymbol{\beta}_1)+\tau\sigma(\boldsymbol{\beta}_2)=\tau\sigma(\boldsymbol{\beta}_2),$$

因为 $\boldsymbol{\beta}_2\in\sigma(V)$,所以 $\sigma(\boldsymbol{\beta}_2)=\boldsymbol{\beta}_2$,从而得到

$$\sigma\tau(\boldsymbol{\alpha})=\tau\sigma(\boldsymbol{\alpha}),\sigma\tau=\tau\sigma。$$

7.3　练习题

1. 设 $V=P^{2\times2}$ 是 P 上线性空间,取定 $\boldsymbol{A}=\begin{pmatrix}a&b\\c&d\end{pmatrix}\in V$, $\forall\boldsymbol{X}\in V$,令 $\sigma(\boldsymbol{X})=\boldsymbol{AX}-\boldsymbol{XA}$ 。求证:

(1) σ 是线性的;

(2)求 σ 在基 $\boldsymbol{E}_{11}=\begin{pmatrix}1&0\\0&0\end{pmatrix}$, $\boldsymbol{E}_{12}=\begin{pmatrix}0&1\\0&0\end{pmatrix}$, $\boldsymbol{E}_{21}=\begin{pmatrix}0&0\\1&0\end{pmatrix}$, $\boldsymbol{E}_{22}=\begin{pmatrix}0&0\\0&1\end{pmatrix}$ 下的矩阵;

(3)求证: σ 有一个特征值为 0。

2. 设 V_1,V_2 为线性空间 V 的子空间,且 $V=V_1\oplus V_2$,令

$$f_1:\boldsymbol{\alpha}=\boldsymbol{\alpha}_1+\boldsymbol{\alpha}_2\mapsto\boldsymbol{\alpha}_1,$$
$$f_2:\boldsymbol{\alpha}=\boldsymbol{\alpha}_1+\boldsymbol{\alpha}_2\mapsto\boldsymbol{\alpha}_2,$$

其中，$\boldsymbol{\alpha} \in V$，$\boldsymbol{\alpha}_1 \in V_1$，$\boldsymbol{\alpha}_2 \in V_2$。求证：

(1) f_1, f_2 是线性变换；

(2) $f_1 = f_1^2$，$f_2 = f_2^2$；

(3) $f_1 f_2 = f_2 f_1$，$f_1 + f_2 = I$ 。

3. 设 $\boldsymbol{A}$，$\boldsymbol{B}$ 为 n 阶实方阵。求证：$\boldsymbol{A}$ 与 $\boldsymbol{B}$ 在实数域上相似的充要条件是 $\boldsymbol{A}$ 与 $\boldsymbol{B}$ 在复数域上相似。

4. 求出一切与自身相似的 n 阶矩阵 $\boldsymbol{A}$ 。

5. 设 $\boldsymbol{A}$，$\boldsymbol{B}$ 为 n 阶矩阵，且 $\boldsymbol{A}$ 与 $\boldsymbol{B}$ 相似。求证：$\boldsymbol{A}^*$ 与 $\boldsymbol{B}^*$ 相似。

6. 设 σ 是数域 P 上线性空间 V 的线性变换。求证：σ 可表示成可逆变换与幂等变换的乘积。

7. 设 σ, τ, δ 是数域 P 上线性空间 V 的线性变换，满足 $\tau\delta = 0$，$r(\sigma) < r(\delta)$ 。求证：σ 与 τ 至少有一个公共的特征向量。

8. 设 $\boldsymbol{A}$ 为 n 阶矩阵，$\boldsymbol{A}$ 的各行与各列恰有一个非零元素为 1 或 -1。求证：$\boldsymbol{A}$ 的特征值都是单位根。

9. 设 $\boldsymbol{A}$ 为秩为 1 的 n 阶复矩阵，$\mathrm{tr}(\boldsymbol{A}) = a \neq 0$，求 $\boldsymbol{A}$ 的所有特征值。

10. 设 $\boldsymbol{J}$ 为元素全为 1 的 n 阶矩阵，设 $f(x) = ax + b \in \mathbf{R}[x]$，令 $\boldsymbol{A} = f(\boldsymbol{J})$。

(1)求 $\boldsymbol{J}$ 的全部特征值和特征向量。

(2)求 $\boldsymbol{A}$ 的所有特征子空间。

11. 假设 3×3 实对称矩阵 $\boldsymbol{A}$ 的特征值为 $1, 1, \lambda$，$\boldsymbol{\alpha}_1 = (1,1,0)^{\mathrm{T}}$，$\boldsymbol{\alpha}_2 = (0,1,1)^{\mathrm{T}}$ 对应特征值 1 的特征向量，$|\boldsymbol{A}| = 2$，求 $\boldsymbol{A}$ 。

12. 设 σ 是数域 P 上线性空间 V 的线性变换，满足 $\sigma^3 = \sigma^2$，$\sigma \neq \sigma^2$，试问是否存在 V 的一组基，使得 σ 在此基下的矩阵为对角矩阵。

13. 设 $\boldsymbol{A}$ 为 n 阶矩阵。求证：任一与矩阵 $\boldsymbol{A}$ 可交换的矩阵都可表示为 $\boldsymbol{A}$ 的一个次数不超过 $n-1$ 的多项式，且表示法唯一。

14. 设 σ 为 $\mathbf{R}$ 上二维线性空间 V 的线性变换，σ 在一组基下的矩阵

$$\boldsymbol{A} = \begin{pmatrix} 0 & 1 \\ 1-a & 0 \end{pmatrix} (a \neq 0),$$

求 σ 的不变子空间。

第 8 章　λ-矩阵

8.1　基础知识

§1　λ-矩阵

1. λ-矩阵

设 P 是一个数域，λ 是一个文字，若 $\boldsymbol{A}(\lambda)=(a_{ij}(\lambda))_{m\times n}$，$a_{ij}(\lambda)\in P[\lambda]$，则称 $\boldsymbol{A}(\lambda)$ 为 P 上的λ-矩阵。

2. λ-矩阵的秩

如果λ-矩阵 $\boldsymbol{A}(\lambda)$ 中有一个 $r(r\geqslant 1)$ 阶子式不为零，而所有的 $r+1$ 阶子式(如果有的话)全为零，则称矩阵 $\boldsymbol{A}(\lambda)$ 的秩为 r。零矩阵的秩规定为零。

3. λ-矩阵的逆

(1)一个 $n\times n$ 的λ-矩阵 $\boldsymbol{A}(\lambda)$ 称为可逆的，如果有一个 $n\times n$ 的λ-矩阵 $\boldsymbol{B}(\lambda)$ 使

$$\boldsymbol{A}(\lambda)\boldsymbol{B}(\lambda)=\boldsymbol{B}(\lambda)\boldsymbol{A}(\lambda)=\boldsymbol{E}, \tag{8-1}$$

这里 $\boldsymbol{E}$ 是 n 阶单位矩阵。适合式(8－1)的矩阵 $\boldsymbol{B}(\lambda)$（它是唯一的)称为 $\boldsymbol{A}(\lambda)$ 的逆矩阵，记为 $\boldsymbol{A}^{-1}(\lambda)$。

(2)一个 $n\times n$ 的λ-矩阵 $\boldsymbol{A}(\lambda)$ 是可逆的充要条件为行列式 $|\boldsymbol{A}(\lambda)|$ 是一个非零的数。特别地，若 $\boldsymbol{A}(\lambda)$ 满秩，$\boldsymbol{A}(\lambda)$ 不一定可逆。

§2　λ-矩阵在初等变换下的标准形

1. λ-矩阵的初等变换

(1)下面的 3 种变换叫作λ-矩阵的初等变换：

1)矩阵的两行(列)互换位置；

2)矩阵的某一行(列)乘以非零的常数 k；

3)矩阵有某一行(列)加另一行(列)的 $\varphi(\lambda)$ 倍，$\varphi(\lambda)$ 是一个多项式。

2. λ-矩阵的等价

(1) λ-矩阵 $\boldsymbol{A}(\lambda)$ 称为与 $\boldsymbol{B}(\lambda)$ 等价，如果可以经过一系列初等变换将 $\boldsymbol{A}(\lambda)$ 化为 $\boldsymbol{B}(\lambda)$。

(2)两个 $s\times n$ 的λ-矩阵 $\boldsymbol{A}(\lambda)$ 与 $\boldsymbol{B}(\lambda)$ 等价的充分必要条件为，存在一个 $s\times s$ 的可逆矩阵 $\boldsymbol{P}(\lambda)$ 与一个 $n\times n$ 的可逆矩阵 $\boldsymbol{Q}(\lambda)$，使 $\boldsymbol{B}(\lambda)=\boldsymbol{P}(\lambda)\boldsymbol{A}(\lambda)\boldsymbol{Q}(\lambda)$。

(3)任意一个非零的 $s\times n$ 的λ-矩阵 $\boldsymbol{A}(\lambda)$ 都等价于下列形式的矩阵

$$\begin{pmatrix} d_1(\lambda) & & & & & & \\ & d_2(\lambda) & & & & & \\ & & \ddots & & & & \\ & & & d_r(\lambda) & & & \\ & & & & 0 & & \\ & & & & & \ddots & \\ & & & & & & 0 \end{pmatrix},$$

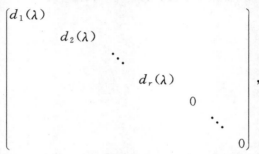

其中，$r\geqslant 1$，$d_i(\lambda)(i=1,2,\cdots,r)$ 是首项系数为 1 的多项式，且

$$d_i(\lambda)\mid d_{i+1}(\lambda)\quad(i=1,2,\cdots,r-1),$$

这个矩阵称为 $\boldsymbol{A}(\lambda)$ 的标准形。

§3 行列式因子与不变因子

1. 行列式因子

(1)设λ-矩阵 $\boldsymbol{A}(\lambda)$ 的秩为 r，对于正整数 k，$1\leqslant k\leqslant r$，$\boldsymbol{A}(\lambda)$ 中必有非零的 k 阶子式。$\boldsymbol{A}(\lambda)$ 中全部 k 阶子式的首项系数为 1 的最大公因式 $D_k(\lambda)$ 称为 $\boldsymbol{A}(\lambda)$ 的 k 阶行列式因子。

(2)等价的λ-矩阵具有相同的秩与相同的各阶行列式因子。

(3) λ-矩阵的标准形是唯一的。

2. 不变因子

(1)标准形的主对角线上非零元素 $d_1(\lambda),d_2(\lambda),\cdots,d_r(\lambda)$ 称为λ-矩阵 $\boldsymbol{A}(\lambda)$ 的不变因子。

(2)行列式因子与不变因子之间的关系为：设 $\boldsymbol{A}(\lambda)$ 的秩为 r，$\boldsymbol{A}(\lambda)$ 的行列式因子为 $D_1(\lambda),D_2(\lambda),\cdots,D_r(\lambda)$，不变因子为 $d_1(\lambda),d_2(\lambda),\cdots,d_r(\lambda)$，则

$$D_k(\lambda)=d_1(\lambda)d_2(\lambda)\cdots d_k(\lambda)\quad(k=1,2,\cdots,r),$$

$$d_1(\lambda)=D_1(\lambda),d_k(\lambda)=\frac{D_k(\lambda)}{D_{k-1}(\lambda)}\quad(k=2,3,\cdots,r)。$$

(3)两个λ-矩阵等价的充分必要条件是它们有相同的行列式因子，或者它们有相同的不变因子。

(4)矩阵 $\boldsymbol{A}(\lambda)$ 可逆的充分必要条件是它可以表示成一些初等矩阵的乘积。

§4　矩阵相似的条件与初等因子

1. 矩阵相似的条件

(1)设 $\boldsymbol{A},\boldsymbol{B}$ 是数域 P 上两个 $n\times n$ 矩阵，$\boldsymbol{A}$ 与 $\boldsymbol{B}$ 相似的充分必要条件是它们的特征矩阵 $\lambda\boldsymbol{E}-\boldsymbol{A}$ 和 $\lambda\boldsymbol{E}-\boldsymbol{B}$ 等价。

(2)矩阵 $\boldsymbol{A}$ 与 $\boldsymbol{B}$ 相似的充分必要条件是它们有相同的不变因子。

(3)矩阵 $\boldsymbol{A}$ 与 $\boldsymbol{B}$ 相似的充分必要条件是它们有相同的行列式因子。

2. 初等因子

(1)把矩阵 $\boldsymbol{A}$(或线性变换 σ)的每个次数大于零的不变因子分解成互不相同的一次因式方幂的乘积，所有这些一次因式方幂(相同的必须按出现的次数计算)称为矩阵 $\boldsymbol{A}$(或线性变换 σ)的初等因子。

(2)两个同阶矩阵相似的充分必要条件是它们有相同的初等因子。

首先用初等变换化特征矩阵 $\lambda\boldsymbol{E}-\boldsymbol{A}$ 为对角形式，然后将主对角线上的元素分解成互不相同的一次因式方幂的乘积，则所有这些一次因式的方幂(相同的按出现的次数计算)就是 $\boldsymbol{A}$ 的全部初等因子。

(3) $n\times n$ 数字矩阵 $\boldsymbol{A}$ 的特征多项式

$$|\lambda\boldsymbol{E}-\boldsymbol{A}|=d_1(\lambda)d_2(\lambda)\cdots d_n(\lambda)。$$

3. 矩阵相似于对角矩阵的条件

(1) n 阶矩阵 $\boldsymbol{A}$ 相似于对角矩阵的充分必要条件：

1)$\boldsymbol{A}$ 有 n 个线性无关的特征向量；

2)$\boldsymbol{A}$ 的最小多项式无重根；

3)$\boldsymbol{A}$ 的初等因子全是一次的；

4)$\boldsymbol{A}$ 的每一个特征值的代数重数都等于它的几何重数。

(2) n 阶矩阵 $\boldsymbol{A}$ 相似于对角矩阵的充分条件：

1)$\boldsymbol{A}$ 的某一个零化多项式无重根；

2)$\boldsymbol{A}$ 的特征多项式 $f(\lambda)=|\lambda\boldsymbol{E}-\boldsymbol{A}|$ 无重根。

§5　有理标准形与若尔当标准形的理论推导

1. 有理标准形

(1)设 $f(\lambda)\in P[\lambda]$，$f(\lambda)=\lambda^n+a_1\lambda^{n-1}+\cdots+a_{n-1}\lambda+a_n$，$n\geqslant 1$，则称 n 阶方阵

$$N_0=\begin{pmatrix}0 & 0 & \cdots & 0 & -a_n\\1 & 0 & \cdots & 0 & -a_{n-1}\\0 & 1 & \cdots & 0 & -a_{n-2}\\\vdots & \vdots & & \vdots & \vdots\\0 & 0 & \cdots & 1 & -a_1\end{pmatrix}$$

为 $f(\lambda)$ 的友矩阵。

(2)设 n 阶方阵 A 的不变因子为

$$1,1\cdots,1,d_{k+1}(\lambda),d_{k+2}(\lambda),\cdots,d_n(\lambda),$$

$d_{k+i}(\lambda)$ 的次数大于或等于 1,且 $N_1,N_2,\cdots,N_{n-k}$ 分别是 $d_{k+1}(\lambda)$, $d_{k+2}(\lambda)$, $\cdots$, $d_n(\lambda)$ 的友矩阵,称分块对角矩阵

$$F=\begin{pmatrix}N_1 & & & \\ & N_2 & & \\ & & \ddots & \\ & & & N_{n-k}\end{pmatrix}$$

为 A 的有理标准形。

(3)数域 P 上 λ 的多项式 $f(\lambda)=\lambda^n+a_1\lambda^{n-1}+\cdots+a_{n-1}\lambda+a_n$ 的友矩阵的不变因子为 1,1,$\cdots$,1, $f(\lambda)=|\lambda E-N_0|$。

(4)数域 P 上的任何 n 阶矩阵(在 P 上)必相似于它的有理标准形。

2. 若尔当标准形

(1)每个 n 阶的复数矩阵 A 都与一个若尔当形矩阵相似,这个若尔当形矩阵除去其中若尔当块的排列次序外是被矩阵 A 唯一决定的,它称为 A 的若尔当标准形。

(2)设 σ 是复数域上 n 维线性空间 V 的线性变换,在 V 中必定存在一组基,使 σ 在这组基下的矩阵是若尔当形矩阵,并且这个若尔当形矩阵除去其中若尔当块的排列次序外是被 σ 唯一决定的。

(3)复数矩阵 A 与对角矩阵相似的充分必要条件是,A 的初等因子全为一次的。

(4)复数矩阵 A 与对角矩阵相似的充要条件是 A 的不变因子都没有重根。

(5)每个 n 阶复数矩阵 A 都与一个上(或下)三角形矩阵相似,其主对角线上的元素为 A 的全部特征值。

3. 若尔当定理

设 $A\in\mathbf{C}^{n\times n}$,则存在可逆矩阵 $P\in\mathbf{C}^{n\times n}$,使

$$P^{-1}AP=\begin{pmatrix}J_1 & & & \\ & J_2 & & \\ & & \ddots & \\ & & & J_s\end{pmatrix},$$

其中，

$$J_i=\begin{pmatrix}\lambda_i & 1 & & \\ & \ddots & \ddots & \\ & & \ddots & 1\\ & & & \lambda_i\end{pmatrix}\in \mathbf{C}^{n_i\times n_i}\text{ 或 }J_i=\begin{pmatrix}\lambda_i & & & \\ 1 & \ddots & & \\ & \ddots & \ddots & \\ & & 1 & \lambda_i\end{pmatrix}(i=1,2,\cdots,s)。$$

8.2　典型问题解析

1. 求证：任何适合 $x^2+1=0$ 的二阶实方阵必相似于 $\begin{pmatrix}0 & -1\\ 1 & 0\end{pmatrix}$。

证明　令 $\boldsymbol{B}=\begin{pmatrix}0 & -1\\ 1 & 0\end{pmatrix}$，则 $\lambda\boldsymbol{E}-\boldsymbol{B}=\begin{pmatrix}\lambda & 1\\ -1 & \lambda\end{pmatrix}$ 的不变因子为 $1,\lambda^2+1$。

设 $\boldsymbol{A}\in\mathbf{R}^{2\times 2}$，且 $\boldsymbol{A}^2+\boldsymbol{E}=\boldsymbol{O}$，设 $\boldsymbol{A}$ 的不变因子为 $d_1(\lambda)$，$d_2(\lambda)$，则

$$d_2(\lambda)=\lambda^2+1。$$

因为 $d_1(\lambda)\mid d_2(\lambda)$，而 λ^2+1 在 $\mathbf{R}$ 上不可约，所以 $d_1(\lambda)=1$，即 $\lambda\boldsymbol{E}-\boldsymbol{A}$ 的不变因子也是 1，λ^2+1，因此

$$\boldsymbol{A}\sim\boldsymbol{B}=\begin{pmatrix}0 & -1\\ 1 & 0\end{pmatrix}。$$

2. 求证：若 $(f(\lambda),g(\lambda))=1$，则 $\begin{pmatrix}f(\lambda) & 0\\ 0 & g(\lambda)\end{pmatrix}$ 与 $\begin{pmatrix}1 & 0\\ 0 & f(\lambda)g(\lambda)\end{pmatrix}$ 等价。

证明　法一　因为 $(f(\lambda),g(\lambda))=1$，故存在多项式 $u(\lambda)$，$v(\lambda)$ 使

$$f(\lambda)u(\lambda)+g(\lambda)v(\lambda)=1。$$

于是

$$\begin{aligned}&\begin{pmatrix}f(\lambda) & 0\\ 0 & g(\lambda)\end{pmatrix}\to\begin{pmatrix}f(\lambda) & f(\lambda)u(\lambda)\\ 0 & g(\lambda)\end{pmatrix}\\ \to&\begin{pmatrix}f(\lambda) & f(\lambda)u(\lambda)+g(\lambda)v(\lambda)\\ 0 & g(\lambda)\end{pmatrix}\to\begin{pmatrix}f(\lambda) & 1\\ 0 & g(\lambda)\end{pmatrix}\\ \to&\begin{pmatrix}0 & 1\\ -f(\lambda)g(\lambda) & g(\lambda)\end{pmatrix}\to\begin{pmatrix}1 & 0\\ 0 & f(\lambda)g(\lambda)\end{pmatrix},\end{aligned}$$

故 $\begin{pmatrix}f(\lambda) & 0\\ 0 & g(\lambda)\end{pmatrix}$ 与 $\begin{pmatrix}1 & 0\\ 0 & f(\lambda)g(\lambda)\end{pmatrix}$ 等价。

法二　因为 $(f(\lambda),g(\lambda))=1$，故 $\begin{pmatrix}f(\lambda) & 0\\ 0 & g(\lambda)\end{pmatrix}$ 的一阶子式的最大公因式 $D_1(\lambda)=1$，而 $\begin{pmatrix}1 & 0\\ 0 & f(\lambda)g(\lambda)\end{pmatrix}$ 的一阶子式的最大公因式显然也是 1。

又由于 $\begin{vmatrix} f(\lambda) & 0 \\ 0 & g(\lambda) \end{vmatrix} = \begin{vmatrix} 1 & 0 \\ 0 & f(\lambda)g(\lambda) \end{vmatrix} = f(\lambda)g(\lambda)$，即两者二阶子式的最大公因式相等，从而有完全相同的行列式因子，故 $\begin{pmatrix} f(\lambda) & 0 \\ 0 & g(\lambda) \end{pmatrix}$ 与 $\begin{pmatrix} 1 & 0 \\ 0 & f(\lambda)g(\lambda) \end{pmatrix}$ 等价。

3. 求证：n 阶方阵 $\boldsymbol{A}$ 为一个数量矩阵的充分必要条件是，$\lambda\boldsymbol{E}-\boldsymbol{A}$ 的 $n-1$ 阶子式的最大公因式 $D_{n-1}(\lambda)$ 是 $n-1$ 次的。

证明　充分性。设 $D_{n-1}(\lambda)$ 为 $n-1$ 次的，且 $d_1(\lambda),\cdots,d_{n-1}(\lambda),d_n(\lambda)$ 为 $\lambda\boldsymbol{E}-\boldsymbol{A}$ 的不变因子，则

$$D_n(\lambda)=D_{n-1}(\lambda)d_n(\lambda),$$

从而 $d_n(\lambda)$ 为一次，设 $d_n(\lambda)=\lambda-a$，于是，由 $d_i(\lambda)\mid d_{i+1}(\lambda)$ 知

$$d_1(\lambda)=\cdots=d_{n-1}(\lambda)=\lambda-a,$$

即 $\lambda\boldsymbol{E}-\boldsymbol{A}$ 与

$$\begin{pmatrix} \lambda-a & & & \\ & \lambda-a & & \\ & & \ddots & \\ & & & \lambda-a \end{pmatrix}=\lambda\boldsymbol{E}-a\boldsymbol{E},$$

等价，故 $\boldsymbol{A}$ 与 $a\boldsymbol{E}$ 相似，但数量矩阵只能与自身相似，所以 $\boldsymbol{A}=a\boldsymbol{E}$。

必要性。设 $\boldsymbol{A}$ 为数量矩阵，且

$$\boldsymbol{A}=\begin{pmatrix} a & & & \\ & a & & \\ & & \ddots & \\ & & & a \end{pmatrix},$$

则

$$\lambda\boldsymbol{E}-\boldsymbol{A}=\begin{pmatrix} \lambda-a & & & \\ & \lambda-a & & \\ & & \ddots & \\ & & & \lambda-a \end{pmatrix},$$

于是 $D_{n-1}(\lambda)=(\lambda-a)^{n-1}$ 为 $n-1$ 次的。

4. 设 λ_0 是 n 阶方阵 $\boldsymbol{A}$ 的一个特征值，$d_1(\lambda),\cdots,d_{n-1}(\lambda),d_n(\lambda)$ 为 $\lambda\boldsymbol{E}-\boldsymbol{A}$ 的所有不变因子。求证：矩阵 $\lambda_0\boldsymbol{E}-\boldsymbol{A}$ 的秩等于 r 的充分必要条件是 $\lambda-\lambda_0$ 整除 $d_{r+1}(\lambda)$，却不能整除 $d_r(\lambda)$。

证明　由于 $\lambda\boldsymbol{E}-\boldsymbol{A}$ 的标准形是

$$D(\lambda)=\begin{pmatrix} d_1(\lambda) & & & \\ & d_2(\lambda) & & \\ & & \ddots & \\ & & & d_n(\lambda) \end{pmatrix},$$

故 $\lambda\boldsymbol{E}-\boldsymbol{A}$ 与 $D(\lambda)$ 等价，从而 $\lambda_0\boldsymbol{E}-\boldsymbol{A}$ 与

$$D(\lambda_0)=\begin{pmatrix} d_1(\lambda_0) & & & \\ & d_2(\lambda_0) & & \\ & & \ddots & \\ & & & d_n(\lambda_0) \end{pmatrix}$$

等价，并且有相同的秩。

但是，由于 $d_i(\lambda)\mid d_{i+1}(\lambda)$，$i=1,2,\cdots,n-1$，故由 $d_i(\lambda_0)=0$ 必得

$$d_{i+1}(\lambda_0)=\cdots=d_n(\lambda_0)=0,$$

于是，$D(\lambda_0)$ 的秩为 r 的充要条件为 $d_r(\lambda_0)\neq 0$，$d_{r+1}(\lambda_0)=0$，亦即 $\lambda-\lambda_0$ 整除 $d_{r+1}(\lambda)$，却不能整除 $d_r(\lambda)$。

5. 设 A,B,A_1,B_1 是 4 个 n 阶方阵，并且 A,A_1 是可逆的，求证：存在可逆矩阵 P,Q，使 $A_1=PAQ$，$B_1=PBQ$ 的充分必要条件是 $\lambda A-B$ 与 λA_1-B_1 有相同的不变因子。

证明　必要性。若存在可逆矩阵 P,Q 使

$$A_1=PAQ,B_1=PBQ,$$

则有

$$\lambda A_1-B_1=P(\lambda A-B)Q。$$

由于 P,Q 可逆，故 $\lambda A-B$ 与 λA_1-B_1 等价，从而 $\lambda A-B$ 与 λA_1-B_1 有相同的不变因子。

充分性。设 $\lambda A-B$ 与 λA_1-B_1 有相同的不变因子，则由于 A,A_1 都是可逆的，且

$$A^{-1}(\lambda A-B)=\lambda E-A^{-1}B,$$

$$A_1^{-1}(\lambda A_1-B_1)=\lambda E-A_1^{-1}B_1,$$

故 $A^{-1}(\lambda A-B)$ 与 $A_1^{-1}(\lambda A_1-B_1)$ 等价，即 $\lambda E-A^{-1}B$ 与 $\lambda E-A_1^{-1}B_1$ 等价，从而 $A^{-1}B$ 与 $A_1^{-1}B_1$ 相似，于是存在可逆矩阵 Q，使

$$A_1^{-1}B_1=Q^{-1}(A^{-1}B)Q,$$

于是

$$\begin{aligned}\lambda A_1-B_1&=\lambda A_1-A_1(A^{-1}B_1)\\&=\lambda A_1-A_1Q^{-1}A^{-1}BQ\\&=\lambda(A_1Q^{-1}A^{-1})AQ-(A_1Q^{-1}A^{-1})BQ,\end{aligned}$$

比较两端，得 $A_1=PAQ$，$B_1=PBQ$，其中 $P=A_1Q^{-1}A^{-1}$。

6. 求矩阵

$$A=\begin{pmatrix} 3 & -1 & -3 & 1 \\ -1 & 3 & 1 & -3 \\ 3 & -1 & -3 & 1 \\ -1 & 3 & 1 & -3 \end{pmatrix}$$

的最小多项式。

解　法一

$$|\lambda E-A|=\begin{vmatrix} \lambda-3 & 1 & 3 & -1 \\ 1 & \lambda-3 & -1 & 3 \\ -3 & 1 & \lambda+3 & -1 \\ 1 & -3 & -1 & \lambda+3 \end{vmatrix}=\lambda^4。$$

$\boldsymbol{A}$ 的最小多项式为 $\lambda,\lambda^2,\lambda^3,\lambda^4$ 之一，经验算 $m_A(\lambda)=\lambda^2$。

法二　$\lambda\boldsymbol{E}-\boldsymbol{A}$ 的不变因子为 $1,1,\lambda^2,\lambda^2$，得 $m_A(\lambda)=\lambda^2$。

法三　令 $\boldsymbol{B}=\begin{pmatrix}3 & -1\\ -1 & 3\end{pmatrix}$，则 $\boldsymbol{A}=\begin{pmatrix}\boldsymbol{B} & -\boldsymbol{B}\\ \boldsymbol{B} & -\boldsymbol{B}\end{pmatrix}$，又 $\boldsymbol{A}^2=\boldsymbol{O}$，故 λ^2 是 $\boldsymbol{A}$ 的零化多项式，但 $\boldsymbol{A}\neq\boldsymbol{O}$，因而 $m_A(\lambda)=\lambda^2$。

7. 设 $d_1(\lambda),\cdots,d_{n-1}(\lambda),d_n(\lambda)$ 是特征矩阵 $\lambda\boldsymbol{E}-\boldsymbol{A}$ 的不变因子。求证：最后一个不变因子 $d_n(\lambda)$ 是 n 阶方阵 $\boldsymbol{A}$ 的最小多项式。

证明　用 $D_i(\lambda)$ 表示 $\lambda\boldsymbol{E}-\boldsymbol{A}$ 的所有 i 阶子式的最大公因式（$i=1,2,\cdots,n$），于是 $D_n(\lambda)=|\lambda\boldsymbol{E}-\boldsymbol{A}|$，而 $D_{n-1}(\lambda)$ 就是伴随矩阵 $(\lambda\boldsymbol{E}-\boldsymbol{A})^*$ 的所有一阶子式的最大公因式，从 $(\lambda\boldsymbol{E}-\boldsymbol{A})^*$ 的每个元素中提出 $D_{n-1}(\lambda)$，令

$$(\lambda\boldsymbol{E}-\boldsymbol{A})^*=D_{n-1}(\lambda)\boldsymbol{B}(\lambda),$$

其中，$\boldsymbol{B}(\lambda)$ 为所有元素互素的 n 阶 λ-矩阵，但是

$$(\lambda\boldsymbol{E}-\boldsymbol{A})(\lambda\boldsymbol{E}-\boldsymbol{A})^*=|\lambda\boldsymbol{E}-\boldsymbol{A}|\boldsymbol{E},$$

即

$$(\lambda\boldsymbol{E}-\boldsymbol{A})D_{n-1}(\lambda)\boldsymbol{B}(\lambda)=D_n(\lambda)\boldsymbol{E}.$$

于是

$$(\lambda\boldsymbol{E}-\boldsymbol{A})\boldsymbol{B}(\lambda)=\frac{D_n(\lambda)}{D_{n-1}(\lambda)}\boldsymbol{E}=d_n(\lambda)\boldsymbol{E},\tag{8-2}$$

从而 $d_n(\boldsymbol{A})=\boldsymbol{O}$。

设 $g(\lambda)$ 是 $\boldsymbol{A}$ 的最小多项式，则 $g(\lambda)\mid d_n(\lambda)$。令

$$d_n(\lambda)=g(\lambda)g_1(\lambda),\tag{8-3}$$

由于 $g(\boldsymbol{A})=\boldsymbol{O}$，故由广义的余数定理知，$\lambda\boldsymbol{E}-\boldsymbol{A}\mid g(\lambda)\boldsymbol{E}$，令

$$g(\lambda)\boldsymbol{E}=(\lambda\boldsymbol{E}-\boldsymbol{A})\boldsymbol{C}(\lambda)。$$

则由式(8—3)，得 $d_n(\lambda)\boldsymbol{E}=(\lambda\boldsymbol{E}-\boldsymbol{A})\boldsymbol{C}(\lambda)\cdot g_1(\lambda)$，再由式(8—2)可得

$$\boldsymbol{B}(\lambda)=\boldsymbol{C}(\lambda)g_1(\lambda)。$$

这就是说，$g_1(\lambda)$ 是 $\boldsymbol{B}(\lambda)$ 的所有元素的一个公因式，但 $\boldsymbol{B}(\lambda)$ 的所有元素是互素的，故 $g_1(\lambda)$ 只能为常数。再由式(8—3)，由于 $d_n(\lambda)$ 与 $g(\lambda)$ 的首项系数都是1，故 $g_1(\lambda)=1$，从而 $d_n(\lambda)=g(\lambda)$，即 $d_n(\lambda)$ 为 $\boldsymbol{A}$ 的最小多项式。

8. 设 $\boldsymbol{A}$ 为一方阵，$g(\lambda)$ 为 $\boldsymbol{A}$ 的最小多项式，$f(\lambda)$ 为任一次数大于零的多项式。求证：方阵 $f(\boldsymbol{A})$ 可逆的充分必要条件是 $(f(\lambda),g(\lambda))=1$。

证明　充分性。设 $(f(\lambda),g(\lambda))=1$，则存在多项式 $s(\lambda)$，$t(\lambda)$，使

$$f(\lambda)s(\lambda)+g(\lambda)t(\lambda)=1。$$

由于 $g(\boldsymbol{A})=\boldsymbol{O}$，用 $\lambda=\boldsymbol{A}$ 代入上式即得 $f(\boldsymbol{A})s(\boldsymbol{A})=\boldsymbol{E}$，从而 $f(\boldsymbol{A})$ 为可逆矩阵。

必要性。设 $f(\boldsymbol{A})$ 为可逆矩阵，令 $(f(\lambda),g(\lambda))=d(\lambda)$，则 $f(\boldsymbol{A})$ 的秩与 $d(\boldsymbol{A})$ 的秩相等，但 $f(\boldsymbol{A})$ 可逆，故 $d(\boldsymbol{A})$ 也可逆。

又因为 $d(\lambda)\mid g(\lambda)$，设 $g(\lambda)=q(\lambda)d(\lambda)$，则 $g(\boldsymbol{A})=q(\boldsymbol{A})d(\boldsymbol{A})=\boldsymbol{O}$，则必 $q(\boldsymbol{A})=\boldsymbol{O}$。但 $g(\lambda)$ 是 $\boldsymbol{A}$ 的最小多项式，故 $q(\lambda)$ 与 $g(\lambda)$ 的次数必相等，从而 $d(\lambda)$ 必为零次多项

式，于是 $(f(\lambda),g(\lambda))=1$，命题得证。

9. 设 $\boldsymbol{A},\boldsymbol{B}\in\mathbf{C}^{2\times2}$。求证：$\boldsymbol{A}\sim\boldsymbol{B}$ 当且仅当 $\boldsymbol{A}$ 和 $\boldsymbol{B}$ 的最小多项式相同。

证明　必要性。由于 $\boldsymbol{A}\sim\boldsymbol{B}$，所以 $\lambda\boldsymbol{E}-\boldsymbol{A}$ 与 $\lambda\boldsymbol{E}-\boldsymbol{B}$ 等价，故它们的标准形相同，从而不变因子相同，则有

$$d_2(\lambda)=m_A(\lambda)=m_B(\lambda)。$$

充分性。设 $\boldsymbol{A}$ 的不变因子为 $d_1(\lambda)$，$d_2(\lambda)$，$\boldsymbol{B}$ 的不变因子为 $\varphi_1(\lambda)$，$\varphi_2(\lambda)$，则由已知有

$$d_2(\lambda)=m_A(\lambda)=m_B(\lambda)=\varphi_2(\lambda)。$$

若 $\partial(d_2(\lambda))=2$，则 $d_1(\lambda)=1$。同理有 $\varphi_2(\lambda)=1$，此时 $\boldsymbol{A}$ 和 $\boldsymbol{B}$ 的不变因子一样，从而有 $\boldsymbol{A}\sim\boldsymbol{B}$。

若 $\partial(d_2(\lambda))=1$，则 $\partial(d_1(\lambda))=1$。又 $d_1(\lambda)\mid d_2(\lambda)$，且 $d_1(\lambda)$，$d_2(\lambda)$ 均为首 1 的，故有 $d_1(\lambda)=d_2(\lambda)$，$d_2(\lambda)$。同理有 $\varphi_1(\lambda)=\varphi_2(\lambda)$，从而 $\boldsymbol{A}$ 和 $\boldsymbol{B}$ 有相同的不变因子，故 $\boldsymbol{A}\sim\boldsymbol{B}$。

10. 求证：相似矩阵有相同的最小多项式。

证明　设 $\boldsymbol{A}\sim\boldsymbol{B}$，$m_1(\lambda)$，$m_2(\lambda)$ 分别为 $\boldsymbol{A}$ 与 $\boldsymbol{B}$ 的最小多项式，且设

$$m_2(\lambda)=\lambda^s+b_{s-1}\lambda^{s-1}+\cdots+b_1\lambda+b_0。$$

则有

$$\begin{aligned}\boldsymbol{O}=m_2(\boldsymbol{B})&=\boldsymbol{B}^s+b_{s-1}\boldsymbol{B}^{s-1}+\cdots+b_1\boldsymbol{B}+b_0\boldsymbol{E}\\&=\boldsymbol{T}^{-1}(\boldsymbol{A}^s+b_{s-1}\boldsymbol{A}^{s-1}+\cdots+b_1\boldsymbol{A}+b_0\boldsymbol{E})\boldsymbol{T}\\&=\boldsymbol{T}^{-1}m_2(\boldsymbol{A})\boldsymbol{T}。\end{aligned}$$

故 $m_2(\boldsymbol{A})=\boldsymbol{O}$，$m_2(\lambda)$ 是 $\boldsymbol{A}$ 的零化多项式，而 $m_1(\lambda)$ 是 $\boldsymbol{A}$ 的最小多项式，从而 $m_1(\lambda)\mid m_2(\lambda)$。

类似可证 $m_2(\lambda)\mid m_1(\lambda)$，从而有 $m_2(\lambda)=cm_1(\lambda)$，比较等式两边首项系数，即有 $c=1$，此即 $m_1(\lambda)=m_2(\lambda)$。

11. 设 $\boldsymbol{A}$ 是 n 阶方阵，求证：

(1) $\boldsymbol{A}$ 的特征多项式 $f(\lambda)$ 与 $\boldsymbol{A}$ 的最小多项式 $m(\lambda)$ 的根相同；

(2) 若 $\boldsymbol{A}$ 的特征值互异，则 $m(\lambda)=f(\lambda)$。

证明　(1) 因 $m(\lambda)\mid f(\lambda)$，故 $\boldsymbol{A}$ 的最小多项式 $m(\lambda)$ 的根是特征多项式 $f(\lambda)$ 的根。下证 $\boldsymbol{A}$ 的特征多项式 $f(\lambda)$ 的根一定是 $\boldsymbol{A}$ 的最小多项式 $m(\lambda)$ 的根。

法一　设 λ_0 是 $\boldsymbol{A}$ 的特征多项式 $f(\lambda)$ 的根，则存在非零向量 $\boldsymbol{\xi}\in\mathbf{C}^n$，使 $\boldsymbol{A\xi}=\lambda_0\boldsymbol{\xi}$。设

$$m(\lambda)=c_0+c_1\lambda+\cdots+c_k\lambda^k,$$

则

$$\begin{aligned}\mathbf{0}=m(\boldsymbol{A})\boldsymbol{\xi}&=(c_0\boldsymbol{E}+c_1\boldsymbol{A}+\cdots+c_k\boldsymbol{A}^k)\boldsymbol{\xi}\\&=c_0\boldsymbol{\xi}+c_1\lambda_0\boldsymbol{\xi}+\cdots+c_k\lambda_0^k\boldsymbol{\xi}\\&=m(\lambda_0)\boldsymbol{\xi},\end{aligned}$$

从而 $m(\lambda_0)=0$，即 λ_0 是 $\boldsymbol{A}$ 的最小多项式 $m(\lambda)$ 的根。

法二　因 $m(\lambda)=d_n(\lambda)$，$f(\lambda)=|\lambda\boldsymbol{E}-\boldsymbol{A}|=d_1(\lambda)d_2(\lambda)\cdots d_n(\lambda)$。

设 λ_0 是 $\boldsymbol{A}$ 的特征多项式 $f(\lambda)$ 的根，则 $(\lambda-\lambda_0)\mid f(\lambda)$，于是必有 i，使

$$(\lambda-\lambda_0)\mid d_i(\lambda)。$$

又 $d_i(\lambda)|d_n(\lambda)$，从而 $(\lambda-\lambda_0)|d_n(\lambda)$，即 $(\lambda-\lambda_0)|m(\lambda)$，故 λ_0 是 $\boldsymbol{A}$ 的最小多项式 $m(\lambda)$ 的根。

法三　设 $\boldsymbol{A}$ 的特征值为 $\lambda_1,\lambda_2,\cdots,\lambda_n$，则 $m(\boldsymbol{A})$ 的特征值为 $m(\lambda_1),m(\lambda_2),\cdots,m(\lambda_n)$，而 $m(\boldsymbol{A})=\boldsymbol{O}$，故 $m(\boldsymbol{A})$ 的特征值全为零，因而 $m(\lambda_i)=0(i=1,2,\cdots,n)$，即 λ_i 是 $\boldsymbol{A}$ 的最小多项式 $m(\lambda)$ 的根。

法四　设 λ_0 是 $\boldsymbol{A}$ 的特征多项式 $f(\lambda)$ 的根，则 $f(\lambda_0)=|\lambda_0\boldsymbol{E}-\boldsymbol{A}|=0$。

设 $m(\lambda)=(\lambda-\lambda_0)q(\lambda)+r$，$r$ 为常数，则 $m(\boldsymbol{A})=(\boldsymbol{A}-\lambda_0\boldsymbol{E})q(\boldsymbol{A})+r\boldsymbol{E}$。由 $m(\boldsymbol{A})=0$ 知 $r\boldsymbol{E}=-(\boldsymbol{A}-\lambda_0\boldsymbol{E})q(\boldsymbol{A})$，两边取行列式，得 $r^n=0$，故 $r=0$，从而有 $(\lambda-\lambda_0)|m(\lambda)$，即 λ_0 是 $\boldsymbol{A}$ 的最小多项式 $m(\lambda)$ 的根。

(2)若 $\boldsymbol{A}$ 的特征值互异，则

$$f(\lambda)=|\lambda\boldsymbol{E}-\boldsymbol{A}|=(\lambda-\lambda_1)(\lambda-\lambda_2)\cdots(\lambda-\lambda_n),$$

其中 $\lambda_1,\lambda_2,\cdots,\lambda_n$ 互不相同，由(1)知 $m(\lambda)=(\lambda-\lambda_1)(\lambda-\lambda_2)\cdots(\lambda-\lambda_n)=f(\lambda)$。

12. 求证：若数域 P 上的 n 阶方阵 $\boldsymbol{A}$ 有 n 个互不相同的特征值，则 $\boldsymbol{A}$ 的特征多项式等于最小多项式。

证明　$\boldsymbol{A}$ 相似于对角矩阵 $\boldsymbol{B}=\begin{pmatrix}a_1&&&\\&\ddots&&\\&&a_{n-1}&\\&&&a_n\end{pmatrix}$，这里 a_i 互不相同。由于相似矩阵有相同的特征多项式和最小多项式，故只需证明 $\boldsymbol{B}$ 的特征多项式和最小多项式相同即可。因为

$$\lambda\boldsymbol{E}-\boldsymbol{B}=\begin{pmatrix}\lambda-a_1&&&\\&\ddots&&\\&&\lambda-a_{n-1}&\\&&&\lambda-a_n\end{pmatrix},$$

故 $\lambda\boldsymbol{E}-\boldsymbol{B}$ 的标准形为

$$\begin{pmatrix}1&&&\\&\ddots&&\\&&1&\\&&&(\lambda-a_1)(\lambda-a_2)\cdots(\lambda-a_n)\end{pmatrix},$$

因此，$\boldsymbol{A}$ 的特征多项式和最小多项式相同。

13. 求矩阵

$$\boldsymbol{A}=\begin{pmatrix}-1&1&0&0\\-1&0&1&0\\0&0&-1&1\\0&0&-1&0\end{pmatrix},$$

的若尔当标准形和全体特征子空间。

解　$\boldsymbol{A}$ 的特征矩阵为

$$\lambda \boldsymbol{E}-\boldsymbol{A}=\begin{pmatrix}\lambda+1 & -1 & 0 & 0\\ 1 & \lambda & -1 & 0\\ 0 & 0 & \lambda+1 & -1\\ 0 & 0 & 1 & \lambda\end{pmatrix},$$

注意到这个矩阵右上角的三阶子式的值为-1,故第三个行列式因子为 $D_3(\lambda)=1$。于是 $\boldsymbol{A}$ 的最小多项式即为特征多项式

$$m(\lambda)=f(\lambda)=|\lambda \boldsymbol{E}-\boldsymbol{A}|=(\lambda^2+\lambda+1)^2。$$

设 ω 为 1 的三次单位原根,则

$$m(\lambda)=(\lambda-\omega)^2(\lambda-\omega^2)^2,$$

$\boldsymbol{A}$ 的初等因子组为

$$(\lambda-\omega)^2,\ (\lambda-\omega^2)^2,$$

故 $\boldsymbol{A}$ 的若尔当标准形为

$$\begin{pmatrix}\omega & 1 & 0 & 0\\ 0 & \omega & 0 & 0\\ 0 & 0 & \omega^2 & 1\\ 0 & 0 & 0 & \omega^2\end{pmatrix}。$$

利用 $(\omega \boldsymbol{E}-\boldsymbol{A})\boldsymbol{X}=\boldsymbol{0}$ 求出 ω 的特征子空间为

$$V_\omega=L\{(-\omega,1,0,0)^{\mathrm{T}}\}。$$

利用 $(\omega^2 \boldsymbol{E}-\boldsymbol{A})\boldsymbol{X}=\boldsymbol{0}$ 求出 ω^2 的特征子空间为

$$V_{\omega^2}=L\{(-\omega^2,1,0,1)^{\mathrm{T}}\}。$$

14. 已知 $g(\lambda)=(\lambda^2-2\lambda+2)^2(\lambda-1)$ 是 6 阶方阵 $\boldsymbol{A}$ 的最小多项式,且 $\mathrm{tr}(\boldsymbol{A})=6$,试求:

(1)$\boldsymbol{A}$ 的特征多项式 $f(\lambda)$ 及其若尔当标准形;

(2)$\boldsymbol{A}$ 的伴随矩阵 $\boldsymbol{A}^*$ 的若尔当标准形。

解　(1)由 $\lambda^2-2\lambda+2=0$ 可解得它的两个根为

$$\alpha=1+\mathrm{i},\beta=1-\mathrm{i},$$

显然有 $g(\lambda)|f(\lambda)$,于是 $\boldsymbol{A}$ 的特征多项式有 5 个根(即 5 个特征值),分别为

$$\alpha,\alpha,\beta,\beta,1,$$

注意到 $\mathrm{tr}(A)$ 是 $\boldsymbol{A}$ 的所有特征值的和,而 6 阶矩阵 $\boldsymbol{A}$ 只有 6 个特征值,不妨设最后一个特征值为 λ_0,则有

$$\mathrm{tr}(\boldsymbol{A})=6=2\alpha+2\beta+1+\lambda_0,$$

解得 $\lambda_0=1$,显然 $\boldsymbol{A}$ 的特征多项式为

$$\begin{aligned}f(\lambda)&=(\lambda-\alpha)^2(\lambda-\beta)^2(\lambda-1)(x-\lambda_0)\\&=(\lambda^2-2\lambda+2)^2(\lambda-1)^2,\end{aligned}$$

且 $\boldsymbol{A}$ 的初等因子组为

$$(\lambda-\alpha)^2,(\lambda-\beta)^2,(\lambda-1),(\lambda-1),$$

所以 $\boldsymbol{A}$ 的若尔当标准形为

$$J=\begin{pmatrix}1+\mathrm{i} & 1 & 0 & 0 & 0 & 0\\ 0 & 1+\mathrm{i} & 0 & 0 & 0 & 0\\ 0 & 0 & 1-\mathrm{i} & 1 & 0 & 0\\ 0 & 0 & 0 & 1-\mathrm{i} & 0 & 0\\ 0 & 0 & 0 & 0 & 1 & 0\\ 0 & 0 & 0 & 0 & 0 & 1\end{pmatrix}。$$

(2)注意到 $\boldsymbol{A}$ 相似于它的若尔当标准形，而相似矩阵具有相同的行列式，从而有

$$|\boldsymbol{A}|=|\boldsymbol{J}|=\alpha^2\beta^2\cdot 1^2=4,$$

于是 $\boldsymbol{A}^*=|\boldsymbol{A}|\boldsymbol{A}^{-1}=4\boldsymbol{A}^{-1}$，不妨设对于可逆矩阵 $\boldsymbol{P}$ 有 $\boldsymbol{A}=\boldsymbol{PJP}^{-1}$，则 $\boldsymbol{A}^{-1}=\boldsymbol{PJ}^{-1}\boldsymbol{P}^{-1}$，也即 $\boldsymbol{A}^{-1}$ 相似于 $\boldsymbol{J}^{-1}$。而相似矩阵具有相同的若尔当标准形，考查 $\boldsymbol{J}^{-1}$，注意到 $\boldsymbol{J}$ 是个准对角形矩阵，只要考查它的每一个分块即可。

对于若尔当块 $\boldsymbol{J}_1=\begin{pmatrix}\alpha & 1\\ 0 & \alpha\end{pmatrix}$，显然有

$$\boldsymbol{J}_1^{-1}=\begin{pmatrix}\dfrac{1}{\alpha} & -\dfrac{1}{\alpha^2}\\ 0 & \dfrac{1}{\alpha}\end{pmatrix},$$

可得它的初等因子为 $\left(\lambda-\dfrac{1}{\alpha}\right)^2$。同理可得 $\boldsymbol{J}_2^{-1}=\begin{pmatrix}\beta & 1\\ 0 & \beta\end{pmatrix}^{-1}$ 的初等因子为 $\left(\lambda-\dfrac{1}{\beta}\right)^2$，那么显然 $\boldsymbol{J}^{-1}$ 的初等因子组(从它的最小多项式得到所有不变因子可知)为

$$\left(\lambda-\frac{1}{\alpha}\right)^2,\left(\lambda-\frac{1}{\beta}\right)^2,(\lambda-1),(\lambda-1),$$

于是 $4\boldsymbol{A}^{-1}$ 的初等因子组为

$$\left(\lambda-\frac{4}{\alpha}\right)^2,\left(\lambda-\frac{4}{\beta}\right)^2,(\lambda-4),(\lambda-4),$$

注意到

$$\frac{4}{\alpha}=2-\mathrm{i},\frac{4}{\beta}=2+\mathrm{i},$$

从而 $\boldsymbol{A}$ 的伴随矩阵 $\boldsymbol{A}^*$ 的若尔当标准形为

$$\begin{pmatrix}2-\mathrm{i} & 1 & 0 & 0 & 0 & 0\\ 0 & 2-\mathrm{i} & 0 & 0 & 0 & 0\\ 0 & 0 & 2+\mathrm{i} & 1 & 0 & 0\\ 0 & 0 & 0 & 2+\mathrm{i} & 0 & 0\\ 0 & 0 & 0 & 0 & 4 & 0\\ 0 & 0 & 0 & 0 & 0 & 4\end{pmatrix}。$$

15. 设 $2n$ 阶方阵 $\boldsymbol{A}=\begin{pmatrix}-\boldsymbol{E} & \boldsymbol{E}\\ \boldsymbol{E} & \boldsymbol{E}\end{pmatrix}$，其中 $\boldsymbol{E}$ 是 n 阶单位矩阵。

(1)求 $\boldsymbol{A}$ 的特征多项式；

(2)求 $\boldsymbol{A}$ 的最小多项式；

(3)求 $\boldsymbol{A}$ 的若尔当标准形。

解　(1) $|\lambda\boldsymbol{E}-\boldsymbol{A}|=\begin{vmatrix}(\lambda+1)\boldsymbol{E} & -\boldsymbol{E}\\ -\boldsymbol{E} & (\lambda-1)\boldsymbol{E}\end{vmatrix}=\begin{vmatrix}\boldsymbol{O} & (\lambda^2-2)\boldsymbol{E}\\ -\boldsymbol{E} & (\lambda-1)\boldsymbol{E}\end{vmatrix}=(\lambda^2-2)^n$。

(2)由(1)知 $\boldsymbol{A}$ 的最小多项式至少是 2 次多项式，又因为

$$\boldsymbol{A}^2-2\boldsymbol{E}=\boldsymbol{O},$$

所以 $\boldsymbol{A}$ 的最小多项式为

$$m_A(\lambda)=\lambda^2-2。$$

(3)由于 $\lambda\boldsymbol{E}-\boldsymbol{A}$ 存在 n 阶子式 1，所以有其 n 阶行列式因子 $D_n=1$，从而有

$$d_1(\lambda)=d_2(\lambda)=\cdots=d_n(\lambda)=1,$$

又 $d_{2n}(\lambda)=\lambda^2-2$，所以

$$d_{n+1}(\lambda)=\cdots=d_{2n}(\lambda)=\lambda^2-2,$$

从而 $\boldsymbol{A}$ 的若尔当标准形为

$$\begin{pmatrix}\sqrt{2} & & & & & & \\ & -\sqrt{2} & & & & & \\ & & \sqrt{2} & & & & \\ & & & -\sqrt{2} & & & \\ & & & & \ddots & & \\ & & & & & \sqrt{2} & \\ & & & & & & -\sqrt{2}\end{pmatrix}。$$

16. 设三阶方阵 $\boldsymbol{A}=\begin{pmatrix}3 & 0 & 0\\ 1 & 1 & 1\\ 1 & -1 & 3\end{pmatrix}$，求 $\boldsymbol{A}$ 的初等因子及若尔当标准形。

解　容易求得矩阵 $\boldsymbol{A}$ 的特征多项式为

$$f(\lambda)=|\lambda\boldsymbol{E}-\boldsymbol{A}|=(\lambda-3)(\lambda-2)^2,$$

则由 $\boldsymbol{A}$ 的最小多项式(也即它的最后一个不变因子) $m(\lambda)$ 必整除 $f(\lambda)$，且与特征多项式 $f(\lambda)$ 有着相同的不可约因子，可以验证

$$(\boldsymbol{A}-3\boldsymbol{E})(\boldsymbol{A}-2\boldsymbol{E})\neq\boldsymbol{O},$$

则有

$$m(\lambda)\neq(\lambda-3)(\lambda-2),$$

从而必有

$$m(\lambda)=(\lambda-3)(\lambda-2)^2,$$

显然 $\boldsymbol{A}$ 的不变因子为

$$1,1,(\lambda-3)(\lambda-2)^2,$$

那么它的初等因子组为

$$(\lambda-3),(\lambda-2)^2,$$

从而它的若尔当标准形为

$$\boldsymbol{J}=\begin{pmatrix}2&1&0\\0&2&0\\1&0&3\end{pmatrix}。$$

17. 设 a，b 都是实数，且 $b\neq 0$，$2n$ 阶矩阵

$$\boldsymbol{A}=\begin{bmatrix}a&-b&&&&&&\\b&a&1&&&&&\\&&a&-b&&&&\\&&b&a&1&&&\\&&&&\ddots&&&\\&&&&&1&&\\&&&&&a&-b\\&&&&&b&a\end{bmatrix}_{2n\times 2n},$$

求 $\boldsymbol{A}$ 的初等因子及若尔当标准形。

解 $|\lambda\boldsymbol{E}-\boldsymbol{A}|=[(\lambda-a)^2+b^2]^n$，故 $D_{2n}(\lambda)=[(\lambda-a)^2+b^2]^n$。

在矩阵 $\lambda\boldsymbol{E}-\boldsymbol{A}$ 中划去第 1 列及第 $2n$ 行所得 $2n-1$ 阶子式为 $(-1)^{n-1}b^n$，$b\neq 0$，于是 $D_{2n-1}(\lambda)=1$，$D_{2n-2}(\lambda)=\cdots=D_1(\lambda)=1$，故不变因子为

$$d_1(\lambda)=d_2(\lambda)=\cdots=d_{2n-1}(\lambda)=1,d_{2n}(\lambda)=[(\lambda-a)^2+b^2]^n,$$

所以，初等因子为

$$(\lambda-a+b\mathrm{i})^n,(\lambda-a-b\mathrm{i})^n,$$

其若尔当标准形为

$$\begin{bmatrix}a-b\mathrm{i}&&&&&&&\\1&a-b\mathrm{i}&&&&&&\\&\ddots&\ddots&&&&&\\&&1&a-b\mathrm{i}&&&&\\&&&0&a+b\mathrm{i}&&&\\&&&&1&a+b\mathrm{i}&&\\&&&&&\ddots&\ddots&\\&&&&&&1&a+b\mathrm{i}\end{bmatrix}。$$

18. 设 $\boldsymbol{A}$ 为 4 阶矩阵，且存在正整数 k，使 $\boldsymbol{A}^k=\boldsymbol{O}$，又 $\boldsymbol{A}$ 的秩为 3，分别求 $\boldsymbol{A}$ 与 $\boldsymbol{A}^2$ 的若尔当标准形。

解 由 $\boldsymbol{A}^k=\boldsymbol{O}$ 知 $\boldsymbol{A}$ 只有特征值 0。又 $\boldsymbol{A}$ 的秩为 3，所以

$$\boldsymbol{A}\sim\boldsymbol{J}=\begin{pmatrix}0&0&0&0\\1&0&0&0\\0&1&0&0\\0&0&1&0\end{pmatrix}。$$

从而

$$A^2 \sim \begin{pmatrix} 0 & 0 & 0 & 0 \\ 0 & 0 & 0 & 0 \\ 1 & 0 & 0 & 0 \\ 0 & 1 & 0 & 0 \end{pmatrix} \triangleq B。$$

由

$$\lambda E - B \to \begin{pmatrix} 1 & & & \\ & 1 & & \\ & & \lambda^2 & \\ & & & \lambda^2 \end{pmatrix}$$

知,B 的初等因子为λ^2,λ^2(也是 A^2 的初等因子)。所以 A^2 的若尔当标准形为

$$\begin{pmatrix} 0 & 0 & 0 & 0 \\ 1 & 0 & 0 & 0 \\ 0 & 0 & 0 & 0 \\ 0 & 0 & 1 & 0 \end{pmatrix}。$$

19. 求矩阵 $A = \begin{pmatrix} 0 & 1 & 0 & \cdots & 0 & 0 \\ 0 & 0 & 1 & \cdots & 0 & 0 \\ \vdots & \vdots & \vdots & & \vdots & \vdots \\ 0 & 0 & 0 & \cdots & 0 & 1 \\ 1 & 0 & 0 & \cdots & 0 & 0 \end{pmatrix}$ 的若尔当标准形。

解

$$\lambda E - A = \begin{pmatrix} \lambda & -1 & 0 & \cdots & 0 & 0 \\ 0 & \lambda & -1 & \cdots & 0 & 0 \\ \vdots & \vdots & \vdots & & \vdots & \vdots \\ 0 & 0 & 0 & \cdots & \lambda & -1 \\ -1 & 0 & 0 & \cdots & 0 & \lambda \end{pmatrix},$$

其右上角有一个 $n-1$ 阶子式为 $(-1)^{n-1}$,所以 $D_{n-1}(\lambda)=1$,从而

$$d_1(\lambda)=d_2(\lambda)=\cdots d_{n-1}(\lambda)=1,$$

由于

$$d_n(\lambda)=\frac{D_n(\lambda)}{D_{n-1}(\lambda)}=D_n(\lambda)=|\lambda E - A|=\lambda^n-1$$
$$=(\lambda-1)(\lambda-\varepsilon)\cdots(\lambda-\varepsilon^{n-1}),$$

其中,$\varepsilon=\cos\frac{2\pi}{n}+i\sin\frac{2\pi}{n}$。因此,$A$ 的若尔当标准形为

$$\begin{pmatrix} 1 & & & \\ & \varepsilon & & \\ & & \ddots & \\ & & & \varepsilon^{n-1} \end{pmatrix}。$$

20. 设三阶方阵 $\boldsymbol{A}$ 满足 $\boldsymbol{A}^2-3\boldsymbol{A}+2\boldsymbol{E}=\boldsymbol{O}$，写出 $\boldsymbol{A}$ 的若尔当标准形的所有可能形式。

解 由矩阵 $\boldsymbol{A}$ 满足的条件易得它的最小多项式 $m(\lambda)$ 应该满足

$$m(\lambda)\mid(\lambda-1)(\lambda-2),$$

若 $m(\lambda)=\lambda-1$，则必有 $\boldsymbol{A}$ 的初等因子组为

$$\lambda-1,\lambda-1,\lambda-1,$$

此时 $\boldsymbol{A}$ 的若尔当标准形为

$$\boldsymbol{J}=\begin{pmatrix}1&0&0\\0&1&0\\0&0&1\end{pmatrix},$$

若 $m(\lambda)=\lambda-2$，则必有 $\boldsymbol{A}$ 的初等因子组为

$$\lambda-2,\lambda-2,\lambda-2,$$

此时 $\boldsymbol{A}$ 的若尔当标准形为

$$\boldsymbol{J}=\begin{pmatrix}2&0&0\\0&2&0\\0&0&2\end{pmatrix},$$

若 $m(\lambda)=(\lambda-1)(\lambda-2)$，注意到 $m(\lambda)$ 是 $\boldsymbol{A}$ 的最后一个不变因子，且注意到 $\boldsymbol{A}$ 的特征多项式为 3 次的，于是它的第二个不变因子 $d_2(\lambda)$ 满足 $d_2(\lambda)\mid m(\lambda)$，且 $\partial(d_2(\lambda))=3-\partial(m(\lambda))=1$，于是有 $d_2(\lambda)=\lambda-1$ 或者 $d_2(\lambda)=\lambda-2$，分类讨论：

(1)如果 $d_2(\lambda)=\lambda-1$，则 $\boldsymbol{A}$ 的初等因子组为

$$\lambda-1,\lambda-1,\lambda-2,$$

此时 $\boldsymbol{A}$ 的若尔当标准形为

$$\boldsymbol{J}=\begin{pmatrix}1&0&0\\0&1&0\\0&0&2\end{pmatrix}。$$

(2)如果 $d_2(\lambda)=\lambda-2$，则 $\boldsymbol{A}$ 的初等因子组为

$$\lambda-1,\lambda-2,\lambda-2,$$

此时 $\boldsymbol{A}$ 的若尔当标准形为

$$\boldsymbol{J}=\begin{pmatrix}1&0&0\\0&2&0\\0&0&2\end{pmatrix}。$$

综上所述，$\boldsymbol{A}$ 的若尔当标准形共有 4 种可能的形式，分别为：

$$\begin{pmatrix}1&0&0\\0&1&0\\0&0&1\end{pmatrix},\begin{pmatrix}2&0&0\\0&2&0\\0&0&2\end{pmatrix},\begin{pmatrix}1&0&0\\0&1&0\\0&0&2\end{pmatrix},\begin{pmatrix}1&0&0\\0&2&0\\0&0&2\end{pmatrix}。$$

21. 求证：方阵 $\boldsymbol{A}$ 的有理标准形同若尔当标准形一致的充要条件是 $\boldsymbol{A}$ 的特征值全是零。

证明 充分性。设 $\boldsymbol{A}$ 的特征值全为 0，则 $f(\lambda)=|\lambda\boldsymbol{E}-\boldsymbol{A}|=\lambda^n$，由此易知 $\lambda\boldsymbol{E}-\boldsymbol{A}$ 的不变因子只能是：

$$1,\cdots,1,\lambda^{t_1},\lambda^{t_2},\cdots,\lambda^{t_s}。$$

$$(1\leqslant t_1\leqslant\cdots\leqslant t_s\leqslant n, t_1+t_2+\cdots+t_s=n)。$$

由于 λ^{t_i} 的友矩阵为 $\boldsymbol{N}_i=\begin{pmatrix}0 & 1 & & \\ & \ddots & \ddots & \\ & & \ddots & 1 \\ 0 & \cdots & \cdots & 0\end{pmatrix}$ (t_i 阶)，而 λ^{t_i} 也就是 $\lambda\boldsymbol{E}-\boldsymbol{A}$ 的初等因子，其若尔当块为

$$\boldsymbol{J}_i=\begin{pmatrix}0 & 1 & & \\ & \ddots & \ddots & \\ & & \ddots & 1 \\ & & & 0\end{pmatrix}=\boldsymbol{N}_i,$$

故 $\boldsymbol{A}$ 的有理标准形同若尔当标准形一致。

必要性。设 $\boldsymbol{A}$ 的有理标准形与若尔当标准形一致：

$$\boldsymbol{N}=\begin{pmatrix}\boldsymbol{N}_1 & & & \\ & \boldsymbol{N}_2 & & \\ & & \ddots & \\ & & & \boldsymbol{N}_s\end{pmatrix}=\begin{pmatrix}\boldsymbol{J}_1 & & & \\ & \boldsymbol{J}_2 & & \\ & & \ddots & \\ & & & \boldsymbol{J}_s\end{pmatrix},$$

于是 $\boldsymbol{N}_i=\boldsymbol{J}_i$，即

$$\begin{pmatrix}0 & 1 & & & \\ & \ddots & \ddots & & \\ & & \ddots & \ddots & \\ 0 & 0 & \cdots & 0 & 1 \\ -a_0 & -a_1 & \cdots & -a_{t_i-2} & -a_{t_i-1}\end{pmatrix}=\begin{pmatrix}\lambda_i & 1 & & \\ & \ddots & \ddots & \\ & & \ddots & 1 \\ & & & \lambda_i\end{pmatrix},$$

从而 $\lambda_i=0(i=1,2,\cdots,s)$，即 $\boldsymbol{A}$ 的特征值全是 0。

22. 设 $\boldsymbol{A}$ 是 6 阶矩阵，$\boldsymbol{A}$ 的特征多项式为

$$f(\lambda)=(\lambda+1)^3(\lambda-2)^2(\lambda+3),$$

$\boldsymbol{A}$ 的最小多项式为

$$m(\lambda)=(\lambda+1)^2(\lambda-2)(\lambda+3)。$$

(1)求 $\boldsymbol{A}$ 的所有不变因子；

(2)写出 $\boldsymbol{A}$ 的若尔当标准形。

解　(1)设 $\boldsymbol{A}$ 的不变因子为 $d_i(\lambda)(i=1,2,\cdots,6)$。由 $\boldsymbol{A}$ 的最小多项式是 $\boldsymbol{A}$ 的最后一个不变因子，且 $d_i(\lambda)\mid d_{i+1}(\lambda)(i=1,2,\cdots,5)$。结合 $d_1(\lambda)d_2(\lambda)\cdots d_6(\lambda)=f(\lambda)$ 可得

$$d_1(\lambda)=d_2(\lambda)=d_3(\lambda)=d_4(\lambda)=1,$$

$$d_5(\lambda)=(\lambda+1)(\lambda-2),$$

$$d_6(\lambda)=(\lambda+1)^2(\lambda-2)(\lambda+3)。$$

(2)由(1)可得 $\boldsymbol{A}$ 的初等因子为：$\lambda+1,\lambda-2,(\lambda+1)^2,\lambda-2,\lambda+3$，所以 $\boldsymbol{A}$ 的若尔当

标准形为

$$\begin{pmatrix} 1 & & & & & \\ & 2 & & & & \\ & & 1 & 1 & & \\ & & & 1 & & \\ & & & & 2 & \\ & & & & & -3 \end{pmatrix}。$$

23. 设 $\boldsymbol{A}$ 为 n 阶方阵，$|\boldsymbol{A}|=18$，且 $3\boldsymbol{A}+\boldsymbol{A}^*=15\boldsymbol{E}_n$，其中 $\boldsymbol{A}^*$ 为 $\boldsymbol{A}$ 的伴随矩阵，$\boldsymbol{E}_n$ 为 n 阶单位矩阵。

(1)求 $\boldsymbol{A}$ 的一个零化多项式；

(2)求 $\boldsymbol{A}$ 的最小多项式 $m(\lambda)$；

(3)求 $\boldsymbol{A}$ 的若尔当标准形。

解 (1)对 $3\boldsymbol{A}+\boldsymbol{A}^*=15\boldsymbol{E}_n$ 两边左乘 $\boldsymbol{A}$，移项整理得

$$\boldsymbol{A}^2-5\boldsymbol{A}+6\boldsymbol{E}=\boldsymbol{O},$$

所以

$$f(\lambda)=\lambda^2-5\lambda+6,$$

是 $\boldsymbol{A}$ 的一个零化多项式。

(2)由(1)知，所求的最小多项式 $m(\lambda)$ 是 $f(\lambda)=(\lambda-3)(\lambda-2)$ 的因式，所以 $m(\lambda)$ 只能为 $\lambda-2$，$\lambda-3$ 或者 $(\lambda-3)(\lambda-2)$。

如果 $m(\lambda)$ 为一次，即 $m(\lambda)=\lambda-2$ 或 $m(\lambda)=\lambda-3$，则有 $\boldsymbol{A}=3\boldsymbol{E}$ 或 $\boldsymbol{A}=2\boldsymbol{E}$，均与 $|\boldsymbol{A}|=18$ 相矛盾。

所以

$$m(\lambda)=(\lambda-3)(\lambda-2)。$$

(3)由于 $\boldsymbol{A}$ 的最小多项式与特征多项式不计重数时根相同，由(2)可知 $\boldsymbol{A}$ 的特征值为 3 和 2，又 $\boldsymbol{A}$ 所有特征值的乘积为 $|\boldsymbol{A}|=18$，所以 $\boldsymbol{A}$ 有且仅有另外一个特征值为 3,3,2。

可见 $\boldsymbol{A}$ 为 3 阶方阵，其不变因子为 1，$\lambda-3$，$(\lambda-3)(\lambda-2)$，所以 $\boldsymbol{A}$ 的若尔当标准形为

$$\begin{pmatrix} 3 & & \\ & 3 & \\ & & 2 \end{pmatrix}。$$

24. 设复矩阵

$$\boldsymbol{A}=\begin{pmatrix} 2 & 0 & 0 \\ a & 2 & 0 \\ b & c & -1 \end{pmatrix},$$

问矩阵 $\boldsymbol{A}$ 可能有什么样的若尔当标准形？并求 $\boldsymbol{A}$ 相似于对角矩阵的充要条件。

解

$$|\lambda\boldsymbol{E}-\boldsymbol{A}|=\begin{pmatrix} \lambda-2 & 0 & 0 \\ -a & \lambda-2 & 0 \\ -b & -c & \lambda+1 \end{pmatrix}=(\lambda-2)^2(\lambda+1),$$

所以，$\boldsymbol{A}$ 的特征值为$\lambda_1=\lambda_2=2,\lambda_3=-1$。因此$\boldsymbol{A}$ 的若尔当标准形有以下两种(不计若尔当块的次序)：

$$\boldsymbol{J}_1=\begin{pmatrix}2&0&0\\1&2&0\\0&0&-1\end{pmatrix},\boldsymbol{J}_2=\begin{pmatrix}2&&\\&2&\\&&-1\end{pmatrix}。$$

$\boldsymbol{A}$ 相似于对角矩阵当且仅当$\lambda\boldsymbol{E}-\boldsymbol{A}$ 有不变因子 $1,\lambda-2,(\lambda-2)(\lambda+1)$。因为 $D_2(\lambda)=d_1(\lambda)d_2(\lambda)=\lambda-2$，但$\lambda\boldsymbol{E}-\boldsymbol{A}$ 有二阶子式

$$\begin{vmatrix}-a&0\\-b&\lambda+1\end{vmatrix}=-a(\lambda+1),$$

故 $a=0$，即证$\boldsymbol{A}$ 相似于对角矩阵当且仅当$a=0$。

25. 设$\boldsymbol{A}$ 是 2021 阶实矩阵，$\boldsymbol{A}^r=\boldsymbol{O}$，这里 r 是自然数，问$\boldsymbol{A}$ 的秩最大是多少？

解　讨论$\boldsymbol{A}$ 的若尔当标准形$\boldsymbol{J}$ 的若尔当块的个数即可。由题设，$\boldsymbol{A}$ 的最小多项式 $m(\lambda)$ 满足 $m(\lambda)\mid\lambda^r$，因此$\boldsymbol{A}$ 的特征值全为 0。

设存在可逆矩阵$\boldsymbol{P}$ 使得$\boldsymbol{A}=\boldsymbol{PJP}^{-1}$，显然 $r(\boldsymbol{A})=r(\boldsymbol{J})$。而$\boldsymbol{J}^r=\boldsymbol{O}$，则$\boldsymbol{J}$ 中的任意若尔当块的阶数 k 满足 $k\leqslant r$，否则$\boldsymbol{A}^r\neq\boldsymbol{O}$。要使 $r(\boldsymbol{A})$ 尽可能大，必须若尔当块的个数尽可能少，令 $s=\left[\dfrac{2021}{r}\right]$ 为 $\dfrac{2021}{r}$ 的整数部分，对 r 进行讨论：

(1)若 $r\mid 2021$，则 $s=\dfrac{2021}{r}$，此时$\boldsymbol{J}$ 由 s 个若尔当块构成，$r(\boldsymbol{A})$ 最大值为

$$r(\boldsymbol{A})=2021-s=2021-\frac{2021}{r}。$$

(2)若 r 不能整除 2021，则令

$$t=2021-sr,$$

则可以取 s 个r 阶若尔当块和一个t 阶若尔当块构成对角块阵$\boldsymbol{J}$，此时$r(\boldsymbol{A})$ 的最大值为 $2021-s-1$。

26. 设$\boldsymbol{B}=\begin{pmatrix}0&10&30\\0&0&2010\\0&0&0\end{pmatrix}$，求证：$\boldsymbol{X}^2=\boldsymbol{B}$ 无解，这里$\boldsymbol{X}$ 为三阶未知复方阵。

证明　$\boldsymbol{B}$ 的一阶行列式因子为 1，二阶行列式因子为 1，三阶行列式因子为 λ^3，因此$\boldsymbol{B}$ 的若尔当标准形为

$$\boldsymbol{J}=\begin{pmatrix}0&1&0\\0&0&1\\0&0&0\end{pmatrix}。$$

设$\boldsymbol{P}^{-1}\boldsymbol{BP}=\boldsymbol{J}$，则$\boldsymbol{X}^2=\boldsymbol{B}$ 有解等价于$(\boldsymbol{P}^{-1}\boldsymbol{XP})^2=\boldsymbol{J}$ 有解，不妨设$\boldsymbol{Y}=\boldsymbol{P}^{-1}\boldsymbol{XP}$，下证$\boldsymbol{Y}^2=\boldsymbol{J}$ 无解。

法一　(反证法)如果存在$\boldsymbol{Y}$ 使得$\boldsymbol{Y}^2=\boldsymbol{J}$，则 $|\boldsymbol{Y}|=0$，因此 $r(\boldsymbol{Y})\leqslant 2$。

若 $r(\boldsymbol{Y})=0$，则$\boldsymbol{Y}=\boldsymbol{O}$，$\boldsymbol{Y}^2=\boldsymbol{O}=\boldsymbol{J}$，矛盾；

若 $r(\boldsymbol{Y})=1$，则 $r(\boldsymbol{J})=2=r(\boldsymbol{YY})\leqslant r(\boldsymbol{Y})=1$，矛盾；

若 $r(\boldsymbol{Y})=2$，则 $\boldsymbol{Y}$ 的特征值都是 0，且其若尔当标准形为

$$\boldsymbol{J}=\begin{pmatrix}0&1&0\\0&0&1\\0&0&0\end{pmatrix},$$

因此 $\boldsymbol{Y}^2$ 与 $\begin{pmatrix}0&0&1\\0&0&0\\0&0&0\end{pmatrix}$ 相似，其秩为 1，与 $r(\boldsymbol{J})=2$ 矛盾。

法二　(反证法)如果存在 $\boldsymbol{Y}$ 使得 $\boldsymbol{Y}^2=\boldsymbol{J}$，由于 $r(\boldsymbol{J})\leqslant r(\boldsymbol{Y})$，因此 $r(\boldsymbol{Y})\geqslant 2$，即 $r(\boldsymbol{Y})=2$ 或者 $r(\boldsymbol{Y})=3$。

若 $r(\boldsymbol{Y})=3$，则 $\boldsymbol{Y}$ 可逆，从而 $\boldsymbol{J}$ 可逆，矛盾；

若 $r(\boldsymbol{Y})=2$，则 $\boldsymbol{Y}$ 的特征值都是 0，则 $\boldsymbol{Y}$ 的若尔当标准形为

$$\boldsymbol{J}=\begin{pmatrix}0&1&0\\0&0&1\\0&0&0\end{pmatrix},$$

因此 $\boldsymbol{Y}^2$ 与 $\begin{pmatrix}0&0&1\\0&0&0\\0&0&0\end{pmatrix}$ 相似，其秩为 1，与 $r(\boldsymbol{J})=2$ 矛盾。

综上可知，$\boldsymbol{X}^2=\boldsymbol{B}$ 无解。

27. 设复数域上的三阶矩阵 $\boldsymbol{A},\boldsymbol{B},\boldsymbol{C},\boldsymbol{D}$ 具有相同的特征多项式。求证：4 个矩阵中必有某两个矩阵相似。

证明　法一　三阶矩阵的特征多项式的形式有

$$(\lambda-a)^3,(\lambda-a)^2(\lambda-b),(\lambda-a)(\lambda-b)(\lambda-c),$$

其中，a,b,c 是互不相等的数。

(1)若 4 个矩阵的特征多项式都是 $(\lambda-a)^3$，则对应的不变因子组只有以下 3 种情形：

$$1,1,(\lambda-a)^3;1,(\lambda-a),(\lambda-a)^2;(\lambda-a),(\lambda-a),(\lambda-a)。$$

因此，至少有两个矩阵有相同的不变因子组，故至少有两个矩阵相似；

(2)若 4 个矩阵的特征多项式都是 $(\lambda-a)^2(\lambda-b)$，则对应的不变因子组只有以下 2 种情形：

$$1,1,(\lambda-a)^2(\lambda-b);1,(\lambda-a),(\lambda-a)(\lambda-b)。$$

因此，至少有两个矩阵有相同的不变因子组，故至少有两个矩阵相似；

(3)若 4 个矩阵的特征多项式都是 $(\lambda-a)(\lambda-b)(\lambda-c)$，则对应的不变因子组只有以下 1 种情形：

$$1,1,(\lambda-a)(\lambda-b)(\lambda-c),$$

此时，4 个矩阵都相似。

综上，总有 2 个矩阵相似。

法二　由已知条件可知 $\boldsymbol{A},\boldsymbol{B},\boldsymbol{C},\boldsymbol{D}$ 的特征值是一样的，设为 $\lambda_1,\lambda_2,\lambda_3$。

(1)若 $\lambda_1,\lambda_2,\lambda_3$ 两两不同,则 $\boldsymbol{A},\boldsymbol{B},\boldsymbol{C},\boldsymbol{D}$ 都相似;

(2)若 $\lambda_1=\lambda_2\neq\lambda_3$,则若尔当标准形(不计块的次序)只可能是

$$\begin{pmatrix}\lambda_1 & 1 & 0\\ 0 & \lambda_1 & 0\\ 0 & 0 & \lambda_3\end{pmatrix},\begin{pmatrix}\lambda_1 & 0 & 0\\ 0 & \lambda_1 & 0\\ 0 & 0 & \lambda_3\end{pmatrix},$$

因此必有 2 个矩阵相似;

(3)若 $\lambda_1=\lambda_2=\lambda_3$,则若尔当标准形(不计块的次序)只可能是

$$\begin{pmatrix}\lambda_1 & 1 & 0\\ 0 & \lambda_1 & 1\\ 0 & 0 & \lambda_1\end{pmatrix},\begin{pmatrix}\lambda_1 & 1 & 0\\ 0 & \lambda_1 & 0\\ 0 & 0 & \lambda_1\end{pmatrix},\begin{pmatrix}\lambda_1 & 0 & 0\\ 0 & \lambda_1 & 0\\ 0 & 0 & \lambda_1\end{pmatrix},$$

因此必有 2 个矩阵相似。

28. 设 $\boldsymbol{A}$ 是复数域上的方阵,如果 $\boldsymbol{A}$ 的特征值全为 ±1,求证:$\boldsymbol{A}^{\mathrm{T}}\sim\boldsymbol{A}^{-1}$。

证明　不妨设矩阵 $\boldsymbol{A}$ 的若尔当标准形为 $\boldsymbol{J}$,则存在可逆矩阵 $\boldsymbol{P}$,使得

$$\boldsymbol{A}=\boldsymbol{P}\boldsymbol{J}\boldsymbol{P}^{-1}。$$

由 $\boldsymbol{A}$ 的特征值全为 ±1 可知,$\boldsymbol{J}$ 的形式必是由 1 或者 -1 的一系列若尔当块组成的对角块形矩阵,由

$$\boldsymbol{A}^{\mathrm{T}}=(\boldsymbol{P}\boldsymbol{J}\boldsymbol{P}^{-1})^{\mathrm{T}}=(\boldsymbol{P}^{\mathrm{T}})^{-1}\boldsymbol{J}^{T}\boldsymbol{P}^{\mathrm{T}},$$
$$\boldsymbol{A}^{-1}=\boldsymbol{P}\boldsymbol{J}^{-1}\boldsymbol{P}^{-1},$$

显然有 $\boldsymbol{A}^{\mathrm{T}}\sim\boldsymbol{J}^{\mathrm{T}}$,$\boldsymbol{A}^{-1}\sim\boldsymbol{J}^{-1}$,由于矩阵相似关系的传递性,只要证明 $\boldsymbol{J}^{\mathrm{T}}\sim\boldsymbol{J}^{-1}$ 即可。又由于 $\boldsymbol{J}$ 是对角块形矩阵,显然 $\boldsymbol{J}^{\mathrm{T}}$ 与 $\boldsymbol{J}^{-1}$ 都是相同分块的对角块形矩阵,于是,只要证明对于任意正整数 k,k 阶的若尔当块 $\boldsymbol{J}_k(1)$ 与 $\boldsymbol{J}_k(-1)$,都有 $(\boldsymbol{J}_k(1))^{\mathrm{T}}$ 与 $\boldsymbol{J}_k^{-1}(1)$ 相似,$(\boldsymbol{J}_k(-1))^{\mathrm{T}}$ 与 $\boldsymbol{J}_k^{-1}(-1)$ 相似即可。

不妨设

$$\boldsymbol{K}=\boldsymbol{J}_k(0)=\begin{pmatrix}0 & 1 & & \\ & 0 & \ddots & \\ & & \ddots & 1\\ & & & 0\end{pmatrix}_{k\times k},$$

那么显然有 $\boldsymbol{K}^k=\boldsymbol{O}$,注意到 $\boldsymbol{J}_k(1)=\boldsymbol{I}+\boldsymbol{K}$,且有

$$(\boldsymbol{I}-(-\boldsymbol{K}))[\boldsymbol{I}+(-\boldsymbol{K})+(-\boldsymbol{K})^2+\cdots+(-\boldsymbol{K})^{k-1}]=\boldsymbol{I}-(-\boldsymbol{K})^k=\boldsymbol{I},$$

于是有

$$\boldsymbol{J}_k^{-1}(1)=(\boldsymbol{I}+\boldsymbol{K})^{-1}=\boldsymbol{I}+(-\boldsymbol{K})+(-\boldsymbol{K})^2+\cdots+(-\boldsymbol{K})^{k-1},$$

显然 $\boldsymbol{J}_k^{-1}(1)$ 的主对角线上的元素都为 1,次对角线上的元素都为 $-\mathbf{1}$,那么 $\boldsymbol{J}_k^{-1}(1)$ 的最小多项式为 $(\lambda-1)^k$(注意到最小多项式是矩阵的最后一个不变因子),因此它的不变因子组为 $1,1,\cdots,1,(\lambda-1)^k$。

而 $(\boldsymbol{J}_k(1))^{\mathrm{T}}$ 的最小多项式为 $(\lambda-1)^k$,那么它的不变因子也为 $1,1,\cdots,1,(\lambda-1)^k$,即 $\boldsymbol{J}_k^{-1}(1)$ 与 $(\boldsymbol{J}_k(1))^{\mathrm{T}}$ 有相同的不变因子,因此 $\boldsymbol{J}_k^{-1}(1)$ 与 $(\boldsymbol{J}_k(1))^{\mathrm{T}}$ 相似。

同理，可得 $J_k^{-1}(-1)$ 与 $(J_k(-1))^{\mathrm{T}}$ 的不变因子都为 $1,1,\cdots,1,(\lambda+1)^k$，因此 $J_k^{-1}(-1)$ 与 $(J_k(-1))^{\mathrm{T}}$ 也相似。

综上可知，J^{T} 与 J^{-1} 相似，因此 A^{T} 与 A^{-1} 相似。

29. 设 $A, B\in \mathbf{C}^{3\times 3}$，且 A, B 都只有一个特征值 λ_0。求证：A 与 B 相似的充要条件是

$$\dim V_{\lambda_0}(A)=\dim V_{\lambda_0}(B),$$

这里 $V_{\lambda_0}(A)$，$V_{\lambda_0}(B)$ 分别表示 A 和 B 的属于 λ_0 的特征子空间。

证明 必要性。如果 $A\sim B$，则 $r(\lambda_0E-A)=r(\lambda_0E-B)$，从而有

$$\dim V_{\lambda_0}(A)=3-r(\lambda_0E-A)=3-r(\lambda_0E-B)=\dim V_{\lambda_0}(B).$$

充分性。如果 $\dim V_{\lambda_0}(A)=\dim V_{\lambda_0}(B)$，则有 $r(\lambda_0E-A)=r(\lambda_0E-B)$。又因为 A,B 都只有一个特征值 λ_0，所以它们的若尔当标准形的主对角线上的元素均为 λ_0。

设 $J(A)$，$J(B)$ 分别为 A，B 的若尔当标准形，由 $r(\lambda_0E-A)=r(\lambda_0E-B)$ 得

$$r(\lambda_0E-J(A))=r(\lambda_0E-J(B)),$$

从而 $J(A)\sim J(B)$，故 $A\sim B$。

30. 设 A 为 n 阶方阵，$f(\lambda)=|\lambda E-A|$ 是 A 的特征多项式，并令

$$g(\lambda)=\frac{f(\lambda)}{(f(\lambda),f'(\lambda))},$$

求证：A 与一对角矩阵相似的充要条件是 $g(A)=O$。

证明 必要性。由 A 与对角矩阵相似，其最小多项式 $m_A(\lambda)$ 无重根，且 $m_A(\lambda)$ 取 $f(\lambda)$ 的所有根。又 $g(\lambda)=\dfrac{f(\lambda)}{(f(\lambda),f'(\lambda))}$ 无重根，且和 $f(\lambda)$ 的根相同，故

$$g(\lambda)=m_A(\lambda),$$

因而 $g(A)=O$。

充分性。由 $g(A)=O$ 知 $m_A(\lambda)\mid g(\lambda)$，从而 $m_A(\lambda)$ 无重根，故 A 与对角矩阵相似。

31. 设 A 为 n 阶方阵，$A^k=O$，且 k 为满足 $A^k=O$ 的最小正整数，称 A 为 k 次幂零矩阵。求证：所有 n 阶 $n-1$ 次幂零矩阵相似。

证明 法一 设 A 为任一 n 阶 $n-1$ 次幂零矩阵，则在复数域上存在可逆矩阵 P 使

$$P^{-1}AP=J=\begin{pmatrix} J_1 & & & \\ & J_2 & & \\ & & \ddots & \\ & & & J_s \end{pmatrix}$$

是一个若尔当形矩阵，其中

$$J_i=\begin{pmatrix} \lambda_i & 0 & \cdots & 0 & 0 \\ 1 & \lambda_i & \cdots & 0 & 0 \\ 0 & 1 & \cdots & 0 & 0 \\ \vdots & \vdots & \cdots & \vdots & \vdots \\ 0 & 0 & \cdots & 1 & \lambda_i \end{pmatrix}_{k_i\times k_i}.$$

因为 $A^{n-1}=O$，所以

$$P^{-1}A^{n-1}P=(P^{-1}AP)^{n-1}=J^{n-1}=\begin{pmatrix}J_1^{n-1}&&&\\&J_2^{n-1}&&\\&&\ddots&\\&&&J_s^{n-1}\end{pmatrix}=O,$$

故 J_i 对角线上元素全为零，于是 $J_i^{k_i}=O$ 且 $J_i^{k_i-1}\neq O$。令 $N=\max(k_1,k_2,\cdots,k_s)$，则

$$\begin{pmatrix}J_1&&&\\&J_2&&\\&&\ddots&\\&&&J_s\end{pmatrix}^N=O。$$

于是 $A^N=O$，又 $A^{N-1}\neq O$，所以 $N=n-1$。于是

$$P^{-1}AP=J=\begin{pmatrix}J&O\\O&O\end{pmatrix}\text{或}\begin{pmatrix}O&O\\O&J\end{pmatrix},$$

其中，J 为 $n-1$ 阶若尔当块，且对角线上元素为零。又因为 $\begin{pmatrix}J&O\\O&O\end{pmatrix}$ 与 $\begin{pmatrix}O&O\\O&J\end{pmatrix}$ 相似，因而所有 n 阶 $n-1$ 次幂零矩阵相似。

法二　设 A 为 n 阶 $n-1$ 次幂零矩阵，则

$$A^{n-1}=O,A^k\neq O\quad(k<n-1),$$

于是 A 的最小多项式为 $d_n(\lambda)=\lambda^{n-1}$。因为幂零矩阵的特征值都是零，所以 A 的特征多项式为 $f(\lambda)=\lambda^n$，而 $f(\lambda)=|\lambda E-A|=d_1(\lambda)d_2(\lambda)\cdots d_n(\lambda)$，从而

$$d_1(\lambda)=d_2(\lambda)=\cdots=d_{n-2}(\lambda)=1,d_{n-1}(\lambda)=\lambda,$$

因而任意 n 阶 $n-1$ 次幂零矩阵都具有相同的不变因子 $1,\cdots,1,\lambda,\lambda^{n-1}$，故彼此相似。

32. 设 A,B 是 n 阶方阵，$C=AB-BA$，且 C 与 A,B 可交换，则 C 为幂零矩阵。

证明　只需证明 C 的特征值 $\lambda_1,\lambda_2,\cdots,\lambda_n$ 全是 0 即可。

事实上，因为 $\mathrm{tr}(C)=\mathrm{tr}(AB-BA)=0$，所以 $\lambda_1+\lambda_2+\cdots+\lambda_n=0$，又因为

$$C^2=C(AB-BA)=CAB-CBA=(AC)B-B(AC),$$

所以

$$\mathrm{tr}(C^2)=\sum_{i=1}^n\lambda_i^2=0,$$

类似地，有

$$\mathrm{tr}(C^s)=\sum_{i=1}^n\lambda_i^s=0。$$

如果 C 存在非零特征值，不妨合并以上各式中相同的非零特征值得

$$\begin{cases}k_1\lambda_1+k_2\lambda_2+\cdots+k_s\lambda_s=0,\\k_1\lambda_1^2+k_2\lambda_2^2+\cdots+k_s\lambda_s^2=0,\\\cdots\cdots\\k_1\lambda_1^s+k_2\lambda_2^s+\cdots+k_s\lambda_s^s=0,\end{cases}$$

因为该方程组有非零解，故其系数行列式等于 0，即

$$\begin{vmatrix} \lambda_1 & \lambda_2 & \cdots & \lambda_s \\ \lambda_1^2 & \lambda_2^2 & \cdots & \lambda_s^2 \\ \vdots & \vdots & & \vdots \\ \lambda_1^s & \lambda_2^s & \cdots & \lambda_s^s \end{vmatrix}=0,$$

所以 $\prod_{i=1}^{s}\lambda_i\begin{vmatrix} 1 & 1 & \cdots & 1 \\ \lambda_1 & \lambda_2 & \cdots & \lambda_s \\ \vdots & \vdots & & \vdots \\ \lambda_1^{s-1} & \lambda_2^{s-1} & \cdots & \lambda_s^{s-1} \end{vmatrix}=0$，但 $\lambda_1,\lambda_2,\cdots,\lambda_n$ 互不相同，即

$$\begin{vmatrix} 1 & 1 & \cdots & 1 \\ \lambda_1 & \lambda_2 & \cdots & \lambda_s \\ \vdots & \vdots & & \vdots \\ \lambda_1^{s-1} & \lambda_2^{s-1} & \cdots & \lambda_s^{s-1} \end{vmatrix}\neq 0,$$

因此 $\lambda_1\lambda_2\cdots\lambda_s=0$，由此可知存在 $\lambda_i=0,1\leqslant i\leqslant s$，与假设矛盾。所以 $\lambda_i=0(i=1,2,\cdots,s)$，从而 $\boldsymbol{C}$ 是幂零矩阵。

33. 幂零矩阵（存在 $m\geqslant 2$，使 $\boldsymbol{A}^m=\boldsymbol{O}$，但 $\boldsymbol{A}^{m-1}\neq\boldsymbol{O}$）不可对角化。

证明 法一 由 $\boldsymbol{A}^m=\boldsymbol{O}$ 知，$f(\lambda)=\lambda^m$ 是 $\boldsymbol{A}$ 的零化多项式，于是 $\boldsymbol{A}$ 的最小多项式形式为 $m_{\boldsymbol{A}}(\lambda)=\lambda^r$，其中 $1\leqslant r\leqslant m$，但 $r=1$ 则有 $\boldsymbol{A}=\boldsymbol{O}$，与假设矛盾，因此 $r\geqslant 2$，即 $\boldsymbol{A}$ 的最小多项式有重根，从而幂零矩阵不可对角化。

法二 设 $\boldsymbol{A}$ 的特征值为 λ，相应的特征向量为 $\boldsymbol{\xi}$，则有 $\boldsymbol{A\xi}=\lambda\boldsymbol{\xi}$，$\boldsymbol{A}^m\boldsymbol{\xi}=\lambda^m\boldsymbol{\xi}=0\boldsymbol{\xi}=0$，必有 $\lambda^m=0,\lambda=0$。

设 $\boldsymbol{A}$ 的若尔当标准形为

$$\boldsymbol{J}=\begin{pmatrix} \boldsymbol{J}_1 & & & \\ & \boldsymbol{J}_2 & & \\ & & \ddots & \\ & & & \boldsymbol{J}_s \end{pmatrix},$$

其中，

$$\boldsymbol{J}_i=\begin{pmatrix} 0 & & & \\ 1 & 0 & & \\ & \ddots & \ddots & \\ & & 1 & 0 \end{pmatrix}_{k_i\times k_i}。$$

由 $\boldsymbol{A}^m=\boldsymbol{O}$ 有 $\boldsymbol{J}^m=\boldsymbol{O}$，从而 $\boldsymbol{J}_i^m=\boldsymbol{O}(i=1,2,\cdots,s)$。

若 $\boldsymbol{A}$ 相似于对角矩阵，则 $\boldsymbol{J}_i=\boldsymbol{O}(i=1,2,\cdots,s)$，进而有 $\boldsymbol{J}=\boldsymbol{O}$，必有 $\boldsymbol{A}=\boldsymbol{O}$，与假设矛盾，因此 $\boldsymbol{A}$ 不能相似于对角矩阵。

法三 设 $\boldsymbol{A}$ 可对角化，则存在可逆矩阵 $\boldsymbol{X}$，使

$$X^{-1}AX=\begin{pmatrix}\lambda_1&&&\\&\lambda_2&&\\&&\ddots&\\&&&\lambda_n\end{pmatrix},$$

其中，$\lambda_1,\lambda_2,\cdots,\lambda_n$ 是 A 的特征值，于是

$$X^{-1}A^mX=(X^{-1}AX)^m=\begin{pmatrix}\lambda_1^m&&&\\&\lambda_2^m&&\\&&\ddots&\\&&&\lambda_n^m\end{pmatrix}。$$

由 $A^m=O$ 得 $\lambda_i^m=0$，$\lambda_i=0(i=1,2,\cdots,n)$，从而 $A=O$，与假设矛盾，因而 A 不可对角化。

34. 求证：任意的 n 阶复矩阵 A 均可分解为 $A=B+C$，其中 C 为幂零矩阵，B 相似于对角形，且 $BC=CB$。

证明　存在可逆矩阵 T，使

$$T^{-1}AT=\begin{pmatrix}J_1&&&\\&J_2&&\\&&\ddots&\\&&&J_s\end{pmatrix},$$

其中，$J_i(i=1,2,\cdots,s)$ 是若尔当块，且

$$J_i=\begin{pmatrix}\lambda_i&&&\\1&\lambda_i&&\\&\ddots&\ddots&\\&&1&\lambda_i\end{pmatrix}=\begin{pmatrix}\lambda_i&&&\\&\lambda_i&&\\&&\ddots&\\&&&\lambda_i\end{pmatrix}+\begin{pmatrix}0&&&\\1&0&&\\&\ddots&\ddots&\\&&1&0\end{pmatrix},$$

设

$$B_i=\begin{pmatrix}\lambda_i&&&\\&\lambda_i&&\\&&\ddots&\\&&&\lambda_i\end{pmatrix},\ C_i=\begin{pmatrix}0&&&\\1&0&&\\&\ddots&\ddots&\\&&1&0\end{pmatrix},$$

则

$$T^{-1}AT=\begin{pmatrix}B_1&&&\\&B_2&&\\&&\ddots&\\&&&B_s\end{pmatrix}+\begin{pmatrix}C_1&&&\\&C_2&&\\&&\ddots&\\&&&C_s\end{pmatrix}。$$

令

$$B=T\begin{pmatrix}B_1&&&\\&B_2&&\\&&\ddots&\\&&&B_s\end{pmatrix}T^{-1},\ C=T\begin{pmatrix}C_1&&&\\&C_2&&\\&&\ddots&\\&&&C_s\end{pmatrix}T^{-1},$$

显然 $\boldsymbol{B},\boldsymbol{C}$ 即为所求矩阵。

35. 设矩阵 $\boldsymbol{A}=\begin{pmatrix}-1 & -2 & 6\\ -1 & 0 & 3\\ -1 & -1 & 4\end{pmatrix}$，求 $\boldsymbol{A}^k$。

解 (1)首先求 $\boldsymbol{A}$ 的若尔当标准形，由

$$\lambda\boldsymbol{E}-\boldsymbol{A}=\begin{pmatrix}\lambda+1 & 2 & -6\\ 1 & \lambda & -3\\ 1 & 1 & \lambda-4\end{pmatrix}\to\begin{pmatrix}1 & 0 & 0\\ 0 & \lambda-1 & 0\\ 0 & 0 & (\lambda-1)^2\end{pmatrix},$$

从而 $\boldsymbol{A}$ 的初等因子为 $\lambda-1$，$(\lambda-1)^2$，故 $\boldsymbol{A}$ 的若尔当标准形为

$$\begin{pmatrix}1 & 0 & 0\\ 0 & 1 & 0\\ 0 & 1 & 1\end{pmatrix}。$$

(2)求矩阵 $\boldsymbol{P}$，使

$$\boldsymbol{P}^{-1}\boldsymbol{A}\boldsymbol{P}=\begin{pmatrix}1 & 0 & 0\\ 0 & 1 & 0\\ 0 & 1 & 1\end{pmatrix}。$$

设 $\boldsymbol{P}=(\boldsymbol{\alpha}_1,\boldsymbol{\alpha}_2,\boldsymbol{\alpha}_3)$，有

$$\boldsymbol{A}(\boldsymbol{\alpha}_1,\boldsymbol{\alpha}_2,\boldsymbol{\alpha}_3)=(\boldsymbol{\alpha}_1,\boldsymbol{\alpha}_2,\boldsymbol{\alpha}_3)\begin{pmatrix}1 & 0 & 0\\ 0 & 1 & 0\\ 0 & 1 & 1\end{pmatrix},$$

故 $\boldsymbol{A}\boldsymbol{\alpha}_1=\boldsymbol{\alpha}_1,\boldsymbol{A}\boldsymbol{\alpha}_2=\boldsymbol{\alpha}_2+\boldsymbol{\alpha}_3,\boldsymbol{A}\boldsymbol{\alpha}_3=\boldsymbol{\alpha}_3$，由 $\boldsymbol{A}\boldsymbol{\alpha}_2=\boldsymbol{\alpha}_2+\boldsymbol{\alpha}_3$ 即得 $(\boldsymbol{E}-\boldsymbol{A})\boldsymbol{\alpha}_2=-\boldsymbol{\alpha}_3$。

设

$$\boldsymbol{\alpha}_2=\begin{pmatrix}x_1\\ x_2\\ x_3\end{pmatrix},\ \boldsymbol{\alpha}_3=\begin{pmatrix}y_1\\ y_2\\ y_3\end{pmatrix},$$

则有

$$\overline{\boldsymbol{A}}=\begin{pmatrix}2 & 2 & -6 & -y_1\\ 1 & 1 & -3 & -y_2\\ 1 & 1 & -3 & -y_3\end{pmatrix}\to\begin{pmatrix}2 & 2 & -6 & -y_1\\ 1 & 1 & -3 & -y_2\\ 0 & 0 & 0 & y_2-y_3\end{pmatrix},$$

而 $(\boldsymbol{E}-\boldsymbol{A})\boldsymbol{\alpha}_2=-\boldsymbol{\alpha}_3$ 有解，故 $y_2=y_3$。而 $\boldsymbol{A}\boldsymbol{\alpha}_3=\boldsymbol{\alpha}_3$，从而 $(\boldsymbol{E}-\boldsymbol{A})\boldsymbol{\alpha}_3=\boldsymbol{0}$。故

$$\begin{pmatrix}2 & 2 & -6\\ 1 & 1 & -3\\ 1 & 1 & -3\end{pmatrix}\begin{pmatrix}y_1\\ y_2\\ y_3\end{pmatrix}=\boldsymbol{0},$$

即有 $y_1+y_2-3y_3=0$。结合 $y_2=y_3$ 就有 $y_1=2y_2$。

令 $y_2=y_3=1$，则 $y_1=2$，故

$$\boldsymbol{\alpha}_3=\begin{pmatrix}2\\1\\1\end{pmatrix},\ \boldsymbol{\alpha}_2=\begin{pmatrix}-1\\0\\0\end{pmatrix}。$$

又 $\boldsymbol{A\alpha}_1=\boldsymbol{\alpha}_1$，取该方程组的基础解系中另一向量为 $\boldsymbol{\alpha}_1=(3,0,1)^{\mathrm{T}}$，则

$$\boldsymbol{P}=(\boldsymbol{\alpha}_1,\boldsymbol{\alpha}_2,\boldsymbol{\alpha}_3)=\begin{pmatrix}3&-1&2\\0&0&1\\1&0&1\end{pmatrix}。$$

(3)由(2)得

$$\boldsymbol{A}=\boldsymbol{P}\begin{pmatrix}1&0&0\\0&1&0\\0&1&1\end{pmatrix}\boldsymbol{P}^{-1},$$

故

$$\boldsymbol{A}^k=\boldsymbol{P}\begin{pmatrix}1&0&0\\0&1&0\\0&k&1\end{pmatrix}\boldsymbol{P}^{-1}=\begin{pmatrix}3&-1&2\\0&0&1\\1&0&1\end{pmatrix}\begin{pmatrix}1&0&0\\0&1&0\\0&k&1\end{pmatrix}\begin{pmatrix}0&-1&1\\-1&-1&3\\0&1&0\end{pmatrix}$$

$$=\begin{pmatrix}1-2k&-2k&6k\\-k&1-k&3k\\-k&-k&1+3k\end{pmatrix}。$$

36. 设 $r(\boldsymbol{A}^k)=r(\boldsymbol{A}^{k+1})$。求证：如果 $\boldsymbol{A}$ 有零特征值，则零特征值对应的初等因子次数不超过 k。

证明 设 $\boldsymbol{A}$ 的若尔当标准形为

$$\boldsymbol{P}^{-1}\boldsymbol{AP}=\begin{pmatrix}\boldsymbol{J}_0&&&\\&\boldsymbol{J}_1&&\\&&\ddots&\\&&&\boldsymbol{J}_s\end{pmatrix},\tag{8-4}$$

其中，$\boldsymbol{J}_0$ 为 $\boldsymbol{A}$ 中所有特征值为 0 的若尔当块组成，其他若尔当块 $\boldsymbol{J}_i(i=1,2,\cdots,s)$ 的特征值均为非零，即

$$|\boldsymbol{J}_i|\neq 0\quad (i=1,2,\cdots,s)。$$

另外，设 t 为 $\boldsymbol{J}_0$ 中包含若尔当块的最大块级数，它对应的初等因子为 λ^t，下证 $t\leqslant k$。事实上，若 $t>k$，则由式(8-4)可知

$$\boldsymbol{P}^{-1}\boldsymbol{A}^k\boldsymbol{P}=\begin{pmatrix}\boldsymbol{J}_0^k&&&\\&\boldsymbol{J}_1^k&&\\&&\ddots&\\&&&\boldsymbol{J}_s^k\end{pmatrix},\tag{8-5}$$

$$P^{-1}A^{k+1}P=\begin{pmatrix} J_0^{k+1} & & & \\ & J_1^{k+1} & & \\ & & \ddots & \\ & & & J_s^{k+1} \end{pmatrix}, \tag{8-6}$$

这时由于 $J_0^k \neq O$，所以

$$r(J_0^k) > r(J_0^{k+1}), \tag{8-7}$$

但 $J_1, J_2, \cdots, J_s$ 均可逆，所以

$$r(J_i^k) = r(J_i^{k+1}) \quad (i=1,2,\cdots,s) \tag{8-8}$$

由式(8—5)—式(8—8)可知

$$r(A^k) > r(A^{k+1}),$$

与假设矛盾，所以 $t \leqslant k$，即零特征值的初等因子的次数不超过 k。

37. 求证：(1)方阵 A 的特征值全为零的充要条件是存在正整数 m，使 $A^m=O$；(2)若 $A^m=O$，则 $|A+E|=1$。

证明 (1)法一 设 $\lambda_i(i=1,2,\cdots,n)$ 为 A 的特征值，则 A^m 的特征值为 λ_i^m。若 $A^m=O$，由于零方阵的特征值全是零，故所有 $\lambda_i^m=0$，从而 $\lambda_i=0(i=1,2,\cdots,n)$。

反之，若 A 的所有特征值都是零，则 A 的特征多项式 $f(\lambda)=\lambda^n$，由哈密顿-凯莱定理知，$f(A)=A^n=O$。

法二 设 A 的若尔当标准形为

$$J=\begin{pmatrix} J_1 & & & \\ & J_2 & & \\ & & \ddots & \\ & & & J_s \end{pmatrix},$$

若 $A^m=O$，则

$$J^m=\begin{pmatrix} J_1^m & & & \\ & J_2^m & & \\ & & \ddots & \\ & & & J_s^m \end{pmatrix}=O, J_i^m=\begin{pmatrix} \lambda_i^m & & & \\ & \lambda_i^m & & \\ & & \ddots & \\ * & & & \lambda_i^m \end{pmatrix}=O,$$

因此由 $\lambda_i^m=0$ 得 $\lambda_i=0(i=1,2,\cdots,s)$，即 A 的特征值全为零。

反之，若 A 的特征值全为零，则 A 的若尔当标准形 J 中的若尔当块只能是

$$J_i=\begin{pmatrix} 0 & & & \\ 1 & \ddots & & \\ & \ddots & \ddots & \\ & & 1 & 0 \end{pmatrix}。$$

取正整数 $m \geqslant$ 所有 J_i 的阶数，则有 $J_i^m=O$，于是有 $J^m=O$，即 $A^m=O$。

(2)设 $\boldsymbol{A}$ 的若尔当标准形为

$$\boldsymbol{J}=\begin{pmatrix}\boldsymbol{J}_1 & & & \\ & \boldsymbol{J}_2 & & \\ & & \ddots & \\ & & & \boldsymbol{J}_s\end{pmatrix},$$

若 $\boldsymbol{A}^m=\boldsymbol{O}$，则由(1)知，$\boldsymbol{A}$ 的特征值全为零。于是每个若尔当块的对角线上的元素全为零，从而 $\boldsymbol{J}$ 的主对角线上的元素全为零。于是，$\boldsymbol{J}+\boldsymbol{E}$ 为对角线上全为 1 的下三角矩阵，故 $|\boldsymbol{A}+\boldsymbol{E}|=|\boldsymbol{P}^{-1}\boldsymbol{J}\boldsymbol{P}+\boldsymbol{E}|=|\boldsymbol{P}^{-1}(\boldsymbol{J}+\boldsymbol{E})\boldsymbol{P}|=|\boldsymbol{J}+\boldsymbol{E}|=1$，命题得证。

38. 求证：若存在正整数 m，使 $\boldsymbol{A}^m=\boldsymbol{E}$，则 $\boldsymbol{A}$ 与对角矩阵相似，且主对角线上元素皆为 m 次单位根。

证明　法一　设 $\boldsymbol{A}$ 的若尔当标准形为

$$\boldsymbol{J}=\begin{pmatrix}\boldsymbol{J}_1 & & & \\ & \boldsymbol{J}_2 & & \\ & & \ddots & \\ & & & \boldsymbol{J}_s\end{pmatrix},$$

其中，

$$\boldsymbol{J}_i=\begin{pmatrix}\lambda_i & & & \\ 1 & \ddots & & \\ & \ddots & \ddots & \\ & & 1 & \lambda_i\end{pmatrix},$$

且 $\boldsymbol{J}=\boldsymbol{P}^{-1}\boldsymbol{A}\boldsymbol{P}$，因此 $\boldsymbol{J}^m=(\boldsymbol{P}^{-1}\boldsymbol{A}\boldsymbol{P})^m=\boldsymbol{P}^{-1}\boldsymbol{A}^m\boldsymbol{P}=\boldsymbol{E}$，即有

$$\boldsymbol{J}_i^m=\begin{pmatrix}\lambda_i^m & & & \\ * & \lambda_i^m & & \\ \vdots & \ddots & \ddots & \\ * & \cdots & * & \lambda_i^m\end{pmatrix}=\boldsymbol{E}_{k_i},$$

从而 $\boldsymbol{J}_i$ 必须是一阶子块，即 $s=n$，亦即 $\boldsymbol{J}$ 是对角矩阵，所以 $\boldsymbol{A}$ 与对角矩阵相似。

法二　由于 $\boldsymbol{A}^m=\boldsymbol{E}$，故令 $f(\lambda)=x^m-1$，则有 $f(\boldsymbol{A})=\boldsymbol{O}$。

设 $g(\lambda)$ 为 $\boldsymbol{A}$ 的最小多项式，则 $g(\lambda)\mid f(\lambda)$。但因 $f(\lambda)$ 无重根，故 $g(\lambda)$ 无重根，则 $\boldsymbol{A}$ 的特征矩阵 $\lambda\boldsymbol{E}-\boldsymbol{A}$ 的初等因子都是一次的，故 $\boldsymbol{A}$ 与对角矩阵相似。

又因为 $\boldsymbol{A}$ 相似与对角矩阵，则对角线上的元素都是 $\boldsymbol{A}$ 的特征值，设 λ_0 是 $\boldsymbol{A}$ 的任一特征值，即有 $\boldsymbol{A}\boldsymbol{\alpha}=\lambda_0\boldsymbol{\alpha}$，$\boldsymbol{\alpha}\neq\boldsymbol{0}$，则 $\boldsymbol{A}^m\boldsymbol{\alpha}=\lambda_0^m\boldsymbol{\alpha}$。从而由 $\boldsymbol{A}^m=\boldsymbol{E}$ 可得 $\boldsymbol{\alpha}=\lambda_0^m\boldsymbol{\alpha}$，即 $(\lambda_0^m-1)\boldsymbol{\alpha}=\boldsymbol{0}$，但 $\boldsymbol{\alpha}\neq 0$，所以 $\lambda_0^m-1=0$，即 λ_0 为 m 次单位根。

39. 设 $\boldsymbol{A}$ 是 n 阶方阵，且 0 是 $\boldsymbol{A}$ 的 k 重特征值。求证：当且仅当 $r(\boldsymbol{A})=n-k$ 时，$r(\boldsymbol{A})=r(\boldsymbol{A}^2)$。

证明　把 $\boldsymbol{A}$ 的若尔当标准形中特征值不是 0 的子块放在一起记为 $\boldsymbol{B}$，特征值为 0 的子块放在一起记为 $\boldsymbol{B}_0$，即有

$$\boldsymbol{P}^{-1}\boldsymbol{A}\boldsymbol{P}=\begin{pmatrix}\boldsymbol{B} & \\ & \boldsymbol{B}_0\end{pmatrix}\text{与}\boldsymbol{P}^{-1}\boldsymbol{A}^2\boldsymbol{P}=(\boldsymbol{P}^{-1}\boldsymbol{A}\boldsymbol{P})^2=\begin{pmatrix}\boldsymbol{B}^2 & \\ & \boldsymbol{B}_0^2\end{pmatrix}。$$

由于子块 $\boldsymbol{B}$ 的主对角线上元素都不为 0，故 $\boldsymbol{B}$ 可逆，因此

$$r(\boldsymbol{A})=r(\boldsymbol{B})+r(\boldsymbol{B}_0),r(\boldsymbol{A}^2)=r(\boldsymbol{B}^2)+r(\boldsymbol{B}_0^2)=r(\boldsymbol{B})+r(\boldsymbol{B}_0^2)。$$

由上两式得，$r(\boldsymbol{A})=r(\boldsymbol{A}^2)$ 的充要条件是，$r(\boldsymbol{B}_0)=r(\boldsymbol{B}_0^2)$。

但 $\boldsymbol{B}_0$ 的主对角线上的若尔当块都形如

$$\boldsymbol{J}_i=\begin{pmatrix}0 & & & \\ 1 & 0 & & \\ & \ddots & \ddots & \\ & & 1 & 0\end{pmatrix},$$

由此得

$$\boldsymbol{J}_i^2=\begin{pmatrix}0 & & & & \\ 0 & \ddots & & & \\ 1 & \ddots & 0 & & \\ & \ddots & 0 & 0 & \\ & & 1 & 0 & 0\end{pmatrix}。$$

因此可得 $r(\boldsymbol{B}_0)=r(\boldsymbol{B}_0^2)$ 的充要条件是 $\boldsymbol{J}_i$ 是一阶的，即 $\boldsymbol{J}_i=\boldsymbol{O}$，亦即 $\boldsymbol{B}_0=\boldsymbol{O}$。由假设知 0 是 $\boldsymbol{A}$ 的 k 重特征值，因此 $\boldsymbol{B}_0$ 是 k 阶的，从而 $r(\boldsymbol{B}_0)=r(\boldsymbol{B}_0^2)$ 的充要条件是 $\boldsymbol{B}$ 为 $n-k$ 阶的，即 $r(\boldsymbol{A})=n-k$，命题得证。

40. 设 $\boldsymbol{M}$ 为数域 F 上的 n 阶方阵，$\boldsymbol{M}^n=\boldsymbol{O}$，而 $\boldsymbol{M}^{n-1}\neq\boldsymbol{O}$。求证：不存在 n 阶方阵 $\boldsymbol{A}$ 使 $\boldsymbol{A}^2=\boldsymbol{M}$。

证明 由 $\boldsymbol{M}^n=\boldsymbol{O}$ 可知 $\boldsymbol{M}$ 的最小多项式，从而 $\boldsymbol{M}$ 的特征值全为 0。又 $\boldsymbol{M}^{n-1}\neq\boldsymbol{O}$，故 $\boldsymbol{M}$ 的最小多项式 $m(\lambda)=\lambda^n$，由此可得 $\boldsymbol{M}$ 的若尔当标准形为

$$\boldsymbol{J}=\begin{pmatrix}0 & & & \\ 1 & \ddots & & \\ & \ddots & \ddots & \\ & & 1 & 0\end{pmatrix}。$$

显然 $r(\boldsymbol{M})=r(\boldsymbol{J})=n-1$。如果有 n 阶矩阵 $\boldsymbol{A}$，使 $\boldsymbol{A}^2=\boldsymbol{M}$，则存在可逆矩阵 $\boldsymbol{P}$ 使

$$\boldsymbol{P}^{-1}\boldsymbol{A}^2\boldsymbol{P}=\boldsymbol{P}^{-1}\boldsymbol{M}\boldsymbol{P}=\boldsymbol{J},$$

故 $\boldsymbol{A}^2$ 的特征值全为 0，因此 $\boldsymbol{A}$ 的特征值全为 0。

所以有可逆矩阵 $\boldsymbol{P}$，使

$$\boldsymbol{P}^{-1}\boldsymbol{A}\boldsymbol{P}=\begin{pmatrix}\boldsymbol{J}_1(0) & & \\ & \ddots & \\ & & \boldsymbol{J}_s(0)\end{pmatrix}\triangleq\boldsymbol{J}_A,s\geqslant 1,$$

这里 $\boldsymbol{J}_i(0)$ 为幂零若尔当块，且不全为 1 阶（否则 $\boldsymbol{A}=\boldsymbol{O}$，与 $\boldsymbol{A}^2=\boldsymbol{M}\neq\boldsymbol{O}$ 矛盾）。显然 $r(\boldsymbol{A}^2)=r(\boldsymbol{J}_A^2)<r(\boldsymbol{J}_A)=n-s\leqslant n-1=r(\boldsymbol{J})$，即 $r(\boldsymbol{A}^2)<r(\boldsymbol{M})$，故 $\boldsymbol{A}^2\neq\boldsymbol{M}$，即不存在 n 阶方阵 $\boldsymbol{A}$ 使 $\boldsymbol{A}^2=\boldsymbol{M}$。

41. 设 $\boldsymbol{A}$ 为 n 阶复方阵，求证：存在一个 n 维向量 $\boldsymbol{\alpha}$，使 $\boldsymbol{\alpha},\boldsymbol{A\alpha},\cdots,\boldsymbol{A}^{n-1}\boldsymbol{\alpha}$ 线性无关的充要条件是 $\boldsymbol{A}$ 的每一个特征值恰有一个线性无关的特征向量。

证明 必要性。由于存在一个 n 维向量 $\boldsymbol{\alpha}$，使 $\boldsymbol{\alpha},\boldsymbol{A\alpha},\cdots,\boldsymbol{A}^{n-1}\boldsymbol{\alpha}$ 线性无关，所以可令

$$\boldsymbol{A}^n\boldsymbol{\alpha}=b_0\boldsymbol{\alpha}+b_1\boldsymbol{A\alpha}+\cdots+b_{n-1}\boldsymbol{A}^{n-1}\boldsymbol{\alpha},$$

取 $\boldsymbol{P}=(\boldsymbol{\alpha},\boldsymbol{A\alpha},\cdots,\boldsymbol{A}^{n-1}\boldsymbol{\alpha})$，则 $\boldsymbol{P}$ 是可逆矩阵，且由

$$\begin{aligned}\boldsymbol{A}(\boldsymbol{\alpha},\boldsymbol{A\alpha},\cdots,\boldsymbol{A}^{n-1}\boldsymbol{\alpha})&=(\boldsymbol{A\alpha},\boldsymbol{A}^2\boldsymbol{\alpha},\cdots,\boldsymbol{A}^{n-1}\boldsymbol{\alpha},\boldsymbol{A}^n\boldsymbol{\alpha})\\&=(\boldsymbol{\alpha},\boldsymbol{A\alpha},\cdots,\boldsymbol{A}^{n-1}\boldsymbol{\alpha})\begin{pmatrix}0&0&\cdots&0&b_0\\1&0&\cdots&0&b_1\\0&1&\cdots&0&b_2\\\vdots&\vdots&&\vdots&\vdots\\0&0&\cdots&1&b_{n-1}\end{pmatrix},\end{aligned}$$

可得

$$\boldsymbol{P}^{-1}\boldsymbol{AP}=\begin{pmatrix}0&0&\cdots&0&b_0\\1&0&\cdots&0&b_1\\0&1&\cdots&0&b_2\\\vdots&\vdots&&\vdots&\vdots\\0&0&\cdots&1&b_{n-1}\end{pmatrix},$$

由此可得 $\boldsymbol{A}$ 的不变因子为 $1,1,\cdots,1,\ d_n(\lambda)=\lambda^n+b_{n-1}\lambda^{n-1}+\cdots+b_1\lambda+b_0$，所以

$$f(\lambda)=|\lambda\boldsymbol{E}-\boldsymbol{A}|=d_n(\lambda)=\lambda^n+b_{n-1}\lambda^{n-1}+\cdots+b_1\lambda+b_0。$$

令 $f(\lambda)=(\lambda-\lambda_1)^{r_1}(\lambda-\lambda_2)^{r_2}\cdots(\lambda-\lambda_t)^{r_t}(\lambda_i\neq\lambda_j,i\neq j)$，则 $\boldsymbol{A}$ 的初等因子为

$$(\lambda-\lambda_1)^{r_1},(\lambda-\lambda_2)^{r_2},\cdots,(\lambda-\lambda_t)^{r_t},$$

从而有 $\boldsymbol{A}$ 的若尔当标准形

$$\boldsymbol{J}=\begin{pmatrix}\boldsymbol{J}_1&&&\\&\boldsymbol{J}_2&&\\&&\ddots&\\&&&\boldsymbol{J}_t\end{pmatrix},\boldsymbol{J}_i=\begin{pmatrix}\lambda_1&1&&\\&\lambda_2&\ddots&\\&&\ddots&1\\&&&\lambda_i\end{pmatrix}_{n_i},\sum_{i=1}^n r_i=n。$$

可见 $r(\lambda_i\boldsymbol{E}-\boldsymbol{A})=r(\lambda_i\boldsymbol{E}-\boldsymbol{J})=n-1(i=1,2,\cdots,t)$。

所以，$\boldsymbol{A}$ 的每个特征子空间的维数均为 1，即 $\boldsymbol{A}$ 的每个特征值恰有一个线性无关的特征向量。

充分性。如果 $\boldsymbol{A}$ 的每个特征值恰有一个线性无关的特征向量，则对 $\boldsymbol{A}$ 的任一特征值 λ_i 有 $r(\lambda_i\boldsymbol{E}-\boldsymbol{A})=n-1$，从而其若尔当标准形

$$\boldsymbol{J}=\begin{pmatrix}\boldsymbol{J}_1&&&\\&\boldsymbol{J}_2&&\\&&\ddots&\\&&&\boldsymbol{J}_t\end{pmatrix},$$

中不同若尔当块的对角线元素互不相同，因此 $\boldsymbol{A}$ 的特征多项式与最小多项式相等。

设$\boldsymbol{A}$的最小多项式为

$$m_{A}(\lambda)=\lambda^{n}+a_{n-1}\lambda^{n-1}+\cdots+a_{1}\lambda+a_{0},$$

则$\boldsymbol{A}$与

$$\boldsymbol{B}=\begin{pmatrix}0&\cdots&0&a_0\\1&\ddots&\vdots&\vdots\\&\ddots&0&a_{n-1}\\&&1&1\end{pmatrix},$$

有相同的不变因子,因而$\boldsymbol{A}$与$\boldsymbol{B}$相似。

令$\boldsymbol{B}=\boldsymbol{P}^{-1}\boldsymbol{AP}$,且$\boldsymbol{P}=(\boldsymbol{\alpha}_1,\boldsymbol{\alpha}_2,\cdots,\boldsymbol{\alpha}_n)$,则

$$(\boldsymbol{A\alpha}_1,\boldsymbol{A\alpha}_2,\cdots,\boldsymbol{A\alpha}_n)=(\boldsymbol{\alpha}_1,\boldsymbol{\alpha}_2,\cdots,\boldsymbol{\alpha}_n)\begin{pmatrix}0&\cdots&0&a_0\\1&\ddots&\vdots&\vdots\\&\ddots&0&a_{n-1}\\&&1&1\end{pmatrix},$$

即$\boldsymbol{A\alpha}_1=\boldsymbol{\alpha}_2$, $\boldsymbol{A}^2\boldsymbol{\alpha}_1=\boldsymbol{A\alpha}_2=\boldsymbol{\alpha}_3$, $\boldsymbol{A}^{n-1}\boldsymbol{\alpha}_1=\boldsymbol{\alpha}_n$。

不妨取$\boldsymbol{\alpha}=\boldsymbol{\alpha}_1$,则有$\boldsymbol{\alpha}\neq\boldsymbol{0}$,且$\boldsymbol{\alpha},\boldsymbol{A\alpha},\cdots,\boldsymbol{A}^{n-1}\boldsymbol{\alpha}$线性无关,命题得证。

42. 设n阶方阵$\boldsymbol{A}$的特征多项式$f(\lambda)=(\lambda-1)^n$,则对于任意自然数k,$\boldsymbol{A}^k$都与$\boldsymbol{A}$相似。

证明 设$\boldsymbol{A}$的若尔当标准形为

$$\boldsymbol{J}=\begin{pmatrix}\boldsymbol{J}_1&&&\\&\boldsymbol{J}_2&&\\&&\ddots&\\&&&\boldsymbol{J}_s\end{pmatrix},$$

其中,$\boldsymbol{J}_i=\begin{pmatrix}1&&&\\1&1&&\\&\ddots&\ddots&\\&&1&1\end{pmatrix}$,其阶数为$r_i(i=1,2,\cdots,s)$,

而$\boldsymbol{J}_i$的不变因子为$1,\cdots,1,(\lambda-1)^{r_i}$,

$$|\lambda\boldsymbol{E}_{r_i}-\boldsymbol{J}_i^k|=\begin{vmatrix}\lambda-1&&&\\-k&\lambda-1&&\\&\ddots&\ddots&\\&&-k&\lambda-1\end{vmatrix}=(\lambda-1)^{r_i},$$

$\lambda\boldsymbol{E}_{r_i}-\boldsymbol{J}_i^k$有一个$r_i-1$阶子式

$$\begin{vmatrix}\lambda-1&&&\\-k&\lambda-1&&\\&\ddots&\ddots&\\ *&&-k&\lambda-1\end{vmatrix}=(\lambda-1)^{r_i-1},$$

还有一个r_i-1阶子式

$$\begin{vmatrix} -k & \lambda-1 & & \\ & -k & \ddots & \\ & & \ddots & \lambda-1 \\ * & & & -k \end{vmatrix} = g(\lambda),$$

因 $g(1)=(-k)^{r_i-1}\neq 0$，所以 $(g(\lambda),(\lambda-1)^{r_i-1})=1$，故 $\lambda \boldsymbol{E}_{r_i}-\boldsymbol{J}_i^k$ 的 r_i-1 阶行列式因子为 1，因此 $\lambda \boldsymbol{E}_{r_i}-\boldsymbol{J}_i^k$ 的不变因子为 $1,\cdots,1,(\lambda-1)^{r_i}$，所以 $\boldsymbol{J}_i \sim \boldsymbol{J}_i^k$，即存在 $\boldsymbol{T}_i$，使 $\boldsymbol{T}_i^{-1}\boldsymbol{J}_i^k\boldsymbol{T}_i=\boldsymbol{J}_i$，令

$$\boldsymbol{T}=\begin{pmatrix} \boldsymbol{T}_1 & & & \\ & \boldsymbol{T}_2 & & \\ & & \ddots & \\ & & & \boldsymbol{T}_s \end{pmatrix},$$

则 $\boldsymbol{T}^{-1}\boldsymbol{J}^k\boldsymbol{T}=\boldsymbol{J}$，从而 $\boldsymbol{A}^k \sim \boldsymbol{A}$。

43. 设 $\boldsymbol{A},\boldsymbol{B}\in \mathbf{C}^{n\times n}$，$\boldsymbol{AB}=\boldsymbol{BA}$，且 $\boldsymbol{A},\boldsymbol{B}$ 都可以对角化。求证：存在可逆矩阵 $\boldsymbol{T}$，使 $\boldsymbol{T}^{-1}\boldsymbol{AT}$，$\boldsymbol{T}^{-1}\boldsymbol{BT}$ 同时为对角矩阵。

证明　由于 $\boldsymbol{A}$ 可以对角化，故存在可逆阵 $\boldsymbol{P}$，使

$$\boldsymbol{P}^{-1}\boldsymbol{AP}=\begin{pmatrix} \lambda_1\boldsymbol{E}_{n_1} & & & \\ & \lambda_2\boldsymbol{E}_{n_2} & & \\ & & \ddots & \\ & & & \lambda_s\boldsymbol{E}_{n_s} \end{pmatrix},$$

其中，$\lambda_1,\lambda_2,\cdots,\lambda_s$ 互异，且 $n_1+n_2+\cdots+n_s=n$。

由 $\boldsymbol{AB}=\boldsymbol{BA}$ 知 $(\boldsymbol{P}^{-1}\boldsymbol{AP})(\boldsymbol{P}^{-1}\boldsymbol{BP})=(\boldsymbol{P}^{-1}\boldsymbol{BP})(\boldsymbol{P}^{-1}\boldsymbol{AP})$，故

$$\boldsymbol{P}^{-1}\boldsymbol{BP}=\begin{pmatrix} \boldsymbol{B}_1 & & & \\ & \boldsymbol{B}_2 & & \\ & & \ddots & \\ & & & \boldsymbol{B}_s \end{pmatrix},$$

为准对角矩阵，其中 $\boldsymbol{B}_i$ 为 $n_i\times n_i$ 矩阵。由于 $\boldsymbol{B}$ 可以对角化，故 $\boldsymbol{B}$ 的初等因子都是一次的，从而 $\boldsymbol{B}_i$ 的初等因子也都是一次的，所以存在可逆矩阵 $\boldsymbol{R}_i(i=1,2,\cdots,s)$，使

$$\boldsymbol{R}_i^{-1}\boldsymbol{B}_i\boldsymbol{R}_i(i=1,2,\cdots,s),$$

为对角矩阵。令

$$\boldsymbol{R}=\begin{pmatrix} \boldsymbol{R}_1 & & & \\ & \boldsymbol{R}_2 & & \\ & & \ddots & \\ & & & \boldsymbol{R}_s \end{pmatrix},$$

则

$$R^{-1}\begin{pmatrix}B_1 & & & \\ & B_2 & & \\ & & \ddots & \\ & & & B_s\end{pmatrix}R=\begin{pmatrix}\mu_1 & & & \\ & \mu_2 & & \\ & & \ddots & \\ & & & \mu_n\end{pmatrix},$$

为对角矩阵。再令 $T=PR$,则 T 可逆,且

$$T^{-1}AT=\begin{pmatrix}R_1^{-1} & & & \\ & R_2^{-1} & & \\ & & \ddots & \\ & & & R_s^{-1}\end{pmatrix}\begin{pmatrix}\lambda_1E_{n_1} & & & \\ & \lambda_2E_{n_2} & & \\ & & \ddots & \\ & & & \lambda_sE_{n_s}\end{pmatrix}\begin{pmatrix}R_1 & & & \\ & R_1 & & \\ & & \ddots & \\ & & & R_s\end{pmatrix}$$

$$=\begin{pmatrix}\lambda_1E_{n_1} & & & \\ & \lambda_2E_{n_2} & & \\ & & \ddots & \\ & & & \lambda_sE_{n_s}\end{pmatrix},$$

$$T^{-1}BT=R^{-1}(P^{-1}BP)R=R^{-1}\begin{pmatrix}B_1 & & & \\ & B_2 & & \\ & & \ddots & \\ & & & B_s\end{pmatrix}R=\begin{pmatrix}\mu_1 & & & \\ & \mu_2 & & \\ & & \ddots & \\ & & & \mu_s\end{pmatrix},$$

证毕。

44. 设 A 为 n 阶矩阵,证明下列命题相互等价:

(1) $r(A)=r(A^2)$;

(2)存在可逆矩阵 P 与 Q,使得 $A=P\begin{pmatrix}B & O\\ O & O\end{pmatrix}P^{-1}$,其中 O 是零矩阵;

(3)存在可逆矩阵 C,使得 $A=A^2C$。

证明 (1)⇒(2) 由于 $r(A)=r(A^2)$,所以 A 的若尔当标准形中不存在非零的幂零若尔当块。集中所有非零特征值的若尔当块,记为 B,则有 A 相似于分块矩阵

$$\begin{pmatrix}B & O\\ O & O\end{pmatrix},$$

即存在可逆矩阵 P,使

$$A=P\begin{pmatrix}B & O\\ O & O\end{pmatrix}P^{-1}。$$

(2)⇒(3) 由(2)知 $A=P\begin{pmatrix}B & O\\ O & O\end{pmatrix}P^{-1}$,取可逆矩阵 $C=P\begin{pmatrix}B^{-1} & O\\ O & E_{n-r}\end{pmatrix}P^{-1}$,这里 r 是 B 的阶数,E_{n-r} 为单位矩阵,则有 $A=A^2C$。

(3)⇒(1) 由(3)知 $r(A)\leqslant r(A^2)$,又显然可知 $r(A)\geqslant r(A^2)$,所以

$$r(A)=r(A^2)。$$

45. 设$\boldsymbol{A}$,$\boldsymbol{B}$是复数域上的n阶方阵,$\boldsymbol{AB}=\boldsymbol{BA}$,又设存在某个正整数$k$,使$\boldsymbol{A}^k=\boldsymbol{E}$,$\boldsymbol{B}^k=\boldsymbol{E}$。求证:存在非退化矩阵$\boldsymbol{P}$,使$\boldsymbol{P}^{-1}\boldsymbol{AP}$,$\boldsymbol{P}^{-1}\boldsymbol{BP}$同时化为对角阵,且对角线上元素都是1的$k$次方根。

证明　由于$\boldsymbol{A}^k-\boldsymbol{E}=\boldsymbol{O}$, $\boldsymbol{B}^k-\boldsymbol{E}=\boldsymbol{O}$, $g(\lambda)=\lambda^k-1$无重根,所以$\boldsymbol{A}$,$\boldsymbol{B}$都可以对角化。由上题可知,存在可逆阵$\boldsymbol{T}$,使

$$\boldsymbol{T}^{-1}\boldsymbol{AT}=\begin{pmatrix}\lambda_1&&&\\&\lambda_2&&\\&&\ddots&\\&&&\lambda_n\end{pmatrix},\boldsymbol{T}^{-1}\boldsymbol{BT}=\begin{pmatrix}\mu_1&&&\\&\mu_2&&\\&&\ddots&\\&&&\mu_n\end{pmatrix},$$

由于$\boldsymbol{A}^k=\boldsymbol{E}$, $\boldsymbol{B}^k=\boldsymbol{E}$,故$\lambda_i^k=1$, $\mu_i^k=1(i=1,2,\cdots,n)$,即证。

46. 设$\boldsymbol{A}$是3阶方阵,$\boldsymbol{A}^2=\boldsymbol{E}$,但$\boldsymbol{A}\neq\boldsymbol{E}$,$\boldsymbol{A}\neq-\boldsymbol{E}$。求证:$\boldsymbol{A}+\boldsymbol{E}$,$\boldsymbol{A}-\boldsymbol{E}$中有一个秩为2,有一个秩为1。

证明　因为$\boldsymbol{A}^2-\boldsymbol{E}=\boldsymbol{O}$,而$g(\lambda)=\lambda^2-1$无重根,因此$\boldsymbol{A}$相似于对角阵,且$\boldsymbol{A}$的特征值是1或$-1$。又$\boldsymbol{A}\neq\boldsymbol{E}$,$\boldsymbol{A}\neq-\boldsymbol{E}$,所以$\boldsymbol{A}$的特征值不能全是1或者全是$-1$,从而有两种可能:

(1)当$\boldsymbol{T}^{-1}\boldsymbol{AT}=\begin{pmatrix}1&&\\&1&\\&&-1\end{pmatrix}$时,

$$\boldsymbol{T}^{-1}(\boldsymbol{A}+\boldsymbol{E})\boldsymbol{T}=\begin{pmatrix}2&&\\&2&\\&&0\end{pmatrix},\boldsymbol{T}^{-1}(\boldsymbol{A}-\boldsymbol{E})\boldsymbol{T}=\begin{pmatrix}0&&\\&0&\\&&-2\end{pmatrix},$$

故$r(\boldsymbol{A}+\boldsymbol{E})=2$,$r(\boldsymbol{A}-\boldsymbol{E})=1$。

(2)当$\boldsymbol{T}^{-1}\boldsymbol{AT}=\begin{pmatrix}1&&\\&-1&\\&&-1\end{pmatrix}$时,

$$\boldsymbol{T}^{-1}(\boldsymbol{A}+\boldsymbol{E})\boldsymbol{T}=\begin{pmatrix}2&&\\&0&\\&&0\end{pmatrix},\boldsymbol{T}^{-1}(\boldsymbol{A}-\boldsymbol{E})\boldsymbol{T}=\begin{pmatrix}0&&\\&-2&\\&&-2\end{pmatrix},$$

故$r(\boldsymbol{A}+\boldsymbol{E})=1$,$r(\boldsymbol{A}-\boldsymbol{E})=2$。

47. 设$\boldsymbol{A}$是数域P上的n阶非零非单位矩阵,$r(\boldsymbol{A})=r$,$\boldsymbol{A}^2=\boldsymbol{A}$。求证:对于满足$1<s\leqslant n-r$的整数$s$,存在矩阵$\boldsymbol{B}$,使$\boldsymbol{AB}=\boldsymbol{BA}=\boldsymbol{O}$,且

$$(\boldsymbol{A}+\boldsymbol{B})^{s+1}=(\boldsymbol{A}+\boldsymbol{B})^s\neq(\boldsymbol{A}+\boldsymbol{B})^{s-1}。$$

证明　因为$\boldsymbol{A}^2=\boldsymbol{A}$,所以存在可逆矩阵$\boldsymbol{T}$,使

$$\boldsymbol{T}^{-1}\boldsymbol{AT}=\begin{pmatrix}\boldsymbol{E}_r&\boldsymbol{O}\\\boldsymbol{O}&\boldsymbol{O}\end{pmatrix},1\leqslant r\leqslant n-1。$$

令$\boldsymbol{B}=\boldsymbol{T}\begin{pmatrix}\boldsymbol{O}_{(n-s)\times(n-s)}&\\&\boldsymbol{J}\end{pmatrix}\boldsymbol{T}^{-1}$,其中$\boldsymbol{J}=\begin{pmatrix}0&&&\\1&\ddots&&\\&\ddots&\ddots&\\&&1&0\end{pmatrix}_{s\times s}$,则

$$T^{-1}BT=\begin{pmatrix} O_{r\times r} & & \\ & O_{(n-s-r)\times(n-s-r)} & \\ & & J \end{pmatrix},$$

于是有

$$T^{-1}ABT=T^{-1}ATT^{-1}BT=\begin{pmatrix} E_r & & \\ & O_{(n-s-r)\times(n-s-r)} & \\ & & O_{s\times s} \end{pmatrix}\begin{pmatrix} O_{r\times r} & & \\ & O_{(n-s-r)\times(n-s-r)} & \\ & & J \end{pmatrix}=O,$$

故 $AB=O$,同理 $BA=O$。另外,$J^s=O$, 而 $J^{s-1}\neq O$, 所以

$$T^{-1}(A+B)^sT=\underbrace{T^{-1}(A+B)T\cdot T^{-1}(A+B)T\cdots T^{-1}(A+B)T}_{s}$$

$$=\begin{pmatrix} E_r & & \\ & O_{(n-s-r)\times(n-s-r)} & \\ & & J \end{pmatrix}^s=\begin{pmatrix} E_r & & \\ & O & \\ & & O \end{pmatrix},$$

$$T^{-1}(A+B)^{s+1}T=\begin{pmatrix} E_r & & \\ & O & \\ & & J \end{pmatrix}^{s+1}=\begin{pmatrix} E_r & & \\ & O & \\ & & O \end{pmatrix},$$

即 $(A+B)^s=(A+B)^{s+1}$, 又因为

$$T^{-1}(A+B)^{s-1}T=\begin{pmatrix} E_r & & \\ & O & \\ & & J^{s-1} \end{pmatrix},$$

所以 $(A+B)^s\neq(A+B)^{s-1}$。

48.求证:n 阶复矩阵 A 可以对角化当且仅当对于任给的 n 维列向量 X,如果 $(\lambda_0E_n-A)^2X=0$, 则 $(\lambda_0E_n-A)X=0,\lambda_0\in\mathbf{C}$。

证明 必要性。如果 n 阶复矩阵 A 可以对角化,则存在可逆矩阵 P 使得

$$A=P^{-1}\begin{bmatrix} \lambda_1E_{i_1} & & & \\ & \lambda_2E_{i_2} & & \\ & & \ddots & \\ & & & \lambda_sE_{i_s} \end{bmatrix}P,$$

这里 $\lambda_1,\lambda_2,\cdots,\lambda_s$ 两两不同。对于 $\lambda_0\in\mathbf{C}$,

$$\lambda_0E_n-A=P^{-1}\begin{bmatrix} (\lambda_0-\lambda_1)E_{i_1} & & & \\ & (\lambda_0-\lambda_2)E_{i_2} & & \\ & & \ddots & \\ & & & (\lambda_0-\lambda_s)E_{i_s} \end{bmatrix}P,$$

$$(\lambda_0\boldsymbol{E}_n-\boldsymbol{A})^2=\boldsymbol{P}^{-1}\begin{pmatrix}(\lambda_0-\lambda_1)^2\boldsymbol{E}_{i_1} & & & \\ & (\lambda_0-\lambda_2)^2\boldsymbol{E}_{i_2} & & \\ & & \ddots & \\ & & & (\lambda_0-\lambda_s)^2\boldsymbol{E}_{i_s}\end{pmatrix}\boldsymbol{P},$$

由于 $(\lambda_0\boldsymbol{E}_n-\boldsymbol{A})^2\boldsymbol{X}=\boldsymbol{0}$，故 $\boldsymbol{P}^{-1}(\lambda_0\boldsymbol{E}_n-\boldsymbol{A})^2\boldsymbol{P}\boldsymbol{P}^{-1}\boldsymbol{X}=\boldsymbol{0}$，即

$$\begin{pmatrix}(\lambda_0-\lambda_1)^2\boldsymbol{E}_{i_1} & & & \\ & (\lambda_0-\lambda_2)^2\boldsymbol{E}_{i_2} & & \\ & & \ddots & \\ & & & (\lambda_0-\lambda_s)^2\boldsymbol{E}_{i_s}\end{pmatrix}\boldsymbol{P}^{-1}\boldsymbol{X}=\boldsymbol{0},$$

从而有

$$\begin{pmatrix}(\lambda_0-\lambda_1)\boldsymbol{E}_{i_1} & & & \\ & (\lambda_0-\lambda_2)\boldsymbol{E}_{i_2} & & \\ & & \ddots & \\ & & & (\lambda_0-\lambda_s)\boldsymbol{E}_{i_s}\end{pmatrix}\boldsymbol{P}^{-1}\boldsymbol{X}=\boldsymbol{0},$$

故 $(\lambda_0\boldsymbol{E}_n-\boldsymbol{A})\boldsymbol{X}=\boldsymbol{0}$。

充分性。用反证法。如果 $\boldsymbol{A}$ 不能对角化，则其若尔当标准形 $\boldsymbol{J}$ 中至少有一块阶大于 1。记其中的一块为 $\boldsymbol{J}_1$，设其阶为 r，并设 $\boldsymbol{J}_1$ 的主对角线上的元素为 λ_0，则 $r(\lambda_0\boldsymbol{E}_r-\boldsymbol{J}_1)=r-1$，而 $r((\lambda_0\boldsymbol{E}_r-\boldsymbol{J}_1)^2)=r-2$，从而 $r((\lambda_0\boldsymbol{E}_n-\boldsymbol{J})^2)<r(\lambda_0\boldsymbol{E}_n-\boldsymbol{J})$，因此

$$r((\lambda_0\boldsymbol{E}_n-\boldsymbol{A})^2)<r((\lambda_0\boldsymbol{E}_n-\boldsymbol{A})(\lambda_0\boldsymbol{E}_n-\boldsymbol{A})^2)。$$

而根据已知条件可知

$$r((\lambda_0\boldsymbol{E}_n-\boldsymbol{A})^2)=r(\lambda_0\boldsymbol{E}_n-\boldsymbol{A}),$$

此为矛盾。因此矩阵 $\boldsymbol{A}$ 可以对角化。

49. 求证：对任意的 n 阶复矩阵 $\boldsymbol{A}$ 都存在可逆矩阵 $\boldsymbol{P}$，使得 $\boldsymbol{P}^{-1}\boldsymbol{A}\boldsymbol{P}=\boldsymbol{G}\boldsymbol{S}$，其中 $\boldsymbol{G}$，$\boldsymbol{S}$ 都是对称方阵，且 $\boldsymbol{G}$ 可逆。

证明　由于存在可逆矩阵 $\boldsymbol{Q}$，使得

$$\boldsymbol{Q}^{-1}\boldsymbol{A}\boldsymbol{Q}=\begin{pmatrix}\boldsymbol{J}_1 & & & \\ & \boldsymbol{J}_2 & & \\ & & \ddots & \\ & & & \boldsymbol{J}_s\end{pmatrix},$$

为若尔当标准形，这里 $\boldsymbol{J}_i=\begin{pmatrix}\lambda_i & 1 & & \\ & \lambda_i & \ddots & \\ & & \ddots & 1 \\ & & & \lambda_i\end{pmatrix}$，只需考虑 $\boldsymbol{A}$ 为一个若尔当块的情形，因此不妨设

$$A=\begin{pmatrix} a & 1 & & & \\ & a & 1 & & \\ & & \ddots & \ddots & \\ & & & a & 1 \\ & & & & a \end{pmatrix},$$

令

$$T=\begin{pmatrix} 0 & 0 & \cdots & 0 & 1 \\ 0 & 0 & \cdots & 1 & 0 \\ \vdots & \vdots & & \vdots & \vdots \\ 0 & 1 & \cdots & 0 & 0 \\ 1 & 0 & \cdots & 0 & 0 \end{pmatrix},$$

则有 $T^2=E_n$，且 T 为正交对称矩阵。由于

$$\begin{aligned} T^{\mathrm{T}}AT &= TAT \\ &= \begin{pmatrix} 0 & 0 & \cdots & 0 & 1 \\ 0 & 0 & \cdots & 1 & 0 \\ \vdots & \vdots & & \vdots & \vdots \\ 0 & 1 & \cdots & 0 & 0 \\ 1 & 0 & \cdots & 0 & 0 \end{pmatrix}\begin{pmatrix} a & 1 & & & \\ & a & 1 & & \\ & & \ddots & \ddots & \\ & & & a & 1 \\ & & & & a \end{pmatrix}\begin{pmatrix} 0 & 0 & \cdots & 0 & 1 \\ 0 & 0 & \cdots & 1 & 0 \\ \vdots & \vdots & & \vdots & \vdots \\ 0 & 1 & \cdots & 0 & 0 \\ 1 & 0 & \cdots & 0 & 0 \end{pmatrix} \\ &= \begin{pmatrix} 0 & 0 & \cdots & 0 & 1 \\ 0 & 0 & \cdots & 1 & 0 \\ \vdots & \vdots & & \vdots & \vdots \\ 0 & 1 & \cdots & 0 & 0 \\ 1 & 0 & \cdots & 0 & 0 \end{pmatrix}\begin{pmatrix} & & & 1 & a \\ & & 1 & a & \\ & \cdot^{\cdot^{\cdot}} & \cdot^{\cdot^{\cdot}} & & \\ 1 & a & & & \\ a & & & & \end{pmatrix} \\ &= \begin{pmatrix} a & 1 & & & \\ & a & 1 & & \\ & & \ddots & \ddots & \\ & & & a & 1 \\ & & & & a \end{pmatrix} = A^{\mathrm{T}}, \end{aligned}$$

所以 $TA=A^{\mathrm{T}}T$。令 $S=TA$，$G=T$。因为 $(TA)^{\mathrm{T}}=A^{\mathrm{T}}T^{\mathrm{T}}=A^{\mathrm{T}}T=TA$，因此 TA 为对称矩阵。因此 $A=T^2A=T(TA)=GS$，从而存在可逆矩阵 P，使得 $P^{-1}AP=GS$，G 为对称可逆矩阵，S 为对称矩阵。

50. 设 M 为复数域上的可逆矩阵，则存在方阵 A 使 $A^2=M$。

证明　在复数域上存在可逆矩阵 P，使

$$P^{-1}MP=\begin{pmatrix} J_1 & & & \\ & J_2 & & \\ & & \ddots & \\ & & & J_s \end{pmatrix},$$

即是一个若尔当形矩阵，其中 $\boldsymbol{J}_i=\begin{pmatrix}\lambda_i & & & \\ 1 & \lambda_i & & \\ & \ddots & \ddots & \\ & & 1 & \lambda_i\end{pmatrix}_{k_i\times k_i}$ $(\lambda_i\neq 0, i=1,2,\cdots,s)$。设

$$\boldsymbol{B}_i=\begin{pmatrix}x & & & \\ b_{21} & x & & \\ \vdots & \vdots & \ddots & \\ b_{r1} & b_{r2} & \cdots & x\end{pmatrix},$$

令 $\boldsymbol{B}_i^2=\boldsymbol{J}_i$，可从上至下得到 $x^2=\lambda_i$，取 $x=\sqrt{\lambda_i}$，$2xb_{21}=1$，可得 $b_{21}=\dfrac{1}{2x}$，再求 b_{32}，b_{31}，…，因而可求出 $\boldsymbol{B}_i$，故有

$$\boldsymbol{P}^{-1}\boldsymbol{MP}=\begin{pmatrix}\boldsymbol{B}_1^2 & & & \\ & \boldsymbol{B}_2^2 & & \\ & & \ddots & \\ & & & \boldsymbol{B}_s^2\end{pmatrix},$$

$$\boldsymbol{M}=\left(\boldsymbol{P}\begin{pmatrix}\boldsymbol{B}_1 & & & \\ & \boldsymbol{B}_2 & & \\ & & \ddots & \\ & & & \boldsymbol{B}_s\end{pmatrix}\boldsymbol{P}^{-1}\right)^2=\boldsymbol{A}^2,$$

其中，

$$\boldsymbol{A}=\boldsymbol{P}\begin{pmatrix}\boldsymbol{B}_1 & & & \\ & \boldsymbol{B}_2 & & \\ & & \ddots & \\ & & & \boldsymbol{B}_s\end{pmatrix}\boldsymbol{P}^{-1}。$$

51. 设 $\boldsymbol{A}$ 为一个 n 阶复矩阵，$f(\lambda)$ 是 $\boldsymbol{A}$ 的特征多项式。求证：矩阵 $\boldsymbol{A}$ 可对角化的充要条件是，若 a 是 $f(\lambda)$ 的 k 重根，则 $r(a\boldsymbol{E}-\boldsymbol{A})=n-k$。

证明　必要性。由条件可知，存在可逆矩阵 $\boldsymbol{P}$，使

$$\boldsymbol{P}^{-1}\boldsymbol{AP}=\begin{pmatrix}\lambda_1 & & & \\ & \lambda_2 & & \\ & & \ddots & \\ & & & \lambda_n\end{pmatrix},$$

而 $f(\lambda)=|\lambda\boldsymbol{E}-\boldsymbol{A}|=(\lambda-\lambda_1)(\lambda-\lambda_2)\cdots(\lambda-\lambda_n)$，$a$ 是 $f(\lambda)$ 的 k 重根，因而在 $\lambda_1,\lambda_2,\cdots,\lambda_n$ 中有 k 个为 a，故矩阵

$$\boldsymbol{P}^{-1}(a\boldsymbol{E}-\boldsymbol{A})\boldsymbol{P}=\begin{pmatrix}a-\lambda_1 & & & \\ & a-\lambda_2 & & \\ & & \ddots & \\ & & & a-\lambda_n\end{pmatrix},$$

的对角线上有 k 个为零,从而 $r(a\boldsymbol{E}-\boldsymbol{A})=n-k$。

充分性。由 a 是 $f(\lambda)$ 的根,即 a 为矩阵$\boldsymbol{A}$ 的特征值,由条件知,存在可逆矩阵 $\boldsymbol{P}$,使

$$\boldsymbol{P}^{-1}\boldsymbol{A}\boldsymbol{P}=\begin{pmatrix}\boldsymbol{J}_1 & & & \\ & \boldsymbol{J}_2 & & \\ & & \ddots & \\ & & & \boldsymbol{J}_s\end{pmatrix},\boldsymbol{J}_i=\begin{pmatrix}\lambda_i & & & \\ 1 & \lambda_i & & \\ & \ddots & \ddots & \\ & & 1 & \lambda_i\end{pmatrix}_{n_i\times n_i}\quad(i=1,2,\cdots,s)。$$

设 $\boldsymbol{J}_1,\boldsymbol{J}_2,\cdots,\boldsymbol{J}_r$ 的对角线元素均为a,而 $\boldsymbol{J}_{r+1},\cdots,\boldsymbol{J}_s$ 不以a 为特征值,则

$$\boldsymbol{P}^{-1}(a\boldsymbol{E}-\boldsymbol{A})\boldsymbol{P}=a\boldsymbol{E}-\boldsymbol{X}^{-1}\boldsymbol{A}\boldsymbol{P}$$

$$=\begin{pmatrix}a\boldsymbol{E}_1-\boldsymbol{J}_1 & & & & & \\ & \ddots & & & & \\ & & a\boldsymbol{E}_r-\boldsymbol{J}_r & & & \\ & & & a\boldsymbol{E}_{r+1}-\boldsymbol{J}_{r+1} & & \\ & & & & \ddots & \\ & & & & & a\boldsymbol{E}_s-\boldsymbol{J}_s\end{pmatrix},$$

故 $(a\boldsymbol{E}-\boldsymbol{A})=(n_1-1)+\cdots+(n_r-1)+n_{r+1}+\cdots+n_s=n-r=n-k$,从而 $r=k,n_1+\cdots+n_k=k,n_1=\cdots=n_r=1$。由 a 的任意性知 $\boldsymbol{P}^{-1}\boldsymbol{A}\boldsymbol{P}$ 等于一个对角矩阵。

52. 设 $\sigma\in L(V_n)$,σ 的最小多项式与它的特征多项式相等。求证:存在 $\boldsymbol{\alpha}\in V$,使得 $\boldsymbol{\alpha}$,$\sigma(\boldsymbol{\alpha}),\cdots,\sigma^{n-1}(\boldsymbol{\alpha})$ 为V 的一组基。

证明 设σ 的最小多项式和特征多项式同为

$$d_n(\lambda)=\lambda^n+b_{n-1}\lambda^{n-1}+\cdots+b_1\lambda+b_0,$$

则σ 的不变因子为 $1,1,\cdots,1,d_n(\lambda)$。

而 $\boldsymbol{F}=\begin{pmatrix}0 & & & -b_0\\ 1 & \ddots & & \vdots\\ & \ddots & 0 & \\ & & 1 & -b_{n-1}\end{pmatrix}$ 的不变因子也为 $1,1,\cdots,1,d_n(\lambda)$,从而存在$V$ 的一组基$\boldsymbol{\alpha}_1$,$\boldsymbol{\alpha}_2,\cdots,\boldsymbol{\alpha}_n$,使得

$$\sigma(\boldsymbol{\alpha}_1,\boldsymbol{\alpha}_2,\cdots,\boldsymbol{\alpha}_n)=(\boldsymbol{\alpha}_1,\boldsymbol{\alpha}_2,\cdots,\boldsymbol{\alpha}_n)\boldsymbol{F}$$

$$=(\boldsymbol{\alpha}_1,\boldsymbol{\alpha}_2,\cdots,\boldsymbol{\alpha}_n)\begin{pmatrix}0 & & & -b_0\\ 1 & \ddots & & \vdots\\ & \ddots & 0 & \\ & & 1 & -b_{n-1}\end{pmatrix},$$

从而有 $\sigma(\boldsymbol{\alpha}_1)=\boldsymbol{\alpha}_2,\sigma(\boldsymbol{\alpha}_2)=\boldsymbol{\alpha}_3,\cdots,\sigma(\boldsymbol{\alpha}_{n-1})=\boldsymbol{\alpha}_n$,即

$$\sigma(\boldsymbol{\alpha}_1)=\boldsymbol{\alpha}_2,\sigma(\boldsymbol{\alpha}_3)=\sigma^2(\boldsymbol{\alpha}_1),\cdots,\sigma(\boldsymbol{\alpha}_{n-1})=\sigma^{n-1}(\boldsymbol{\alpha}_1),$$

令 $\boldsymbol{\alpha}=\boldsymbol{\alpha}_1$,则 $\boldsymbol{\alpha}=\boldsymbol{\alpha}_1,\sigma(\boldsymbol{\alpha})=\boldsymbol{\alpha}_2,\cdots,\sigma^{n-1}(\boldsymbol{\alpha})=\boldsymbol{\alpha}_n$ 为V 的一组基。

53. n 维欧氏空间 V 的线性变换σ 满足$\sigma^3+\sigma=0^*$。求证:$\mathrm{tr}(\sigma)=0$(题中 0^* 表示零变换,$\mathrm{tr}(\sigma)$ 等于σ 在V 的某组基下对应矩阵的迹)。

证明　取 V 的一组基 $\boldsymbol{\varepsilon}_1,\boldsymbol{\varepsilon}_2,\cdots,\boldsymbol{\varepsilon}_n$，且设

$$\sigma(\boldsymbol{\varepsilon}_1,\boldsymbol{\varepsilon}_2,\cdots,\boldsymbol{\varepsilon}_n)=(\boldsymbol{\varepsilon}_1,\boldsymbol{\varepsilon}_2,\cdots,\boldsymbol{\varepsilon}_n)\boldsymbol{A}。$$

由 $\sigma^3+\sigma=0^*$ 知，$\boldsymbol{A}^3+\boldsymbol{A}=\boldsymbol{O}$。设 $d_n(\lambda)$ 为 $\boldsymbol{A}$ 的最小多项式，即 $\boldsymbol{A}$ 的最后一个不变因子，则 $d_n(\lambda)\mid\lambda(\lambda^2+1)$。

(1)当 $d_n(\lambda)=\lambda$ 时，$\boldsymbol{O}=d_n(\boldsymbol{A})=\boldsymbol{A}$，所以 $\mathrm{tr}(\sigma)=\mathrm{tr}(\boldsymbol{A})=0$；

(2)当 $d_n(\lambda)=\lambda^2+1$ 时，n 为偶数，此时

$$\boldsymbol{A}\sim\begin{pmatrix}0&1&&&\\-1&0&&&\\&&\ddots&&\\&&&0&1\\&&&-1&0\end{pmatrix}=\boldsymbol{B},$$

所以迹 $\sigma=\mathrm{tr}(\boldsymbol{B})=0$；

(3)当 $d_n(\lambda)=\lambda(\lambda^2+1)$ 时，

$$\boldsymbol{A}\sim\begin{pmatrix}0&&&&&&&\\&\ddots&&&&&&\\&&0&&&&&\\&&&0&-1&&&\\&&&1&0&&&\\&&&&&\ddots&&\\&&&&&&0&-1\\&&&&&&1&0\end{pmatrix}=\boldsymbol{C},$$

所以

$$\mathrm{tr}(\sigma)=\mathrm{tr}(\boldsymbol{A})=\mathrm{tr}(\boldsymbol{C})=0。$$

8.3　练习题

1. 设 $\boldsymbol{A}=\begin{pmatrix}1&1&-1\\-3&-3&-3\\-2&-2&-2\end{pmatrix}$，求 $\boldsymbol{A}$ 的最小多项式和若尔当标准形。

2. 设 $\boldsymbol{A},\boldsymbol{B}\in\mathbf{C}^{3\times3}$。求证：$\boldsymbol{A}\sim\boldsymbol{B}$ 当且仅当 $\boldsymbol{A}$ 与 $\boldsymbol{B}$ 的特征多项式与最小多项式相同，并举出特征多项式与最小多项式有一相同，而 $\boldsymbol{A}$ 与 $\boldsymbol{B}$ 不相似的例子。

3. 求 n 阶方阵

$$\boldsymbol{A}=\begin{pmatrix}0&1&0&\cdots&0&0\\0&0&1&\cdots&0&0\\\vdots&\vdots&\vdots&&\vdots&\vdots\\0&0&0&\cdots&0&1\\1&0&0&\cdots&0&0\end{pmatrix},$$

的若尔当标准形。

4. 设 $a,b\in\mathbf{C}$，根据不同的 a,b，求 n 阶上三角矩阵

$$\boldsymbol{A}=\begin{pmatrix} a & b & \cdots & b & b \\ & a & \cdots & b & b \\ & & \ddots & \vdots & \vdots \\ & & & a & b \\ & & & & a \end{pmatrix},$$

的最小多项式和若尔当标准形。

5. 设矩阵 $\boldsymbol{A}$ 的特征多项式为 $f(\lambda)=(\lambda-2)^3(\lambda-3)^2$，试写出 $\boldsymbol{A}$ 的所有可能的若尔当标准形(不计较其中的若尔当块的排列次序)。

6. (1)求秩为 1 的 n 阶复矩阵 $\boldsymbol{A}$ 的若尔当标准形；

(2)如果 $\mathrm{tr}(\boldsymbol{A})=r(\boldsymbol{A})=1$，求 $\boldsymbol{A}$ 的若尔当标准形。

7. 设 n 阶实矩阵

$$\boldsymbol{A}=\begin{pmatrix} a_1 & 1 & & & & \\ 1 & a_2 & 1 & & & \\ & 1 & a_3 & 1 & & \\ & & \ddots & \ddots & \ddots & \\ & & & 1 & a_{n-1} & 1 \\ & & & & 1 & a_n \end{pmatrix}。$$

(1)求证：$\boldsymbol{A}$ 的秩 $r(\boldsymbol{A})\geqslant n-1$；

(2)求证：$\boldsymbol{A}$ 有 n 个互不相同的特征值；

(3)如果实矩阵 $\boldsymbol{B}$ 与 $\boldsymbol{A}$ 可交换，即 $\boldsymbol{AB}=\boldsymbol{BA}$。求证：存在实数 $c_0,c_1,\cdots,c_{n-1}$，使得

$$\boldsymbol{B}=c_0\boldsymbol{E}+c_1\boldsymbol{A}+c_2\boldsymbol{A}^2+\cdots+c_{n-1}\boldsymbol{A}^{n-1}。$$

8. 设实数域上的矩阵

$$\boldsymbol{A}=\begin{pmatrix} 1 & 1 & 0 \\ -1 & 0 & 1 \\ -3 & 0 & 0 \end{pmatrix}。$$

(1)求 $\boldsymbol{A}$ 的特征多项式 $f(\lambda)$；

(2)求 $\boldsymbol{A}$ 的最小多项式，并说明理由。

9. 已知某个实对称矩阵 $\boldsymbol{A}$ 的特征多项式为

$$f(\lambda)=|\lambda\boldsymbol{E}-\boldsymbol{A}|=\lambda^5+3\lambda^4-6\lambda^3-10\lambda^2+21\lambda-9。$$

(1)求 $\boldsymbol{A}$ 的行列式和最小多项式；

(2)设 $V_A=\{g(\boldsymbol{A}):g(\boldsymbol{X})\in\mathbf{R}[x]\}$，求证 V_A 是线性空间，并求 $\dim V_A$；

(3) t 是什么实数时，$t\boldsymbol{E}+\boldsymbol{A}$ 正定？

(4)给出一个具体的、不是对角矩阵的实对称矩阵 $\boldsymbol{A}$ 使得它的特征多项式为 $f(\lambda)$。

10. 设 $\boldsymbol{A}$ 是 n 阶复矩阵。求证：$\boldsymbol{A}^k=\boldsymbol{O}$ 当且仅当 $\mathrm{tr}(\boldsymbol{A}^k)=0(k=1,2,\cdots,n)$，其中 $\mathrm{tr}(\boldsymbol{X})$ 表示 $\boldsymbol{X}$ 的迹。

11. 求证：如果方阵 $\boldsymbol{A}$ 相似于某多项式的友矩阵，则与 $\boldsymbol{A}$ 可交换的方阵只能是 $\boldsymbol{A}$ 的多项式。

12. 设

$$\boldsymbol{A}(\lambda)=\begin{pmatrix} 0 & 0 & \lambda^2-\lambda & 0 \\ 0 & 0 & 0 & \lambda^2 \\ (\lambda-1)^2 & 0 & 0 & 0 \\ 0 & \lambda^2-\lambda & 0 & 0 \end{pmatrix}。$$

(1)求 $\boldsymbol{A}(\lambda)$ 的不变因子；

(2)求 $\boldsymbol{A}(\lambda)$ 的标准形。

13. 设 $\boldsymbol{A}(\lambda)$ 是一个 5 阶 λ-矩阵，秩为 4，初等因子为：$\lambda,\lambda^2,\lambda^2,\lambda-1,\lambda-1,\lambda+1,(\lambda-1)^3$，试求 $\boldsymbol{A}(\lambda)$ 的标准形。

14. 设 $\boldsymbol{A}$ 是 n 阶方阵，且 0 是 $\boldsymbol{A}$ 的 k 重特征根。求证：$r(\boldsymbol{A}^{k+1})=n-k(k\geqslant 0)$。

15. 设 $\boldsymbol{\alpha},\boldsymbol{\beta}$ 均为非零 n 维列向量，记 $\boldsymbol{A}=\boldsymbol{\alpha}\boldsymbol{\beta}^{\mathrm{T}}$，

(1)求 $\boldsymbol{A}$ 的最小多项式；

(2)求 $\boldsymbol{A}$ 的若尔当标准形。

16. 设 $\boldsymbol{A},\boldsymbol{B}$ 均为数域 P 上的 n 阶方阵。求证：如果 $\boldsymbol{AB}=\boldsymbol{BA}$，且它们的初等因子为一次的，则存在可逆矩阵 $\boldsymbol{Q}$，使 $\boldsymbol{QAQ}^{-1}$ 和 $\boldsymbol{QBQ}^{-1}$ 均为对角矩阵。

17. 设 n 阶实矩阵

$$\boldsymbol{A}=\begin{pmatrix} a_1 & 1 & & & & \\ 1 & a_2 & 1 & & & \\ & 1 & a_3 & 1 & & \\ & & \ddots & \ddots & \ddots & \\ & & & 1 & a_{n-1} & 1 \\ & & & & 1 & a_n \end{pmatrix}。$$

(1)求证：$\boldsymbol{A}$ 的秩 $r(\boldsymbol{A})\geqslant n-1$；

(2)求证：$\boldsymbol{A}$ 有 n 个互不相同的特征值；

(3)如果实矩阵 $\boldsymbol{B}$ 与 $\boldsymbol{A}$ 可交换，即 $\boldsymbol{AB}=\boldsymbol{BA}$。求证：存在实数 $c_0,c_1,\cdots,c_{n-1}$，使得

$$\boldsymbol{B}=c_0\boldsymbol{E}+c_1\boldsymbol{A}+c_2\boldsymbol{A}^2+\cdots+c_{n-1}\boldsymbol{A}^{n-1}。$$

18. 设 $\boldsymbol{A}$ 为 n 阶复矩阵。求证：若 $\boldsymbol{A}^2+\boldsymbol{A}=2\boldsymbol{E}$，则 $\boldsymbol{A}$ 可对角化。

19. 设 $\boldsymbol{A}$ 为 n 阶可逆方阵，$\boldsymbol{B}$ 为 n 阶幂零矩阵，$\boldsymbol{AB}=\boldsymbol{BA}$。求证：$\boldsymbol{A}+\boldsymbol{B}$ 可逆。

第 9 章　欧几里得空间

9.1　基础知识

§1　内积和欧几里得空间、长度与夹角

1. 内积和欧几里得空间

(1)设 V 是实数域 $\mathbf{R}$ 上的线性空间。如果对 V 中任意两个元素 $\boldsymbol{\alpha},\boldsymbol{\beta}$ 有一个确定的实数 $(\boldsymbol{\alpha},\boldsymbol{\beta})$ 与它们对应，且满足：

1) $(\boldsymbol{\alpha},\boldsymbol{\beta})=(\boldsymbol{\beta},\boldsymbol{\alpha})$；

2) $(k\boldsymbol{\alpha},\boldsymbol{\beta})=k(\boldsymbol{\alpha},\boldsymbol{\beta}),k\in\mathbf{R}$；

3) $(\boldsymbol{\alpha}+\boldsymbol{\beta},\boldsymbol{\gamma})=(\boldsymbol{\alpha},\boldsymbol{\gamma})+(\boldsymbol{\beta},\boldsymbol{\gamma}),\boldsymbol{\gamma}\in V$；

4) $(\boldsymbol{\alpha},\boldsymbol{\alpha})\geqslant 0$，当且仅当 $\boldsymbol{\alpha}=\mathbf{0}$ 时 $(\boldsymbol{\alpha},\boldsymbol{\alpha})=0$；

则称 $(\boldsymbol{\alpha},\boldsymbol{\beta})$ 为 $\boldsymbol{\alpha}$ 与 $\boldsymbol{\beta}$ 的内积，定义了内积的线性空间 V 称为欧几里得空间，简称欧氏空间。

(2)几种常见的欧氏空间

1) $\mathbf{R}^n$ ——对于实向量 $\boldsymbol{\alpha}=(a_1,a_2,\cdots,a_n),\boldsymbol{\beta}=(b_1,b_2,\cdots,b_n)$，定义内积为

$$(\boldsymbol{\alpha},\boldsymbol{\beta})=a_1b_1+a_2b_2+\cdots+a_nb_n=\boldsymbol{\alpha}\boldsymbol{\beta}^{\mathrm{T}}。$$

2) $\mathbf{R}^{s\times n}$ ——对于实矩阵 $\boldsymbol{A}=(a_{ij})_{s\times n},\boldsymbol{B}=(b_{ij})_{s\times n}$，定义内积为

$$(\boldsymbol{A},\boldsymbol{B})=\sum_{i=1}^{s}\sum_{j=1}^{n}a_{ij}b_{ij}。$$

3) $P[x]$ ——对于实系数多项式 $f(x),g(x)$，定义内积为

$$(f(x),g(x))=\int_0^1 f(x)g(x)\mathrm{d}x \text{ 或 } (f(x),g(x))=\int_{-1}^1 f(x)g(x)\mathrm{d}x。$$

4) $C[a,b]$ ——对于 $[a,b]$ 上所有实连续函数 $f(x),g(x)$，定义内积为

$$(f(x),g(x))=\int_a^b f(x)g(x)\mathrm{d}x。$$

(3)欧氏空间的内积具有以下性质：

1) $(\mathbf{0},\boldsymbol{\beta})=(\boldsymbol{\alpha},\mathbf{0})=\mathbf{0}$；

2) $(\boldsymbol{\alpha},k\boldsymbol{\beta})=k(\boldsymbol{\alpha},\boldsymbol{\beta})$；

3) $(\boldsymbol{\alpha},\boldsymbol{\beta}+\boldsymbol{\gamma})=(\boldsymbol{\alpha},\boldsymbol{\beta})+(\boldsymbol{\alpha},\boldsymbol{\gamma})$；

4) $\left(\sum_{i=1}^{m}k_i\boldsymbol{\alpha}_i,\sum_{j=1}^{n}l_j\boldsymbol{\beta}_j\right)=\sum_{i=1}^{m}\sum_{j=1}^{n}k_il_j(\boldsymbol{\alpha}_i,\boldsymbol{\beta}_j)$。

2. 长度与夹角

(1)设 V 是欧氏空间,非负实数$\sqrt{(\boldsymbol{\alpha},\boldsymbol{\alpha})}$称为元素 $\boldsymbol{\alpha}$ 的长度,记为$|\boldsymbol{\alpha}|$。长度为 1 的元素称为单位元素。若 $\boldsymbol{\alpha}\neq\mathbf{0}$,则$\dfrac{1}{|\boldsymbol{\alpha}|}\boldsymbol{\alpha}$ 是单位元素,称为将 $\boldsymbol{\alpha}$ 单位化。

(2)**(柯西-布涅柯夫斯基不等式)**对欧氏空间 V 中的任意元素 $\boldsymbol{\alpha},\boldsymbol{\beta}$,有$|(\boldsymbol{\alpha},\boldsymbol{\beta})|\leqslant|\boldsymbol{\alpha}||\boldsymbol{\beta}|$,当且仅当 $\boldsymbol{\alpha},\boldsymbol{\beta}$ 线性相关时等号成立。

由此不等式可得到以下两个著名不等式:

1)对于实向量 $\boldsymbol{\alpha}=(a_1,a_2,\cdots,a_n)$,$\boldsymbol{\beta}=(b_1,b_2,\cdots,b_n)$,

$$|a_1b_1+a_2b_2+\cdots+a_nb_n|\leqslant\sqrt{a_1^2+a_2^2+\cdots+a_n^2}\sqrt{b_1^2+b_2^2+\cdots+b_n^2}。$$

2)对于$[a,b]$上实函数 $f(x)$, $g(x)$,

$$\left|\int_a^b f(x)g(x)\mathrm{d}x\right|\leqslant\sqrt{\int_a^b f^2(x)\mathrm{d}x}\sqrt{\int_a^b g^2(x)\mathrm{d}x}。$$

(3)非零元素 $\boldsymbol{\alpha},\boldsymbol{\beta}\in V$ 的夹角 $\langle\boldsymbol{\alpha},\boldsymbol{\beta}\rangle$ 规定为

$$\langle\boldsymbol{\alpha},\boldsymbol{\beta}\rangle=\arccos\frac{(\boldsymbol{\alpha},\boldsymbol{\beta})}{|\boldsymbol{\alpha}||\boldsymbol{\beta}|},0\leqslant(\boldsymbol{\alpha},\boldsymbol{\beta})\leqslant\pi。$$

(4)如果$(\boldsymbol{\alpha},\boldsymbol{\beta})=0$,则称 $\boldsymbol{\alpha}$ 与 $\boldsymbol{\beta}$ 正交或垂直,记为 $\boldsymbol{\alpha}\perp\boldsymbol{\beta}$。

(5)长度具有以下性质:

1)$|\boldsymbol{\alpha}|\geqslant0$,当且仅当 $\boldsymbol{\alpha}=\mathbf{0}$ 时等号成立;

2)$|k\boldsymbol{\alpha}|=|k||\boldsymbol{\alpha}|$;

3)$|\boldsymbol{\alpha}+\boldsymbol{\beta}|\leqslant|\boldsymbol{\alpha}|+|\boldsymbol{\beta}|$。

(6)正交向量组的性质

1)当 $\boldsymbol{\alpha}\perp\boldsymbol{\beta}$ 时,$|\boldsymbol{\alpha}+\boldsymbol{\beta}|^2=|\boldsymbol{\alpha}|^2+|\boldsymbol{\beta}|^2$;

2)如果 $\boldsymbol{\alpha}_1,\boldsymbol{\alpha}_2,\cdots,\boldsymbol{\alpha}_s$ 两两正交,则 $|\boldsymbol{\alpha}_1+\boldsymbol{\alpha}_2+\cdots+\boldsymbol{\alpha}_s|=|\boldsymbol{\alpha}_1|+|\boldsymbol{\alpha}_2|+\cdots+|\boldsymbol{\alpha}_s|$;

3)两两正交的非零向量组是线性无关的。

§2　标准正交基

1. 度量矩阵

(1)设 V 是 n 维欧氏空间,$\boldsymbol{\alpha}_1,\boldsymbol{\alpha}_2,\cdots,\boldsymbol{\alpha}_n$ 是 V 的一组基,称矩阵

$$\begin{pmatrix}(\boldsymbol{\alpha}_1,\boldsymbol{\alpha}_2) & \cdots & (\boldsymbol{\alpha}_1,\boldsymbol{\alpha}_n)\\ \vdots & & \vdots\\ (\boldsymbol{\alpha}_n,\boldsymbol{\alpha}_1) & \cdots & (\boldsymbol{\alpha}_n,\boldsymbol{\alpha}_n)\end{pmatrix},$$

为 $\boldsymbol{\alpha}_1,\boldsymbol{\alpha}_2,\cdots,\boldsymbol{\alpha}_n$ 的度量矩阵。

(2)度量矩阵的性质

1)设 $\boldsymbol{\alpha},\boldsymbol{\beta}\in V$ 在基 $\boldsymbol{\alpha}_1,\boldsymbol{\alpha}_2,\cdots,\boldsymbol{\alpha}_n$ 下的坐标分别为

$$\boldsymbol{\alpha}=(a_1,a_2,\cdots,a_n)^{\mathrm{T}},\boldsymbol{\beta}=(b_1,b_2,\cdots,b_n)^{\mathrm{T}},$$

则

$$(\boldsymbol{\alpha},\boldsymbol{\beta})=\boldsymbol{\alpha}^{\mathrm{T}}\boldsymbol{A}\boldsymbol{\beta},$$

其中 $\boldsymbol{A}=((\boldsymbol{\alpha}_i,\boldsymbol{\alpha}_j))_{n\times n}$ 是基 $\boldsymbol{\alpha}_1,\boldsymbol{\alpha}_2,\cdots,\boldsymbol{\alpha}_n$ 的度量矩阵；

2)度量矩阵是对称正定的；

3) n 维欧氏空间 V 中不同基的度量矩阵是合同的。

2. 标准正交基

(1)设 $\boldsymbol{\alpha}_1,\boldsymbol{\alpha}_2,\cdots,\boldsymbol{\alpha}_n$ 是 n 维欧氏空间 V 的一组基，如果它两两正交，则称之为 V 的正交基；由单位向量组成的正交基称为标准正交基。

(2) n 维欧氏空间 V 必存在正交基与标准正交基。对 n 维欧氏空间 V 的任一组基 $\boldsymbol{\alpha}_1,\boldsymbol{\alpha}_2,\cdots,\boldsymbol{\alpha}_n$，都可用施密特正交化过程化为正交基 $\boldsymbol{\beta}_1,\boldsymbol{\beta}_2,\cdots,\boldsymbol{\beta}_n$。施密特正交化过程如下：

$\boldsymbol{\beta}_1=\boldsymbol{\alpha}_1$，

$\boldsymbol{\beta}_2=\boldsymbol{\alpha}_2-\dfrac{(\boldsymbol{\alpha}_2,\boldsymbol{\beta}_1)}{(\boldsymbol{\beta}_1,\boldsymbol{\beta}_1)}\boldsymbol{\beta}_1$，

……

$$\boldsymbol{\beta}_n=\boldsymbol{\alpha}_n-\frac{(\boldsymbol{\alpha}_n,\boldsymbol{\beta}_1)}{(\boldsymbol{\beta}_1,\boldsymbol{\beta}_1)}\boldsymbol{\beta}_1-\frac{(\boldsymbol{\alpha}_n,\boldsymbol{\beta}_2)}{(\boldsymbol{\beta}_2,\boldsymbol{\beta}_2)}\boldsymbol{\beta}_2-\cdots-\frac{(\boldsymbol{\alpha}_n,\boldsymbol{\beta}_{n-1})}{(\boldsymbol{\beta}_{n-1},\boldsymbol{\beta}_{n-1})}\boldsymbol{\beta}_{n-1}。$$

如果再把每个 $\boldsymbol{\beta}_i$ 单位化，即得到 V 的一组标准正交基。

(3)标准正交基的有关结果

设 V 是 n 维欧氏空间，$\boldsymbol{\varepsilon}_1,\boldsymbol{\varepsilon}_2,\cdots,\boldsymbol{\varepsilon}_n$ 是 V 的一组基，则

1)标准正交基的度量矩阵是单位矩阵；

2)设 $\boldsymbol{\alpha},\boldsymbol{\beta}\in V$，在基 $\boldsymbol{\varepsilon}_1,\boldsymbol{\varepsilon}_2,\cdots,\boldsymbol{\varepsilon}_n$ 下的坐标分别为

$$\boldsymbol{\alpha}=(a_1,a_2,\cdots,a_n)^{\mathrm{T}},\boldsymbol{\beta}=(b_1,b_2,\cdots,b_n)^{\mathrm{T}},$$

则

$$(\boldsymbol{\alpha},\boldsymbol{\beta})=a_1b_1+a_2b_2+\cdots+a_nb_n=\boldsymbol{\alpha}^{\mathrm{T}}\boldsymbol{\beta};$$

3) V 中任一元素 $\boldsymbol{\alpha}$ 在基 $\boldsymbol{\varepsilon}_1,\boldsymbol{\varepsilon}_2,\cdots,\boldsymbol{\varepsilon}_n$ 下的坐标为

$$((\boldsymbol{\alpha},\boldsymbol{\varepsilon}_1),(\boldsymbol{\alpha},\boldsymbol{\varepsilon}_2),\cdots,(\boldsymbol{\alpha},\boldsymbol{\varepsilon}_n))^{\mathrm{T}};$$

4)由标准正交基到标准正交基的过渡矩阵是正交矩阵。又若两组基之间的过渡矩阵是正交矩阵，且其中一组基是标准正交基，则另一组基也是标准正交基。

§3 正交矩阵与正交变换

1. 正交矩阵

(1)如果 n 阶实矩阵 $\boldsymbol{A}$ 满足 $\boldsymbol{A}^{\mathrm{T}}\boldsymbol{A}=\boldsymbol{E}$，则称 $\boldsymbol{A}$ 为正交矩阵。

(2)正交矩阵具有的性质：

1)如果 $\boldsymbol{A}$ 为正交矩阵,则 $|\boldsymbol{A}|=\pm 1$;

2)如果 $\boldsymbol{A}$ 为正交矩阵,则 $\boldsymbol{A}^{\mathrm{T}},\boldsymbol{A}^{-1},\boldsymbol{A}^{*},\boldsymbol{A}^{k}$ 均是正交矩阵;$l\boldsymbol{A}$ 是正交矩阵的充要条件是 $l=\pm 1$;

3)如果 $\boldsymbol{A},\boldsymbol{B}$ 是 n 阶正交矩阵,则 $\boldsymbol{AB}$ 也是正交矩阵;

4) n 阶实矩阵 $\boldsymbol{A}$ 是正交矩阵的充要条件是 $\boldsymbol{A}$ 的 n 个行(列)向量是两两正交的单位向量。

2. 正交变换

(1)设 σ 是欧氏空间 V 的线性变换,如果 σ 保持内积不变,即对任意元素 $\boldsymbol{\alpha},\boldsymbol{\beta}\in V$ 都有 $(\sigma\boldsymbol{\alpha},\sigma\boldsymbol{\beta})=(\boldsymbol{\alpha},\boldsymbol{\beta})$,则称 σ 是正交变换。

(2) σ 是欧氏空间 V 的正交变换的充要条件如下:

1) $|\sigma(\boldsymbol{\alpha})|=|\boldsymbol{\alpha}|$;

2)若 $\boldsymbol{\varepsilon}_1,\boldsymbol{\varepsilon}_2,\cdots,\boldsymbol{\varepsilon}_n$ 是 V 的标准正交基,则 $\sigma(\boldsymbol{\varepsilon}_1),\sigma(\boldsymbol{\varepsilon}_2),\cdots,\sigma(\boldsymbol{\varepsilon}_n)$ 也是标准正交基;

3) σ 在 V 的任一标准正交基下的矩阵为正交矩阵。

(3)正交变换的性质:

1)正交变换 σ 是 V 到 V 的双射,从而是 V 到 V 的同构映射。

2)正交变换 σ 的逆变换 σ^{-1} 也是正交变换。

3)正交变换 σ 的特征值 λ_0 与 $1/\lambda_0$ 成对出现。

4)正交变换 σ 的行列式等于 1 或 -1。若等于 1,则称 σ 是第一类的;若等于 -1,则称 σ 是第二类的。镜面反射是第二类的正交变换。

5)欧氏空间 V 的任一正交变换可表示为一系列镜面反射的乘积。

6)第二类正交变换一定以 -1 为它的一个特征值。

7)奇数维欧氏空间的第一类正交变换一定以 1 为它的一个特征值。

3. 欧氏空间的同构

(1)设 V 与 V' 都是欧氏空间,如果存在由 V 到 V' 的双射 σ,对任意 $\boldsymbol{\alpha},\boldsymbol{\beta}\in V,k\in\mathbf{R}$,有

$$\sigma(\boldsymbol{\alpha}+\boldsymbol{\beta})=\sigma(\boldsymbol{\alpha})+\sigma(\boldsymbol{\beta}),\sigma(k\boldsymbol{\alpha})=k\sigma(\boldsymbol{\alpha}),(\sigma(\boldsymbol{\alpha}),\sigma(\boldsymbol{\beta}))=(\boldsymbol{\alpha},\boldsymbol{\beta}),$$

则称 σ 是 V 到 V' 的同构映射,此时称 V 与 V' 同构。

(2)同构欧氏空间的有关结论如下:

1)同构的欧氏空间具有自反性、对称性和传递性;

2)任一 n 维欧氏空间都与 $\mathbf{R}^n$ 同构;

3)两个有限维欧氏空间同构的充要条件是它们的维数相同。

§4　正交子空间与正交补、正射影、最小二乘法

1. 正交子空间与正交补

(1)设 W_1,W_2 是欧氏空间 V 的两个子空间,如果 $\boldsymbol{\alpha}\in V$,且对任意 $\boldsymbol{\beta}\in W_1$ 恒有$(\boldsymbol{\alpha},\boldsymbol{\beta})=$

0,则称 $\boldsymbol{\alpha}$ 与子空间 W_1 正交,记为 $\boldsymbol{\alpha} \perp W_1$;如果对任意 $\boldsymbol{\alpha} \in W_1$ 和任意 $\boldsymbol{\beta} \in W_2$,都有 $(\boldsymbol{\alpha},\boldsymbol{\beta})=0$,则称 W_1 与 W_2 正交,记为 $W_1 \perp W_2$;如果 $W_1 \perp W_2$,且 $W=W_1+W_2$,则称 W_2 为 W_1 的正交补,记为 $W_1^{\perp}$。

(2)正交子空间与正交补有关结果如下:

1)设 V 是欧氏空间,则

$$\boldsymbol{\alpha} \perp L(\boldsymbol{\beta}_1,\boldsymbol{\beta}_2,\cdots,\boldsymbol{\beta}_t) \Leftrightarrow \boldsymbol{\alpha} \perp \boldsymbol{\beta}_j\ (j=1,2,\cdots,t),$$

$$L(\boldsymbol{\alpha}_1,\boldsymbol{\alpha}_2,\cdots,\boldsymbol{\alpha}_s) \perp L(\boldsymbol{\beta}_1,\boldsymbol{\beta}_2,\cdots,\boldsymbol{\beta}_t) \Leftrightarrow \boldsymbol{\alpha}_i \perp \boldsymbol{\beta}_j\ (i=1,2,\cdots s;j=1,2,\cdots,t);$$

2)如果欧氏空间 V 的子空间 $W_1,W_2,\cdots,W_s$ 两两正交,则 $W_1+W_2+\cdots+W_s$ 是直和;

3)有限维欧氏空间 V 的每一个子空间 W 都有唯一的正交补,且 $W^{\perp}$ 恰由所有与 W 正交的元素组成;

4)在 n 维欧氏空间 V 的子空间 W 中取一组正交基(或标准正交基)$\boldsymbol{\varepsilon}_1,\boldsymbol{\varepsilon}_2,\cdots,\boldsymbol{\varepsilon}_r\ (0<r<n)$,将其扩充成 V 的正交基(或标准正交基)$\boldsymbol{\varepsilon}_1,\boldsymbol{\varepsilon}_2,\cdots,\boldsymbol{\varepsilon}_r,\boldsymbol{\varepsilon}_{r+1},\cdots,\boldsymbol{\varepsilon}_n$,则

$$W^{\perp}=L(\boldsymbol{\varepsilon}_{r+1},\cdots,\boldsymbol{\varepsilon}_n);$$

5)设 W 是欧氏空间 V 的子空间,则

$$维(V)=维(W)+维(W^{\perp})。$$

2. 正射影

(1)设 V 是欧氏空间,$\boldsymbol{\alpha},\boldsymbol{\beta} \in V$,称长度 $|\boldsymbol{\alpha}-\boldsymbol{\beta}|$ 为元素 $\boldsymbol{\alpha}$ 与 $\boldsymbol{\beta}$ 的距离,记为 $d(\boldsymbol{\alpha},\boldsymbol{\beta})$。

(2)设 W 是欧氏空间 V 的子空间,$W^{\perp}$ 存在,$V=W \oplus W^{\perp}$,对任意 $\boldsymbol{\alpha} \in V$,有 $\boldsymbol{\alpha}=\boldsymbol{\beta}+\boldsymbol{\gamma}$,$\boldsymbol{\beta} \in W$,$\boldsymbol{\gamma} \in W^{\perp}$,则称 $\boldsymbol{\beta}$ 是 $\boldsymbol{\alpha}$ 在子空间 W 上的正射影或内射影。

(3)正射影有关结果如下:

1)设 $\boldsymbol{\beta}$ 是 $\boldsymbol{\alpha}$ 在子空间 W 上的正射影,则 $(\boldsymbol{\alpha}-\boldsymbol{\beta}) \perp W$,且对任意 $\boldsymbol{\beta}' \in W$ 有

$$|\boldsymbol{\alpha}-\boldsymbol{\beta}'|=|\boldsymbol{\alpha}-\boldsymbol{\beta}|+|\boldsymbol{\beta}-\boldsymbol{\beta}'|;$$

2)$\boldsymbol{\beta}$ 是 $\boldsymbol{\alpha}$ 在子空间 W 上的正射影当且仅当对 $\forall \boldsymbol{\beta}' \in W$,有 $|\boldsymbol{\alpha}-\boldsymbol{\beta}| \leqslant |\boldsymbol{\alpha}-\boldsymbol{\beta}'|$,等号成立当且仅当 $\boldsymbol{\beta}'=\boldsymbol{\beta}$。

3. 最小二乘法

(1)设 $\boldsymbol{A} \in \mathbf{R}^{n \times s}$,$\boldsymbol{b} \in \mathbf{R}^n$,对线性方程组 $\boldsymbol{A}\boldsymbol{x}=\boldsymbol{b}$,使得 $|\boldsymbol{b}-\boldsymbol{A}\boldsymbol{x}|$ 为最小的向量 $\boldsymbol{x}^{(0)}$ 称为方程组 $\boldsymbol{A}\boldsymbol{x}=\boldsymbol{b}$ 的最小二乘解。

(2)最小二乘解的有关结果

记 $R(\boldsymbol{A})=L(\boldsymbol{\alpha}_1,\boldsymbol{\alpha}_2,\cdots,\boldsymbol{\alpha}_s)$,其中 $\boldsymbol{\alpha}_1,\boldsymbol{\alpha}_2,\cdots,\boldsymbol{\alpha}_s$ 是矩阵 $\boldsymbol{A}$ 的列向量,则

1) $\boldsymbol{x}^{(0)}$ 是 $\boldsymbol{A}\boldsymbol{x}=\boldsymbol{b}$ 的最小二乘解的充要条件是 $(\boldsymbol{b}-\boldsymbol{A}\boldsymbol{x}^{(0)}) \perp R(\boldsymbol{A})$。

2) $\boldsymbol{x}^{(0)}$ 是 $\boldsymbol{A}\boldsymbol{x}=\boldsymbol{b}$ 的最小二乘解的充要条件是 $\boldsymbol{x}^{(0)}$ 是相容方程组 $\boldsymbol{A}'\boldsymbol{A}\boldsymbol{x}=\boldsymbol{A}'\boldsymbol{b}$ 的解。

§5　对称变换和实对称矩阵

1. 对称变换

(1)设 V 是欧氏空间，σ 为 V 的线性变换，如果对任意 $\boldsymbol{\alpha},\boldsymbol{\beta}\in V$ 有

$$(\sigma(\boldsymbol{\alpha}),\boldsymbol{\beta})=(\boldsymbol{\alpha},\sigma(\boldsymbol{\beta})),$$

则称 σ 为 V 的对称变换。

(2)对称变换的性质如下：

1)对称变换的特征值都是实数，属于不同特征值的特征向量正交；

2)若欧氏空间 V 的子空间 W 是对称变换 σ 的不变子空间，则 $W^{\perp}$ 也是 σ 的不变子空间；

3)欧氏空间 V 的线性变换 σ 是对称变换的充要条件是 σ 在 V 的任一标准正交基下的矩阵为实对称矩阵；

4)设 σ 是欧氏空间 V 的对称变换，则存在 V 的一组标准正交基，使 σ 在该基下的矩阵为对角矩阵，主对角线上的元素是 σ 的全部特征值；

5)设 σ 是 n 维欧氏空间 V 的对称变换，则 V 可分解为两两正交的 σ 的一维不变子空间的直和。

2. 实对称矩阵的标准形

实对称矩阵 $\boldsymbol{A}$ 有以下性质：

(1)实对称矩阵的特征值都是实数；

(2)实对称矩阵的不同特征值的特征向量正交；

(3)对于任一 n 阶实对称矩阵 $\boldsymbol{A}$，都存在一个 n 阶正交矩阵 $\boldsymbol{Q}$，使

$$\boldsymbol{Q}^{\mathrm{T}}\boldsymbol{A}\boldsymbol{Q}=\boldsymbol{Q}^{-1}\boldsymbol{A}\boldsymbol{Q},$$

为对角矩阵。

3. 主轴定理

任一 n 元二次型 $f(x_1,x_2,\cdots,x_n)=\boldsymbol{x}^{\mathrm{T}}\boldsymbol{A}\boldsymbol{x}$ 都可以经过正交线性替换 $\boldsymbol{x}=\boldsymbol{Q}\boldsymbol{y}$ 化为标准形

$$f=\lambda_1y_1^2+\lambda_2y_2^2+\cdots+\lambda_ny_n^2,$$

其中，$\lambda_1,\lambda_2,\cdots,\lambda_n$ 是 $\boldsymbol{A}$ 的全部特征值，正交矩阵 $\boldsymbol{Q}$ 的列向量是对应特征值 $\lambda_1,\lambda_2,\cdots,\lambda_n$ 的两两正交的单位特征向量。

§6　酉空间

1. 酉空间的定义

(1)设 V 是复数域 $\mathbf{C}$ 上的线性空间，如果对任意的 $\boldsymbol{\alpha},\boldsymbol{\beta}\in V$ 都有一复数 $(\boldsymbol{\alpha},\boldsymbol{\beta})$ 与之对应，

且满足：

1) $(\boldsymbol{\alpha},\boldsymbol{\beta})=\overline{(\boldsymbol{\beta},\boldsymbol{\alpha})}$，$\overline{(\boldsymbol{\beta},\boldsymbol{\alpha})}$ 是$(\boldsymbol{\beta},\boldsymbol{\alpha})$ 的共轭复数；

2) $(\boldsymbol{\alpha},k\boldsymbol{\beta})=k(\boldsymbol{\alpha},\boldsymbol{\beta})$；

3) $(\boldsymbol{\alpha},\boldsymbol{\beta}+\boldsymbol{\gamma})=(\boldsymbol{\alpha},\boldsymbol{\beta})+(\boldsymbol{\alpha},\boldsymbol{\gamma})$；

4) $(\boldsymbol{\alpha},\boldsymbol{\alpha})\geqslant 0$，当且仅当 $\boldsymbol{\alpha}=\boldsymbol{0}$ 时 $(\boldsymbol{\alpha},\boldsymbol{\alpha})=\boldsymbol{0}$；

则称 $(\boldsymbol{\alpha},\boldsymbol{\beta})$ 为 $\boldsymbol{\alpha}$ 与 $\boldsymbol{\beta}$ 的内积，规定了内积的复线性空间 V 称为酉空间。

2. 酉空间与欧氏空间有一套平行的理论

(1)设 $\boldsymbol{A}$ 是 n 阶复矩阵，$\overline{\boldsymbol{A}}$ 表示以 $\boldsymbol{A}$ 的元素的共轭复数作元素的矩阵。若 $\overline{\boldsymbol{A}^{\mathrm{T}}}\boldsymbol{A}=\boldsymbol{A}\overline{\boldsymbol{A}^{\mathrm{T}}}=\boldsymbol{E}$，则称 $\boldsymbol{A}$ 是酉矩阵。

(2)酉矩阵的性质：

1)酉矩阵的行列式的模等于1；

2)酉矩阵的特征值的模等于1；

3)酉空间的标准正交基之间的过渡矩阵是酉矩阵。

(3)设 $\boldsymbol{A}$ 是 n 阶复矩阵，$\overline{\boldsymbol{A}}$ 表示以 $\boldsymbol{A}$ 的元素的共轭复数作元素的矩阵。若 $\overline{\boldsymbol{A}}^{\mathrm{T}}=\boldsymbol{A}$，则称 $\boldsymbol{A}$ 是埃尔米特矩阵。

(4)设 σ 为酉空间 V 的线性变换。如果对任意的 $\boldsymbol{\alpha},\boldsymbol{\beta}\in V$ 有 $(\sigma(\boldsymbol{\alpha}),\sigma(\boldsymbol{\beta}))=(\boldsymbol{\alpha},\boldsymbol{\beta})$，则称 σ 是 V 的酉变换。

(5)设 σ 为酉空间 V 的线性变换。如果对任意的 $\boldsymbol{\alpha},\boldsymbol{\beta}\in V$ 有 $(\sigma(\boldsymbol{\alpha}),\boldsymbol{\beta})=(\boldsymbol{\alpha},\sigma(\boldsymbol{\beta}))$，则称 σ 是 V 的埃尔米特变换。

9.2　典型问题解析

1. 设 $\boldsymbol{B}$ 是实数域上 $n\times n$ 矩阵，$\boldsymbol{A}=\boldsymbol{B}^{\mathrm{T}}\boldsymbol{B}$，对于一个大于0的常数 a，求证：$(\boldsymbol{\alpha},\boldsymbol{\beta})=\boldsymbol{\alpha}^{\mathrm{T}}(\boldsymbol{A}+a\boldsymbol{E})\boldsymbol{\beta}$ 定义了 $\mathbf{R}^n$ 的一个内积，使得 $\mathbf{R}^n$ 成为欧氏空间。

证明　(1)

$$\begin{aligned}(\boldsymbol{\alpha},\boldsymbol{\beta})&=\boldsymbol{\alpha}^{\mathrm{T}}(\boldsymbol{A}+a\boldsymbol{E})\boldsymbol{\beta}=\boldsymbol{\alpha}^{\mathrm{T}}(\boldsymbol{B}^{\mathrm{T}}\boldsymbol{B}+a\boldsymbol{E})\boldsymbol{\beta}\\&=[\boldsymbol{\alpha}^{\mathrm{T}}(\boldsymbol{B}^{\mathrm{T}}\boldsymbol{B}+a\boldsymbol{E})\boldsymbol{\beta}]^{\mathrm{T}}=\boldsymbol{\beta}^{\mathrm{T}}(\boldsymbol{B}^{\mathrm{T}}\boldsymbol{B}+a\boldsymbol{E})\boldsymbol{\alpha}\\&=(\boldsymbol{\beta},\boldsymbol{\alpha})。\end{aligned}$$

(2)

$$\begin{aligned}(\boldsymbol{\alpha}+\boldsymbol{\beta},\boldsymbol{\gamma})&=(\boldsymbol{\alpha}+\boldsymbol{\beta})^{\mathrm{T}}(\boldsymbol{A}+a\boldsymbol{E})\boldsymbol{\gamma}\\&=\boldsymbol{\alpha}^{\mathrm{T}}(\boldsymbol{A}+a\boldsymbol{E})\boldsymbol{\gamma}+\boldsymbol{\beta}^{\mathrm{T}}(\boldsymbol{A}+a\boldsymbol{E})\boldsymbol{\gamma}\\&=(\boldsymbol{\alpha},\boldsymbol{\gamma})+(\boldsymbol{\beta},\boldsymbol{\gamma})。\end{aligned}$$

(3) $(k\boldsymbol{\alpha},\boldsymbol{\beta})=(k\boldsymbol{\alpha})^{\mathrm{T}}(\boldsymbol{A}+a\boldsymbol{E})\boldsymbol{\beta}=k\boldsymbol{\alpha}^{\mathrm{T}}(\boldsymbol{A}+a\boldsymbol{E})\boldsymbol{\beta}=k(\boldsymbol{\alpha},\boldsymbol{\beta})$。

(4) $\forall\boldsymbol{\alpha}\neq\boldsymbol{0}$，$(\boldsymbol{\alpha},\boldsymbol{\alpha})=\boldsymbol{\alpha}^{\mathrm{T}}(\boldsymbol{A}+a\boldsymbol{E})\boldsymbol{\alpha}=\boldsymbol{\alpha}^{\mathrm{T}}(\boldsymbol{B}^{\mathrm{T}}\boldsymbol{B}+a\boldsymbol{E})=(\boldsymbol{B}\boldsymbol{\alpha})^{\mathrm{T}}\boldsymbol{B}\boldsymbol{\alpha}+a\boldsymbol{\alpha}^{\mathrm{T}}\boldsymbol{\alpha}$。

由于 $(\boldsymbol{B\alpha})^{\mathrm{T}}\boldsymbol{B\alpha} \geqslant 0, a\boldsymbol{\alpha}^{\mathrm{T}}\boldsymbol{\alpha} > 0(a>0)$，所以 $(\boldsymbol{\alpha},\boldsymbol{\alpha})>0$。且 $\boldsymbol{\alpha}=\mathbf{0} \Leftrightarrow (\boldsymbol{\alpha},\boldsymbol{\alpha})=\mathbf{0}$。

由上可知，$(\boldsymbol{\alpha},\boldsymbol{\beta})=\boldsymbol{\alpha}^{\mathrm{T}}(\boldsymbol{A}+a\boldsymbol{E})\boldsymbol{\beta}$ 定义了 $\mathbf{R}^n$ 的一个内积，从而使得 $\mathbf{R}^n$ 成为欧氏空间。

2. 在四维线性空间 $\mathbf{R}^4$ 内定义内积如下：

设 $\boldsymbol{\alpha}=(x_1,x_2,x_3,x_4)$，$\boldsymbol{\beta}=(y_1,y_2,y_3,y_4)$，令

$$(\boldsymbol{\alpha},\boldsymbol{\beta})=(x_1,x_2,x_3,x_4)\begin{pmatrix}1&0&1&0\\0&2&0&2\\1&0&2&0\\0&2&0&3\end{pmatrix}\begin{pmatrix}y_1\\y_2\\y_3\\y_4\end{pmatrix}。\tag{9-1}$$

求证：关于此内积 $\mathbf{R}^4$ 成为一个欧氏空间。

证明　令 $\boldsymbol{A}=\begin{pmatrix}1&0&1&0\\0&2&0&2\\1&0&2&0\\0&2&0&3\end{pmatrix}$，则 $\boldsymbol{A}=\boldsymbol{A}^{\mathrm{T}}$，将式(9—1)改写为

$$(\boldsymbol{\alpha},\boldsymbol{\beta})=\boldsymbol{\alpha A\beta}^{\mathrm{T}}。\tag{9-2}$$

下证明式(9—2)是内积。

对任意 $\boldsymbol{\alpha},\boldsymbol{\beta},\boldsymbol{\gamma}\in V, k\in\mathbf{R}$，

1) $(\boldsymbol{\alpha},\boldsymbol{\beta})=\boldsymbol{\alpha A\beta}^{\mathrm{T}}=(\boldsymbol{\alpha A\beta}^{\mathrm{T}})^{\mathrm{T}}=\boldsymbol{\beta}(\boldsymbol{A}^{\mathrm{T}}\boldsymbol{\alpha}^{\mathrm{T}})=\boldsymbol{\beta A\alpha}^{\mathrm{T}}=(\boldsymbol{\beta},\boldsymbol{\alpha})$。

2) $(k\boldsymbol{\alpha},\boldsymbol{\beta})=(k\boldsymbol{\alpha})\boldsymbol{A\beta}^{\mathrm{T}}=k(\boldsymbol{\alpha A\beta}^{\mathrm{T}})=k(\boldsymbol{\alpha},\boldsymbol{\beta})$。

3) $(\boldsymbol{\alpha}+\boldsymbol{\beta},\boldsymbol{\gamma})=(\boldsymbol{\alpha}+\boldsymbol{\beta})\boldsymbol{A\gamma}^{\mathrm{T}}=\boldsymbol{\alpha A\gamma}^{\mathrm{T}}+\boldsymbol{\beta A\gamma}^{\mathrm{T}}=(\boldsymbol{\alpha},\boldsymbol{\gamma})+(\boldsymbol{\beta},\boldsymbol{\gamma})$。

4)因为 $\boldsymbol{A}$ 的 4 个顺序主子式全大于 0，所以 $\boldsymbol{A}$ 是正定矩阵，从而 $(\boldsymbol{\alpha},\boldsymbol{\alpha})=\boldsymbol{\alpha A\alpha}^{\mathrm{T}}\geqslant 0$。$(\boldsymbol{\alpha},\boldsymbol{\alpha})=0 \Leftrightarrow \boldsymbol{\alpha}=\mathbf{0}$。

所以 $(\boldsymbol{\alpha},\boldsymbol{\beta})$ 是 $\mathbf{R}^4$ 的一个内积，故关于此内积 $\mathbf{R}^4$ 成为一个欧氏空间。

3. 设 $\mathbf{R}$ 是实数域，$V=\left\{\begin{pmatrix}a&b&c\\0&a&b\\0&0&a\end{pmatrix}\middle| a,b,c\in\mathbf{R}\right\}$，求证：

(1) V 关于矩阵加法和数量乘法构成 $\mathbf{R}$ 上的线性空间；

(2)对任意 $\boldsymbol{A}=\begin{pmatrix}a_1&a_2&a_3\\0&a_1&a_2\\0&0&a_1\end{pmatrix}$，$\boldsymbol{B}=\begin{pmatrix}b_1&b_2&b_3\\0&b_1&b_2\\0&0&b_1\end{pmatrix}\in V$，定义

$$(\boldsymbol{A},\boldsymbol{B})=a_1b_1+a_2b_2+a_3b_3,\tag{9-3}$$

则 V 是欧氏空间。

证明　(1)已知 $\mathbf{R}^{3\times3}$ 是 $\mathbf{R}$ 上的线性空间，又有 $\mathbf{0}\in V$，从而 V 是 $\mathbf{R}^{3\times3}$ 的非空子集。任取

$$\boldsymbol{A}=\begin{pmatrix}a_1&a_2&a_3\\0&a_1&a_2\\0&0&a_1\end{pmatrix},\boldsymbol{B}=\begin{pmatrix}b_1&b_2&b_3\\0&b_1&b_2\\0&0&b_1\end{pmatrix}\in V, k\in\mathbf{R},$$

$$\boldsymbol{A}+\boldsymbol{B}=\begin{pmatrix}a_1+b_1 & a_2+b_1 & a_3+b_3\\ 0 & a_1+b_1 & a_2+b_2\\ 0 & 0 & a_1+b_1\end{pmatrix}\in V,k\boldsymbol{A}\in V。$$

所以 V 是 $\mathbf{R}^{3\times3}$ 的子空间，从而 V 也是 $\mathbf{R}$ 上的线性空间。

(2)下面证明式(9－3)是内积。

1) $(\boldsymbol{A},\boldsymbol{B})=a_1b_1+a_2b_2+a_3b_3=b_1a_1+b_2a_2+b_3a_3=(\boldsymbol{B},\boldsymbol{A})$；

2) $(k\boldsymbol{A},\boldsymbol{B})=ka_1b_1+ka_2b_2+ka_3b_3=k(\boldsymbol{A},\boldsymbol{B})$；

3)任取 $\boldsymbol{C}=\begin{pmatrix}c_1 & c_2 & c_3\\ 0 & c_1 & c_2\\ 0 & 0 & c_1\end{pmatrix}\in V$，

$$(\boldsymbol{A}+\boldsymbol{B},\boldsymbol{C})=(a_1+b_1)c_1+(a_2+b_2)c_2+(a_3+b_3)c_3=(\boldsymbol{A},\boldsymbol{C})+(\boldsymbol{B},\boldsymbol{C}),$$

4) $(\boldsymbol{A},\boldsymbol{A})=a_1^2+a_2^2+a_3^2\geqslant 0$。$(\boldsymbol{A},\boldsymbol{A})=0\Leftrightarrow a_1^2+a_2^2+a_3^2=0\Leftrightarrow \boldsymbol{A}=\boldsymbol{0}$。

从而式(9－3)是内积，所以 V 是 $\mathbf{R}$ 上的欧氏空间。

4. 设在线性空间 $\mathbf{R}^4$ 中规定内积后得到欧氏空间 V，且 V 的基 $\boldsymbol{\alpha}_1=(1,-1,0,0)$，$\boldsymbol{\alpha}_2=(-1,2,0,0)$，$\boldsymbol{\alpha}_3=(0,1,2,1)$，$\boldsymbol{\alpha}_4=(1,0,1,1)$ 的度量矩阵为

$$\boldsymbol{A}=\begin{bmatrix}2 & -3 & 0 & 1\\ -3 & 6 & 0 & -1\\ 0 & 0 & 13 & 9\\ 1 & -1 & 9 & 7\end{bmatrix}。$$

(1)求基 $\boldsymbol{e}_1=(1,0,0,0)$，$\boldsymbol{e}_2=(0,1,0,0)$，$\boldsymbol{e}_3=(0,0,1,0)$，$\boldsymbol{e}_4=(0,0,0,1)$ 的度量矩阵。

(2)求与向量 $\boldsymbol{\beta}_1=(1,1,-1,1)$，$\boldsymbol{\beta}_2=(1,-1,-1,1)$，$\boldsymbol{\beta}_3=(2,1,1,3)$ 都正交的单位向量。

解 (1)因为 $(\boldsymbol{\alpha}_1,\boldsymbol{\alpha}_2,\boldsymbol{\alpha}_3,\boldsymbol{\alpha}_4)=(\boldsymbol{e}_1,\boldsymbol{e}_2,\boldsymbol{e}_3,\boldsymbol{e}_4)\boldsymbol{B}$，

其中，

$$\boldsymbol{B}=\begin{bmatrix}1 & -1 & 0 & 1\\ -1 & 2 & 1 & 0\\ 0 & 0 & 2 & 1\\ 0 & 0 & 1 & 1\end{bmatrix}\text{且有 }\boldsymbol{B}^{-1}=\begin{bmatrix}2 & 1 & 1 & -3\\ 1 & 1 & 0 & -1\\ 0 & 0 & 1 & -1\\ 0 & 0 & -1 & 2\end{bmatrix}=\boldsymbol{C},$$

所以，由基 $\boldsymbol{\alpha}_1,\boldsymbol{\alpha}_2,\boldsymbol{\alpha}_3,\boldsymbol{\alpha}_4$ 到基 $\boldsymbol{e}_1,\boldsymbol{e}_2,\boldsymbol{e}_3,\boldsymbol{e}_4$ 的过渡矩阵为 $\boldsymbol{C}$。故基 $\boldsymbol{e}_1,\boldsymbol{e}_2,\boldsymbol{e}_3,\boldsymbol{e}_4$ 的度量矩阵为

$$\boldsymbol{D}=\boldsymbol{C}^{\mathrm{T}}\boldsymbol{A}\boldsymbol{C}=\begin{bmatrix}2 & 1 & 0 & -1\\ 1 & 2 & -1 & 0\\ 0 & -1 & 2 & 1\\ -1 & 0 & 1 & 3\end{bmatrix}。$$

(2)设 $\boldsymbol{\beta}=(x_1,x_2,x_3,x_4)$ 与 $\boldsymbol{\beta}_1,\boldsymbol{\beta}_2,\boldsymbol{\beta}_3$ 都正交，则有

$$(\boldsymbol{\beta},\boldsymbol{\beta}_1)=(x_1,x_2,x_3,x_4)\boldsymbol{D}\begin{bmatrix}1\\ 1\\ -1\\ 1\end{bmatrix}=2x_1+4x_2-2x_3+x_4=0,$$

$$(\boldsymbol{\beta},\boldsymbol{\beta}_2)=(x_1,x_2,x_3,x_4)\boldsymbol{D}\begin{pmatrix}1\\-1\\-1\\1\end{pmatrix}=x_4=0,$$

$$(\boldsymbol{\beta},\boldsymbol{\beta}_3)=(x_1,x_2,x_3,x_4)\boldsymbol{D}\begin{pmatrix}2\\1\\1\\3\end{pmatrix}=2x_1+3x_2+4x_3+8x_4=0。$$

解以上的齐次方程组得

$$x_1=-11k,x_2=6k,x_3=k,x_4=0(\forall k\in\mathbf{R}),$$

于是可取 $\boldsymbol{\beta}=(-11,6,1,0)$。而

$$(\boldsymbol{\beta},\boldsymbol{\beta})=(-11,6,1,0)\boldsymbol{D}\begin{pmatrix}-11\\6\\1\\0\end{pmatrix}=172,$$

故 $\boldsymbol{\gamma}=\dfrac{1}{|\boldsymbol{\beta}|}\boldsymbol{\beta}=\pm\dfrac{1}{\sqrt{172}}(-11,6,1,0)$ 是与 $\boldsymbol{\beta}_1,\boldsymbol{\beta}_2,\boldsymbol{\beta}_3$ 都正交的单位向量。

5. 设 n 维欧氏空间的两个线性变换 σ,τ 在 V 的基 $\boldsymbol{\eta}_1,\boldsymbol{\eta}_2,\cdots,\boldsymbol{\eta}_n$ 下的矩阵分别是 $\boldsymbol{A}$ 和 $\boldsymbol{B}$。求证:若 $\forall\boldsymbol{\alpha}\in V$,都有 $|\sigma\boldsymbol{\alpha}|=|\tau\boldsymbol{\alpha}|$,则存在正定矩阵 $\boldsymbol{P}$,使 $\boldsymbol{A}^{\mathrm{T}}\boldsymbol{P}\boldsymbol{A}=\boldsymbol{B}^{\mathrm{T}}\boldsymbol{P}\boldsymbol{B}$。

证明　由题设

$$\sigma(\boldsymbol{\eta}_1,\boldsymbol{\eta}_2,\cdots,\boldsymbol{\eta}_n)=(\boldsymbol{\eta}_1,\boldsymbol{\eta}_2,\cdots,\boldsymbol{\eta}_n)\boldsymbol{A},$$

$$\tau(\boldsymbol{\eta}_1,\boldsymbol{\eta}_2,\cdots,\boldsymbol{\eta}_n)=(\boldsymbol{\eta}_1,\boldsymbol{\eta}_2,\cdots,\boldsymbol{\eta}_n)\boldsymbol{B}。$$

$\forall(x_1,x_2,\cdots,x_n)\in\mathbf{R}^n$,令 $\boldsymbol{\alpha}=x_1\boldsymbol{\eta}_1+x_2\boldsymbol{\eta}_2+\cdots+x_n\boldsymbol{\eta}_n$,则

$$\sigma(\boldsymbol{\alpha})=x_1\sigma(\boldsymbol{\eta}_1)+x_2\sigma(\boldsymbol{\eta}_2)+\cdots+x_n\sigma(\boldsymbol{\eta}_n)=\sigma(\boldsymbol{\eta}_1,\boldsymbol{\eta}_2,\cdots,\boldsymbol{\eta}_n)\begin{pmatrix}x_1\\x_2\\\vdots\\x_n\end{pmatrix}$$

$$=(\boldsymbol{\eta}_1,\boldsymbol{\eta}_2,\cdots,\boldsymbol{\eta}_n)\boldsymbol{A}\begin{pmatrix}x_1\\x_2\\\vdots\\x_3\end{pmatrix}。$$

同理

$$\tau(\boldsymbol{\alpha})=(\boldsymbol{\eta}_1,\boldsymbol{\eta}_2,\cdots,\boldsymbol{\eta}_n)\boldsymbol{B}\begin{pmatrix}x_1\\x_2\\\vdots\\x_3\end{pmatrix}。$$

令基 $\boldsymbol{\eta}_1,\boldsymbol{\eta}_2,\cdots,\boldsymbol{\eta}_n$ 的度量矩阵为 $\boldsymbol{P}$，则

$$(\sigma\boldsymbol{\alpha},\sigma\boldsymbol{\alpha})=\left[\boldsymbol{A}\begin{pmatrix}x_1\\x_2\\\vdots\\x_n\end{pmatrix}\right]^{\mathrm{T}}\boldsymbol{P}\left[\boldsymbol{A}\begin{pmatrix}x_1\\x_2\\\vdots\\x_n\end{pmatrix}\right]=(x_1,x_2,\cdots,x_n)(\boldsymbol{A}^{\mathrm{T}}\boldsymbol{P}\boldsymbol{A})\begin{pmatrix}x_1\\x_2\\\vdots\\x_n\end{pmatrix},$$

同理

$$(\tau\boldsymbol{\alpha},\tau\boldsymbol{\alpha})=(x_1,x_2,\cdots,x_n)(\boldsymbol{B}^{\mathrm{T}}\boldsymbol{P}\boldsymbol{B})\begin{pmatrix}x_1\\x_2\\\vdots\\x_n\end{pmatrix}。$$

因 $|\sigma\boldsymbol{\alpha}|=|\tau\boldsymbol{\alpha}|$，故

$$(x_1,x_2,\cdots,x_n)(\boldsymbol{A}^{\mathrm{T}}\boldsymbol{P}\boldsymbol{A})\begin{pmatrix}x_1\\x_2\\\vdots\\x_n\end{pmatrix}=(x_1,x_2,\cdots,x_n)(\boldsymbol{B}^{\mathrm{T}}\boldsymbol{P}\boldsymbol{B})\begin{pmatrix}x_1\\x_2\\\vdots\\x_n\end{pmatrix},$$

考虑 $(x_1,x_2,\cdots,x_n)$ 的任意性，并结合 $\boldsymbol{A}^{\mathrm{T}}\boldsymbol{P}\boldsymbol{A}$ 与 $\boldsymbol{B}^{\mathrm{T}}\boldsymbol{P}\boldsymbol{B}$ 均为对称矩阵，知

$$\boldsymbol{A}^{\mathrm{T}}\boldsymbol{P}\boldsymbol{A}=\boldsymbol{B}^{\mathrm{T}}\boldsymbol{P}\boldsymbol{B}。$$

6. 设 $\boldsymbol{\alpha}$ 是欧氏空间 V 中的一个非零向量，$\boldsymbol{\alpha}_1,\boldsymbol{\alpha}_2,\cdots,\boldsymbol{\alpha}_n\in V$，满足条件

(1) $(\boldsymbol{\alpha}_i,\boldsymbol{\alpha})>0(i=1,2,\cdots,n)$；

(2) $(\boldsymbol{\alpha}_i,\boldsymbol{\alpha}_j)\leqslant 0(i,j=1,2,\cdots,n,i\neq j)$。

求证：$\boldsymbol{\alpha}_1,\boldsymbol{\alpha}_2,\cdots,\boldsymbol{\alpha}_n$ 线性无关。

证明 由(1)知 $\boldsymbol{\alpha}_1,\boldsymbol{\alpha}_2,\cdots,\boldsymbol{\alpha}_n$ 均不为 $\mathbf{0}$。令 $\boldsymbol{\eta}_1=\boldsymbol{\alpha}_1$。下面找 $t_{21}\in\mathbf{R}$ 使得 $\boldsymbol{\eta}_2=\boldsymbol{\alpha}_2+t_{21}\boldsymbol{\eta}_1$ 满足 $(\boldsymbol{\eta}_2,\boldsymbol{\eta}_1)=0$；为此我们只需取 $t_{21}=-\dfrac{(\boldsymbol{\alpha}_2,\boldsymbol{\alpha}_1)}{(\boldsymbol{\alpha}_1,\boldsymbol{\alpha}_1)}\geqslant 0$ 即可。若 $\boldsymbol{\eta}_2=\mathbf{0}$，则

$$0=(\boldsymbol{\eta}_2,\boldsymbol{\alpha})=(\boldsymbol{\alpha}_2,\boldsymbol{\alpha})+t_{21}(\boldsymbol{\alpha}_1,\boldsymbol{\alpha})>0。$$

这不可能。因此 $\boldsymbol{\eta}_2\neq\mathbf{0}$。下面找 $t_{31},t_{32}\in\mathbf{R}$ 使得 $\boldsymbol{\eta}_3=\boldsymbol{\alpha}_3+t_{31}\boldsymbol{\eta}_1+t_{32}\boldsymbol{\eta}_2$ 与 $\boldsymbol{\eta}_1,\boldsymbol{\eta}_2$ 都正交。注意到

$$(\boldsymbol{\eta}_3,\boldsymbol{\eta}_1)=0=(\boldsymbol{\alpha}_3,\boldsymbol{\eta}_1)+t_{31}(\boldsymbol{\eta}_1,\boldsymbol{\eta}_1),$$

只需取 $t_{31}=-\dfrac{(\boldsymbol{\alpha}_3,\boldsymbol{\eta}_1)}{(\boldsymbol{\eta}_1,\boldsymbol{\eta}_1)}\geqslant 0$；注意到

$$(\boldsymbol{\eta}_3,\boldsymbol{\eta}_2)=0=(\boldsymbol{\alpha}_3,\boldsymbol{\eta}_2)+t_{32}(\boldsymbol{\eta}_2,\boldsymbol{\eta}_2),$$

因此取 $t_{32}=-\dfrac{(\boldsymbol{\alpha}_3,\boldsymbol{\eta}_2)}{(\boldsymbol{\eta}_2,\boldsymbol{\eta}_2)}\geqslant 0$ 即可。同上面一样可以证明 $\boldsymbol{\eta}_3\neq\mathbf{0}$。照此进行下去可以找到 $\boldsymbol{\eta}_1,\boldsymbol{\eta}_2,\cdots,\boldsymbol{\eta}_n=\boldsymbol{\alpha}_n+t_{n1}\boldsymbol{\eta}_1+\cdots+t_{n,n-1}\boldsymbol{\eta}_{n-1}$ 构成一个正交向量组，这里所有的 $t_{ij}\geqslant 0$ 均成立。$\boldsymbol{\eta}_1,\boldsymbol{\eta}_2,\cdots,\boldsymbol{\eta}_n$ 非零，从而是线性无关的。注意到

$$(\boldsymbol{\eta}_1,\boldsymbol{\eta}_2,\cdots,\boldsymbol{\eta}_n)=(\boldsymbol{\alpha}_1,\boldsymbol{\alpha}_2,\cdots,\boldsymbol{\alpha}_n)\begin{pmatrix}1&t_{21}&\cdots&t_{n1}\\0&1&\cdots&t_{n2}\\\vdots&\vdots&&\vdots\\0&0&\cdots&1\end{pmatrix}$$

由于

$$\begin{vmatrix}1&t_{21}&\cdots&t_{n1}\\0&1&\cdots&t_{n2}\\\vdots&\vdots&&\vdots\\0&0&\cdots&1\end{vmatrix}=1\neq 0,$$

$\boldsymbol{\alpha}_1,\boldsymbol{\alpha}_2,\cdots,\boldsymbol{\alpha}_n$ 是线性无关的。

7. 设 V 为 n 维欧氏空间，V_1,V_2 为 V 的两个子空间，且 $V_1\perp V_2$，$\boldsymbol{\alpha}_1,\boldsymbol{\alpha}_2,\cdots,\boldsymbol{\alpha}_s\in V_1$；$\boldsymbol{\beta}_1,\boldsymbol{\beta}_2,\cdots,\boldsymbol{\beta}_t\in V_2$。求证：$\boldsymbol{\alpha}_1,\boldsymbol{\alpha}_2,\cdots,\boldsymbol{\alpha}_s,\boldsymbol{\beta}_1,\boldsymbol{\beta}_2,\cdots,\boldsymbol{\beta}_t$ 线性无关。

证明　设

$$k_1\boldsymbol{\alpha}_1+k_2\boldsymbol{\alpha}_2+\cdots+k_s\boldsymbol{\alpha}_s+l_1\boldsymbol{\beta}_1+l_2\boldsymbol{\beta}_2+\cdots+l_t\boldsymbol{\beta}_t=\mathbf{0},\tag{9-4}$$

对式(9—4)两边分别与 $\boldsymbol{\alpha}_i(i=1,2,\cdots,s)$ 作内积有：

$$k_1(\boldsymbol{\alpha}_i,\boldsymbol{\alpha}_1)+k_2(\boldsymbol{\alpha}_i,\boldsymbol{\alpha}_2)+\cdots+k_s(\boldsymbol{\alpha}_i,\boldsymbol{\alpha}_s)=0(i=1,2,\cdots,s),$$

即

$$\begin{pmatrix}(\boldsymbol{\alpha}_1,\boldsymbol{\alpha}_1)&(\boldsymbol{\alpha}_1,\boldsymbol{\alpha}_2)&\cdots&(\boldsymbol{\alpha}_1,\boldsymbol{\alpha}_s)\\(\boldsymbol{\alpha}_2,\boldsymbol{\alpha}_1)&(\boldsymbol{\alpha}_2,\boldsymbol{\alpha}_2)&\cdots&(\boldsymbol{\alpha}_2,\boldsymbol{\alpha}_s)\\\vdots&\vdots&&\vdots\\(\boldsymbol{\alpha}_s,\boldsymbol{\alpha}_1)&(\boldsymbol{\alpha}_s,\boldsymbol{\alpha}_2)&\cdots&(\boldsymbol{\alpha}_s,\boldsymbol{\alpha}_s)\end{pmatrix}\begin{pmatrix}k_1\\k_2\\\vdots\\k_s\end{pmatrix}=\begin{pmatrix}0\\0\\\vdots\\0\end{pmatrix},\tag{9-5}$$

由于 $\boldsymbol{\alpha}_1,\boldsymbol{\alpha}_2,\cdots,\boldsymbol{\alpha}_s$ 线性无关，所以

$$\begin{vmatrix}(\boldsymbol{\alpha}_1,\boldsymbol{\alpha}_1)&(\boldsymbol{\alpha}_1,\boldsymbol{\alpha}_2)&\cdots&(\boldsymbol{\alpha}_1,\boldsymbol{\alpha}_s)\\(\boldsymbol{\alpha}_2,\boldsymbol{\alpha}_1)&(\boldsymbol{\alpha}_2,\boldsymbol{\alpha}_2)&\cdots&(\boldsymbol{\alpha}_2,\boldsymbol{\alpha}_s)\\\vdots&\vdots&&\vdots\\(\boldsymbol{\alpha}_s,\boldsymbol{\alpha}_1)&(\boldsymbol{\alpha}_s,\boldsymbol{\alpha}_2)&\cdots&(\boldsymbol{\alpha}_s,\boldsymbol{\alpha}_s)\end{vmatrix}\neq 0,$$

故式(9—5)只有零解，因此 $k_1=k_2=\cdots=k_s=0$。

同理，式(9—4)分别与 $\boldsymbol{\beta}_j(j=1,2,\cdots,t)$ 作内积，则推出 $l_1=l_2=\cdots=l_t=0$，从而 $\boldsymbol{\alpha}_1,\boldsymbol{\alpha}_2,\cdots,\boldsymbol{\alpha}_s,\boldsymbol{\beta}_1,\boldsymbol{\beta}_2,\cdots,\boldsymbol{\beta}_t$ 线性无关。

8. 设 $\boldsymbol{A}$ 是 n 阶非零实方阵，$n\geqslant 3$，若 $\boldsymbol{A}$ 每个元素 $a_{ij}=A_{ij}$，则 $\boldsymbol{A}$ 为正交矩阵。

证明　由

$$\boldsymbol{A}\boldsymbol{A}^{\mathrm{T}}=\boldsymbol{A}\boldsymbol{A}^*=|\boldsymbol{A}|\boldsymbol{E}_n,$$

又存在 $A_{ij}\neq 0$，故

$$|\boldsymbol{A}|=a_{i1}A_{i1}+\cdots+a_{in}A_{in}=\sum_{k=1}^{n}A_{ik}^2>0。$$

另一方面，$|\boldsymbol{A}\boldsymbol{A}^{\mathrm{T}}|=||\boldsymbol{A}|\boldsymbol{E}_n|$，故 $|\boldsymbol{A}|^{n-2}=1$，从而 $|\boldsymbol{A}|=1$，故 $\boldsymbol{A}\boldsymbol{A}^{\mathrm{T}}=\boldsymbol{E}_n$，即 $\boldsymbol{A}$ 为正交矩阵。

9. 设 $\boldsymbol{A},\boldsymbol{B}$ 为 n 阶正交矩阵，且 $|\boldsymbol{A}|\neq|\boldsymbol{B}|$。求证：$\boldsymbol{A}+\boldsymbol{B}$ 为不可逆矩阵。

证明 因为 $\boldsymbol{A},\boldsymbol{B}$ 为正交矩阵，所以 $\boldsymbol{A}\boldsymbol{A}^{\mathrm{T}}=\boldsymbol{B}^{\mathrm{T}}\boldsymbol{B}=\boldsymbol{E}$，且 $|\boldsymbol{A}|=\pm1$，$|\boldsymbol{B}|=\pm1$。由于 $|\boldsymbol{A}|\neq|\boldsymbol{B}|$，所以 $|\boldsymbol{A}|=-|\boldsymbol{B}|$。故有

$$
\begin{aligned}
|\boldsymbol{A}+\boldsymbol{B}|&=|\boldsymbol{A}\boldsymbol{A}^{\mathrm{T}}||\boldsymbol{A}+\boldsymbol{B}||\boldsymbol{B}^{\mathrm{T}}\boldsymbol{B}|=|\boldsymbol{A}||\boldsymbol{A}^{\mathrm{T}}||\boldsymbol{A}+\boldsymbol{B}||\boldsymbol{B}^{\mathrm{T}}||\boldsymbol{B}|\\
&=-|\boldsymbol{A}|^2|\boldsymbol{A}^{\mathrm{T}}(\boldsymbol{A}+\boldsymbol{B})\boldsymbol{B}^{\mathrm{T}}|=-|\boldsymbol{B}^{\mathrm{T}}+\boldsymbol{A}^{\mathrm{T}}|\\
&=-|(\boldsymbol{A}+\boldsymbol{B})^{\mathrm{T}}|=-|\boldsymbol{A}+\boldsymbol{B}|,
\end{aligned}
$$

即 $2|\boldsymbol{A}+\boldsymbol{B}|=0$，从而 $|\boldsymbol{A}+\boldsymbol{B}|=0$。

10. 设 $\boldsymbol{A},\boldsymbol{B}$ 为 n 阶正交矩阵，n 为奇数。求证：$|(\boldsymbol{A}-\boldsymbol{B})(\boldsymbol{A}+\boldsymbol{B})|=0$。

证明 由于 $\boldsymbol{A},\boldsymbol{B}$ 是正交矩阵，所以

$$\boldsymbol{A}^{\mathrm{T}}\boldsymbol{A}=\boldsymbol{B}\boldsymbol{B}^{\mathrm{T}}=\boldsymbol{E}。$$

注意到方阵与其转置矩阵的行列式相等，又有

$$
\begin{aligned}
|(\boldsymbol{A}-\boldsymbol{B})(\boldsymbol{A}+\boldsymbol{B})|&=|\boldsymbol{A}-\boldsymbol{B}||\boldsymbol{A}+\boldsymbol{B}|=|(\boldsymbol{A}-\boldsymbol{B})^{\mathrm{T}}||\boldsymbol{A}+\boldsymbol{B}|\\
&=|(\boldsymbol{A}^{\mathrm{T}}-\boldsymbol{B}^{\mathrm{T}})(\boldsymbol{A}+\boldsymbol{B})|\\
&=|\boldsymbol{A}^{\mathrm{T}}\boldsymbol{A}+\boldsymbol{A}^{\mathrm{T}}\boldsymbol{B}-\boldsymbol{B}^{\mathrm{T}}\boldsymbol{A}-\boldsymbol{B}^{\mathrm{T}}\boldsymbol{B}|=|\boldsymbol{A}^{\mathrm{T}}\boldsymbol{B}-\boldsymbol{B}^{\mathrm{T}}\boldsymbol{A}|,\\
|(\boldsymbol{A}-\boldsymbol{B})(\boldsymbol{A}+\boldsymbol{B})|&=|\boldsymbol{A}-\boldsymbol{B}||\boldsymbol{A}+\boldsymbol{B}|=|(\boldsymbol{A}+\boldsymbol{B})^{\mathrm{T}}||\boldsymbol{A}-\boldsymbol{B}|\\
&=|(\boldsymbol{A}^{\mathrm{T}}+\boldsymbol{B}^{\mathrm{T}})(\boldsymbol{A}-\boldsymbol{B})|\\
&=|\boldsymbol{A}^{\mathrm{T}}\boldsymbol{A}-\boldsymbol{A}^{\mathrm{T}}\boldsymbol{B}+\boldsymbol{B}^{\mathrm{T}}\boldsymbol{A}-\boldsymbol{B}^{\mathrm{T}}\boldsymbol{B}|=|-\boldsymbol{A}^{\mathrm{T}}\boldsymbol{B}+\boldsymbol{B}^{\mathrm{T}}\boldsymbol{A}|\\
&=(-1)^n|\boldsymbol{A}^{\mathrm{T}}\boldsymbol{B}-\boldsymbol{B}^{\mathrm{T}}\boldsymbol{A}|=-|\boldsymbol{A}^{\mathrm{T}}\boldsymbol{B}-\boldsymbol{B}^{\mathrm{T}}\boldsymbol{A}|。
\end{aligned}
$$

于是

$$|(\boldsymbol{A}-\boldsymbol{B})(\boldsymbol{A}+\boldsymbol{B})|=-|(\boldsymbol{A}-\boldsymbol{B})(\boldsymbol{A}+\boldsymbol{B})|,$$

故

$$|(\boldsymbol{A}-\boldsymbol{B})(\boldsymbol{A}+\boldsymbol{B})|=0。$$

11. 设 $\boldsymbol{A}$ 为三阶正交矩阵，且 $|\boldsymbol{A}|=1$，求证：存在实数 t，$-1\leqslant t\leqslant 3$，使

$$\boldsymbol{A}^3-t\boldsymbol{A}^2+t\boldsymbol{A}-\boldsymbol{E}=\boldsymbol{0}。$$

证明 设 $\boldsymbol{A}$ 有 3 个特征根 $\lambda_1,\lambda_2,\lambda_3$，由于虚根成对出现，又 $|\boldsymbol{A}|=1$，因而必有一个实根为 1，不妨设 $\lambda_1=1$，若 λ_2,λ_3 均为实数，则同时为 1 或 -1，又

$$
\begin{aligned}
f(\lambda)=|\lambda\boldsymbol{E}-\boldsymbol{A}|&=(\lambda-\lambda_1)(\lambda-\lambda_2)(\lambda-\lambda_3)\\
&=\lambda^3-(\lambda_1+\lambda_2+\lambda_3)\lambda^2+(\lambda_1\lambda_2+\lambda_2\lambda_3+\lambda_1\lambda_3)\lambda-1。
\end{aligned}
$$

令

$$t=\lambda_1+\lambda_2+\lambda_3=\lambda_1\lambda_2+\lambda_2\lambda_3+\lambda_1\lambda_3,\ -1\leqslant t\leqslant 3,$$

$$\boldsymbol{0}=f(\boldsymbol{A})=\boldsymbol{A}^3-t\boldsymbol{A}^2+t\boldsymbol{A}-\boldsymbol{E}。$$

设

$$\lambda_2=a+b\mathrm{i},\lambda_3=a-b\mathrm{i}(b\neq0),a^2+b^2=1,$$

$$t=\lambda_1+\lambda_2+\lambda_3=1+2a=\lambda_1\lambda_2+\lambda_2\lambda_3+\lambda_1\lambda_3,$$

则 $-1\leqslant t\leqslant 3$；且

$$\boldsymbol{0}=f(\boldsymbol{A})=\boldsymbol{A}^3-t\boldsymbol{A}^2+t\boldsymbol{A}-\boldsymbol{E}。$$

12. 求证：二阶正交矩阵 $\boldsymbol{A}$ 可表示为下列形式之一

$$\begin{pmatrix}\cos\theta & -\sin\theta\\ \sin\theta & \cos\theta\end{pmatrix} \text{或} \begin{pmatrix}\cos\theta & \sin\theta\\ \sin\theta & -\cos\theta\end{pmatrix},$$

且 $|\boldsymbol{A}|=-1$ 时，$\boldsymbol{A}$ 相似于

$$\begin{pmatrix}1 & 0\\ 0 & -1\end{pmatrix}。$$

证明　(1) $|\boldsymbol{A}|=1$ 时，因为 $\boldsymbol{A}^{\mathrm{T}}\boldsymbol{A}=\boldsymbol{E},\boldsymbol{A}^{*}\boldsymbol{A}=\boldsymbol{E}$，所以 $\boldsymbol{A}^{*}=\boldsymbol{A}^{\mathrm{T}}$，

设 $\boldsymbol{A}=\begin{pmatrix}a & b\\ c & d\end{pmatrix}$，即有

$$\begin{pmatrix}d & -b\\ -c & a\end{pmatrix}=\begin{pmatrix}a & c\\ b & d\end{pmatrix},d=a,b=-c,$$

$$\boldsymbol{A}=\begin{pmatrix}a & b\\ -b & a\end{pmatrix},a^2+b^2=1,$$

令 $a=\sin\theta$，则 $b^2=\cos^2\theta$，所以 $b=\cos\theta$ 或 $-\cos\theta$。

从而

$$\boldsymbol{A}=\begin{pmatrix}\sin\theta & \cos\theta\\ -\cos\theta & \sin\theta\end{pmatrix} \text{或} \boldsymbol{A}=\begin{pmatrix}\sin\theta & -\cos\theta\\ \cos\theta & \sin\theta\end{pmatrix}。$$

对后一种情况，令 $\theta=\pi-\theta_1$，则

$$\sin\theta=\sin\theta_1,-\cos\theta=\cos\theta_1,$$

得

$$\boldsymbol{A}=\begin{pmatrix}\sin\theta & -\cos\theta\\ \cos\theta & \sin\theta\end{pmatrix}=\begin{pmatrix}\sin\theta & \cos\theta\\ -\cos\theta & \sin\theta\end{pmatrix}。$$

(2)同样证明 $|\boldsymbol{A}|=-1$ 的情况，当 $|\boldsymbol{A}|=-1$ 时，$\boldsymbol{A}$ 的特征值为 1 与 -1，故 $\boldsymbol{A}$ 相似于

$$\begin{pmatrix}1 & 0\\ 0 & -1\end{pmatrix}。$$

13. 设 $\boldsymbol{\alpha}$ 为长度为 1 的实 n 维列向量(按通常的内积)。求证：存在对称的正交矩阵，使它的第一列为 $\boldsymbol{\alpha}$。

证明　如果 $\boldsymbol{\alpha}=(\varepsilon,0,\cdots,0)^{\mathrm{T}}$，则 $\varepsilon\boldsymbol{E}$ 为所求，这里 $\varepsilon=1$ 或 -1。

设

$$\boldsymbol{\alpha}=(a_1,\cdots,a_n)^{\mathrm{T}}\neq(\varepsilon,0,\cdots,0)^{\mathrm{T}},$$

所以 $|\boldsymbol{\alpha}|<1$，即 $1-a_1>0$，令 $\boldsymbol{\beta}=(1,0,\cdots,0)^{\mathrm{T}}$，有

$$|\boldsymbol{\beta}-\boldsymbol{\alpha}|=\sqrt{(1-a_1)^2+\cdots+a_n^2}=\sqrt{2-2a_1},$$

令

$$\boldsymbol{\gamma}=\frac{\boldsymbol{\beta}-\boldsymbol{\alpha}}{|\boldsymbol{\beta}-\boldsymbol{\alpha}|}=\frac{\boldsymbol{\beta}-\boldsymbol{\alpha}}{\sqrt{2-2a_1}},\boldsymbol{Q}=\boldsymbol{E}-2\boldsymbol{\gamma}\boldsymbol{\gamma}^{\mathrm{T}},$$

则 $\boldsymbol{Q}^{\mathrm{T}}=\boldsymbol{Q}$，$\boldsymbol{Q}$ 为对称的，又

$$\boldsymbol{Q}^{\mathrm{T}}\boldsymbol{Q}=(\boldsymbol{E}-2\boldsymbol{\gamma}^{\mathrm{T}}\boldsymbol{\gamma})(\boldsymbol{E}-2\boldsymbol{\gamma}^{\mathrm{T}}\boldsymbol{\gamma})=\boldsymbol{E}-4\boldsymbol{\gamma}^{\mathrm{T}}\boldsymbol{\gamma}+4\boldsymbol{\gamma}^{\mathrm{T}}\boldsymbol{\gamma}=\boldsymbol{E},$$

Q 为正交矩阵。

由

$$\gamma=\frac{1}{\sqrt{2-2a_1}}\begin{pmatrix}1-a_1\\-a_2\\\vdots\\-a_n\end{pmatrix},$$

故

$$2\gamma\gamma^{\mathrm{T}}=\frac{1}{1-a_1}\begin{pmatrix}(1-a_1)^2 & -(1-a_1)a_2 & \cdots & -(1-a_1)a_n\\\vdots & \vdots & & \vdots\\-a_n(1-a_1) & a_na_2 & \cdots & a_n^2\end{pmatrix},$$

Q 的第一列为

$$\begin{pmatrix}1\\0\\\vdots\\0\end{pmatrix}-\frac{1}{1-a_1}\begin{pmatrix}(1-a_1)^2\\\vdots\\-a_n(1-a_1)\end{pmatrix}=\begin{pmatrix}1\\0\\\vdots\\0\end{pmatrix}-\begin{pmatrix}1-a_1\\-a_2\\\vdots\\-a_n\end{pmatrix}=\boldsymbol{\alpha}。$$

14. 设 $A\in\mathbf{R}^{n\times n}$，$E_n$ 为 n 阶单位矩阵。求证：$(E_n-A)(E_n+A)^{-1}$ 为正交矩阵当且仅当 A 为反对称矩阵。

证明 必要性。$(E_n-A)(E_n+A)^{-1}$ 为正交矩阵可以推出

$$[(E_n-A)(E_n+A)^{-1}]^{\mathrm{T}}=[(E_n-A)(E_n+A)^{-1}]^{-1},$$

因此

$$(E_n+A^{\mathrm{T}})^{-1}(E_n-A^{\mathrm{T}})=(E_n+A)(E_n-A)^{-1},$$

故

$$(E_n-A)^{\mathrm{T}}(E_n-A)=(E_n+A)^{\mathrm{T}}(E_n+A),$$

展开可知 $A^{\mathrm{T}}=-A$。

充分性。易证 E_n+A 可逆。因此只需证明 $B=(E_n+A)(E_n+A^{\mathrm{T}})$ 正定。

事实上，对任意 $X\neq\mathbf{0}$，有 $X^{\mathrm{T}}AX=0$，因此 $X^{\mathrm{T}}BX=X^{\mathrm{T}}X+X^{\mathrm{T}}A^{\mathrm{T}}AX>0$。所以 E_n+A 和 $(E_n+A^{\mathrm{T}})=E_n-A$ 可逆。由于

$$\begin{aligned}&[(E_n-A)(E_n+A)^{-1}]^{\mathrm{T}}[(E_n-A)(E_n+A)^{-1}]^{-1}\\=&(E_n-A)^{-1}(E_n+A)(E_n-A)(E_n+A)^{-1}=E_n,\end{aligned}$$

故 $(E_n-A)(E_n+A)^{-1}$ 为正交矩阵。

15. 求证：不存在 n 阶正交矩阵 A,B，使 $A^2=AB+B^2$。

证明 若 A,B 正交，且 $A^2=AB+B^2$，

则以 A^{-1} 左乘等式两边，得

$$A=B+A^{-1}B^2,$$

又以 B^{-1} 右乘等式两边，得

$$A^2B^{-1}=A+B。$$

因此有

$$A-B=A^{-1}B^2,$$

$$A+B=A^2B^{-1}。$$

由于 A^{-1},B^{-1} 正交,且正交矩阵之积仍是正交矩阵,所以 $A+B$ 与 $A-B$ 均为正交矩阵。所以

$$(A-B)^T(A-B)=2E-A^TB-B^TA=E。$$

$$(A+B)^T(A+B)=2E+A^TB+B^TA=E。$$

如上两式相加得 $4E=2E$,矛盾。故不存在 n 阶正交矩阵 A,B,使 $A^2=AB+B^2$。

16. 设 $A=\begin{pmatrix}0 & a & -b\\ -a & 0 & c\\ b & -c & 0\end{pmatrix}$ 为实矩阵,设 $B=A^2+pA+E$,其中 $p=a^2+b^2+c^2$,E 为单位矩阵,求 p 为何值时,B 为正交矩阵。

解　由题设可见,$A^T=-A$,所以 B 为正交矩阵的充分必要条件是

$$B^TB=(A^2-pA+E)(A^2+pA+E)=E,$$

即

$$A^4+(2-p^2)A^2=O。\tag{9-6}$$

因为

$$|\lambda E-A|=\begin{vmatrix}\lambda & -a & b\\ a & \lambda & -c\\ -b & c & \lambda\end{vmatrix}=\lambda^3+(a^2+b^2+c^2)\lambda$$

$$=\lambda(\lambda^2+p)。$$

(1)当 $p=0$ 时,有 $a=b=c=0$,所以 $A=O$,此时 $B=E$ 为正交矩阵。

(2)当 $p\neq 0$ 时,由于 A 的特征多项式的根全是最小多项式的根,所以 A 的最小多项式 $m_A(\lambda)=\lambda(\lambda^2+p)$。

由式(9—6)知

$$\lambda^2+p\,|\,\lambda^3+(2-p^2)\lambda,$$

令

$$\lambda^3+(2-p^2)\lambda=(\lambda^2+p)(\lambda+m),$$

比较系数可得 $2-p^2=p$,故 $p=1$ 或 $p=-2$(舍去),

综合可得 $p=0$ 或 $p=1$ 时,故 B 为正交矩阵。

17. 求证:上三角的正交矩阵必为对角矩阵,且对角线上元素为 1 或 -1。

证明　设 A 是正交矩阵,且 $A=\begin{pmatrix}a_{11} & \cdots & a_{1n}\\ & \ddots & \vdots\\ & & a_{nn}\end{pmatrix}$ 则 $A^T=A^{-1}=\begin{pmatrix}b_{11} & \cdots & b_{1n}\\ & \ddots & \vdots\\ & & b_{nn}\end{pmatrix}$ 也是上三角矩阵,从而

$$\begin{pmatrix}a_{11} & & \\ \vdots & \ddots & \\ a_{1n} & & a_{nn}\end{pmatrix}=\begin{pmatrix}b_{11} & \cdots & b_{1n}\\ & \ddots & \vdots\\ & & b_{nn}\end{pmatrix},$$

于是 $a_{ij}=0(i\neq j)$。故

$$A=\begin{pmatrix}a_{11} & & \\ & \ddots & \\ & & a_{nn}\end{pmatrix}$$

为对角矩阵,又由 $A^{T}A=E$ 得 $a_{ii}^{2}=1(i=1,2,\cdots,n)$,此即 $a_{ii}=1$ 或 -1。

18. 在欧氏空间中有三组向量 $\boldsymbol{\alpha}_1,\boldsymbol{\alpha}_2,\cdots,\boldsymbol{\alpha}_n;\boldsymbol{\beta}_1,\boldsymbol{\beta}_2,\cdots,\boldsymbol{\beta}_n$ 和 $\boldsymbol{\gamma}_1,\boldsymbol{\gamma}_2,\cdots,\boldsymbol{\gamma}_n$。如果 $\boldsymbol{\alpha}_1,\boldsymbol{\alpha}_2,\cdots,\boldsymbol{\alpha}_n$ 是线性无关的,$\boldsymbol{\beta}_1,\boldsymbol{\beta}_2,\cdots,\boldsymbol{\beta}_n$ 和 $\boldsymbol{\gamma}_1,\boldsymbol{\gamma}_2,\cdots,\boldsymbol{\gamma}_n$ 都是两两正交的单位向量组,并且对一切 $i(1\leqslant i\leqslant n)$,均有

$$L(\boldsymbol{\alpha}_1,\boldsymbol{\alpha}_2,\cdots,\boldsymbol{\alpha}_n)=L(\boldsymbol{\beta}_1,\boldsymbol{\beta}_2,\cdots,\boldsymbol{\beta}_n)=L(\boldsymbol{\gamma}_1,\boldsymbol{\gamma}_2,\cdots,\boldsymbol{\gamma}_n)。$$

求证:对每一个 i,有 $\boldsymbol{\beta}_i=\pm\boldsymbol{\gamma}_i$。

证明 由题设,可令

$$(\boldsymbol{\beta}_1,\boldsymbol{\beta}_2,\cdots,\boldsymbol{\beta}_n)=(\boldsymbol{\alpha}_1,\boldsymbol{\alpha}_2,\cdots,\boldsymbol{\alpha}_n)\boldsymbol{A},\tag{9-7}$$

$$(\boldsymbol{\gamma}_1,\boldsymbol{\gamma}_2,\cdots,\boldsymbol{\gamma}_n)=(\boldsymbol{\alpha}_1,\boldsymbol{\alpha}_2,\cdots,\boldsymbol{\alpha}_n)\boldsymbol{B}。\tag{9-8}$$

这里 $\boldsymbol{A}=(a_{ij})_{m\times n},\boldsymbol{B}=(b_{ij})_{m\times n}$,且 $i>j$ 时 $a_{ij}=b_{ij}=0$。

由于两两正交的非零向量组线性无关,且 $\boldsymbol{\alpha}_1,\boldsymbol{\alpha}_2,\cdots,\boldsymbol{\alpha}_n$ 线性无关,所以 $\boldsymbol{A},\boldsymbol{B}$ 均可逆。

由式(9-7)和式(9-8)可得

$$(\boldsymbol{\beta}_1,\boldsymbol{\beta}_2,\cdots,\boldsymbol{\beta}_n)=(\boldsymbol{\gamma}_1,\boldsymbol{\gamma}_2,\cdots,\boldsymbol{\gamma}_n)\boldsymbol{B}^{-1}\boldsymbol{A}。\tag{9-9}$$

由于上三角矩阵 $\boldsymbol{B}$ 的逆矩阵 $\boldsymbol{B}^{-1}$ 仍是上三角矩阵,且上三角阵的乘积仍是上三角阵,所以 $\boldsymbol{B}^{-1}\boldsymbol{A}$ 是上三角矩阵。

令

$$\boldsymbol{B}^{-1}\boldsymbol{A}=\begin{bmatrix}c_{11} & c_{12} & \cdots & c_{1n}\\ 0 & c_{22} & \cdots & c_{2n}\\ \vdots & \vdots & \ddots & \vdots\\ 0 & 0 & \cdots & c_{nn}\end{bmatrix}\triangleq \boldsymbol{C}。$$

考虑到 $\boldsymbol{\beta}_1,\boldsymbol{\beta}_2,\cdots,\boldsymbol{\beta}_n$ 及 $\boldsymbol{\gamma}_1,\boldsymbol{\gamma}_2,\cdots,\boldsymbol{\gamma}_n$ 均为标准正交向量组,所以 $\boldsymbol{C}$ 是正交矩阵,即有 $\boldsymbol{C}^{T}=\boldsymbol{C}^{-1}$,这里 $\boldsymbol{C}^{T}$ 为下三角矩阵,$\boldsymbol{C}^{-1}$ 为上三角矩阵,

所以 $\boldsymbol{C}=\mathrm{diag}(c_{11},c_{22},\cdots,c_{nn})$,且 $c_{ii}^{2}=1(i=1,2,\cdots,n)$。

结合(9-9),命题得证明。

19. 设 $\boldsymbol{\alpha},\boldsymbol{\beta}$ 为 $n(>0)$ 维欧氏空间 V 的两个不同向量,且 $|\boldsymbol{\alpha}|=|\boldsymbol{\beta}|=1$,求证:$(\boldsymbol{\alpha},\boldsymbol{\beta})\neq1$。

证明 因 $|\boldsymbol{\alpha}|=1$,将 $\boldsymbol{\alpha}$ 扩充为 V 的标准正交基 $\boldsymbol{\alpha},\boldsymbol{\varepsilon}_2,\cdots,\boldsymbol{\varepsilon}_n$。令

$$\boldsymbol{\beta}=k\boldsymbol{\alpha}+k_2\boldsymbol{\varepsilon}_2+\cdots+k_n\boldsymbol{\varepsilon}_n,$$

其中 $k_i=(\boldsymbol{\beta},\boldsymbol{\varepsilon}_i)(i=2,\cdots,n)$,$k=(\boldsymbol{\beta},\boldsymbol{\alpha})$。易见 $k\neq1$。否则,若 $k=1$,则

$$\boldsymbol{\beta}=\boldsymbol{\alpha}+k_2\boldsymbol{\varepsilon}_2+\cdots+k_n\boldsymbol{\varepsilon}_n,$$

进而

$$|\boldsymbol{\beta}^2|=(\boldsymbol{\beta},\boldsymbol{\beta})=1+k_2^2+\cdots+k_n^2=1,$$

于是 $k_2^2+\cdots+k_n^2=0$,即 $k_2=\cdots=k_n=0$,从而 $\boldsymbol{\beta}=\boldsymbol{\alpha}$,与已知矛盾。

故 $(\boldsymbol{\alpha},\boldsymbol{\beta})=k\neq 1$。

20. 设 $\boldsymbol{A}$ 为一个 n 阶实可逆矩阵。求证:存在一个正交矩阵 $\boldsymbol{U}$ 与一个正定矩阵 $\boldsymbol{S}$,使得

$$\boldsymbol{A}=\boldsymbol{US}。$$

证明　考虑实对称矩阵 $\boldsymbol{AA}^{\mathrm{T}}$,由 $\boldsymbol{A}$ 可逆知,存在正交矩阵 $\boldsymbol{T}$,使得

$$\boldsymbol{T}^{\mathrm{T}}\boldsymbol{A}^{\mathrm{T}}\boldsymbol{AT}=\begin{pmatrix}\lambda_1 & & \\ & \ddots & \\ & & \lambda_n\end{pmatrix}(\lambda_i>0,i=1,2,\cdots,n)。$$

故

$$\begin{pmatrix}\frac{1}{\sqrt{\lambda_1}} & & \\ & \ddots & \\ & & \frac{1}{\sqrt{\lambda_n}}\end{pmatrix}\boldsymbol{T}^{\mathrm{T}}\boldsymbol{A}^{\mathrm{T}}\boldsymbol{AT}\begin{pmatrix}\frac{1}{\sqrt{\lambda_1}} & & \\ & \ddots & \\ & & \frac{1}{\sqrt{\lambda_n}}\end{pmatrix}=\boldsymbol{E}_n。$$

令

$$\widehat{\boldsymbol{U}}=\boldsymbol{AT}\begin{pmatrix}\frac{1}{\sqrt{\lambda_1}} & & \\ & \ddots & \\ & & \frac{1}{\sqrt{\lambda_n}}\end{pmatrix}。$$

则 $\widehat{\boldsymbol{U}}^{\mathrm{T}}\widehat{\boldsymbol{U}}=\boldsymbol{E}_n$,即 $\widehat{\boldsymbol{U}}$ 为正交矩阵,而 $\boldsymbol{U}=\widehat{\boldsymbol{U}}\boldsymbol{T}^{\mathrm{T}}$ 也为正交矩阵,令

$$\boldsymbol{S}=\boldsymbol{T}\begin{pmatrix}\sqrt{\lambda_1} & & \\ & \ddots & \\ & & \sqrt{\lambda_n}\end{pmatrix}\boldsymbol{T}^{\mathrm{T}},$$

则 $\boldsymbol{S}$ 为正定矩阵且 $\boldsymbol{A}=\boldsymbol{US}$。

注　本例题中的 $\boldsymbol{U}$ 和 $\boldsymbol{S}$ 是唯一的。事实上,设还有一个这样的分解 $\boldsymbol{A}=\boldsymbol{U}_1\boldsymbol{S}_1$。则

$$\boldsymbol{S}^2=\boldsymbol{A}^{\mathrm{T}}\boldsymbol{A}=\boldsymbol{S}_1^{\mathrm{T}}\boldsymbol{U}_1^{\mathrm{T}}\boldsymbol{U}_1\boldsymbol{S}_1=\boldsymbol{S}_1^2。$$

由上例可知 $\boldsymbol{S}=\boldsymbol{S}_1$,从而 $\boldsymbol{U}=\boldsymbol{U}_1$。

21. 设 $\boldsymbol{\eta}$ 是欧氏空间中一单位向量,定义 $\sigma(\boldsymbol{\alpha})=\boldsymbol{\alpha}-2(\boldsymbol{\eta},\boldsymbol{\alpha})\boldsymbol{\eta}$。求证:

(1) σ 是正交变换,这样的正交变换称为镜面反射;

(2) σ 是第二类的;

(3)如果 n 维欧氏空间,正交变换 σ 以 $\boldsymbol{\eta}$ 作为一个特征向量,且属于特征值 1 的特征子空间 V_1 的维数为 $n-1$,则 σ 是镜面反射。

证明　(1)对欧氏空间中任意元素 $\boldsymbol{\alpha},\boldsymbol{\beta}$ 和实数 k_1,k_2,有

$$\sigma(k_1\boldsymbol{\alpha}+k_2\boldsymbol{\beta})=k_1\boldsymbol{\alpha}+k_2\boldsymbol{\beta}-2(\boldsymbol{\eta},k_1\boldsymbol{\alpha}+k_2\boldsymbol{\beta})\boldsymbol{\eta}=k_1\sigma(\boldsymbol{\alpha})+k_2\sigma(\boldsymbol{\beta}),$$

所以 σ 是线性的。又有

$$(\sigma(\boldsymbol{\alpha}),\sigma(\boldsymbol{\beta}))=(\boldsymbol{\alpha}-2(\boldsymbol{\eta},\boldsymbol{\alpha})\boldsymbol{\eta},\boldsymbol{\beta}-2(\boldsymbol{\eta},\boldsymbol{\beta})\boldsymbol{\eta})$$

$$=(\boldsymbol{\alpha},\boldsymbol{\beta})-2(\boldsymbol{\eta},\boldsymbol{\beta})(\boldsymbol{\eta},\boldsymbol{\alpha})-2(\boldsymbol{\eta},\boldsymbol{\alpha})(\boldsymbol{\eta},\boldsymbol{\beta})+4(\boldsymbol{\eta},\boldsymbol{\alpha})(\boldsymbol{\eta},\boldsymbol{\beta})(\boldsymbol{\eta},\boldsymbol{\eta}),$$

因为 $(\boldsymbol{\eta},\boldsymbol{\eta})=1$，所以 $(\sigma(\boldsymbol{\alpha}),\sigma(\boldsymbol{\beta}))=(\boldsymbol{\alpha},\boldsymbol{\beta})$，故 σ 为正交变换。

(2)由于 $\boldsymbol{\eta}$ 是单位向量,将它扩充为空间的一组标准正交基 $(\boldsymbol{\eta},\boldsymbol{\varepsilon}_2,\cdots,\boldsymbol{\varepsilon}_n)$，则有

$$\sigma(\boldsymbol{\eta})=\boldsymbol{\eta}-2(\boldsymbol{\eta},\boldsymbol{\eta})\boldsymbol{\eta}=-\boldsymbol{\eta},\sigma(\boldsymbol{\varepsilon}_i)=\boldsymbol{\varepsilon}_i-2(\boldsymbol{\eta},\boldsymbol{\varepsilon}_i)\boldsymbol{\eta}=\boldsymbol{\varepsilon}_i(i=2,\cdots,n),$$

这样 $(\sigma(\boldsymbol{\eta}),\sigma(\boldsymbol{\varepsilon}_2),\cdots,\sigma(\boldsymbol{\varepsilon}_n))=(\boldsymbol{\eta},\boldsymbol{\varepsilon}_2,\cdots,\boldsymbol{\varepsilon}_n)\begin{pmatrix}-1&&&\\&1&&\\&&\ddots&\\&&&1\end{pmatrix}$。

可见在基 $\boldsymbol{\eta},\boldsymbol{\varepsilon}_2\cdots,\boldsymbol{\varepsilon}_n$ 下的矩阵 $\boldsymbol{A}$ 的行列式等于-1,所以 σ 是第二类正交变换。

(3) σ 的特征值有 n 个,现在有 $n-1$ 个为1,另一个也要为实数,不妨设为 λ_0，存在一组基 $\boldsymbol{\varepsilon}_1,\boldsymbol{\varepsilon}_2,\cdots,\boldsymbol{\varepsilon}_n$，有

$$\sigma(\boldsymbol{\varepsilon}_1)=\lambda_0\boldsymbol{\varepsilon}_1,\sigma(\boldsymbol{\varepsilon}_i)=\boldsymbol{\varepsilon}_i(i=2,\cdots,n),$$

由于 σ 是正交变换,所以

$$(\boldsymbol{\varepsilon}_1,\boldsymbol{\varepsilon}_1)=(\sigma(\boldsymbol{\varepsilon}_1),\sigma(\boldsymbol{\varepsilon}_1))=\lambda_0^2(\boldsymbol{\varepsilon}_1,\boldsymbol{\varepsilon}_1),$$

所以 $\lambda_0^2=1$。但 V_1 是 $n-1$ 维的,所以 $\lambda_0=-1$，从而

$$\sigma(\boldsymbol{\varepsilon}_1)=-\boldsymbol{\varepsilon}_1,\sigma(\boldsymbol{\varepsilon}_i)=\boldsymbol{\varepsilon}_i(i=2,\cdots,n),$$

因为 $\boldsymbol{A}$ 为实对称矩阵,那么属于它的不同特征值的特征向量必正交,所以 $(\boldsymbol{\varepsilon}_1,\boldsymbol{\varepsilon}_i)=0(i=2,3,\cdots,n)$。令 $\boldsymbol{\eta}=\dfrac{1}{|\boldsymbol{\varepsilon}_1|}\boldsymbol{\varepsilon}_1$,则 $\boldsymbol{\eta}$ 是与 $\boldsymbol{\varepsilon}_2,\boldsymbol{\varepsilon}_3,\cdots,\boldsymbol{\varepsilon}_n$ 正交的单位向量,并且 $\boldsymbol{\eta},\boldsymbol{\varepsilon}_2,\cdots,\boldsymbol{\varepsilon}_n$ 组成一组基,又有

$$\sigma(\boldsymbol{\eta})=\sigma\left(\frac{1}{|\boldsymbol{\varepsilon}_1|}\boldsymbol{\varepsilon}_1\right)=\frac{1}{|\boldsymbol{\varepsilon}_1|}\sigma(\boldsymbol{\varepsilon}_1)=\frac{1}{|\boldsymbol{\varepsilon}_1|}(-\boldsymbol{\varepsilon}_1)=-\boldsymbol{\eta}。$$

任取 $\boldsymbol{\alpha}=k_1\boldsymbol{\eta}+k_2\boldsymbol{\varepsilon}_2+\cdots+k_n\boldsymbol{\varepsilon}_n\in V$，有

$$(\boldsymbol{\alpha},\boldsymbol{\eta})=(k_1\boldsymbol{\eta}+k_2\boldsymbol{\varepsilon}_2+\cdots+k_n\boldsymbol{\varepsilon}_n,\boldsymbol{\eta})=k_1,$$

故

$$\begin{aligned}\sigma(\boldsymbol{\alpha})&=k_1\sigma(\boldsymbol{\eta})+k_2\sigma(\boldsymbol{\varepsilon}_2)+\cdots+k_n\sigma(\boldsymbol{\varepsilon}_n)=-k_1\boldsymbol{\eta}+k_2\boldsymbol{\varepsilon}_2+\cdots+k_n\boldsymbol{\varepsilon}_n\\&=k_1\boldsymbol{\eta}+k_2\boldsymbol{\varepsilon}_2+\cdots+k_n\boldsymbol{\varepsilon}_n-2k_1\boldsymbol{\eta}=\boldsymbol{\alpha}-2(\boldsymbol{\alpha},\boldsymbol{\eta})\boldsymbol{\eta}。\end{aligned}$$

可见 σ 为镜面反射。

22. 设 $\boldsymbol{\alpha},\boldsymbol{\beta}$ 是欧氏空间中两个不同的单位向量。求证:存在一镜面反射 σ，使 $\sigma(\boldsymbol{\alpha})=\boldsymbol{\beta}$。

证明 镜面反射的定义为

$$\sigma(\boldsymbol{\gamma})=\boldsymbol{\gamma}-2(\boldsymbol{\eta},\boldsymbol{\gamma})\boldsymbol{\eta}(\boldsymbol{\gamma}\in V),$$

其中，$\boldsymbol{\eta}$ 为某一单位向量,下面就是要确定单位向量 $\boldsymbol{\eta}$，使 $\sigma(\boldsymbol{\alpha})=\boldsymbol{\beta}$。

由于 $\sigma(\boldsymbol{\alpha})=\boldsymbol{\alpha}-2(\boldsymbol{\eta},\boldsymbol{\alpha})\boldsymbol{\eta}$，令 $\boldsymbol{\alpha}-2(\boldsymbol{\eta},\boldsymbol{\alpha})=\boldsymbol{\beta}$，那么 $\boldsymbol{\alpha}-\boldsymbol{\beta}=2(\boldsymbol{\eta},\boldsymbol{\alpha})\boldsymbol{\eta}$。因为 $\boldsymbol{\alpha}\neq\boldsymbol{\beta}$，所以 $(\boldsymbol{\eta},\boldsymbol{\alpha})\neq0$，于是 $\boldsymbol{\eta}=\dfrac{\boldsymbol{\alpha}-\boldsymbol{\beta}}{2(\boldsymbol{\eta},\boldsymbol{\alpha})}$。又有

$$\begin{aligned}(\boldsymbol{\eta},\boldsymbol{\alpha})&=\left(\frac{\boldsymbol{\alpha}-\boldsymbol{\beta}}{2(\boldsymbol{\eta},\boldsymbol{\alpha})},\boldsymbol{\alpha}\right)=\frac{1}{2(\boldsymbol{\eta},\boldsymbol{\alpha})}(\boldsymbol{\alpha}-\boldsymbol{\beta},\boldsymbol{\alpha})\\&=\frac{1}{2(\boldsymbol{\eta},\boldsymbol{\alpha})}[(\boldsymbol{\alpha},\boldsymbol{\alpha})-(\boldsymbol{\alpha},\boldsymbol{\beta})],\end{aligned}$$

从而 $(\boldsymbol{\eta},\boldsymbol{\alpha})^2=\frac{1}{2}[1-(\boldsymbol{\alpha},\boldsymbol{\beta})]$。

因为 $\boldsymbol{\alpha},\boldsymbol{\beta}$ 为两个不同的单位向量，所以 $|(\boldsymbol{\alpha},\boldsymbol{\beta})|<1$，由上式得

$$(\boldsymbol{\eta},\boldsymbol{\alpha})=\frac{\sqrt{2}}{2}\sqrt{1-(\boldsymbol{\alpha},\boldsymbol{\beta})},$$

于是

$$\boldsymbol{\eta}=\frac{\boldsymbol{\alpha}-\boldsymbol{\beta}}{\sqrt{2[1-(\boldsymbol{\alpha},\boldsymbol{\beta})]}}。$$

不难验证 $(\boldsymbol{\eta},\boldsymbol{\eta})=1$，由这个 $\boldsymbol{\eta}$ 确定的镜面反射 σ 即满足 $\sigma(\boldsymbol{\alpha})=\boldsymbol{\beta}$。

23. 设 $\boldsymbol{\varepsilon}_1,\boldsymbol{\varepsilon}_2,\boldsymbol{\varepsilon}_3$ 为欧氏空间 V 的标准正交基，$\boldsymbol{\alpha}=\boldsymbol{\varepsilon}_1-2\boldsymbol{\varepsilon}_2,\boldsymbol{\beta}=2\boldsymbol{\varepsilon}_1+\boldsymbol{\varepsilon}_3$。求正交变换 H，使 $H(\boldsymbol{\alpha})=\boldsymbol{\beta}$。

解　首先 $|\boldsymbol{\alpha}|=|\boldsymbol{\beta}|=\sqrt{5}$，且显有 $\boldsymbol{\varepsilon}_1-2\boldsymbol{\varepsilon}_2,\boldsymbol{\varepsilon}_2,\boldsymbol{\varepsilon}_3$ 与 $2\boldsymbol{\varepsilon}_1+\boldsymbol{\varepsilon}_3,\boldsymbol{\varepsilon}_2,\boldsymbol{\varepsilon}_3$ 均为 V 的基。将它们分别正交化，得 V 的正交基

$$\begin{aligned}
\boldsymbol{\alpha}_1&=\boldsymbol{\varepsilon}_1-2\boldsymbol{\varepsilon}_2,\\
\boldsymbol{\alpha}_2&=\boldsymbol{\varepsilon}_2-\frac{(\boldsymbol{\varepsilon}_2,\boldsymbol{\alpha}_1)}{(\boldsymbol{\alpha}_1,\boldsymbol{\alpha}_1)}\boldsymbol{\alpha}_1\\
&=\boldsymbol{\varepsilon}_2+\frac{2}{5}(\boldsymbol{\varepsilon}_1-2\boldsymbol{\varepsilon}_2)=\frac{2}{5}\boldsymbol{\varepsilon}_1+\frac{1}{5}\boldsymbol{\varepsilon}_2,\\
\boldsymbol{\alpha}_3&=\boldsymbol{\varepsilon}_3-\frac{(\boldsymbol{\varepsilon}_3,\boldsymbol{\alpha}_1)}{(\boldsymbol{\alpha}_1,\boldsymbol{\alpha}_1)}\boldsymbol{\alpha}_1-\frac{(\boldsymbol{\varepsilon}_3,\boldsymbol{\alpha}_2)}{(\boldsymbol{\alpha}_2,\boldsymbol{\alpha}_2)}\boldsymbol{\alpha}_2=\boldsymbol{\varepsilon}_3。
\end{aligned}$$

与

$$\begin{aligned}
\boldsymbol{\beta}_1&=2\boldsymbol{\varepsilon}_1+\boldsymbol{\varepsilon}_3,\\
\boldsymbol{\beta}_2&=\boldsymbol{\varepsilon}_2-\frac{(\boldsymbol{\varepsilon}_2,\boldsymbol{\beta}_1)}{(\boldsymbol{\beta}_1,\boldsymbol{\beta}_1)}\boldsymbol{\beta}_1=\boldsymbol{\varepsilon}_2,\\
\boldsymbol{\beta}_3&=\boldsymbol{\varepsilon}_3-\frac{(\boldsymbol{\varepsilon}_3,\boldsymbol{\beta}_1)}{(\boldsymbol{\beta}_1,\boldsymbol{\beta}_1)}\boldsymbol{\beta}_1-\frac{(\boldsymbol{\varepsilon}_3,\boldsymbol{\beta}_2)}{(\boldsymbol{\beta}_2,\boldsymbol{\beta}_2)}\boldsymbol{\beta}_2=-\frac{2}{5}\boldsymbol{\varepsilon}_1+\frac{4}{5}\boldsymbol{\varepsilon}_3。
\end{aligned}$$

再单位化，得标准正交基

$$\begin{aligned}
\boldsymbol{\eta}_1&=\frac{1}{|\boldsymbol{\alpha}_1|}\boldsymbol{\alpha}_1=\frac{1}{\sqrt{5}}\boldsymbol{\alpha}_1,\\
\boldsymbol{\eta}_2&=\frac{1}{|\boldsymbol{\alpha}_2|}\boldsymbol{\alpha}_2=\sqrt{5}\boldsymbol{\alpha}_2,\\
\boldsymbol{\eta}_3&=\frac{1}{|\boldsymbol{\alpha}_3|}\boldsymbol{\alpha}_3=\boldsymbol{\alpha}_3。
\end{aligned}$$

与

$$\boldsymbol{\gamma}_1=\frac{1}{\sqrt{5}}\boldsymbol{\beta}_1,\boldsymbol{\gamma}_2=\boldsymbol{\beta}_2,\boldsymbol{\gamma}_3=\frac{\sqrt{5}}{2}\boldsymbol{\beta}_3。$$

取线性变换 $H(\boldsymbol{\eta}_i)=\boldsymbol{\gamma}_i(i=1,2,3)$，则 H 为正交变换，且满足 $H(\boldsymbol{\alpha})=\boldsymbol{\beta}$。

注　本题中 $|\boldsymbol{\alpha}|=|\boldsymbol{\beta}|$ 是求正交变换的必要条件。

24.已知 n 维欧氏空间 V 的一个标准正交基为 $\boldsymbol{\alpha}_1,\boldsymbol{\alpha}_2,\cdots,\boldsymbol{\alpha}_n$，且

$$\boldsymbol{\alpha}_0=\boldsymbol{\alpha}_1+2\boldsymbol{\alpha}_2+\cdots+n\boldsymbol{\alpha}_n,$$

定义

$$\sigma(\boldsymbol{\alpha})=\boldsymbol{\alpha}+k(\boldsymbol{\alpha},\boldsymbol{\alpha}_0)\boldsymbol{\alpha}_0,\boldsymbol{\alpha}\in V,0\neq k\in\mathbf{R}。$$

(1)求证：σ 是线性变换；

(2)求 σ 在 $\boldsymbol{\alpha}_1,\boldsymbol{\alpha}_2,\cdots,\boldsymbol{\alpha}_n$ 下的矩阵；

(3)求证：σ 为正交变换的充要条件是

$$k=-\frac{2}{1+2^2+\cdots+n^2}。$$

证明 (1)直接证明可得。

(2)由条件可得

$$\begin{aligned}\sigma(\boldsymbol{\alpha}_i)&=\boldsymbol{\alpha}_i+ki\boldsymbol{\alpha}_0\\&=ki\boldsymbol{\alpha}_1+2ki\boldsymbol{\alpha}_2+\cdots+(1+ki^2)\boldsymbol{\alpha}_i+\cdots+nki\boldsymbol{\alpha}_n\\&=(\boldsymbol{\alpha}_1,\boldsymbol{\alpha}_2,\cdots,\boldsymbol{\alpha}_i,\cdots,\boldsymbol{\alpha}_n)\begin{pmatrix}ki\\2ki\\\vdots\\1+ki^2\\\vdots\\nki\end{pmatrix}\ (i=1,2,\cdots,n),\end{aligned}$$

故

$$\sigma(\boldsymbol{\alpha}_1,\cdots,\boldsymbol{\alpha}_n)=(\boldsymbol{\alpha}_1,\boldsymbol{\alpha}_2,\cdots,\boldsymbol{\alpha}_n)\begin{pmatrix}1+k&2k&\cdots&nk\\2k&1+2^2k&\cdots&2nk\\\vdots&&&\vdots\\nk&2nk&\cdots&1+n^2k\end{pmatrix}\triangleq(\boldsymbol{\alpha}_1,\boldsymbol{\alpha}_2,\cdots,\boldsymbol{\alpha}_n)\boldsymbol{A}。$$

(3) $\boldsymbol{A}$ 为正交矩阵当且仅当

$$k=-\frac{2}{1+2^2+\cdots+n^2},$$

故 σ 为正交变换当且仅当 $k=-\dfrac{2}{1+2^2+\cdots+n^2}$。

25.求证：奇数维欧氏空间中的旋转一定以 1 作为它的一个特征值。

证明 设旋转对应的正交矩阵为 $\boldsymbol{A}$，那么

$$|\boldsymbol{E}-\boldsymbol{A}|=|\boldsymbol{A}^{\mathrm{T}}\boldsymbol{A}-\boldsymbol{A}|=(-1)^n|\boldsymbol{A}||\boldsymbol{E}-\boldsymbol{A}^{\mathrm{T}}|,$$

由于 n 为奇数，且 $|\boldsymbol{A}|=1$，于是

$$|\boldsymbol{E}-\boldsymbol{A}|=-|(\boldsymbol{E}-\boldsymbol{A})^{\mathrm{T}}|=-|\boldsymbol{E}-\boldsymbol{A}|,$$

故 $|\boldsymbol{E}-\boldsymbol{A}|=0$，即 1 为 $\boldsymbol{A}$ 的一个特征值。

26.求证：第二类正交变换一定以 -1 作为它的一个特征值。

证明 设 $\boldsymbol{A}$ 是一个第二类正交变换对应的矩阵，则 $|\boldsymbol{A}|=-1$，由于

$$|(-1)\boldsymbol{E}-\boldsymbol{A}|=|\boldsymbol{A}||-\boldsymbol{A}^{\mathrm{T}}-\boldsymbol{E}|=-|(-\boldsymbol{E}-\boldsymbol{A})^{\mathrm{T}}|=-|-\boldsymbol{E}-\boldsymbol{A}|,$$

所以 $|-\boldsymbol{E}-\boldsymbol{A}|=0$，即 -1 是 $\boldsymbol{A}$ 的一个特征值。

27. 设 V 是 n 维欧氏空间，σ 为 V 的正交变换，$V_1=\{\boldsymbol{\alpha}\mid\sigma(\boldsymbol{\alpha})=\boldsymbol{\alpha},\boldsymbol{\alpha}\in V\}$，$V_2=\{\boldsymbol{\alpha}-\sigma(\boldsymbol{\alpha})\mid\boldsymbol{\alpha}\in V\}$，显然 V_1,V_2 均为 V 的子空间，求证：$V=V_1\oplus V_2$。

证明　只要证明 $V_1=V_2^{\perp}$ 即可，再由 $V_1=V_2\oplus V_2^{\perp}$，故 $V=V_1\oplus V_2$。

事实上，$\forall\boldsymbol{\alpha}\in V_1$，$\forall\boldsymbol{\beta}\in V$，由

$$\begin{aligned}(\boldsymbol{\alpha},\boldsymbol{\beta}-\sigma(\boldsymbol{\beta}))&=(\boldsymbol{\alpha},\boldsymbol{\beta})-(\boldsymbol{\alpha},\sigma(\boldsymbol{\beta}))\\&=(\boldsymbol{\alpha},\boldsymbol{\beta})-(\sigma^{\mathrm{T}}(\boldsymbol{\alpha}),\sigma^{\mathrm{T}}\sigma(\boldsymbol{\beta}))\\&=(\boldsymbol{\alpha},\boldsymbol{\beta})-(\sigma^{\mathrm{T}}(\boldsymbol{\alpha}),\boldsymbol{\beta}),\end{aligned}$$

因为 $\sigma(\boldsymbol{\alpha})=\boldsymbol{\alpha}$，所以

$$\sigma^{\mathrm{T}}\sigma(\boldsymbol{\alpha})=\sigma^{\mathrm{T}}(\boldsymbol{\alpha}),\boldsymbol{\alpha}=\sigma^{\mathrm{T}}(\boldsymbol{\alpha}),$$

故

$$(\boldsymbol{\alpha},\boldsymbol{\beta}-\sigma(\boldsymbol{\beta}))=0,$$

所以

$$x\in V_2^{\perp},V_1\subseteq V_2^{\perp},$$

$\forall\boldsymbol{\alpha}\in V_2^{\perp}$，则 $\forall\boldsymbol{\beta}\in V$，有

$$\begin{aligned}0&=(\boldsymbol{\alpha},\boldsymbol{\beta}-\sigma(\boldsymbol{\beta}))=(\boldsymbol{\alpha},\boldsymbol{\beta})-(\boldsymbol{\alpha},\sigma(\boldsymbol{\beta}))\\&=(\boldsymbol{\alpha},\boldsymbol{\beta})-(\sigma^{\mathrm{T}}(\boldsymbol{\alpha}),\boldsymbol{\beta})=(\boldsymbol{\alpha}-\sigma^{\mathrm{T}}(\boldsymbol{\alpha}),\boldsymbol{\beta})。\end{aligned}$$

故

$$\boldsymbol{\alpha}-\sigma^{\mathrm{T}}(\boldsymbol{\alpha})=\boldsymbol{0},$$

所以

$$\sigma^{\mathrm{T}}(\boldsymbol{\alpha})=\boldsymbol{\alpha},\sigma\sigma^{\mathrm{T}}(\boldsymbol{\alpha})=\sigma(\boldsymbol{\alpha}),$$

即 $\sigma(\boldsymbol{\alpha})=\boldsymbol{\alpha}$，因此 $\boldsymbol{\alpha}\in V_1$，所以 $V_2^{\perp}\subseteq V_1$，$V_1=V_2^{\perp}$，从而结论成立。

28. 设 $\mathbf{R}$ 为实数域，

$$V=\mathbf{R}[x]_4,V_1=L(1,x),V_2=L\left(x^2-\frac{1}{3},x^3-\frac{3}{5}x\right),$$

在 V 中定义内积

$$(f,g)=\int_{-1}^{1}f(x)g(x)\mathrm{d}x。$$

求证：V_1 与 V_2 互为正交补。

证明　易证 $1,x,x^2-\frac{1}{3},x^3-\frac{3}{5}x$ 线性无关，所以 $V=V_1+V_2$。又

$$\left(1,x^2-\frac{1}{3}\right)=\int_{-1}^{1}\left(x^2-\frac{1}{3}\right)\mathrm{d}x=\left(\frac{1}{3}x^3-\frac{1}{3}x\right)\Big|_{-1}^{1}=0,$$

$$\left(1,x^3-\frac{3}{5}x\right)=\int_{-1}^{1}\left(x^3-\frac{3}{5}x\right)\mathrm{d}x=0\text{(奇函数)},$$

$$\left(x,x^2-\frac{1}{3}\right)=\int_{-1}^{1}\left(x^3-\frac{1}{3}\right)\mathrm{d}x=0\text{(奇函数)},$$

$$\left(x,x^3-\frac{3}{5}x\right)=\int_{-1}^{1}\left(x^4-\frac{3}{5}x^2\right)\mathrm{d}x=\left(\frac{1}{5}x^5-\frac{1}{5}x^3\right)\Big|_{-1}^{1}=0,$$

所以 $V_1 \perp V_2$，从而 $V_1 = V_2^{\perp}$。

29. 下列命题对一般欧氏空间是否成立，为什么？

(1)若 W 是欧氏空间 V 的有限维子空间，$W^{\perp}$ 是 W 在 V 中的正交补，则 $(W^{\perp})^{\perp}=W$。

(2)若 σ 是欧氏空间 V 的正交变换，则 σ 是欧氏空间 V 的自同构。

解　(1)命题对一般欧氏空间成立。

由 $W \subseteq (W^{\perp})^{\perp}$，若 $W \not\subseteq (W^{\perp})^{\perp}$，则存在 $\boldsymbol{\alpha} \in (W^{\perp})^{\perp}$，而 $\boldsymbol{\alpha} \notin W$。由于 W 是有限维的，从而 $V_0 = L(\boldsymbol{\alpha}, W)$ 也是有限维的，因而

$$V_0 = W \oplus W^{\perp}\ (V_0),$$

设 $\boldsymbol{\alpha} = \boldsymbol{\alpha}_1 + \boldsymbol{\alpha}_2, \boldsymbol{\alpha}_1 \in W, \boldsymbol{\alpha}_2 \in W^{\perp}\ (V_0)$，则

$$0 = (\boldsymbol{\alpha}, \boldsymbol{\alpha}_2) = (\boldsymbol{\alpha}_1, \boldsymbol{\alpha}_2) + (\boldsymbol{\alpha}_2, \boldsymbol{\alpha}_2) = (\boldsymbol{\alpha}_2, \boldsymbol{\alpha}_2),$$

故 $\boldsymbol{\alpha}_2 = \mathbf{0}$，即 $\boldsymbol{\alpha} = \boldsymbol{\alpha}_1$，此为矛盾。故 $W = (W^{\perp})^{\perp}$。

(2)命题对一般欧氏空间不成立。

设欧氏空间 $V = \{(a_1, \cdots, a_n, \cdots) \mid a_i \in \mathbf{R}, a_1, a_2, \cdots, a_n, \cdots$ 中非零元为有限个$\}$，任取

$$\boldsymbol{\alpha} = (a_1, a_2, \cdots, a_n, \cdots),$$

$$\boldsymbol{\beta} = (y_1, y_2, \cdots, y_n, \cdots) \in V, (\boldsymbol{\alpha}, \boldsymbol{\beta}) = \sum_{i=1}^{\infty} x_i y_j,$$

令 $\sigma(\boldsymbol{\alpha}) = (0, a_1, a_2, \cdots)$，则 σ 不是 V 的自同构，因为 σ 不是满射，即不存在 $\boldsymbol{\alpha} \in V$，使 $\sigma(\boldsymbol{\alpha}) = (1, 0, \cdots, 0, \cdots)$ 成立。

30. 欧氏空间 $M_n(\mathbf{R})$ 中，对矩阵 $\boldsymbol{X} = (x_{ij}), \boldsymbol{Y} = (y_{ij})$，定义内积为：

$$(\boldsymbol{X}, \boldsymbol{Y}) = \operatorname{tr}(\boldsymbol{X}^{\mathrm{T}} \boldsymbol{Y})$$

令 $W_1 = \{|\boldsymbol{A}| \boldsymbol{A} \in M_n(\mathbf{R}), \boldsymbol{A}^{\mathrm{T}} = \boldsymbol{A}\}, W_2 = \{\boldsymbol{A} \mid \boldsymbol{A}$ 为幂零上三角矩阵$\}$。问：$W_1^{\perp}, W_2^{\perp}$ 分别由什么样的矩阵构成？

解　注意任意 n 阶矩阵 $\boldsymbol{A} = (a_{ij})$ 和 $\boldsymbol{E}_{pq}$ 的内积

$(\boldsymbol{X}, \boldsymbol{E}_{pq}) = \boldsymbol{X}_{pq}$（$\boldsymbol{E}_{pq}$ 为 p 行、q 列为 1，其他位置为零的 n 阶矩阵）。

(1)对称矩阵 $\boldsymbol{A} = (a_{ij})$ 可写成

$$\boldsymbol{A} = \sum_{i=1}^{n} a_{ii} \boldsymbol{E}_{ii} + \sum_{j \leqslant k} a_{jk} (\boldsymbol{E}_{jk} + \boldsymbol{E}_{kj}),$$

即 W_1 可由 $\{\boldsymbol{E}_{ii}, \boldsymbol{E}_{jk} + \boldsymbol{E}_{kj}\}(1 \leqslant i \leqslant n, 1 \leqslant j < k \leqslant n)$ 生成。

而

$$\boldsymbol{X} = (x_{ij}) \in W_1^{\perp} \Leftrightarrow \begin{cases} 0 = (\boldsymbol{X}, \boldsymbol{E}_{ii}) = x_{ii}, \\ 0 = (\boldsymbol{X}, \boldsymbol{E}_{jk} + \boldsymbol{E}_{kj}) = x_{jk} + x_{kj}, \end{cases}$$

所以 $W^{\perp}$ 为全体反对称矩阵。

(2)幂零上三角阵形式为

$$\boldsymbol{A} = \begin{pmatrix} 0 & & & * \\ & 0 & & \\ & & \ddots & \\ & & & 0 \end{pmatrix} = \sum_{1 \leqslant j < k \leqslant n} a_{jk} \boldsymbol{E}_{jk},$$

即 W_2 由 $\{\boldsymbol{E}_{jk}\}_{1\leqslant j\leqslant k\leqslant n}$ 生成。

而

$$\boldsymbol{X}=(x_{ij})\in W_2^{\perp}\Leftrightarrow 0=(\boldsymbol{X},\boldsymbol{E}_{jk})=x_{jk},1\leqslant j<k\leqslant n。$$

所以 $W_2^{\perp}$ 为全体下三角矩阵。

31. 设 V 是无限维欧氏空间，σ 不是 V 的正交变换，W 是 σ 的有限维不变子空间。

求证：$W^{\perp}$ 也是 σ 的不变子空间，且 $V=W\oplus W^{\perp}$。

证明　设 $\boldsymbol{\varepsilon}_1,\boldsymbol{\varepsilon}_2,\cdots,\boldsymbol{\varepsilon}_n$ 为 W 的标准正交基，由于 W 是 σ 的不变子空间，且 σ 为正交变换，因而 $\sigma(\boldsymbol{\varepsilon}_1),\sigma(\boldsymbol{\varepsilon}_2),\cdots,\sigma(\boldsymbol{\varepsilon}_n)$ 仍为 W 的标准正交基，$\forall\boldsymbol{\alpha}\in W^{\perp}$，则

$$(\sigma(\boldsymbol{\varepsilon}_i),\sigma(\boldsymbol{\alpha}))=(\boldsymbol{\varepsilon}_i,\boldsymbol{\alpha})=0,$$

所以 $(W,\sigma(\boldsymbol{\alpha}))=0$，即 $\sigma(\boldsymbol{\alpha})\in W^{\perp}$。

下面证明 $V=W\oplus W^{\perp}$，事实上，$\forall\boldsymbol{\alpha}\in V$，令

$$\boldsymbol{\beta}=\boldsymbol{\alpha}-x_1\boldsymbol{\varepsilon}_1-x_2\boldsymbol{\varepsilon}_2-\cdots-x_n\boldsymbol{\varepsilon}_n,$$

使

$$(\boldsymbol{\beta},\boldsymbol{\varepsilon}_i)=0=(\boldsymbol{\alpha},\boldsymbol{\varepsilon}_i)-x_i,$$

所以

$$x_i=(\boldsymbol{\alpha},\boldsymbol{\varepsilon}_i)(i=1,2,\cdots,n),$$

即

$$\boldsymbol{\beta}=\boldsymbol{\alpha}-(\boldsymbol{\alpha},\boldsymbol{\varepsilon}_1)\boldsymbol{\varepsilon}_1-\cdots-(\boldsymbol{\alpha},\boldsymbol{\varepsilon}_n)\boldsymbol{\varepsilon}_n,$$

而 $\boldsymbol{\beta}\in W^{\perp}$，所以 $\boldsymbol{\alpha}\in W+W^{\perp}$，显然 $W\cap W^{\perp}=\{\boldsymbol{0}\}$，故有

$$V=W\oplus W^{\perp}。$$

32. 设 V_1 是 n 维欧氏空间 V 的子空间，$\boldsymbol{\alpha}\in V$。求证：在 V 中存在唯一的向量 $\boldsymbol{\beta}$，使其与 V_1 中的任意向量皆正交。

证明　我们知道，$V=V_1\oplus V_1^{\perp}$，而 $\boldsymbol{\alpha}=\boldsymbol{\alpha}_1+\boldsymbol{\alpha}_2,\boldsymbol{\alpha}_1\in V_1,\boldsymbol{\alpha}_2\in V_1^{\perp}$，取 $\boldsymbol{\beta}=\boldsymbol{\alpha}_1$，则 $\boldsymbol{\alpha}-\boldsymbol{\beta}=\boldsymbol{\alpha}_2$ 且 $(\boldsymbol{\alpha}-\boldsymbol{\beta},V_1)=0$，

若还有 $\boldsymbol{\beta}_1\in V_1$，使 $(\boldsymbol{\alpha}-\boldsymbol{\beta},V_1)=0$，则 $\boldsymbol{\alpha}-\boldsymbol{\beta}_1\in V_1^{\perp}$，令 $\boldsymbol{\alpha}-\boldsymbol{\beta}_1=\boldsymbol{\beta}_2\in V_1^{\perp}$，则

$$\boldsymbol{\alpha}=\boldsymbol{\beta}_1+\boldsymbol{\beta}_2=\boldsymbol{\alpha}_1+\boldsymbol{\alpha}_2,$$

由 $V=V_1\oplus V_2^{\perp}$，故 $\boldsymbol{\alpha}_1=\boldsymbol{\beta}_1,\boldsymbol{\beta}_2=\boldsymbol{\alpha}_2$，从而 $\boldsymbol{\beta}=\boldsymbol{\beta}_1$。

33. 设 V 为 n 维欧氏空间，求证：

(1) 对 V 中每个线性变换 σ，都存在唯一的共轭变换 σ^*，即存在唯一的线性变换 σ^*，使 $\forall\boldsymbol{\alpha},\boldsymbol{\beta}\in V$，有

$$(\sigma(\boldsymbol{\alpha}),\boldsymbol{\beta})=(\boldsymbol{\alpha},\sigma^*(\boldsymbol{\beta}));$$

(2) σ 为对称变换的充分必要条件是 $\sigma^*=\sigma$；

(3) σ 为正交变换的充分必要条件是 $\sigma\sigma^*=\sigma^*\sigma=I$（恒等变换）。

证明　(1) 设 $\boldsymbol{\varepsilon}_1,\boldsymbol{\varepsilon}_2,\cdots,\boldsymbol{\varepsilon}_n$ 为 V 的标准正交基，令

$$\sigma(\boldsymbol{\varepsilon}_1,\boldsymbol{\varepsilon}_2,\cdots,\boldsymbol{\varepsilon}_n)=(\boldsymbol{\varepsilon}_1,\boldsymbol{\varepsilon}_2,\cdots,\boldsymbol{\varepsilon}_n)\boldsymbol{A},$$

$$\sigma^*(\boldsymbol{\varepsilon}_1,\boldsymbol{\varepsilon}_2,\cdots,\boldsymbol{\varepsilon}_n)=(\boldsymbol{\varepsilon}_1,\boldsymbol{\varepsilon}_2,\cdots,\boldsymbol{\varepsilon}_n)\boldsymbol{A}^{\mathrm{T}},$$

则 $(\sigma(\boldsymbol{\alpha}),\boldsymbol{\beta})=(\boldsymbol{\alpha},\sigma^*(\boldsymbol{\beta}))$。

事实上，设

$$\boldsymbol{\alpha}=(\boldsymbol{\varepsilon}_1,\boldsymbol{\varepsilon}_2,\cdots,\boldsymbol{\varepsilon}_n)\begin{pmatrix}x_1\\x_2\\\vdots\\x_n\end{pmatrix},\boldsymbol{\beta}=(\boldsymbol{\varepsilon}_1,\boldsymbol{\varepsilon}_2,\cdots,\boldsymbol{\varepsilon}_n)\begin{pmatrix}y_1\\y_2\\\vdots\\y_n\end{pmatrix},$$

$$\sigma(\boldsymbol{\alpha})=(\boldsymbol{\varepsilon}_1,\boldsymbol{\varepsilon}_2,\cdots,\boldsymbol{\varepsilon}_n)\boldsymbol{A}\begin{pmatrix}x_1\\x_2\\\vdots\\x_n\end{pmatrix},$$

$$(\sigma(\boldsymbol{\alpha}),\boldsymbol{\beta})=(x_1,x_2,\cdots,x_n)\boldsymbol{A}^{\mathrm{T}}\begin{pmatrix}y_1\\y_2\\\vdots\\y_n\end{pmatrix}=(\boldsymbol{\alpha},\sigma^*(\boldsymbol{\beta})),$$

设还有 τ，使 $(\sigma(\boldsymbol{\alpha}),\boldsymbol{\beta})=(\boldsymbol{\alpha},\tau(\boldsymbol{\beta}))$，来证明 $\sigma^*=\tau$。

事实上，令

$$\tau(\boldsymbol{\varepsilon}_1,\boldsymbol{\varepsilon}_2,\cdots,\boldsymbol{\varepsilon}_n)=(\boldsymbol{\varepsilon}_1,\boldsymbol{\varepsilon}_2,\cdots,\boldsymbol{\varepsilon}_n)\boldsymbol{B},$$

有

$$\forall\boldsymbol{\alpha}=(\boldsymbol{\varepsilon}_1,\boldsymbol{\varepsilon}_2,\cdots,\boldsymbol{\varepsilon}_n)\begin{pmatrix}x_1\\x_2\\\vdots\\x_n\end{pmatrix},\boldsymbol{\beta}=(\boldsymbol{\varepsilon}_1,\boldsymbol{\varepsilon}_2,\cdots,\boldsymbol{\varepsilon}_n)\begin{pmatrix}y_1\\y_2\\\vdots\\y_n\end{pmatrix},$$

$$(x_1,x_2,\cdots,x_n)\boldsymbol{A}^{\mathrm{T}}\begin{pmatrix}y_1\\y_2\\\vdots\\y_n\end{pmatrix}=(x_1,x_2,\cdots,x_n)\boldsymbol{B}\begin{pmatrix}y_1\\y_2\\\vdots\\y_n\end{pmatrix},$$

从而 $\boldsymbol{A}^{\mathrm{T}}=\boldsymbol{B}$，进而 $\sigma^*=\tau$，σ 的共轭变换唯一。

(2),(3)易证明，这里略去。

34. 设 n 维欧氏空间 V 的基 $\boldsymbol{\alpha}_1,\boldsymbol{\alpha}_2,\cdots,\boldsymbol{\alpha}_n$ 的度量矩阵为 $\boldsymbol{G}$，V 的线性变换 σ 在该基下的矩阵为 $\boldsymbol{A}$。求证：若 σ 是正交变换，则 $\boldsymbol{A}^{\mathrm{T}}\boldsymbol{G}\boldsymbol{A}=\boldsymbol{G}$。

证明 由题设知

$$\sigma(\boldsymbol{\alpha}_1,\boldsymbol{\alpha}_2,\cdots\boldsymbol{\alpha}_n)=(\boldsymbol{\alpha}_1,\boldsymbol{\alpha}_2,\cdots\boldsymbol{\alpha}_n)\boldsymbol{A},\boldsymbol{G}=((\boldsymbol{\alpha}_i,\boldsymbol{\alpha}_j))_{n\times n}。$$

如果设 $\boldsymbol{A}=(a_{ij})_{n\times n}$，$\boldsymbol{G}=(g_{ij})_{n\times n}$，则有 $g_{ij}=(\boldsymbol{\alpha}_i,\boldsymbol{\alpha}_j)$ 和

$$\sigma(\boldsymbol{\alpha}_i)=a_{1i}\boldsymbol{\alpha}_1+a_{2i}\boldsymbol{\alpha}_2+\cdots+a_{ni}\boldsymbol{\alpha}_n\ (i=1,2,\cdots,n),$$

法一 由于 σ 是正交变换，所以

$$g_{ij}=(\boldsymbol{\alpha}_i,\boldsymbol{\alpha}_j)=(\sigma\boldsymbol{\alpha}_i,\sigma\boldsymbol{\alpha}_j)=\left(\sum_{s=1}^{n}a_{si}\boldsymbol{\alpha}_s,\sum_{t=1}^{n}a_{tj}\boldsymbol{\alpha}_t\right)$$

$$=\sum_{s=1}^{n}\sum_{t=1}^{n}a_{si}a_{tj}(\boldsymbol{\alpha}_s,\boldsymbol{\alpha}_t)=(a_{1i},a_{2i},\cdots,a_{ni})\boldsymbol{G}\begin{pmatrix}a_{1j}\\a_{2j}\\\vdots\\a_{nj}\end{pmatrix},$$

故有

$$\boldsymbol{G}=\boldsymbol{A}^{\mathrm{T}}\boldsymbol{G}\boldsymbol{A}。$$

法二　由 σ 是正交变换知 σ 可逆，所以 $\sigma(\boldsymbol{\alpha}_1),\sigma(\boldsymbol{\alpha}_2),\cdots,\sigma(\boldsymbol{\alpha}_n)$ 也是 V 的一组基。再由 $(\sigma\boldsymbol{\alpha}_i,\sigma\boldsymbol{\alpha}_j)=(\boldsymbol{\alpha}_i,\boldsymbol{\alpha}_j)$ 知，基 $\sigma(\boldsymbol{\alpha}_1),\sigma(\boldsymbol{\alpha}_2),\cdots,\sigma(\boldsymbol{\alpha}_n)$ 的度量矩阵也是 $\boldsymbol{G}$。又从基 $(\boldsymbol{\alpha}_1,\boldsymbol{\alpha}_2,\cdots,\boldsymbol{\alpha}_n)$ 到基 $\sigma(\boldsymbol{\alpha}_1),\sigma(\boldsymbol{\alpha}_2),\cdots,\sigma(\boldsymbol{\alpha}_n)$ 的过渡矩阵为 $\boldsymbol{A}$，因此就有 $\boldsymbol{A}^{\mathrm{T}}\boldsymbol{G}\boldsymbol{A}=\boldsymbol{G}$。

35. 设 σ 是 n 维欧氏空间 V 的一个线性变换，σ 在基 $\boldsymbol{\alpha}_1,\boldsymbol{\alpha}_2,\cdots,\boldsymbol{\alpha}_n$ 下的矩阵为 $\boldsymbol{A}$。求证：σ 为对称变换的充分必要条件是 $\boldsymbol{A}^{\mathrm{T}}\boldsymbol{G}=\boldsymbol{G}\boldsymbol{A}$，其中 $\boldsymbol{G}$ 为 $\boldsymbol{\alpha}_1,\boldsymbol{\alpha}_2,\cdots,\boldsymbol{\alpha}_n$ 的度量矩阵。

证明　必要性。由条件知

$$\sigma(\boldsymbol{\alpha}_1,\boldsymbol{\alpha}_2,\cdots,\boldsymbol{\alpha}_n)=(\boldsymbol{\alpha}_1,\boldsymbol{\alpha}_2,\cdots,\boldsymbol{\alpha}_n)\boldsymbol{A},$$

令 $\boldsymbol{\varepsilon}_1,\boldsymbol{\varepsilon}_2,\cdots,\boldsymbol{\varepsilon}_n$ 为 V 的标准正交基，设

$$(\boldsymbol{\varepsilon}_1,\boldsymbol{\varepsilon}_2,\cdots,\boldsymbol{\varepsilon}_n)=(\boldsymbol{\alpha}_1,\boldsymbol{\alpha}_2,\cdots,\boldsymbol{\alpha}_n)\boldsymbol{B},$$

所以

$$\sigma(\boldsymbol{\varepsilon}_1,\boldsymbol{\varepsilon}_2,\cdots,\boldsymbol{\varepsilon}_n)=(\boldsymbol{\varepsilon}_1,\boldsymbol{\varepsilon}_2,\cdots,\boldsymbol{\varepsilon}_n)\boldsymbol{B}^{-1}\boldsymbol{A}\boldsymbol{B},$$

$$(\boldsymbol{\alpha}_1,\boldsymbol{\alpha}_2,\cdots,\boldsymbol{\alpha}_n)=(\boldsymbol{\varepsilon}_1,\boldsymbol{\varepsilon}_2,\cdots,\boldsymbol{\varepsilon}_n)\boldsymbol{B}^{-1},$$

因为 σ 为对称变换，故

$$(\boldsymbol{B}^{-1}\boldsymbol{A}\boldsymbol{B})^{\mathrm{T}}=\boldsymbol{B}^{-1}\boldsymbol{A}\boldsymbol{B},\boldsymbol{A}\boldsymbol{B}\boldsymbol{B}^{-1}=\boldsymbol{B}\boldsymbol{B}^{\mathrm{T}}\boldsymbol{A}^{\mathrm{T}},$$

由

$$\boldsymbol{G}=\left(\begin{pmatrix}\boldsymbol{\alpha}_1\\\boldsymbol{\alpha}_2\\\vdots\\\boldsymbol{\alpha}_n\end{pmatrix},(\boldsymbol{\alpha}_1,\boldsymbol{\alpha}_2,\cdots,\boldsymbol{\alpha}_n)\right)=(\boldsymbol{B}^{-1})^{\mathrm{T}}\left(\begin{pmatrix}\boldsymbol{\varepsilon}_1\\\boldsymbol{\varepsilon}_2\\\vdots\\\boldsymbol{\varepsilon}_n\end{pmatrix},(\boldsymbol{\varepsilon}_1,\boldsymbol{\varepsilon}_2,\cdots,\boldsymbol{\varepsilon}_n)\right)\boldsymbol{B}^{-1}=(\boldsymbol{B}^{-1})^{\mathrm{T}}\boldsymbol{B}^{-1},$$

所以 $\boldsymbol{G}^{-1}=\boldsymbol{B}\boldsymbol{B}^{\mathrm{T}},\boldsymbol{A}\boldsymbol{G}^{-1}=\boldsymbol{G}^{-1}\boldsymbol{A}^{\mathrm{T}}$，即 $\boldsymbol{G}\boldsymbol{A}=\boldsymbol{A}^{\mathrm{T}}\boldsymbol{G}$。

充分性。由条件可知 $\boldsymbol{G}$ 为正定矩阵，故存在可逆矩阵 $\boldsymbol{B}$，使

$$\boldsymbol{G}=\boldsymbol{B}^{-1}(\boldsymbol{B}^{-1})^{\mathrm{T}},$$

由 $\boldsymbol{G}\boldsymbol{A}=\boldsymbol{A}^{\mathrm{T}}\boldsymbol{G}$ 得

$$\boldsymbol{B}^{-1}(\boldsymbol{B}^{-1})^{\mathrm{T}}\boldsymbol{A}=\boldsymbol{A}^{\mathrm{T}}\boldsymbol{B}^{-1}(\boldsymbol{B}^{-1})^{\mathrm{T}},$$

所以

$$(\boldsymbol{B}^{\mathrm{T}})^{-1}\boldsymbol{A}\boldsymbol{B}^{\mathrm{T}}=\boldsymbol{B}\boldsymbol{A}^{\mathrm{T}}\boldsymbol{B}^{-1},$$

即 $(\boldsymbol{B}^{\mathrm{T}})^{-1}\boldsymbol{A}\boldsymbol{B}^{\mathrm{T}}$ 为标准正交基，而

$$\sigma(\boldsymbol{e}_1,\boldsymbol{e}_2,\cdots,\boldsymbol{e}_n)=(\boldsymbol{e}_1,\boldsymbol{e}_2,\cdots,\boldsymbol{e}_n)(\boldsymbol{B}^{\mathrm{T}})^{-1}\boldsymbol{A}\boldsymbol{B}^{\mathrm{T}},$$

由 $(\boldsymbol{B}^{\mathrm{T}})^{-1}\boldsymbol{A}\boldsymbol{B}^{\mathrm{T}}$ 为对称矩阵，因而 σ 为对称变换。

36. 设 V 为 n 维欧氏空间，W 是 V 的子空间。求证：存在 V 的一个对称变换 σ，使 $\mathrm{Ker}(\sigma)=W$，问这样的 σ 是否唯一？

解 (1)当 $W=\{\mathbf{0}\}$ 时，取恒等变换 $\boldsymbol{\varepsilon}$ 即可。

(2)当 $W=V$ 时，取零变换即可。

(3)设 W 是 V 的非平凡子空间，由

$$V=W\oplus W^{\perp},$$

令 $\boldsymbol{\varepsilon}_1,\boldsymbol{\varepsilon}_2,\cdots,\boldsymbol{\varepsilon}_r$ 为 W 的标准正交基，$\boldsymbol{\varepsilon}_{r+1},\boldsymbol{\varepsilon}_{r+2},\cdots,\boldsymbol{\varepsilon}_n$ 为 $W^{\perp}$ 的标准正交基，其中 $0<r<n$，设

$$\sigma(\boldsymbol{\varepsilon}_1,\boldsymbol{\varepsilon}_2,\cdots,\boldsymbol{\varepsilon}_r,\boldsymbol{\varepsilon}_{r+1},\boldsymbol{\varepsilon}_{r+2},\cdots,\boldsymbol{\varepsilon}_n)=(\boldsymbol{\varepsilon}_1,\boldsymbol{\varepsilon}_2,\cdots,\boldsymbol{\varepsilon}_r,\boldsymbol{\varepsilon}_{r+1},\boldsymbol{\varepsilon}_{r+2},\cdots,\boldsymbol{\varepsilon}_n)\begin{pmatrix}0 & & \overset{r}{} & & & 0\\ & \ddots & & & & \\ & & 0 & & & \\ & & & 1 & & \\ & & & & \ddots & \\ 0 & & & & & 1\end{pmatrix},$$

$$\triangleq(\boldsymbol{\varepsilon}_1,\cdots,\boldsymbol{\varepsilon}_r,\boldsymbol{\varepsilon}_{r+1},\cdots,\boldsymbol{\varepsilon}_n)\boldsymbol{A},$$

因为 $\boldsymbol{A}^{\mathrm{T}}=\boldsymbol{A}$，所以 σ 为对称变换，且显然 $\mathrm{Ker}(\sigma)=W$。

由上述讨论可得：当 $W=V$ 时，σ 唯一；而当 $W=\{\mathbf{0}\}$ 或 W 是 V 的非平凡子空间时，σ 不唯一，因 W 与 $W^{\perp}$ 的标准正交基不唯一。

37. 设 σ 是 n 维欧氏空间 V 的一个反对称变换。求证：V 存在的一组标准正交基，使 σ^2 在此基下的矩阵为对角矩阵。

证明 设 $\boldsymbol{\varepsilon}_1,\boldsymbol{\varepsilon}_2,\cdots,\boldsymbol{\varepsilon}_n$ 为 V 的一组标准正交基，且

$$\sigma(\boldsymbol{\varepsilon}_1,\boldsymbol{\varepsilon}_2,\cdots,\boldsymbol{\varepsilon}_n)=(\boldsymbol{\varepsilon}_1,\boldsymbol{\varepsilon}_2,\cdots,\boldsymbol{\varepsilon}_n)\boldsymbol{A},$$

则

$$\sigma^2(\boldsymbol{\varepsilon}_1,\boldsymbol{\varepsilon}_2,\cdots,\boldsymbol{\varepsilon}_n)=(\boldsymbol{\varepsilon}_1,\boldsymbol{\varepsilon}_2,\cdots,\boldsymbol{\varepsilon}_n)\boldsymbol{A}^2。$$

由于 σ 是反对称的，故 $\boldsymbol{A}^{\mathrm{T}}=-\boldsymbol{A}$，于是 $\boldsymbol{A}^2=-\boldsymbol{A}\boldsymbol{A}^{\mathrm{T}}$，从而 $\boldsymbol{A}^2$ 是实对称矩阵，故存在正交矩阵 $\boldsymbol{T}$，使

$$\boldsymbol{T}^{\mathrm{T}}\boldsymbol{A}^2\boldsymbol{T}=\boldsymbol{T}^{-1}\boldsymbol{A}^2\boldsymbol{T}=\begin{bmatrix}\lambda_1 & & & \\ & \lambda_2 & & \\ & & \ddots & \\ & & & \lambda_n\end{bmatrix}。$$

令 $(\boldsymbol{\beta}_1,\boldsymbol{\beta}_2,\cdots,\boldsymbol{\beta}_n)=(\boldsymbol{\varepsilon}_1,\boldsymbol{\varepsilon}_2,\cdots,\boldsymbol{\varepsilon}_n)\boldsymbol{T}$，则 $\boldsymbol{\beta}_1,\boldsymbol{\beta}_2,\cdots,\boldsymbol{\beta}_n$ 是 V 的一组标准正交基，且

$$\sigma^2(\boldsymbol{\beta}_1,\boldsymbol{\beta}_2,\cdots,\boldsymbol{\beta}_n)=(\boldsymbol{\beta}_1,\boldsymbol{\beta}_2,\cdots,\boldsymbol{\beta}_n)\boldsymbol{T}^{-1}\boldsymbol{A}^2\boldsymbol{T}=(\boldsymbol{\beta}_1,\boldsymbol{\beta}_2,\cdots,\boldsymbol{\beta}_n)\begin{bmatrix}\lambda_1 & & & \\ & \lambda_2 & & \\ & & \ddots & \\ & & & \lambda_n\end{bmatrix}。$$

38. 设 V_1 是有限维欧氏空间 V 的子空间，定义 V 到 V_1 的投影变换 σ 如下：$\forall \boldsymbol{\alpha} \in V$，设 $\boldsymbol{\alpha} = \boldsymbol{\alpha}_1 + \boldsymbol{\alpha}_2, \boldsymbol{\alpha}_1 \in V_1, \boldsymbol{\alpha}_2 \in V_1^{\perp}$，则 $\sigma\boldsymbol{\alpha} = \boldsymbol{\alpha}_1$，求证：

(1) σ 是 V 上的线性变换；

(2) σ 是满足 $\sigma^2 = \sigma$ 的对称变换。

证明　(1) $\forall \boldsymbol{\alpha}, \boldsymbol{\beta} \in V, \forall k \in \mathbf{R}$，设 $\boldsymbol{\alpha} = \boldsymbol{\alpha}_1 + \boldsymbol{\alpha}_2, \boldsymbol{\beta} = \boldsymbol{\beta}_1 + \boldsymbol{\beta}_2$，其中，$\boldsymbol{\alpha}_1, \boldsymbol{\beta}_1 \in V_1, \boldsymbol{\alpha}_2, \boldsymbol{\beta}_2 \in V_1^{\perp}$，则

$$\sigma(\boldsymbol{\alpha} + \boldsymbol{\beta}) = \boldsymbol{\alpha}_1 + \boldsymbol{\beta}_1 = \sigma(\boldsymbol{\alpha}) + \sigma(\boldsymbol{\beta}),$$

$$\sigma(k\boldsymbol{\alpha}) = k\boldsymbol{\alpha}_1 = k\sigma(\boldsymbol{\alpha}),$$

即 σ 是 V 的线性变换。

(2) $\forall \boldsymbol{\alpha} \in V$，若 $\boldsymbol{\alpha} = \boldsymbol{\alpha}_1 + \boldsymbol{\alpha}_2$，其中 $\boldsymbol{\alpha}_1 \in V_1, \boldsymbol{\alpha}_2 \in V_1^{\perp}$，则

$$\sigma^2(\boldsymbol{\alpha}) = \sigma(\sigma(\boldsymbol{\alpha})) = \sigma(\boldsymbol{\alpha}_1) = \boldsymbol{\alpha}_1 = \sigma(\boldsymbol{\alpha}),$$

所以 $\sigma^2 = \sigma$。$\forall \boldsymbol{\alpha}, \boldsymbol{\beta} \in V, \boldsymbol{\alpha} = \boldsymbol{\alpha}_1 + \boldsymbol{\alpha}_2, \boldsymbol{\beta} = \boldsymbol{\beta}_1 + \boldsymbol{\beta}_2$ 其中 $\boldsymbol{\alpha}_1, \boldsymbol{\beta}_1 \in V_1, \boldsymbol{\alpha}_2, \boldsymbol{\beta}_2 \in V_1^{\perp}$，有

$$(\sigma(\boldsymbol{\alpha}), \boldsymbol{\beta}) = (\boldsymbol{\alpha}_1, \boldsymbol{\beta}_1 + \boldsymbol{\beta}_2) = (\boldsymbol{\alpha}_1, \boldsymbol{\beta}_1) + (\boldsymbol{\alpha}_1, \boldsymbol{\beta}_2) = (\boldsymbol{\alpha}_1, \boldsymbol{\beta}_1),$$

$$(\boldsymbol{\alpha}, \sigma(\boldsymbol{\beta})) = (\boldsymbol{\alpha}_1 + \boldsymbol{\alpha}_2, \boldsymbol{\beta}_1) = (\boldsymbol{\alpha}_1, \boldsymbol{\beta}_1) + (\boldsymbol{\alpha}_2, \boldsymbol{\beta}_1) = (\boldsymbol{\alpha}_1, \boldsymbol{\beta}_1),$$

故 $(\sigma(\boldsymbol{\alpha}), \boldsymbol{\beta}) = (\boldsymbol{\alpha}, \sigma(\boldsymbol{\beta}))$，即 σ 是对称变换。

39. 设 $\boldsymbol{A}$ 为 n 阶实方阵，c 为实数。求证：对任意 n 维实列向量 $\boldsymbol{\alpha} \neq \mathbf{0}$，均有

$$\frac{\boldsymbol{\alpha}^{\mathrm{T}}\boldsymbol{A}\boldsymbol{\alpha}}{\boldsymbol{\alpha}^{\mathrm{T}}\boldsymbol{\alpha}} = c$$

的充要条件是：存在实反对称矩阵 $\boldsymbol{B}$，使 $\boldsymbol{A} = c\boldsymbol{E} + \boldsymbol{B}$。

证明　充分性。$\forall \boldsymbol{\alpha} \neq \mathbf{0}$，则

$$\boldsymbol{\alpha}^{\mathrm{T}}\boldsymbol{A}\boldsymbol{\alpha} = c\boldsymbol{\alpha}^{\mathrm{T}}\boldsymbol{\alpha} + \boldsymbol{\alpha}^{\mathrm{T}}\boldsymbol{B}\boldsymbol{\alpha},$$

而

$$\boldsymbol{\alpha}^{\mathrm{T}}\boldsymbol{B}\boldsymbol{\alpha} = 0,$$

所以

$$\frac{\boldsymbol{\alpha}^{\mathrm{T}}\boldsymbol{A}\boldsymbol{\alpha}}{\boldsymbol{\alpha}^{\mathrm{T}}\boldsymbol{\alpha}} = c。$$

必要性。由 $\boldsymbol{A} = \dfrac{\boldsymbol{A} + \boldsymbol{A}^{\mathrm{T}}}{2} + \dfrac{\boldsymbol{A} - \boldsymbol{A}^{\mathrm{T}}}{2}$，由条件 $\forall \boldsymbol{\alpha} \neq \mathbf{0}$ 而 $\boldsymbol{\alpha}^{\mathrm{T}}\boldsymbol{\alpha} = 1$，$c = \boldsymbol{\alpha}^{\mathrm{T}}\boldsymbol{A}\boldsymbol{\alpha} = \boldsymbol{\alpha}^{\mathrm{T}}\left(\dfrac{\boldsymbol{A} + \boldsymbol{A}^{\mathrm{T}}}{2}\right)\boldsymbol{\alpha}$，而 $\dfrac{\boldsymbol{A} + \boldsymbol{A}^{\mathrm{T}}}{2}$ 为实对称矩阵，存在正交矩阵 $\boldsymbol{T}$，使

$$\boldsymbol{T}^{\mathrm{T}}\left(\frac{\boldsymbol{A} + \boldsymbol{A}^{\mathrm{T}}}{2}\right)\boldsymbol{T} = \begin{pmatrix} \lambda_1 & & 0 \\ & \ddots & \\ 0 & & \lambda_n \end{pmatrix},$$

由 $\boldsymbol{\alpha}^{\mathrm{T}}\left(\dfrac{\boldsymbol{A}+\boldsymbol{A}^{\mathrm{T}}}{2}\right)\boldsymbol{\alpha}=c$，取 $\boldsymbol{T}^{\mathrm{T}}\boldsymbol{\alpha}=\begin{pmatrix}0\\ \vdots\\ 0\\ 1\\ 0\\ \vdots\\ 0\end{pmatrix}(i)$，得 $\lambda_i=c$，从而 $\lambda_1=\cdots=\lambda_n=c$，

所以

$$\frac{\boldsymbol{A}+\boldsymbol{A}^{\mathrm{T}}}{2}=c\boldsymbol{E},\boldsymbol{A}=c\boldsymbol{E}+\boldsymbol{B},$$

$\boldsymbol{B}$ 为反对称矩阵。

40. 欧氏空间 V 中的线性变换 σ 称为反对称的，如果对任意 $\boldsymbol{\alpha},\boldsymbol{\beta}\in V$，都有 $(\sigma(\boldsymbol{\alpha}),\boldsymbol{\beta})=-(\boldsymbol{\alpha},\sigma(\boldsymbol{\beta}))$，求证：

(1) σ 为反对称的充分必要条件是 σ 在一组标准正交基下的矩阵为反对称的；

(2) 如果 V_1 是反对称线性变换的不变子空间，则 $V_1^{\perp}$ 也是。

证明 (1)必要性。设 σ 是反对称线性变换，$\boldsymbol{\varepsilon}_1,\boldsymbol{\varepsilon}_2,\cdots,\boldsymbol{\varepsilon}_n$ 是 V 的一组标准正交基。又设 σ 在基 $\boldsymbol{\varepsilon}_1,\boldsymbol{\varepsilon}_2,\cdots,\boldsymbol{\varepsilon}_n$ 下的矩阵为 $\boldsymbol{K}=(k_{ij})_{n\times n}$，则有

$$\sigma(\boldsymbol{\varepsilon}_i)=k_{1i}\boldsymbol{\varepsilon}_1+k_{2i}\boldsymbol{\varepsilon}_2+\cdots+k_{ni}\boldsymbol{\varepsilon}_n\ (i=1,2,\cdots,n),$$

于是

$$(\sigma(\boldsymbol{\varepsilon}_i),\boldsymbol{\varepsilon}_j)=k_{ji},(\boldsymbol{\varepsilon}_i,\sigma(\boldsymbol{\varepsilon}_j))=k_{ij}。$$

由于 σ 是反对称线性变换，所以

$$k_{ij}=(\sigma(\boldsymbol{\varepsilon}_i),\boldsymbol{\varepsilon}_j)=-(\boldsymbol{\varepsilon}_i,\sigma(\boldsymbol{\varepsilon}_j))=-k_{ij},$$

即

$$k_{ij}=\begin{cases}0, & i=j,\\ -k_{ij}, & i\neq j,\end{cases}(i,j=1,2,\cdots,n),$$

故 σ 在标准正交基 $\boldsymbol{\varepsilon}_1,\boldsymbol{\varepsilon}_2,\cdots,\boldsymbol{\varepsilon}_n$ 下的矩阵是一个反对称矩阵。

充分性。设 σ 在标准正交基 $\boldsymbol{\varepsilon}_1,\boldsymbol{\varepsilon}_2,\cdots,\boldsymbol{\varepsilon}_n$ 下的矩阵是反对称矩阵

$$\boldsymbol{A}=\begin{pmatrix}0 & a_{12} & \cdots & a_{1n}\\ -a_{12} & 0 & \cdots & a_{2n}\\ \vdots & \vdots & & \vdots\\ -a_{1n} & -a_{2n} & \cdots & 0\end{pmatrix},$$

则

$$(\sigma(\boldsymbol{\varepsilon}_i),\boldsymbol{\varepsilon}_j)=a_{ji}=-a_{ij}=-(\boldsymbol{\varepsilon}_i,\sigma(\boldsymbol{\varepsilon}_j)),$$

对任意 $\boldsymbol{\alpha},\boldsymbol{\beta}\in V$，有 $\boldsymbol{\alpha}=a_1\boldsymbol{\varepsilon}_1+a_2\boldsymbol{\varepsilon}_2+\cdots+a_n\boldsymbol{\varepsilon}_n$，$\boldsymbol{\beta}=b_1\boldsymbol{\varepsilon}_1+b_2\boldsymbol{\varepsilon}_2+\cdots+b_n\boldsymbol{\varepsilon}_n$。于是
$(\sigma(\boldsymbol{\alpha}),\boldsymbol{\beta})=(a_1\sigma(\boldsymbol{\varepsilon}_1)+a_2\sigma(\boldsymbol{\varepsilon}_2)+\cdots+a_n\sigma(\boldsymbol{\varepsilon}_n),b_1\boldsymbol{\varepsilon}_1+b_2\boldsymbol{\varepsilon}_2+\cdots+b_n\boldsymbol{\varepsilon}_n))$

$$=\sum_{i,j}a_ib_j(\sigma(\boldsymbol{\varepsilon}_i),\boldsymbol{\varepsilon}_j)=-\sum_{i,j}a_ib_j(\boldsymbol{\varepsilon}_i,\sigma(\boldsymbol{\varepsilon}_j))$$

$$=-(a_1\boldsymbol{\varepsilon}_1+a_2\boldsymbol{\varepsilon}_2+\cdots+a_n\boldsymbol{\varepsilon}_n,b_1\sigma(\boldsymbol{\varepsilon}_1)+b_2\sigma(\boldsymbol{\varepsilon}_2)+\cdots+b_n\sigma(\boldsymbol{\varepsilon}_n))=-(\boldsymbol{\alpha},\sigma(\boldsymbol{\beta})),$$

故 σ 为反对称线性变换。

(2)任取 $\boldsymbol{\alpha}\in V_1^{\perp}$，又任取 $\boldsymbol{\beta}\in V_1$。因为 V_1 是 σ 的不变子空间，所以 $\sigma(\boldsymbol{\beta})\in V_1$，于是由 σ 是反对称的，得

$$(\sigma(\boldsymbol{\alpha}),\boldsymbol{\beta})=-(\boldsymbol{\alpha},\sigma(\boldsymbol{\beta}))=0。$$

由 $\boldsymbol{\beta}$ 的任意性知 $\sigma\boldsymbol{\alpha}\in V_1^{\perp}$，从而 $V_1^{\perp}$ 是 σ 的不变子空间。

41. 设 σ 是 n 维空间 V 的对称变换，$\boldsymbol{\alpha}\in V$ 且 $|\boldsymbol{\alpha}|=1$，求证：

(1) $|\sigma(\boldsymbol{\alpha})|^2\leqslant|\sigma^2(\boldsymbol{\alpha})|$；

(2)当且仅当 $\boldsymbol{\alpha}$ 是 σ^2 的属于特征值 $\lambda=|\sigma(\boldsymbol{\alpha})|^2$ 的特征向量时，(1)中等号成立。

证明　(1)由

$$\begin{aligned}|\sigma(\boldsymbol{\alpha})|^2&=(\sigma(\boldsymbol{\alpha}),\sigma(\boldsymbol{\alpha}))=(\boldsymbol{\alpha},\sigma^2(\boldsymbol{\alpha}))\\&\leqslant|\boldsymbol{\alpha}|\,|\sigma^2(\boldsymbol{\alpha})|=|\sigma^2(\boldsymbol{\alpha})|。\end{aligned}$$

(2)必要性。设 $\sigma^2(\boldsymbol{\alpha})=|\sigma(\boldsymbol{\alpha})|^2\boldsymbol{\alpha}$，则

$$\begin{aligned}(\sigma(\boldsymbol{\alpha}),\sigma(\boldsymbol{\alpha}))&=(\boldsymbol{\alpha},\sigma^2(\boldsymbol{\alpha}))=(\boldsymbol{\alpha},|\sigma(\boldsymbol{\alpha})|^2\boldsymbol{\alpha})\\&=|\sigma(\boldsymbol{\alpha})|^2(\boldsymbol{\alpha},\boldsymbol{\alpha})=|\sigma(\boldsymbol{\alpha})|^2,\end{aligned}$$

即(1)中等号成立。

充分性。设 $|\sigma(\boldsymbol{\alpha})|^2=|\sigma^2(\boldsymbol{\alpha})|$，则

$$(\sigma(\boldsymbol{\alpha}),\sigma(\boldsymbol{\alpha}))=(\boldsymbol{\alpha},\sigma^2(\boldsymbol{\alpha}))=|\boldsymbol{\alpha}|\,|\sigma^2(\boldsymbol{\alpha})|=|\sigma^2(\boldsymbol{\alpha})|,$$

由柯西-布涅柯夫斯基不等式可得，$\boldsymbol{\alpha}$ 与 $\sigma^2(\boldsymbol{\alpha})$ 线性相关，即存在 k,l 不全为零，使

$$k\boldsymbol{\alpha}+l\sigma^2(\boldsymbol{\alpha})=0。$$

因为 $\boldsymbol{\alpha}\neq\mathbf{0}$，所以 $l\neq0$，$\sigma^2(\boldsymbol{\alpha})=\lambda\boldsymbol{\alpha}$，得 $(\boldsymbol{\alpha},\lambda\boldsymbol{\alpha})=|\sigma(\boldsymbol{\alpha})|^2$，从而 $\lambda=|\sigma(\boldsymbol{\alpha})|^2$。

42. 设 $\boldsymbol{\alpha},\boldsymbol{\beta}$ 是欧氏空间 V 的两个线性无关的向量，且 $\dfrac{2(\boldsymbol{\alpha},\boldsymbol{\beta})}{(\boldsymbol{\alpha},\boldsymbol{\alpha})}$ 与 $\dfrac{2(\boldsymbol{\alpha},\boldsymbol{\beta})}{(\boldsymbol{\beta},\boldsymbol{\beta})}$ 都是小于或等于零的整数。求证：$\boldsymbol{\alpha}$ 与 $\boldsymbol{\beta}$ 的夹角只可能是 $\dfrac{\pi}{2},\dfrac{2}{3}\pi,\dfrac{3}{4}\pi,\dfrac{5}{6}\pi$。

证明　由条件知 $\boldsymbol{\alpha}\neq\mathbf{0},\boldsymbol{\beta}\neq\mathbf{0}$，又

$$\cos(\boldsymbol{\alpha},\boldsymbol{\beta})=\frac{(\boldsymbol{\alpha},\boldsymbol{\beta})}{|\boldsymbol{\alpha}|\,|\boldsymbol{\beta}|},$$

所以

$$4\cos^2(\boldsymbol{\alpha},\boldsymbol{\beta})=\frac{2(\boldsymbol{\alpha},\boldsymbol{\beta})}{(\boldsymbol{\alpha},\boldsymbol{\alpha})}\cdot\frac{2(\boldsymbol{\alpha},\boldsymbol{\beta})}{(\boldsymbol{\beta},\boldsymbol{\beta})},$$

由于 $\dfrac{2(\boldsymbol{\alpha},\boldsymbol{\beta})}{(\boldsymbol{\alpha},\boldsymbol{\alpha})},\dfrac{2(\boldsymbol{\alpha},\boldsymbol{\beta})}{(\boldsymbol{\beta},\boldsymbol{\beta})}$ 均为小于或等于零的整数，从而 $4\cos^2(\boldsymbol{\alpha},\boldsymbol{\beta})$ 是非负整数，故

$$0\leqslant\cos^2(\boldsymbol{\alpha},\boldsymbol{\beta})\leqslant4,$$

因而

$$4\cos^2(\boldsymbol{\alpha},\boldsymbol{\beta})=0,1,2,3,4,$$

即 $\cos(\boldsymbol{\alpha},\boldsymbol{\beta})$ 可能取值 $0,\pm\frac{1}{2},\pm\frac{\sqrt{2}}{2},\pm\frac{\sqrt{3}}{2},\pm1$，由于 $\boldsymbol{\alpha},\boldsymbol{\beta}$ 线性无关，得

$$\cos(\boldsymbol{\alpha},\boldsymbol{\beta})\neq 1 \text{ 或 } -1,$$

又由 $(\boldsymbol{\alpha},\boldsymbol{\beta})\leqslant 0$，故 $\cos(\boldsymbol{\alpha},\boldsymbol{\beta})$ 只可能取值 $0,-\frac{1}{2},-\frac{\sqrt{2}}{2},-\frac{\sqrt{3}}{2}$，从而 $\boldsymbol{\alpha}$ 与 $\boldsymbol{\beta}$ 的夹角只可能为：

$$\frac{\pi}{2},\frac{2}{3}\pi,\frac{3}{4}\pi,\frac{5}{6}\pi。$$

43. 求证：酉空间中两组标准正交基的过渡矩阵是酉矩阵。

证明 设 $\boldsymbol{\varepsilon}_1,\boldsymbol{\varepsilon}_2,\cdots,\boldsymbol{\varepsilon}_n$ 与 $\boldsymbol{\eta}_1,\boldsymbol{\eta}_2,\cdots,\boldsymbol{\eta}_n$ 是酉空间 V 中的两组标准正交基。它们之间的过渡矩阵为 $\boldsymbol{A}=(a_{ij})_{n\times n}$，即

$$(\boldsymbol{\eta}_1,\boldsymbol{\eta}_2,\cdots,\boldsymbol{\eta}_n)=(\boldsymbol{\varepsilon}_1,\boldsymbol{\varepsilon}_2,\cdots,\boldsymbol{\varepsilon}_n)\boldsymbol{A},$$

于是

$$\boldsymbol{\eta}_i=a_{1i}\boldsymbol{\varepsilon}_1+a_{2i}\boldsymbol{\varepsilon}_2+\cdots+a_{ni}\boldsymbol{\varepsilon}_n,$$

由于 $\boldsymbol{\varepsilon}_1,\boldsymbol{\varepsilon}_2,\cdots,\boldsymbol{\varepsilon}_n$ 与 $\boldsymbol{\eta}_1,\boldsymbol{\eta}_2,\cdots,\boldsymbol{\eta}_n$ 均是标准正交基，所以

$$\begin{aligned}(\boldsymbol{\eta}_i,\boldsymbol{\eta}_j)&=(a_{1i}\boldsymbol{\varepsilon}_1+a_{2i}\boldsymbol{\varepsilon}_2+\cdots+a_{ni}\boldsymbol{\varepsilon}_n,a_{1j}\boldsymbol{\varepsilon}_1+a_{2j}\boldsymbol{\varepsilon}_2+\cdots+a_{nj}\boldsymbol{\varepsilon}_n)\\&=a_{1i}\overline{a_{1j}}+a_{2i}\overline{a_{2j}}+\cdots+a_{ni}\overline{a_{nj}}\\&=\begin{cases}1,i=j,\\0,i\neq j。\end{cases}\end{aligned}$$

即 $\overline{\boldsymbol{A}}\boldsymbol{A}^{\mathrm{T}}=\boldsymbol{E}$，故 $\boldsymbol{A}$ 是酉矩阵。

44. 求证：埃尔米特矩阵的特征值是实数，并且它的属于不同特征值的特征向量相互正交。

证明 设 λ 为埃尔米特矩阵 $\boldsymbol{A}$ 的一个特征值，ξ 是属于 λ 的特征向量，根据 $\boldsymbol{A}=\overline{\boldsymbol{A}^{\mathrm{T}}}$，$\boldsymbol{A}\boldsymbol{\xi}=\lambda\boldsymbol{\xi}$ 有

$$\overline{\boldsymbol{\xi}^{\mathrm{T}}}\boldsymbol{A}\boldsymbol{\xi}=\overline{\boldsymbol{\xi}^{\mathrm{T}}\boldsymbol{A}^{\mathrm{T}}}\boldsymbol{\xi}=(\overline{\boldsymbol{A}\boldsymbol{\xi}})^{\mathrm{T}}\boldsymbol{\xi}=(\overline{\lambda\boldsymbol{\xi}})^{\mathrm{T}}\boldsymbol{\xi}=\overline{\lambda}\overline{\boldsymbol{\xi}}^{\mathrm{T}}\boldsymbol{\xi},$$

又 $\overline{\boldsymbol{\xi}^{\mathrm{T}}}\boldsymbol{A}\boldsymbol{\xi}=\overline{\boldsymbol{\xi}}^{\mathrm{T}}\lambda\boldsymbol{\xi}=\lambda\overline{\boldsymbol{\xi}}^{\mathrm{T}}\boldsymbol{\xi}$，所以 $\overline{\lambda\boldsymbol{\xi}}^{\mathrm{T}}\boldsymbol{\xi}=\lambda\overline{\boldsymbol{\xi}}^{\mathrm{T}}\boldsymbol{\xi}$。由 $\overline{\boldsymbol{\xi}}^{\mathrm{T}}\boldsymbol{\xi}\neq0$ 得 $\overline{\lambda}=\lambda$，即为实数。

设埃尔米特矩阵 $\boldsymbol{A}$ 在酉空间 $\mathbf{C}^n$ 中与对称变换 σ 对应，λ,μ 是 $\boldsymbol{A}$ 的两个不同特征值，$\boldsymbol{\alpha},\boldsymbol{\beta}$ 是分别属于 λ,μ 的特征向量，即

$$\sigma\boldsymbol{\alpha}=\lambda\boldsymbol{\alpha},\sigma\boldsymbol{\beta}=\mu\boldsymbol{\beta},$$

因为 $(\sigma\boldsymbol{\alpha},\boldsymbol{\beta})=(\boldsymbol{\alpha},\sigma\boldsymbol{\beta})$，且

$$(\sigma\boldsymbol{\alpha},\boldsymbol{\beta})=(\lambda\boldsymbol{\alpha},\boldsymbol{\beta})=\lambda(\boldsymbol{\alpha},\boldsymbol{\beta}),$$

$$(\boldsymbol{\alpha},\sigma\boldsymbol{\beta})=(\boldsymbol{\alpha},\mu\boldsymbol{\beta})=\overline{\mu}(\boldsymbol{\alpha},\boldsymbol{\beta})=\mu(\boldsymbol{\alpha},\boldsymbol{\beta}),$$

所以 $\lambda(\boldsymbol{\alpha},\boldsymbol{\beta})=\mu(\boldsymbol{\alpha},\boldsymbol{\beta})$，但 $\lambda\neq\mu$，从而 $(\boldsymbol{\alpha},\boldsymbol{\beta})=0$，命题得证明。

9.3　练习题

1. 设 $\boldsymbol{A}$ 为 n 阶反对称矩阵，$\boldsymbol{B}=\operatorname{diag}\{a_1,a_2,\cdots,a_n\}$，其中 $a_i>0(i=1,2,\cdots,n)$。求证：

$$|\boldsymbol{A}+\boldsymbol{B}|>0。$$

2. 设 n 阶矩阵 $\boldsymbol{A},\boldsymbol{B}$ 满足 $\boldsymbol{A}+\boldsymbol{B}\boldsymbol{A}=\boldsymbol{B}$ 且 $\lambda_1,\lambda_2,\cdots,\lambda_n$ 是 $\boldsymbol{A}$ 的特征值。

(1)求证：$\lambda_i\neq 1(i=1,2,\cdots,n)$；

(2)求证：如果 $\boldsymbol{B}$ 是实对称矩阵，则存在正交矩阵 $\boldsymbol{P}$，使得

$$\boldsymbol{P}^{-1}\boldsymbol{B}\boldsymbol{P}=\operatorname{diag}\left(\frac{\lambda_1}{1-\lambda_1},\frac{\lambda_2}{1-\lambda_2},\cdots,\frac{\lambda_n}{1-\lambda_n}\right)。$$

3. 设 $\boldsymbol{A}$ 是 n 阶实对称矩阵。求证：存在幂等矩阵 $\boldsymbol{B}_i,1\leqslant i\leqslant n$，使得

$$\boldsymbol{A}=\sum_{i=1}^{n}\lambda_i\boldsymbol{B}_i(\lambda_i\in\mathbf{R})。$$

4. 设 $\boldsymbol{A}$ 是 n 阶非零实方阵，$n\geqslant 3$，若 $\boldsymbol{A}$ 的每个元素 $a_{ij}=A_{ij}$，则 $\boldsymbol{A}$ 为正交矩阵。

5. 设 A,B 是两个 $n\times n$ 实对称矩阵，且 $\boldsymbol{B}$ 是正定矩阵。求证：存在一 $n\times n$ 实可逆矩阵 $\boldsymbol{T}$，使 $\boldsymbol{T}^{\mathrm{T}}\boldsymbol{A}\boldsymbol{T},\boldsymbol{T}^{\mathrm{T}}\boldsymbol{B}\boldsymbol{T}$ 同时为对角形。

6. 设 V 为无限维欧氏空间，V_k 是 V 的 k 维子空间，$\boldsymbol{\alpha}\in V$，若 $\boldsymbol{\beta}\in V_k$，使 $(\boldsymbol{\alpha}-\boldsymbol{\beta})\perp V_k$，则称 $\boldsymbol{\beta}$ 为 $\boldsymbol{\alpha}$ 在 V_k 上的正射影。求证：向量 $\boldsymbol{\alpha}\in V$ 在 V_k 上有唯一的正射影 $\boldsymbol{\beta}$，且若 $\boldsymbol{\xi}_1,\boldsymbol{\xi}_2,\cdots,\boldsymbol{\xi}_k$ 是 V_k 的标准正交基，则

$$\boldsymbol{\beta}=(\boldsymbol{\xi}_1,\boldsymbol{\xi}_2,\cdots,\boldsymbol{\xi}_k)\begin{pmatrix}(\boldsymbol{\alpha},\boldsymbol{\xi}_1)\\(\boldsymbol{\alpha},\boldsymbol{\xi}_2)\\\vdots\\(\boldsymbol{\alpha},\boldsymbol{\xi}_k)\end{pmatrix}。$$

7. 设 $\boldsymbol{A}$ 是 n 阶实方阵，b 是 n 维实列向量。求证：方程组 $\boldsymbol{A}\boldsymbol{X}=\boldsymbol{b}$ 有解的充分必要条件是 $\boldsymbol{b}$ 与方程组 $\boldsymbol{A}^{\mathrm{T}}\boldsymbol{X}=\boldsymbol{0}$ 的解空间正交。

8. 设 $\boldsymbol{A}$ 为实对称矩阵，$\boldsymbol{B}$ 为实反对称矩阵，$\boldsymbol{A}\boldsymbol{B}=\boldsymbol{B}\boldsymbol{A},\boldsymbol{A}-\boldsymbol{B}$ 可逆。

求证：$(\boldsymbol{A}+\boldsymbol{B})(\boldsymbol{A}-\boldsymbol{B})^{-1}$ 为正交矩阵。

9. 设二次型 $f(x_1,x_2,x_3)=x_1^2+x_2^2+x_3^2+2ax_1x_2+2x_1x_3+4bx_2x_3$ 通过正交线性替换化为标准形 $f=y_2^2+2y_3^2$，求参数 a,b 及所用的正交线性替换。

参考文献

[1] 北京大学数学系前代数小组.高等代数[M].5版.北京：高等教育出版社，2019.

[2] 王萼芳，石生明.高等代数辅导与习题解答：北大·第五版[M].北京：高等教育出版社，2019.

[3] 王利广，李本星.高等代数中的典型问题与方法：考研题解精粹[M].北京：机械工业出版社，2016.

[4] 高金泰.高等代数考研600题精解[M].成都：西南交通大学出版社，2017.

[5] 张天德.高等代数辅导及习题精解(北大第五版)[M].杭州：浙江教育出版社，2020.

[6] 钱吉林.高等代数题解精粹[M].3版.西安：西北工业大学出版社，2019.

[7] 刘洪星.考研高等代数总复习：精选名校真题[M].2版.北京：机械工业出版社，2018.

[8] 于增海.高等代数考研选讲[M].北京：国防工业出版社，2012.

[9] 徐仲，陆全，张凯院，等.高等代数考研教案[M].西安：西北工业大学出版社，2006.

[10] 陈现平，张彬.高等代数考研：高频真题分类精解300例[M].北京：机械工业出版社，2018.

[11] 陈福来，唐曾林.高等代数考研选讲[M].北京：国防工业出版社，2015.

[12] 严谦泰，王澜峰.高等代数考点综述与问题探讨[M].北京：国防工业出版社，2009.